第十届深基础工程发展论坛
论　文　集

主　编　王新杰
副主编　李连祥　许厚材

中国建筑工业出版社

图书在版编目（CIP）数据

第十届深基础工程发展论坛论文集/王新杰主编.
—北京：中国建筑工业出版社，2020.7
ISBN 978-7-112-25323-4

Ⅰ.①第… Ⅱ.①王… Ⅲ.①深基础-工程施工-文
集 Ⅳ.①TU473.2-53

中国版本图书馆 CIP 数据核字（2020）第 135456 号

责任编辑：杨　允
责任校对：芦欣甜

第十届深基础工程发展论坛论文集
主　编　王新杰
副主编　李连祥　许厚材
*
中国建筑工业出版社出版、发行（北京海淀三里河路 9 号）
各地新华书店、建筑书店经销
北京红光制版公司制版
北京圣夫亚美印刷有限公司印刷
*
开本：880×1230 毫米　1/16　印张：29　字数：1219 千字
2020 年 9 月第一版　2020 年 9 月第一次印刷
定价：**99.00** 元
ISBN 978-7-112-25323-4
（36061）

第十届深基础工程发展论坛

顾 问 委 员 会

委 员（按姓氏笔画排序）：

王吉望	王复明	王锺琦	叶世建	丛蔼森	闫明礼	刘金砺	关季昌
安国明	杜文库	李 虹	李广信	李术才	何毅良（港）		张旷成
张建民	陈正汉	陈祥福	周功台（台）		周国钧	忽延泰	郑颖人
赵锡宏	侯伟生	俞 琚	贺长俊	袁炳麟	顾宝和	顾晓鲁	钱力航
郭建国	龚晓南						

学 术 委 员 会

主 任： 王新杰

副主任： 沈小克　陈湘生　郑 刚　杨秀仁　王卫东

委 员（按姓氏笔画排序）：

于海平	马连仲	王秀丽	王继忠	王敏泽	王景军	王曙光	孔继东
邓亚光	叶枝顺	丘建金	代国忠	冯玉国	冯科明	朱 锋	刘 波
刘 钟	刘小敏	刘金波	刘树亚	刘俊伟	刘俊岩	刘海宁	刘献刚
许刘万	许厚材	孙 杰	孙宏伟	孙剑平	李 玲	李兆龙	李连祥
李慕涵	杨 松	杨生贵	吴江斌	吴洁妹	何世鸣	宋二祥	宋仪仲
宋振华	张 宽	张日红	张启军	张忠海	张冶华	张建全	张钦喜
张维汇	陈仁朋	陈海涛	陈家冬	陈雪华	邵金安	武福美	林 坚
林本海	尚增弟	罗东林	金 淮	金亚伟	周广泉	周同和	周宏磊
郑伟锋	郑添寿	赵伟民	胡贺松	查甫生	钟显奇	施 峰	宫喜庆
闫耀保	贾开民	贾嘉陵	顾国荣	徐方才	徐承强	高 强	郭 杨
唐孟雄	黄均龙	黄志明	黄雪峰	龚维明	盛根来	常 雷	崔江余
康景文	梁专明	梁立刚	彭桂皎	董佳节	程永亮	程培武	戴 斌
戴国亮	魏建华						

组织委员会

主　任：张晋勋

副主任：高文生　刘元洪　李连祥　刘忠池　王庆军

秘书长：张德功　郭传新　沙　安　孙金山

委　员（按姓氏笔画排序）：

于秀法	万长富	万春龙	王　翔	王云辰	王凤良	王光华	王红兵
王学云	王宗禄	王建成	王界杉	王海荣	支文斗	毛鹏程	孔凡龙
孔庆华	叶　焱	卢鹏云	申苍熹	付全亮	冯　军	冯建伟	朱力文
朱建新	朱晓军	乔增宝	仲建军	华敬华	刘长文	刘兵国	刘贵来
齐　朋	孙忠深	苏德鹏	李　春	李　桐	李宁木	李永红	李志栋
李金良	李泓桥	李孟全	李晓刚	李海涛	杨　剑	杨仁奎	杨明友
吴志勇	吴建群	吴凌云	邱建勋	何清华	辛　鹏	宋心朋	宋继广
宋继勇	张　川	张　达	张万森	张向阳	张志亮	张良夫	张海滨
陆长春	陈　卫	陈　刚	陈方渠	陈为群	陈冬华	陈国占	拉希德
林　登	林雨富	罗树江	迮传波	岳洪义	周国元	周建明	周葛源
庞国达	郑全明	项炳泉	赵鑫宇	郝荣会	郝新民	姚　炯	姚寿礼
袁　鸿	袁盛玉	徐怀彬	徐群清	高　博	郭旭东	唐　旭	唐联盟
陶德明	黄志文	曹高峻	龚秀刚	章元强	蒋勤玲	韩　非	韩寿文
景亚芹	程继宝	黎隶万					

编辑委员会

主　编：王新杰

副主编：李连祥　许厚材

委　员：（按姓氏笔画排序）：

王　菲	任冬伟	安　安	孙宝平	李荣霞	杨乐乐	周　梅	贾景燕
郭亚红							

序　言

2011～2020 年，深基础工程发展论坛（AFDF）已历经十年。该论坛为本领域学界、业界提供了一个宝贵的技术交流经验分享平台，做到了上下游产业链深度融合，经验、理论与实践相得益彰，因此备受业界行业领导、专家学者和企业家的高度青睐与重视。

为了征集专家学者对促进我国深基础工程行业发展的真知灼见，本届论坛按照惯例面向业界开展了征文活动。我们特将征集到的论文编辑制作成《第十届深基础工程发展论坛论文集》，它凝聚了全国深基础工程业和相关行业专家学者的智慧。各位作者从不同主题、不同角度阐述了他们对深基础工程行业发展的思考与观点，反映了深基础工程领域的最新成果，具有较高的学术及工程应用价值。

受新型冠状病毒肺谈疫情的影响，本届大会两度延期举办，但这次论文征集活动仍受业界专家学者的广泛关注和热情参与，共收到 117 篇论文，来稿数量为历年之最，经学术委员会专家严格审查筛选，共有 100 篇论文被收录论文集，内容分为《深基坑与近邻建筑保护》《桩与连续墙工程》《工程勘察、复合地基与地基处理》《设计、监测、机械与管理技术》《工程教育》五个部分。本文集历时半年多的辛勤征编，终于付梓出版。

值得一提的是，在这部文集的评审工作中，本次大会的组织委员会副主任李连祥教授和学术委员会委员许厚材教授级高工付出了很大的辛劳，二位专家严谨求实、扎实高效，宅家完成了全部论文的审查，我要借此机会向二位表示最深切的感谢和敬意。同时也要感谢向本届大会积极投稿的各位学者和朋友！

疫情突发，虽已经或正在倒逼许多产业规则、市场格局、商业模式及政府政策发生改变，但是社会经济长期向好的发展趋势没有变。围绕对冲这次新型冠状病毒肺炎疫情影响，中央密集出台了一系列政策，当前以 5G 革命、大数据中心、人工智能、工业互联网等为主的"新基建"成为一个高频热词和投资的爆发点，很多省市都拿出了雄心勃勃的投资计划和重大工程。据相关机构预计，未来 3～5 年新基建在总基建中的比重将达到 15%～20%，蕴藏着千亿万亿的大市场，新一轮投资高潮即将到来。

加快推进行业高质量跨越发展，是我们广大从业人员的期盼，也是时代赋予我们的历史责任。面对疫情带来的危机和挑战，我们将继续以改革创新、改革开放的精神，加快布局建设"新基建"，推进企业转型升级，推动中国的大门越开越大，为全球产业链恢复注入动能，从而拓展育新机、开新局的空间。

相信本届论坛的召开及论文集的出版，将对我国深基础工程建设领域的深入研究起到积极的推动作用。我衷心祝贺《第十届深基础工程发展论坛论文集》成书！祝愿第十届深基础工程发展论坛取得圆满成功！

论坛学术委员会主任：王新杰

2020 年 6 月

目　　录

第五部分　工　程　教　育

第一部分
深基坑与近邻建筑保护

基于复杂环境异形狭窄基坑支护设计与施工

曹羽飞，　冯科明

（北京城建勘测设计研究院有限责任公司，北京 100101）

摘　要： 依托某工程实例，从复杂环境条件下异形狭窄深基坑支护的设计、施工、监测、轨道交通监测四个方面阐述分析，整个过程保证了人员安全、基坑安全、轨道交通正常运营。可为以后类似工程的设计、施工提供参考。

关键词： 复杂环境；异形；狭窄；深基坑；变形分析

0　前言

随着城市轨道交通的发展和城市房地产的开发，既有轨道交通线周边的深基坑工程也逐渐增多。此类深基坑环境条件复杂、施工场地狭窄，很多存在既有护坡桩、既有锚杆，给基坑施工带来了很大的难度。轨道交通的正常运行及城市中有限的施工空间对基坑支护的可靠性和安全性提出了更高的要求[1]。由于轨道交通在我国的历史还很短，相关的经验较少，这给我们的设计和施工带来了挑战。下面结合某工程实例，简要介绍一下邻近轨道交通线异形狭窄深基坑支护的设计与施工要点，供同行借鉴。

1　工程概况

1.1　工程总体概况

工程为一住宅楼人防出口，原支护形式有桩撑、桩锚、土钉墙，护坡桩已经施工完毕，但由于场地狭窄，主体基坑施工时该部位作为施工场地使用，未开挖。后因结构设计调整，基坑尺寸增大，基坑深度加深，因此根据条件变化，调整了原支护设计方案。

基坑北侧 1m 为轨道交通某线出入线段。南侧为人防出入口需要接入的已经封顶的 11 号住宅楼（框架-剪力墙结构，27 层），该结构的基坑深度为 12.36m，支护形式为桩锚支护，桩径 800mm，3 道锚杆，穿越整个人防出口场地，影响本工程的护坡桩施工。

周边环境图如图 1 所示。

1.2　地质概况

场地地貌属于沙河冲洪积平原与温榆河冲洪积平原交汇处，地层按沉积年代及工程性质划分为人工填土层和一般第四纪冲洪积层，该部位地层自上至下见表 1。

人防出口部位地层概化及主要物理力学性质指标　　　　表 1

地层编号	土层名称	层厚（m）	重度 γ（kN·m^{-3}）	黏聚力 c（kPa）	内摩擦角 φ（°）
①	素填土	2.7	19.5	12	10

续表

地层编号	土层名称	层厚（m）	重度 γ（kN·m^{-3}）	黏聚力 c（kPa）	内摩擦角 φ（°）
②	黏质粉土	2.7	20.1	12.5	28.8
③$_2$	黏土	1.7	18.6	33.5	6.8
③	粉质黏土	1.4	20.1	27.3	16.6
③$_2$	黏土	1.3	18.6	33.5	6.8
④	中砂	3.5	18.5	0	25
④$_1$	粉质黏土	0.8	20.4	28.7	17.3
⑤	细砂	2.1	19	0	28
⑤$_2$	黏土	4.1	19	40	7.9
⑥$_1$	粉质黏土	5	20.4	35.4	16.2
⑥	黏土	1.5	19	41.6	8.7

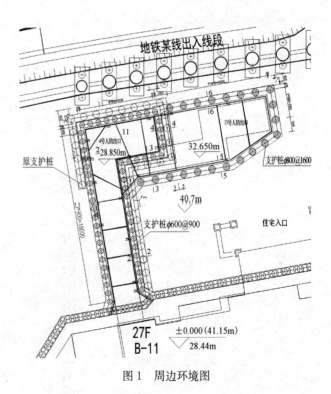

图 1　周边环境图

影响基坑开挖的地下水为潜水（④中砂层），水位埋深 9.8m。

2 基坑支护设计

2.1 设计调整

原基坑深度 7.91m，护坡桩桩径 800mm，桩长 12m，三个剖面分别采用桩撑、桩锚、土钉墙支护。支护平面图见图 2。

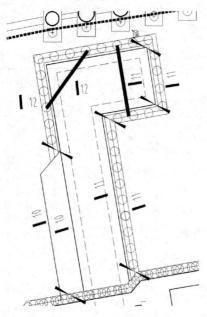

图 2 原支护设计平面图

现基坑深度 11.85m（1 号人防出口），面积 84m²；在东侧增加 2 号人防出入口，基坑深度 8.05m，面积 79m²；

两个基坑相连。原护坡桩嵌固只剩 0.05m，失去支护性能，部分护坡桩影响 2 号人防出口开挖，过程中需要破除。1 号人防出口现支护方案在原设计肥槽中贴已施工护坡桩（桩径 600mm），桩长 20.5m，桩间距 900mm，设置 3 道钢支撑。在基坑东侧增加的 2 号人防出入口，护坡桩桩径 800mm，桩长 15m，桩间距 1.6m，设置 2 道钢支撑。支护平面布置见图 3。

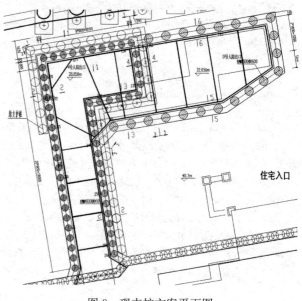

图 3 现支护方案平面图

2.2 支护剖面

根据基坑深度、地层条件、场地周边环境及技术经济比选，典型支护形式如图 4~图 6 所示。

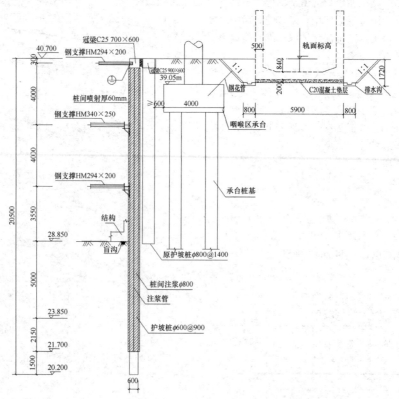

图 4 1-1 剖面支护结构图

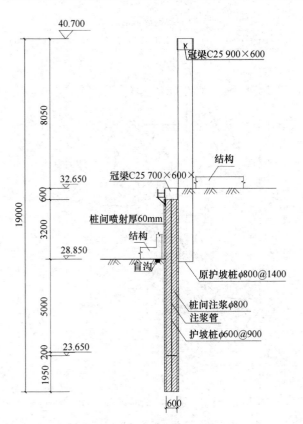

图 5　4-4 剖面支护结构图

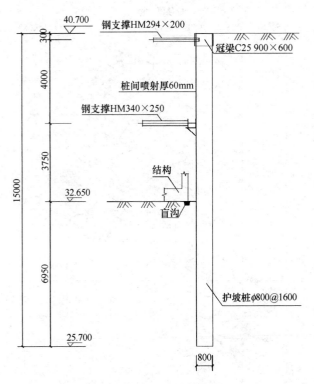

图 6　5-5 剖面支护结构图

2.3　地下水控制设计

本工程基坑深度 11.85m，基坑开挖受到上层滞水和潜水的影响。上层滞水可采用明排方式处理，潜水采用桩间止水帷幕，结合坑内设置疏干井的方式控制。

3　施工概况

3.1　护坡桩施工

施工场地狭窄，现场满铺钢板，便于混凝土罐车行驶。采用旋挖钻机成孔，由于主体楼座基坑既有锚杆的存在，护坡桩成孔过程中要穿越 3 道锚杆，遇到钢绞线，需要放慢速度，正转反转交替进行，磨断钢绞线。④层中砂层较厚，采用优质泥浆，并适当提高泥浆相对密度，防止塌孔[2]。

3.2　钢支撑施工

由于基坑宽度较窄，最窄处只有 3m，不便于钢管撑拼接。钢支撑全部采用 H 型钢现场加工安装，钢围檩采用双拼工字钢，通过钢三脚架与护坡桩连接。围檩与护坡桩及桩间护壁缝隙下焊钢托板，内部用细石混凝土填实。

本工程不存在换撑、导撑。底板浇筑完毕并达到设计强度后，可拆除第三道钢支撑。负二层顶板浇筑完毕并达到设计强度后，拆除第二道钢支撑。负一层顶板浇筑完毕并达到设计强度后，拆除第一道钢支撑。本工程没有肥槽，结构外墙采用反贴防水，单面支模[3]。

3.3　土方开挖

基坑尺寸较小，无法设置马道。上部 5m 土，采用 330 型挖机，在地表开挖，挖不到的边角由吊车吊放 60 型挖机进行清理。下部约 7m 土层，采用伸缩臂挖机在地表开挖，吊放 60 型（用于二、三道钢支撑之间）或 15 型挖机（用于第三道钢支撑与基底之间）配合清理。土方开挖严格执行"先撑后挖，严禁超挖"的原则。

部分原有护坡桩需要随着基坑开挖一步步破除，采用小挖机佩带的破碎炮结合人工一步步凿除。土方开挖见图 7、图 8。

图 7　伸缩臂作业

图8　部分原有护坡桩破除

3.4　地下水控制

因现场场地狭窄，采用桩间注水泥-水玻璃双液浆止水，并配以应急井、坑内集水井等手段对地下水进行控制。

3.5　工程应急

在凿除主楼与人防出口连接部位的护坡桩后，主楼地库与人防基坑贯通，在这两个结构连接部位即原主楼基坑肥槽处形成一处突水的"泉眼"；分析为肥槽存水及主楼基底以下地下水在该处形成水的积聚。项目部在出水点用无砂管做沉井，将管埋入基底以下 1m，反压石子滤料，篦掉地下水中的砂，放入 10m³ 水泵，封在筏板以下，保持抽水，待筏板防水完成后，停止抽水，封井[4]。

4　监控量测与变形分析

4.1　基坑桩体水平变形分析

从基坑南北两侧各选取一个典型监测点进行分析，如图9、图10所示。

从图中分析得知：

（1）如图所示，随着基坑的开挖，位移逐渐增大，基坑开挖完成后变形趋于稳定。

（2）桩身上部和中部变形较大，嵌固段变形较小。

（3）基坑设计中桩体深层水平位移控制值 25mm，预警值 20mm。所有位移值均在预警值范围内。说明本设计方案对桩体深层水平位移的控制是有效的[5]。

4.2　邻近轨道交通线变形分析

轨道交通出入线段轨道结构竖向变形控制值 1.5mm，将控制值的 80% 作报警值，70% 作为预警值。

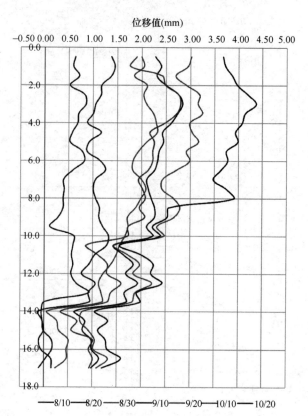

图9　ZQT-01 深层水平位移随时间变化曲线图

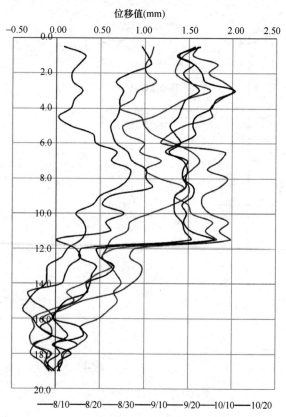

图10　ZQT-02 深层水平位移随时间变化曲线图

选取基坑周边出入线段变形监测点分析如图11所示：轨道结构监测点位移值都未超过 ±0.5mm，都在预警值 1.1mm 范围内。

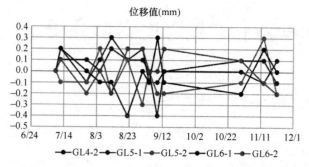

图 11　出入线段轨道结构变形测点时程变化曲线图

　　轨道交通出入线段承台竖向变形控制值为 1mm，外墙竖向变形控制值为 2mm，将控制值的 80％作报警值，70％作为预警值。

　　选取基坑周边出入线段变形监测点分析如图 12 所示：承台及外墙监测点沉降值都未超过 ±0.3mm，都在预警值范围内[6]。

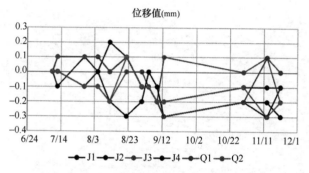

图 12　出入线段承台及外墙变形测点时程变化曲线图

　　监测数据表明，从基坑开挖到基坑见底再到结构出正负零期间，轨道交通出入线段各监测点的变形值都得到了很好的控制，轨道交通保持了安全运行[7]。

5　结语

　　本项目与既有轨道交通出入线段距离较近，轨道交通的安全运行对深基坑的安全性提出了更高的要求。本文从基坑支护设计、施工、基坑监测、轨道交通监测四个方面进行预控，并控制好信息化施工、动态设计，取得了预期的成果，为异形狭窄深基坑的设计、施工提供了借鉴。

参考文献：

[1]　吴韬，李剑，刘涛. 风险管理在异形深基坑工程中的应用[J]. 河南大学学报，2008，38(1)：107-110.

[2]　陈雨蒙. 临近既有地铁的异形深基坑支护设计与施工[J]. 山西建筑，2017，43(6)：100-101.

[3]　董慧超，冯科明. 基于既有城市轨道交通防护的某基坑支护设计[J]. 岩土工程技术，2016(05)：229-234.

[4]　王振超. 郑州国贸大厦基坑支护施工实录[J]. 基坑与边坡工程，2001，4(4)：38-39.

[5]　王洪新. 基坑宽度对围护结构稳定性的影响[J]. 土木工程学报，2011，44(6)：120-126.

[6]　谢秀栋，张林，何宗儒. 异形基坑施工变形特性分析[J]. 长春工程学院学报，2013，14(4)：23-26.

[7]　董敏忠. 既有地铁车站两侧深大异形基坑整体开挖施工关键技术[J]. 施工技术，2019，48(9)：94-97.

近接保护建筑的深开挖风险管控与岩土工程咨询案例分析

卢萍珍， 李伟政， 孙宏伟， 宋闪闪， 方云飞

（北京市建筑设计研究院有限公司，北京 100045）

摘　要：深基坑开挖引起的近接建筑不均匀变形是工程设计中重要控制因素，其对周边相邻建筑的影响分析评价以及施工过程中的风险管控是各方关注的焦点。本文依托冬运中心赛事中心项目，阐述了该项目深基坑开挖的风险管控与岩土工程咨询的工作思路，即基于相互影响分析，合理制定变形控制标准、评审监测方案、跟踪分析监测成果，在关键节点须多方会商并制定相应的加强措施。通过贯穿基坑支护设计、施工过程、监测、反馈与处置的全过程岩土工程咨询，确保了本项目安全顺利进行。

关键词：深开挖；相互影响分析；风险管控；控制标准；岩土工程咨询

0　问题提出

随着城市建设的快速发展，城市用地日趋紧张及规划的需求，紧邻既有建（构）筑物或地下设施的项目日益增多，深基坑开挖与其近接建筑之间的相互影响问题（图1）得到越来越多的关注。针对城市中心区地下工程复杂工况，通过数值分析进行相互作用分析是必需的，是变形控制设计、风险管控和工程判断的重要依据[1-5]。

图 1　深开挖与近接建筑相互影响工况

深开挖工程，尤其近接保护建筑的深开挖工程，针对性地做好风险识别、风险分析、风险评价、风险对策和风险控制等一系列完善和系统的风险管控，对于工程项目的安全顺利进行起着至关重要的作用，应当继续推进岩土工程的技术体制的改革发展，需要积极开展风险管控与岩土工程咨询工作，做到既确保安全且合理控制造价。

本文阐述了冬运中心赛事中心项目风险管控与岩土工程咨询的工作思路，深大基坑施工过程中为确保周边近接建筑物的安全，基于相互影响分析，制定合理的控制指标，并在全过程中有针对性地加强有效的风险管控，贯穿基坑支护设计、施工过程、监测、反馈与处置的全过程岩土工程咨询，对类似工程有参考借鉴意义。

1　工程概况

拟新建冬运中心赛事中心（下文简称赛事中心），地上7层（局部8层），地下3层，总建筑面积达3万 m²，其中地上建筑面积8300m²，地下建筑面积达2.2万 m²，主体建筑高度为27.8m。框架-剪力墙结构，采用筏形基础。新建赛事中心基坑与近接保护建筑的相对位置关系如图2所示。

图 2　新建赛事中心基坑与近接
保护建筑的相对位置关系

1.1　近接建筑概况

拟建赛事中心基坑深 7.9~17.6m。如图 1 所示，基坑南侧邻近首都体育馆，基坑上口线距首都体育馆承台边线约 1.39~3.39m；北侧距首都体育馆外墙边线约 2.58~4.73m；东侧邻近运动员公寓，基坑距公寓外墙较近处 9.13m。

首都体育馆属于保护建筑，其基础形式为预制方桩（250mm×250mm）；桩长 6m，桩端标高−10.9m（绝对标高为 40.60m）。运动员公寓基础底标高为−7.20m（绝对标高为 43.30m），基础采用人工挖孔桩（桩径 800mm，底部扩大为 1200mm、1600mm），桩端标高−13.20m（绝对标高为 37.30m）。

1.2　地质条件

本工程位于永定河冲洪积扇的中部，现状地形基本平坦。按成因年代，场区内土层主要划分为人工堆积层和第四纪沉积层两大类。根据岩土工程勘察报告，土层主要物理力学性质指标如表 1 所示。

勘探期间（2018 年 4 月下旬及 5 月上旬）于钻孔内（35m 深度范围）实测到 1 层地下水，地下水类型为潜水，其稳定标高为 23.48~24.07m（埋深为 26.30~26.90m），低于拟建赛事中心基底标高。

第四纪沉积层土层物理力学指标　表 1

| 土层编号与岩性 | 天然密度 ρ (g/cm³) | 压缩模量 E_s (MPa) | 天然快剪 | | 标准贯入锤击数 N | 重型动探锤击数 $N_{63.5}$ |
			黏聚力 c (kPa)	内摩擦角 φ (°)		
②砂质粉土—黏质粉土	1.97	9.8	9	27.8	11	
②₁细砂—粉砂	(2.0)	30	(0)	(28)	27	
②₂粉质黏土—重粉质黏土	1.93	6.7			6	
②₃有机质黏土—有机质粉质黏土	1.77	3.8				
③圆砾—卵石	(2.1)	45	(0)	(35)		72
③₁细砂	(2.02)	32	(0)	(30)	37	
④卵石—圆砾	(2.15)	65	(0)	(38)		122

| 土层编号与岩性 | 天然密度 ρ (g/cm³) | 压缩模量 E_s (MPa) | 天然快剪 | | 标准贯入锤击数 N | 重型动探锤击数 $N_{63.5}$ |
			黏聚力 c (kPa)	内摩擦角 φ (°)		
⑤卵石—圆砾	(2.15)	75	(0)	(40)		138
⑤₁中砂—细砂	(2.05)	42	(0)	(32)	75	
⑤₂粉质黏土—黏质粉土	2.04	15.1	27	16.8	12	
⑤₃中粉质黏土—黏土	1.95		(30)	(10)	14	
⑥卵石—圆砾	—	85	(0)	(40)		160

注：括号内数值为估算值；压缩模量 E_s 对应 $P_z \sim (P_z+100)$ 压力段。

1.3　支护体系

根据基坑支护设计图纸，新建赛事中心基坑支护主要采用桩锚体系，即支护桩＋预应力锚杆，支护桩主要桩径 800mm，有效桩长 9.05~20.8m。局部邻近运动员公寓的基坑采用放坡＋土钉。典型支护剖面及其与邻近建筑的相对位置关系见下节图 3~图 5。新建赛事中心基坑支护体系总体特点包括：邻近已有建筑物基础，且局部放坡坡顶紧贴已有建筑物基础；预应力锚杆下穿已有建筑物基桩，且局部存在与基桩交叉的可能。因此，制定合理的变形控制指标，进行全过程监测及跟踪分析，对于确保近接建筑物的安全，极其重要。

2　风险管控与岩土工程咨询

本工程的风险管控与岩土工程咨询工作，得到了建设单位大力支持，岩土工程师积极主导并参与了贯穿基坑支护设计、变形控制分析与限值确定、监测把控、应对改进措施制定、工程反分析与判断的全过程岩土工程咨询工作。针对本项目特点，相互影响分析中着重关注基坑开挖对近接建筑的影响。同时，"按变形控制设计不仅要求围护体系满足稳定性要求，还要求围护体系变形小于某一控制值"[6]，即关注围护体系的变形，并制定相应控制指标亦显重要。

2.1　相互影响分析

深开挖与近接建筑之间的相互影响分析采用岩土数值元分析软件（PLAXIS 2D），并选择其中可考虑加卸载过程中刚度依赖应力历史和应力路径以及土体小应变刚度特性的 HSS 模型，选择不同剖断面 A-A、B-B、C-C 进行分析，如图 3~图 5 所示。分析工作内容包括：基坑开挖卸载对近接建筑（既有首都体育馆和运动员公寓）的影响；基坑开挖卸载对围护结构的影响；赛事中心荷载对近 接建筑的影响。

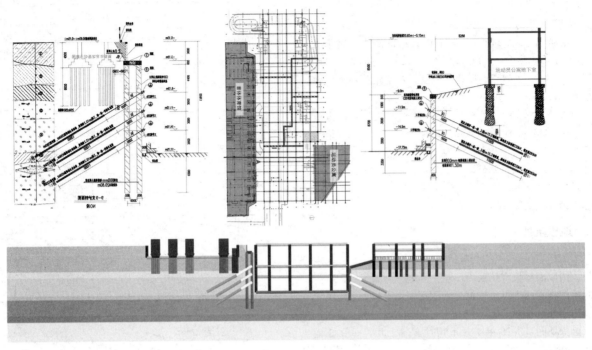

图 3　A-A 剖面计算模型

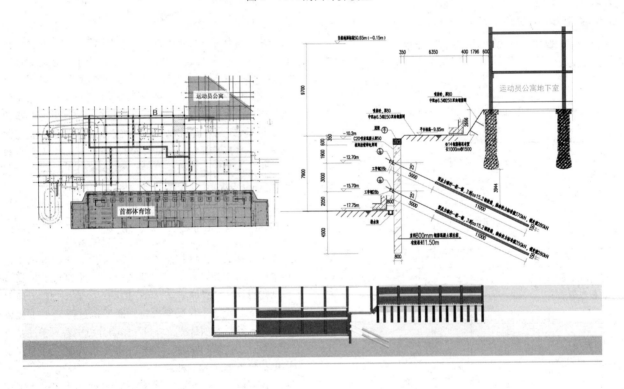

图 4　B-B 剖面计算模型

2.2　控制标准

　　根据计算分析结果（关于计算结果，及其与后续监测成果的对比分析，将另行文撰写），并结合相关工程经验，既要在确保近接建筑安全的前提下，又需要合理控制基坑支护造价，针对不同区域的基坑段，汇总得出围护结构变形控制指标如表 2 所示。其中"类别 1"表示非邻近既有建筑基坑段；"类别 2"表示近接既有首都体育馆基坑段；"类别 3"表示近接既有运动员公寓基坑段。

　　针对既有建筑（首都体育馆和运动员公寓），汇总得到其变形控制指标如表 3 所示。

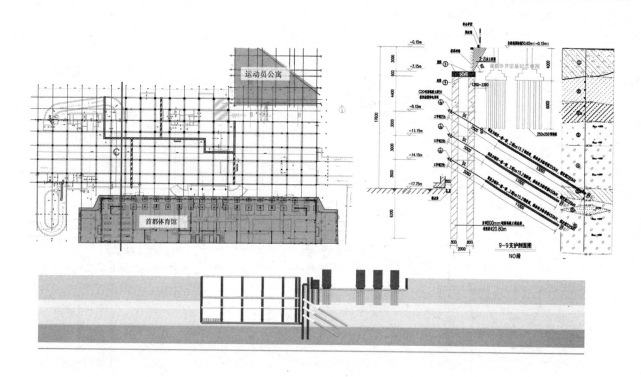

图 5　C-C 剖面计算模型

围护结构变形控制指标　　　　　　　　　　　　　　　　　　　　　　　　　表 2

监测项目	预警值			报警值			控制值		
	类别 1	类别 2	类别 3	类别 1	类别 2	类别 3	类别 1	类别 2	类别 3
围护结构顶水平位移（mm）	17.5	6	8.4	20	7	9.6	25	9	12
围护结构深层水平位移（mm）	17.5	4.5	8.4	20	6	9.6	25	7	12
围护结构顶竖向位移（mm）	10.5	4.5	7	12	6	8	15	7	10
围护结构顶水平位移变化速率（mm/d）	1.4	0.7	0.7	1.6	0.8	0.8	2	1	1
围护结构深层水平位移变化速率（mm/d）	1.4	0.7	0.7	1.6	0.8	0.8	2	1	1
围护结构顶竖向位移变化速率（mm/d）	1.4	0.7	0.7	1.6	0.8	0.8	2	1	1

既有建筑变形控制指标　　表 3

监测项目		预警值	报警值	控制值
基础附加沉降（mm）	运动员公寓	7	8	10
	首都体育馆	5	6	8
基础附加差异沉降（‰）	运动员公寓	0.35	0.4	0.5
	首都体育馆	0.35	0.4	0.5
基础附加差异沉降变化速率（mm/d）	运动员公寓	0.07	0.08	0.1
	首都体育馆	0.07	0.08	0.1

2.3　把控监测

深基坑开挖引起的土体变形将对周边（尤其近接）建筑等产生影响。同时施工期间存在地面堆载、机械扰动等不确定因素，以及自然环境变化等不可预测因素。基坑围护结构体系及周边环境处于变化、不稳定状态，必须采取监测、风险巡视等手段及时获取相关数据和信息，发现风险隐患，并对其影响程度进行分析、判断、预警，以确保围护结构稳定及环境的运营安全。岩土工程咨询方协助建设单位评审基坑监测方案并给出专业意见及建议，并会同相关各方协商落实。

基于前文所述变形监测控制项目及控制标准，通过多方协力，精心设计，本项目基坑监测布点如图 7 所示。其中包括支护结构的变形监测（边坡顶竖向位移及水平位移监测；护坡桩冠梁水平位移及深层水平位移监测），及周边建筑物的沉降监测、倾斜监测；周边地表、道路竖向位移监测等。监测点的布置如图 6 所示。监测及巡视频率严格遵照变形监测相关要求。

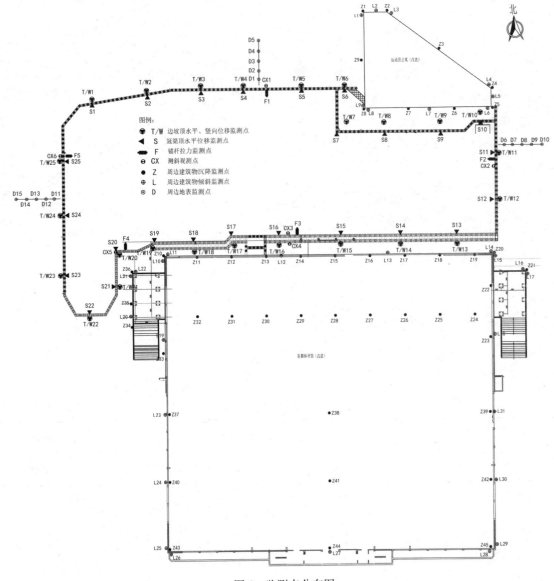

图6 监测点分布图

在东侧基坑开挖14m，西侧开挖7m，南侧和北侧开挖13m，东侧第三层锚杆张拉完成，南侧和北侧第三层锚杆施工阶段，基坑北侧地表、基坑南侧边坡局部的坡顶水平位移值变形量突增，引起各方高度关注，经岩土工程咨询方会同相关各方及时现场会商（图7）并制定了针对性的加强措施，其后变形量得到有效控制。岩土工程咨询方加强监测把控（图8），根据项目监测成果，在基坑开挖过程中，基坑处于稳定状态；周边道路（地面）无裂缝、沉陷；近接保护建筑变形值（包括水平、竖向位移量及变

图7 现场会商

图8 监测把控

形速率）均在预警范围以内，建筑物处于稳定状态。

3 小结与展望

本文依托冬运中心赛事中心项目，基于精细化数值分析，梳理了风险控制要素并提出了针对性的控制标准。在项目实施过程中进行全过程跟踪和变形监测把控，初步验证了计算分析的可靠性，及时对工程中的潜在风险进行多方共同协商并制定了有效的应对措施，确保了工程建设过程中周边环境，尤其近接保护建筑的安全，为项目的顺利进行提供了重要的技术保障。

基坑支护设计、基坑支护与开挖施工，基坑监测，各有各的资质、分工、职责，在实际工程中常常出现各自为政的局面，对于复杂工况出现"铁路警察各管一段"的做法，不利于风险管控，也不利于成本控制，应当积极开展深大基坑工程全过程的岩土工程咨询工作。

为了进一步推进岩土工程技术体制的发展，建议岩土工程师积极参与贯穿基坑支护设计、变形控制分析、施工过程监测把控、应对改进措施制定、工程反分析与判断的全过程岩土工程咨询工作，做到既确保安全又合理控制成本，提高投资效益。

鉴于篇幅所限，本项目相互影响分析与监测变形数据分析及比对，将另行文撰写。

致谢：本项目进行中得到北京院地基所李伟强所长的帮助以及建研地基基础工程有限责任公司（支护设计、监测单位）、中建八局（施工单位）的大力支持，在此一并表示感谢！

参考文献：

[1] 施有志，柴建峰，赵花丽，林树枝．地铁深基坑开挖对邻近建筑物影响分析[J]．防灾减灾工程学报，2018，38（6）：927-935.

[2] 康志军，谭勇，李想等．基坑围护结构最大侧移深度对周边环境的影响[J]．岩土力学，2016，37（10）：2909-2914.

[3] 李伟强，孙宏伟．邻近深基坑开挖对既有地铁的影响计算分析[J]．岩土工程学报，2012，34（S1）：419-422.

[4] 李伟强，薛红京，宋捷．北京地区复杂环境条件下超深基坑开挖影响数值分析[J]．建筑结构，2014，44（20）：130-133.

[5] 李伟强，孙宏伟．多高层建筑与相邻深基坑相互影响与设计措施研究[R]．北京：北京市建筑设计研究院有限公司，2013.

[6] 龚晓南，杨仲轩．岩土工程变形控制设计理论与实践[M]．北京：中国建筑工业出版社，2018.

超期服役基坑桩锚结构检测评估及加固措施

高美玲

（北京市市政工程设计研究总院有限公司，北京 100082）

摘　要：依据规范，基坑支护结构除有特殊要求外，应按设计使用年限不应少于一年的临时性结构进行设计。然而在实际工程中，因种种原因造成支护结构超期服役的状况屡见不鲜。超期服役基坑由于使用时限已经超过设计要求，对其自身结构及其周边的建构筑物及管线等环境的安全稳定构成极大的威胁。如何检测评价超期服役基坑支护结构的安全稳定，延长其服务时限，合理选用加固治理措施，成为业界普遍关注的重大问题。本文依托工程实例，阐述了一套可复制的超期基坑桩锚结构检测、评估及加固处理方案，以期为类似工程提供借鉴和参考。

关键词：超期基坑；基坑检测鉴定；安全评估；加固设计

0　引言

由于城市化进程的快速发展，促使基坑工程不断涌现，相应的支护技术也得到长足的发展。对于深基坑常规使用的桩锚结构也积累了越来越丰富的经验，但这些积累是基于支护结构作为临时性构件而沉淀的。然而，在实际工程中，由于建设单位资金不足、设计方案调整、合同纠纷等多种因素制约着基坑工程的竣工时间，致使基坑工程产生超期服役的状况屡见不鲜。超期服役基坑由于使用时限已经超过设计要求，对其自身结构及其周边的建构筑物及管线等环境的安全稳定构成极大的威胁。

如何检测评价超期服役基坑支护结构的安全稳定，延长其服务时限，合理选用加固治理措施，降低超期基坑复工安全风险，避免回填再开挖的经济损失，成为业界普遍关注的重大问题。本文依托工程实例，阐述如何进行超期基坑桩锚结构的检测评估，并制定相应的加固治理措施，以期为后续类似工程提供借鉴和参考。

1　工程概况

某商业零售开发项目位于北京市东城区，项目用地面积约 2.4 万 m²，项目为地上 3 层，地下 2～3 层，基坑竖向投影形状近矩形，东西长约 178m，南北宽约 114m，基坑设计深度 13.88～18.43m（±0.000 起算）。基坑东侧、西侧、北侧临近现状道路，道路下存现各类管线，基坑南侧临近现状民房。基坑西侧路面深部规划地铁区间线路。基坑分两期施工，一期基坑主要为代建结构服务，已施工完成。

依据地勘报告，该场地地层按其成因类型、沉积年代可划分为人工堆积层和第四纪沉积层两大类，并按其岩性及工程特性进一步划分为 12 个大层及亚层，按自上而下分述详见表 1，地下水位情况详见表 2。

该基坑支护设计安全等级为一级，基坑设计使用时间为 1 年。基坑支护方案为排桩（双排桩）+预应力锚杆支护结构，排桩直径为 800mm/1000mm，间距为 1400mm，预应力锚杆设置 3～4 道。地下水控制一期采用

支护桩间设置旋喷桩止水，坑内明排措施。二期采用三轴搅拌桩帷幕止水，坑内疏干措施，典型设计剖面如图 1 所示。项目于 2014 年 7 月动工，至 2015 年 1 月施工完成了护坡桩、帷幕桩、冠梁、钢筋混凝土挡墙和部分锚杆，土方开挖深度约 9～12m，由于外部因素施工暂停，现状剖面如图 2 所示。

地层岩性特征一览表　表 1

层号	岩性	层底标高（m）
①	房渣土	40.12～36.99
②	细砂—粉砂	34.41～36.91
③	重粉质黏土、粉质黏土	30.01～33.93
④	细砂、中砂	25.45～28.17
⑤	粉质黏土、黏质粉土	16.71～20.54
⑥	细砂、中砂	12.81～15.98
⑦	黏土、重粉质黏土	7.89～12.60
⑧	圆砾、卵石	4.30～7.50
⑨	黏土、重粉质黏土	1.77～3.67
⑩	卵石	-3.29～-0.9
	粉质黏土、重粉质黏土	-11.59～-9.27
	卵石	钻探未穿透

地下水情况一览表　表 2

序号	地下水类型	地下水稳定水位标高（m）
①	层间潜水	24.91～25.14
②	承压水	20.21～22.44
③	承压水（测压水头）	8.44～10.31
④	承压水（测压水头）	1.81～5.74

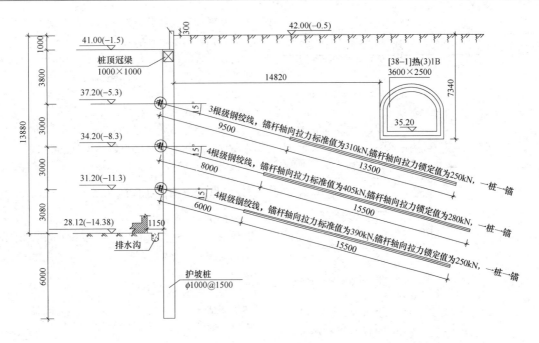

图 1　基坑原设计典型剖面

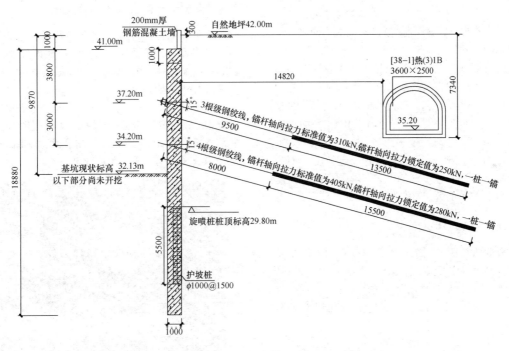

图 2　基坑现状典型剖面

2　基坑检测鉴定

2.1　桩身承载力检测

对于超期服役基坑，首先应进行基坑支护结构检测，为其安全评估提供判断依据，继而为其加固设计提供基础资料。由于本项目主要采用桩锚结构，而桩锚结构属于深基坑常用的支护结构，因其适用性广，安全可靠，相比地连墙又凸显经济优势，故而在深基坑中成为首选的支护选型。桩锚结构的安全主要体现在其构件的稳定。通过检测、鉴定支护结构自身和周边环境的状况来核算支护

结构是否稳定，继而为基坑安全评估提供依据。针对桩锚结构的深基坑，具体检测工作内容详见表3。

检测工作内容一览表　表3

序号	项目类别	工作内容
1	基坑支护结构及周边地表外观鉴定	（1）基坑周边地表沉降及裂缝情况调查； （2）护坡桩、钢腰梁、锚杆完好程度调查； （3）挂网喷射混凝土、桩间土锚喷面层完好程度调查； （4）预应力锚杆钢绞线、锚具、钢腰梁锈蚀情况调查

续表

序号	项目类别	工作内容
2	桩锚支护结构检测	（1）护坡桩桩身混凝土强度检测； （2）现状预应力锚杆锁定拉力检测； （3）现状预应力锚杆承载力检测（锚杆验收试验）； （4）现状钢绞线力学性能检测； （5）现状护坡桩、钢筋混凝土挡墙和冠梁的混凝土抗压强度检测； （6）基坑外侧土体的密实情况探测
3	基坑监测记录整理及分析	（1）基坑第三方监测数据的搜集、整理及分析； （2）使用第三方监测单位布设的各基坑监测点，连续进行3次监测（每周一次），对获得的数据进行整理分析

评定，确定其桩身完整性类别为Ⅰ~Ⅲ类。同时，根据检测成果显示，桩底普遍存在0.1~0.3m泥浆沉淀物。

采用混凝土回弹试验确定护坡桩、钢筋混凝土挡墙和冠梁的混凝土抗压强度。选取400个测区进行回弹试验。在每个测区共弹击16点，经过数据处理分析后得出：桩身混凝土推定强度范围为30.7~56.8MPa，平均值为39.09MPa；冠梁混凝土强度范围为30.6~48.4MPa，平均值为37.38MPa；钢筋混凝土挡墙混凝土强度范围为30.4~56.1MPa，平均值为35.69MPa；其他混凝土强度均能达到C30混凝土的设计要求强度（30MPa）。

2.2 锚杆抗拔承载力检测

采用锚杆验收试验确定锚杆抗拔承载力能否满足设计要求。目前基坑各支护区段已施工2道预应力锚杆（马道位置为1道），根据设计参数和基坑现场条件，锚杆分类型进行试验。对试验原始数据进行整理，绘制出试验荷载-位移曲线（Q_s曲线），典型Q_s曲线如图3所示。

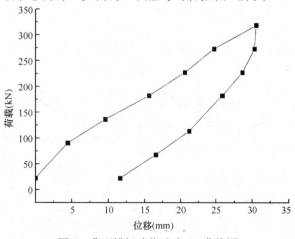

图3 典型锚杆验收试验Q_s曲线图

从锚杆验收试验情况来看，在分别加至最大试验荷载时，锚杆位移相对稳定且未出现破坏现象，在观测时间内抗拔锚杆的位移增量均不大于1.0mm，均收敛。最大试验荷载下锚杆的弹性位移量超过该荷载下杆体自由段长度理论弹性伸长值的80%，故判定锚杆均验收合格，轴向抗拔承载力均满足相应的设计要求。

部分锚杆试验的总位移量和弹性位移量数值较大，推断现阶段其轴向拉力与设计锁定值相比存在一定程度的损失。

2.3 桩后土体雷达探测

现状基坑外侧土层采用探地雷达方法进行探测，主要探测现状基坑周边地面以下5m范围内的土体密实情况。探测范围为基坑西侧、南侧、东侧南部三面，东侧北部因有房屋等障碍未探测。

基坑周边建构筑物未见明显异常。桩后土体探地雷达探测结果显示，在有效检测范围内，除基坑东侧南部地面以下约1~3m深度范围内存在一条带状轻微疏松的异常反映区域外，其他区域未见异常。

2.4 支护构件检视与周边环境调查

为了解支护构件表观状况以及基坑周边环境状况，可以采用观测、测量等方法对冠梁截面尺寸、护坡桩直径、钢腰梁锈蚀、锚头状态、桩间喷射混凝土面板及周边环境进行外观鉴定。

经现场检视，冠梁、护坡桩及钢腰梁表观尺寸符合设计要求。钢腰梁锈蚀层厚度约0.03mm（图4）。未见锚头脱落现象，手动未见松动。桩间喷射混凝土面板局部出现竖向裂缝（图5），未见脱落现象。

图4 钢腰梁锈蚀厚度测量

经现场调查，基坑周边建构筑物未见异常，坡顶地表未见明显塌陷和地裂缝。

图5　桩间混凝土面板竖向开裂

3　安全性评价

3.1　现状基坑检测成果及应用

现状基坑检测成果及应用一览表　表4

序号	类别	鉴定结论	成果应用
1	基坑支护结构外观	现状主要支护构件表观上未见异常。桩间喷射混凝土面板大体完好，局部出现开裂。钢腰梁全面锈蚀，锈蚀层厚度约0.03mm	按设计工况取值
2	基坑周边环境	基坑周边建构筑物未见明显异常。桩后土体探地雷达探测显示，基坑东侧南部地面以下约1～3m深度范围内存在一条带状轻微疏松的异常反映区域	按设计工况取值
3	主要支护构件性能	钢筋混凝土挡墙、冠梁及护坡桩体混凝土强度符合设计要求。护坡桩桩身完整性类别Ⅰ～Ⅲ类 根据锚杆抗拔承载力验收试验结果，受检锚杆均验收合格，轴向抗拔承载力均满足相应的设计要求，部分受检锚杆存在锁定力损失现象	桩长按设计桩长减0.3m取值 锚索预应力锁定值按设计锁定值的50%取值

3.2　基坑监测数据整理及分析

根据第三方监测报告数据分析，桩体深层水平位移最大值介于4.61～10.32mm，远小于预警值35mm，变化速率趋零，桩体水平方向变形基本趋于稳定。桩顶水平位移于0～7.4mm，远小于预警值28～36mm，变化速率趋零，桩顶水平变形基本趋于稳定。桩顶垂直位移介于0～-13.5mm，具体详见表5，个别部位垂直位移超过10mm，但对应其桩顶水平位移未见异常，因此可初步判断该竖向位移主要是由桩端沉淀层固结沉降引起的。有两个测点锚索轴力均超过设计轴力标准值，约为设计轴力标准值的1.4～1.6倍，对应部位的桩顶水平位移和桩体深层水平位移尚未见异常，提请监测单位排除是否为轴力传感系统故障。其他监测点反映现阶段锚索轴力均小于设计锁定值，为设计锁定值的23%～89%。可能为钢绞线自身松弛变形、锚头锁片退扣、锚固体周围土体的蠕变及腰梁刚度不足等原因造成的。

局部点位桩顶垂直位移统计表　表5

点号	2017.04.25（53期）位移（mm）	2017.05.23（54期）位移（mm）	2017.06.10（55期）位移（mm）
ZQC-14	-9.58	-10.81	-9.80
ZQC-15	-8.48	-9.59	-9.01
ZQC-16	-7.05	-8.58	-7.74
ZQC-17	-13.05	-11.86	-10.31

3.3　现状基坑稳定性分析

根据现状图的各个剖面，利用启明星计算软件FRWS 7.2进行基坑整体稳定性验算，得其安全系数为1.459～3.610，均大于1.35，满足现行规范要求[2]。

根据现状基坑检测报告，结合基坑监测数据分析和基坑稳定性计算结果，在长时工况下，现状基坑整体处于安全稳定状态。

4　加固设计

根据基坑检测鉴定及安全性评价，结合本工程实际情况，需要进行加固处理的主要有锚杆预应力损失、桩间喷射混凝土面板脱落、钢腰梁锈蚀及地表水防护等几个方面。

4.1　预应力锚杆紧固张拉

为保证在加固设计时已施工的预应力锚杆能满足设计要求，需要对部分锚杆进行重新张拉锁定，使其达到设计预应力值。在保证护坡桩配筋符合现状、桩长折减0.3m、锚杆设计值满足要求的前提下，对现有支护结构进行重新设计，得出的未施工锚杆相比原设计有所增加[3]，典型剖面如图6所示。

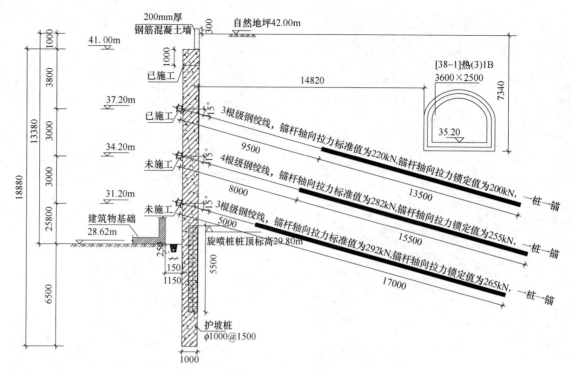

图6　基坑加固设计典型剖面

4.2　桩间喷射混凝土面板脱落修补

由于桩间喷射混凝土面板局部出现开裂，在冬春交替时节，土体易发生冻融现象或雨季受冲刷脱落，不利于桩间土体的稳定。建议在春季、雨季增加巡查次数，对于桩间土支护出现明显开裂、破损及脱落的部位进行补喷处理，必要时根据情况进行相应的加固处理，如在护坡桩间增加短土钉进行加固[4]。

4.3　钢腰梁及锚头锈蚀修补

钢腰梁普遍存在锈蚀现象，且随着时间推移，锈蚀程度将会不断加剧，进而降低腰梁刚度，引发腰梁产生屈服变形。建议对现有钢腰梁进行除锈处理并在其表面涂刷防锈漆。

加强巡视及监测，当发现钢腰梁锈蚀程度明显增加、锚杆轴力损失严重或者显现屈服变形迹象时，及时进行相应部位钢腰梁的加固处理。

对现状锚头垫板、预留钢绞线全部采用防腐漆处理。对于未张拉的钢绞线进行简单防腐处理，处理措施如下：自由段钢绞线采用涂防腐漆处理，处理后装入自由段套管中，自由段套管两端100～200mm长度范围内用黄油充填，外绕扎工程胶布固定。

4.4　地表水防护

建议做好现状地面硬化层及地表排水设施的维护工作，降低本项目在雨季面临的风险。

对基坑周边的硬化地面进行全面检查，对破损部位、开裂部位进行补充硬化，采用C15混凝土进行硬化。

基坑坡顶位置设置挡水墙，防止雨水进入基坑和坡面。挡水墙可采用普通砖砌筑，高度不小于200mm。

做好排水疏导，地面硬化应结合排水沟、雨水管道（算子）设置散水，散水坡度一般为3%～5%。

4.5　动态监测

当支护构件出现外观上的变形松动迹象、雨季及冬春交替易引起冻融变化时节，更应增加监测频率及巡视次数。

监测过程中应根据前期已发生基坑累计变形量、新的监测预警值及实时监测位移速率情况，综合确定预警状态，如果增量变化速率≥2mm/d或监测数据异常时及时通知建设、设计单位[5]。

根据监测情况确定锚杆补充张拉要求，当基坑位移变大，速率增大时，对相应部位的预应力损失过大锚杆进行补充张拉。

加强监测及巡视力度，当发现监测数据异常及锚头、垫板、钢腰梁出现明显变形或者脱落时，应及时进行修复处理，对锚索进行补充张拉。

5　结论

通过对超期基坑的检测鉴定、基坑安全评估，确定超期基坑需要进行加固的关键环节，采取相应的加固处理措施，延长基坑服务时限，降低安全风险。通过采取基坑支护结构及周边地表外观鉴定、桩锚支护结构检测及对基坑监测记录整理分析，综合评定基坑安全稳定性。采用钻芯法检测桩身混凝土的质量、探地雷达探测桩外土层密实性、锚杆验收试验判断锚杆是否失效，为支护构件是否需要采取相关加固措施提供判断依据。通过增加预应力锚杆排数或增加长度、对预应力锚杆进行补充张拉、对桩间土体进行补喷混凝土及钢腰梁和锚头进行防腐除锈处理等加固方式，重点控制地表水和地下水对超期基坑的影响，采用动态监测实时关注各支护构件的运行情况，及时发现问题进行修复处理，保证基坑及周边环境的安全、平稳运行。

参考文献：

[1] 建筑基坑工程监测技术规范 GB 50497—2009[S]. 北京：中国计划出版社，2009.

[2] 建筑基坑支护技术规程 JGJ 120—2012[S]. 北京：中国建筑工业出版社，2012.

[3] 张怀文，董可，董辉. 锚杆工法控制对桩锚支护结构稳定性的影响[J]. 工程勘察，2011，39(11)：24-28.

[4] 混凝土结构设计规范 GB 50010—2010[S]. 北京：中国建筑工业出版社，2015.

[5] 佟德生，段文峰，于治源. 长春市某建筑基坑支护结构事故原因的分析[J]. 工程勘察，2009(3)：18-21.

半逆作法深基坑支护地下连续墙试成槽分析研究

邱国梅

（江苏威宁工程咨询有限公司，江苏 南京 210001）

摘　要： 南京首建中心项目周围环境非常复杂，需保护周围邻近的地铁、文物建筑、民宅，民扰因素一度让本工程停滞。本项目深基坑支护采用半逆作法，采用两墙合一地下连续墙作为竖向围护和承重结构，如何保证地下连续墙的连续施工和质量尤为重要，从而地下连续墙正式施工前的试成槽则尤为关键。笔者结合实践对地下连续墙试成槽 DQ5、DQ6、DQ7 进行深入分析研究，提出了有建设性、针对性的建议和意见。

关键词： 试成槽；施工参数；施工分析；混凝土绕流

0 引言

地下连续墙的施工技术、工法复杂，质量要求严，施工难度大，如施工操作不当易出现导墙变形、槽壁坍塌、钢筋笼吊放不下、钢筋笼上浮、槽段接头渗漏水等各类质量问题。本文结合南京首建中心项目采用半逆作法深基坑支护地下连续墙的实例，阐述了"两墙合一"地下连续墙试成槽的至关重要性和相关参数的分析研究、总结。

1 工程概况

1.1 本工程位于南京秦淮区中心城区

地理位置优越，政治、商业气氛浓厚，是市中心不可多得的黄金地段。建设用地面积约 15363.03m²，总建筑面积约 53554m²，其中地上建筑面积约 30726m²，地下两层地下室建筑面积约 22828m²。本工程分别由 1 号、2 号、3 号楼三个单体组成，1 号楼、2 号楼、3 号楼都是框架结构，分别为 7 层、5 层、3 层。二层地下室为框架-剪力墙结构。

1.2 南京首建中心项目的地下连续墙概况

基坑面积约 11606m²，周长约 582m，基坑开挖深度 11.93m。本项目±0.00 相当于绝对标高（吴淞高程）＋9.55m。本工程总体支护方案采用半逆作法施工，基坑周边采用地下连续墙（两墙合一）作为竖向围护结构，地下连续墙墙宽 0.8m，混凝土强度等级 C35（水下），抗渗等级 P8。地下连续墙划分为 A、B、C、D、E、F、G 7 类共 42 种槽段，总计 102 幅，槽段接头采用 H 型钢接头。逆作法施工区域利用结构梁板作为水平支撑构件。上部结构待地下主体结构施工完成后施工。

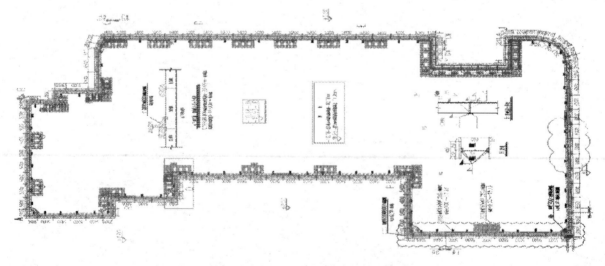

图 1　南京首建中心地下连续墙分幅平面布置图

1.3 地下连续墙试成槽概况

（1）本工程地下连续墙投入 2 台宝峨 GB60 型成槽机、2 台 200t 履带吊、1 台 150t 履带吊施工，原计划定于 DQ1、DQ2、DQ3 作为试成槽段，先行进行 DQ1 成槽施工，由于 DQ1 试成槽期间出现塌槽，后设计单位在基坑南侧另选取一个区段作为试验段，定为施工三幅槽段。变更试成槽为 DQ5、DQ6、DQ7；开槽顺序为 DQ5→DQ7→DQ6。其中 DQ5、DQ7、DQ6 定为试成槽幅段，试成槽结束后即进行后续地下连续墙施工，总体槽段施工流程按首开幅→连接幅→闭合幅进行。

地下连续墙试验段槽段形式及尺寸一览表

表1

槽段编号	槽段形式	槽段宽度（mm）	厚度（mm）	幅数	夹角
DQ6、DQ7	L	L=6500/5000	800	2	—
DQ5	L	L=6000	800	1	—

（2）试成槽定位

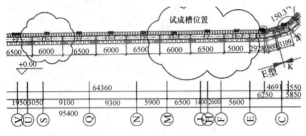

图2　试成槽位置示意图

（3）试成槽监测情况部署

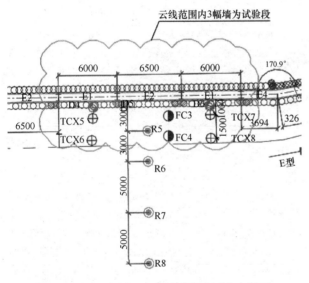

图3　DQ5、DQ6、DQ7试验段监测点布置图

2　试成槽施工前的准备

（1）施工单位需编制《半逆作法深基坑专项施工方案》《半逆作法深基坑监测方案》《地下连续墙施工方案》《地下连续墙试成槽施工方案》《地下连续墙钢筋笼吊装施工方案》《地下连续墙专项检测方案》《地下连续墙混凝土输送方案》并签署书面意见。其中《半逆作法深基坑专项施工方案》《南京首建中心地下连续墙钢筋笼吊装施工方案》《半逆作法深基坑监测方案》属超危工程，经专家论证后由建设单位、监理单位审核通过。其中《地下连续墙试成槽施工方案》需经设计认可签字同意实施！

（2）提前收集并认真组织学习《逆作法施工技术规程》DG/TJ 08—2113—2012、《地下连续墙施工规程》

DG/TJ 08—2073—2016、《建筑工程逆作法技术标准》JGJ 432—2018。

（3）检查施工准备工作

1）重型道路和钢筋笼加工场地的施工：钢筋笼加工区域根据不同功能划分为钢筋加工区、半成品堆放区及钢筋笼加工平台。

2）试成槽机、主履带吊、副履带吊的组装、验收、检测。

3）试成槽机、主履带吊、副履带吊司机的上岗证和电工、焊工的特殊上岗证。

4）检查泥浆循环系统的设置情况。

5）检查过程中标养池的正常运转及标养试块的标准制作。

6）检查、验收监测单位埋设的监测点。

7）检查、验收检测单位埋设情况。

8）检查施工单位项目经理、项目技术负责人对主要管理人员就专项方案交底的书面签字记录。检查施工单位项目技术负责人对作业班组就专项方案交底的书面签字记录。

3　试成槽试验目的

（1）确定地下连续墙成槽施工工艺：地下连续墙定位控制及墙宽控制；地下连续墙平面内、平面外垂直度控制；槽段开挖方式、开挖速度、砂层及岩层内成槽等工艺；泥浆配比、含砂率、黏度控制；槽底沉渣控制；槽底注浆工艺；混凝土浇筑及防绕流工艺；后续槽段型钢刷壁工艺。

（2）确定地下连续墙钢筋笼制作、起吊、安放施工工艺。

（3）检验成槽设备可行性。

（4）掌握成槽施工对环境的影响。

（5）试成槽的控制

根据本工程地下连续墙设计深度及穿越岩土层情况不同，为全面掌握本场区地下连续墙施工工艺，根据场地环境条件，在基坑南侧选取一个区段作为试验段，定为施工三幅槽段。

4　试成槽分析、研究报告编制依据

（1）设计图纸要求（地下连续墙预埋措施布置图、基坑支护设计整套图纸）；

（2）施工方案（深基坑围护施工方案，房建专家和地铁专家已评审通过；地下连续墙试成槽施工方案，建设、监理审批通过；地下连续墙钢筋笼吊装专项施工方案/专家评审已通过）；

（3）地下连续墙试成槽技术交底文件；

（4）地下连续墙试成槽现场施工记录（泥浆测试记录、钢筋笼验收记录、各道工序施工时间记录、混凝土浇筑记录、混凝土坍落度测试记录等）；

（5）试成槽设计确认文件（图纸会审、技术核定单——试成槽移位；技术核定单——地下连续墙调幅确认单；技术核定单——地下连续墙钢筋笼加工长度确认单）；

（6）试成槽成槽质量检测报告及周边环境监测报告。

5 地质情况

场地地形较平坦，地面高程在9.01～9.94m，场地地貌为秦淮河古河道区。

（1）场地岩土层分布

①₁杂填土：褐黄—褐灰色，松散—稍密，粉质黏土混碎石、碎砖、混凝土块填积，碎石含量25%～30%，粒径1～10cm不等，个别大于10cm。填龄大于5年。层厚1.5～6.8m。

①₂素填土：灰黄—灰色，软—可塑，粉质黏土夹少量碎块土填积，填龄大于10年。层厚0.4～2.6m，层顶埋深1.5～4.7m。

①₂ₐ淤泥、淤泥质填土：灰色，流塑，含腐殖物，夹有少量碎砖，分布于暗塘底部。层厚0.3～3.0m，层顶埋深1.9～4.9m。

②₁粉土夹粉质黏土：黄灰色—灰色，粉土为稍密—中密，饱和，粉质黏土为软—流塑，局部夹薄层稍密粉砂。光泽反应弱，摇振反应迅速，韧性、干强度低。层厚0.2～2.9m，层顶埋深3.9～5.8m。

②₂ᵦ粉砂：灰色，松散，局部稍密，饱和，石英颗粒，含云母碎片，夹薄层（局部层状）软—流塑粉质黏土、淤泥质粉质黏土。层厚2.9～6.8m，层顶埋深4.2～7.4m。

②₃淤泥质粉质黏土、粉质黏土：黄灰—灰色，粉质黏土为流塑（局部软塑），夹薄层粉土、粉砂，局部夹层状粉土、粉砂，粉土、粉砂为稍密。光泽反应弱，有摇振反应，韧性、干强度中等偏低。层厚4.6～12.3m，层顶埋深9.4～12.7m。

②₄粉细砂夹粉质黏土：粉砂为灰色，稍密—中密，饱和，含云母碎片，粉质黏土为灰色，软塑，局部呈互层状。层厚0.2～12.2m，层顶埋深17.1～22.6m。

③₃粉质黏土、黏土：褐黄色，可塑—硬塑，夹少量铁锰结核，切面稍有光泽，韧性、干强度中等偏高。层厚1.0～3.1m，层顶埋深18.0～22.3m。

③₄黏土、粉质黏土：褐黄—灰黄色，硬塑—可塑，夹少量铁锰结核，切面稍有光泽，韧性、干强度中等偏高。层厚1.0～5.8m，层顶埋深20.0～28.5m。

③₄ₐ粉质黏土、黏土：灰色—灰黑色，流塑—软塑，切面稍有光泽，韧性、干强度中等偏高。层厚1.0～6.7m，层顶埋深22.0～37.30m。

③₄ᵦ粉质黏土混团块状粉细砂：灰色—灰黄色，粉质黏土为可塑—软塑，粉细砂为稍密—中密，摇振反应不明

显，切面稍有光泽，干强度、韧性中等偏低。层厚1.0～15.5m，层顶埋深19.7～35.0m。

③₄ᵪ粉细砂：灰色，中密—密实，饱和，石英颗粒，含云母碎片，夹薄层软塑状粉质黏土。层厚0.6～5.5m，层顶埋深31.0～36.8m。

③₄ₑ含卵砾石粉质黏土：灰黄色，软塑—可塑，混砾砂、中粗砂，卵砾石含量不均匀，一般在10%～30%不等，粒径1～8cm，个别大于10cm，成分以石英岩为主，磨圆度较好，呈次圆状。层厚0.1～3.0m，层顶埋深29.9～36.9m。

⑤₁强风化泥岩、泥质粉砂岩：紫红色，岩石结构已遭破坏，岩芯易折断、能捻碎，碎后呈砂土状，属极软岩，岩体基本质量等级为Ⅴ级，遇水极易软化。层厚0.2～2.8m，层顶埋深33.5～40.9m。

⑤₂中风化泥岩、泥质粉砂岩：紫红色，泥质胶结，有少量裂隙发育，多呈闭合状，泥质充填。岩体较完整，属极软岩，岩体基本质量等级为Ⅴ类，遇水易软化。层顶埋深34.3～42.8m，未揭穿。

（2）水文地质条件

据场地地下水的赋存条件，场地地下水可以分为潜水和承压水。

1）潜水

潜水含水层为①层人工填土、②₁层粉土夹粉质黏土，②₂ᵦ层粉砂，②₃层淤泥质粉质黏土、粉质黏土夹薄层粉土、粉砂和②₄ₐ粉质黏土（局部分布）。南京地区地下水位最高一般在7～8月份，最低多出现在旱季12月份至翌年3月份。本次野外勘探时间为2018年1月25日—2月3日，期间量测的潜水水位在地面以下1.1～1.9m，高程为7.60～9.48m（吴淞高程系），水位起伏和地形起伏一致。年变化幅度一般在1.0m左右。

2）承压水

承压水含水层为②₄层粉细砂、③₄ᵦ层粉质黏土夹团块状粉细砂、③₄ᵪ粉细砂和③₄ₑ层含卵砾石粉质黏土（大部分地段上述土层相接）。该含水层厚度较大，大部分渗透性强，水量较丰富。其补给来源主要为场外与其相通的含水层及场地范围潜水含水层的补给，以侧向径流方式排泄。水头较为稳定，但会随季节性略有升降，但变幅一般不超过0.5m。本场地因受古河道冲刷切割，该层承压水隔水顶板部分已被揭穿，与潜水含水层相通，两含水层之间有水力联系，导致承压水头较高，并接近于潜水位。根据详细勘察阶段量测的结果看：承压水头埋深为地面下2.5～3.2m，高程为6.78～7.21m。

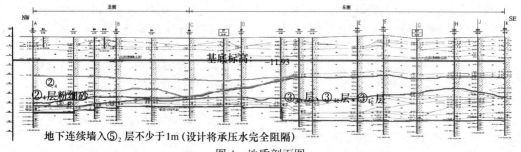

地下连续墙入⑤₂层不少于1m（设计将承压水完全阻隔）

图4 地质剖面图

图 5 地下连续墙成槽机设备

图 6 地下连续墙成槽机成槽作业

6 试成槽设备和技术参数

（1）试成槽设备选用带有强制纠偏功能的成槽机进行成槽，成槽过程中利用成槽机的显示仪进行垂直度跟踪观测，做到随挖随纠。本次试成槽采用的是金泰 SG60A 型液压抓斗成槽同时配备 XR260D 型旋挖钻机辅助入岩成槽。

（2）试成槽技术参数

DQ5 槽段深度 40.5m，宽度 6m，厚度 0.8m；

DQ7 槽段深度 41.15m，宽度 5m，厚度 0.8m；

DQ6 槽段深度 42.73m，宽度 6.5m，厚度 0.8m。

1）清孔后的成槽深度误差：＋100mm；槽长误差：±50mm；槽段沿竖向相邻槽段偏移≤50mm；

2）槽宽误差：±10m；墙面突出：≤100mm，突出部分应凿平，凿平后墙面高差应≤50mm；

3）槽段垂直度误差：1/500；墙顶标高误差：±30mm；

4）混凝土应连续浇灌，不得留水平施工缝；

5）槽底沉渣厚度应小于 10cm（浇灌混凝土前）；

6）新拌制泥浆相对密度 1.05～1.15，黏度 19～25s，含砂率≤4%，pH 值 7～9。

7 三幅槽施工参数记录

（1）第一幅槽 DQ5 施工参数记录

序号	工序名称	成槽范围	开始时间	结束时间	耗时	备注
1	DQ5 第一抓	地面—岩面	2019.7.9 13：00	2019.7.9 19：55	6 小时 55 分	深度 40.5m
		入⑤₂层 1m	2019.7.9 19：55	2019.7.9 20：55	1 小时	
2	DQ5 第二抓	地面—岩面	2019.7.9 20：55	201.7.10 4：20	7 小时 25 分	
		入⑤₂层 1m	2019.7.10 4：20	2019.7.10 5：20	1 小时	
3	DQ5 第三抓	地面—岩面	2109.7.10 5：30	2019.7.10 8：30	3 小时	
		入⑤₂层 1m	2019.7.10 8：30	2019.7.10 9：30	1 小时	
4	成槽检测		2019.7.10 9：30	2019.7.10 10：00	30 分钟	
5	吊放钢筋笼		2019.7.10 10：00	2019.7.10 12：00	2 小时	
6	回填土及碎石、并安装锁口管		2019.7.10 12：00	2019.7.10 14：30	2 小时 30 分	
7	安装灌注架及导管		2019.7.10 14：30	2019.7.10 16：40	2 小时 10 分	
8	浇筑混凝土		2019.7.10 16：40	2019.7.10 22：30	5 小时 50 分	理论方量 184.32m³，实际灌注 205m³，充盈系数 1.11
9				合计	33 小时 25 分钟	

（2）第二幅槽 DQ7 施工参数记录

序号	工序名称	成槽范围	开始时间	结束时间	耗时	备注
1	DQ7 第一抓	地面—岩面	2019.7.10 23：00	2019.7.11 6：00	7 小时	深度 41.15m
		入⑤₂ 层 1m	2019.7.11 6：00	2019.7.11 8：00	2 小时	
2	DQ7 第二抓	地面—岩面	2019.7.11 8：00	2019.7.10 4：20	6 小时 25 分	
		入⑤₂ 层 1m	2019.7.11 14：25	2019.7.11 15：25	1 小时	
3	DO₇ 第三抓	地面—岩面	2019.7.11 15：25	2019.7.11 18：30	3 小时 5 分	
		入⑤₂ 层 1m	2019.7.11 18：30	2019.7.11 19：30	1 小时	
4	成槽检测		2019.7.11 19：30	2019.7.11 20：30	1 小时	
5	吊放钢筋笼		2019.7.11 20：30	2019.7.11 22：30	2 小时	
6	回填土及碎石、并安装锁口管		2019.7.11 22：30	2019.7.12 01：00	2 小时 30 分	
7	安装灌注架及导管		2019.7.12 01：00	2019.7.12 02：00	1 小时	
8	浇筑混凝土		2019.7.12 02：00	2019.7.12 06：15	4 小时 15 分	理论方量 156.2m³，实际灌注 174m³，充盈系数 1.11
9				合计	31 小时 15 分钟	

（3）第三副槽 DQ6 施工参数记录

序号	工序名称	成槽范围	开始时间	结束时间	耗时	备注
1	DQ6 第一抓	地面—岩面	2019.7.16 20：50	2019.7.17 02：30	5 小时 40 分	深度 42.73m
		入⑤₂ 层 1m	2019.7.17 02：30	2019.7.17 04：30	2 小时	
2	DQ6 第二抓	地面—岩面	2019.7.17 04：30	2019.7.17 8：00	5 小时 30 分	
		入⑤₂ 层 1m	2019.7.17 8：00	2019.7.17 12：00 / 2019.7.17 15：00	2 小时	
3	DQ6 第三抓	地面—岩面	2019.7.17 12：00	2019.7.17 17：00	3 小时	
		入⑤₂ 层 1m	2019.7.17 15：00	2019.7.17 17：55 / 2019.7.17 19：00	2 小时	
4	刷壁		2019.7.11 17：00	2019.7.17 21：10	55 分	
5	成槽检测		2019.7.17 17：55	2019.7.17 22：50	1 小时 5 分	
6	吊放钢筋笼		2019.7.17 19：10		2 小时	
7	安装灌注架及导管		2019.7.17 21：10		1 小时 40 分	
8	浇筑混凝土		2019.7.17 22：50	2019.7.18 05：40	6 小时 50 分	理论方量 211.38m³，实际灌注 230m³，充盈系数 1.06
9				合计	32 小时 40 分钟	

图7 钢筋笼吊装入槽

图8 地下连续墙混凝土浇筑

8 试成槽三幅对比分析

8.1 泥浆配置对比分析

本工程新浆按 80～100kg 膨润土、1000kg 水配比制成泥浆，经膨化 24h 后，投入成槽施工中使用。实测新浆性能指标为：相对密度 1.05，黏度 25s，pH 值 8。过程中实时监控循环浆泥浆性能，每幅槽段每一抓斗分上中下取三次泥浆，测得性能指标均保持在：相对密度 1.12，黏度 23s，pH 值 8 左右，含砂率≤4%，经过各方共同抽查检测，三幅槽段泥浆性能均符合设计要求。由于泥浆在槽段内沉淀及槽底泥浆与混凝土中水泥因子混合，破坏了泥浆护壁性能，每幅槽段在灌注回浆过程中，将槽底以上 10m 范围泥浆做废浆处理，统一抽回废浆池后装车外运，每幅槽段废弃泥浆约 40～60m³，废浆率约 25%。

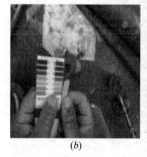

图 9

(a) 测试泥浆相对密度；(b) 泥浆 pH 值指标；(c) 泥浆黏度测试

8.2 槽段判岩使用分析

试验槽段入岩存在一定的偏差，若槽深大于钢筋笼长度，则只对 H 型钢进行接长，若槽深小于钢筋笼长，则需将钢筋笼及 H 型钢进行割除，此类超出的工作内容需监理、业主进行现场核实确认，以便后期结算计量。由于现场判岩严格参照地勘报告就近勘探孔数据，可能与现场实际存在一定偏差，使成槽机挖岩量增加，单幅墙成槽时间延长（DQ14 成槽机按鉴定后的深度入岩，耗时约 3 小时），长时间抓槽对槽壁稳定及周边环境不利，建议根据现场实际进行判岩。如若耗时仍然较长，为保护周边环境，建议设计考虑选用其他成槽效率高的工艺，如采用双轮铣工艺，国内地下连续墙施工设备有：（1）液压抓斗（或配备冲击钻）；（2）旋挖钻机；（3）双轮铣工艺。其中双轮铣的效率是几种设备中最高的。

8.3 试成槽施工对比分析

成槽质量的好坏与成槽司机的责任心有关系。如偏差较大，司机需立即停止下沉，进行修槽纠偏，待垂直度满足要求后方可继续成槽抓土。成槽机内部有显示仪器，可以很好地控制垂直度。根据试成槽能基本确定单幅槽段抓土及入岩 1m 时间，第一抓总耗时约 7.5h、第二抓总耗时约 7.5h，第三抓总耗时约 4.5h 总计约 19.5h。若判岩后入岩较深，则成槽总用时约 24h，甚至更长。由于本工程地层复杂，浅层杂填土较多，本工程 DQ1 试成槽过程中，重型机械停车位下的松散的杂填土对双轴内槽壁搅拌桩产生向槽段倾倒的侧向压力；加之本工程地下连续墙槽壁加固方式内外不一样，内侧双轴深搅，外侧三轴深搅，并且两侧深度不一，仅差 7.5m。抓斗在穿越双轴槽壁加固底部以后，一侧有三轴水泥土加固体，另一侧无加固体，此区段两侧槽壁一边软一边硬，使抓斗向软土层倾斜，极易形成"S"形曲线槽段，增加了成槽施工难度，只能边抓槽，边修槽，如果无法修好则钢筋笼就会下放困难，而反复修槽使成槽时间大大延长。故建议槽壁内外加固形式统一为三轴深搅，深度统一！

同时由于 DQ1 成槽后，因设计钢筋笼与判岩标高不符，需要接长，等待钢筋笼时间较长约 12h，槽壁不同程度出现不稳定现象，这也是导致 DQ1 试成槽塌槽事件的诱因之一。

在其他试成槽段施工过程中，由于本工程设计槽壁加固与地下连续墙之间留有约 5～6cm 空隙，此部分土体在成槽过程中在抓斗的上下活动时，由于与加固土体之间没有粘结力，全部沉落槽底，使槽段的设计厚度变大，成槽土方、泥浆用量及混凝土用量均增大，增大比例约 7%～8%。

8.4 砂层成槽分析

本工程地下连续墙穿越③4b、③4c 土层，含砂量较多，成槽机抓斗扰动后，极易流入槽段内，破坏槽段泥浆护壁性能，易引起塌槽等。从灌注回收泥浆经除砂机过滤处理来看，出砂量较大，主要采取措施，增加泥浆黏度 21～25s，增加循环泥浆相对密度至 1.10～1.20，确保泥浆护壁效果。

8.5 钢筋笼加工分析

根据本工程地层特性，成槽后一旦槽段暴露时间过长、极易出现塌孔，缩槽等现象，这就必须要求钢筋笼超前加工，务必在槽段终槽之前将钢筋笼加工成型，并验收合格。钢筋笼验收实行过程验收及最终验收，以减少后期整改时间，验收分两步：第一步待钢筋笼底排筋及桁架筋安装完成后进行验收；第二步待钢筋笼全部加工成型后，统一验收，各参建方共同签字认可。由于钢筋笼加工必须提前下料准备，避免电焊工加工制作时缺筋少料，项目部需提前进行翻样及交底，要求设计需提前明确给出每幅墙钢筋笼加工长度，避免施工方后期因钢筋笼长度不匹配实际槽段而接长或割除钢筋笼等多余工作；同时也便于后期的结算计量。通过本项目试成槽段钢筋笼加工时间的统计，每幅地下连续墙钢筋笼加工时间约为 8～9h（不含下料、接丝等辅助准备时间），异形幅槽段加工时间约 12h。

8.6　H 型钢背面回填土及安装锁口管分析

为确保混凝土灌注过程中不绕流，浇筑前预先在型钢外侧回填碎石及黏性土，并安装锁口管可防止混凝土发生绕流。为保证锁口管和分幅线完全对中，开挖宽度一般都要外放锁口管直径尺寸，但在实际抓斗作业中，侧壁不是严格垂直的，在浇筑过程中锁口管侧面可能还会有绕流。因此，在型钢外侧回填土及碎石后，在吊放锁口管过程中下快钩使锁口管扎入底部土体中，对回填的碎石及黏土进行压实，并用短筋在槽将锁口管固定，锁口管侧面空隙处回填碎石或黏性土。

通过实验槽段，回填碎石及黏性土、安装锁口管约需 2 小时 30 分，如若采用连接幅施工，则此工序时间将会减少 50%。通过以上措施来防止混凝土绕流，但是成槽机穿过局部含砂的地层，容易塌槽，在 H 型及锁口管均不能起到很好的阻挡作用下，混凝土可能通过塌槽的区域绕流，且设计要求相邻幅施工需待本幅槽段混凝土达到 80%强度，等到开挖相邻幅段时，绕流的混凝土强度较高，处理时间长，对槽壁稳定不利。为确保周边环境安全，建议调整相邻幅施工对一期槽段混凝土强度要求，一般 24～36h 即可施工相邻幅段。

8.7　H 型钢刷壁施工分析

闭合幅槽段成槽完毕后，成槽检测前，进行 H 型钢侧的刷壁施工，根据以往施工经验，特制一种安装于成槽机抓斗侧壁上的钢制铲刀并辅以钢丝刷进行上下刷壁，直至钢丝刷上无泥为止。

8.8　混凝土灌注施工分析

混凝土进场必须进行坍落度检测，不符合要求的混凝土严禁使用。标准槽段需两个导管灌注，初灌必须两导管同时灌注，确保导管埋入混凝土面以下至少 500mm，后续如果混凝土供应速度慢，可以交替下料，但一定保证两导管交替，其中一管灌注，另一管必须不停上下活动，活动幅度在 30～50cm，确保两管附近混凝土面高差不超过 30cm。在泥浆比重大的情况下，适当降低混凝土浇灌速度，以保证在接头处和墙身处没有夹泥现象。混凝土导管的埋深一定按照 2～6m 控制，埋太深容易影响浇注速度，太浅会影响混凝土的质量。在浇筑过程中，导管只可上下晃动，使粘附在管内的混凝土靠惯性下沉，切不可前后左右晃动，否则会在混凝土面上出现夹泥。通过试成槽幅段，混凝土浇筑时间约为 4～6h。由于设计要求相邻幅槽段施工需等一期槽段混凝土强度达到 80%方可施工，按一般施工经验，混凝土达到 80%强度，需 7d 左右时间，地下工程施工，不可控因素较多，万一出现有绕流混凝土，7 d 强度将很难处理。槽段暴露时间长，大大增加了槽壁出现坍塌的风险，对本工程周边地铁、建筑不利，建议缩短间歇时间，根据往经验，待一期槽段完成后24～36h 即可施工相邻幅段。

通过 DQ7 混凝土浇筑，另外留置了 4 组同条件养护的试块，分别进行了 1 天、2 天、3 天、4 天的试压对比，如下表所示，1 天试块强度达到了设计强度的 38%，2 天试块强度达到了设计强度的 57%，3 天试块强度达到了设计强度的 65%，4 天试块强度达到了设计强度的 81%。

序号	时间	具体时间	时间间隔	试压结果			备注
1	混凝土开始浇筑时间	7 月 12 日 2：05	—				
2	混凝土结束浇筑时间	7 月 12 日 6：15	—				
3	第一次试压	7 月 13 日 16：30	34h	148.55 131.01 140.43	13.30	38%	搅拌站
4	第二次试压	7 月 14 日 16：30	58h	215.21 205.18 205.21	19.81	57%	搅拌站
5	第三次试压	7 月 15 日 16：30	82h	—	22.8	65%	检测中心
6	第四次试压	7 月 16 日 16：30	106h	298.21 288.86 304.51	28.23	81%	搅拌站

9　试成槽监测的风险分析

（1）试成槽过程中，应当实时监测成槽施工的周边环境变形值，一旦发现变形过大，达到报警值，如果成槽没完成，则立即停止成槽，将原状进行回填；如若已安装钢筋笼，则应加快速度，进行灌注施工。

（2）对周边环境变形大的情况进行详细分析，讨论对策，上报各参建方批示，同意后再进行试成槽。

（3）建议监测方案里增加对地下连续墙钢筋应力监测、地下连续墙墙体深层水平位移监测。

10 试成槽检测分析

成槽结束后,分别进行各抓斗的成槽超声波检测(每幅墙不少于 3 个断面),根据超声波检测报告,槽壁在双轴加固体底部开始有向坑内倾斜的迹象,但经过成槽机抓斗及时纠偏,使槽段回归原曲线,虽耗费一定的修槽时间,但保证了成槽垂直度达到 1/500 以内,同时经超声波检测测得沉渣厚度<10cm,成槽机抓斗撩抓法清底满足设计要求。通过超声波检测 H 型钢侧壁,特制铲刀加钢丝刷效果良好。

11 结论

(1)通过试成槽段的成槽时间对比分析,每幅墙成槽时间耗时约 19～24h,如遇到较硬岩层,则效率更低(如 DQ1 每一抓入⑤$_2$岩层 1m 就用时 3h)。成槽时间长,导致混凝土超方,建议混凝土浇筑方量按实计量。

(2)为减少地下连续墙因内外槽壁加固形式不一、深度不一引起的槽壁坍塌,建议槽壁内外加固形式统一为三轴深搅,深度统一!

(3)设计要求相邻幅施工需待本幅槽段混凝土达到 80%强度,为确保周边环境安全,建议调整相邻幅施工对上期槽段混凝土强度要求,一般 24～36h 即可施工相邻幅段。

(4)根据试成槽结果,原设计图纸规定的入岩标高与实际判岩深度相差较大,经建设、监理、设计、总包单位召开专题会,会议针对地下连续墙成槽深度钢筋笼制作变更调整要求如下:1)设计图纸中槽底标高不作考虑,以地质报告中勘探孔区间最深入岩面加工制作 H 型钢及钢筋笼;2)若现场判岩后钢筋笼长度(需接长部分)不足 1m,只加长 H 型钢,构造筋不增加,若判岩面深于钢筋笼底标高,则进行割除。

某基坑局部变形超控原因及处置

石晓波

（北京城建勘测设计研究院有限责任公司，北京 100101）

摘　要： 随着市场经济的飞速发展，基坑工程也在向大深度、大体积的方向发展，随之而来基坑的变形问题日益突出。本文结合某实际工程案例分析与探讨该基坑变形的原因，并采取多种手段验证了判断，在之基础上提出了针对性的处理方案，经实施取得了较好的效果，确保了基坑的安全。目前，该基坑内的桩基础及抗浮桩已接近完工[1]。望本文能为后续类似工程提供参考。

关键词： 变形超控；原因分析；物探验证；处置措施

0　序言

基坑开挖，改变了地层原有的应力状态，必然发生变形予以调整，在一定的范围内，经过支护等手段可以保证基坑施工及周边环境的安全。基坑变形受所处场地的工程地质条件、水文地质条件、基坑规模、周边环境情况、极端气候条件、施工组织管理等影响较大[2]，在深厚软土地区进行深基坑开挖时，往往存在更大的安全风险，所以必须实施信息化施工和动态设计。本文结合实际案例对深基坑施工过程中基坑变形的原因进行分析，提出合理有效的处理措施，使基坑变形得到控制，确保基坑的整体稳定性和安全性[3]。

1　工程概况

本工程位于北京市昌平区未来科技城，北侧为定泗路，东侧为鲁疃西路，南侧为项目管理区，西侧为未来开发的空地。

本工程相对标高±0.00 相当于绝对标高 31.50m。基坑北侧自然地面为 31.50m，基坑南侧自然地面为30.50m，中间地铁已按二级放坡开挖约 8.85m（绝对标高 21.65m），1-1、2-2、3-3 剖面开挖深度为 19.86m（绝对标高 10.64m），4-4、5-5、6-6 剖面开挖深度为 20.86m（绝对标高 10.64m）。基坑周长约 365m、开挖面积约 21000m²。

本基坑工程主要采用桩锚支护体系，护坡桩桩径为800mm，局部为 1000mm；桩长分别为 22m、28m、29m。受篇幅所限，仅将基坑变形较大部位的剖面图显示，如图1、图2所示。

2　工程地质、水文地质条件

2.1　工程地质条件

依据勘察报告可知，按地层沉积年代、成因类型，将本工程沿线勘探范围内的土层划分为人工堆积层、第四纪全新世近沉积层、第四纪全新世冲洪积层、第四纪晚更新世冲洪积层共 4 大层。本场区按地层岩性及其物理力学性质进一步分为 12 个亚层。

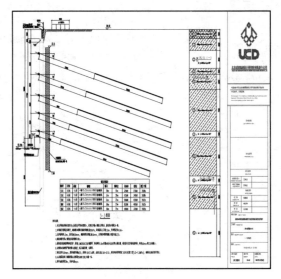

图 1　剖面示意图一

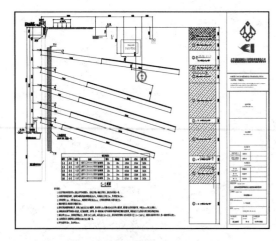

图 2　剖面示意图二

2.2　水文地质条件

本工程 35m 深度范围内共发现存在五层地下水，分别为上层滞水（一）、潜水（二）、层间水（三）、层间水（四）、承压水（五）。

典型地质剖面图如图3所示。

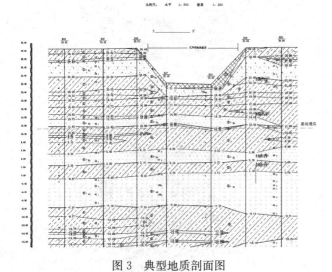

图3 典型地质剖面图

3 变形发展经过

3.1 第一阶段变形情况

11月22日，发现H145-H149号护坡桩桩间出现渗水现象，继而出现流砂流土，导致桩体后方有空洞存在；现场立即采用草皮袋、碎石滤料对渗水部位进行封堵，将桩后空洞填实，并插入用80目密目网缠绕塑料管做导流管进行引流，经上述处理后，H145-H148号桩间停止渗水，但H148-H149号桩间（桩顶对应位置为监测点J28）仍有流水流砂现象，流砂累计约5m³；11月29日上午，基坑安全巡查人员发现3-3、5-5剖面坡顶距基坑约2m处局部出现约2cm宽裂缝，距坡顶约25m处出现长度约50m贯通缝；下午对基坑边2m处裂缝进行人工注浆充填，防止雨雪水下渗。

监测单位11月29日的监测数据显示：2-2剖面北部J26号监测点坡顶水平、竖向位移、桩顶水平位移变化速率和累计变化值均超预警值；3-3剖面J27~J30桩顶水平、竖向位移变化速率和累计变化值均达预警值；3-3剖面南侧Z25~Z29第二道锚杆轴力监测点变化速率较大，Z27第三道锚杆轴力监测点单日变化87.4kN，变化速率超预警值，Z30、Z31第三道锚杆轴力监测点单日变化30kN，变化速率即将达到预警值。各监测点位置如图4所示。

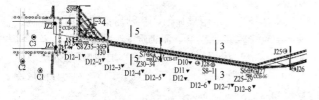

图4 变形部位监测平面布置图

3.2 第一阶段变形处理措施及结果

11月30日，参建单位在项目部现场办公室召开会议，施工单位根据会议纪要采取如下措施：12月1日进

注浆设备，12月2日开始在基坑边约2m处进行钻孔注浆，注浆孔位置对应J28监测点，当日注浆约5m³；12月3日~12月5日上午间歇性注浆，注浆位置对应J28、J29监测点，累计注浆约33m³；其中12月2日~12月4日采用双液浆进行注浆，12月5日注浆时部分浆液采用纯水泥浆；继续对售楼处部分裂缝采用水泥砂浆进行封堵，防止雨雪水渗入缝隙。

监测数据显示，11月30日~12月4日数据变化正常。

3.3 第二阶段变形情况

12月5日监测数据显示：J28桩顶竖向位移单日变化量为10.2mm，变化速率超控制值，累计变化量为43mm，超控制值；J29桩顶竖向位移单日变化量为15.5mm，变化速率超控制值，累计变化量为43.1mm，超控制值；12月6日监测数据显示，J27桩顶水平位移单日变化量为−16.7mm，变化速率报警；Z27轴力单日变化量为−279.11kN，Z31轴力单日变化量为−30.67kN，变化速率超预警值，其他数据变化可控；12月7日监测数据显示，J27、J29、J30桩顶水平位移变化速率异常，J29、J30桩顶水平位移累计变化量超控制值；S8-1深层位移单日变化量最大为9.23mm，变化速率超预警值。

3.4 第二阶段变形处理措施及结果

12月6日晚参建单位针对此种情况召开会议进行商讨，并拟出处理措施如下：立即停止对围挡外绿化带浇水作业，减小土体冻胀；在挡墙上进行拉锚，每3m一道，在挡墙构造柱位置进行施工，拉锚距挡墙至少3m；立即对挡墙外场地进行硬化处理，硬化面做倒坡处理；在挡墙下的桩顶冠梁处增设水平、竖向观测点。同时采取如下堵漏措施：在坑底漏水部位先期采用草帘及碎石进行封堵，然后对该部位进行土体反压。另外加快进行该部位锚杆施工及张拉，施工完成后在流水部位埋设水平导管，进行水平注浆堵水。

会后根据处理措施要求展开施工：12月7日在坑底漏水部位继续采用草帘及碎石袋进行封堵，然后对该部位进行土体反压至槽底流动砂层部位1.0m以上；12月8日在西侧售楼处布设裂缝观测点，并安排安全人员对此部位进行重点巡检；在桩顶冠梁、基坑西侧地表增设地表沉降观测点，在建筑物上增设建筑物沉降观测点，每天进行监测以掌握详细变形情况；在挡墙上进行拉锚，3m一道，在挡墙构造柱位置进行施工，拉锚距挡墙3m，以控制挡墙变形。

12月9日召开3-3、5-5剖面基坑工程专家咨询会，针对该基坑支护工程3-3、5-5剖面超预警值进行咨询。经过现场踏勘、查阅第三方监测资料、听取施工方的汇报、经过质询、讨论，专家给出意见如下：进行桩间流水流砂部位空洞探测，采用锚喷干料填充空洞，然后注水泥浆固化，待监测数据稳定后再进行该部位第五道锚杆施工；建议对3-3、5-5剖面第四道锚杆进行补张拉，加强锚杆轴力监测，观察轴力变化；在挡墙顶、冠梁顶、基底的桩身上布设多点棱镜，测量桩体变形；在基坑以西25m

范围内增加地表沉降观测点，加强地表沉降监测，分析边坡整体破坏的可能性。

数据显示，12月8日~12月9日数据变化正常。

3.5 物探工作

12月10日后基坑又产生较大变形，笔者认为可能该部位存在地层较大变化或存在构造，故安排专业人员对基坑西侧变形超控部位进行物理探查。

（1）地震仪孔洞探测

12月10日在围挡以西8m位置进行地震仪孔洞探测，探线长度56m，经探测，本场区有3条历史沉降带，基坑开挖之前已经沉降；流水部位有土质松散现象，深度约14~18m，但未形成孔洞，且未影响到地面，见图5。

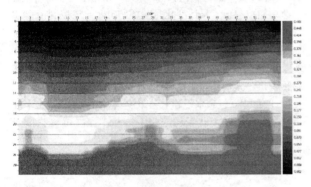

图5　地震仪监测结果图

（2）地质雷达探测

共布设24条测线，测线间距基本约为4m，其中10条测线显示有异常，共发现14处异常，见图6。

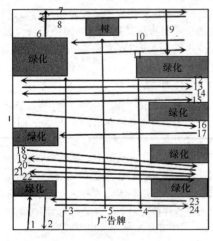

图6　地质雷达探测示意图

（3）地微动探测

地微动探测数据与地震仪探测数据一致，显示该区域有9m左右地层下沉情况，沉降较大，该沉降为历史沉降，与基坑开挖无关，见图7。

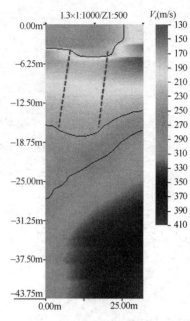

图7　地微动探测结果

4 原因分析

通过对现场采取的处理措施、产生的效果及物探后的结果进行综合分析，笔者认为出现基坑产生持续变形的主要原因如下：

（1）基坑西侧及北侧后加部分建筑前期未进行勘察，基坑支护设计由于没有勘察资料，只能参照已有相邻剖面资料进行设计。而此部位沉积环境发生了变化，地层恰与基坑内的土质状况存在较大差异，基坑侧壁含较多有机质，土层较软，整体稳定性差，从而导致基坑发生较大变形。

（2）该地区地下水充足且具有一定承压性，基坑桩间局部在水压力的作用下存在流土流砂现象，造成桩后土体出现孔洞，加剧基坑变形。

5 分析验证

为验证分析结果的准确性，且为了今后工程竣工验收需要，对基坑西侧场地进行了补勘，此次钻探共布置钻孔14个，其中控制性勘探孔8个，原位测试孔6个，孔深25~35m。

本次补充勘察结果显示，补勘场地范围内有机质粉质黏土重粉质黏土③₁层、泥炭质重粉质黏土③₂层及有机质重粉质黏土④₁层有机含量与详勘场地范围内土层相差较大，其他地层分布、性质及地下水情况均与详勘报告保持一致。

本次补勘场地范围内大量分布的有机质粉质黏土重粉质黏土③₁层、泥炭质重粉质黏土③₂层、有机质重粉质黏土④₁层明显比详勘场地范围内揭露的厚度及深度要大，上述两层土具有显著的强度低、压缩性大、干缩现象明显的特点，会对基坑稳定性和不均匀变形产生非常不利的影响，同时场地范围内地下水含量丰富，支护桩及止水帷幕的施工也进一步加强了上述两层土的不利特性。

补勘结果证明了基坑侧壁土质较软，土层整体稳定性差是造成基坑发生较大变形的主要原因[4]，桩间局部流土流砂加剧了基坑的不均匀变形[5]。

6　处理措施

根据补勘结果，综合考虑基坑周边环境和地质条件的复杂程度、基坑深度等因素，对原有支护设计进行了整体稳定性验算，考虑基坑支护已有变形，严谨选取计算参数，对基坑变形较大的 3-3、5-5 剖面采用增加两道锚杆的加固方案，以保证此部位基坑支护安全。锚杆加固方案如图 8 所示。

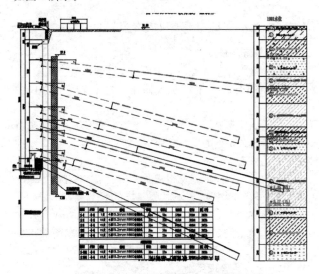

图 8　剖面西侧锚杆加固图

与此同时，对桩间流土流砂进行如下处理：

（1）用铁锹、洛阳铲等工具将漏水部位桩间土进行清理，尽量挖至止水帷幕位置；

（2）对清理后的桩间先用 2～4mm 碎石及中粗砂人工级配进行填充，在填充的同时放入导流管；

（3）最外层桩间用蛇皮袋装黏土填充密实；

（4）外侧编网后，迅速对桩间进行喷锚，喷锚时加入速凝剂；

（5）必要时在漏水桩间及其两侧桩间斜向插入钢花管，待面层具有强度后再进行压力注浆，对土体进行加固。

现场按照既定加固方案进行施工后，监测数据显示，基坑变形得到了有效控制，基坑趋于稳定。

7　结论

本文结合实际案例分析深基坑施工过程中基坑变形

的原因及特点，结合实际工程物探结果和专家咨询意见以及工程补勘等方式解决了基坑变形较大的安全问题[6]，并由此得出以下几点结论：

（1）基坑侧壁工程地质条件变化会严重影响该部位基坑的稳定性，深大基坑宜进行正规的基坑支护专项勘察[7]。

（2）桩间流土流砂会对基坑的稳定性产生一定的影响，施工过程中应及时对其进行有效封堵，防止基坑侧壁土体产生空洞，影响基坑稳定[8]。

（3）对于基坑侧壁稳定性差的土层应针对具体情况采取增加锚杆或采用加内支撑的方法提高基坑支护体系的整体稳定性[9]。

（4）应切实做好信息化施工和动态设计，加强变形监测和信息反馈，及时分析[10]。

（5）施工前、施工中及施工后都应充分发挥专家团队的作用。

（6）当基坑发生较大变形时，采用上部卸载、下部反压等措施先稳定边坡，再采用增加锚杆、设置支撑等方法对基坑进行加固，可提高基坑的整体稳定性，有效控制住基坑的变形，从而保证基坑的安全。

（7）基坑加固过程中，应加密甚至连续对基坑支护体系进行变形监测，以确保加固人员的人身安全，避免发生次生灾害。

参考文献：

[1] 石芳红．浅析基坑工程变形因素及防治措施[J]．居舍，2019(14)：4.

[2] 秦泳生．深厚软土地层中深基坑支护结构变形分析与应对措施[J]．广东土木与建筑，2019，26(05)：36-39.

[3] 李清泽，姜清耀，李菲．复杂环境条件下深基坑变形控制研究[J]．工程建设与设计，2019(10)：33-35.

[4] 王晨，黄曼，马成荣．地层参数对软土深基坑变形的敏感性分析[J]．科技通报，2019，35(10)：171-175.

[5] 穆连进．周边环境复杂的深基坑施工关键技术[J]．建筑施工，2019，41(08)：1410-1413.

[6] 吴弟军．基坑变形监测及其预警技术探讨[J]．建材与装饰，2019(18)：19-20.

[7] 宋辰辰．地铁深基坑开挖变形监测与支撑结构影响性分析[D]．合肥：安徽建筑大学，2019.

[8] 秦泳生．深厚软土地层中深基坑支护结构变形分析与应对措施[J]．广东土木与建筑，2019，26(05)：36-39.

[9] 方银钢．软土地区深大基坑变形控制措施研究[J]．工程技术研究，2019，4(07)：13-15.

[10] 查吕应，刘国权，郭健，杨大峰，马栋良．复杂环境下深基坑变形特性研究及过程模拟[J]．施工技术，2018，47(S4)：95-98.

深基坑支护施工项目成本控制初探

张茹娜

（北京城建勘测设计研究院有限责任公司，北京 100101）

摘　要：随着城市化建设的快速发展，加上岩土工程技术的空前进步以及施工设备的长足发展，城市地下空间的利用越来越受到人们的重视。因此，深基坑工程项目也随处可见，并不断向着更大、更深的方向发展，深基坑支护的难度越来越大，其相应的施工费用也越来越高。所以，加强对深基坑支护施工项目的成本管理和控制就显得越来越紧迫。本文根据笔者多年来从事深基坑支护设计与施工项目成本管理的经历，就深基坑支护施工项目成本控制的定义、原则、方法等进行了初步探究，并根据多年来工作中的经验和教训，对如何进行深基坑支护项目的成本控制谈了谈自己的看法。看法也许不太成熟，且管理永无止境，在此提出来仅供大家探讨，起到抛砖引玉的作用。

关键词：深基坑支护；成本控制；原则与方法

0　前言

随着城市建设的快速发展，城市地下空间的开发和利用越来越普遍，建设工程的基坑向着大型化和纵深方向发展，深基坑支护施工所发生的费用占建设工程的投资比重也越来越多。因此，对深基坑支护施工的成本进行控制就显得尤为重要。

依据全国一级建造师执业资格考试用书编写委员会编写的《建设工程项目管理》一书对成本控制的定义如下：成本控制是在项目成本的形成过程中，对生产经营所消耗的人力资源、物资资源和费用开支进行指导、监督、检查和调整，及时纠正将要发生和已经发生的偏差，把各项生产费用控制在计划成本的范围之内，以保证成本目标的实现[1]。

同样，深基坑支护施工项目成本控制是指为实现既定的深基坑支护施工项目的成本控制目标而对施工项目进行成本管理，提高人员意识，做到进出有度、监审结合，是控制项目成本的核心。在项目成本形成过程中，对所涉及的人工费、材料费、施工机械使用费、现场其他直接费及项目经理部为组织工程施工所发生的管理费用的开支，进行计划、检查、调节和限制，第一时间控制即将发生的计划外偏差，把各项费用控制在可控的范围之内，这是一个系统工程，是一个全过程的控制过程。

1　深基坑支护施工项目成本控制的原则和方法

要对深基坑支护施工项目进行成本控制，首先要明确该项目实施成本控制的依据，一般包括以下内容：

（1）本项目合同文件；

（2）本项目项目经理部编制并得到上级批准的成本计划；

（3）本项目实施过程中的实时进度报告；

（4）本项目实施过程中发生的设计变更和索赔文件；

（5）本项目实施过程中发生的各种资源的市场信息。

1.1　深基坑支护施工项目成本控制的原则

1.1.1　全面控制原则

（1）建立深基坑支护施工项目全体参与施工人员责、权、利相结合的成本控制责任体系，并完善成本控制体系。

（2）确保深基坑支护施工成本控制这一理念深入项目经理及管理人员的心中，并用实际进度来约束，是成本控制体系的核心内容。

（3）从项目经理到班组人员皆负有成本控制的责任，贯彻责、权、利相结合的原则，奖罚分明，从而形成一个有效的成本控制责任网络。这是促进施工项目成本控制管理工作健康发展的动力，也是实施低成本战略的重要武器。

1.1.2　全过程管理原则

（1）成本控制贯穿深基坑支护施工项目的全过程，是全项目、全体员工和全过程管理，要求依据项目的进展而逐步形成，要详细、连续、严密的进行，由于每个项目都是一次性完成，故施工成本要在施工过程中进行控制，而在完工后再进行项目结算。故全过程管理是从项目预算到项目结算的每一个阶段。

（2）与本项目有关的每一项业务往来都要纳入成本控制，考核范围由项目经理签字确认。

1.1.3　动态控制原则

深基坑支护施工项目成本控制可分为事前控制、事中控制（过程控制）和事后控制，其中事中控制最为重要。

（1）事前控制

在深基坑支护施工项目投标阶段，应进行项目成本预测，确定项目成本控制目标，并针对目标拟定本深基坑支护施工成本控制计划。

（2）事中控制

项目实施阶段，深基坑支护施工项目参与的各方人员要按照施工成本计划控制成本费用，努力降低生产成本。成本控制与施工进度同期，随时与计划成本进行对比，当出现偏差苗头时，要采取预防措施进行控制；当已出现偏差时，要及时分析原因。根据多年工作的经历，深基坑支护施工项目成本发生偏差的原因，不外乎以下一些因素：

(1) 深基坑支护施工所需的人工费、机械费、材料费涨价；

(2) 业主三边工程；

(3) 设计方包括《规范》变化等原因；

(4) 施工管理方面的原因；

(5) 不可抗力。

有了原因，就可以有针对性地采取纠正措施，积极组织签字（索赔）工作，或采用新的技术措施来提高效率，间接降低施工成本。

(3) 事后控制

事后反馈控制是指在事前、事中的基础上，施工结束后应对施工成本控制实际成果进行分析，总结经验，指出不足，并针对不足制定纠正和预防措施，为下一个同类深基坑支护施工项目的成本控制提出新的控制成本目标。

1.1.4 增收节支的原则

(1) 编制深基坑支护施工工程预算时，应"以支定收"保证预算收入；实际施工过程中要"以收定支"，严格控制人工费、机械费、材料消耗费和其他项目管理费用支出。

(2) 深基坑支护施工中每发生一笔成本费用，商务经理都要检查是否符合预算收入，是否收支平衡。

(3) 严格控制不合理开支，不开口子，堵塞浪费的漏洞。

(4) 深基坑支护工程一般要与土方施工及商品混凝土供应商搞好密切配合，要让土方施工分包商以支护为中心，密切配合支护施工，分段分层开挖，为基坑支护及时提供工作面；要事前安排2个以上商品混凝土供应商，及时提供保质保量的商品混凝土。在这里稍稍占用一点篇幅再强调一下商品混凝土质量问题，混凝土不合格从而影响实体质量，影响工期的案例屡有发生。当检测发现混凝土质量不达标时，可能存在返工、增加检测费用、耽误工期、建设单位索赔等问题，其增加的费用是难以估量的，还不用说对施工单位形象的影响和社会舆论了。因此选择质量有保障、供货能力强的商品混凝土供应商，通过合同来预防和分解深基坑支护的工程风险。深基坑支护施工本身工序多，要控制好平行流水作业，提高工作效率，从而减少人工费、材料费、机械费的损耗。

(5) 深基坑支护工程是一个大项目，要在实施前就策划根据项目自身特点，大力开展有针对性地"小改小革"活动，提高工作效率，间接控制成本。

(6) 深基坑支护施工是一个多兵种集团作战项目，要及时根据施工进度，合理调配各分项工程的人工、材料、机械的进出场，必要时将富裕的人力调度其他项目，间接达到增收节支的目的，还解决了其他施工项目之需。

(7) 深基坑支护施工要严格安全生产，安全生产是深基坑支护施工项目成本中最重要的成本，一旦发生安全生产事故，不仅造成人工费、材料费、机械费的损失，工期还要受到影响，从而产生计划外的成本，情况更糟时还会面临中途退场的处境。

1.2 深基坑支护施工项目成本控制的方法

1.2.1 制度控制

深基坑支护施工项目部组建时应针对项目本身制订各项规章制度，其覆盖面包涵深基坑支护项目的全过程，内容包含质量、安全、成本控制等，并全员宣贯，宣贯后进行入场考试，考试不合格者，必须重新培训后再行考试，做到参与深基坑支护施工的全员明确，牢记于心并在实施过程中依规而行。

1.2.2 合同控制

深基坑支护施工项目部根据内部定额对劳务分包、材料供方、机械租赁供方在公司合格供方名录中进行择优录取。对选定的合格供方，进行招标、评标、定标程序，供方合同的招标应本着公平、公开、公正的原则，招标记录及效益分析等必须存档。招标完成，下发中标通知书，双方签订协议，规定双方的权利和义务，从签订的协议内容中分解一部分成本控制的风险[2]。

搞好合同管理是提高经济效益的前提，不仅停留在口头上，而要成为深基坑支护施工项目管理的主线，所以合同的编制要考虑到深基坑支护施工项目可能发生的方方面面，一切都按合同条款或双方商定的补充协议条款执行。

1.2.3 保险控制

(1) 工程保险

条件成熟时，可以根据深基坑支护施工项目本身的特点，办理工程保险，以规避不可抗力发生时对深基坑支护工程项目造成的损失。

(2) 工伤保险

工伤保险是保证参施人员自身和整个深基坑支护施工项目的有效手段，一方面在发生意外伤害时，可以根据保险给予受伤人员补偿；另一方面对工程成本控制也起到了分担作用。

2 实战中的成本控制

2.1 人工费的控制

(1) 深基坑支护施工是多工序的工程，应把投入项目的人员根据项目的各分项工程进行精细化管理，使每个岗位皆有人，且每个岗位不富余人，包括劳务人员在内的施工管理及操作人员都要在企业内部各项目之间有序的流动，以此来控制深基坑支护施工项目单项人工费支出。

(2) 项目管理班子应该明确人员职责，实行归口控制。

项目经理负总责，所有发生的费用坚持"一支笔"的管理方法，要提倡"按劳分配"的原则，使深基坑支护项目所有参与者个人收入与其贡献挂钩，充分调动积极性，进而提高生产效率，节约人工费开支；

项目技术管理人员要加强有针对性的技术培训，开展岗位练兵活动，不断提高从业人员的业务技术水平和熟练操作程度，从而提高工作效率，间接节约人工费用；要鼓励开展"五小发明"活动和"小改小革"；要积极引进和推广新技术，配备先进的技术装备，提高项目的劳动生产率，以节约用工，减少人工费开支；

项目生产管理人员要签发并管理承包任务书，能实施工资包干的分项工程一律实施包干制；要减少非生产用工和无产值用工；要努力创造良好的工作环境，不断改善劳动条件，提高劳动效率，间接节约人工费用；

项目经营管理人员要对设计变更等经济问题加强管理，抓好工程索赔。要经常检查合同履行情况，防止发生经济损失。在竣工结算阶段要认真清理费用，做好结算，计算出最终的实际人工费成本支出。

（3）项目部与各分项工程施工队伍签订劳务分包合同。

在施工过程中根据施工进度及时下达施工任务单，并且做好全程监督，还要做好施工任务单的验收和结算工作。

下达施工任务单的目的是明确施工任务，掌握计划人工费成本支出。验收与结算是对施工队伍的工作进行检查，核算最终的实际人工费成本支出[3]。

2.2 机械费的控制

（1）按照工程进度横道图中的工序，控制好平行流水作业，不同种类工作交叉作业，要计划安排相应种类的不同机械，既要避免工作断档，也要避免机械闲置；施工中要根据深基坑支护施工实施进度，动态调整设备进出场，避免额外增加机械费用。

（2）加强设备的综合管理，合理选项配置设备，提高设备的利用率、完好率，减少能源消耗，进而降低设备使用成本。通过深基坑支护施工项目之间的来回调拨，提高租赁方的连贯性，从而间接提高效益。

（3）设备进场严格实施设备进场检查制度，杜绝带"病"作业；施工过程中要有专人负责施工设备的定期保养，避免"过劳死"。

（4）要求机械设备租赁方现场配备一些施工设备易损件，并具备一定的设备备用率，一旦设备意外发生故障，可以短时间内恢复生产或立即投入正常设备，并将故障设备移出进行检修备用。

（5）优先选择工艺成熟的新设备，提高工作效率。

（6）与设备租赁方核定设备台班定额产量，实行超额完成任务奖励制度，从而加快深基坑支护施工实际进度，提高机械设备利用率。

2.3 材料费的控制

2.3.1 材料用量的控制

（1）定额控制

根据定额预算出材料使用量，实行总量控制，操作人员每天采用限额领料单领料。

（2）计算控制

1）利用不同尺寸的钢材，进行合理的进料规格控制，将合理废料（零头）降至最低点。

2）根据施工图，合理计算材料用量，防止多算富余量。

3）发生设计变更及洽商时，根据变更要求合理进料。

4）当材料价格暴涨时，可以在公司范围内与其他深基坑支护项目进行调剂，以减少材料费用。

（3）包干控制

在材料使用过程中，对部分小型及零星材料（如钢筋笼制作所需的火烧丝、卡子、锚杆所需的塑料管等），可以根据深基坑支护设计工程量估算出所需材料量，将其折合成一定的费用，由劳务分包方包干使用。

2.3.2 材料价格的控制

（1）预算价格的控制

预算时应考虑到深基坑支护施工所需要材料价格在施工期间的波动，要全方位考核市场，选择质量合乎要求、价位相对偏低的材料。不同地方的材料，我们要综合考核，既要考核裸价，又要考虑运费，还要考虑特殊情况下的供货能力。

（2）预算价格合同的控制

利用公司与合格供方签订长期（比如说年度）的材料供应合同，规定深基坑支护施工常用的主材（钢材、水泥、砂石、商品混凝土等）价格，不因市场价格的波动而波动，进行风险分解[4]。

（3）材料进场时间的控制

可以根据对市场价格波动规律的把握，预测是一次性进料，还是根据施工进度分批进料，从而最大限度地减少成本。

（4）无论如何，对于材料一定要"货比三家"。

2.4 管理费的控制

人工费、机械台班费、材料费是深基坑支护施工项目的成本控制主线，但项目开支的管理费也会相应摊入深基坑支护工程项目成本，所以必须严格控制项目管理费，遵循在保证工作正常开展的情况下，尽可能发生低企业管理费的原则。

（1）根据深基坑支护施工项目本身的特点及目标盈利水平，事前与公司签订管理费分摊合同，双方要严格执行。

（2）授权项目经理一定的管理费审批权限，对不合理的施工管理费摊派拒绝支付。

（3）加强深基坑支护施工的质量安全管理，杜绝生产质量、安全事故，定期检查事故隐患，把事故消灭在萌芽状态，从而减少不必要的管理费用，这是深基坑支护施工管理中的重中之重。

（4）严格执行深基坑支护施工项目实施过程中的审计制度。

2.5 其他

（1）季度调价的利用

季度调价中对本深基坑支护项目有利的因素要充分利用。

（2）不可抗力事件的发生

发生重大不可抗力事件，要注意签证确认，减少损失；也要做好所有参与本深基坑支护施工项目人员的思想工作，安抚好与工程项目一样有经济损失的一线施工人员，给予停工期间必要的生活补助或报销必要的差旅费用，稳定骨干力量，为恢复生产打下必要的人力基础。

（3）政策性调整

要及时收集当地政府部门出台的新规，如北京出台的关于渣土运输等新的规定，其费用要进行及时调整，并签署必要的补充协议。

3 结论

通过这些年从事深基坑支护工程项目的成本控制管理，存成功之喜悦，也存在血的教训。归纳起来，有以下几点认识：

（1）对深基坑支护施工的投标项目要进行现场踏勘，认真了解施工场地的施工条件，项目所在地人工费、机械租赁费、材料费及其施工期间可能发生的价格浮动规律，结合公司现有人、机、材条件，认真研究招标文件，从而形成有竞争力的投标报价。

（2）中标后，应根据本深基坑支护施工项目的特点及中标的金额，进行内部成本详细测算，在公司内部进行招标，由价格、工期、质量目标合格的项目部中标该深基坑支护施工项目，有类似深基坑支护施工项目管理经验的项目部优先。

（3）项目经理部应根据工程规模、施工难度而建，强调老、中、青搭档，合理减少项目管理人员人工成本，并建立适合本深基坑支护施工项目的规章制度，开工前进行宣贯，并深入人心。

（4）劳务施工队、项目材料、施工设备要在公司合格供方内选择信誉好、有实力的单位，以实现利益和风险的共担。

（5）在做好成本控制的前提下，还要加强开源节流，开展"小改小革"活动，增收节支。

（6）深基坑支护施工项目成本控制是一个全过程的控制，也是一个动态控制的过程，这是一个全员参与控制的过程且管理永无止境。

参考文献：

[1] 全国一级建造师执业资格考试用书编写委员会. 建设工程项目管理[M]. 北京：中国建筑工业出版社，2018.
[2] 蓝平生. 浅谈大型深基坑工程项目成本控制的办法[J]. 基层建设，2017(11).
[3] 李中豪. 基于建筑深基坑支护工程探析施工技术及成本控制[J]. 建筑工程技术与设计，2015(26).
[4] 邹金龙. 深基坑工程造价成本控制分析[J]. 城市建设理论研究，2015，5(34).

复杂环境条件下基坑边坡失稳与加固

冯科明

（北京城建勘测设计研究院有限责任公司，北京 100101）

摘　要：某基坑在施工过程中出现了局部边坡失稳的情况，施工方按照施工组织设计中的应急预案进行了坡底填土反压，控制了边坡的进一步变形。笔者等应邀前往，通过现场踏勘，并听取了施工方的汇报，查看了第三方基坑监测单位的变形监测数据，在对边坡失稳原因进行分析的基础上，提出了下一步边坡处理的综合治理措施。经过施工单位组织实施后，收到了较好的效果。本案例对同类工程可以起到一个信息化施工、动态设计的警示作用。

关键词：基坑支护；边坡失稳；原因分析；加固措施

0　序言

在基坑开挖过程中，常常会发生与原设计工况不一致的情况，比如，周边环境条件发生了变化：原基坑周围环境条件简单，但真正施工时，发现有重要的地下管线或地下管廊从基坑侧壁不远处平行通过；基坑周边也要开挖基坑，且彼此的支护体系相互发生影响。再比如基坑超载发生变化：因施工场地狭窄，周边要做钢筋加工场，甚至安设塔式起重机。也可能基坑尺寸发生了变化：如开挖面积加大了；或者基坑局部加深了，且加深处就在基坑边缘部位。诸如此类，作为一个有经验的项目管理人员首先要想到的是勘察深度够不够，必要时应进行施工勘察甚至补充勘察；其次，要提醒设计人员对现有施工条件进行设计复核，以确保必要时对部分剖面进行加强；或者，应加强和设计人员的联系，真正做到信息化施工，动态设计。本文讲述的就是没有重视信息化施工，导致基坑局部失稳事故的案例。

1　基坑失稳

1.1　地层条件

本项目地层结构比较简单，表层为人工填土，$c=5\text{kPa}$，$\varphi=5°$；下面为粉质黏土，$c=35\text{kPa}$，$\varphi=17°$；全风化泥岩，$c=52\text{kPa}$，$\varphi=18°$；强风化白云质灰岩，$c=55\text{kPa}$，$\varphi=35°$；中风化白云质灰岩。

1.2　水文条件

勘察期间未发现地下水。

1.3　失稳经过

受文章篇幅所限，本文直接叙述边坡局部失稳的经过。

基坑变形较大区域位于拟建 8～11 号楼之间西侧边坡。4 月 14 日该区域进行第三步开挖，由于该区域局部基岩（中风化白云质灰岩）出露浅，边坡机械开挖不到位，无法按设计要求进行岩锚施工及锚喷施工，随后为了达到设计要求的开挖坡度，土方单位采用破碎炮直接破除出露基岩，直至 4 月 19 日下午才将石块破除，完成土

方清运渣土后，边坡实际开挖深度达到了 2.5～3.5m，出现了严重超挖。施工单位接着开始修整工作面。遗憾的是天公不作美，4 月 19 日晚上下大雨，无法施工。

4 月 20 日发现边坡局部土体掉落，清理完成后，下午 5 点左右开始打锚杆，晚上施工时坡面又有部分土体掉落。

4 月 21 日，在该区域进行面层绑筋，绑筋期间又发生多次土体掉落；同时基坑巡查人员巡查时发现西侧公园距坡顶约 3.0m 处土体出现平行边坡开挖线的裂缝，中午裂缝逐渐变大。下午总包单位组织召开了紧急会议，会议决定先将变形较大区域堆土反压，但限于施工现场土方量不足，直到 22 日凌晨才完成堆土反压。

4 月 22 日上午，边坡变形急剧增大，西侧公园地裂缝继续扩大，裂缝最大处约 20cm，坡顶土体出现塌陷，局部出现空洞，坡面混凝土面层开裂。

直至 4 月 23 日后基坑变形增量减小。

1.4　基坑监测

基坑变形监测资料显示，4 月 18 日及以前所有监测点变形量均在报警值范围之内，边坡处于稳定状态。

4 月 19 日晚下了一场大雨，4 月 20 日，某测点的水平位移累计最大值为 10.3mm，但变化速率数据异常，为 3.6mm/d，达到了报警界限，开始报警。

4 月 21 日，该测点的水平位移累计最大值为 13.1mm，变化速率开始减小，最大水平位移速率为 2.8mm/d。

4 月 22 日，测点水平位移和竖向位移急剧增大，累

图 1　基坑支护工作面土方开挖情况

计水平位移值达到了 103.2mm，对应的边坡混凝土面层局部出现竖向开裂情况。

4月24日下午，该点累计水平位移达到了 140.1mm。

图 2　4月21日上午　坡顶公园内土体出现裂缝

图 4　4月22日　坡顶公园内土体
裂缝继续增大、土钉墙面层开裂

图 3　4月22日上午　坡脚堆土反压

图 5　4月22日　坡顶出现塌陷及空洞

2　原因分析

2.1　存在不稳定斜坡

根据现场踏勘所了解的地质条件分析，推测拟建场地岩土交界面由西北向东南方向倾斜。变形较大区域处于基坑西侧，该处岩土交界面经实际开挖揭示，向基坑内侧倾斜，也就是人们常说的顺向坡，本身就不利于边坡稳定。从土方开挖实际揭露地层情况分析，变形区域土体主要为全风化泥岩，基坑北侧有基岩出露，基岩倾斜角度约60°，南侧局部也有基岩出露，出露高度约2.0m，初步推测基坑支护体系变形区域为南北两侧基岩之间充填形成的漏斗状楔形体，本身就存在多个不利结构面，尤其是当遇到地下水时，开挖面自稳性差就会加速坡体的变形。

2.2 环境条件已发生变化

边坡顶部原设计时要求先进行整平卸载，在此基础上再在接近坡顶处设置了截水沟，截水沟要有一定的纵向坡度，并做好防渗工作。而实际踏勘时发现，基坑西侧不但没有卸载，相邻的公园还进行了堆土，形成人工造景，栽种灌木，进行了植草，所以实际上是加载了；而且因园林造景堆土及铺设地下管线等造成土体松散，雨水及每天园林绿化浇水渗入土中流向边坡，也是增加了边坡稳定的不利因素；再则，由于园林绿化直达红线，已无设置坡顶截排水沟的位置，也无法对坡顶外地面进行硬化处理，这样客观上就为地表水及园林绿化用水的入渗创造了机会。

2.3 边坡开挖配合不好

未按基坑设计方案要求，分段分步开挖边坡，超挖现象严重；且在临近边坡位置没有按照施工组织设计要求采用静力爆破方式开挖，而采用炮锤方式开挖石方，且没有根据地区经验开挖隔振沟，也就必然对已有边坡产生危害。

2.4 动态设计意识差

大家知道，基坑支护设计是一个系统工程，其影响因素很多，一旦外部条件发生变化，就必然对基坑安全产生影响，当然包括正反两个方面的影响。必须搞好信息化施工，及时将这一变化反馈给基坑支护设计人，进行必要的复核，也就是现在提倡的动态设计，必要时对边坡设计进行加强。

2.5 施工责任心不强

土方开挖单位不按照施工组织设计要求开挖，没有坚持原则，造成超挖及振动对已有边坡稳定的影响；基坑支护不及时，造成土体掉落，也影响到上部已经支护部位的边坡稳定。当因下雨或供料不及时，需要较长时间等待时，应该缩短开挖长度，或必要时对已开挖部位进行回填。

3 处理方案

3.1 堆土反压

4月21日，发现边坡变形异常后立即启动基坑支护施工组织设计中得到批准的《应急预案》，利用基坑内的挖掘机和未运走的土方，对未来得及支护的区域进行回填，回填长度沿基坑边坡方向延伸，超过开挖长度再在两边各附加5m以上，回填宽度约3.0m，回填高度约

3.5m，但限于现场土方量明显不足，直至22日凌晨才完成坡脚堆土反压。不管怎样，这思路是正确的，也控制了边坡的进一步变形，为即将开始的边坡加固创造了前提。

3.2 顶部卸荷

边坡失稳说明边坡土体已存在了一定的不规则的滑移面，若能临时占用基坑西侧公园绿化用地，采用削坡卸荷是本基坑支护项目处理边坡失稳最安全、最便捷的处理方法。具体做法如下。

根据现场边坡滑移特征，推测滑移面顶端位于本基坑西侧公园绿化带地表裂缝附近，建议在公园裂缝部位再往西1.0m作为卸荷开挖上口线，按1∶0.6放坡卸载，并设置8道土钉（锚杆），各道土钉或锚杆的长度分别为9.0m、8.0m、14.0m（利用现有锚杆）、7.0m、15.0m（利用现有锚杆）、6.0m、13.0m（新加锚杆）、6.0m。土钉或锚杆的水平间距和垂直间距均为1.5m。锚杆支座进一步加强，采用25B槽钢，对锚杆施加不小于150kN的预加力，确保控制边坡变形。

3.3 支护面补强

待变形监测结果反映边坡变形稳定后，再安排专人检查已完成土钉墙面层后是否存在空洞，若发现有空洞，应将该部位混凝土面层凿开，用喷射混凝土填实；坡面出现混凝土开裂部位，应从裂缝底沿开裂方向向上45°范围内，将混凝土面层凿开，重新编制钢筋网并喷射混凝土，混凝土配料中加入一定的速凝剂。

3.4 坡顶处理

坡顶土体开裂处灌注水泥砂浆，注浆过程中应控制间隙注浆。后一次注浆时须在前一次注浆初凝后，再进行注浆，循环往复，直至浆液注满为止。严禁一次性把浆注满，这样容易把刚加固的面层破坏。

3.5 边坡加固

因边坡土体已失稳，原有土体的抗剪强度参数已降低，按现有施工工况复核，需要新增两道预应力锚杆。新增第一道预应力锚杆位于原方案第一道锚杆位置下方约2.0m，锚杆水平间距1.5m，锚杆长度24.0m，其中自由段6.0m，锚固段18.0m，锚杆轴向拉力标准值256kN，锁定值200kN；新增第二道锚杆位于原方案第二道锚杆下方1.5m，锚杆长度22.0m，其中自由段5.0m，锚固段17.0m，锚杆轴向拉力标准值312kN，锁定值250kN。锚杆支座采用25B双拼工字钢。

3.6 基坑开挖

分段分步开挖土方，开挖长度不超过15.0m，深度1.5m，及时支护。邻近边坡石方开挖时，为了减少炮锤破碎岩石、岩块所引起的振动对边坡的不利影响，应在基坑坡脚位置设置隔振沟。边坡部位石方开挖宜采用静力爆破。

边坡开挖到位后，应按设计要求先编制一层钢筋网，随后迅即喷射混凝土，对边坡土体进行封闭，防止土体掉

落；然后再进行土钉或锚杆施工，编制第二层钢筋网，压网及喷射混凝土面层。

依此类推，完成剩下的边坡支护。

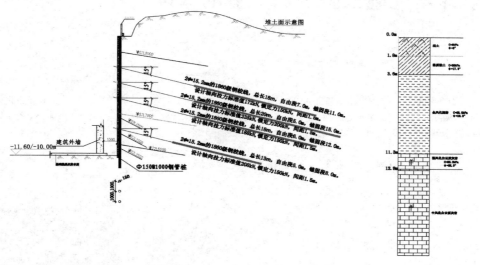

图6 4′-4′剖面图

3.7 基坑监测

基坑支护体系加固及随后的基坑开挖过程中应对边坡变形进行实时监测，发现变形有增大趋势应停止施工，分析原因，并采取针对性措施进行处置，必要时迅速对边坡进行回填反压。

3.8 主体结构施工

合理安排主体结构施工顺序，建议正负零以下结构采用跳仓法施工。根据建筑物平面布置图可知：本工程基坑支护失稳边坡正好位于拟建建筑 8 号楼和 11 号楼之间的地下车库部位，所以，可以安排先施工 8 号楼和 11 号楼主体结构，待主体结构出正负零，随即对正负零以下部位做防水，做完防水并对该部位的西侧边坡肥槽按设计要求回填压实后，再施工边坡失稳区域的地下车库，这样既不影响总体施工进度，又可确保基坑施工及周边环境的安全。

3.9 基坑边坡注意事项

（1）土方开挖必须按基坑支护设计方案分步、分段开挖，严禁超挖。土方开挖完成后，应迅速组织人员进行支护施工，避免长时间晾晒施工作业面。

（2）做好西侧边坡顶的截排水措施。在坡顶设置排水沟，对坡顶地面进行硬化或铺设防水材料，防止雨水通过坡顶松散土体渗入边坡；另外，在填土与原状土之间、土层与基岩之间在进行锚喷面层时就预先插入引流管，这样可能当时没有地下水的影响，但当下雨或公园绿化浇水下渗时能及时疏排地下水，减少对边坡安全的影响。

（3）坡顶严禁超载。

（4）及时对基坑北部已经具备回填条件的基坑肥槽进行回填，以减少空间效应的不利影响。

4 结语

基坑施工尤其是深大基坑支护施工，本身施工工期长，影响因素很多，且由于工期的因素，在基坑支护及后期维护过程中，会出现许多不确定因素，所以参与施工的单位和个人时刻都得有必须做好信息化施工，动态设计的意识。作为基坑支护专业分包的施工单位一定要有一个具有专业知识并富有施工经验的老同志专职负责施工巡检；作为总承包单位的生产管理人员，一定要协调好各参与施工分包方的关系，尤其是土方开挖与支护施工的配合；作为建设单位代表，一定要高度重视本项目与周围相邻单位的关系，及相互配合，尤其是相邻基坑施工等。总之，在基坑支护施工及使用过程中，建设单位、总包单位、监理单位、设计单位、施工单位，一定要密切配合，时刻关注基坑安全，这对确保整个建筑的总体施工工期，合理控制总造价，提高项目的影响力都是十分有益的。

邻近建筑深基坑施工影响安全鉴定探讨

邱国梅

（江苏威宁工程咨询有限公司，江苏 南京 210001）

摘　要：本文通过位于南京市核心主城区的南京首建中心项目，对国家及全国重要超大城市如广州、上海，包括南京市相关政府部门出台的关于深基坑施工对邻近建筑做施工影响安全鉴定的相关法律、法规、政府文件及发展进行阐述，并对施工影响安全鉴定具体如何实施进行了论述，从而希望更多业内同行来关注、思考并致力于新时代下深基坑施工对邻近建筑做施工影响安全鉴定实际专业问题解决和此专业性方向发展。

关键词：一级深基坑；民扰；施工影响安全鉴定报告；监测报警值

0　引言

南京首建中心项目位于南京新街口商圈和夫子庙商圈的繁华中间地带，深基坑围护采用半逆作法施工，技术复杂，工程周边环境极其复杂，紧邻地铁 3 号线常府街站、区级民国文物建筑、周边三面紧邻居民住宅楼，深基坑施工周围敏感度很高。行业内人士都知道，《建筑基坑支护技术规程》JGJ 120 已明确逆作法深基坑安全等级为一级。2019 年 1 月 1 日起最新出台的《建筑工程逆作法技术标准》JGJ 432—2018 也强调逆作法深基坑为一级安全等级深基坑。而《南京市房屋建筑深基坑工程质量监督管理实施细则》将深基坑安全等级分为一、二、三级。符合下列情况之一的基坑，即定为一级安全等级基坑：（1）重要工程或支护结构同时作为主体结构一部分的基坑；（2）与邻近建筑物、重要设施的距离在开挖深度以内的基坑；（3）基坑影响范围内（不小于 2 倍的基坑开挖深度）有历史文物、近代优秀建筑、重要管线等需要严加保护的基坑；（4）开挖深度大于 10m 的基坑；（5）位于复杂地质条件及软土地区的二层及二层以上地下室的基坑。深基坑满足上述 5 种情况之一即为一级深基坑，而南京首建中心 5 种情况都满足，还不包括紧邻地铁站情况！本工程监测、检测单位多家，建设单位委托有监测资质的单位负责深基坑监测、委托南京地铁运营公司对地铁隧道零状态的普查及过程对地铁结构监护项目监测、委托有房屋安全鉴定资质的公司对周围邻近建筑物做普查、委托有材料检测资质的公司对本工程原材料做见证取样检测、委托有相关资质的公司对地下连续墙质量做检测。本项目监测的管理工作尤为重要，深基坑监测单位、地铁监测单位、周围房屋检测单位的项目负责人都及时参加周列会，做书面周监测工作汇报，三方及时反馈问题、交流，监测数据三方共享！

前期施工民国建筑监测数据一直比较稳定，但从 2018 年 12 月 21 日起至 12 月 28 日三轴槽壁加固施工，民国建筑连续三期监测报告监测数据超过 2mm/d。民国建筑在开工前虽然根据市文物局批准的设计保护方案已对上部结构加固，但当时基础未加固，基础较薄弱，为此设计要求通过试验将三轴施工的下沉及提升速率下调，同时增大跳打间隔来减少对民国建筑沉降的影响。2019 年 1 月 5 日，深基坑围护设计单位项目负责人拿到建设单位提

图 1　南京首建中心立体效果图

图 2　南京首建中心位置示意图

供的房屋普查报告，发现上面相邻建筑在本工程正式开展施工前已存在较大的倾斜，尤其是基坑西南角最高达到了 6.69‰，超过了地基基础设计规范中对砖混结构的变形整体倾斜的控制标准，故要求基坑西南角及基坑北侧停工，并要求建设单位做施工影响安全鉴定！而 1 月 14 日政府部门安监站在接到周围居民 12345 投诉也到现场对南京首建中心工程下达了停工令，并告之建设单位周围居民的诉求：做施工影响安全鉴定，提供施工影响安全鉴定报告！安监站认为建设单位提供的相邻建筑房屋普查报告，仅是原始数据的采集，并未对房屋本身是否安全做出鉴定，没有安全评价和结论，不是真正意义上的施工影响安全鉴定报告。本工程突然从热火朝天大干、快干状态进入静悄悄停工状态！2019 年 4 月 16 日政府安全监

督机构到现场开出较大安全隐患整改通知单——深基坑设计单位必须明确周边建筑物变形具体报警值。而深基坑设计单位提出建设单位需做房屋安全鉴定，他们才能提供周边建筑物监测报警值。

1 南京首建中心深基坑施工对周围建筑有影响的复杂因素

1.1 南京首建中心周围的复杂情况

1.1.1 地铁

东侧紧邻 2015 年 4 月运营南京地铁 3 号线常府街站，基坑内边线与地铁 3 号线常府街站-夫子庙站区间隧道结构边线最小水平距离约 10.15m，基坑最大挖深约 −11.93m，自然地面标高为 ＋0.00m，隧道低标高约 −20.15～−22.95m。本工程±0.00m 相当于吴淞绝对标高＋9.55m。竖向位置关系如图 3 所示。

1.1.2 文物建筑

南侧紧邻一栋民国建筑文物，与地下连续墙仅相隔 4.49m。

1.1.3 三面紧邻旧居民区

基坑西侧是省外贸公寓 5 号、6 号、7 号、8 号、9 号楼、娃娃桥 6 栋、娃娃桥 6-1 栋共 7 栋建筑，基坑北侧是秦淮区政府家属院小火瓦巷 3-2，太平南路 30 号，对这上面 9 栋建筑物影响最关键。而受施工影响共计 435 户居民！施工前通过摸排和到市档案馆调图查询，对基坑周边居民住宅及文保建筑的详细情况已清楚，具体情况见表 1 和图 4。

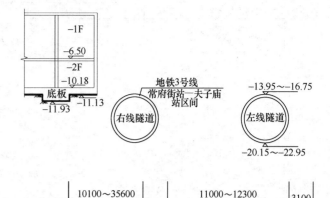

图 3 基坑与地铁结构竖向位置关系

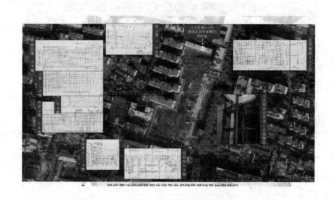

图 4 基坑周边居民住宅及文保建筑位置图

基坑周边居民住宅及文保建筑概括统计　　表 1

编号	周边建筑	房龄	层数	层高	与地下连续墙外边相对距离	结构形式	基础形式	备注
1	娃娃桥 6 号楼	36 年(1983 年建)	6	22.6m	11.52m	框架结构	条形基础梁 2.3m，宽 600mm，高 400mm，方桩长 9m	94 根
2	娃娃桥 6-1 号楼	36 年(1983 年建)	6	22.6m	10.14m	砖混结构		288 根
3	外贸公寓 5 号	25 年(1994 年建)	7	25m	8.63m	砖混结构	整体 350mm 厚底板＋基础梁，采用 ϕ600mm 水泥土搅拌桩土体加固(满堂 11m、13m 长两种，局部穿基础底管线加密 6m 长)	1023 根
4	外贸公寓 6 号	25 年(1994 年建)	7	25m	8.02m	砖混结构		538 根
5	外贸公寓 7 号	25 年(1994 年建)	7	25m	7.41m	砖混结构		734 根
6	外贸公寓 8 号	25 年(1994 年建)	7	25m	8.06m	砖混结构		875 根
7	外贸公寓 9 号	25 年(1994 年建)	7	25m	8.06m	砖混结构		557 根
8	小火瓦巷 32 号楼	39 年(1980 年建)	5	15m	7.29m	砖混结构	不详	不详
9	太平南路 330 号	34 年(1985 年建)	7	23.2m	4.28m	框架结构	整体 400mm 厚底板＋基础梁；局部 ϕ300 石灰桩土体加固(7.4m 长)	石灰桩局部 12 根，西南角 9 根
10	民国建筑	约 84 年(1931～1936 年建)	3	15m	4.49m	砌体结构	不详	不详

1.1.4 南京首建中心场地内障碍物

2018 年 10 月 3 日，施工西南角 MNP 段隔离桩前开挖沟槽过程中探到场地内第一处地下障碍，后面又陆续发现障碍物，该场地内已探明有障碍物 4 处，具体情况见表 2。

本工程场地内障碍物的明细情况　　　　　　　　　　　　表2

编号	场内障碍物类别	范围	体量	当前状态
1	红旗无线电厂厂房遗留障碍桩及承台	基坑南侧LMN段	障碍桩227根，桩顶标高为－3m，桩长23m。其中17根与基坑围护设计地下连续墙及槽壁加固平面位置冲突。另有10根障碍桩与坑内一柱一桩，抗拔桩位置冲突	与围护结构冲突的障碍桩均已采用360°全回转设备拔除。与工程桩冲突的障碍桩因建设单位通知调整设计位置，未进行拔桩
2	地下人防工事	基坑西南角MNP段	东西宽约11m，南北长约26m，占地275m²，地下室顶板厚400mm，深度约4.5m，底板厚度不明	已按基坑围护清障设计方案回填低强度等级混凝土，采用直径1.5m的360°全回转设备钻孔3处，地下连续墙以外北侧新增隔离桩处钻孔3个
3	红旗无线电厂办公楼遗留障碍桩及承台	红旗无线电厂北侧	暂未探明，根据航拍图及以往资料，地上为4层楼，地下遗留基础情况暂时未查明	暂未探障
4	白下会堂遗留基础	基坑北侧QR段	深度为地面以下3m，宽度为2.2m的遗留基础结构。范围为沿地下白下会堂四周	已采用步履钻机直径100mm钻孔切割并破处后完成外运

图5　本工程场地内障碍物的位置图

清障方案经专家讨论、论证采用360°全回转设备（孔径φ1500）清除地下连续墙施工范围内的结构障碍物，并采用素土回填密实，设备采用日本生产的RT-200H型360°全回转套管钻机。以上障碍物距离相邻居民楼均较近，其中地下人防工事结构距离相邻娃娃桥6-1号为6.3m，距离北侧外贸公寓5号楼6.7m；红旗无线电厂厂房距离相邻娃娃桥6号楼（格林豪泰酒店）8.9m，基坑北侧QR段白下会堂基础距相邻外贸公寓7号楼8.4m。前期障碍物清除周边建筑物不同程度出现了沉降问题，沉降最大的点发生在文物一侧，最大沉降在槽壁加固期间达到了24.7mm。

1.2　南京首建中心半逆作法基坑围护设计复杂情况

南京首建中心工程总建筑面积53035m²，其中地上建筑面积30726m²。建设1栋5层商业楼，1栋7层办公楼，1栋3层办公楼。

本工程基坑面积11606m²，基坑周长582m，基坑开挖深度11.93m。基坑支护方案采用半逆作法施工，基坑周边采用地下连续墙（两墙合一）作为竖向围护结构，地下连续墙宽800mm，混凝土强度等级C35（水下），抗渗等级P8，平均深度43m，地下连续墙划分为A、B、C、D、E、F、G七类共42种槽段，总计102幅。地下连续墙两侧设置三轴搅拌桩/双轴搅拌桩作为槽壁加固，土体加固采用双轴搅拌桩。与周边建筑物之间设置隔离桩。基坑内部以"一桩一柱"的形式作竖向支撑，立柱采用钢管混凝土柱兼做地下室框架柱，单柱单桩，基桩为钢筋混凝

土灌注桩。先施工隔离桩，再施工槽壁加固桩，最后才是地下连续墙的施工。地下室混凝土内墙留筋后浇，地下室平面整体逆作，留设10个出土入料口，根据工作面或受力需要局部永久洞口先封口。基坑分层进行阶段出土，向下施工地下室，地下室施工结束后再进行上部结构施工。

深基坑基坑围护设计概况　　　　表3

编号	围护结构设计概况		工程量	设计功能
1	隔离桩	φ700@2000钻孔灌注桩（桩长18～23.65m）	134根	有效桩长：23.65m、19.35m、18.45m、22.85m
2	三轴深搅桩	φ650@900（外槽壁），φ650@1350（内槽壁）	781幅	有效桩长：23.30m、18.95m、18.85m、24.15m，穿②₃不少于1m
3	双轴深搅	φ700@500（内槽壁）	810幅	有效墙深：36.45～43.75m，入岩中风化岩不小于1.0m，墙底注浆
4	地下连续围护	宽度800mm，幅长5.4m、5.9m、6.5m	99幅	有效墙深：36.45～43.75m，入岩中风化岩不小于1.0m，墙底注浆
5	坑内土体加固	桩长12.63m，水泥产量8%，13%	1131幅	双轴搅拌桩加固
6	双高压旋喷桩	φ1000@600	99幅	地下连续墙接头处理
7	二重管高压旋喷	φ700@500	214根	双轴槽壁加固和土体加固之间加固处理
8	一柱一桩立柱	φ950，φ1100，φ1300	172根	支撑立柱、B0板竖向荷载传递，桩底注浆，入岩5～18.6m

隔离桩	距离红线2m
三轴搅拌桩	距离周边建筑3.42～8.1m
三轴搅拌桩外排距离地铁隧道	8.66～12.65m
地下连续围护距离地铁隧道	9.3～13.6m

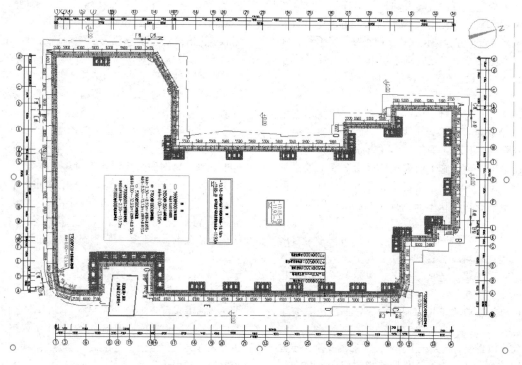

图6 地下连续墙平面布置

2 施工影响安全鉴定

2.1 施工影响安全鉴定的定义

房屋安全鉴定，是指依据国家、省和市有关法律、法规以及技术标准、规范等，对房屋使用安全状况通过检测进行评估、鉴别和判定的活动，包括危险性鉴定、可靠性鉴定及专项鉴定。其中桩基础、深基坑施工对相邻房屋影响的安全鉴定即属专项鉴定。施工影响安全鉴定是深基坑施工前需要委托房屋安全鉴定机构对周边房屋进行施工影响鉴定。房屋安全鉴定检测的时间应该在安排基坑开挖前、基坑开挖后和基坑回填后这三个主要阶段进行。

2.2 周边房屋做施工影响安全鉴定的法律、法规依据

2.2.1 国家相关标准要求、依据

（1）根据《民用建筑可靠性鉴定标准》GB 50292—2015相关要求：

3.6 地下工程施工对邻近建筑安全影响的鉴定

3.6.1 当地下工程施工对邻近建筑的安全可能造成影响时，应进行下列调查、检测和鉴定：

1 地下工程支护结构的变形、位移状况及其对邻近建筑安全的影响；

2 地下水的控制状况及其失效对邻近建筑安全的影响；

3 建筑物的变形、损伤状况及其对结构安全性的影响。

（2）国家工程建设规范《建筑地基基础设计规范》GB 50007—2011第9.2.6条要求，在基坑深度周边2～3倍范围内的建筑物需要做周边相邻影响检测，如果周边有轨道交通设施，应扩大调查范围。

（3）2019年1月1日起最新出台的《建筑工程逆作法技术标准》JGJ 432—2018第11.2.2条要求：基坑边缘以外1～3倍基坑开挖深度范围内需要保护的建筑、管线、道路、人防过程均应作监控对象。其中第11.2.10条逆作法深基坑监测必须确定报警值。其中第3.0.9条是强条：逆作法建筑工程应进行信息化施工，并应对于基坑支护体系、地下结构和周边环境进行全过程监测。

2.2.2 广州市相关标准要求、依据

2008年1月2日以广州市人民政府令第6号公布《广州市房屋安全管理规定》里面规定有下列情形之一的房屋，建设、施工等单位在基坑和基础工程施工、爆破施工或者地下工程施工前，应当委托房屋安全鉴定单位进行房屋安全鉴定：距离2倍开挖深度范围内的房屋、地铁、人防工程等地下工程；施工距离施工边缘2倍埋深范围内的房屋、基坑和基础工程施工、爆破施工或者地下工程施工可能危及的其他房屋。

2.2.3 上海市相关标准要求、依据

（1）上海市工程建设规范《基坑工程施工监测规程》DG/TJ08-2001-2006明确在基坑深度周边2～3倍范围内的建筑物需要做周边相邻影响检测。

（2）［沪建交［2012］645号］《关于进一步加强本市基坑和桩基工程质量安全管理的通知》里面规定：（一）基坑环境保护等级为二级（含二级以上时），建设单位在基坑围护设计前委托房屋质量检测资质单位对影响范围内的房屋的倾斜、差异沉降和结构开裂等进行检测，为设计单位确定基坑变形控制标准提供依据。

2.2.4 南京市相关标准、规范

（1）2007年4月1日实施的《南京市城市房屋安全

管理条例》中规定：对进行隧道和桩基工程，开挖深基坑、爆破等工程施工，施工区周边可能破损的房屋需做房屋安全鉴定。鉴定由建设单位在施工前委托。经鉴定，施工影响周边房屋安全，房屋安全鉴定单位应当及时将鉴定结论书面告知建设单位。建设单位应当采取安全措施，消除隐患。

（2）2018年1月1日实施的《南京市房屋使用安全管理条例》中规定：进行地下设施、管线、桩基、深基坑、爆破及降低地下水位等施工，可能对周边房屋造成损坏的，建设单位应当在施工前委托房屋安全鉴定单位进行施工影响鉴定。房屋安全鉴定单位应当及时将鉴定报告报送建设单位和房屋使用安全责任人，建设单位应当依据鉴定报告，结合实际采取措施，确保安全。

（3）2006年12月发布的宁建法字［2006］32号《南京市建设工程深基坑工程管理办法》其中第七条　深基坑工程可能对相邻设施造成影响的，建设单位应当对相邻设施作进一步调查和记录、拍照或摄像、布设标记，必要时，建设单位还应当委托房屋安全鉴定部门出具安全鉴定报告。

从上面可以看出，广州、上海在施工影响安全鉴定方面走在全国前列，比如上海文件明确规定建设单位在深基坑围护设计前需委托房屋质量检测资质单位对影响范围内的房屋的倾斜、差异沉降和结构开裂等进行检测，为设计单位确定基坑变形控制标准提供依据。也就是在深基坑设计前，房屋检测报告已提前做好，设计单位根据房屋检测报告来做深基坑的围护设计，这样设计单位掌握周边房屋变形的数据及承载力的余量，可以提供建筑物的监测报警值，同时做出来的深基坑设计才科学、可靠。而南京政府部门没有广州、上海这样精准的要求，故在深基坑设计前施工影响鉴定没有做的情况下也通过了审图，造成问题滞后性。而南京市住房保障和房产局制定《南京市房屋安全鉴定单位管理办法》，该办法也才从2019年1月1日起施行，2019年5月公布《南京市房屋安全鉴定单位名录库》，2019年9月才公布《南京市房屋安全鉴定专家库》说明南京市这方面的政府法规、文件还不完善。

2.3　施工影响安全鉴定的实施

通过委托房屋结构安全检测鉴定部门对周边房屋进行施工影响鉴定、安全检查等并保存原始记录，以及在施工过程中进行跟踪监测，确认被鉴定房屋可安全使用，施工结束后进行复查比对，出具房屋安全鉴定报告，确认施工过程是否对房屋造成损伤。施工影响房屋安全鉴定可根据房屋鉴定委托的时间节点，分为施工前、施工中、施工后三种检测情形，采用首末两次鉴定，跟踪监测、对比评价的方法，可以确定施工过程中是否造成影响以及影响程度。施工前的检测目的在于对周边房屋现状进行"证据保全"，记录被检测房屋初始状况（损坏情况、结构体系性状），再对施工结束后进行复查、比对，判断原有损坏的变化情况和影响程度，施工前后的首末两次对比检查，评定施工是否对房屋造成影响及对房屋结构安全的影响程度，对满足正常使用条件的房屋，前后两次报告原则上均不对房屋安全性进行评级。除非险情隐患明显，则可依据《危险房屋鉴定标准》予以评级，出具房屋安全鉴定报告书并给予加固，确保正常使用。

从上面可以看出南京首建中心目前做的房屋普查报告仅是原始数据的采集，并未对房屋本身是否安全作出鉴定，没有安全评价和结论。同时普查报告中对房屋监测布点数量少，且不具有代表性，同时整体沉降、局部沉降、整体倾斜、局部倾斜、差异沉降内容不全，不完整，故房屋普查报告不是施工影响安全鉴定报告。

3　结语

目前南京首建中心深基坑工程只是准备阶段的障碍物的处置、隔离措施、槽壁加固，尚未进入正式的工况阶段。大部分变形量会发生在后续地下连续墙施工、土方开挖阶段，对周边房屋的施工影响肯定是有并且不会是现在这个阶段的微影响。南京首建中心的开发商也考虑到这点，考虑到百姓群访或信访的问题，甘愿为老百姓牺牲部分利益，选择西南角地下室区域部分退线，退线面积为 $12.5m×54.5m=681.5m^2$。退线的代价对开发商也很大，需重新报规划变更、规划变更公示、地下车位的减少、再重新办理审图。

笔者认为开发商的选择是有大局观的，是值得肯定的，但小局部退线能否彻底解决问题，笔者认为深基坑施工阶段选择双方认可的第三方无利益相关的房屋安全鉴定机构，对周围房屋做施工影响安全鉴定，分阶段出具真实、合法的施工影响安全鉴定报告并过程公示是有必要、客观、科学的。政府建设主管部门和政府房屋安全部门能否联合具体立法和编制具体可参考的相关执行法规、文件，笔者也希望专家学者关于深基坑施工对周围房屋做房屋安全鉴定房屋普查、房屋施工影响给出更准确的定义和区别，便于一线管理人员准确执行！一方面使公民财产安全得到应有保障，另一方面做好对开发商的权益保护！

参考文献：

[1] 建筑工程逆作法技术标准 JGJ 432—2018[S]. 北京：中国建筑工业出版社，2019.

[2] 南京市房屋使用安全管理条例[S]. 2008.

[3] 上海虹口区提篮桥街道 HK284-03 号地块项目周边房屋质量检测报告[R]. 2014.

超深基坑近地铁爆破及变形控制技术的应用

高　杨，朱新迪，郭敬添，包俊伟，张建雄

（中建八局第一建设有限公司，山东 济南 518000）

摘　要： 临近地铁的超深基坑在施工过程中特别注意对地铁的保护措施，尤其在土方开挖过程需要采取对周边环境影响小的施工方式，但在坚硬地质条件下采取人工或炮机开挖将不能满足建设方工期需求。深圳岁宝国展中心项目创新性采用近地铁爆破及变形控制技术，在保护既有地铁结构的同时加快了基坑开挖速度，实现完美履约。本文通过总结超深基坑近地铁爆破及变形控制技术，为类似工程设计及施工提供经验。

关键词： 临近地铁施工；超深基坑；控制爆破；浅孔微差起爆；斜面爆破

0　引言

根据爆破对象和爆破作业环境的不同，爆破在工程的应用主要可以分为拆除爆破和岩土爆破两类。其中岩土爆破是指以破碎和抛掷岩土为目的的爆破作业，如矿山开采爆破、路基开挖爆破、巷（隧）道掘进爆破等。岩土爆破是最普通的爆破技术。与本文相关的爆破方式为岩土爆破，即在临近既有运营地铁的基坑中如何运用爆破进行基坑开挖作业，在此之前人们对爆破施工参数、爆破振动的控制技术、爆破工艺、爆破振动的预测做了一些研究，得出了一些有益的结论[1-3]。本文主要介绍基坑在开挖过程中应对坚硬地质采用的岩土爆破，以及在爆破施工过程中对邻近建筑物采取的保护措施。

1　示例项目

本工程以深圳岁宝国展中心项目为例，具体介绍在石方开挖过程中爆破应用及近地铁保护措施。大面开挖深度28m，属于超深基坑，对基坑变形要求高，在基坑开挖过程中，预计石方量超过14万 m³，开挖石方多为中风化花岗岩，在工期紧、体量大的情况下需采取爆破开挖。基坑紧邻地铁施工，基坑南侧为正在运营的地铁7号线，八卦岭站厅离基坑支护桩边3m，基坑西侧为正在施工的地铁6号线，目前正在进行区间隧道盾构施工。

2　爆破规模控制

因基坑毗邻深圳运营中的地铁7号线、施工中的地铁6号线，最近处水平距离仅有3m，对基坑开始施工要求极高，需要控制爆破规模，避免对地铁造成扰动[4]。故采取影响最小的浅眼微差控制爆破方式进行施工，炮眼直径为最小的$A=42mm$，炮眼孔距取$b=25A$，炮眼排距$a=1.2b$，H为爆破台阶高度，装药量Q则由式（1）进行计算，从而由爆破台阶高度工况不同决定爆破药量的大小。

$$Q = q \cdot a \cdot b \cdot H \qquad (1)$$

由于爆破作业为多循环、岩石情况多变化的工程行为，再加上周围环境的复杂，为将每次爆破影响程度降至较低水平，确定：浅孔控制爆破的孔数不超过50个，同

时必须确定安全药量，由地铁要求爆破产生的安全振动速度V不得大于1.2cm/s，考虑安全系数保留，计算时选取$V=1.0$cm/s。浅眼爆破时，K取值90，a取值1.5，由此根据爆破区域与地铁距离R大小不同决定安全药量Q大小，如式（2）所示。

$$V = K \cdot (Q^{1/3}/R)^a \qquad (2)$$

浅眼不同距离不同振动下安全药量计算表　　　表 1

Q_{max}（kg） ＼ R（m）	30	35	40	45	50	60
$V=1$cm/s $K=90$ $a=1.5$	3.33	5.29	7.89	11.2	15.4	26.6
$V=1.2$cm/s $K=90$ $a=1.5$	4.8	7.6	11.3	16.2	22.2	38.4

控制同段最大安全药量小于安全药量，确保爆破施工安全。不同距离下爆破需要根据距离调整最大装药量，确保爆破在安全有序中进行。

3　微差起爆控制

在控制爆破规模的同时，为保障施工效率的最大化，需要采取微差起爆的爆破点火方式，原理是利用爆破时间点的不同，将同次不同段的爆破产生的振动波进行相消，从而减小爆破对周边造成的影响。在同一起爆网路内采用同厂、同批次的雷管，电雷管在使用以前进行导通检查，在同一起爆网路内使用电阻值相近的雷管。采用1～－15段毫秒延期电雷管、导爆管雷管。相邻段间隔时差控制在50～100ms之间，在此相邻时差内爆破即可防止

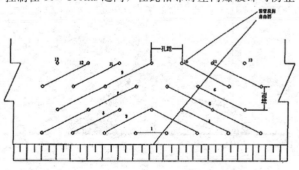

图 1　浅眼孔布孔及 V 形网络起爆图

地震波叠加可相应降低岩石的大块率，有利于铲装效率的提高。

雷管的段别及延期时间表　　　表 2

段别	延期时间（ms）	段别	延期时间（ms）
1	0	9	310
2	25	10	380
3	50	11	460
4	75	12	550
5	110	13	650
6	150	14	760
7	200	15	880
8	250	备注	

4　斜孔爆破控制

在土石方开挖过程中遇到岩石，如何高效地将梁下土石方开挖工作完成成为项目施工的一个重点难点。通常的垂直爆破不适用于支撑梁下石方爆破施工，支撑梁下施工空间狭窄施工难度大，大型施工机械难以进入。支撑梁下石方破碎通常采用机械或静态膨胀促裂辅助侧面施工。侧面机械施工效率低、噪声大、成本高，满足不了工期紧、石方量大的施工要求。常规的斜孔爆破容易产生爆破飞石，复杂环境下难以采用。并且静态破碎价格昂贵，施工效率极其底下，不满足现场施工的安全文明施工和施工成本要求。

将施工环境复杂，工作面狭窄的支撑梁下岩石机械破碎成功采用侧面斜孔爆破法，克服了斜孔爆破飞散物的飞散，将爆破对支撑梁柱的影响控制在安全范围内。

经过团队多次尝试，反复摸索，通过对侧面炮孔角度的控制，炮孔与岩石面倾角介于 $60°～75°$，采用厚度不小于 2cm 钢板、挖机配合覆盖防护。防护面比炮孔位置外展不小于 1.0m，支撑梁下预留不小于 30cm 碎岩保护层，降低爆破对支撑梁的振动与撞击。钢板重叠处不小于 20cm，钢板外侧面渣土覆盖，厚度不小于 50cm。此方法施工简单、安全可靠、降低了成本，极大地提高了施工效率，满足了安全需要。

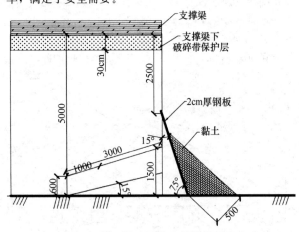

图 2　斜面爆破覆盖防护措施示意

5　爆破有害效应的控制与防护

爆破有害效应分析与防护爆破有害效应主要包括爆破飞石、爆破振动、爆破毒气和噪声[5]。爆破冲击波影响甚微，可忽略不计。对周边影响也非常小。根据以往的经验，对距离爆区临近的建筑物应进行爆破飞石的防护。(1) 爆破飞散物的控制需要加强堵塞长度，堵塞长度不小于 $1.2w$（w 为底盘抵抗线或排距）加强堵塞质量，加强覆盖防护，在爆破的每个孔口处覆盖 1～2 沙包，再覆盖一层钢板，在钢板上覆盖沙包或 500mm 厚的覆土，确保无飞石逸出防护体。(2) 露天爆破时，加强填塞及孔口覆盖防护，可减少噪声对环境的影响；爆破时应进行警示、告知，减小爆破对周边环境的滋扰。

6　盲炮处理措施

在爆破施工过程中难免出现盲炮情况，需要重新进行检查，经检查确认炮孔的起爆线路完好时，可重新起爆。若起爆线路已经损坏，打平行眼装药爆破，平行眼距盲炮孔口不得小于 0.3m。为确定平行炮眼的方向允许从盲炮孔口起取出长度不超过 20cm 的填塞物。用木制、竹制或其他不发生火星的材料制成的工具，轻轻地将炮眼内大部分填塞物掏出，用聚能药包诱爆。

7　基坑监测措施

在基坑爆破开挖过程中需要严格监测周边受影响的情况，本工程中在基坑支护桩布设 33 个监测点，地铁结构中布设 12 个监测点，周边建筑布设 18 个监测点，全过程对基坑及周边的沉降位移、水平位移、支撑体系应力情况、地下水位及爆破过程中地震波的影响进行监测，监测频率随开挖深度的加深而加密，及时预警不良情况发生，保障基坑开挖过程中施工安全。

8　技术应用效果

对比使用炮机进行土石方开挖作业，原计划于 2019 年 7 月完成土方开挖；通过使用近地铁爆破及变形控制技术进行施工作业，现于 2019 年 4 月土方见底，完成土方开挖作业，有效压缩工期 3 个月。

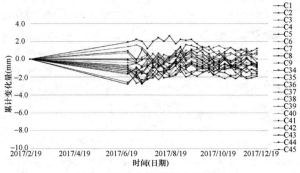

图 3　周边建筑受影响曲线图

通过土体加固、设置警戒点及自动观测、优化爆破等关键施工技术的精细化管理和科学控制，从而减小土石方爆破对周边地铁影响。加强基坑监测和变形控制，有效提高基坑安全性和稳定性。通过缩短项目施工工期，较大的节省了项目运营成本，形成了项目经济效益 140.35 万元，获得了建设方的好评。

9 结语

本文从临近地铁如果应用爆破进行土石方开挖的角度展开了分析探讨，保障施工过程中爆破的安全性及效率性。从爆破规模、微差起爆、斜孔爆破、防护措施、盲炮处理和综合效益等角度去阐述了如何在近地铁条件下使用爆破进行土石方开挖，可以作为相似项目爆破施工参考对象，为提高爆破安全施工提供一定的参考作用。

著者水平不足，时间精力有限，文中难免存在疏误，敬请批评指正。

参考文献：

[1] 王璞，陈志刚，张道振，何华伟，章福全. 市区复杂条件下深基坑开挖控制爆破[J]. 工程爆破，2010(01)：35-39.
[2] 王鸿运，罗晓辉，李梦云. 深基坑爆破的安全监控与数值模拟[J]. 中国铁道科学，2010(01)：20-24.
[3] 张雯. 地铁基坑爆破施工动力响应及爆破参数优化研究[C]//中国城市轨道交通关键技术论坛，2016.
[4] 徐树亮. 地铁保护区内外界工程施工的安全管理[J]. 都市快轨交通，2009，22(04)：67-69.
[5] 于蕾. 爆破振动对多层建筑物的安全影响[J]. 铁道工程学报，2015，32(3)：86-89.

既有建筑物内外新建基坑连接段穿越基础梁施工技术

周书东[1]，阳凤萍[2]，张彤炜[1]，张　益[1]，谢璋辉[2]，廖俊晟[2]

（1. 东莞市建筑科学研究所，广东 东莞 523820；2. 东莞市莞城建筑工程有限公司，广东 东莞 523073）

摘　要： 通过对东莞市民服务中心项目室内外新建基坑连接段穿越基础梁工程特点的研究分析，查看参考大量文献和技术，确定支护体系由拉森钢板桩、桩顶槽钢连梁、HW 型钢围檩、钢管对撑、封堵槽钢等装配式构件组成，再利用有限元软件进行数值建模及计算，调整并确定各构件尺寸和具体施工步骤。将此技术应用于实际工程，缩短工期，节约造价，该技术经济社会效益好，具有较好的推广应用价值。本文所述施工方法已获评广东省省级工法，并已申请专利。

关键词： 既有建筑；基础梁；装配式；支护体系；价值

0　引言

随着城市用地的日趋紧张，城市更新项目逐渐增多，原有建筑的功能性改造项目也随之增加，其又大多伴随着新增地下空间，相应的既有建筑物新建地下空间的项目随之也越来越多。

随着既有建筑物新建地下空间工程建设的需要，国内学者也开展了一些研究工作，杨春芳等[1]提出一种"控制既有建筑变形的基坑支护结构及基坑开挖施工方法"，刘宪东等[2]提出"既有建筑物基础被动补充与洞内脱换系统的联合施工方法"，贾强等[3]提出"利用原有桩基础支撑既有建筑地下增层的方法"，杨泽宇等[4]提出"一种既有建筑群下加建多层地下空间的施工方法"，张敬一等[5]提出"一种在既有建筑物下新增地下停车场的方法"。以上这些研究都是针对既有建筑新建地下空间的相关技术成果，但均未涉及既有建筑物室内外新建基坑连接段穿越基础梁施工。

传统的既有建筑物内外新建基坑连接段穿越基础梁施工通常是将穿越新建地下空间区域的原基础梁段直接破除，对需穿越但较少影响地下空间的原基础梁段，一般较少采取原位保护，原基础梁段直接破除易对既有建筑的整体性和安全性产生一定的影响，且施工周期较长、工程成本高。采用既有建筑物室内外新建基坑连接段穿越基础梁施工技术既可不破坏原有基础梁，又可实现装配化施工，有效解决上述问题。本文以具体应用工程为例，阐述既有建筑物室内外新建基坑连接段穿越基础梁施工技术的内容及其意义。

1　工程概况

"东莞市民服务中心项目"是在保留原东莞国际会展中心主体结构的基础上进行功能性改造的改扩建项目，原东莞国际会展中心建成于 2002 年，建筑物地上 2 层，高 35.60m，建筑面积约为 4.10 万 m²，属于大跨度钢结构展览馆。"东莞市民服务中心下沉广场基坑项目"是"东莞市民服务中心项目"的重要组成部分，其主要目的是增加地下空间，项目包括室内新建下沉广场、室外新建两层地下室、室内外连接通道的基坑支护，其中连接通道需穿越原有建筑基础梁。本技术研究的对象为连接通道穿越

基础梁段基坑。项目地位于东莞市市中心，鸿福路与东莞大道交叉口，2 号线鸿福路地铁站旁，项目区地层自上而下为第四系素填土层、冲积层及下伏基岩。基坑支护区域主要地层为粉质黏土。

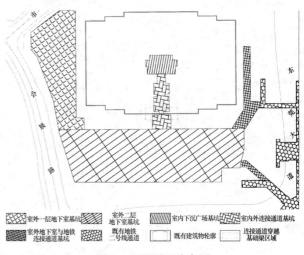

室外一层地下室基坑　　室外二层地下室基坑　　室内下沉广场基坑　　室内外连接通道基坑

室外地下室与地铁连接通道基坑　　既有地铁二号线通道　　既有建筑物轮廓　　连接通道穿越基础梁区域

图 1　基坑项目分布图

2　既有建筑物室内外新建基坑连接段穿越基础梁施工技术

2.1　穿越基础梁段基坑概述

穿越基础梁段原地面标高为 13.2m，支护结构施工前，基础梁周边先放坡至 11.0m。基坑底标高 6.8m，基础梁截面尺寸为 600mm（宽）×2400mm（高），梁底标高为 11.2m。基础梁结构为钢筋混凝土结构。本段采用的支护形式为钢板桩＋钢管支撑＋槽钢封堵。为保障基础梁的安全性，基坑支护安全等级为一级，监测控制桩顶最大水平和竖向位移为 30mm。原有基础梁最大挠度控制值为 30mm。

2.2　既有建筑物室内外新建基坑连接段穿越基础梁支护体系

本项目针对此类工程项目，提出了一套既不破坏原有基础梁，又能保证基坑施工安全的支护体系和施工方法。本基坑支护体系在充分保证基坑安全基础上，结合快

速施工，绿色环保，可装配理念，并通过力学计算而提出来。

本基坑支护体系（图2）包括：（1）拉森钢板桩（9m长Ⅳ型拉森钢板桩）；（2）桩顶槽钢连梁（[25b 槽钢）；（3）HW 型钢围檩（HW300×300 型钢围檩）；（4）钢管对撑（φ300×10 钢管对撑）；（5）封堵槽钢（[25b 槽钢）。支护体系的各构件可按照设计图纸进行工厂化定制，构件标准化程度高。各构件间的连接方式采用焊接，技术成熟，施工快速，质量有保证。

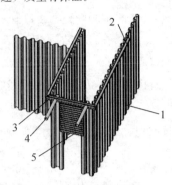

图 2　支护体系组成图

2.3　力学计算分析

计算内容

1）cad 设计图，如图3～图5所示。

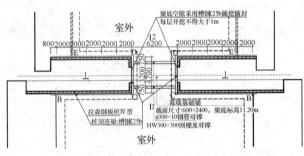

图 3　既有建筑物室内外新建基坑
连接段穿越基础梁支护平面图

2）数值模拟计算

场地所处的地层主要为粉质黏土，采用 MIDAS GTS NX 对基坑开挖二维仿真模拟，并分析支护结构受力情况[6,7]。

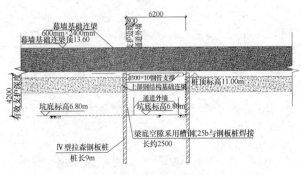

图 4　1-1 剖面图

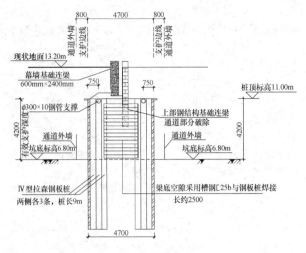

图 5　2-2 剖面

地层及主要材料参数表　表1

材料名称	弹性模量 E (MN/m²)	泊松比 υ	重度 γ (kN/m³)	黏聚力 c (kN/m²)	内摩擦角 φ (°)	本构模型
粉质黏土	7	0.2	19	25	23	修正摩尔-库仑
φ300×10 钢管支撑	2.06×10⁵	0.31	78.50	—	—	弹性
拉森Ⅳ型钢板桩	2.06×10⁵	0.31	78.50	—	—	弹性
幕墙基础连梁 (600×2400)	3×10⁴	0.2	23	—	—	弹性

计算工况汇总表　表2

编号	工况	简述
1	初始应力场计算	本工况是分析第一步，在整个分析模型内只有岩、土体。目的是为了得到岩土自重应力场，不考虑构造应力
2	施工钢板桩	施工钢板桩
3	基坑开挖+钢支撑施工	施工至内支撑底标高下 1m，施工钢支撑
6	开挖到坑底	基坑开挖到标高 6.80m

① 数值模拟模型的具体几何参数

该模型的尺寸参数如图6所示：此剖面的基坑开挖深

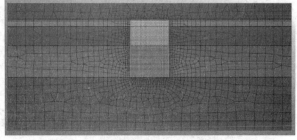

图 6　连接段基坑支护二维模型图

度为 4.2m，基坑宽度为 6.2m。从众多前人[8,9]的研究中得到，在开挖深度 3 倍以外的区域，土体产生的变形微乎其微，能够不考虑变形。加上开挖基坑的二维形状为矩形，该模型的平面范围为水平向 46.2m，竖直向 20m。

② 模型的边界条件与施工步骤

当选取的模型范围得当时，模型的边界条件往往是给模型水平底面施加竖向约束和给模型侧部施加水平向约束。MIDAS/GTS 软件中模拟基坑开挖的施工过程的实现，主要是通过定义施工阶段来完成，其中具体是通过单元组中的"激活"和"钝化"功能来实现。

③ 桩+内支撑支护的施工模拟步骤

a. 初始应力施工阶段

当土体由于本身的自重和位于地面上的超载的作用完成固结沉降后，再进行基坑开挖。在有限元程序的数值模拟时，为了能较好地模拟在本身重力下土体实现固结沉降的原状土，一定要进行初始自重应力场的计算，并且以此作为接下来开挖步骤的最初始的状态。MIDAS/GTS 软件通过激活整个模型土体的网格单元、边界条件以及自重，同时选择位移清零。这样不仅把地基的初始地应力计算了出来，而且把在本身重力作用下地基土的固结变形也消除了。这个时候的应力状态往往被作为该模型的初始自重应力场，这就是基坑开挖的最初状态。

b. 支护桩施工

c. 实际开挖、支撑的施工，也是通过激活功能进行支撑和立柱的施工模拟，利用"钝化"功能进行开挖步骤的实现。

④ 模拟结果

通过采用 MIDAS/GTS 软件在建立内支撑支护结构下基坑的数值模型的基础上，得到各个开挖阶段支护桩的水平位移、轴力等情况。

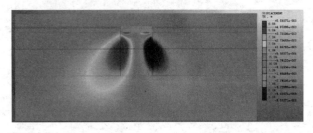

图 7　开挖土至内支撑下 1m 及内支撑施工水平位移

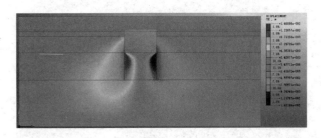

图 8　开挖土至基坑底水平位移

由模拟结果可知，钢板桩最大水平位移为 14.8mm，满足规范[10]小于等于 30mm 的要求。

内支撑支撑轴力为 388.7kN，

支撑梁所受的最大设计轴力为：

图 9　开挖土至基坑底内支撑轴力

$N = 388.7 \times 1.375 = 534.46$kN

满足 $N \leqslant \varphi f A$[11] $= 965.90$kN。

2.4　既有建筑物室内外新建基坑连接段穿越基础梁施工步骤

根据基坑支护特点和支护体系构成确定施工步骤如下。

(1) 确定幕墙基础梁和钢结构基础连系梁尺寸、位置及埋设深度。幕墙基础梁和钢结构基础连梁的位置和埋设深度可根据物探等勘察手段和原有结构图纸确定。

(2) 土方平整至幕墙基础梁面以下 20cm。土方开挖平整至幕墙基础梁底面以下 20cm，严禁超挖。

(3) 根据施工放线位置，导框安装，施工拉森钢板桩，其中对施工精度要求较高。

(4) 施工桩顶槽钢连梁及 HW 型钢围檩。施工桩顶槽钢连梁及 HW 型钢围檩，其与拉森钢板桩的连接方式采用焊接。

(5) 施工钢管对撑。对撑的种类可根据基坑深度和地质情况选用合适尺寸的钢管或工字钢，对撑和围檩的连接以焊接为主，也可采取螺栓连接的方式。

(6) 清理坡顶土方并喷面防护。坡顶喷射 100mm 厚C20 级以上素混凝土进行防护。

(7) 分层开挖土方[11]，每层开挖高度不超过 1m。土层开挖应严格设置开挖路线和开挖计划，严禁超挖，临近钢结构基础连梁的土方应采用人工开挖，避免开挖对基础梁的破坏。

(8) 开挖至钢结构基础连梁底后，对通道内钢结构基础梁部分（钢筋混凝土组成）进行破除，破除方式一般采用机械破除。

(9) 对幕墙基础梁底未支护钢板桩空间进行封堵，边挖土方边施工封堵槽钢对梁底空间进行封堵，槽钢每侧和钢板桩搭接 200~300mm，槽钢和拉森钢板桩的搭接采用焊接的方式。

(10) 随挖随封直至基坑底，其中槽钢自上而下，一个紧贴着一个往下施工，直至基坑底。施工通道结构，待通道主体结构达到强度要求后，回填基坑，对部分支护构架进行回收。

经本项目验证，按照上述施工步骤，施工方便、工期短，既能不破坏原有基础梁，又能保证基坑安全，工艺简单、安全性高。拉森钢板桩、桩顶槽钢连梁、HW 型钢围檩、HW 型钢对撑、封堵槽钢等构件采用装配式施工，施工速度快，且最后能部分回收利用，较好践行绿色环保理念。

2.5 监测结果

施工前进行监测点的布置，施工期间按照一级安全等级基坑要求进行监测及记录，直至施工完毕。最终得到支护桩最大水平位移为 6.2mm，最大竖向位移为 5.02mm，基础梁的最大挠度为 8.64mm。全程基础支护效果好，基坑安全、可靠。

3 技术创新点

（1）提出了既有建筑开挖施工室内外基坑连接通道，在原基础梁位置处的通道开挖支护体系，支护体系由拉森钢板桩、桩顶槽钢连梁、HW 型钢围檩、钢管对撑、封堵槽钢等组成。

（2）实现支护结构的装配化施工，有效提高施工效率，践行绿色、环保理念。

（3）待地下室及通道主体结构施工完毕，达到强度强求后，基坑回填，对部分支护构件回收利用，节省资源，减少工程造价。

4 结论

（1）结合项目实际情况，为了实现既不破坏原有基础梁，又能安全快速完成通道基坑施工，在计算分析的基础上提出了一种由拉森钢板桩、桩顶槽钢连梁、HW 型钢围檩、钢管对撑、封堵槽钢组成的可装配式施工和回收利用的支护体系。

（2）为了指导实际施工，提出了既有建筑开挖施工室内外基坑连接通道，在原基础梁位置处的通道开挖支护完整施工步骤：①确定原基础梁尺寸、位置及埋设深度；②土方平整至基础梁底面以下 20cm；③根据施工放线位置，导框安装，施工钢板桩；④施工钢板桩桩顶连梁和围檩；⑤施工钢管对撑；⑥清理坡顶土方并喷面防护；

⑦分层开挖土方，每层开挖高度不超过 1m；⑧开挖至原钢结构基础梁梁底后，对通道内钢结构基础梁部分（钢筋混凝土组成）进行破除；⑨对幕墙基础梁底未支护钢板桩空间进行封堵；⑩随挖随封直至基坑底。

（3）实际工程的应用，较好地验证了既有建筑物室内外新建基坑连接段穿越基础梁施工技术的先进性，体现了该技术施工快速、绿色环保等特点，产生了较好的经济社会效益，可为将来类似项目带来一些参考和借鉴。

参考文献：
[1] 杨春英，宋福渊，油新华，张清林，马程昊，马庆松，许国光.控制既有建筑变形的基坑支护结构及基坑开挖施工方法[P].CN103498475A，2014-01-08.
[2] 柳宪东，史海欧，刘欣，刘鑫，肖峰.既有建筑物基础被动补充与洞内托换系统的联合施工方法[P].CN107740446A，2018-02-27.
[3] 贾强，张鑫.利用原有桩基础支撑既有建筑地下增层的方法[P].CN103437567A，2013-12-11.
[4] 杨泽宇.一种既有建筑群下加建多层地下空间的施工方法[P].CN108005399A，2018-05-08.
[5] 张敬一，梁发云，曹平，赖伟，蒋志军，李泽泽.一种在既有建筑物下新增地下停车场的方法[P].CN108457303A，2018-08-28.
[6] 李治.Midas/GTS在岩土工程中的应用[M].北京：中国建筑工业出版社，2012.
[7] 王海涛.MIDAS GTS岩土工程数值分析与设计—快速入门与使用技巧[M].大连：大连理工大学出版社，2013.
[8] 李欣.软土地基中深基坑双环形桁架支撑体系研究[D].昆明：昆明理工大学，2012.
[9] 罗美华.超深基坑桩锚支护结构GTS模拟与对比分析[D].邯郸：河北工程大学，2013.
[10] 建筑基坑工程监测技术规范GB 50497—2009[S].北京：中国计划出版社，2009.
[11] 钢结构设计标准GB 50017—2017[S].北京：中国建筑工业出版社，2018.
[12] 建筑基坑支护技术规程JGJ 120—2012[S].北京：中国建筑工业出版社，2012.

常见基坑事故类型及应急处置

冯科明，　宋克英，　曹羽飞

（北京城建勘测设计研究院有限责任公司，北京 100101）

摘　要：本文根据笔者对从业多年来所接触到的和收集到的基坑事故[1]进行充分梳理，总体分类，并对基坑发生以上事故时通常所应该采取的应急措施进行了叙述，以期对从事基坑支护设计及施工管理的新入门的技术人员进行科普教育，以便对本专业有充分的认识，并对自然界抱有敬畏之心。

关键词：深基坑；事故；应急处置

0　前言

随着城市化进程的加快，城市建设向天、向地下要空间，基坑越来越深[2]，基坑支护施工原有粗犷式管理显然适应不了当今的形势发展需要，各地基坑事故也层出不穷[3]。去年，从青岛到广州再到厦门地铁事故接二连三，深基坑事故也常见报道，如南宁深基坑事故影响深远，见图1。本文通过总结梳理各地基坑支护施工事故，对其进行分类，并提出一般性的应急处置措施，供新入职的技术人员参考。

图1　南宁某基坑发生坍塌

1　常见基坑事故类型

1.1　基坑周边环境遭到破坏

（1）基坑周边地面沉降过大、产生裂缝，影响正常通行，见图2；

图2　地面产生裂缝

（2）坑边建筑物发生沉降、倾斜、开裂或坍塌，见图3；

图3　建筑物开裂

（3）地下管线变形过大、断裂，见图4；

图4　地下水管断裂，跑水

（4）基坑周边构筑物（围墙、散水等）沉降过大、开裂，见图5。

图5　建筑围墙、门厅发生开裂

1.2 基坑支护结构破坏

（1）基坑支护桩（墙）体倾斜、变形过大、开裂、折断，见图6、图7；

图6 围护桩断裂

图7 围护墙折断

（2）基坑产生整体圆弧滑动失稳，见图8；

图8 整体失稳

（3）基坑支护体系整体平移，见图9；

图9 整体平移2m

（4）基坑顶部沉降过大，见图10。

图10 沉降过大

1.3 基坑支撑（锚）体系破坏

（1）支撑失稳、崩塌，见图11；

图11 支撑失稳

（2）基坑角部斜撑端部腰梁滑移，见图12；

图12 斜撑脱落

（3）混凝土支撑开裂、失稳，见图13；

（4）中间立柱沉降、倾斜，见图14；

（5）锚杆（土钉）变形过大、锚头失效、锚杆拔出[4,5]，见图15。

图 13　混凝土支撑开裂、失稳

图 14　立柱偏移受力不平衡而失稳

图 15　土钉被拔出

1.4　坑底隆起、失稳

（1）基坑坑底隆起，见图 16；

图 16　基坑隆起多大，回填反压，注浆加固

（2）基底踢脚，见图 17。

图 17　基底踢脚

1.5　土层渗透破坏

（1）基坑支护体系侧壁漏水、涌砂、涌土，见图 18；

图 18　侧壁涌水

（2）坑底管涌、突涌[6]，见图 19。

图 19　坑底突涌

以上只是基坑事故的主要表现形式，实际工程中基坑事故的表现形式更为多样，其原因可能是某单一原因，也可能是多个原因的叠加。

2　深基坑工程事故应急处理措施

当监测或人工巡视过程中发现支护结构变形过大、

坑底隆起、地面沉降、基底突涌、周边建（构）筑物沉降时，应按照深基坑支护施工组织设计或深基坑支护专项施工方案中经总监理工程师批准过的应急预案，立即对深基坑支护施工项目进行分步处置。

实用基坑问题应急处理措施如下。

（1）基坑支护体系变形过大，造成基坑周边地面沉降或周边建（构）筑物沉降超标时，宜采取以下措施：

1）有条件时首选在坑外卸载，见图20。

图20　坑外卸载

2）利用卸土或工地现有材料，在确保安全的前提下进行坑内堆料反压，以稳定边坡，见图21。

图21　坑内反压

3）初步控制支护体系变形后，采用增设临时支撑或加做锚杆，对坡体进行加固，见图22。

图22　架设临时支撑

4）必要时可采取在基坑周边和坑内进行注浆，对地层进行加固，见图23。

图23　注浆加固

5）及时施工底板，对基底进行封底处理，见图24。底板可根据实际情况实施分区、分块浇筑混凝土，以减少坑底暴露的时间。

图24　快速封底

6）在处置过程中，要注意连续对支护体系本身及其周边环境进行变形监测，以保证信息化施工[7]，见图25。

图25　基坑变形监测

7）在处置过程中，要设立专职安全员，对处置过程进行全过程监视，以确保基坑抢险时不再发生安全事故。

（2）基坑坑底隆起过大时，视情况可采用坑内加载反压、调整分块开挖方案，及时浇筑垫层及施工底板结构等。

（3）基坑支护结构出现渗水、流土时，采用坑内局部回填，堵漏、明排结合处理，情况严重时应立即组织回填。在坑外进行注浆等加固处理，结合坑内堵漏，在强度达到设计要求后逐步进行试开挖。

（4）基坑出现较为严重的流砂、管涌时，应立即采取回填、坑外施作减压井，降低基坑内外水头差，或重新设置反滤层等措施，必要时对基底持力层进行加固处理。

（5）加强监测和巡视，及时分析、反馈监测结果。

3 结束语

基坑支护设计及施工，影响因素多，因此，在设计与施工前就必须考虑各种因素对基坑支护施工安全的影响，及时提出有针对性的预防措施；同时，要做好信息化施工[8]，动态设计，根据现场条件发生的变化或监控量测数据，及时调整设计与施工组织安排，并在此基础上，提前根据施工风险识别，制定好应急预案，在发生施工预警时，及时启动应急预案，将损失降低到最小。

参考文献：

[1] 李启民. 我国深基坑工程事故的综合分析 [J]. 科技情报开发与经济，1999(02)：56-57.

[2] 唐琪武. 深基坑工程事故分析及防范措施 [J]. 科技创新与应用，2014(08)：226.

[3] 徐至钧. 深基坑支护事故分析及处理对策 [J]. 特种结构，1998(04)：44-47.

[4] 马海龙. 某深基坑工程事故分析 [J]. 四川建筑，2002(03)：63-64.

[5] 申琪玉. 深基坑工程事故常见原因分析及对策 [J]. 建筑技术，2015，46(10)：912-914.

[6] 杨丽君. 深基坑工程中常见的问题和处理对策 [J]. 西部探矿，2003(08)：58-64.

[7] 杨子胜. 深基坑工程事故分析及防范措施 [J]. 河南科技大学学报，2004(04)：71-74.

[8] 李国银. 某深基坑坍塌事故分析及处理 [J]. 城市勘测，2014(05)：162-166.

基于邻近地铁连续阳角的基坑支护设计

齐路路， 冯科明

（北京城建勘测设计研究院有限责任公司，北京 100101）

摘 要：本文以某深基坑工程为例，分析了基坑连续阳角处支护设计的制约因素，提出满足邻近地铁变形控制要求的支护设计思路，通过理正深基坑软件计算结合地区经验提出初步设计方案，再利用 MIDAS GTS NX 有限元软件辅助验算。结果表明：连续阳角区不适宜采用常规的桩锚支护体系；内支撑支护体系可以有效控制连续阳角区的水平位移和沉降；如连续阳角区的支护桩后侧施作背拉桩，前后桩通过钢架梁连接，形成双排桩支护体系，则可进一步减少变形；另外，对填土进行注浆可加固坑外土体，减轻土压力，进一步减少支护体系的变形，满足邻近地铁的变形控制要求。

关键词：邻近地铁；深基坑工程；连续阳角；模拟分析

0 绪论

随着国家城镇化建设步伐的加快和城市轨道交通的发展，新建工程的地下结构外轮廓也逐渐受到影响，市场上出现越来越多不规则形状的基坑，而基坑中出现阳角的频率也在逐步增多。基坑阳角处的内力比较复杂且应力集中，通常普通坡面只会形成单一的破裂面，而在阳角处存在多个临空面，将形成破裂楔形体，降低了基坑的稳定性[1]。基坑阳角属于变形不利部位，是基坑监测的重点部位，不断受到工程界的重视。通过对工程实际支护结构顶部水平位移、沉降和深层土体水平位移的监测数据研究发现，阳角凸出部位的桩体顶部最大变形量大于其他部位，桩体横向位移和弯矩均随基坑开挖深度的加大而逐渐增大[2,3]。但是，目前对基坑阳角的研究多是针对单个阳角的情况，对基坑中出现连续阳角的情况研究很少。

本文以某深基坑工程为例，分析基坑连续阳角处支护设计的制约因素，提出满足邻近地铁变形控制的支护设计思路，借助理正深基坑软件计算合理的设计方案，并利用 MIDAS GTS NX 有限元软件辅助验算[4,5]，提出基坑支护的最优方案，可供类似工程设计与施工参考。

1 工程概况

本项目位于某地铁风道的东侧。地上四层，地下三层，框架结构，筏形基础。场地设计整平标高为43.000m，坑底绝对标高为 29.440m，基坑开挖深度13.560m。风道底板顶标高为 32.545m，其地下外墙线到拟建工程外墙线的最近距离为 6.3m。受邻近地铁风道结构的影响，本基坑拟开挖线在场地西南侧形成两个连续阳角。

2 工程地质及水文地质条件

2.1 工程地质条件

依据勘察报告得知，拟建场地揭露地层最大深度为25m，按地层沉积年代、成因类型，将拟建工程场地勘探

范围内的土层划分为人工填土层（Q^{ml}）和一般第四纪冲洪积层（Ql^{al+pl}）两大类。典型地质剖面图见图1。

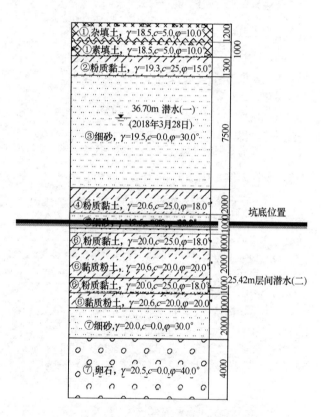

图 1 典型地质剖面图

2.2 水文地质条件

根据《岩土工程勘察报告》，在深度 25m 范围内，共实测到二层地下水。第一层为潜水，静止水位埋深在自然地面下 6.30～8.20m（绝对标高 34.42～35.96m），该层地下水位年变化幅度为 1～2m。第二层为层间潜水，静止水位埋深在自然地面下 17.60～18.80m（绝对标高 23.64～25.42m），该层地下水水位变化幅度为 1m 左右。

3 支护设计

3.1 制约因素

（1）地下水

基坑开挖范围内有一层地下水，水位高于坑底7.06～7.26m，故需采取地下水控制措施。

（2）基坑形状

连续阳角区的支护体系选型。

（3）周边环境

既有地铁风道地下结构外墙线与连续阳角区拟建项目的结构外墙线最近距离为6.3m，地铁风道的底板顶面标高比拟建项目坑底高约3m。风道周边存在既有围护桩，且风道作为地铁的附属结构，具有严格的变形控制要求，水平位移为5mm，沉降为+2mm，−3mm。

3.2 设计思路

（1）根据工程地质和水文地质条件、拟建结构资料、既有地铁风道的结构资料和围护资料，本次地下水控制设计采用止水方案。

（2）针对以上制约因素，本次支护采用桩＋内支撑的支护体系。

（3）对桩后侧填土进行加固处理。

3.3 设计方案

本支护剖面基坑开挖深度13.56m，结合现场工程地质条件和周边环境条件，本支护剖面安全等级为一级，相关设计方案如下：

（1）地下水控制设计：采用基坑外围止水＋基坑内疏干。坑外采用止水帷幕，止水帷幕采用三轴搅拌桩ϕ650@900，套接一孔。坑内布置疏干井。

（2）支护体系：采用桩＋内支撑支护体系。桩采用双排桩，支护桩均为直径1000mm，桩间距1.4m，桩长为20.0m。桩顶布置冠梁，尺寸为800mm×1100mm，前后桩设置钢架梁，支护桩和冠梁混凝土强度等级均为C25；内支撑采用ϕ609壁厚16mm的钢管。平面图如图2所示，

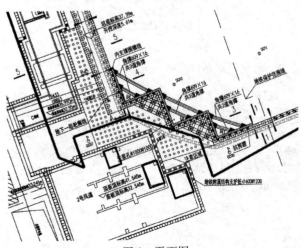

图2 平面图

剖面图如图3所示。

（3）桩后侧土体进行注浆处理：注浆孔孔径50mm，采取后退式常压注浆，每次注浆后提升20cm；注浆孔正方形布置，注浆间距1000mm；按照间隔跳打的原则；注浆浆液采用42.5级普通硅酸盐水泥，水灰比为0.5～0.8（具体根据现场实际情况调整）。

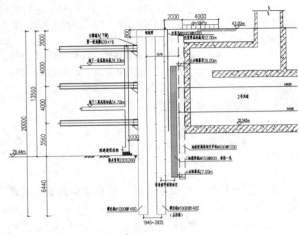

图3 剖面图

4 理正软件计算

4.1 单桩＋内支撑方案计算

单桩＋内支撑支护方案见图4，位移情况如下。

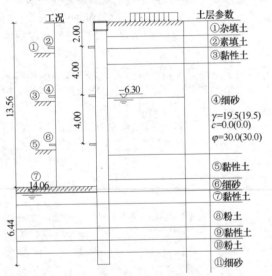

图4 单桩＋内支撑支护方案

（1）水平位移：桩顶最大水平位移为7.63mm。

（2）沉降：风道处最大沉降为10mm。

4.2 桩＋后拉桩＋内支撑方案计算

桩＋后拉桩＋内支撑方案见图5，位移情况如下。

（1）水平位移：桩顶最大水平位移为2.01mm。

（2）沉降：风道处最大沉降为2mm。

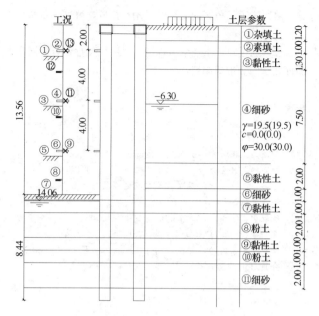

图 5 桩＋后拉桩＋内支撑方案

5 数值模拟软件分析

5.1 计算模型

计算模型中土体采用实体单元，地铁结构采用壳单元模拟，不同的土层采用不同的材料模拟，边界条件在选取时除了顶面取为自由边界，其他面均采取法向约束。

5.2 计算假定

（1）基坑施工期间地铁车站结构及风道结构仅考虑正常使用工况；

（2）假定地铁车站结构及风道结构为线弹性材料；

（3）假定基坑、地铁车站结构及风道结构与土体之间符合变形协调原则；

（4）通过刚度等效的方法，将车站结构与风道结构等效为一种同刚度材料；

（5）本评估分析的前提是施工处于正常良好控制的条件下。计算模型图见图 6，拟建工程与既有地铁关系见图 7。

图 6 计算模型图

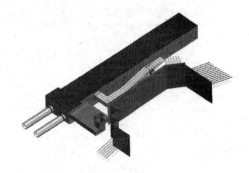

图 7 拟建工程与既有地铁关系图

5.3 计算结论

（1）全阶段变形云图

沉降云图见图 8，水平位移云图见图 9。

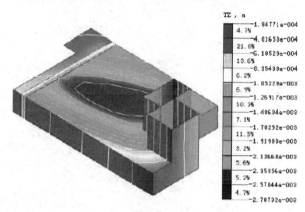

图 8 沉降云图

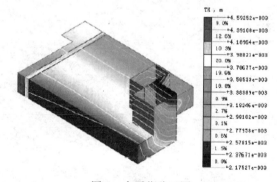

图 9 水平位移云图

（2）结论

有限元软件对支护方案进行模拟分析的结果和理正深基坑软件计算结果基本一致，桩顶最大水平位移和沉降均满足地铁变形控制的要求。变形情况表见表 1，软件计算结果对比表见表 2。

变形情况表		表 1
方案	桩顶位置	风道位置
全阶段　最大水平位移	2.5mm	0.72mm
全阶段　沉降	2.6mm	0.56mm

软件计算结果对比表		表 2
方案	理正软件	MIDAS GTS NX 有限元软件
全阶段　桩顶最大水平位移	2.01mm	2.5mm
全阶段　风道处沉降	2.0mm	0.56mm

6 结束语

（1）根据理正软件和 MIDAS GTS NX 有限元软件辅助计算结果，本次"双排桩＋内支撑"的支护方案，既满足《建筑基坑工程监测技术规范》GB 50497—2009 要求，也顺利通过地铁保护专项论证。

（2）连续阳角区不宜采用桩锚支护体系。

（3）内支撑支护体系可以有效控制连续阳角区的桩顶水平和竖向位移。

（4）连续阳角区的支护桩采用双排桩，可进一步减少变形。

（5）通过对填土注浆可以进一步减少变形，可以满足邻近地铁的变形控制要求。

参考文献：

[1] 王洪德，姜天宇，张立漫．带阳角深基坑变形及其影响因素分析[J]．地下空间与工程学报，2014，10(1)：156-163.

[2] 董淑海，张雪东，沈宇鹏，左瑞芳．北京某深基坑开挖过程的阳角效应分析[J]．路基工程，2017，4：175-177.

[3] 王芳，郭红仙．带阳角基坑空间效应的三维数值分析[J]．铁路建筑，2006(12)：69-72.

[4] 帅红岩，陈少平，曾执．深基坑支护结构变形特征的数值模拟分析[J]．岩土工程学报，2014(S2)：374-380.

[5] 丁克伟，余有治，曾执．基于 Midas 深基坑开挖变形数值分析[J]．安徽建筑大学学报，2016(01)：1-5.

基坑降水对条形基础建（构）筑物沉降理论计算分析

杨　傲，李锡银

（武汉武建机械施工有限公司，湖北 武汉 430040）

摘　要：结合工程实例，通过分析基坑的工程和水文地质条件以及本工程支护方案，采用理论值和实测值对比的分析方法，对基坑降水引起的基坑周边建（构）筑物沉降进行理论求算和监测分析。研究了基坑降水对周边建（构）筑物沉降的影响，并提出了在基坑降水过程中用于求解基坑周边建（构）筑物为条形基础时沉降的理论计算方法，得出本工程支护措施合理、本文提出的理论计算公式可行等结论，为基坑领域求解基坑周边建（构）筑物为条形基础时的沉降值提供可靠理论依据。

关键词：降水；建（构）筑物；沉降；分析

0　引言

对于每个建筑项目而言，基坑工程是第一步工序，同时也是最为重要的一道工序。它是对建（构）筑物的地下结构给予保护的工程，于整个过程而言十分重要。基坑降水就是使即将开挖的基坑中土体的含水量减少，从而利于基坑开挖工作的展开[1]，从根本上提高工程质量，以利于后续工程的进展。地下水位变化易引起基坑沉降，进而引发工程事故。因此，对基坑的监测水平和施工技术均提出了更高、更严的要求；基坑降水过程中，不但要保证基坑稳定[2]，而且须满足规范规定的变形控制要求；以确保基坑周边建（构）筑物、地下管线、道路等结构安全及正常使用[3]。本文以武汉市某基坑项目为例对基坑开挖降水时，周边建（构）筑物的沉降进行分析；并提出了在基坑降水过程中，用于求解建（构）筑物沉降的理论计算方法，以期能指导实际的基坑降水工程。

1　工程概况

本基坑 ± 0.000m = 22.400m。施工场地标高为20.00～20.50m。基坑开挖深度 11.0～11.5m，基坑支护拟采用双排桩、桩撑组合支护方式。基坑上口周长约365.5m，土方开挖面积约 6817.98m²。

本项目场地影响基坑开挖的地下水类型为十部滞水和孔隙承压水，本基坑工程东侧采用等厚度水泥土搅拌墙落底式止水帷幕，其余三侧采用三轴搅拌桩（套打）悬挂式止水帷幕；坑内布置疏干降水井。对上部滞水采用明排；对下部承压水，采用的方案是中深井降水。

2　工程特点

2.1　工程地质条件

据相关勘察单位编制的《××工程岩土勘察报告》资料表明，拟建场地地形较为平坦，地面标高 20.41～20.89m 不等。土层分布由上而下依次为：①杂填土、②₁淤泥质黏土、②₂黏土、③粉土、④₁粉细砂、④₂粉细砂、④₃含卵石中粗砂、⑤泥岩强风化、⑥泥岩中风化。

2.2　工程水文条件

场区内地下水主要为上层滞水、孔隙水、孔隙承压水、裂隙水。

勘察期间测得上层滞水的水位在地面下 0.80～1.80m，主要为大气降水和地表水入渗补给，水位变化幅度 0.50～1.00m；孔隙水主要存在③层粉土中，主要接受上层补给；孔隙承压水主要存在④₁、④₂、④₃层中，水量丰富，与所在地质区域内的地下水及长江水等有一定的水力联系，其水量、水位随之变化，根据 2018 年 5 月抽水试验，场地承压水水头埋深约为 7.25m，绝对标高为 13.58m，根据武汉市地区经验，承压水水位变化幅度为 3～4m。基坑开挖过程中主要受承压水的影响，应提前做好相应的集排水措施，以满足基坑施工过程中对地下水控制的要求；基岩裂隙水主要存在⑤、⑥层中，埋藏较深，可以不考虑其对本工程基坑施工的影响。

2.3　设计方案

该工程最终确定：基坑北侧及基坑东侧北段采用双排钻孔灌注桩，其他采用钻孔灌注桩＋支撑的支护方式；临近 3 号地铁线位置采用等厚度水泥土搅拌墙落底式止水帷幕；其余三侧采用三轴搅拌桩（套打）悬挂式止水帷幕；局部贴近红线区段由桩间高压旋喷桩与支护桩共同作用形成止水帷幕。

3　基坑降水

本项目运用大口径深井降水，一般情况下产生的沉降很小，因此对基坑周边建（构）筑物基本无影响。

3.1　降水处理方法

上层滞水：以自渗为主，需要降水井进入下层足够深且排泄途径良好。

潜水：以抽为主，需要井足够深，能够进入下层且具有良好排泄途径，同时辅以局部自渗。

3.2　基坑周边建（构）筑物沉降理论计算公式的提出

基坑周边建（构）筑物沉降以地表沉降作为参照[4]，结合杨清源和赵伯明等[2]的研究思路，根据基坑内降水井引起基坑外距离双排钻孔灌注桩任意位置的水位降深，建立基坑周边建（构）筑物沉降计算模型如图1（本项目基坑北侧及基坑东侧北段）所示，且基坑周边建（构）物基础为条形基础。

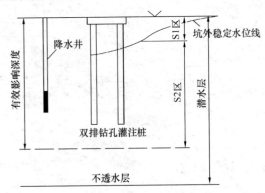

图 1 坑外地表沉降简化计算模型

从图1可以看出，降水曲线形成后，可在曲线上下分为疏干部分和饱和部分（一般认为初始水位以上干土层不存在降水引起的附加荷载，干土层沉降量可以忽略）S1区疏干土附加荷载 $\Delta\sigma_1$ 为：

$$\Delta\sigma_1 = \gamma_w z \qquad (1)$$

式中，γ_w 为水的重度；z 为计算土层中点至初始地下水位的垂直距离。

S2区饱和土附加荷载 $\Delta\sigma_2$ 为：

$$\Delta\sigma_2 = \gamma_w(H-h) \qquad (2)$$

式中，h 为沿基坑边线侧以外，任意位置的土层含水厚度；H 为潜水层厚度。

S2区土层降水完成后还处于饱和，降水后的水位高度取上部的稳定降水曲面高度 h，即水位变化应为 $H-h$；而S1区在降水过程中水位是动态下降的，该区域内任意计算土层均是由层顶疏干至层底，最终下降至稳定降水曲面[2]。故该区域内计算土层降水后水位高度应取有效影响深度底部至土层中点作为疏干过程中水位平均高度 Z，水位变化应为潜水层厚度 H 与该高度之差。则地面沉降量可采用规范公式计算，疏干区S1区沉降量 s_1 为：

$$s_1 = \sum_{i=1}^{n} \frac{\Delta\sigma_1}{E_i} H_i \qquad (3)$$

式中，E_i 为第 i 层土的压缩模量；H_i 为第 i 计算土层的厚度。

饱和区S2区的沉降量 s_2 为：

$$s_2 = \sum_{i=1}^{n} \frac{\Delta\sigma_2}{E_i} H_i \qquad (4)$$

坑外地表最终沉降量为：

$$s_总 = s_1 + s_2 \qquad (5)$$

基于基坑周边建（构）筑物自重引起的沉降是稳定的，其经过长时间的沉积，在正常情况下，短时间段内沉

降量基本为 0[5]。故在该计算中，可忽略基坑周边建（构）筑物自重引起的沉降[6]。因而，在基坑降水过程中基坑周边建（构）筑物理论沉降量可用上述推导出的式（1）~式（5）进行求算。

3.3 结合本项目实例进行基坑周边建（构）筑物理论沉降量计算

以本项目基坑北侧房屋及围墙任取4个监测点位R1、R3、R5、R8为例，结合基坑周边环境及降水方案，根据《建筑地基基础设计规范》GB 50007—2011，计算理论沉降量。其具体求算点位布置如图2所示。

图 2 基坑北侧房屋及围墙监测点位布置图

计算得出基坑周边建（构）筑物，角点沉降量分别为：0.117mm、0.119mm、0.151mm、0.047mm，最小沉降量0.047mm，最大沉降量0.151mm。

同时，通过对基坑周边建（构）筑物角点沉降量计算得出：

（1）上层滞水对周边建（构）筑物的影响：上层滞水局部赋存、不连通；水量受大气降水、季节交替、管道漏水及人为因素制约。因其赋存形式在基坑降水过程中无法形成类似于，含水层中潜水类降水坡度曲线。另外，该部分建（构）筑物基础处于土层已充分固结的粉质黏土层，该土层中的上层滞水经多年流失与补充循环[7]，因而此部分水的流失，对周边建（构）物的沉降基本无影响。

（2）潜水对周边建（构）筑物的影响：潜水赋存于第④₃卵石中粗砂层，且卵石中粗砂层压缩模量很大，故降水对土体的沉降影响很小。

根据计算，由于基坑降水对基坑周边建（构）筑物的沉降影响在允许范围内，不会对现有建（构）筑物造成危害。

3.4 基坑周边建（构）筑物沉降监测

以本项目基坑北侧房屋及围墙为例，仍取本文3.3节所取的4个监测数据进行分析，监测成果见表1。

建（构）筑物沉降监测成果表　　表1

点号	沉降值（mm）	累计沉降值（mm）	累计沉降速率（mm/d）
R1	0.128	2.44	0.03
R3	0.126	2.64	0.03
R5	0.154	1.65	0.02
R8	0.038	0.30	0.00

由表中数据知：各沉降监测点累计沉降速率都低于 $0.01 \sim 0.04mm/d$，且累计沉降最大值为 2.64mm，低于 $15 \sim 25mm$。故基坑周边建（构）筑物沉降稳定。

3.5 基坑周边建（构）筑物沉降监测值与沉降理论计算值对比

将本文 3.3 节所选取的 4 个监测点位的理论沉降值与 3.4 节同样点位的监测数据进行对比分析，详细对比结果见表 2。

沉降监测值与沉降理论计算值对比　表 2

点号	监测沉降值 (mm)	计算沉降值 (mm)	两者数值差 (mm)
R1	0.128	0.117	0.011
R3	0.126	0.119	0.007
R5	0.154	0.151	0.003
R8	0.038	0.047	−0.009

由表 2 中数据的对比可以看出，采用本文提出的求算基坑周边建（构）筑物理论沉降值公式求算出的数值与监测出的数值存在一定差别，但基本相符。

3.6 基坑周边建（构）筑物沉降理论计算公式的修正

由于运用本公式计算基坑周边建（构）筑物沉降时，忽略了建（构）筑物自重沉降、干土层沉降，且实际公式中所有参与计算的数值都是采用仪器测量值，这些都是造成计算值与实测值存在差异的因素[8]。基于本文提出公式求解出的数值与监测出的沉降变形数值存在着一定的差异性，为提高理论求算的精准性，本文提出的建（构）筑物沉降变形值的理论计算公式应有一个折减系数 ξ＝监测沉降值/计算沉降值，即该公式在本文式（5）的基础上表示为：$s_{总} = \xi(s_1 + s_2)$。具体 ξ 值范围，本文选取了本基坑周边其他点位进行求算，见表 3。

沉降监测值与沉降理论计算值对比　表 3

分组	点号	监测沉降值 (mm)	计算沉降值 (mm)	两者数值差 (mm)
第一组	R2	0.121	0.117	0.004
	R4	0.123	0.119	0.004
	R6	0.167	0.151	0.016
	R7	0.074	0.047	0.027
	R9	0.128	0.117	0.011
第二组	R10	0.123	0.132	−0.009
	R11	0.195	0.183	0.012
	R12	0.069	0.054	0.015
	R13	0.157	0.149	0.008
	R14	0.155	0.144	0.011
第三组	R17	0.189	0.151	0.038
	R18	0.076	0.049	0.027
	R19	0.164	0.153	0.011
	R20	0.151	0.134	0.017
	R21	0.161	0.159	0.002

以上三组数据分别取每组数据中的两者数值差最小值和最大值所对应的数值求算出对应的 ξ；然后再将上述三组 ξ 最大值和最小值分别求平均值，即可得出较为合理的 ξ 值范围；按该方法结合表 3 数据求解出 $\xi \in (1.02, 1.24)$，即经过修正后的公式表示为：

$$s_{总} = \xi(s_1 + s_2), \xi \in (1.02, 1.24) \qquad (6)$$

需要说明的是，本公式仅适用于基坑周边建（构）筑物为条形基础。

4 结论

通过将基坑降水引起的周边建（构）筑物理论沉降计算值与仪器监测沉降值进行对比分析可以看出：

（1）基坑降水对周边建（构）筑物沉降的影响，可以经仔细研究基坑有关工程、水文地质条件及基坑降水引起的基坑周边环境变化，采用合理支护措施进行控制。

（2）本文提出的用于求解基坑周边建（构）筑物沉降变形值的理论计算方法，通过实例求算对比分析证明，该公式用于求解基坑周边建（构）筑物沉降变形值虽存在一定的差异，但基本可行。

（3）基于本文提出的公式求解出的数值与监测出的沉降变形数值存在着一定的差异性，为提高理论求算的精准性，本文提出建（构）筑物沉降变形值的理论计算公式应有一个折减系数 ξ，即该公式在本文式（5）的基础上表示为 $s_{总} = \xi(s_1 + s_2)$，$\xi \in (1.02, 1.24)$，该公式为基坑周边建（构）物基础为条形基础的沉降计算提供了可靠理论依据。

参考文献：

[1] 曲军彪．基坑降水对周围建筑桩基础沉降影响的研究[J]．山西建筑，2014，40（22）：51-53．

[2] 杨清源，赵伯明．潜水层基坑降水引起地表沉降试验与理论研究[J]．岩石力学与工程学报，2018，37（06）：1506-1519．

[3] 许锡昌，徐海滨，陈善雄．深井降水对支护结构和周边建筑物影响的研究[J]．岩石力学与工程学报，2005（S2）：5449-5453．

[4] 余志成，施文华．深基坑支护设计与施工[M]．北京：中国建筑工业出版社，2000．

[5] 马召林，王晓琳，焦雷．深基坑降水施工对地表沉降影响分析[J]．低温建筑技术，2017，39（02）：99-102．

[6] 李涛，曲军彪．周彦军．深基坑降水对周围建筑物沉降的影响[J]．北京工业大学学报，2009，35（12）：1630-1636．

[7] 韩星，张春文．基坑降水对周围环境的影响[J]．吉林建筑大学学报，2019，36（01）：47-51．

[8] 金小荣，俞建霖，祝哨晨，龚晓南．基坑降水引起周围土体沉降性状分析[J]．岩土力学，2005（10）：54-60．

基坑支护土钉检测验收试验相关规范要求初探

周瑞国[1]， 郝 峰[2]

（1. 潍坊市勘察测绘研究院，山东 潍坊 261043；2. 山东省第四地质矿产勘查院，山东 潍坊 261021）

摘 要：本文在分析比较现行相关规范对基坑支护土钉检测、验收试验相关规定的基础上，对试验设计的绿色节能性、目的可实现性和涉及的土钉杆体抗拉配筋及锚固体抗拔锚固长度设计方法等方面可能存在的某些缺陷进行了初步探讨，相应提出了土钉验收试验抗拔质量检测合理性评估参考标准、抗拉强度合理性评估参考标准等，并对基坑支护土钉检测验收试验设计及临时自由段设置等相关要求提出了新的思路建议，以期对土钉验收试验设计和相应规范修订做出有益的探索。

关键词：基坑支护；土钉；验收试验；节能设计；可实现性

0 引言

与基坑支护土钉（以下简称土钉）相关的现行规范主要有《建筑基坑支护技术规程》JGJ 120—2012、《复合土钉墙基坑支护技术规范》GB 50739—2011、《建筑岩土工程勘察设计规范》DB37/ 5052—2015、《土钉支护技术规范》GJB 5055—2006、《基坑土钉支护技术规程》CECS 96：97、《土钉墙设计施工与监测手册》FHWA-SH—96：069R 等，以下分别简称《基坑规程》《复合规范》《山东规范》《军用规范》《中建标准》《美国手册》。这些规范对土钉检测验收试验都做了相关规定要求，但可能存在诸如：采用锚固段的计算值来检验全长粘结的实际成果，从而检验目的可实现性较差；采用全长粘结的计算值来设计杆材配筋，从而杆材绿色节能性较差；基于局部稳定未考虑整体稳定来确定检测值，从而与最终设计结果及实际工况不符，失去了实际检测意义等缺陷。本文拟通过分析比较，提出既能安全可靠实现检测验收的目的，又能达到绿色节能的土钉试验设计新思路建议，以期对土钉试验设计和相应规范修订做出有益的探索。

土钉按其承担的任务，可分为正常工作土钉、验收试验工作土钉、非工作土钉。正常工作土钉是指：在没有过大位移的情况下能承受作用在其上的荷载，且在结构正常工作期间内具有足够的安全系数[1]的土钉，其不承担任何试验任务。验收试验工作土钉是指：承担检测、验收试验任务的土钉，一般按锚固段所处位置取正常工作土钉总数的一定比例（如1%[2]）进行抽检，其主要目的是证明施工质量能否得到保证[3]、兼顾验证设计安全可靠程度，该非破坏性试验完成后须继续安全地承担正常工作。非工作土钉是指：基本试验土钉，其主要目的是取得相应施工工艺条件下土层粘结抗拔基本设计参数值[4]，用做设计依据，兼顾证明施工工艺是否合理，多属极限破坏性试验。

当前土钉设计主要有分项系数法、总安全系数法或两者结合法。对于钉筋抗拉各规范多采用分项系数法，对于土层粘结抗拔各规范多采用总安全系数法。

为便于比较，笔者将各规范所涉及的抗力值均统一换算成抗拉强度标准值和极限抗拔标准值，然后根据检测值与极限抗拔标准值百分比范围值、检测值与抗拉强度标准值百分比范围值，综合考虑作为验收工作土钉其

后继工作安全性、试验目的可实现性、材料绿色节能性等因素，初步制定了土钉验收试验抗拔质量检测合理性评估参考标准、土钉验收试验抗拉强度合理性评估参考标准，见表1、表2。之所以对于普通钢筋[5]而言，以其屈服强度标准值（即抗拉强度标准值）为判定基准，是因为考虑到一旦普通钢筋达到屈服，则钢筋杆体内部组织可能出现不可恢复的损伤，从而其综合性能下降，会为其后继安全工作埋下隐患。

下文中所称"检测值"即为对应的"最大检测荷载值"，其按不同规范取下限值或上限值或定值；为便于比较，抗拉配筋和抗拔锚固长度均按节能设计分别取相应规范最小值（未考虑钉筋尺寸和锚固长度的跃变模数）。

抗拔质量检测合理性评估参考标准　　表 1

	检测值与极限抗拔标准值百分比范围值	<50%	50%～74%	75%～85%	86%～95%	>95%
抗拔质量检测合理性	后继工作安全性	高	较高	中等	较低	低
	试验目的可实现性	低	较低	中等	较高	高
	综合评估合理性	差	较差	较好	较差	差

抗拉强度合理性评估参考标准　　表 2

	检测值与抗拉强度标准值百分比范围值	<50%	50%～79%	80%～90%	91%～100%	>100%
抗拉强度合理性	后继工作安全性	高	较高	中等	较低	低
	材料绿色节能性	低	较低	中等	较高	高
	综合评估合理性	差	较差	较好	较差	差

1 各规范土钉设计方法及验收试验相关要求

1.1 《基坑规程》JGJ 120—2012

1.1.1 设计方法及相关要求

该规程对于土层粘结抗拔设计采用总安全系数法，其抗拔总安全系数根据不同安全等级（二级、三级）分别

为1.6、1.4；对于钉筋抗拉设计从表面上看采用分项系数法，因同时受规程5.2.5-4条杆土双控条件限制，由规程式（5.2.1）和规程5.2.5-4条联立推导知：其实质仍是总安全系数法，其抗拉总安全系数等同为土层粘结抗拔总安全系数。

规程中缺少对验收试验工作土钉的设计、临时无粘结段（以下简称临时自由段）设置等要求。

1.1.2 统计分析

对应于该规程，其土钉验收试验抗拔质量检测合理性评估及抗拉强度合理性评估统计结果见表3。

从表3知，加载至验收试验最大荷载之最小值时，土

钉杆体达其屈服强度标准值的81%～85%，锚固段极限抗拔发挥系数为81%～86%[6]。可见，理论上该检测值从土钉杆体强度方面基本合理，从检测土层粘结力方面当安全等级为三级时可能略偏不安全，同时因检测计算参数不符合现场实际参数，实际现场试验时无临时自由段为全长粘结，而检测设计计算时仅考虑滑动面以外的锚固段长度，故该检测值对实际全长粘结极限抗拔发挥程度可能低于或远低于81%～86%，尤其是上部土钉其理论自由段较长时，故该检测值实际意义不大，缺少实操性，可能难以达到检测及验收的目的。

《基坑规程》土钉验收试验统计分析表   表3

规程	最大检测荷载值之最小值换算	极限抗拔标准值换算	抗拉强度标准值换算	检测值与极限抗拔标准值百分比换算	检测值与抗拉强度标准值百分比换算	抗拔质量检测合理性换算	抗拉强度合理性换算	备注
$1.3N_{k,j}$	$(1.3÷1.6)A_s f_{yk}=0.81A_s f_{yk}$	—	—	81%	—	—	较好	杆土双控安全二级
$1.2N_{k,j}$	$(1.2÷1.4)A_s f_{yk}=0.85A_s f_{yk}$		$A_s f_{yk}$	—	85%	—	较好	杆土双控安全三级
$1.3N_{k,j}$	$1.3N_{k,j}$	$1.6N_{k,j}$	—	81%	—	较好	—	土层控制安全二级
$1.2N_{k,j}$	$1.2N_{k,j}$	$1.4N_{k,j}$	—	86%	—	较差	—	土层控制安全三级

1.2 《复合规范》GB 50739—2011[7]

1.2.1 设计方法及相关要求

该规范对于土层粘结抗拔设计采用总安全系数法，其抗拔总安全系数不分安全等级为1.4；规范式（5.2.6-1）及式（5.2.6-2）仅是对全长粘结验收试验工作土钉的杆体抗拉设计，采用似分项系数法，若换算成总安全系数

法，则抗拉总安全系数不分安全等级为1.01～1.27，但未明确正常工作土钉的杆体抗拉设计。

1.2.2 统计分析

对应于该规范，其土钉验收试验抗拔质量检测合理性评估及抗拉强度合理性评估统计结果见表4。

《复合规范》土钉验收试验统计分析表   表4

规程	最大检测荷载值换算	极限抗拔标准值换算	抗拉强度标准值换算	检测值与极限抗拔标准值百分比换算	检测值与抗拉强度标准值百分比换算	抗拔质量检测合理性换算	抗拉强度合理性换算	备注
$1.1T_y$	$1.1×[(A_j f_{ykj}÷1.1)÷1.15]$ $=0.87A_j f_{ykj}$	—	$A_j f_{ykj}$	—	87%	—	较好	土层控制
	$1.1×(0.8～1.0)T_m$ $=0.88～1.1T_m$	T_m		88%～110%	—	较差—差	—	土层控制

从表4知，加载至验收试验最大荷载时，土钉杆体达其屈服强度标准值的87%左右，全长粘结极限抗拔发挥系数为88%～110%。可见，理论上该检测值从土钉杆体强度方面基本合理，从检测土层粘结力方面可能偏不安全。检测计算参数符合现场实际参数，故该检测值具有实际意义，但由于未从正常工作土钉的理论自由段长度来考虑，故不太完全符合实际工况，且节能效果可能亦有所欠缺，尤其是若所有正常工作土钉均按上两式进行杆体

抗拉设计或虽仅验收试验工作土钉按上两式进行杆体抗拉设计但土钉总量大从而导致验收试验工作土钉数量亦大时，杆体不节能的弊端将愈发明显。

1.3 《山东规范》DB37/5052—2015[8]

1.3.1 设计方法及相关要求

该规范对于土层粘结抗拔设计采用总安全系数法，其抗拔总安全系数根据不同安全等级（一级、二级、三级）分别为1.8、1.6、1.4，除增加了安全等级一级外，

基本与《基坑规程》相同；对于钉筋抗拉设计采用分项系数法，取消了《基坑规程》中 5.2.5-4 条杆体与土层粘结协调控制公式及要求，若换算成总安全系数法，则根据不同安全等级其抗拉总安全系数分别对应 1.51、1.38、1.24。

根据该规范条文说明 13.6.6 条，对于除锚杆基本试验外的其他试验，执行《基坑规程》《地基规范》，因《地基规范》未涉及土钉，故可参照《基坑规程》之相关要求。

1.3.2 统计分析

对应于该规范，其土钉验收试验抗拔质量检测合理性评估及抗拉强度合理性评估统计结果见表 5。

《山东规范》土钉验收试验统计分析表　　表 5

规程	最大检测荷载值之最小值换算	极限抗拔标准值换算	抗拉强度标准值换算	检测值与极限抗拔标准值百分比换算	检测值与抗拉强度标准值百分比换算	抗拔质量检测合理性换算	抗拉强度合理性换算	备注
$1.3N_{k,j}$	$[1.3 \div (1.25 \times 1.1)] A_s f_{yk}$ $= 0.95 A_s f_{yk}$	—	$A_s f_{yk}$	—	95%	—	较差	杆体控制安全二级
$1.2N_{k,j}$	$[1.2 \div (1.25 \times 0.9 \times 1.1)] A_s f_{yk}$ $= 0.97 A_s f_{yk}$	—		—	97%	—	较差	杆体控制安全三级
$1.3N_{k,j}$	$1.3N_{k,j}$	$1.6N_{k,j}$	—	81%	—	较好	—	土层控制安全二级
$1.2N_{k,j}$	$1.2N_{k,j}$	$1.4N_{k,j}$	—	86%	—	较差	—	土层控制安全三级

从表 5 知，加载至验收试验最大荷载之最小值时，土钉杆体达其屈服强度标准值的 95%～97%，锚固段极限抗拔发挥系数为 81%～86%。可见，理论上该检测值从土钉杆体强度方面不甚合理，可能偏不安全；从检测土层粘结力方面当安全等级为三级时可能略偏不安全，同时因检测计算参数不符合现场实际参数，实际现场试验时无临时自由段为全长粘结，而设计计算时仅考虑滑动面以外的锚固段长度，故该检测值对实际全长粘结极限抗拔发挥程度可能低于或远低于 81%～86%，尤其是上部土钉其理论自由段较长时[9]，故该检测值实际意义不大，缺少实操性，可能难以达到检测及验收的目的。

1.4 《军用规范》GJB 5055—2006[10] 及《中建标准》CECS 96：97[11]

1.4.1 设计方法及相关要求

因两规范主要设计理论、公式、验收要求等均基本一致，且前者新于后者近 10 年，故以前者为例进行统计分析。

该规范对于土层粘结抗拔设计及钉筋抗拉设计均采用相同的总安全系数法（$F_{s,d}$ 根据基坑深度取 1.2～1.4），考虑 τ 值本身的安全系数后，其土层粘结抗拔总安全系数实为 1.5～1.75；同时考虑到受拉屈服破坏与拔出破坏可靠度不同，规范将钉筋抗拉公式右侧采用了 1.1 的系数，换算后其抗拉总安全系数为 1.09～1.27。

规范虽主要规定了非工作土钉现场测试，但 10.6 条同时规定"上述试验也可不进行至破坏状态，但此时所加的最大试验荷载值应使土钉界面粘结应力的计算值超出设计计算所用标准值的 1.25 倍"，这实际上相当于对验收试验工作土钉做出规定。

1.4.2 统计分析

对应于该规范，其土钉验收试验抗拔质量检测合理性评估及抗拉强度合理性评估统计结果见表 6。

《军用规范》土钉验收试验统计分析表　　表 6

规程	最大检测荷载值之最小值换算	极限抗拔标准值换算	抗拉强度标准值换算	检测值与极限抗拔标准值百分比换算	检测值与抗拉强度标准值百分比换算	抗拔质量检测合理性换算	抗拉强度合理性换算	备注
1.25τ	$1.25 \times [1.1 \div (1.2 \sim 1.4)] A_s f_{yk} =$ $(0.98 \sim 1.15) A_s f_{yk}$	—	$A_s f_{yk}$	—	98%～115%	—	较差—差	杆体控制
	1.25τ	$(1.2 \sim 1.4) \times$ $(\tau \div 0.8) =$ $(1.5 \sim 1.75)\tau$	—	71%～83%	—	较差—较好	—	土层控制

从表 6 知，加载至验收试验最大荷载之最小值时，土钉杆体达其屈服强度标准值的 98%～115%，近似全长粘结

（不小于 1m 长的非粘结段）极限抗拔发挥系数为 71%～83%。可见，理论上该检测值从土钉杆体强度方面不甚合理，

可能偏不安全，或10.2条规定与10.6条规定不甚匹配，从检测土层粘结力方面可能稍欠合理。检测计算参数符合现场实际参数，故该检测值具有实际意义，但由于仅规定不小于1m长的非粘结段，未从正常工作土钉的理论自由段长度来考虑，故不太完全符合实际工况，且节能性可能亦有所欠缺，尤其是验收试验工作土钉按近似全长进行杆体安全抗拉设计但土钉工程数量大从而导致验收试验工作土钉数量亦大时，杆体不节能的弊端将愈发明显。

1.5 《美国手册》美国联邦公路总局 FHWA-SH—96-069R（佘诗刚译）

1.5.1 设计方法及相关要求

该手册对土钉允许采用工作荷载设计法（即总安全系数法）和荷载与抗力系数设计法（即分项系数法），且不必同时使用两种方法进行设计，但对钉筋抗拉和土层粘结抗拔该手册推荐同时采用了同种设计方法。

该手册对于土层粘结抗拔设计、钉筋抗拉设计同时采用总安全系数法或分项系数法。对于总安全系数法，土层粘结抗拔总安全系数为2.0，钉筋抗拉总安全系数为1.82；对于分项系数法，若换算总安全系数法，则其土层粘结抗拔总安全系数对应为1.93，钉筋抗拉总安全系数对应为1.5。须要注意的是，该手册主要适应于永久性土钉。

1.5.2 统计分析

对应于该手册，其土钉验收试验抗拔质量检测合理性评估及抗拉强度合理性评估统计结果见表7。

《美国手册》土钉验收试验统计分析表　　表7

规程	最大检测荷载值换算	极限抗拔标准值换算	抗拉强度标准值换算	检测值与极限抗拔标准值百分比换算	检测值与抗拉强度标准值百分比换算	抗拔质量检测合理性换算	抗拉强度合理性换算	备注
$0.9A_sf_{yk}$	$0.9 \times A_sf_{yk}$	A_sf_{yk}	—	90%	—	较好	杆体控制
$1.5Q$	$1.5 \times (0.5 \times Q_u) = 0.75Q_u$	Q_u	75%	较好		土层控制

从表7知，加载至验收试验最大荷载时，土钉杆体达其屈服强度标准值的90%左右，近似全长粘结（不小于1m长的临时未粘结长度）极限抗拔发挥系数为75%左右。可见，理论上该检测值从土钉杆体强度方面及检测土层粘结力方面均基本合理。检测计算参数符合现场实际参数，故该检测值具有实际意义，但由于仅规定临时未粘结长度至少需有1m，未从正常工作土钉的理论自由段长度来考虑，故不太完全符合实际工况，且节能性可能亦有所欠缺，尤其是验收试验工作土钉按近似全长粘结进行杆体安全抗拉设计但土钉工程数量大从而导致验收试验工作土钉数量亦大时，杆体不节能的弊端将愈发明显。

2 综合分析

对于正常工作土钉，钉筋抗拉各规范虽然多以分项系数法设计，且若按总安全系数法换算成对应的总安全系数后，其抗拉总安全系数一般低于土体粘结的抗拔总安全系数，但因钉筋受拉屈服破坏与拔出破坏可靠度不同（前者可靠度较高），且从笔者搜集的已有竣工经验及土钉事故来看，未发现因土钉杆体拉断或屈服破坏的现象，故基于绿色节能考虑按分项系数法进行钉筋抗拉设计是有足够保证率的；土体粘结抗拔各规范多以总安全系数法设计，考虑到土层剖面与边界的不确定性、现场与实验室岩土指标的不确定性、现场应力与孔隙水压力的不确定性、荷载及其分布的不确定性、计算理论方法的不确定性、应力变形机理的不确定性等诸多不确定性[12]，目前采用以可靠度概率理论[13]为基础的分项系数法难度较大，故采用总安全系数法设计是基本适合现状的。综上所述，正常工作土钉设计建议参考《基坑规程》，但宜去

掉5.2.5-4条限制要求，否则可能将发生杆体材料较大浪费。

上述仅是对土钉局部稳定抗拉拔设计与分析，各规范同时要求尚须进行整体[14]滑动稳定验算，并取两者计算结果之大值。根据理论及实践，最终计算结果（如土钉总长度）往往大多受整体滑动稳定控制，尤其是具有一定黏聚力的黏性土，所以凡是基于局部拉拔稳定来确定检测值的均可能更加偏离检测目的，失去实际检测意义。

为安全、合理地达到试验目的，基于绿色节能且最大限度地与实际正常工作土钉工况相符考虑，宜按下述思路进行验收试验工作土钉设计：计算正常工作土钉总长度（取局部拉拔稳定和整体滑动稳定计算结果之大值）→确定临时自由段长度（取各工况下局部拉拔稳定和整体稳定计算结果之最小值且不小于1m）及所余锚固段长度（且不小于3m）→根据所余锚固段长度计算极限抗拔标准值→根据极限抗拔标准值计算检测荷载控制值范围→根据检测荷载控制值范围确定检测荷载设计值→根据检测荷载设计值计算杆体配筋→复核确定最终配筋。

3 相关建议

3.1 设计方法及公式

正常工作土钉设计，建议参照《基坑规程》，但去掉5.2.5-4条限制要求；同时须进行整体滑动稳定验算，并取两者计算结果之大值。

验收试验工作土钉设计，建议均采用总安全系数法，见下式。

检测荷载控制值范围：

$$F'_j = K_{B,F} \pi d_j \sum q_{sk,i} l_{i,F} \quad (1)$$

杆体的受拉配筋：

$$F_{L,F} F_j = f_{yk} A_s \quad (2)$$

式中　F'_j——第 j 层土钉检测荷载控制值范围；

　　　$K_{B,F}$——检测抗拔安全系数，取 $0.75 \sim 0.85$；

　　　$l_{i,F}$——第 j 层土钉在各工况下局部拉拔稳定和整体滑动稳定所确定的自由段之最小值且不小于 1m 以外的部分在第 i 土层中的长度且不小于 3m（该值≥局部拉拔稳定和整体滑动稳定锚固长度计算结果）；

　　　F_j——第 j 层土钉检测荷载设计值，由设计工程师根据实际情况和设计需要在该层土钉检测荷载控制值范围内确定；

　　　$K_{L,F}$——检测抗拉安全系数，取 $0.8 \sim 0.9$；注：当受钢筋尺寸模数影响，此范围内无合适配筋时，应高配；复核最终配筋，须同时满足不小于正常工作土钉配筋；

其他参见《基坑规程》。

3.2 相关要求

对每一典型验收试验工作土钉，设计文件中应明确其检测荷载设计值、临时自由段长度、杆体配筋。最终实施时由监理工程师现场根据锚固段所处不同典型地层位置随机指定试验土钉位置，施工单位按设计及规范要求设置临时自由段，临时自由段可采用非粘结注浆或临时不注浆方式设置，建议优先采用临时不注浆方式，且应在试验后全面灌浆。

4 结语

（1）本文比较分析了现行规范土钉设计和验收试验方面可能存在的实操性、节能性等缺陷，提出了相应的建议。

（2）对于正常工作土钉建议采用分项系数法设计钉筋抗拉、采用总安全系数法设计土体粘结抗拔；对于验收试验工作土钉建议均采用考虑局部拉拔稳定和整体滑动稳定理论自由段的总安全系数法设计钉筋抗拉和土体粘结抗拔，并建议检测抗拔及抗拉安全系数。

（3）对于验收试验工作土钉建议做好事前设计，特别是临时自由段设计；并由监理工程师现场指定试验土钉位置。在抽检随机性得到保证的前提下，实操性、节能性得到较大提高。

参考文献：

[1] 佘诗刚.FHWA-SH—96-069R 土钉墙设计施工与监测手册[S].北京：中国科学技术出版社，2000.

[2] 杨斌，黄强等.建筑基坑支护技术规程 JGJ 120—2012[S].北京：中国建筑工业出版社，2012.

[3] 王传钧，何德孝等.复合土钉墙的土钉抗拔承载力现场测试[J].建筑设计管理，2006，13(5)：61-64.

[4] 陆益成，薛艳.土钉抗拔承载力的原位试验研究[J].江苏地质，2008，32(2)：133-136.

[5] 陈洪泳，周莉.关于 GFRP 筋土钉支护体系失效的几点思考[J].探矿工程(岩土钻掘工程)，2013，40(6)：65-69.

[6] 张开伟，郅正华等.对 JGJ 120 规程中土钉和锚杆试验方法的认识探讨[J].土工基础，2018，32(04)：453-454.

[7] 刘俊岩，杨志银等.复合土钉墙基坑支护技术规范 GB 50739—2011[S].北京：中国计划出版社，2012.

[8] 付宪章，马连仲等.建筑岩土工程勘察设计规范 DB37/5052—2015[S].山东：黄河出版社，2016.

[9] 赵一盟.深基坑工程中土钉复合预应力锚杆支护形式的模拟试验研究[D].太原：中北大学，2013.

[10] 曾宪明，李福厚等.土钉支护技术规范 GJB 5055—2006[S].北京：人民交通出版社，2007.

[11] 陈肇元，周丰峻等.基坑土钉支护技术规程 CECS 96：97[S].北京：中国城市出版社，1997.

[12] 陈亮晶，陈晓知等.基坑失稳分析及施工中若干问题的思考[J].探矿工程(岩土钻掘工程)，2012，39(5)：61-64.

[13] 师毓嵩.微型钢管桩复合土钉墙模型试验及支护设计研究[D].南昌：南昌大学，2015.

[14] 应惠清，顾浩声.软土地区土钉现场试验及土钉结构的稳定性分析[J].岩石力学与工程学报，2011，30(5)：1065-1071.

基坑事故原因及预控措施

冯科明，　孟艳杰

（北京城建勘测设计研究院有限责任公司，北京 100101）

摘　要： 本文通过笔者多年从事基坑支护工程设计与施工管理的经验、教训，以及多次参与基坑支护工程事故抢险专家咨询工作的总结，并参考有关文献，对常见引发基坑支护工程事故的原因进行了较为系统的梳理。当然，由于深基坑支护设计与施工相对来说周期较长，其影响因素也较多，所以，不可能穷尽。本文还在分析引发基坑支护工程事故原因的基础上，针对性地提出了预防基坑支护工程事故的一些通用措施，其目的是供新从事岩土支护工程设计与施工管理的人员在实际工作中进行参考。

关键词： 基坑；事故原因；预控措施

0　序言

深基坑支护设计与施工，由于施工时间长，其影响因素较多，如设计或施工考虑不周则有可能引发基坑支护工程事故。由于基坑支护施工基本上是开放性的，所以一旦发生基坑支护工程事故，很容易被公众所知；另外基坑支护工程事故可能还会引发其他连带不利影响，为社会公众所关注如：供水管断裂，造成周边居民停水（图1）；供暖管开裂，造成居民正常供暖中断；供气管断裂，对居民日常生活产生不利影响，增加不必要的生活成本，极端条件下，还容易引发火灾，造成人民生命和财产损失；地面塌陷，造成交通拥堵，出行不便等，社会影响很大。因此，有必要对引发基坑工程事故的主要原因进行探讨，以便在实际工作中有效地规避事故诱发因素，使基坑工程得以顺利进展，从而获得较好的经济效益和良好的社会效益。

图1　基坑塌陷造成水管开裂

1　引发基坑工程事故的原因

（1）勘察成果质量直接影响基坑支护设计的选型和参数的确定

1）没有进行现场实际工作，仅靠收集邻近建筑物以往勘察资料，恰好又没有真实反映地层及地下水分布情况，造成设计冒险或地下水泡槽；

2）场地复杂程度判定有误，勘察工作量布置太少，不能查明场地内局部存在的不良地质作用和特殊土的分布，如局部杂填土分布巨厚，使得该部位的土钉墙支护方式无法实施；

3）水文地质条件研究不深入，对上层滞水、潜水、承压水的水位、水头标高及含水层渗透系数等提供不准确，甚至只有混合水位标高；更没有提供地下水动态变化情况，使得地下水控制措施选择不当，造成工期延误等；

4）土体通常呈各向异性，且平面上分布不均匀，现场所取的土样、获取的原位测试数据并不能真正代表现场土层的实际情况；

5）土工试验送样不及时；或试验工作不规范；试验室没有经过 CMA 认证；其试验参数不能代表土层实际特性；

6）勘察报告中的工程建议不准确，并因此对基坑支护设计产生了误导；

7）提供的勘察报告是没有经过施工图审查的中间报告，对基坑支护设计方案直接产生影响。

（2）基坑支护设计质量直接影响到基坑支护施工的成败，工期是否延误

1）基坑支护设计操作过程不规范导致支护设计质量低劣，容易产生基坑事故。

2）拟建场地无详细勘察报告，或仅参考相邻场地勘察报告，导致计算参数错误、支护结构满足不了强度和变形的要求。

3）由于地下水变化较大，导致其控制措施选择不当，造成基坑漏水和基底突涌（图2）。

4）设计人员没有经过现场踏勘，对周边环境调查不够，环境风险认识不足，仅凭谷歌地图显示进行设计，支护结构变形控制不能满足周边环境对变形控制的要求；

5）支护结构的设计图纸不完整，缺乏节点详图，不同剖面连接处的处理等，总之设计深度不够、内容不全；

6）没有进行设计交底或施工图审查就进行施工；当基坑周边地面超载，堆载范围、施工荷载与设计工况不一致时，又没有进行动态设计，复核计算，造成局部基坑坍塌；

图2 基底承压水突涌

7）进入新的地区，没有详细收集当地地方经验，仍套用过去的经验设计，造成支护体系失效，如：没考虑到软土的应力松弛；台风暴雨影响等（图3）。

图3 土钉的锚固力不足引起边坡坍塌

（3）施工质量是导致基坑支护工程事故的直接原因

施工引发事故的主要问题在于现场施工管理、不同单位之间互相协调配合、施工质量控制问题。

1）现场施工管理问题

① 基坑支护专项施工方案没有经过专家评审、监理审批就进行现场施工，导致工序混乱、盲目开挖、超挖，而支护工作又跟不上。

② 施工期间坑边超载时有发生，引起局部支护结构受损。

③ 没有有效的防排水措施，地表水入渗导致支护结构主动土压力增加，坑壁渗漏、流土，引起支护结构大变形，甚至破坏。

④ 不严格按照设计和规范要求施工，不及时支撑或施打锚杆，或锚杆没有张拉锁定就开挖下层土方。

⑤ 施工前对周边建筑物、地下管线等没有调查或调查不清，造成管线挖断、跑水等问题，从而影响了边坡稳定。

⑥ 没有开展施工监测或监测工作形同虚设，不能有效地指导基坑支护信息化施工和动态设计。

⑦ 基坑支护施工出现问题时手忙脚乱，不能有效地启动应急预案，从而没有从源头控制。

2）不同施工单位之间的相互协调配合问题

① 相邻工程协调不够，基坑施工相互产生不利影响，轻则影响工期，重则影响安全。

② 基坑自身劳务分包间协调不够，不能以基坑支护为中心（图4）。

图4 钢支撑受挖机撞击

3）质量控制问题

这里受篇幅所限，就不深入展开讨论了。

（4）第三方监测不能为信息化施工、动态设计提供依据，导致机会错失

1）监测方案没有经过专家评审，监测点布置不合理。

2）监测单位资质不满足要求、监测技术不正确，造成监测数据不准确、不全面。

3）监测单位从业人员素质不高，监测数据分析不及时、不全面，不重视信息反馈。

4）报警指标未设定或设定不正确，预警、报警不及时，错过抢险机会。

5）不重视现场巡视工作，或者对现场违规问题认识不清（图5）。

图5 坑外大堆载及降水致土钉墙塌方

（5）监理监督管理是预防基坑支护施工事故的最后手段

1）监理没有很好地审查基坑支护专项施工方案，放任野蛮施工。

2）监理没有旁站施工，对施工质量心中无数。

3）监理对监理过程中发现的问题，没有下整改通知单或整改不合格时没有下达停工令。

4）当然也不排除少数监理人员本身对基坑支护设计与施工缺乏经验，无法独立做出判断。

（6）建设单位管理缺失或不科学的干预是基坑支护施工事故的主要原因之一

1）违反工程建设基本程序，无规划、无设计就进行工程勘察，使得勘察工作没有充分依据，勘察成果也无法用于施工图审查。

2）随意变更对建筑的功能要求，使得拟建建筑结构设计迟迟不能定案，无法为基坑支护设计提供符合设计与施工要求的基础资料，或资料不完整、不正确，后期变更多。

3）任意发包给无资质的基坑支护设计单位，造成施工图质量满足不了施工要求，给基坑支护施工事故的发生埋下了伏笔。

4）提倡不合理的最低价中标，且对基坑支护施工无限压价，不合理的压缩工期，为控制成本容易引发施工分包单位以次充好现象发生。

5）不按规定对基坑支护设计、基坑支护专项施工方案进行专家评审，不容易发现其中错误。

6）无施工许可证即进行基坑支护施工，无第三方监测、无施工监理，且因为没有备案也无地方质量监督站监督管理。

7）为了节省投资，施工过程中随意变更设计形成施工隐患。

当然，鉴于基坑支护工程施工影响因素多且复杂，在此，只是把主要因素进行一下梳理，供新入行的同行们在风险识别和事故分析时作为参考。

2　预控措施

根据以上基坑支护施工事故原因分析，我们知道：基坑支护工程是一个系统工程，牵涉到方方面面，故特制订基坑工程预控措施如下。

（1）严格执行国家基本建设程序，严禁边设计、边勘察、边施工的三边工程。

（2）建筑设计报规以后，方可进行工程项目的详细勘察，勘察纲要要经过专家评审。

（3）勘察报告必须经过内部三级审核后，加盖注册岩土工程师执业印章及勘察资质章，再送施工图审查单位审查加盖审图专用章后，方可作为基坑支护设计施工图的依据。

（4）基坑支护设计单位必须具备相应的设计资质，设计人应具备注册岩土工程师资格，如设计单位与施工单位不一致时，应组织专家进行设计专项评审，设计图纸需加盖注册岩土工程师职业资格章、设计单位公章、设计单位资质章，三章缺一不可。

（5）基坑支护施工单位进行招标时，应采取合理低价中标的方法，对明显不合理的报价应予以书面澄清。

（6）基坑支护施工前，必须熟悉设计图纸、勘察资料，并进行现场踏勘，收集与施工相关资料，编写完整、合理的基坑支护施工专项方案。一般包含以下步骤：

1）基坑支护工程危险源辨识

① 下列情况应列为特大风险源

距离拟开挖基坑不足1倍基坑开挖深度的正在营运的地铁；

距离拟开挖基坑不足1倍基坑开挖深度的正在营运的高铁基础；

距离拟开挖基坑不足1倍基坑开挖深度的历史文物保护建筑。

② 下列情况应列为重大危险源

基坑开挖造成安全影响或有特殊保护要求的邻近建（构）筑物、设施及各种管线；

已达到设计使用年限，拟继续使用的基坑（图6）；

图6　基坑暴露时间过长加降雪、降雨致边坡滑坡

改变原有设计方案，需要在现有支护体系上再行加深、扩大及改变原设计使用条件的基坑；

邻近在施工程且相互之间会产生不利影响的基坑；

基坑邻近的可能对基坑支护施工产生不利影响的水源。

③ 下列情况应列为一般危险源

存在影响基坑工程安全性、适用性的低劣材料、质量缺陷、损伤构件或其他不利状态及其组合；

基坑支护结构或基坑内工程桩施工可能产生侧壁流土、渗流、土体液化破坏的振动；

基坑支护桩之间可能发生严重渗漏的止水帷幕；

位于基坑开挖影响范围内的正常使用状态的交通主干道，尤其是地下存在各种有压、无压管线的交通主干线；

基坑周围可能产生渗漏、管沟存水的建筑物、构筑物、市政管线，或存在渗漏变形敏感性强的排水管等；

冬期和雨季期间施工的土钉墙；

基坑侧壁地层为杂填土或淤泥等特殊性岩土。

2）针对以上危险源分别制订专项预控措施，包括落实主要负责人。

3）详细编制基坑支护施工专项方案，其内容除了上述重要内容外，一般还包括以下主要内容。

① 工程概况：主要叙述工程地点，特点，几何尺寸，主要施工工作量，工程地质条件，水文地质条件，周边环境条件，设计要求等；

② 编制依据：相关法律，法规，规范，规程；施工图设计文件；工程详细勘察报告；总包单位施工组织设计；现场踏勘资料；以往类似工程经验和教训；企业三体

系文件要求；施工合同要求；

③ 施工计划：施工总体安排，施工进度计划，材料计划，设备计划；

④ 施工工艺技术：工艺流程，技术参数，操作要求，检查要求；

⑤ 施工安全保证措施：安全管理体系，管理制度等；

⑥ 施工管理及作业人员配备与分工：施工组织，施工管理人员，专职安全生产管理人员，特种作业人员，其他参施人员等；

⑦ 施工质量保证措施：质量保证体系，质量管理制度，试验与检验等；

⑧ 基坑支护体系变形监测方案：监测项目，监测设备，监测精度，监测方法，预警值，报警值，数据分析和反馈等；

⑨ 应急处置措施；

⑩ 文明施工措施；

⑪ 环境保护措施；

⑫ 验收要求：验收标准，验收程序，验收内容，验收人员；

⑬ 和其他参试单位的配合；

⑭ 成品保护和移交；

⑮ 计算书；

⑯ 相关图件。

4）基坑支护施工专项方案编制完成后，首先要在施工单位内部进行审查、审定；然后交施工总承包单位进行审查；再提供给监理单位进行专业审查后，由总监理工程师审批后；再由总承包单位组织岩土工程专家和工程安全专家进行评审。评审一般分通过、修改后通过、不通过三个级别。修改后通过的基坑支护施工专项方案，必须针对专家意见逐条进行修改和回复。修改后的专项方案应该通过以专家组组长为代表的专家确认。

（7）基坑支护工程施工前，监理单位必须进场参与全过程管理，根据监理计划严格实施，对重要节点严格实行施工旁站。

（8）建设单位在基坑支护工程施工前就应该申请办理安全监督手续，并按照要求提交危险性较大工程清单及其安全管理措施等资料。

（9）建设单位应当依照规定，委托有资质的第三方进行基坑支护施工全过程的监测工作。监测单位应根据本项目基坑支护设计要求编制监测方案，该方案需通过监测单位内部审核后，再组织专家评审后组织实施。

（10）施工单位必须做好技术交底和安全技术交底，并根据合同要求组织技术力量对施工全过程实施管控，施工过程中严格做到信息化施工、动态设计。

（11）在基坑支护施工因主、客观原因出现报警时，立即启动应急预案，按照既定程序和人员分工实施基坑抢险，将损失减少到最小。

（12）在基坑基本稳定后，立即召开专家咨询会。对事故原因进行分析，并提出针对性加固措施，确保基坑支护施工及后续主体结构施工的安全。

3 结束语

随着城市化进程的步伐进一步加快，基坑朝着大而深的方向发展，客观上来说，基坑支护结构的空间效应难以发挥，从而增加了基坑支护设计与施工管理的难度。另外，笔者参加基坑咨询和基坑施工检查时发现：基坑支护施工管理人员年龄结构偏年轻，热情高，经验相对可能会欠缺一些；而从事施工的一线人员，年龄结构偏大，一方面精力不够，另一方面文化水平较低，对基坑支护施工事故的诱发因素掌握不够，经常凭经验办事，也鲜有请示、汇报的习惯，很容易触发基坑事故。本文就是想起到一个抛砖引玉的作用，引起大家对深基坑支护施工安全的高度重视，从而减少或避免基坑支护工程事故。

广州市某酒店深基坑边坡组合支护方案优化

宋恩润，　梁汝鸣，　和西良，　秦春晖
（中建八局第二建设有限公司设计研究院，山东 济南 250014）

摘　要：本文介绍了广州市某深基坑情况，根据工期要求和现场条件以及地质状况，对原设计的双排灌注桩＋锚杆支护方案与优化后的上排钻孔灌注桩＋锚杆及下排微型钢管桩＋锚索支护形式组合的方案进行了比较，选择了有利于提前工期、降低成本、施工条件较容易满足的组合形式的支护方案。

关键词：深基坑；高边坡支护；组合支护；方案优化

0　引言

某高边坡深基坑项目位于广州市黄埔区。场地位于科学城力康路与广汕路路口，具体周边情况如下。基坑北侧：该侧地下室边线距离用地红线约4m，红线外约27m为广汕路边线，广汕路下有地铁6号线经过。基坑西侧：该侧为现状山体，红线边山体标高约60.5m。基坑南侧：该侧临近在建项目（瑞丰上茶研发中心），地下室距离用地红线仅2m，临近在建项目设一层地下室，天然基础。基坑东侧：该侧地下室边线距离用地红线约3.7m，红线外为市政力康路，路下有较多地下管线经过。基坑周边环境如图1所示。

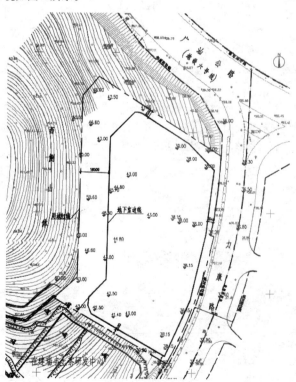

图1　基坑周边环境图

根据以往设计经验，一般的深基坑都是在一元介质中开挖，纯土层或者纯岩层，对于一元结构基坑，支护设计理论、设计规范、计算软件比较成熟，设计与施工安全快速，并能够验算其各种稳定性。但该基坑西侧在山地丘陵地区的高边坡"上软下硬"岩土二元[1]地层中，即上部为软弱岩层或土层，下部为坚硬基岩，上下地层特性差别极大，基坑支护形式、计算模型均不同。对岩土二元基坑设计是一个难题，缺乏系统的规范依据、成熟的计算软件和完善的设计依据。

本文以基坑西侧高边坡支护断面进行优化计算分析，该段的断面支护形式如下图所示，支护断面见图2。

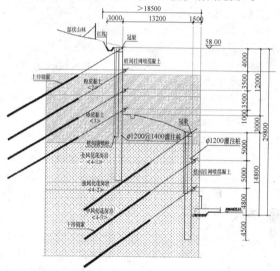

图2　原设计方案断面图

本工程拟建场属丘陵地貌单元，场地西面环山，地势西高东低，地面标高为42.28～53.82m，相对高差10.54m。根据抽厮勘探，场地及其邻近区域出露的地层主要有燕山三期（γ52（3））和第四系残坡积层（Q）。场地内地下水主要赋存于第四系坡残积层，局部含泥质较多，富水性弱，其透水性较弱，地下水主要接受河涌及大气降水入渗补给，以侧向径流排泄为主，稳定地下水位标高31.69～40.01m。支护范围内主要为坡积层粉质黏土、残积层砂质黏性土层，西侧局部范围已开挖至全—微风化花岗岩层。主要涉及土层物理力学指标如表1所示。

主要涉及土层参数　　　　　　　表1

地层编号	地层名称	重度(kN/m³)	黏聚力 c (kPa)	内摩擦角 φ (°)	岩土与锚杆的粘结强度值（极限值）q_s (kPa)
①	素填土	17.5	8	10	30
②	粉质黏土	18.1	20.0	18	60
③	砂质黏性土	19.0	20.5	19	80

续表

地层编号	地层名称	重度(kN/m³)	黏聚力 c (kPa)	内摩擦角 φ (°)	岩土与锚杆的粘结强度值(极限值) q_s (kPa)
④₁	全风化花岗岩	20.5	30	18	120
④₂	强风化花岗岩	21.0	40	26	200
④₃	中风化花岗岩	23.0	—	—	350
④₄	微风化花岗岩	23.0	—	—	500

1 问题的提出

本工程要求 3 个月内完成基坑开挖,工期较紧。基坑西侧紧邻山体为高边坡,原设计方案采用两排 ϕ1200@1400 钻孔灌注桩+预应力锚索,上排桩设计 4 道锚索,下排桩设计 3 道锚索。基坑西侧支护桩共计约 350 根,支护桩体量大,是制约本工程工期的关键因素。根据地勘揭露,山坡岩层走向西高东低,上排支护桩桩底已入岩 2~5m。桩端进入中风化岩层,旋挖钻成孔效率低,仅围护桩施工就需要约两个月以上,完成难度较大。

主要分布土层为粉质黏土、砂质粉土、花岗岩全风化、强风化、中风化、微风化带,地下水位较低,水量小,具备采用锚喷基坑边坡支护的条件。

根据相关基坑支护设计经验,对于土岩二元结构[2]地层的基坑支护方式,主要有放坡开挖、喷锚支护、桩锚支护、土岩复合地层"吊脚桩"[2,3]支护等。我们根据现场条件、工程地质条件,结合工期要求,考虑对原设计方案进行优化设计。

2 优化方案

参考广州地区施工经验及西侧地质岩层分布并结合现场施工进度,对西侧剖面支护形式进行优化,由于上排桩为永久支护,原支护设计采用 ϕ1200@1400 钻孔灌注桩+3 道预应力锚索,且支护桩已经完成,故只对下排支护桩进行优化。下排桩优化为微型钢管桩[4] ϕ200@750+3 道预应力锚索,见图3。

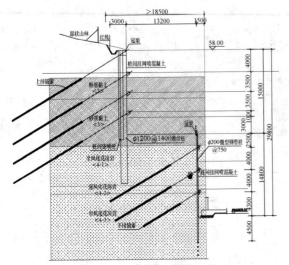

图 3 优化后支护断面

通过启明星 FRWS9.0 坑中坑模块进行计算,在该支护体系下,整体稳定安全系数 3.0,上排桩位移最大 40.8mm,下排微型钢管桩位移最大 52.8mm。

支护设计方案满足规范[5]对稳定性及位移的要求。变形内力图如图4、图5所示。

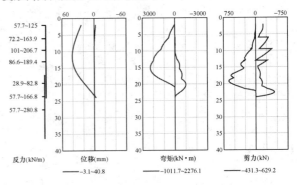

图 4 上排桩变形内力图

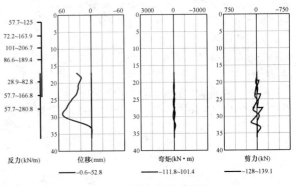

图 5 下排桩变形内力图

由于国内对于坑中坑计算软件较少,故采用国外边坡有限元软件 Slide 刚体极限平衡的 Bishop 法[6],各岩土层材料均采用 Mohr-Coulomb 强度模型进行二维边坡稳定性分析复核,计算结果如图6所示。

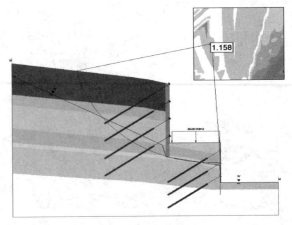

图 6 边坡稳定性分析图

3 优化后支护方案实施效果

由于工期较紧,原设计采用 ϕ1200@1400 钻孔灌注桩+预应力锚索的方案,采用旋挖钻进行成孔,旋挖钻入岩后施工速度慢,优化后下排微型钢管桩全部采用潜孔锤成孔,占用施工场地较小,施工速度快,工程开工时正在冬季,锚杆采用干作业成孔,作业条件相对较好。微型桩身间距750mm,桩间采用网喷混凝土填平。采用潜孔锤成孔微型桩垂直度受施工工艺、地质条件等的影响,为减少对结构或工作面的影响,施工定位时需要适当外放,边开挖边支护,采用人工配合清理边坡,开挖面精度较容易控制。

在施工现场不增加电力供应的条件下,采用优化后方案进行深基坑开挖,施工西侧上排支护桩同时在基坑西侧、东侧施工钻孔桩,钻孔桩实际于开工后45d结束,西侧部分岩体爆破开挖结束基本清理完土石方,共计用时85d,从基坑开挖至第一道锚索开始进行基坑变形监测到基坑清底完成为止。基坑西侧上排支护桩最大水平位移18mm,下排支护桩最大水平位移为28mm。支护面局部渗水,不影响施工,方案优化变更后,达到了预期的支护效果,符合预期计划,既节省了造价又满足建设单位阶段性工期的要求。

4 结论及建议

(1) 对于"上软下硬"岩土二元地层中高边坡基坑围护结构,根据现场实际情况,上部土质边坡采用桩锚支护结构,桩端嵌入基坑底标高以上的基岩深度满足嵌固深度即可,不必嵌入基坑底以下,可有效减小岩层内围护桩长度,降低施工难度、缩短工期。

(2) 上排土质边坡支护桩设计,最下排锁脚锚索的设置很关键,其拉力设计值和预应力锁定值应尽可能大,以限制桩底变形弥补嵌固深度的不足;施工过程中要做好水平位移、沉降、锚索应力等监测工作,及时发现问题,结合现场实际及时调整支护参数。

上述支护方式既保证了基坑的安全,又无需将排桩嵌入基坑底部,具有经济性,但需充分考虑岩层产状及完整性对岩质边坡自身稳定性的影响。该技术的成功应用可为类似工程提供参考。

参考文献:

[1] 刘红军,李东,张永达.加锚双排桩与"吊脚桩"基坑支护结构数值分析[J].岩土工程学报 2008,30(6):225-230.

[2] 李东.青岛地区二元结构基坑"吊脚桩"支护设计数值分析研究[D].青岛:中国海洋大学,2009.

[3] 朱祥山,聂宁,于波.排桩模型在"嵌岩"基坑工程中的应用[J].海岸工程,2008,27(3):81-84.

[4] 滕海军,刘伟.微型钢管桩在基坑支护工程中的应用[J].施工技术,2011,40(3):93-95.

[5] 建筑基坑支护技术规程 JGJ 120—2012[S].北京:中国建筑工业出版社,2012.

[6] 赞民,高全臣,王春来.SLIDE 在深基坑支护可靠性分析中的应用[J].矿业研究与开发,2008,28(2):39-41.

基于反分析的软土基坑变形探析

秦春晖， 梁汝鸣， 和西良， 宋恩润
（中建八局第二建设有限公司设计研究院，山东 济南 250014）

摘 要： 本文以上海某软土基坑项目为例，通过对某一支护断面实测变形数据反分析与正向设计结果相对比，结果表明：软土基坑位移控制规范要求比较高，实际工程位移变形是规范建议值的近 2 倍；对于软土基坑应根据地区土质条件及工程经验对变形控制及变形报警值放宽相应范围，减少资源浪费及过早报警。
关键词： 软土基坑；反分析；位移控制

0 引言

某软土基坑项目位于上海市浦东新区。拟建场地北侧及东侧临近河道，北侧坑边距离河道约 12.3m，东侧坑边距离河道约 10.0m，西侧及南侧紧邻市政道路，西侧距离市政道路约 7.2m，南侧距离市政道路约 6.5m。本工程地库区域±0.000 相当于绝对标高 4.850m，自然地坪绝对标高为 3.650m，相当于相对标高－1.200m，基坑周边环境如图 1 所示。

软土地区的基坑工程中，由于软土的内摩擦角、黏聚力等力学指标比较低，压缩性大、透水性差、强度小，软土具有变形大、流变性等特性[1]。我国大量的基坑工程集中在东部沿海的冲积平原地区，多为软土地基，它的特点是地下水位高、地基土体强度低，由于软土的变形大，使得软土基坑的开挖变形很大，而大变形容易引发工程周边环境的恶化。

本文以基坑西南侧重力式挡土墙部分进行计算分析，基坑开挖深度约 5.1m，该段的断面支护形式如图 1 所示，典型支护断面见图 2。

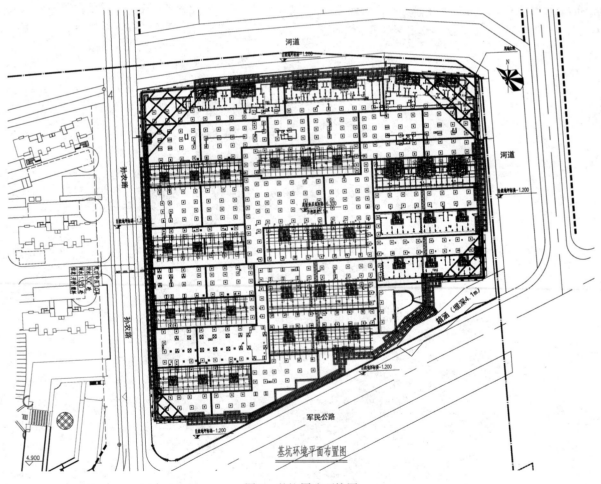

图 1 基坑周边环境图

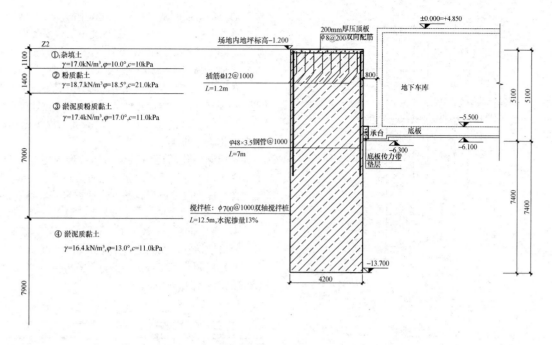

图 2 典型支护断面图

本工程北侧及东侧有地表水，地表水宽度约 20m，水面绝对标高 2.63m。地下水埋深 0.50～1.20m，相应绝对标高 2.58～3.03m，场地内地下潜水位平均绝对标高约 2.78m。根据勘察报告本场地为滨海平原古河道地层沉积区，场地地下水主要为潜水，主要赋存于①₁ 层素填土及局部③层淤泥质粉质黏土。主要涉及土层物理力学指标如表 1 所示。

主要涉及土层参数 　　　　　　　　表 1

岩土层	层厚 (m)	重度 γ (kN/m³)	内摩擦角 φ (°)	黏聚力 c (kPa)
杂填土	1.1	17.0	10.0	10.0
粉质黏土	1.4	18.7	18.5	21.0
淤泥质粉质黏土	7.0	17.4	17.0	11.0
淤泥质黏土	7.9	16.4	13.0	11.0

1　正向设计

本文以西南角部分支护段为分析对象，设计方案采用重力式水泥土墙，采用 ϕ700 双轴水泥搅拌桩，水泥掺量为 13%，搅拌桩相互搭接 200mm，支护结构平面如图 3 所示。

通过启明星 FRWS9.0 计算，在该支护体系下，整体稳定安全系数 1.71，抗倾覆稳定安全系数 1.49，抗滑移安全系数 1.62，桩顶位移最大 30.1mm。变形位移图、整体稳定计算图、抗倾覆抗滑移计算图如图 4～图 6 所示，支护设计方案满足规范[2]对稳定性及位移的要求。

目前规范中所提出的监控报警值更多是在非软土条件下建立的，并不太适用于软土条件[3]，而根据现场实测桩顶位移监测数据最大值达到 82.9mm，接近桩底位移计算值的 2.8 倍。从而得知，现有分析参数设置不尽合理。

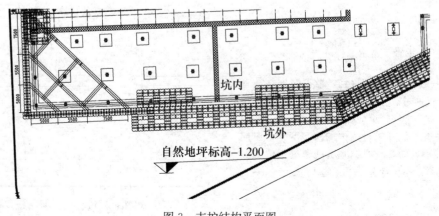

图 3 支护结构平面图

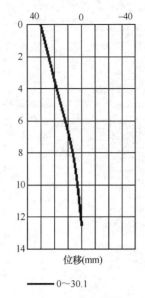

图 4　变形位移图

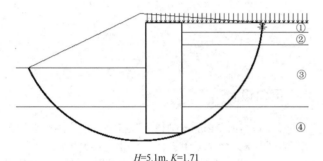

$H=5.1\text{m}, K=1.71$

图 5　整体稳定计算图

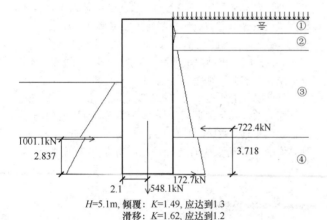

$H=5.1\text{m}$, 倾覆: $K=1.49$, 应达到1.3
滑移: $K=1.62$, 应达到1.2

图 6　抗倾覆、抗滑移计算图

在工程隐患发展为工程事故之前，监测数据往往存在异常反应，因此可通过对监测数据进行分析，判断基坑状态。因为勘察数据不能完全反应复杂的地质条件，所以设计并不能完全掌握基坑开挖过程中的每个变化，由此信息化施工显得特别重要，应根据基坑施工过程的工况变化和监测信息实行动态设计和信息化施工。

2　反向分析

深基坑反分析计算是采用针对性优化的遗传基因算

法，通过实时监测基坑在施工过程中的动态数据，结合基坑的计算分析模型，提供多种优化方法，反演出符合当下工程实际工作性态的设计参数，主要是解决基坑设计中地层指标不易确定，并可能随基坑的开挖产生动态变化的难题，对预测后续施工位移、内力结果提高精准性，方便及时调整设计方案，实现基坑的信息化设计施工。确保监测数据的及时性和准确性，是基坑工程实施动态设计和信息化施工的前提条件[4]。

选取测斜孔的历史最大累计变形为主要分析指标，通过现场监测数据桩顶位移最大时达到82.9mm，支护桩监测位移图如图7所示，基坑设计方案基坑类别为一级，根据规范[5]要求围护墙顶部水平位移累计绝对值30～35mm、变化速率5～10mm/d 即报警。现场施工过程中桩顶累计变形在未挖到坑底设计标高时即报警。

采用启明星 FRWS9.0 反分析模块对典型实测数据（图7）进行计算分析。

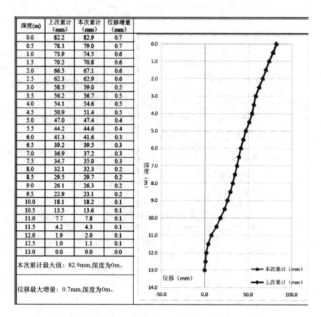

图 7　支护桩监测位移图

通过截取不同时间节点的位移数据进行反分析计算可得如下表格。

反分析结果对照表　　　　表 2

土层	厚度（m）	m 初值（MPa/m^2）	m 修正值（MPa/m^2）
①	1.1	2.000	1.442
②	1.4	7.095	5.115
③	7	5.180	3.734
④	7.9	3.180	2.293

从表2可知，通过实测数据反分析对位移影响最大的为土抗力侧向基床比例系数 m，可通过反分析对齐进行修正。

3 结论及建议

（1）软土基坑实测位移较计算位移大近 2 倍。

（2）土抗力侧向基床比例系数 m 的取值对位移计算具有重大影响，基坑工程设计不可只迷信于计算结果，还应更多关注地区经验及概念设计。

（3）土层力学参数取值应根据实验方法和地区经验综合判定，信息化施工中通过实测数据进行反分析，对土层参数进行合理调整，可有效预测基坑变形。

（4）对于软土基坑应合理设置报警界限值，防止长时间报警。

参考文献：

［1］ 李彰明. 软土地基加固与质量监控［M］. 北京：中国建筑工业出版社，2011.

［2］ 建筑基坑支护技术规程 JGJ 120—2012［S］. 北京：中国建筑工业出版社，2012.

［3］ 胡珩、董志良、罗彦. 软土地区基坑工程深层水平位移报警值分析［J］. 铁道工程学报，2011，28（09）：12-16＋30.

［4］ 杨学林. 基坑工程设计、施工和监测中应关注的若干问题［J］. 岩石力学与工程学报. 2012，31（11）：2327-2333.

［5］ 建筑基坑工程监测技术规范 GB 50497—2009［S］. 北京：中国计划出版社，2010.

地下室外墙在考虑基坑支护桩永久存在条件下的设计

梁汝鸣， 张 磊， 秦春晖， 尹维大

（中建八局第二建设有限公司，山东 济南 250014）

摘 要：地下室外墙计算中考虑基坑支护桩的作用，能有效较少地下室外墙厚度及配筋。地下室外墙设计是将外墙所受土压力按静止土压力进行计算。本文以实际工程为例，不考虑支护桩外侧土压力，仅用"修正水压力"对地下室外墙进行设计，为本地区其他类似工程提供了参考。

关键词：静止土压力；传力构件；地下室外墙；修正水压力

0 概述

深基坑临时支护使用的支护桩体在地下室施工完成后被遗弃于地下，造成资源的浪费。而实际上基坑支护桩作为受弯构件设计，其刚度一般较大，在地下室施工完毕回填后可以继续作为构件发挥一定的作用。如能在地下室外墙计算中考虑基坑支护桩的作用，可减少地下室外墙的厚度[1]，降低工程造价。

常规地下室外墙设计，是将地下室外墙土压力按静止土压力进行计算。但是在考虑围护桩存在的情况下，地下室外墙土压力作用方式发生改变。地下室外墙所受的土压力合力将比按静止土压力计算时减小，挡土能力增强[2]。关于基坑回填后基坑支护桩等临时支护结构对地下室外墙计算中能起到多大的作用，减少多少土压力，研究较少。目前的少量的研究方法为：考虑基坑支护桩的存在对常规地下室外墙计算时采用简化土压力[2]或者将静止土压力乘以 0.66 进行折减计算[3]等。

本工程按"修正水压力"方法在考虑基坑支护桩的作用情况下对地下室外墙计算。"修正水压力"方法为：（1）按基坑拆撑换撑原理进行基坑桩锚设计，得出构件的配筋及拟设传力构件所受土压力；（2）外侧压力按桩→腰梁→传力支撑→楼板进行传递；（3）预留操作面土压力通过楔体极限平衡的力三角形方法计算，按修正后的水压力对地下室外墙进行计算；（4）对支护桩、传力构件及地下室结构考虑长期作用影响进行裂缝宽度验算。

1 支护结构及地下室外墙设计

1.1 工程概况

济南市某超高层项目位于济南市西客站片区，包括办公楼、商业、公寓。占地面积 31215.54m²，建筑面积约 213576.46m²，地上结构高度最高为 180.6m，设有三层地下室，基坑挖深 13.50m。

拟建场区属黄河冲洪积平原地貌单元，场地较平坦。场区地下水位埋深为 1.65m，在勘察深度范围内地层可划分为 13 个大层，该基坑工程涉及土层参数如表 1 所示。

1.2 桩锚基坑支护方案

根据拟建工程场地内岩土工程地质条件、周边环境及相关工程经验，经综合比较后基坑主要采用桩锚支护结构。支护桩采用 $\phi800@1600$ 的混凝土支护桩，桩长 19m，桩顶标高 -1.50m，嵌固深度 7.00m，采用 C30 混凝土浇筑，桩内纵向布置 24 根 HRB400ϕ25 钢筋，保护层厚度取 50mm，螺旋箍筋 HPB300ϕ8@110，锚索钻孔直径为 150mm，采用二次高压注浆。支护桩顶部采用宽 900mm、高 700mm 的混凝土冠梁连接，上部土体 1：0.6 自然放坡支护。桩间设置 ϕ850@600 的三轴搅拌桩止水帷幕，支护结构剖面图，如图 1 所示，锚索相关参数如表 2 所示。

土层参数　　　　　　　　　　　　　　　　表 1

地层	直剪试验指标建议值		三轴试验指标建议值		γ (kN/m³)	渗透系数 K_v 建议值 (cm/s)
	C_{cq} (kPa)	φ_{cq} (°)	C_{cu} (kPa)	φ_{cu} (°)		
①层素填土	(10.0)	(10.0)	—	—	(17.0)	5.0E-05
①₂层杂填土	(5.0)	(10.0)	—	—	(17.0)	—
②层粉质黏土	27.7	17.9	29.6	16.6	18.6	2.5E-06
③层粉质黏土	29.1	18.4	29.4	15.0	18.8	1.5E-06
③₁层中粗砂	(5.0)	(30.0)	—	—	(20.0)	7.0E-03
④层粉质黏土	29.9	18.1	28.7	16.3	18.7	3.1E-06
⑤层粉质黏土	34.0	19.0	27.3	16.1	18.7	3.9E-06
⑥层粉质黏土	29.2	18.6	21.0	15.5	18.8	3.8E-06
⑦层粉质黏土	31.9	18.4	29.4	16.5	18.8	4.2E-06

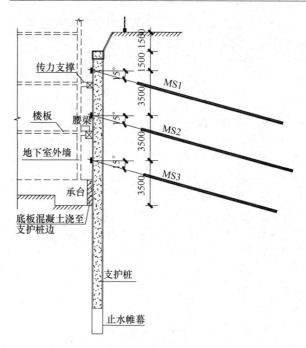

图 1 支护结构剖面

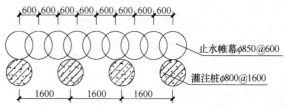

预应力锚索参数   表 2

编号	位置(m)	入射角度(°)	锚索总长(m)	锚固段长(m)	锁定值(kN)	锚固体直径(mm)	配筋(钢绞线)
MS1	3	15	25	14	180	150	3S15.2
MS2	6.5	15	28	19	200	150	3S15.2
MS3	10	15	26	19.5	200	150	3S15.2

1.3 腰梁受力计算

基于基坑内支撑支护的拆撑换撑的理论方法，考虑锚杆拆除情况下，桩外侧土压力通过承台及楼板位置设置的三道传力构件（腰梁＋传力支撑）传递给楼板，传力构件腰梁的受力由拆撑换撑方法计算得出，传力构件腰梁所受土压力计算结果如表3所示。

传力构件所受土压力   表 3

位置	传力构件所受土压力（kN/m）
地下一层顶板处	158.96
地下二层顶板处	231.50
地下三层底板处	220.64

最下面一道支撑换撑（地下三层底板处）目前工程常用的方法是将筏板混凝土直接浇至支护桩边。所以，本工程仅对地下一层、地下二层层顶板处传力构件进行设计。

1.4 腰梁截面及配筋计算

围护桩在正常使用阶段，通过腰梁将外侧所受土压力传递给支撑，根据力的作用原理，腰梁为受弯构件，常用方法是将腰梁作为多跨连续梁计算。

以地下室二层顶板处传力构件为例，考虑到施工的可操作性，腰梁支座（传力支撑）按间距3.2m设计，腰梁截面为400mm×500mm，将上面换撑计算得出的土压力按均布荷载作用在腰梁上，选取5跨腰梁，并验算构件受力裂缝，腰梁内力配筋简图，如图2所示。

1.5 传力支撑计算

作为传力构件的传力支撑将腰梁所受力传递给楼板，将传力支撑按受压构件最大支座反力计算。支座反力简图，如图3所示。

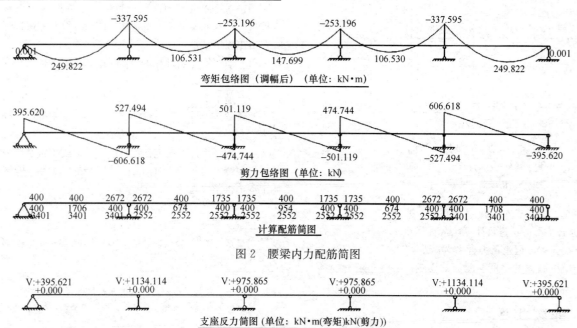

图 2 腰梁内力配筋简图

图 3 支座反力简图

1.6 地下室外墙受力对比

常规地下室外墙的计算是将地下室外墙按半无限土体考虑，用静止土压力进行计算。但是考虑支护桩存在，地下室外墙与支护桩之间预留的可供施工的操作面大多数都在1m范围内，属于有限范围土压力，操作面的回填土实际土压力不等同于静止土压力。

在这种情况下，本工程通过楔体极限平衡的力三角形方法计算土压力。然后将按有限土压力＋水压力＝水压力×修正系数的原则，用修正后的水压力对地下室外墙进行计算。按常规方法和考虑支护桩存在情况下"修正水压力"方法对地下室外墙计算，如图4所示。

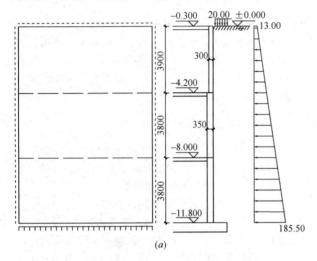

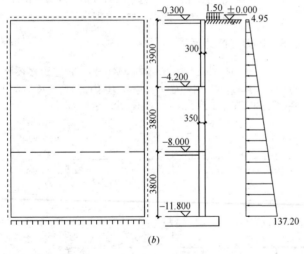

图4 地下室外墙计算简图
（a）常规方法外墙受力计算；（b）考虑支护桩存在情况下外墙受力计算

可见，地下室外墙受力在考虑支护桩存在情况下按"修正水压力"方法进行计算比常规静止土压力计算受力明显减少，本工程土压力合力约减少28%。外力的减少势必会减少墙体的厚度及配筋的用量，取得一定的经济效益。

1.7 裂缝宽度计算

支护桩、传力构件、地下室外墙等应考虑外力长期作

用影响进行裂缝宽度验算。矩形截面可按照《混凝土结构设计规范》[5]中矩形截面钢筋混凝土受弯和偏心受压件在长期作用影响的最大裂缝宽度计算公式进行计算，即

$$\omega_{\max} = \alpha_{cr}\psi\frac{\sigma_s}{E_s}\left(1.9c_s + 0.08\frac{d_{eq}}{\rho_{te}}\right) \quad (1)$$

下面主要介绍支护桩的耐久性验算。少量文献及资料中支护桩的耐久性验算方法为：（1）考虑钢筋锈蚀速率，按设计使用年限内钢筋截面折减后的强度计算[1]；（2）按《水运工程混凝土结构设计规范》圆柱形混凝土构件在受拉、受弯和偏心受压情况下的裂缝宽度公式进行计算[6]。本工程采用上述第二种方法对支护桩在基坑开挖、设置传力支撑、基坑回填三个过程中的最大裂缝进行计算。计算公式如下：

$$\omega_{\max} = \alpha_1\alpha_2\alpha_3\psi\frac{\sigma_s}{E_s}\frac{c+d_s}{0.28+10\rho} \quad (2)$$

$$\sigma_s = \frac{M_y}{\pi\left(0.45+0.26\frac{\gamma_s}{r}\right)A_sr} \quad (3)$$

支护桩裂缝宽度计算结果　　　　　　表4

工况	支护桩最大弯矩（kN·m）	裂缝宽度（mm）
基坑开挖	1012.6	0.12
设置传力支撑	904.2	0.11
基坑回填后	856.8	0.10

本工程支护桩所处环境类别为二类，依据《混凝土结构设计规范》[5]支护桩裂缝限值取0.2mm，表4各计算结果均满足要求。

2 结论

通过对济南市某超高层项目地下室外墙在考虑基坑支护桩的存在的条件下，按整体"压力分算"方法进行计算，得出以下结论：

（1）地下室外墙设计可以在考虑基坑支护桩的存在的条件下进行综合设计。

（2）地下室外墙设计在考虑基坑支护桩的存在的条件下，整体"压力分算"方法能有效减小地下室外墙所受土压力，本工程土压力合力约减少28%。

（3）在考虑外力长期作用影响下，对支护桩及传力构件进行裂缝宽度验算。本工程的计算结果也为本地区其他工程提供了参考。

参考文献：

[1] 王卫东，沈健. 基坑围护排桩与地下室外墙相结合的"桩墙合一"的设计与分析[J]. 岩土工程学报，2012，34（增刊）：303-308.

[2] 李连祥，刘兵，成晓阳. 基坑支护桩永久存在对地下室外墙土压力分布的影响[J]. 山东大学学报（工学版），2018，48（2）：30-38，52.

[3] 北京市建筑设计标准化办公室. 北京市建筑设计技术细则

(结构专业)[M]. 北京：经济科学出版社，2005.

[4] 李连祥，刘兵，李先军. 支护桩与地下主体结构相结合的永久支护结构[J]. 建筑科学与工程学报，2017，34（2）：119-126.

[5] 混凝土结构设计规范 GB 50010—2010[S]. 北京：中国建筑工业出版社，2015.

[6] 水运工程混凝土结构设计规范 JTS 151—2011[S]. 北京：人民交通出版社，2011.

多道内支撑支护深基坑土方栈桥、土坡开挖施工技术

王志权，李 波，雷 斌，黄 凯，王振威

（深圳市工勘岩土集团有限公司，深圳 518063）

摘 要：针对采用多道内支撑支护的深基坑内土方外运的施工技术，采用钢筋混凝土栈桥跨越支撑梁，栈桥与预留基坑土整修形成的土坡顺接，形成施工临时出土便道。当基坑开挖至基坑底，坑内基坑土或承台土方开挖外运完毕，逐渐将土坡从下至上逐段收坡，最后完成栈桥的拆除。

关键词：深基坑；内支撑；土方开挖；栈桥；土坡；施工技术

0 引言

设有多道内支撑基坑土方开挖施工时，一般采取设置土坡，挖掘机械及运输车辆经由土坡入坑经施工；土坡按一定的坡比放坡，需要占用较大的坑内空间，极大影响坑底作业面的展开；如果坡道占据部分支撑的位置，为了满足支撑系统的分层、连续封闭、对称、平衡施工，需要反复挖开、回填坡道。尤其对多道环形内支撑的深基坑，因环撑特有的受力及内力传递模式，每道环撑必须完全闭合后才能发挥密封拱的传力效应，环撑的基坑土方开挖必须严格遵循每道支撑完全封闭后再开挖下一层土方，此时将需要多次的土坡挖开、回填，耗时长，占用施工场地大。另外，土坡坡道收坡时，坡道口一侧需要分层开挖、支护，影响基坑总体进度。

为解决多道内支撑基坑土方开挖土坡出土耗时长、效率低的问题，提出了采用了栈桥、土坡联合坡道开挖施工，利用栈桥跨越支撑梁并延伸进入基坑内一定范围，方便了支撑系统下方及基坑内土方的分层整体开挖、支护支撑，避免了坡道口的重复开挖、回填，有效提升了出土效率，加快了整体基坑施工进度，取得了显著效果。

1 工程概况

1.1 工程位置及规模

汕头华润中心二期土石方、基坑支护项目由华润置地有限公司投资建设，工程位于汕头市龙湖区，场地位于汕头市龙湖区核心位置，北至金砂路和金海湾大酒店，南至长平路，东至丹霞南街，西至金环南路。本项目为第二期工程，设三层地下室，基坑面积为 36878m²，开挖周长为 811m，基坑开挖深度为 15m，采用灌注桩支护，设两道撑，开挖方量约 55 万 m³。场地地层较为复杂，存在填土层、淤泥、淤泥质土等不利于基坑开挖的较弱土层。

1.2 工程地质条件

本场地地层为人工填土、人工填石层（Q^{ml}）、第四系全新统海积层（Q_4^m）、第四系全新统冲积层（Q_4^{mc}）、第四系上更新统冲积层（Q_3^{mc}）、燕山期花岗闪长岩（γ_8^{53}）等地层。

2 工艺原理

本技术采用钢筋混凝土栈桥跨越支撑梁，栈桥与预留基坑土整修形成的土坡顺接，形成施工临时出土便道。当基坑开挖至基坑底，坑内基坑土或承台土方开挖外运完毕，逐渐将土坡从下至上逐段收坡，最后完成栈桥的拆除。

2.1 采用钢筋混凝土栈桥跨越支撑梁

采用钢筋混凝土栈桥跨越支撑梁，栈桥的长度以满足基坑支撑梁下方土方施工空间（挖掘机和泥头车通行条件）确定。栈桥为现浇钢筋混凝土结构，其受力体系由钢管立柱桩、连系梁、桥面板构成。栈桥坡道顶面浇筑 30cm 厚钢筋混凝土面板，其下由架设在立柱钢管桩上的钢筋混凝土梁支撑，桥面坡度为按照不小于 1∶6 设置。钢筋混凝土栈桥下方的每道支撑梁下一层的土方可以一次性开挖，无需反复挖填土方，为下道支撑梁施工提供了足够的工作面，加快支撑梁的施工速度，有利于支撑梁的快速闭合，从而加快基坑工程施工进度。具体见图 1。

2.2 整修基坑土形成土坡

基坑内预留部分基坑土暂不挖除，整修形成土坡。坡顶坡比按不小于 1∶6 设置，土坡面可采用块石、碎石或混凝土硬化处理，坡面按 1∶1.5 放坡并喷混凝土护坡；土坡与跨越支撑梁的栈桥顺接，形成钢筋混凝土栈桥＋土坡的施工通道。

2.3 收坡

开挖至基坑底部后，逐渐将土坡从下至上挖除收坡，最终将栈桥逐段拆除。

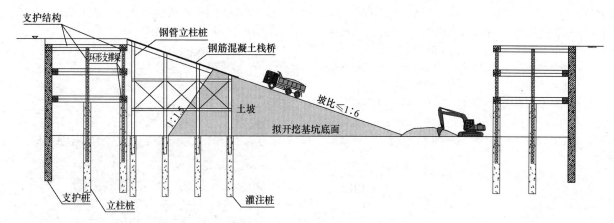

图1　深基坑土方栈桥、土坡开挖形成临时出土施工通道示意图

3　施工工艺流程及操作要点

3.1　施工工艺流程

多道内支撑深基坑土方钢筋混凝土栈桥、土坡开挖施工工艺流程见图2。

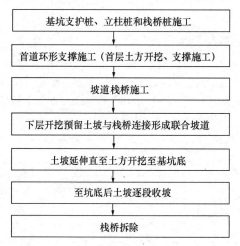

图2　多道内支撑支护深基坑土方栈桥、土坡开挖施工工艺流程图

3.2　操作要点

3.2.1　基坑支护桩、立柱桩和栈桥桩施工

（1）多道内支撑的深基坑支护多采用"灌注桩+水泥搅拌桩或旋喷桩"止水帷幕的形式，或采用钻孔咬合桩或地下连续墙支护；作为超前的支护桩、立桩桩和止水帷幕，前期按支护设计技术要求和进度安排进行施工。

（2）坡道栈桥桩施工

1）坡道栈桥桩采用"灌注桩+钢管立桩"结构形式，基坑底部灌注桩采用直径1200mm旋挖桩，立柱采用直径800mm钢管混凝土立柱，立柱插入灌注桩内3m。

2）栈桥钢管立桩桩身之间，待基坑开挖后用水平钢连接和剪刀撑加固。

3.2.2　首层土方开挖、支撑施工

（1）冠梁、连梁及首道支撑范围内的土方开挖，主要以挖掘机械进行开挖为主，辅助人工配合修整基底及清理支护桩、立柱桩周边基坑土；冠梁、连梁及首道支撑基底标高以上200mm及支护桩、立柱桩300mm的土方，采用人工方式清土。

（2）冠梁、连梁及首道支撑的施工工艺流程为：测量放线→开挖沟槽→凿除支护桩桩头并清理→绑扎冠梁、连梁及首道支撑钢筋→立模板→浇筑混凝土→拆模及养护。

（3）支撑梁下预先铺设混凝土垫层，当首道支撑处于支护桩冠梁以下时则采用支护桩侧植筋的方式与支撑梁连接。

3.2.3　栈桥施工

（1）栈桥架设于钢管立柱桩上，桥面采用不带柱帽的钢筋混凝土肋梁楼盖体系，钢管立柱内钢筋笼竖向主筋伸出35d长度锚入栈桥梁内。栈桥混凝土梁与桥面板采用整体浇筑，混凝土梁截面为900mm×900mm，桥面板厚300mm，梁及面板的配筋考虑混凝土自重、使用荷载及车辆行走产生的动荷载。

（2）施工工艺流程：绑扎钢筋→安装模板→浇筑混凝土→桥面防滑。

（3）施工操作要点

1）绑扎钢筋：绑扎前对槽底进行清理干净，严格按设计配筋加工、绑扎；绑扎完毕后，对梁及支撑连接部位钢筋重点进行检查，钢筋绑扎检验合格后进入下道工序。

2）安装模板：采用20mm厚胶合板，木支撑，模板自身固定为木垫枋；模板内侧采用脱模剂或废机油涂抹，便于拆模；模板安装需准确、稳固。

3）浇筑混凝土：浇筑前对模板进行适当润湿，混凝土自由下落高度不超过2m以防混凝土产生离析；浇筑采用分层、连续浇筑，边浇筑边用插入式振动器振捣，保证混凝土振捣均匀。

4）栈桥设临时通道安全护栏，设计为混凝土护栏，护栏截面为150mm×150mm，高1200mm，护栏之间距离为1.5m，按构造配筋，与钢筋混凝土栈桥面板整体浇筑。

5）防滑措施：在栈桥面上设置凸凹防滑条，凹槽深度控制在10mm左右。

3.2.4　下层开挖预留土坡与栈桥连接形成联合坡道

（1）首道内支撑施工完毕后，当冠梁、连梁及首道支

撑满足设计要求后，再进行下一道支撑的土方开挖。

（2）土方采用分区对称式平衡开挖，每层土方开挖从基坑周边环撑区域开始，向基坑中部依次推进。

（3）当基坑开挖至预留土坡位置时，预留该部分基坑土，土坡顶面与栈桥顺接，形成联合坡道。

（4）土坡坡顶夯实处理并进行硬化，遇承载力不满足行车要求的土质，则采用毛石换填；坡面按 1∶1.5 比例放坡，坡面挂 10 号钢丝网，并喷射 100mm 厚 C20 混凝土护坡。

（5）土坡设 ϕ48 钢管护栏，护栏高为 1.2m，钢管护栏间距为 1.5m。

具体见图 3。

图 3　栈桥、土坡顺接形成联合出土施工通道

3.2.5　分层开挖、土坡延伸直至土方开挖至基坑底

（1）土方分区、分层开挖外运，预留基坑土形成的土坡逐渐向下延伸，直至开挖到基坑底部。第二层土方开挖与环撑施工。

（2）随着土坡的向下延伸，逐段完成栈桥的钢管连系梁和土坡的护面施工。栈桥与土坡联合施工通道逐层出土开挖成型投入使用。

3.2.6　至坑底后土坡逐段收坡

（1）当基坑开挖至基坑底，坑内基坑土或承台土方开挖外运完毕，逐渐将土坡从下至上逐段收坡。

（2）收坡初期采取基坑内设多台挖掘机接力转土，栈桥面设挖掘机装车外运，具体见图 4。

图 4　土坡挖掘机接力收坡

（3）最后的土坡采取挖掘机站立在混凝土栈桥端，用挖掘机或长臂挖掘机完成清运，见图 5。

（4）收坡时适当降低泥头车的载重量，并控制车辆的行驶速度，以确保栈桥稳定和行驶安全。

图 5　土坡长臂挖掘机收坡

3.2.7　栈桥拆除

所有基坑土出土完毕后，将钢筋混凝土栈桥拆除，钢管立柱桩回收。

4　工艺特点

4.1　施工便利

采取混凝土栈桥加土坡形成联合出土坡道的方式，混凝土栈桥直接跨越支撑梁，避免了支撑梁下土方开挖的多次重复修筑出土坡道，也有利于支撑梁下基坑底工作面的有效展开。

4.2　加快进度

栈桥采用与支撑系统独立的钢管立柱桩作为基础，使得支撑系统不受基坑出土的影响，加快了出土进度。

4.3　安全性能好

泥头车经施工便道外运土方时，不增加支撑系统的荷载；出土效率的提升，减少了基坑的暴露时间，同时也提高了基坑的安全性。

4.4　节省造价

土坡与混凝土栈桥衔接，可减少栈桥的长度，且土坡土方采取修坡即可形成，土坡是基坑出土的一部分；同时栈桥基础采用钢管立柱桩，基坑开挖后钢管立柱可回收处理，总体可大大节省工程造价。

5　实施效果

5.1　社会效益

通过"汕头市华润中心三期万象城 B 区项目（第二期）土石方、基坑支护及桩基础工程""信通金融大厦深基坑支护及石方工程"和"国速世纪大厦基坑支护及土方工程"等多个项目的实践应用证明，对于内支撑支护形式的深基坑采用"钢筋混凝土栈桥＋土坡"的开挖施工技术在工序管理、生产效率、施工成本控制、工期控制等方面都突显出了显著的效果,为解决排桩加内支撑支护的深基坑出土坡道设置问题提供了一种创新、实用的工艺技术,加快了土方开挖的施工进度,减少了基坑支护结构的使用时间,增加了基坑的安全度,得到建设单位、设计单位和监理单位的一致好评,取得了良好的社会效益。

5.2 经济效益

经济效益分析通过采用"钢筋混凝土栈桥＋土坡出土"与单独采用土坡出土两种施工方法进行比较,以汕头市华润中心三期万象城 B 区项目(第二期)土石方、基坑支护及桩基础工程为例,费用节约 71.72 万元,工期减少 24 天。

6 结语

随着城市建设高速发展,各地兴建了大量的超高层建筑,出现越来越多的深基坑。受场地狭小、不良地层、周边建(构)筑物及管线密集分布等客观条件的限制和影响,越来越多的基坑采用排桩或地下连续墙加多道内对撑或环撑形式的支撑支护。基坑土采用栈桥、土坡联合坡道开挖施工,结合了单独采用栈桥、土坡作为出土通道的优点,方便了支撑系统下方及基坑内土方的分层整体开挖、支撑支护,避免了坡道口的重复开挖、回填,有效提升了出土效率,加快了整体基坑施工进度,取得了显著效果,具有广泛的使用价值和指导意义。

参考文献:

[1] 雷斌. 实用岩土工程施工新技术[M]. 北京:中国建筑工业出版社,2018.

[2] 中国土木工程学会土力学及岩土工程分会. 深基坑支护技术指南[M]. 北京:中国建筑工业出版社,2012.

[3] 杨根良,华锦耀. 深基坑施工中施工栈桥的应用[J]. 浙江建筑,2007(03):23-26.

某基坑支护变形超限之处置

冯科明，彭占良，齐路路，张　启

（北京城建勘测设计研究院有限责任公司，北京 100101）

摘　要：天津市某基坑工程，设计采用拉尔森钢板桩支护体系，由于实际开挖工况与施工组织和原设计工况不符，局部基坑支护体系先后两次出现了较大水平位移，超过了设计限定的支护体系变形控制值。笔者亲赴现场实地考察，并听取了施工方对施工情况的汇报，对支护体系变形原因进行了分析，分别采取了对支护体系外侧削土卸载，以及坑内堆土反压等方式进行处置，使基坑支护体系的水平位移得到了有效地控制，从而确保基坑整体开挖及基础施工得以顺利实施。本文可供同类工程参考。

关键词：基坑工程；钢板桩支护；位移超限；应急处置

0　序言

钢板桩支护，因其具有较高强度，较好的防水性能，可多次重复使用使得经济效益良好等优势，并且在施工过程中又兼具施工方便，安全性较高，施工进度快等特点，在市政工程深基坑施工中得到了广泛应用[1]。尤其是线型工程，以及小型基坑中经常可见。比如：城市最近时间比较热的综合管廊工程[2,3]基坑支护，路桥工程[4,5]基坑支护，桥梁基础[6]施工基坑，尤其是桥梁水中承台[7]基坑支护，热力改造工程[8]基坑支护，城市泵站[9]深基坑支护。现在，由于多地对基坑开挖中地下水的控制采取限制性降水的保护措施，使得建筑基坑[10,11]开挖中也越来越多地采用钢板桩支护的方式。

众所周知，建筑基坑一般来说要比市政工程来得深，面积大，所以，有人对钢板桩支护的尺寸效应[12]进行了分析，也采用了有限元[13,14]等方法进行了受力与变形分析尝试，均取得了一定的成果。由于实际工程中计算工况与实际工况会有所差别，严重时会引发局部边坡失稳[15]。因此，必须实施信息化施工[16]，动态设计，以确保基坑工程的安全。

1　工程概况

1.1　工程地点

拟建场地位于天津市武清区下朱庄，场地位置参见图1。

图1　拟建工程地理位置示意图

1.2　工程规模

本工程为花郡家园 6 期工程，主要为 3 栋 15 层住宅（9、10、11 号楼）。本基坑周长约 503.22m，基坑面积约 12544.1m²。主要为高层住宅，单体建筑，高层为剪力墙结构，地下车库为框架结构。本工程相对标高±0.000m 相当于绝对标高 4.080m，地面场平标高为 4.10m，坑底标高为 −1.94m，局部为 −2.39m，坑深为 6.04~6.49m。

1.3　周围环境情况

基坑安全等级，环境风险等级及监测等级为三级。

车库周边有消火栓给水管道、市政给水管道、采暖供水管道、采暖回水管道、雨水管道。施工时，应注意地下管线的排查，并对地下管线进行保护，以免对其造成破坏。所有基坑内及开挖上口线 1m 内管线已完成改移。

北侧部分：在建花郡家园三、四期，框架剪力墙结构，筏板基础，车库坑底标高为 −1.42m（比六期车库坑底相对高 0.52m），三、四期围护结构（2018 年 4 月施工至今已肥槽回填）在建汽车坡道到拟开挖边界线距离约为 9.8m；

西侧部分：在运津蓟铁路，铁路中心线到拟开挖边界线距离约为 48m，不在铁路保护区范围之内；

南侧部分：已建花郡家园五期，框架剪力墙结构，筏板基础，车库坑底标高为 −1.95m（比六期车库坑底相对低 0.01m），12 号楼（15F/1B）到拟开挖边界线距离约为 10m；

东侧部分：花郡家园六期未建 30 号楼，到拟开挖边界线最近距离约为 8m。周边环境如图 2 所示。

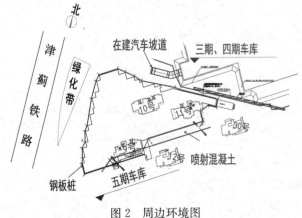

图2　周边环境图

1.4 工程地质情况

（1）人工填土层（Q_4^{ml}）；

（2）全新统新近冲积层（Q_4^{3Nal}）；

（3）全新统上组陆相冲积层（Q_4^{3al}）；

（4）全新统上组湖沼相沉积层（Q_4^{3l+h}）；

（5）全新统中组海相沉积层（Q_4^{2m}）；

（6）全新统下组沼泽相沉积层（Q_4^{1h}）；

（7）全新统下组陆相冲积层（Q_4^{1al}）。

各主要土层物理力学指标表 表1

土层名称	重度 (kN/m³)	w（%）	e	I_P	I_L	直剪固结快剪		直剪快剪	
						c（kPa）	φ（°）	c（kPa）	φ（°）
③₁黏土	18	32.1	0.939	18.2	0.62	10.00	9.00	8.00	7.00
④₁粉质黏土	18.7	28.8	0.833	14.7	0.61	22.12	13.21	17.87	9.58
⑤₁黏土	19.2	—	—	—	—	23.90	13.98	20.77	11.55
⑥₁粉质黏土	18.4	—	—	—	—	19.48	11.41	14.81	9.81
⑥₃粉土	19.7	—	—	—	—	7.34	31.18	9.25	29.06
⑥₄粉质黏土	19.2	29.9	0.847	14.6	0.73	19.61	13.50	16.55	9.53
⑦粉质黏土	19.5	27.4	0.784	14.2	0.66	22.90	13.68	20.77	12.12
⑧₁粉质黏土	19.5	27.4	0.780	13.6	0.68	21	15.31	18.55	12.70

注：表中指标均为标准值。本次计算指标选取采用直剪固结快剪。

根据勘察报告，选取本工程典型的地质纵断面图，如图3所示。

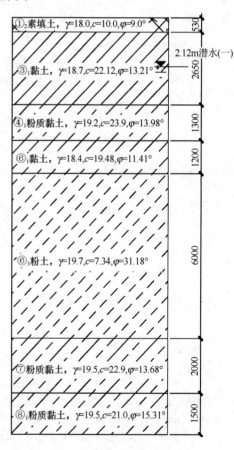

图3 典型工程地质纵断面

1.5 水文地质概况

勘察期间地下水潜稳定水位埋深为1.60～2.20m，标高为2.12～1.54m。

根据勘察报告可知，潜水（一）主要由大气降水补给，以蒸发形式排泄，水位随季节有所变化，一般年变幅在0.50～1.00m。

在无干湿交替条件作用下，地下水对混凝土结构具弱腐蚀性，对钢筋混凝土结构中的钢筋在长期浸水条件下具微腐蚀性；地下水对混凝土结构具微腐蚀性，对钢筋混凝土结构中的钢筋在长期浸水条件下具中等腐蚀性。场地范围内无盐渍土、污染土等分布，场地土对建筑材料的腐蚀性可参考地下水腐蚀性评价。

1.6 基坑支护设计

本工程以及工程地质条件，水文地质条件，周边环境条件，基坑深度等划分为8个不同的支护剖面，受篇幅限制，本文就叙述一下发生支护体系局部水平位移超限的支护剖面的设计及其参数。

基坑支护6-6剖面设计参数见表2，设计图见图4。

6-6剖面基坑支护设计参数表 表2

位置	基坑周围
基本参数	拉森钢板桩型号：400-170，桩顶标高2.1m，桩长12.00m
挂网喷钢筋	ϕ6.5@200

注：1. 本基坑支护设计标高：场平标高按4.10m考虑，基底标高−1.94m，基坑深6.04m。

2. 上部2m部位1:1放坡，面层混凝土强度均为C20，面层厚度为80mm。

1.7 监测项目及控制值

该基坑工程为三级安全等级，其监测设计项目：

（1）桩顶水平、竖向位移；

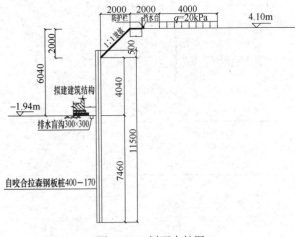

图4 6-6剖面支护图

（2）地表沉降；
（3）地下水位观测。
监测控制值、控制速率见表3。

	监测量控表		表3
剖面	监测项目	控制值（mm）	速率（mm/d）
6剖面	支护结构水平位移	24	3
	支护结构竖向位移	32	3
	地表沉降	60	5
	周边建筑物	60	3
	地下水位	1000	500

2 局部变形超限原因及处置

2.1 第一次变形超限

西南侧钢板桩施工完毕，总包方即进行基坑开挖。但总包单位没有按照基坑支护设计要求在其上部进行放坡支护处理，而是近乎直立开挖。开挖到底，支护体系的变形监测数据显示，水平位移仍在变形报警值范围之内。由于西南侧为地下车库，所以总包单位总体安排是先抢西侧的9层住宅楼的施工。施工至负一层底板时，西南侧位于地下车库处的支护体系一夜之间水平位移控制值与变形速率双超限，形成险情。参见图5。

2.2 原因分析

笔者现场踏勘发现，已经开挖的地库基底没有及时用C15混凝土垫层封底并进行底板施工，已经被水浸泡，其水源来自边坡旁的一条破裂的供水管和窨井。由于长期超载加上施工期间有施工荷载的存在，另外供水管及窨井的长期渗漏，使得支护体系所受外侧土压力严重超过设计土压力工况，造成最后的变形又导致供水管破裂，大量的水冲刷边坡外侧土体，并漫过支护体系顶部进入基坑，造成支护体系变形急速加剧。

2.3 处置方案

由于基坑内充满了水，所以其处置要分两个部分：
一是上部进行卸载，按照原设计要求进行卸土；改移管线；降低施工荷载，将该侧改为人行道，不允许重荷载额外施加；回填钢板桩外侧壁被冲刷部分；表层做好锚喷处理；设置警戒线，确保人身安全。

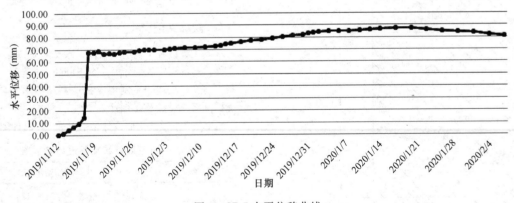

图5 SP-7水平位移曲线

二是在上部处理完毕后再进行基坑积水的排除，视基底土层的扰动情况再决定是对基槽进行晾晒，还是进行换填处理。总之，应采取措施尽快封底。

2.4 第二次变形超限

东侧钢板桩施工完毕后，在西侧基坑开挖完成以后才进行大面积开挖。基坑开挖时，总包单位仍不接受西南侧支护体系变形的教训，虽然按照设计要求在其上部进行了放坡处理，但由于某些原因，开挖土方运不出去，就回填在基坑西南一侧。结果基坑开挖期间，其他部位基坑开挖到底，支护体系的变形监测数据显示，水平位移仍在变形报警值范围之内，而西南侧支护体系的变形监测数据显示，开挖期间水平位移值及变化速率就不断变化，开挖到底时出现超限，人工巡视发现基坑一倍基坑开挖深度范围内出现60～70mm的裂缝。

2.5 原因分析

笔者现场踏勘发现，西南侧部位的地形地貌与其他部位存在差异。该部位为原西侧修建铁路时留下的取土坑，长期低洼积水，沉积环境发生变化，成了沼泽地局部为浅湖相沉积，有芦苇等水生植物生长，新近沉积的淤泥普遍存在。总包单位在该小区前几期施工时，为了交通便利，已将此地回填。设计人员现场踏勘时，没有发觉此处的异常，这样同一种支护体系，同一个支护剖面，其安全储备就显然降低了；加上又回填开挖的虚土，局部还有预制构件、模板等堆载，加速新近沉积土的固结，把水从土中挤出，导致地面渗水漫过支护体系的顶部进入基坑。由于支护体系的实际受力工况区别于设计工况，基坑支护体系就必然出现较大位移，水平位移加上土体固结，两者就出现裂缝。

2.6 处置方案

分析原因以后，其处置同样要两手抓：

一是上部进行卸载。将那些人为超载移除；对裂缝部位进行回填；能卸土则最好，起码要保证不再增加回填高度。

二是利用钢板桩支护与结构折线之间的土体作为一种土体"扶壁"，其与钢板桩联合起到一种扶壁挡墙的作用，来帮助抵抗钢板桩支护体系所受的外力，确保支护体系的稳定；对已经开挖的部位，采取在钢板桩支护体与结构折线之间的"空档"部位再分层回填土体，形成人工"扶壁"，确保支护体系的水平位移不再继续发展。

2.7 成效

由图6～图9可见，经过上述一系列操作后，支护体系变形得到控制，主体建筑得以顺利实施，取得了显著的效果。

图7 锚喷硬化，清理基槽

图8 砌砖墙，施作垫层

图6 基坑变形超限，削坡卸载

图9 绑扎底板筋

3 结语

综上所述，钢板桩作为一种支护加挡水构件，在市政工程中得到了广泛应用。对于狭长的线型工程和尺寸较小的基坑工程效果良好，经济效益明显；在建筑基坑使用钢板桩支护时，需要考虑尺寸效应分析，对深大基坑可采用有限元分析基坑支护的变形及其发展变化，必要时可采用单支撑浅埋式钢板桩的支护形式。

另外，地下水位过高和软土地层对基坑支护与设计影响较大，设计时应予以加强；基坑开挖施工过程中应加强技术管理与基坑支护体系变形监测，以及对周边环境的人工巡视，对不符合设计工况的情况应予以立即纠正，以确保基坑施工的安全。

施工组织设计中应根据现场实际情况编制切实可行的应急预案，一旦基坑变形超过预警值，立即启动二级应急预案；当变形持续发展，超过控制值时，立即启动一级应急预案。当然，情况复杂时，也可以立即联系方案评审专家和支护设计负责人到现场制定加固措施。

参考文献：

[1] 张凡孟. 钢板桩支护在市政工程深基坑施工中的应用[J]. 住宅与房地产，2019(06)：193.

[2] 张江涛等. 滨海软土地区综合管廊基坑开挖钢板桩支护性状分析[J]. 水利与建筑工程学报，2016，14（06）：120-125.

[3] 王潇宇等. 宽幅、大截面钢板桩在软土地区综合管廊基坑工程中的应用[J]. 城市道桥与防洪，2019(04)：182-185＋23.

[4] 刘远动. 基坑钢板桩支护技术在路桥工程施工中的应用[J]. 门窗，2019(21)：91＋93.

[5] 黄双宝. 基坑钢板桩支护技术在路桥工程施工中的应用[J]. 工程技术研究，2019，4(17)：68-69.

[6] 丁永灿. 桥梁基础施工基坑钢板桩支护技术的应用研究[J]. 低碳世界，2019，9(10)：237-238.

[7] 许钦达. 桥梁水中承台基坑钢板桩支护施工[J]. 黑龙江交通科技，2019，42(04)：110-111.

[8] 李凤民. 钢板桩支护在对外经济贸易大学热力改造工程中的应用[J]. 建筑结构，2019，49(S2)：958-961.

[9] 朱华. 城市泵站深基坑钢板桩支护开挖研究[J]. 黑龙江水利科技，2019，47(10)：181-185.

[10] 李海龙. 钢板桩在砂土地层深基坑开挖支护中的应用与分析[J]. 工程建设与设计，2019(18)：52-53.

[11] 张广利等. 拉森钢板桩在基坑支护工程中的应用[J]. 四川水泥，2019(08)：121.

[12] 黄胜文等. 不同形状基坑钢板桩支护的尺寸效应分析[J]. 佛山科技技术学院学报（自然科学版），2019，37(02)：21-28.

[13] 邵文捷等. 壳单元在钢板桩支护基坑有限元分析中的应用[J]. 水电能源科学，2019，37(06)：103-105＋35.

[14] 赖引明等. 单支撑浅埋式钢板桩支护结构整体建模分析[J]. 公路交通科技（应用技术版），2019，15（02）：123-125.

[15] 乔晨. 某工程深基坑支护失稳处理[J]. 武汉大学学报，2018，51(S1)：201-204.

[16] 许小兰. 钢板桩支护施工技术在建筑基坑工程中的应用研究[J]. 四川水泥，2019(10)：143＋163.

某软土基坑复合土钉支护失稳分析与加固处理

朱 磊[1,2]，付 军[1,3]

（1. 山东省建筑科学研究院有限公司，山东 济南 250031；2. 山东建科特种建筑工程技术中心有限公司，山东 济南 250031；3. 山东省组合桩基础工程技术研究中心，山东 济南 250031）

摘 要： 针对某软土基坑失稳破坏事故，在详细分析基坑失稳破坏原因的基础上，采取在基坑顶部打入 3 排竖向土钉和高压旋喷桩的措施，起到了止水帷幕、抗滑移和抗隆起的作用；在基坑底部设置 1 排钻孔灌注桩和 6 排水泥搅拌桩进行坑底加固。同时指出，在软土地区采用复合土钉支护要增大土钉长度和密度；超前支护采取松木桩时要保证足够的入土深度；基坑开挖深度超过 6m 时，应特别注意基坑中心岛土体卸载的不利影响。

关键词： 软土；基坑开挖；复合土钉支护；基坑稳定性

0 引言

复合土钉支护是近年来在传统土钉支护基础上发展起来的一种新型支护技术，其特点是将土钉支护与预应力锚杆、水泥搅拌桩、水泥旋喷桩等加固和支护技术有机结合，并可根据具体的工程条件灵活采用不同的组合形式，从而进一步拓宽了土钉支护的应用领域。近些年来，在上海、杭州、宁波、温州、福州等地已有不少将复合土钉支护技术成功应用于当地软土基坑支护的工程实例[1-3]。而另一方面，由复合土钉支护设计和施工不当所致的工程事故亦不在少数。总结这些工程事故在设计和施工等方面的不足和教训对完善复合土钉支护设计理论进而推动其工程应用有着不言而喻的作用。

本文通过研究软黏土地质条件下某复合土钉支护部分基坑围护结构破坏的工程实例，分析了其失稳原因，提出了切实可行的加固方案，并对软土基坑土钉支护应注意的问题进行了探讨，以供工程技术人员参考。

1 工程实例

1.1 工程概况

拟建工程位于台州市黄岩区，由 6 幢高层建筑和地下室组成，基础形式采用钻孔灌注桩。该工程基坑开挖深度平均为 6.35m，采用放坡加水泥搅拌桩复合土钉围护。

1.2 地质水文条件

本工程基坑开挖及其影响深度范围内的土层自上而下分布有：①杂填土，松散，主要由凝灰岩块石和碎石、建筑和生活垃圾等人工近期堆填而成，层厚 0.50～1.50m。②黏土，棕灰色，可塑—硬塑状态，局部软塑状态，饱和，具中偏高压缩性，无摇振反应，光滑，具高等干强度，高韧性，土质均匀，含铁锰质结核，层厚 1.00～1.30m。③1淤泥，灰色，流塑状态，饱和，具高压缩性，无摇振反应，光滑，具高等干强度，高韧性，土质均匀，含有机质及少量贝壳碎屑，层厚 11.60～14.40m。③2黏土，灰色，软塑状态，饱和，具高压缩性，无摇振反应，

光滑，具高等干强度，土层均匀，层厚 12.60～17.00m。各土层的主要物理力学指标如表 1 所示。

主要土层物理力学指标　　　　　表 1

土层编号	土层厚度 (m)	含水量 w (%)	重度 γ (kN/m³)	黏聚力 c (kPa)	内摩擦角 φ (°)
①杂填土	0.50～1.50	—	—	—	—
②黏土	1.00～1.30	34.7	18.0	11.2	8.2
③1淤泥	11.60～14.40	66.2	15.5	5.8	3.8
③2黏土	12.60～17.20	47.8	16.7	9.9	5.1

场地基坑开挖范围内地下水类型主要为浅部孔隙潜水，受控于大气降水和地表水补给，地下水位随季节变化。根据本工程岩土工程勘察报告，场地内地下水对混凝土结构无腐蚀性。

2 复合土钉支护方案设计

常用的复合土钉支护可划分为以下四类[4,5]：（1）土钉＋止水帷幕；（2）土钉＋预应力锚杆；（3）土钉＋止水帷幕＋预应力锚杆；（4）土钉＋止水帷幕＋预应力锚杆＋微型桩。其中，止水帷幕可以采用水泥土搅拌桩、高压旋喷桩或注浆等方法形成，由于水泥土搅拌桩具有比较好的止水效果且十分经济，所以应用较其他方法更为广泛。

根据该工程现场工程地质及周边环境条件，并结合该地区既往工程经验，基坑采用水泥搅拌桩＋土钉支护方案。基坑工程采用水泥土搅拌除可以起到止水作用外，还可克服软土自立稳定性差而不利于土钉施工的特性，另外还可以改善地下水渗流以及喷射混凝土面层与土体的粘结较差等问题。同时在保证水泥土搅拌桩的插入深度条件下，还可以增大基坑底部抗隆起、抗管涌以及防止坑后土体深部滑移的能力。

该基坑土钉支护设计布置如图 1 所示。其中土钉采用 $\phi48mm\times2.5mm$ 钢管，水平间距 1.2m。基坑边壁工设置水泥搅拌桩 4 排，桩径 600mm，平均桩长 9350mm，桩距 450mm，水泥掺入量 15%。基坑上部按 1:1 放坡 1.3m 至标高 -3.60m，放坡平台宽 3.0m，坡面采用 80mm 厚 C20 喷射混凝土护面。基坑下部按 1:0.8 比例放坡，并在竖向按一定间距设置 5 排土钉。坡面采用 100mm 厚

C20 喷射混凝土护面,内配 $\phi6.5@200×200$ 双向钢筋网片。同时,为增加基坑底部的安全,在基坑底部设置两排通长、三排支墩式共 5 排水泥搅拌桩柱墩,水泥搅拌桩桩径 600mm,平均桩长 4500mm,桩距 600mm,水泥掺入量 15%。

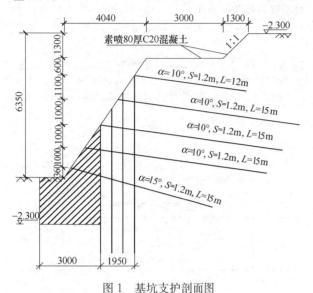

图 1　基坑支护剖面图

3　基坑失稳概况与原因探析

3.1　基坑施工过程及复合土钉支护失稳概况

该基坑坍塌位于基坑东侧。该侧基坑于最后一道土钉施工完毕后隔日进行基坑的中心岛开挖。在开挖过程中,为避免"坑中坑"开挖对基坑稳定性造成不利影响,于基坑开挖底边线水泥搅拌桩桩底加固处打入一排长度 6m、间距 0.5m 的松木桩。中心岛开挖约一周后,监测数据显示 5 号深层位移监测孔(距该侧基坑约 5m)9m 处测的位移最大值为 2.6mm,累计为 6.3mm,并有继续发展的趋势。距此 3 日后的监测过程中发现 5 号测斜管在 8.5m(标高-10.8m)处探头无法置入,初步判断测斜管在该深度已被剪断。约 2h 后,在未测完全部观测点时 5 号测斜孔处的基坑顶部突然发生明显沉降。随后短时间内基坑底部土体隆起,高度约 2.0m;同时坑外路面发生大面积沉降,深度约 1.5m。基坑内该侧的大部分土钉被拔出,基坑整体失稳,原围护结构破坏。

3.2　支护结构失稳分析

根据现场的工程地质条件以及支护结构的具体施工情况,结合该基坑工程设计和现场监测资料以及失稳特征分析,造成围护结构破坏的主要原因如下。

(1)基底土体进一步卸载,是造成基坑失稳的重要原因。失稳发生于基坑东侧,原施工方案的开挖深度至承台垫层底(垫层厚 350mm)上返 500mm。同时,该侧在施工完毕最后一道土钉(位于基坑开挖深度 6000mm 处)后隔日即进行中心岛开挖,这相当于在数天内要对基坑底部土体连续卸载。虽然为尽量避免中心岛开挖对基坑稳

定性造成不利影响,根据以往施工经验在基坑底部打入一排松木桩,但毕竟松木桩自身的刚度和强度甚为有限,当其不能抵抗背后传来的土压力时,基坑失稳已在所难免。而从现场部分未失稳基坑看,其复合土钉布置方案与东侧失稳处的布置方案完全相同,而基坑开挖深度则达到了 6850mm,但该部分基坑在开挖时一步到位至承台底层标高。土钉施工完毕后没有对基坑内土体再次开挖,从而避免了基坑土体再次卸载而可能导致的基坑失稳。

(2)水泥搅拌桩入土深度不够。如前所述,水泥搅拌桩的作用除改善软土自立性较差的特性外,最主要的作用是保证基坑不会发生整体滑移失稳和基底隆起破坏,因此要求搅拌桩具有足够的入土深度。然而在目前的复合土钉设计中,搅拌桩的入土深度具有很大的不确定性,通常是凭经验设置。针对该例基坑失稳事故,由于基坑进一步卸载而导致作用在水泥搅拌桩桩身的被动土压力急剧减少,最终导致桩体被剪断,为基坑失稳埋下了隐患。

(3)按设计要求,土钉采用击入式钢管,而未采用钻孔注浆钉,这主要考虑到在软土地层中成孔比较困难且不利于维持其稳定。采用击入式钢管时,钢管的空腔作为注浆通道,但必须防止地层内的水土堵塞注浆孔,使得其注浆效果不确定,质量较难控制。而注浆效果的好坏将直接影响到土层与浆体、浆体与土钉钉体之间的界面黏结力。从现场破坏的土钉支护结构看,部分土钉周围所形成的注浆体范围甚为有限且分布不均匀,这说明土钉的抗拔力与设计值存在较大出入。

(4)根据现场开挖的实际情况,基坑外部水与勘察报告揭示有较大出入,导致基坑渗流比设计时预想的严重。而土钉和复合土钉支护对地下水甚为敏感,支护在地下水的作用下,其面层压力与土钉内力均会显著增加,而软黏土的抗剪性能及其与土钉之间的界面黏结能力与含水量有直接关系,过大的渗流显然会对基坑安全造成不利影响。

3.3　防治措施

根据现场开挖的实际情况认为,基坑失稳类型为典型的整体滑移失稳。而原基坑外部水位比勘察报告所提供的数据有较大出入,因此加固处理方案中在保证经卸土处理后的新基坑整体稳定性、抗隆起和抗滑移外,应着重考虑止水问题,采用如下加固处理方案。

(1)在基坑顶部打入三排长度为 9m,间距为 500mm 的竖向土钉和三排桩长 17.0m,桩径 800mm,桩距 600mm,水泥掺入量为 15% 的高压旋喷桩,并用 200mm 厚 C20 钢筋混凝土压顶。设置竖向土钉主要是考虑避免高压旋喷桩和钻孔灌注桩的施工对已失稳的土体产生过大扰动,而进一步危及基坑安全。同时高压旋喷桩施工时,喷射出的水泥浆液容易造成地面隆起,从而对临近建筑物构成不利影响,通过设置竖向土钉,可最大限度地抑制高压浆液的不利作用。设置高压旋喷桩主要作用是在基坑外侧形成一道可靠的止水帷幕。采用止水效果更好的高压旋喷桩,一方面避免了临近居民楼因地下水位降低而可能出现的房屋沉降问题,另一方面通过喷射水泥浆加固坑壁土体,形成一道水泥土挡墙,起到一定的抗滑

移和抗隆起作用。

（2）在卸土后的基坑底部打入一排桩长 16.0m，桩径 800mm，桩距 950mm，桩身混凝土强度为 C25 的钻孔灌注桩，保证灌注桩具有足够的入土深度，然后紧贴钻孔灌注桩，在基坑底部设置 6 排桩长 4.5m，桩径 600mm，桩距 450mm 的水泥搅拌桩进行坑底加固。利用刚度较大的钻孔灌注桩抵抗土体的主动土压力，压顶梁将灌注桩连接在一起，增强了支护结构整体刚度；采用水泥搅拌桩进行坑底的布置方案也防止了基坑隆起和深部土体滑移，并有效利用坡脚土体的反压而限制钻孔灌注桩的侧移，大大提高了基坑的整体稳定性。

4 结论

复合土钉支护是在土钉支护基础上发展起来的一种新的挡土技术，但目前该工法的工作机理和设计理论研究仍滞后于工程实践，我国现行的基坑支护工程技术规范或规程均未提出明确的复合土钉支护设计方法，设计时更多的是依靠工程经验和借鉴既往工程实例，从而使复合土钉设计存在着很大的盲目性和随意性[6-8]。结合该工程事故，得到如下结论。

（1）软土的破裂面形式为近似两段式滑动面，即底部近水平滑动面与上部圆弧滑动面，属于塑流－拉裂破坏机制。而现行的设计方法一般均假定破裂面为通过坡脚的圆弧面，如按此设计，往往会造成上部土钉长度偏小，在实施土钉支护时，应特别注意控制上部土钉的长度，防止土钉长度偏小对基坑造成不利影响。复合土钉支护对地下水敏感，一般要增大土钉长度和密度，而这在周围环境较复杂的情况下不易实施，应尽量采用钻孔注浆钉。

（2）松木桩单桩强度和刚度有限，在深厚的软土地层中采取超前支护措施应特别注意松木桩的适用性，并应具备足够的入土深度。目前设计规范中尚未明确入土深度的确定方法，设计时通常凭经验，带有一定的随意性和盲目性。在软土地区开挖基坑时对于地下水的处理通常采用止水帷幕的方式，并且应尽可能地降低基坑内外的水头差。

（3）基坑开挖深度不是很深（一般认为小于 6m）时，采用复合土钉支护结构是可行的，但应保证水泥搅拌桩等超前支护桩桩体具有足够的入土深度和厚度。当开挖深度超过 6m 时，应特别注意基坑中心岛造成坑内土体卸载的不利影响。在进行支护设计时应着重考虑控制坑底土体的位移和土体承载力损失，以尽可能地提高基坑的整体稳定性。

参考文献：
[1] 吴铭炳. 软土基坑土钉支护的理论与实践[J]. 工程勘察，2000(3)：40-43.
[2] 屠毓敏，张雪松，莫鼎革等. 土钉墙在超软地基基坑支护中的应用[J]. 岩土力学，2004，25(3)：481-485.
[3] 龚晓南. 土钉和复合土钉支护若干问题[J]. 土木工程学报，2003，36(10)：80-83.
[4] 杨志银，张俊，王凯旭. 复合土钉墙技术的研究及应用[J]. 岩土工程学报，2005，27(2)：153-156.
[5] 程良奎，李象范. 岩土锚固·土钉·喷射混凝土[M]. 北京：中国建筑工业出版社，2008.
[6] 孙铁成. 深基坑复合土钉支护稳定性分析方法及其应用[J]. 工程力学，2005，22(3)：126-133.
[7] 阳吉宝，谢石连，崔永高等. 软土地区用复合土钉墙进行基坑围护实例分析[J]. 地下空间与工程学报，2005，1(7)：1132-1135.
[8] 徐水根，吴国爱. 软弱土层复合土钉支护应用中的几个问题[J]. 建筑施工，2001，23(6)：423-425.

临近河流地铁车站深基坑降水施工技术总结

李金泽

（中铁十四局集团第四工程有限公司，山东 济南 250000）

摘 要：介绍了利用井管降水实现临河地段地铁车站深基坑土体降水的分析与实施，根据宁波市轨道交通 5 号线雅渡站基坑降水施工的实例，详细介绍了基坑抗突涌、基底稳定验算以及降水井设计的相关内容，同时对降水施工要点做了详细地说明，以期为相似临水临河段深基坑降水施工提供理论依据。

关键词：临河；深基坑降水；抗突涌

0 工程概况

宁波市轨道交通 5 号线一期土建工程雅渡站起止里程 SDK7+100.056～SDK7+308.056，为地下两层岛式站台车站，车站全长约 208m。标准段基坑宽度为 19.7m，基坑深度为 16.342m，西端盾构井基坑深 18.194m，东端盾构井基坑深 17.778m。车站北侧有现状河流一条，名为横五河，与主体车站最近距离为 26.2m，距附属基坑最近距离为 2m。

由于主体车站靠近横五河，基坑开挖时易发生突涌，对基坑降水要求较高，降水施工难度较大复杂性较高。根据地下水含水空间介质和水理、水动力特征及其赋存条件，雅渡站沿线地下水主要为第四系孔隙潜水类型、孔隙承压水、基岩裂隙水类型。孔隙承压水主要赋存于中部⑤、⑥层承压含水层和深部⑦、⑧、⑨层承压含水层中。由于基坑围护已隔断⑤$_{1T}$层，层厚较薄并局部分布接近基坑底，基坑收底时易形成较严重的滞水现象，采用泄压井在坑内泄压；由于基坑围护未深入⑥$_{4a}$层中，基本属于敞开式降水，对于⑥$_{4a}$层，采用深井进行"按需减压"降水，保证基坑安全及施工顺利进行。同时在基坑外布置水位观测兼备用井，用以检验坑内降水效果及应急备用。

图 1 车站与横五河位置关系

1 抗突涌和基坑稳定性验算

1.1 抗突涌稳定性验算

采用安全系数法进行基坑稳定性分析[1]。

基坑底板的稳定条件：基坑底板至承压含水层顶板间的土压力应大于承压水的顶托力，即：

$$P_{cz}/P_{wy} = (H \cdot \gamma_s)/(\gamma_w \cdot h) \geqslant F_s$$

式中 P_{cz}——基坑底至承压含水层顶板间土压力（Pa）；

P_{wy}——承压水头高度至承压含水层顶板间的水压力（Pa）；

H——基坑底至承压含水层顶板间距离（m）；

γ_s——基坑底至承压含水层顶板间土的加权平均重度（kN/m³）；

h——承压水头高度至承压含水层顶板的距离（m）；

γ_w——水的重度（kN/m³），取 10kN/m³；

F_s——安全系数，取 1.10。

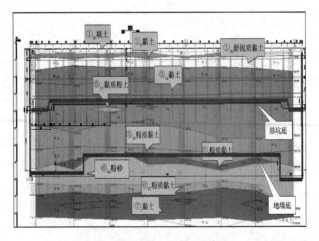

图 2 雅渡站工程地质剖面图

计算中使用地勘报告中给出的地基土物理力学性质指标建议表中的数据。

对本工程有影响的孔隙承压含水层为⑤$_{1T}$层黏质粉土、⑥$_{4a}$层粉砂。

（1）⑤$_{1T}$层顶距坑底最小处为 0.7m，该承压水层最大厚度约 1.5m，且被地下连续墙隔断，基坑收底时易形成较严重的滞水现象，采用泄压井在坑内泄压。

（2）⑥$_{4a}$层在车站整体分布，取最不利位置进行验算（靠近S5XZ2地质钻孔），小里程端头井基坑底至承压含水层顶板间土的层厚为16m，⑤$_{1a}$层4.983m（重度1.96）、⑤$_{1b}$层5.989m（重度1.92）、⑤$_{4a}$层5.019m（重度1.91），经计算土层加权平均重度为19.3，场地内⑥$_{4a}$层最浅水位在+1.7m左右，为确保基坑安全，计算时采用+1.7m进行计算，地面标高3.3m，承压含水层顶面标高−31.15m，则：

小里程端头井开挖深度约18.2m，

$P_{cz} = H \cdot \gamma_s = 16 \times 19.3 \approx 308.8 \text{kPa}$；

$P_{wy} = \gamma_w \cdot h = (1.7 + 31.15) \times 10.0 \approx 328.5 \text{kPa}$；

$F_s = P_{cz}/P_{wy} = 308.8/328.5 \approx 0.94 < 1.10$（有突涌可能性）；

综上计算结果，在基坑开挖过程有突涌可能性，为确保基坑施工安全，需进行降水。

（3）⑥$_{4a}$层在标准段基坑底至承压含水层顶板间土的总层厚为13.9m（参照S5XZ6地质钻孔），⑤$_{1a}$层5.316m（重度1.96）、⑤$_{1b}$层7.201m（重度1.92）、⑤$_{4a}$层1.4m（重度1.91），经计算土层加权平均重度为19.3，场地内⑥$_{4a}$层最浅水位在+1.7m左右，为确保基坑安全，计算时采用+1.7m进行计算，地面标高3.3m，承压含水层顶面标高−27.29m，则：

小里程标准段开挖深度约16.3m，

$P_{cz} = H \cdot \gamma_s = 13.9 \times 19.3 \approx 268.27 \text{kPa}$；

$P_{wy} = \gamma_w \cdot h = (1.7 + 27.29) \times 10.0 \approx 289.9 \text{kPa}$；

$F_s = P_{cz}/P_{wy} = 268.27/289.9 \approx 0.93 < 1.10$（有突涌可能性）；

综上计算结果，在基坑开挖过程有突涌可能性，为确保基坑施工安全，需进行降水。

（4）⑥$_{4a}$层在大里程端头井基坑底至承压含水层顶板间土的总层厚为16.3m（靠近S5XZ17地质钻孔），⑤$_{1a}$层7.883m（重度1.96）、⑤$_{1b}$层4.596m（重度1.92）、⑤$_{4a}$层3.78m（重度1.91），经计算土层加权平均重度为19.3，场地内⑥$_{4a}$层最浅水位在+1.7m左右，为确保基坑安全，计算时采用+1.7m进行计算，地面标高3.3m，承压含水层顶面标高−31.1m，则：

大里程标准段开挖深度约17.7m，

$P_{cz} = H \cdot \gamma_s = 16.3 \times 19.3 \approx 314.59 \text{kPa}$；

$P_{wy} = \gamma_w \cdot h = (1.7 + 31.1) \times 10.0 \approx 328 \text{kPa}$；

$F_s = P_{cz}/P_{wy} = 314.59/328 \approx 0.96 < 1.10$（有突涌可能性）；

综上计算结果，在基坑开挖过程有突涌可能性，为确保基坑施工安全，需进行降水。

1.2 基坑安全稳定性计算

（1）安全降深计算[2]

取安全系数1.10进行稳定性计算。

主体基坑开挖深度17.7m时，

$F_s = P_{cz}/P_{wy} = 1.10$，

$h_1 = H \cdot \gamma_s/\gamma_w/1.1 = (16.3 \times 19.3)/10/1.1 = 28.6 \text{m}$

$S_w = h - h_1 = 32.8 - 28.6 = 4.2 \text{m}$，

$h_2 = H_0 - S_w = 1.7 - 1.8 = -2.5 \text{m}$。

即基坑开挖到最大设计深度17.7m时，承压水含水层水头最小降深为4.2m（以承压水水头1.7m计算），承压水水位降至−2.5m。

式中 S_w——承压水含水层水头最小降深（m）；

h_1——降水后承压水头高度至承压含水层顶板的距离（m）；

h_2——降水后承压水水位（m）；

H_0——承压水最浅水位（m）。

（2）安全开挖临界深度

取安全系数1.10，

$F_s = P_{cz}/P_{wy} = 1.10$，

$P_{cz} = 360.8 \text{kPa}$；

$(17.7 - h_3) \times 19.3 + 314.59 = 360.8$

$h_3 = 15.3 \text{m}$

h_3——开挖临界深度（m）。

即当基坑开挖到15.3m前20天开始启动降压井，做到按需降水。为确保基坑工程安全，并尽可能减少降水时间，减小对周边环境的影响，工程实际施工时宜根据施工时实际水位进行计算，确定何时启动降压井[3]。计算结果见表1。

基坑降水计算结果表　　　　　表1

承压含水层	工程部位	地面标高(m)	坑底标高(m)	承压含水层顶板标高(m)	承压水水顶托力(kPa)	覆土压力($h\gamma_s$)(kPa)	降深(m)	临界开挖标高(m)
⑥$_{4a}$粉砂	小里程端头		−15.20	−31.15	328.5	308.8	4.75	−12.5
	标准段	3.0	−13.3	−27.29	289.9	268.27	4.6	−10.6
	大里程端头		−14.7	−31.1	328	314.6	4.2	−13.3

2　降水设计

2.1　泄压性降水设计

为确保基坑顺利开挖，需泄压⑤$_{1T}$层中的地下水。泄压井的布置，原则上按单井有效降水面积的经验值结合拟建工程场区土层特征、基坑平面形状、尺寸确定，满足基坑开挖及施工要求，确保基坑施工安全、顺利进行。因⑤$_{1T}$层承压水呈局部分布，设置一口泄压井，根据工程实际情况，基坑围护结构隔断基坑内外潜水的水力联系，基坑开挖深度范围内总涌水量可按下式计算：

计算式：$W = \mu \times V = \mu \times A \times M$

式中　W——应抽出的水体积（m³）；

　　　V——含水层体积（m³），$V=$ 含水层面积 A ×泄压含水层厚度 M；

　　　A——含水层面积（m²）；

　　　M——泄压含水层厚度（m）；

　　　μ——含水层给水度（给水度经验值为 0.05～0.10）。

根据此计算式对基坑进行总泄压水量计算如下：

⑤$_{1T}$ 层含水层长度为 27m，宽度为 19.7m，含水层最大厚度 1.5m，泄压范围内均为给水度取 0.05。

由此计算基坑需泄压的总水量为：

$$W_{A1} = 0.05 \times 27 \times 19.7 \times 1.5 \approx 40 \text{m}^3$$

根据长期的降水经验，结合本次降水井结构、地层情况，对于本工程基坑初始降水时最大单井涌水量约为 20.0～50m³/d，抽水量随抽水天数增加逐渐减小，平均日单井涌水量约 10.0m³/d。

则基坑单日总出水量分别为：

抽水天数 $T=$ 基坑总储水量 $W \div$ 单日出水量 Q，则基坑抽水天数计算如下：

$$T_A = W_A / Q_A = 40/10 \approx 4 \text{d}$$

依据上面的井数计算，在本工程基坑内共布置泄压井 1 口。

2.2　降压性降水设计

⑥$_{4a}$ 层降压设计，采用井点降低承压水水头能满足基坑开挖要求，保证基坑稳定安全。承压含水层平均厚度 6m 左右。取渗透系数 $k=33$，按围护未隔断⑥$_{4a}$ 层承压含水层基坑内外水力联系进行初步计算，基坑总涌水量按下式计算：

$$Q = 2.73k \frac{MS_w}{\lg \dfrac{R_0 + r_0}{r_0}}$$

式中　Q——基坑总涌水量；

　　　k——含水层渗透系数；

　　　S_w——基坑水位最小安全降深（m）；

　　　M——承压含水层厚度（m）；

　　　R_0——抽水影响半径（m）；

　　　r_0——基坑等效半径（m）。

本工程降压具体计算如下：

考虑到基坑开挖安全，按最大水位降深 $S_w = 4.75$m，主体结构基坑等效半径 $r_0 = 1.10 \times (19.7 + 208)/4 \approx 60$m，抽水影响半径 $R_0 = 200$m，均质含水层承压水完整井基坑涌水量公式计算：

$$Q = 2.73 \times 33 \times 6 \times 4.75/\lg((200 + 60)/60)$$
$$\approx 4031 \text{m}^3/\text{d}$$

单井涌水量计算

管井的单井出水能力可按下式进行计算：

$$q^0 = 120\pi r_s lk^{(1/3)} \quad \text{（《建筑基坑支护技术规程》}$$
7.3.11）

　　　q^0——单井出水能力（m³/d）；

　　　r_s——过滤器半径（m）；

　　　l——过滤器进水部分长度（m）；

　　　k——含水层渗透系数（m/d）。

可求得：$q^0 = 120 \times 3.14 \times 0.1365 \times 5 \times 33^{(1/3)} \approx 800$m³/d

降水井数量 $n = 1.1Q/q^0 \approx 5$ 口

所以现场布置 1 口泄压井，5 口降压井，4 口观测兼备用井。

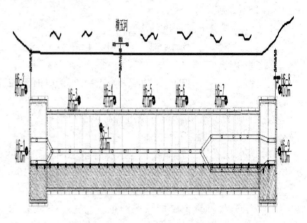

图 3　降水井平面布置图

3　预估沉降计算

根据勘察报告提供的土层特质（含水层埋深、厚度）建立模型，利用模型进行预测，为消除边界对模拟结果的影响，将计算区域边界外扩一定范围。按照计算的平面范围、地层概化以及初始条件、边界条件，同时考虑抽水井、观测井、帷幕在离散模型中的空间位置，对计算区域进行离散，建立三维计算数值模型。

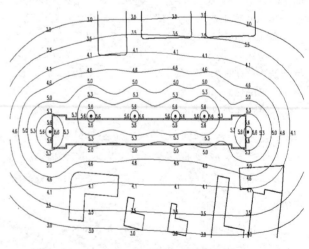

图 4　⑥$_{4a}$层基坑降水等值线图

运用沉降计算理论与太沙基固结理论进行分析，得到降水引起地面沉降的变化规律。⑥$_{4a}$层敞开式减压降水后，预估产生的地面沉降如图 5 所示。

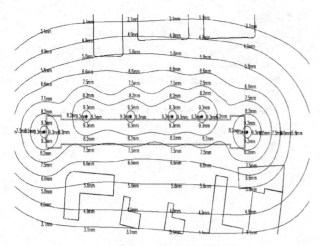

图5　预估周边地面沉降等值线图

4　施工要点

（1）测放井位

根据井点平面布置，使用GPS放井位。当布设的井点受地面障碍物影响或施工条件影响时，现场可作适当调整[4]。

（2）埋设护口管

采用护筒保护孔口坍塌，护筒应插入原状土层中，管外应用黏性土封堵，防止管外返浆造成孔口坍塌，护筒应高出地面10～30cm。

（3）安装钻机

成孔施工选用的设备为GPS-10型工程钻机及配套设备。机台安装水平稳固，大钩对准孔中心，转盘、大钩及孔中心三点一线。

（4）钻进成孔

吊紧大钩钢丝绳，轻压慢转，确保钻机水平，保证钻孔垂直度。成孔施工用孔内自然造浆，严格泥浆密度。钻具提升或停工时，孔内须注满泥浆，防止孔壁坍塌。达到设计深度，宜多钻0.3～0.5m，并做好钻探记录。基坑外深井施工中，如果实际进入承压含水层顶板深度与设计进入深度不一致，需及时通知有关人员，调整成孔深度，保证滤水管安放位置始终在承压含水层中。

（5）清孔换浆

钻至设计标高后，将钻具提升至距孔底20～50cm处，开动泥浆泵清孔，以清除孔内沉渣，孔内沉淤应小于20cm，同时调整泥浆密度至1.05左右。

（6）下井管

井壁管用焊接钢管，井管焊接垂直、牢固、不透水。滤水管用桥式滤水管，外包两层30～40目尼龙网。进场后，检查过滤器滤孔是否合设计。沉淀管焊接在滤水管底，直径与滤水管相同，长1.00m，沉淀管底口用铁板封死。孔深符合设计后，开始下井管，在滤水管上下两端各设一套直径小于开孔孔径5cm的扶正器。下到设计深后，井口位置居中后固定，井口高于地面0.50m。下井管应连续，不得中途停止，因机械故障等原因造成孔内坍塌或沉淀过厚，则要把井管重新拔出，扫孔、清孔后重新下入，

严禁将井管强行插入坍塌孔底。

（7）二次清孔及动水填料

在井管内下入钻杆至孔底0.30～0.50m，井口加闷头密封，从钻杆内泵送泥浆到井管，边冲孔边逐步稀释泥浆，使孔内的泥浆通过滤水管沿井管与孔壁的环状间隙返浆，并逐步调浆使孔内泥浆密度稀释到1.06～1.08。填入砾料，随填随测填砾料高。填滤料前应用测绳测量井管内外深，两者差值不超沉淀管长度。滤料颗粒直径用实际含水层地层颗粒D50～D60mm。确保动水填料且填砾料工序连续，不得中途终止，直至砾料下入预定位置。最终投入滤料量占总量的95%。

（8）黏土封孔

滤料填至地面下3.5m后改用黏土球及优质黏性土回填封孔，黏土球围填长度不少于2m，黏土球围填面上以优质黏性土围填至地表并夯实，封闭好井口管外。基坑外深井，滤料填至承压含水层顶板上3～5m后改为黏土球及优质黏性土回填封孔，黏土球围填长度也不宜少于2m。为防止围填出现"架桥"[5]，围填前需将黏土捣碎。围填时以"少放慢下"为原则，严控下入数量及速度。

（9）洗井

采用真空＋活塞法进行洗井，在提出钻杆前利用井管内的钻杆接上空压机先进行空压机抽水，待井能出水后提出钻杆再用活塞洗井。活塞直径与井管内径之差约为5mm左右，活塞杆底部必须加活门。洗井时，活塞必须从滤水管下部向上拉，将水拉出孔口，对出水量很少的井可将活塞在过滤器部位上下窜动，冲击孔壁泥皮，此时应向井内边注水边拉活塞。当活塞拉出的水基本不含泥砂后，可换用空压机抽水洗井，直到水清不含砂为止。

（10）安泵试抽

洗井后，潜水泵及时下入井管内，铺设电缆、排水管道，如果是真空管井还要连接、安装真空管，排水和抽水系统安装完后可进行试抽水。深井内可直接下入深井潜水泵试抽水；真空管井真空泵与潜水泵交替，真空抽水时管路系统内真空度需在60kPa及其以上。管道系统与电缆在设置时要避免抽水中被吊车、挖土机等碰撞、碾压。

（11）降水运行

基坑内真空管井抽水运行要做好观测，以此来合理控制拍、集水间隔。真空管井需提前投入运行来保证开挖时地下水降到开挖面以下。基坑外深井降水时，如果承压水头降至设计要求，可适当调控井点开启数来控制承压水头下降幅度，减少因降水造成的地面沉降。观测好对各停抽井点水位变化。

（12）排水

洗井及降水时，将水排到场地四周明沟内，通过排水沟排入场外预设排水沟渠中。

在基坑开挖前20天，该地铁站真空管井开始运行。基坑开挖4m后深井开始运行，负一层侧墙施工完毕开始降水。整个过程极大地提高了施工效率，结构及土方施工顺利，没有发生任何管涌、突涌、基坑倾斜等事故。

5 结束语

临近河流地段地铁车站如果在承压水埋深较浅的地段施工，降水施工的合理与否极为重要。此站正是通过抗突涌和基坑底稳定性计算和预估沉降计算，才保证了施工中无降水原因造成的事故。通过本工程的降水施工实例为后续临河临水地下工程降水施工提供有力的技术支持。

参考文献：

[1] 陈仲颐等. 土力学[M]. 北京：清华大学出版社，1994.

[2] 杨永全. 现代工程水力学[J]. 西南民族学院学报（自然科学版），2001，（03）：253-257.

[3] 潘海泽. 隧道工程地下水水害防治与评价体系研究[D]. 成都：西南交通大学，2009.

[4] 毕新玲. 基坑降水与沉降治理工程实录[J]. 西部探矿工程，2005(01)：5-7.

[5] 张科. 地铁深基坑降水施工技术分析[J]. 建材与装饰，2018(13)：248-249.

宁波轨道交通工程某基坑围护桩间漏水的分析及处理措施

李军辉[1]，方　明[2]

(1. 中铁十四局集团第四工程有限公司，陕西　宝鸡 721000；2. 中铁十四局集团第四工程有限公司，湖北　仙桃 43300)

摘　要： 地铁车站深基坑围护结构漏水问题是建筑行业也是地基处理中常见的工程安全问题之一。本文结合工程实例，对深基坑围护桩间漏水问题及其出现原因进行了分析，并提出了相应处理措施。

关键词： 深基坑；围护桩间；漏水

0　引言

随着我国社会经济的发展，各个城市地铁交通越来越多，由此深基坑的工程也越来越大，但很多工程临近建筑物过多，地基土质又多以粉土层或粉质黏土层为主，再加上过高的地下水位使得地下水压过大，因此在施工时很容易出现质量问题。尤其是很多深基坑围护结构多采用钻孔灌注桩，一旦出现工程质量问题，会使止水帷幕出现渗漏水的情况。这样很容易出现安全隐患问题，加大了施工难度，必须引起足够重视。本文以地铁深基坑项目为例，分析深基坑围护桩间漏水应该如何进行处理。

1　工程概况与方案

1.1　工程概况

宁波轨道交通工程，某车站附属出入口及风亭位于主体车站基坑西侧，周边建筑物较多，车流量较为集中，交通荷载对基坑将产生一定影响，环境复杂，安全风险较高。根据地质勘察报告：出入口及风亭基坑开挖范围地层自上而下依次为：①1b素填土、①2 黏土、①3d粉质黏土、②2T黏质粉土、②2d 粉质黏土、②2c淤泥质粉质黏土、③2 粉质黏土。D 号出入口及 C 号风亭基底位于②2d粉质黏土，围护桩址位于④1b淤泥质粉质黏土层。地下水孔隙潜水：该类型水主要赋存于场区表部的填土和浅部黏性土、淤泥质土层中，主要补给来源为大气降水、地表径流，水位气候环境等影响。潜水位变幅一般在 1.0~2.0m，勘察期间潜水位埋深 1.1~3.1m，高程为 0.10~1.84m。

1.2　支护设计方案

出入口及风亭基坑深度为 10.012m，落底层 12.97m；基坑最大宽度 20.55m，最大长度 64.55m。围护结构采用 $\phi850@600$ 型钢水泥土搅拌桩，桩长为 17~26m，出入口段采用钻孔灌注桩桩径为 $\phi800@1000$，桩长为 17~28m，在钻孔灌注桩范围外侧应用高压旋喷桩在支护桩外侧做止水帷幕。基坑支撑形式为设置 3 道支撑，其中第一道为钢筋混凝土支撑，其余均为 $\phi609$（$t=16\mathrm{mm}$）钢支撑。

支护设计相关参数如下：

（1）混凝土灌注桩，桩径 80cm，桩间距 100cm，灌注桩桩体顶部设置冠梁，桩、梁使用 C30 混凝土，基坑

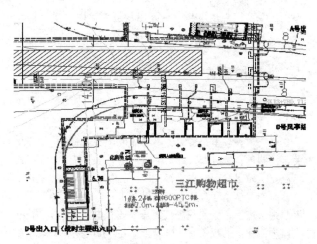

图 1　附属结构出入口及风亭平面图

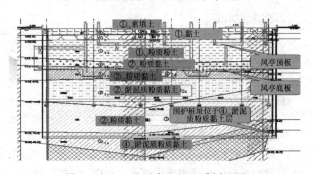

图 2　出入口及风亭工程地质剖面图

内侧围护桩用悬挂钢筋网片的方法进行喷浆处理。

（2）止水帷幕采用单排高压旋喷桩，桩径 80cm，间距 85cm，水泥渗入比例 20%。

2　基坑止水失效情况分析

2.1　止水失效情况

当挖掘基坑第二层土方时突发桩间渗漏水问题。但随后施工中挖掘围护结构出现渗漏水问题，随着挖掘深度增加，有部分搅拌桩垂直度与桩体间距出现较大偏差。基坑围护桩间漏水，止水帷幕失效，现场立即停止土方开挖，并对漏水位置进行了土方回填反压，随后对桩间渗漏水位置进行进一步的加固封堵处理。

2.2　原因分析

经分析，深基坑开挖后支护结构出现明显漏水现象，

止水失效的原因主要在于以下几点：

（1）本工程项目场地的水文工程地质条件不好，基坑围护结构设计存在薄弱环节。理想化的设计未能与实际相切合。灌注桩围护结构因施工偏差垂直度偏差较大，围护桩间缝间距过大，导致止水帷幕失效，出现渗漏水。

（2）施工时止水帷幕桩与支护桩施工没有严格按照交替作业，施工相隔较长，导致止水桩与支护桩间出现缝隙。

（3）在进行土体止水帷幕处理时，提升速度过快，搅拌不均匀，桩体搭接不严密。基坑外水量丰富水压较大，使止水帷幕桩强度降低，桩间出现缝隙，因此出现漏水现象。

3 处理措施

3.1 做好针对性措施

严格审查施工过程，应严格施工管理，把好施工质量关，控制桩身垂直度，确保桩间距均匀，无偏差出现。浇灌混凝土质量、混凝土是否采用抗渗混凝土。在施工止水帷幕时，关键是水灰比和旋浆提升速度的控制。如有发生渗漏则采取引水堵漏或采用高压旋喷桩补漏等有效措施。当出现渗漏水的现象时，应停止土方开挖，立即采取紧急补救措施。

3.2 引水堵漏

引水堵漏的处理方法是为了改变出水路径，减小孔口压力后再进行封堵填塞。为了预防泥沙流失，可以利用麻袋或者棉絮等使其发挥过滤水的作用，把支护桩位置处的漏水地方填堵密实。先清理干净渗漏位置两边支护桩体表面的杂质与泥土，露出内部混凝土；如果渗漏缝隙不大，进行渗漏位置封堵时可用速凝水泥进行封堵，再采用聚氨酯注浆堵漏；如果渗漏水较大时，为了降低水压，用速硬水泥封堵后要用导管将水引出进行封堵，封堵完成后，在渗漏点增加并挂设钢筋网片，并喷护一层速凝混凝土。

3.3 高压旋喷桩施工

旋喷桩用于围护桩接缝处止水，采用 XP−30 型旋喷桩机进行引孔与旋喷作业。旋喷桩桩径按 0.80m 进行控制，桩中心间距纵横向均按 0.6m 布置（咬合 0.20m）。高压旋喷桩是由高压水、压缩空气切割破碎岩土体，再由水泥浆液充填切割后的空隙，使之形成具有一定强度和密实度的水泥固结体的岩土施工方法，从而达到止水效果；高压旋喷法通过在软弱土层中形成水泥固结体与桩间土一起形成复合地基，从而提高地基的承载力，减少地基的沉降变形，达到地基加固目的。能够在基坑围护漏水处形成完整的止水帷幕。其处理要点如下：

（1）施工工艺

1）施工准备：放出围护桩外边线，定点引孔，挖钻机工作面；测量实际地面高程；接水接电，调试机器。

2）孔位测量：根据地基加固中线及桩机旋喷面积合

理划分测放孔位，施工现场根据实际情况适当调整孔位和孔间距。

3）引孔：根据测量孔位中心点将钻机准确就位，调平使其稳固，钻盘水平度、孔位和钻杆垂直度（偏差不得大于 0.5%）钻进成孔。

4）下喷射管：将高喷台车移至孔口，先进行地面试喷以调整喷射压力，为防止水、气嘴堵塞，下管前可用胶布包扎，确定好基坑开挖深度，下喷射管要下到喷射深度。

5）制浆：高喷灌浆采用 P.O42.5 级普通硅酸盐水泥，按设计要求制备浆液，并准确测量浆液比重，浆液比重按 1.65～1.67 进行控制。

6）喷射提升：喷射管下到设计深度，送入符合要求的水、气、浆，自下而上开始喷射、旋转、提升，旋喷到桩顶时停止喷浆，提出喷射管，移至下一引好的孔位继续重复同样作业。

7）冲洗：喷射结束后，应及时将管路冲洗干净，以防堵塞。

（2）施工高压旋喷止水帷幕施工技术参数见下表。

介质 参数	水	空气	浆液
压力（MPa）	25	0.7	2.5
流量（L/min）	80～120	1～2	80～150
喷嘴孔径（mm）	2～3	1～2	10
喷嘴个数	1～2	1～2	2
注浆管外径（mm）	$\phi75$ 或 $\phi90$		
提升速度（cm/min）	10～20		
旋转速度（r/min）	15～18		

（3）施工注意的事项

1）钻机就位后应进行水平、垂直校正，钻杆应与桩位吻合，偏差控制在 10mm 内，严格控制桩位和桩身垂直度，以确保桩身整体性。施工前需复核轴线、水准基点、场地标高；桩位对中偏差不超过 5.0cm，桩身垂直度偏差不超过 0.5%。

2）挖除表层障碍物及已探明的地下浅埋障碍物。

3）水泥必须无受潮、无结块，并且有出厂质保单及出厂合格证，选用水泥应经试验及过筛，其细度应在标准筛（孔径 0.08mm）的筛余量不大于 15%，浆液搅拌后不得超过 4h，发现水泥有结硬块，严禁投料使用。

4）旋喷桩施工前必须确定旋喷施工参数：旋喷速度、提升速度、喷嘴直径等。

5）旋喷桩管达到预定深度后，应进行高压射水试验，合格后方可喷射浆液，待达到预定压力排量后，再逐渐提升旋喷管，深层旋喷时应先喷浆后旋喷和提升，防止注浆管扭断。

6）水泥浆必须充分拌和均匀，每次投料后拌和时间不得少于 3min，分次拌和必须连续进行，确保供浆不中断。

7）水泥浆从搅拌桶倒入贮浆桶前需经筛网过滤，以防出浆口堵塞，并控制贮浆桶内贮浆量，以防浆液供应不足而断桩。贮浆桶内的水泥浆应经常搅动以防沉淀引起的不均匀。

8）制备好的水泥浆不得停置时间过长，超过 2h 应降低标准使用或不使用。

9）必须待水泥浆从喷浆口喷出并具有一定压力后，方可开始旋喷钻进，钻进喷浆必须到设计深度，误差不宜超过 5.0cm，并做好记录。

10）旋喷冒浆处理：旋喷时高压喷射流在地基中切削土体，其加固范围就是喷射距离加上渗透部分长度为半径的圆柱体。一部分细小的土粒被喷射浆液所置换，随着液流被带到地面上（俗称冒浆），其余与浆液搅拌混合。在旋喷过程中往往有一定数量土粒随着一部分浆液沿着注浆管冒出地面，通过对冒浆观察，冒浆量小于注浆量 20% 为正常现象，超过 20% 或完全不冒浆者，应查明原因，采取相应的措施。地层中有较大的空隙而引起不冒浆，则可在浆液中掺加适量的速凝剂，使浆液在一定范围内凝固。另外，还可在空隙地段增大注浆量，填满空隙，再继续正常旋喷。冒浆量过大是有效喷射范围与注浆量不适应所致，可采取提高喷射压力、适当缩小喷嘴直径、加快提升和旋喷速度等措施，减小冒浆量。

11）在插管旋喷过程中，要注意防止喷嘴被堵，压力和流量必须符合设计值，否则要拔管清洗，再重新进行插管和旋喷。插管过程中，为防止泥砂堵塞，可边射水边插管，以免泥砂堵塞。

12）钻杆的旋转和提升必须连续不间断，拆卸钻杆要保持钻杆有 0.1m 以上搭接长度，以免旋喷固结体脱节。中途机械发生故障时，应停止提升和旋喷，以防断桩。并应立即检查，排除故障。为提高旋喷桩桩体质量，在桩底部 1m 范围内应采取较长持续时间的措施。

13）旋喷桩体的施工质量是保证施工期间基坑围护止水的关键，旋喷桩施工时，应严格按照施工规范进行施工。其施工要点如下：

①高压喷射注浆的施工参数应根据地质条件，通过现场试验和施工经验调整，并在施工中严格加以控制。

②施工时应保证钻孔的垂直偏差不应超过 0.5%，桩位偏差不应大于 50mm。

③喷射压力，提升速度对成桩直径有较大影响，根据桩径进行调整。

14）相邻两桩施工间隔时间不得大于 48h，旋喷加固的施工参数和施工工艺根据现场实际施工情况可适当调整，旋喷施工完成后，不能随意堆放重物，防止旋喷桩变形。

4 结语

综上所述，深基坑围护结构一旦出现漏水情况，将会直接影响建筑工程的安全。首先要针对不同渗漏点大小确定有效的处理措施，对于无法一次性进行封堵的位置，应采取快速有效的建筑材料引水及时封堵。当出现有较大漏水、漏泥等情况时，应采取填土反压，基坑外侧采取高压旋喷止水帷幕，使基坑外部形成完整的止水幕墙有效的隔离水路来源。本项目经过对深基坑围护桩间漏水处的处理，达到了主体结构施工的环境要求。工程实践证明，本工程漏水处理方法简便易行、成本经济，能够为类似地质条件的基坑工程处理相关问题提供可借鉴的施工经验。

参考文献:

[1] 宁波市轨道交通 4 号线工程勘察 KC4001 标段丽江路站岩土工程勘察报告.

[2] 建筑地基基础设计规范 GB 50007—2011[S]. 北京：中国计划出版社，2012.

[3] 混凝土结构设计规范 GB 50010—2010[S]. 北京：中国建筑工业出版社，2011.

[4] 建筑地基处理技术规范 JGJ 79—2012[S]. 北京：中国建筑工业出版社，2013.

[5] 建筑地基基础工程施工质量验收标准 GB 50202—2018[S]. 北京：中国计划出版社，2018.

复杂地质条件下的深基坑近距离跨越既有盾构隧道施工技术

詹天昊

（中铁十四局集团第四工程有限公司，山东 济南 250000）

摘　要：随着城市地铁建设及地下空间的开发与利用，为了节省土地，充分利用地下空间，地下建筑，还有地下铁路等工程的大幅度增加，与之相应的基坑开挖越来越深，地下轨道交通、管道越来越多，越来越多的地下工程将存在交叉施工，上跨既有盾构隧道的基坑也将越来越多。本文就通过兰州某明挖基坑近距离上跨既有盾构隧道施工为例，分析风险源，介绍采取的控制措施，并提出建议，以此为类似工程提供借鉴。

关键词：深基坑；盾构隧道；上跨；加固

0　工程概况

（1）基坑与盾构隧道位置关系

本工程采用放坡开挖，开挖深度 7～9m，开挖宽度 90～100m，属深大基坑，基坑平行上跨地铁 1 号线既有盾构区间隧道，跨越总长度 371m，基坑底距盾构管片顶最小距离仅 3.172m。地铁 1 号线区间为双线隧道，采用盾构法施工，管片衬砌内径为 5500mm，外径为 6200mm，每节管片长度为 1.2m，管片厚 350mm。基坑与地铁盾构隧道的相对位置关系见图 1、图 2。

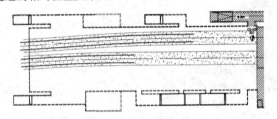

图 1　基坑与盾构隧道平面位置关系图

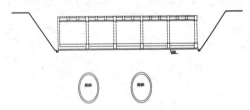

图 2　基坑与盾构隧道剖面位置图

（2）工程地质及水文地质

本工程西段为原大滩村鱼塘回填区域，现被人工整平，回填材料成分极为复杂，以粉土、中砂、卵石、圆砾为主，含砖块、水泥块（板）、煤渣、木块、塑料、生活垃圾等，回填杂填土厚度为 7.3～14.2m，地层疏密不均，不能作为地基，应进行地基处理。地下水为孔隙潜水，地下水埋深 4.5～7.7m，地下水主要接受黄河水及大气降水的补给。

1　风险分析与应对措施

风险共包含复杂地质条件下基坑本身的安全及下方既有盾构隧道的安全，因地质情况复杂，地下水位高，采用传统的施工方法或对该类基坑认识不足就贸然施工，很可能造成无法挽回的事故，这就需要对上跨盾构区间隧道的深基坑施工有系统的认识和行之有效的控制措施，并合理的安排施工工序和开挖工艺，才能保证施工的顺利进行。

1.1　区间上浮

因基坑底距盾构管片顶最小距离仅 3.172m，基坑开挖大面积卸载后，盾构隧道上方覆土厚度较小，且地下水位较高，容易引起区间上浮、基坑隆起等风险[1]，本工程施工过程中，应将地下水降低至基坑底以下 1m 后方可施工，采用管井降水，西段基坑长 230m，宽 90～100m，通过验算，降水井沿基坑四周设置，共设 16 口降水井，降水井深 15～17.5m，降水井布置详见图 3。

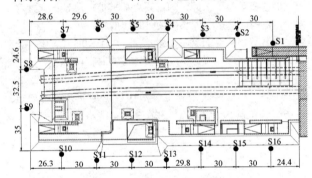

图 3　降水井平面布置图

针对本工程还需对盾构隧道的抗浮安全系数进行验算[2]，验证降水深度能否满足施工要求，以地下水降低至基坑底以下 1m，最小覆土厚度 3.172m 为工况进行计算，计算简图见图 4。

其中 G_1、G_2 分别为盾构区间上方土体重力，$G_管$ 为管片重力，$F_浮$ 为区间所受浮力，各部位面积为：$S_1 = 6.2m^2$、$S_2 = 17.59m^2$、$S_管 = 6.43m^2$、$S_浮 = 30.19m^2$，上覆土体的比重为 2.11，孔隙比为 0.282。

G_2 部分土体的浮重度为：

$$\gamma' = \frac{\gamma_s + e\gamma_w}{1+e} - \frac{\gamma_w}{1+e}$$
$$= \frac{21.1 + 0.282 \times 10}{1 + 0.282} - \frac{10}{1 + 0.282}$$
$$= 10.86 \text{kN/m}^3$$

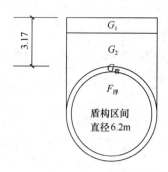

图 4 盾构隧道抗浮安全系数计算简图

G_1 部分土体的有效重度为:

$$\gamma_{sat} = \frac{\gamma_s}{1+e} = \frac{21.1}{1+0.282} = 16.46 \text{kN/m}^3$$

$$F_{浮} = \rho g V = 10 \times 30.19 = 301.9 \text{kN}$$

$$G_{管} = 6.43 \times 26 = 167.18 \text{kN}$$

$$G_1 = 16.46 \times 6.2 = 102.05 \text{kN}$$

$$G_2 = 10.86 \times 17.59 = 191.03 \text{kN}$$

$$K = \frac{G_{管} + G_1 + G_2}{F_{浮}}$$

$$= \frac{167.18 + 102.05 + 191.03}{301.9}$$

$$= 1.52$$

根据计算可知,盾构隧道的抗浮安全系数满足要求,但地勘报告显示该杂填土的渗透系数较大为58m/d,若地下水控制不当,将大幅降低盾构区间隧道的抗浮安全系数,为确保施工过程中盾构隧道的安全,在施工过程中将盾构隧道埋深较浅部位的降水井加深2.5m,确保地下水位控制在基坑底1m以下,实际施工完成后,盾构隧道未发生上浮,与理论计算相符。

1.2 机械施工对区间隧道的扰动

在开挖至基底后,还需采用多台大型机械在上方进行桩基础施工,其中桩底距盾构管片顶最小距离仅1.5m,施工过程中很容易对盾构隧道造成扰动,严重时将影响结构安全。为减少施工过程中对盾构隧道的扰动,在开挖至盾构隧道管片顶6m时,暂停土方开挖,采用袖阀管注浆对盾构隧道上方进行加固处理,加固土体距管片顶0.5m,厚度2m,宽度10.2m,加固区域断面图见图5。待注浆层土体无侧限抗压强度达到1MPa后,即在区间上方形成保护壳体,再进行土方开挖至基坑底,可极大地减少上方机械施工及桩基础施工对盾构隧道的扰动,根据实测,经加固后,后续施工未对盾构隧道造成影响,其变

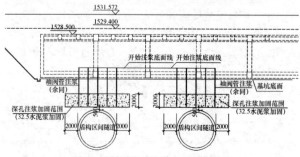

图 5 盾构隧道注浆加固措施图

形符合规范要求。

1.3 袖阀管注浆施工及对区间隧道的影响

袖阀管采用 PVC 材质,外径 48mm、壁厚 3mm,下方 2m 为含单向阀的花管,上部 4m 为实管,注浆孔间距 1m×1m,注浆压力为 0.2~0.5MPa,采用普通硅酸盐水泥,水灰比为 0.6~1,采用潜孔钻进行跟管钻进,施工现场见图6,采用单向阀袖阀管注浆工法有如下优点:

(1)注浆设备含上下 2 个阻塞器,能将浆液限定在注浆区域的任一段范围内进行注浆,达到分段注浆的目的;

(2)阻塞器在光滑的袖阀管中可以自由移动,这样对土体的深部的定点、定量注浆,一孔能多次、重复注浆,这也是一般花管压密注浆无法替代的;

(3)注浆前,不必设较厚的混凝土止浆墙,采取较大的注浆压力时,发生冒浆和串浆的可能性小,且注浆压力容易控制;

(4)根据地层特点及现场实际情况,可在一根注浆管内采用不同的注浆材料,选用不同的注浆参数进行注浆施工;

(5)钻孔、注浆可采取平行作业方式,大大提高工作效率。

图 6 袖阀管现场施工图

虽然在加固完成的盾构隧道上方施工能够满足安全要求,但在袖阀管注浆施工的过程中,按照设计要求,注浆管底距盾构管片顶最小距离仅 50cm,若控制不当仍将对盾构隧道产生较大影响。在施工初期,按照设计参数进行施工,盾构隧道拱顶位置出现了局部的掉块现象(图7)。

图 7 盾构隧道拱顶掉块情况

分析原因一是潜孔钻在钻至孔底时，距管片距离太小，由冲击力及振动导致；二是由于在底部注浆过程中，注浆压力过大、注浆量过大，导致管片周围的土压力增大，挤压盾构管片导致。对此采取如下措施：

（1）按图纸要求注浆扩散半径 75cm 计算，可减少钻孔深度约 50cm，同样可满足设计要求，由此可大大减少潜孔钻施工过程中对盾构隧道的影响；

（2）注浆过程中采用跳孔注浆，在底部时水灰比调整为 0.6:1，注浆压力控制在 0.2～0.4MPa，上部注浆时水灰比调整为 1:1，注浆压力控制在 0.3～0.5MPa，由此减少对盾构管片的挤压作用。

实践证明，施工参数调整后，注浆加固施工过程中，对盾构隧道再无影响，且注浆效果同样满足设计要求，加固体范围内土体的无侧限抗压强度均大于 1MPa。

1.4　地基加固

本工程地基位于杂填土层，且土层较厚，地层疏密不均，不能作为地基，杂填土土层有薄有厚，性质有软有硬，空隙有大有小，强度和压缩性也很不一致，在工程勘察中也很难得到它的详细物理力学性质指标，给本工程带来了诸多不确定因素，又要在盾构隧道上方进行施工，无法采用换填法进行处理，在全国的工程实践中也极为少见，也缺少成熟的设计及施工经验。施工前则通过了方案比选、现场试桩、专家论证的方式确定了地基处理方案。

根据本工程对地基及下方盾构隧道安全的要求，认真分析水文、地质等条件，进行技术经济比选，选出技术可行、效果可靠、工期较短、经济合理的施工方案。在众多地基加固方法中，筛选出以下几种适用于本工程的加固措施：

方案一：袖阀管注浆加固

采用袖阀管注浆施工工法，对不同厚度的杂填土层进行注浆加固，将整个杂填土层进行固结，提高地基的承载力。

优点：此方案采用潜孔钻成孔，适用于各种地层，可大面积同时施工，施工效率高，工期短，地基处理效果好。

缺点：造价过高。

方案二：钻孔灌注桩基础

采用桩筏基础，利用②10卵石层作为持力层，桩底深入卵石层 1m。

优点：采用旋挖钻成孔，效率高、适用性强、工期短，可不对杂填土地基进行处理。

缺点：在区间上方施工时，桩底距盾构管片较近，旋挖钻钻进过程中给进压力较大，容易对盾构区间造成扰动；盾构管片上方桩基未深入持力层，承载力不足，需进行单独设计。

方案三：石灰桩复合地基

采用石灰桩复合地基进行地基处理，桩径 350mm、桩间距 700mm、桩顶设置 30cm 厚卵石土垫层，桩长为基底以下 5～9m，桩端深入卵石层不小于 0.5m，深入区间隧道上方注浆层不小于 1m，采用长螺旋钻成孔，分层填

料分层夯实。

优点：造价低。

缺点：工程量大，施工进度慢；地下水位较高，需带水作业，降水则会增加大量降水费用；根据现场试桩，施工过程中杂填土地层塌孔严重，无法保证设计孔深。

方案四：CFG 桩复合地基

采用 CFG 桩半刚性复合地基，桩径 500mm、桩间距 2000mm、桩顶设 25cm 褥垫层，桩长为基底以下 5～9m，桩端深入卵石层不小于 0.5m，深入区间隧道上方注浆层不小于 1m，采用长螺旋钻成孔，管内泵压混凝土成桩，剖面图见图 8。

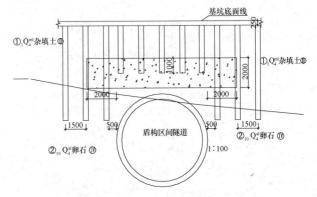

图 8　盾构隧道范围内 CFG 桩布置图

优点：施工工艺简单，施工质量容易控制，场地污染小；振动影响小，对盾构区间扰动小；可避免塌孔对施工的影响，可不降水；工期短；造价较低。

综合技术可行性、安全可行性、施工质量、进度、造价等因素影响，CFG 桩复合地基明显优于其他方案，因此本工程选用 CFG 桩复合地基进行地基处理。因 CFG 桩桩底距盾构管片顶最小距离为 1.5m，在其上方施工过程中应注意以下几点：

（1）通过本基坑基底标高及盾构隧道顶标高计算区间上方每根桩的桩长，并通过测量放线在施工现场做准确的标识，钻进过程中严格按照计算桩长施工，严禁超钻；

（2）通过计算确定混凝土的泵送速度与提钻速度，尤其是在桩底位置，防止由于泵送压力过大，对盾构隧道产生影响。

施工完成后，现场检测单桩竖向承载力均大于 462kPa，复合地基承载力均大于 150kPa，满足设计要求。

1.5　深基坑围护结构施工

本工程基坑范围内为原大滩村鱼塘回填区域，回填厚度 7.3～14.2m，回填材料极为复杂，开挖实际揭露地质情况与勘察报告基本相符，含大量的建筑垃圾及生活垃圾，杂填土现场图见图 9。

杂填土土层有厚有薄，性质有软有硬，空隙有大有小，强度和压缩性也很不一致，在工程勘察中也很难得到它的物理力学性质指标，大多数情况下杂填土是比较松散和不均匀的，土体整体抗剪性能也较差，基坑施工过程中，随着深度的增加，当上覆压力达到一定程度

图 9 杂填土层现场图

时，杂填土之间会发生微小的移动，地表会产生不同程度的沉降，影响边坡稳定，基于杂填土的复杂性和无规律性，给围护结构的施工带来了较大的安全隐患。本工程基坑采用放坡开挖，土钉墙支护，坡率为 1∶1，土钉长度 10～12.5m，水平间距 1.2m，竖向间距 1.5m，采用潜孔钻跟管钻进施工工艺，土钉抗拔力 100～125kN，水平倾角 15°，注浆材料不小于 20MPa，注浆压力不小于 0.6MPa。施工完成后抗拔力满足设计要求，通过施工过程中的监控量测，地表沉降最大值 25.4mm，变形满足规范要求。

2 施工工艺

针对本工程的风险源已确定、应对措施已制定，在实际施工中含基坑开挖、围护结构施工、区间注浆加固施工、地基处理施工、主体结构施工等多项工序，所以在各项措施落实到位的情况下尽可能地加快施工进度，这就需要合理的安排施工工序，流水作业，才能保证基坑及既有盾构隧道安全的前提下完成本工程施工。总体施工顺序如下：

（1）基坑开挖前半个月进行降水，保持地下水位于基底以下 1m，充分利用基坑开挖过程中的时空效应，分层、分段开挖，每次开挖深度不超过 2m，从一端向另一端进行，并限时进行土钉墙施工；

（2）当土方开挖至盾构隧道顶 6m 时，暂停土方开挖施工，进行盾构区间上方袖阀管注浆加固施工；

（3）待注浆加固层体强度达到设计要求后，进行后续土方开挖、土钉墙施工，直至开挖至基底；

（4）开挖至基底后进行 CFG 桩复合地基施工，抗拔桩等桩基础同时施工；

（5）地基处理施工完成并检测合格后方可分段施工主体结构及顶板回填施工。

施工顺序见图 10。

3 施工监测

施工监测是保证施工安全的重要保障措施，监测的结果为施工控制提供依据，指导现场施工，还能够随时获取盾构隧道上方施工对结构物变形的影响，通过监测数据的分析，及时调整施工参数，优化施工方案。本工程的监测项目包括：桩体水平位移、土体深层水平位移、地表沉降、坡顶水平位移、水位监测及盾构隧道的拱顶下沉、

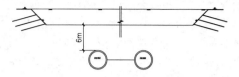

第一步：开挖至距管片顶 6m

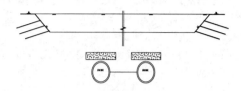

第二步：进行区间注浆加固

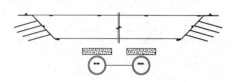

第三步：开挖至基底

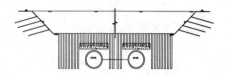

第四步：CFG 桩复合地基施工

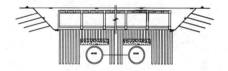

第五步：主体结构施工

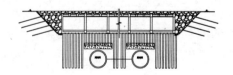

第六步：基坑回填施工

图 10 施工步序图

周边收敛及隧道内观察。

4 结语

在既有地铁隧道上方进行基坑开挖，大面积卸载后，导致盾构隧道上方覆土大量减少，且地下水位较高，容易造成地铁盾构隧道上浮，导致管片变形过大对结构产生破坏。因地质情况复杂，需在盾构隧道上方进行桩基础施工，距盾构管片很近，严重威胁盾构隧道的安全，施工中采取了各项可靠的保障措施如下：

（1）以地下水降低至基坑底以下 1m，开挖至基底为

最不利工况，对盾构隧道的抗浮安全系数进行验算，若不满足要求，需加大降水深度。施工采用管井降水，降水井沿基坑四周布置，考虑到杂填土渗透系数较大，在施工过程中将盾构隧道埋深较浅部位的降水井加深 2.5m，以提高降水效果。

（2）根据先加固后开挖的原则，在开挖至盾构管片顶 6m 时，对盾构隧道上方 2m 厚、10.2m 宽范围内进行注浆加固施工，加固完成后，提高了盾构隧道顶部土体的强度，不但减少了上方机械施工及桩基础施工对盾构隧道的扰动，还可作为上方桩基础的持力层，增加地基承载力。

（3）根据注浆加固施工及对盾构隧道的保护要求，选取单向阀袖阀管注浆工法，该工法不但可以定点、定量、重复注浆，而且在不同深度范围内可采用不同的水灰比及注浆压力，非常有利于在施工过程中随时调整施工参数，达到设计要求，施工过程不对盾构隧道造成破坏。

（4）本工程地质复杂，地基加固方案的选取应考虑技术可行性、效果可靠性、工期合理性、经济合理性，还应考虑到施工对下穿盾构隧道的影响。通过以上原则，选择

CFG 桩复合地基作为该工程的地基处理方案，施工完成后，未对盾构隧道产生影响，地基承载力也能够满足设计要求。

（5）在基坑开挖过程中，充分利用时空效应，分段、流水作业[3]，并应重点关注监控量测工作，通过分析监测数据，随时调整各项施工参数，确保施工安全。

经过施工实践，本工程已在保证地铁盾构隧道安全的前提下顺利地完成了各项施工内容，盾构隧道拱顶下沉最大累计变量 2mm，周边收敛最大变量 2mm，满足规范要求，说明在施工中采取的各项措施能够满足施工及规范要求，在一定程度上，可供类似工程借鉴。

参考文献：

[1] 赵炜. 明挖法隧道近距离跨越既有盾构隧道施工技术 [J]. 市政技术，2009，27（03）：284-286.

[2] 王梦恕. 地下工程浅埋暗挖技术通论 [M]. 合肥：安徽教育出版社，2004.

[3] 陈忠汉，黄书秩，程丽萍. 深基坑工程 [M]. 北京：机械工业出版社，2003.

爆破于临近地铁超深基坑开挖过程的应用

朱新迪，胡　俊，廖明威，孙金辉，王亚坤

（中建八局第一建设有限公司，山东 济南 518000）

摘　要：在临近地铁超深基坑开挖过程中，遇到坚硬地质采用人工或机械破碎方式开挖往往效率较低。文章结合地质情况，从爆破规模的控制、起爆网路和装药结构的选择等多方面进行分析，计算安全性能及警戒距离，确保基坑爆破安全及对周边建筑物的保护，从而达到缩短施工周期的目的，为今后类似工程提供设计施工经验。

关键词：临近地铁施工；超深基坑；爆破施工；浅孔微差起爆；控制爆破

0　引言

在超深基坑施工过程中，随着开挖深度的增加，在到达中风化岩层后，岩层破除清理为制约工程土方开挖进度的重点难点，传统人工静爆和机械破除方式能保证安全和施工质量要求，但是施工周期长，耗费成本较高。爆破法具有经济、方便、快捷的特点，但是爆破不可避免会对周边地层和建筑物造成一定程度的破坏，从而影响工程安全[1]。为解决该类问题，项目将超深基坑临近地铁控制爆破施工作为重点进行研究，并经过多次安全计算及专家论证、设计确认。本文旨在总结临近地铁的超深基坑在开挖过程中爆破的应用，为类似工程提供参考经验。

1　项目概况

本项目位于深圳市福田区，属于超高层项目，基坑平均开挖深度24m左右，塔楼区域大面开挖深度28m；在基坑开挖过程中，预计石方量超过14万 m³，开挖石方多为中风化花岗岩，在工期紧、体量大的情况下需采取爆破开挖。基坑紧邻地铁施工，基坑南侧为正在运营的地铁7号线，八卦岭站厅离基坑支护桩边3m，基坑西侧为正在施工的地铁6号线，目前正在进行区间隧道盾构施工。

2　爆破控制应用

在基坑石方开挖施工过程中，距地铁30m范围内石方爆破采用人工静力爆破方式，30m外采取小药量＋微差起爆方式进行爆破作业，从而减小石方爆破对周边地铁影响。真正达到施工现场安全施工、加快施工效率、缩短工期、基坑变形控制的目的。

（1）静态破碎：静态破碎前应根据爆破对象的实际情况（岩石性状、破碎或切割的块度等）确定所需钻孔参数、钻孔分布和爆破程序。

爆破顺序为：钻孔→药量确定→配浆→二次破碎→清理破碎体。

静态破碎参数选择：钻孔采用 Y24 凿岩枪。根据现场进行岩石破碎试验后确定具体布孔位置。根据以往施工经验，使用矩形孔距分布，可采用钻孔参数一般为：孔距0.4m，排距0.35m，根据破碎效果调整孔眼参数，选取炮眼直径 $A＝38mm$。根据现场静态爆破试验确定，在

本工地硬岩破碎时单位体积用药量取 $20\sim25kg/m^3$ 为宜，具体可根据实际情况进行调整。直线布孔如图1所示。

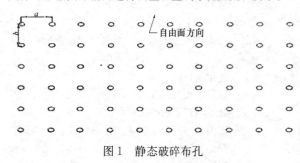

图1　静态破碎布孔

（2）浅眼微差控制爆破

浅眼微差爆破参数选择：炮眼孔距 $b＝（25\sim35）A$，此处取 $25A$；炮眼直径 $A＝42mm$；炮眼排距 $a＝（1.0\sim1.2）b$；炮眼分布呈三角形；炮眼分布 $L＝H$（台阶高度）$＋h$（超深0.3~0.5m），炮眼倾角 $a＝90°$；炸药平均单耗量：$q＝（0.3\sim0.4）kg/m^3$，采用弱松动爆破，爆破中出现的大块，采用炮机处理，不采用爆破方法解大块，防止爆破飞散物溢出。填塞长度 $L_r＝（10\sim12）W_d$，W_d 为底盘抵抗线或排距；炮眼装药以台阶高度为1.0m进行单孔装药量计算。

$$Q＝q \cdot a \cdot b \cdot H＝0.35\times1.2\times1.0\times1＝0.42kg \tag{1}$$

起爆网路选择

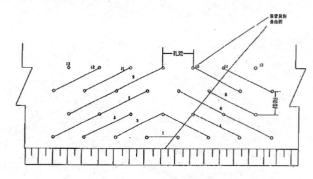

图2　浅眼孔布孔及 V 型网络起爆图

爆破器材选择

炸药：浅眼爆破时采用32mm筒状乳化炸药，深孔爆破时采用60mm乳化炸药。

雷管：采用1~15段毫秒延期电雷管、导爆管雷管。

在同一起爆网路内采用同厂、同批次的雷管，电雷管在使用以前进行导通检查，在同一起爆网路内使用电阻值相近的雷管。

根据采用微差延期爆破时，相邻段间隔时差控制在50～100ms之间，故根据雷管段别在13段内。

装药结构选择

浅眼采用32mm筒状乳化炸药孔底连续装药结构，堵塞时使用钻屑或砂质黏土堵塞严密，在装药及堵塞过程中，确保堵塞长度及堵塞质量。

图3　浅眼连续装药结构图

安全性测算和警戒距离

1）爆破振动的测算

根据新的《爆破安全规程》及相关经验质点振动速度公式

$$V = K \cdot (Q1/3/R)a$$

式中　K——介质系数；

a——地震波衰减指数；

R——爆区至建筑物的最近距离；

V——建筑物的安全振动速度，钢筋混凝土建筑物安全振速在（2.7～3.0）cm/s，为确保安全安全振速取值为1.0cm/s，地铁的安全振动速度为1.2cm/s。

浅眼爆破时：K取值90，a取值1.5，取不同距离不同振动速度下同段最大装药量。

控制同段最大安全药量小于安全药量，确保爆破施工安全。不同距离下爆破需要根据距离调整最大装药量，确保爆破在安全有序中进行。

2）爆破规模的控制

由于爆破作业为多循环、岩石情况多变化的工程行为，再加上周围环境的复杂，为将每次爆破影响程度降至较低水平，确定：浅孔控制爆破的孔数不超过50个，深孔控制爆破的孔数不超过20个。

3）爆破飞石的测算及警戒距离

根据露天台阶爆破个别飞石飞散距离的经验计算式：

$$R_r = 400D/2.54$$

式中　R_r——个别飞石的安全距离（m）；

D——炮孔直径（cm）（药孔直径为42cm和7.6cm）；

2.54——经验换算系数。

算式适用条件：该式是露天台阶爆破中硬以上岩（矿）石，在无覆盖防护条件下，最小抵抗线方向的最大飞散点的经验算式，计算得 $R_r = 66.14$m。

3　结语

相关研究表明，在基坑和地铁隧道之间的水平距离小于4m时，地铁隧道所产生的沉降量与位移量都比较大[3]。在复杂地质条件下，石方开挖施工过程中地铁保护尤为重要。距地铁30m范围内石方爆破采用人工静力爆破方式，30m外采取小药量＋微差起爆方式进行爆破作业，从而减小石方爆破对周边地铁影响。真正达到施工现场安全施工、加快施工效率、缩短工期、基坑变形控制的目的，可以作为相似项目爆破施工参考对象，为提高爆破安全施工提供一定的参考。

著者水平不足，时间精力有限，文中难免存在疏误，敬请批评指正。

参考文献：

[1] 程克森. 广州地铁东站南厅竖井石方爆破震动控制［J］. 铁道建筑技术，2006（1）：58-60.

[2] 赵杰. 地铁紧邻商业区竖井明挖水压减震降噪爆破控制技术探索［J］. 产业与科技论坛，2015（22）：63-64.

[3] 欧阳先庚. 基坑开挖对临近地铁隧道的变形影响［J］. 江西建材，2015（24）：231-232.

调平设计法取消超深超大基坑后浇带技术

王　锐，赵灿振，程增龙，赵作靖，周贵鑫

（中建八局第一建设有限公司，北京 102600）

摘　要：对大底盘主裙楼建筑沉降后浇带专项研究分析，在天然地基下，运用大体积混凝土跳仓法施工取消温度后浇带，采用调平设计取消沉降后浇带，解决了后浇带开裂、漏水等一系列质量问题，从而极大地实现方便施工、加快施工进度、减小施工成本、提高施工质量。

关键词：天然地基；大体积混凝土跳仓法；温度后浇带；沉降后浇带

0　前言

按照现行混凝土设计规范，混凝土结构为避免超大、超长引起使用期与施工期的裂缝，需要设置施工后浇带。但后浇带也带来一系列的质量与施工难题，如：后浇带清理工作艰难，施工质量难以保证，后浇带往往开裂与渗水；后浇带填充前，地下室始终处于漏水状态，严重影响施工开展，并且后浇带在预防墙体与楼板收缩裂缝效果上并不理想，后浇带自身反而容易成为开裂漏水的原因。

因此防止混凝土结构裂缝是一个综合性的问题，通过留置后浇带来防止混凝土裂缝不是万能的，相反可以通过落实"减、放、抗"的综合施工措施，来有条件地取消各种后浇带与结构缝，从而极大地实现方便施工、加快施工进度、减小施工成本、提高施工质量。

1　工程概况

京东集团总部二期 2 号楼项目 C 座等 7 项位于北京市经济技术开发区，项目主要由 C 座主楼及智能环组成。其中 C 座主楼采用独立基础＋防水板的基础体系，地基为天然地基基础，底板面积约 2.6 万 m²，混凝土浇筑总量约 3 万 m³，底板厚度最厚处为 1.20m，独立基础条基最厚处为 2.3m。本工程底板设计有沉降后浇带和温度后浇带。主楼周边设置沉降后浇带，其余设置温度后浇带。基础底板后浇带宽 800mm，底板后浇带总长约 1630m。

基础底板采用 C35 P10 抗渗混凝土，地下室外墙 B5、B4 层为 C30 P10 抗渗混凝土，B3、B2 为 C30 P8 抗渗混凝土，外墙厚度均为 500mm，地下五层—地下一层顶板为 C30 混凝土，地下一层及夹层地下室外墙及有覆土的地下室顶板抗渗等级为 P6，地下室内墙与柱为 C60～C40 混凝土。

2　施工技术原理

在大体积混凝土结构施工中，在早期温度收缩力较大的阶段，将超长的混凝土块体分为若干小块间隔施工，经过短期的应力释放，在后期收缩应力较小的阶段再将若干小块连成整体，依靠混凝土抗拉强度抵抗下一阶段

的温度收缩应力的施工方法。基础底板应采用"分层浇筑、分层振捣、一个斜面、连续浇筑、一次到顶"的推移式连续浇筑施工。

跳仓法施工的原理是基于"混凝土的开裂是一个涉及设计、施工、材料、环境及管理等的综合性问题，必须采取'抗'与'放'相结合的综合措施来预防"。"跳仓施工方法"虽然叫"跳仓法"，但同时注意的是"抗"与"放"两个方面。

3　大底盘主裙楼建筑沉降后浇带专项研究分析

3.1　项目特点

本工程为大底盘多塔楼建筑，综合工程地质条件及建筑特点，以及跳仓法施工要求，地基基础特点与难点分析如下：

（1）地基变形量、差异沉降控制难度大；

（2）本工程裙房、纯地下室部分需要采用抗浮措施；

（3）需要解决高低层建筑差异沉降问题，取消沉降后浇带。

基于地质条件、基础形式、上部结构荷载分布，在满足地基基础承载力的前提下，通过对地基刚度（处理）、基础刚度的优化调整，达到主裙楼差异沉降满足设计要求，最终取消沉降后浇带。

3.2　C 座沉降后浇带专项分析

两座主塔楼采用梁板式筏板基础，裙房及纯地下室区域采用独立承台＋抗水板基础形式，通过钢渣压重和抗浮锚杆两种方式解决裙房及纯地下室区域的抗浮问题。

主塔楼底板 1.2m 厚，梁格回填 1.4m 厚素土，素土容重不超过 18kN/m³。

裙房区域抗水板厚 500mm，柱下布置独立承台。C-K～C-N、C-D～C-G 与 C-2～C-3 范围的两块区域板厚为 700mm，采用基础地梁连接主塔楼框架柱和裙房框架柱，地基梁尺寸为 2000mm×2400mm。采用钢渣压重和局部抗浮锚杆设置。钢渣回填厚度 2m，容重 28kN/m³。

C-J～C-H 与 C-4～C-8 区域采用联合条基，抗浮锚杆均匀布置于联合条基下。

（1）沉降变形限值

根据《北京地区建筑地基基础勘察设计规范》DBJ 11—501—2009（2016 年版）第 7.1.4 条：在同一整体基

础底盘上建有高层、低层、大面积纯地下建筑的建筑物，宜按照上部结构、基础与地基的协同作用条件进行变形计算。

根据《建筑地基基础设计规范》GB 50007—2011 第 5.3.12 条：在同一整体大面积基础上建有多栋高层和低层建筑，宜考虑上部结构、基础与地基的共同作用进行变形计算。

（2）主塔楼筏板挠曲度限值和主裙楼差异沉降限值

根据《建筑地基基础设计规范》GB 50007—2011 第 8.4.22 条：带裙房的高层建筑下的整体筏形基础，其主楼下筏板的整体挠度值不宜大于 0.05%，主楼与相邻的裙房柱的差异沉降不应大于其跨度的 0.1%。

根据《超大体积混凝土结构跳仓法技术规程》DB11/T 1200—2015 第 4.1.7 条：主楼结构与裙房或地下车库结构在地下部分连成整体的基础，设计单位应进行地基变形验算，当满足下列规定之一时，可取消设置沉降后浇带：

1）主楼、裙房或地下车库的基础均采用桩基，并经计算相邻柱基不均匀沉降值小于 2L/1000，L 为相邻柱基中心距离；

2）主楼、裙房或地下车库的基础埋置深度较深，地基持力层为密实的高承载力、低压缩性土，压缩模量大，且基底的附加压力小于土的原生压力，各自的基础沉降量很小，经计算相邻柱基不均匀沉降值小于 2L/1000，L 为相邻柱基中心距离；

3）主楼基础采用桩基或复合地基，裙房或地下车库采用筏形基础的天然地基，经计算相邻柱基不均匀沉降值小于 2L/1000，L 为相邻墙、柱基中心距离。

（3）结论

C 座主塔楼天然地基条件下总沉降量、主裙楼差异沉降、基础底板挠度均满足相关设计规范限值要求；C 座主塔楼地基基础采用天然地基方案，是安全可靠、合理可行的。

C 座采用天然地基方案下，主裙楼差异沉降在跳仓法施工各阶段分析过程中均不大于 0.1%；C 座主裙楼沉降后浇带可以取消。

4 超长大体积混凝土跳仓法分仓原则

4.1 相关规范及工法支持

北京市地方标准《超长大体积混凝土结构跳仓法技术规程》DB11/T 1200—2015，第 2.1.1 条在大体积混凝土结构施工中，在早期温度收缩应力较大的阶段，将超长的混凝土块体分为若干小块间隔施工，经过短期的应力释放，在后期收缩应力较小的阶段再将若干小块体连成整体，依靠混凝土抗拉强度抵抗下一阶段的温度收缩应力。

国家标准《大体积混凝土施工标准》GB 50496—2018 第 5.1.4 条：超长大体积混凝土施工，应选用下列方法控制结构不出现有害裂缝：（1）留置变形缝；（2）后浇带施工；（3）跳仓法施工：跳仓的最大分块尺寸不宜大

于 40m（经专家论证，优化基础底板跳仓分格间距控制在不大于 50m，墙体及顶板跳仓分格不大于 40m），跳仓间隔施工时间不宜小于 7d，跳仓接缝处应按施工缝的要求设置和处理。

4.2 本工程取消温度后浇带、沉降后浇带的益处

（1）避免后浇带长期受水浸泡影响工程质量

夏季暴雨时降水量大，基坑内的雨水一般很难及时排出，这些雨水带着大量建筑垃圾与泥土流入后浇带中，这些垃圾、泥土沉积结垢在钢筋表面、混凝土表面与后浇带底部，难以清除，即使投入大量人力，也由于时间长久与底板较厚且配筋密集，无法得到有效剔除，导致后浇带处新老混凝土交接面的密实性差，后浇带处混凝土与钢筋的握裹力差，后浇带成为结构受力的薄弱环节与渗水通道。若采用跳仓法施工，相邻块 7d 后浇筑相连形成整体，则可避免后浇带长期受水浸泡影响工程质量。

（2）提前工序穿插加快施工进度

温度后浇带一般在两侧混凝土龄期达到 45d 后再封闭，同时选择施工期间内温度较低时段进行封闭，后浇带的存在影响下一步施工开展，耽误工期。后浇带将双向板断开，人为形成众多的悬挑结构，使梁、板的受力特征发生了变化，其固定端所受弯矩远大于设计值，为避免固定端产生破坏，需要长时间进行支撑，这些长时间存在的模板支撑，严重阻碍下一道工序的穿插与现场的水平运输，特别是在高支模时由于支架有高宽比的要求，往往后浇带所在处整跨的支架，在结构封顶前都不能拆除，将严重滞后工期，且长期存在的后浇带与高支模支架也是巨大的安全隐患。

4.3 施工流水段的划分

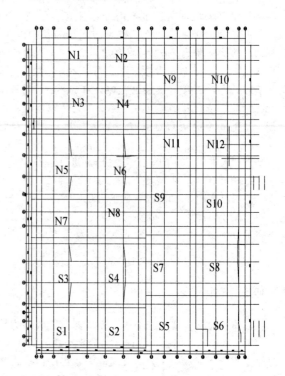

基础底板分仓尺寸

分仓名称	分仓尺寸（m）	分仓名称	分仓尺寸（m）
S1	42×22	N4	33×28
S2	33×22	N9	35×40
S3	42×41	N10	34×40
S4	33×41	N11	35×32
N5	42×42	N12	34×32
N6	33×42	S5	35×29
N7	42×23	S6	34×29
N8	33×23	S7	35×36
N1	38×22	S8	34×36
N2	33×22	S9	35×39
N3	38×28	S10	34×39

5 预拌混凝土的性能要求

根据跳仓法施工原理，在混凝土配比选择上，根据"抗"与"放"两方面综合考虑，采用优先选择低水化热水泥、控制骨料粒径、级配与含泥量，减小胶凝材料用量与用水量等方法，达到"先放后抗，以抗为主"的施工要求。为减小基础筏板及外墙混凝土开裂，基础混凝土采用单掺粉煤灰的措施，严禁掺加矿粉；外墙混凝土矿粉掺量不超过粉煤灰的1/3。

5.1 对原材料的要求

水泥：P.O 42.5级，选用中热或低热水泥品种，在配置混凝土配合比时尽量减少水泥用量，控制在220～240kg/m³，预拌混凝土生产单位的温度不应大于60℃，其3d的水化热不宜大于240kJ/kg，7d的水化热不宜大于270kJ/kg。

细骨料：中砂，选用天然或机制中粗砂，其细度模数2.3～3.0，含泥量不得大于3%，泥块含量（重量比）不大于1%。

粗骨料：碎石，选用质地坚硬，连续级配，不含杂质的非碱活性碎石，石了粒径选用5～31.5mm，粒径级配良好且连续，含泥量不得大于1%。

水：天然水，不得含有害物质，无侵蚀性，应符合国家现行标准《混凝土用水标准》JGJ 63的有关规定，用量不超过170kg/m³。

掺合料：粉煤灰，选用性能良好、各项指标符合国家标准的Ⅱ级粉煤灰，掺量为胶凝料总量的20%～40%，取消矿粉掺量，不得掺加膨胀剂。

5.2 配合比的主要参数要求

（1）实测坍落度：120～160mm。

（2）水胶比：0.40～0.45。

（3）用水量：采用高效减水剂，用水量不大于170kg/m³。

（4）氯离子及碱含量要求：最大氯离子含量0.2%，

最大碱含量3.0kg/m³。

（5）砂率：砂率控制在31%～42%。

（6）粗骨料：用量不低于1050kg/m³。

（7）按照国家现行《混凝土结构工程施工及验收规范》《普通混凝土配合比设计规程》及《粉煤灰混凝土应用技术规范》中的有关技术要求提前做好混凝土试配。

（8）严格控制混凝土原材料指标及配合比的准确性，增大混凝土掺量，取消矿粉掺量，不得掺加膨胀剂。

5.3 混凝土性能要求

基础底板采用自防水混凝土，抗渗等级要求为P10，要求采用90d龄期强度评定等级，留置120d后备试块，地下室外墙混凝土采用60d强度评定等级，留置90d后备试块。

6 跳仓混凝土施工缝留置及混凝土浇筑关键技术

6.1 施工缝留置及做法

按照跳仓法规范，分仓尺寸不宜超过40m。施工缝位置为原后浇带中间位置。现场将基础底板分为22个小流水段。跳仓施工底板与外墙、底板与底板（外墙与外墙）施工缝采取钢板防水措施，采用φ6双向方格（80mm×80mm）骨架，用20目钢丝网封堵混凝土，止水钢板骨架及钢板网上、下断开，保持止水钢板的连续贯通。顶板如相邻两施工段需同时浇筑，可在原设计施工缝处预留800mm后浇带，与邻仓混凝土浇筑间隔时间不小于7d进行混凝土后浇施工。施工缝两边混凝土要振捣密实，每次浇筑完毕后施工缝处宽500mm的混凝土表面要用人工两遍收光。

6.2 跳仓法浇筑顺序

根据工程总进度计划的安排，调整各分仓段的混凝土浇筑施工时间，以保证相邻两分仓混凝土施工时间间隔不小于7d。

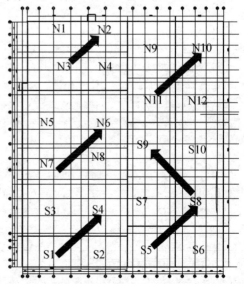

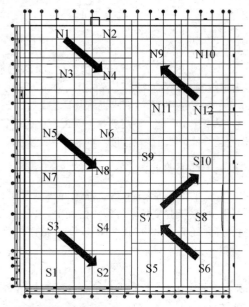

6.3 跳仓浇筑注意事项

（1）混凝土浇筑

1）底板大体积混凝土采用斜面分层法施工，水平方向平行推进，竖向采用斜向分层、薄层浇筑、自然流淌、循序推进、一次到位的连续浇筑方式，不得留施工缝。浇筑采用分层（500mm 为一层）振捣，一次完成高度、大推进的方法，坡度为 1∶6～1∶7 斜向推进。振捣顺序从浇筑层的下端开始，逐渐上移，如此循环地向前推移，振捣完后表面要压实。优先浇筑电梯基坑和集水坑部位底板，达到一定强度后（未达到初凝），沿各板块长边方向开始大面积浇筑；当电梯井井底浇筑完成后，再调头从泵管远端向近端浇筑，当电梯井底混凝土初凝前用塔吊配合料斗分层浇筑电梯井壁。

2）在浇筑基础底板时，防止在振捣过程中泌水，混凝土表面的水泥浆应分散开，初凝之前用木抹子进行 2 次压实。

3）每步错开不小于 3m，振捣时布设 3 道振捣点，分别设在混凝土坡脚，坡道中间和表面，振捣必须充分，每个点振捣时间控制在 10s 左右并及时排除泌水。

4）基础底板及楼板混凝土表面抹压不少于 3 遍。

5）顶板及墙柱采用一次性浇筑成型，墙、柱混凝土浇筑前底部应先填 5～10cm 厚与混凝土配合比相同的石子砂浆，混凝土的分层厚度应当经过计算确定，并且应当计算每层混凝土的浇筑量，用专制料斗容器称量，保证混凝土的分层准确，并用混凝土标尺杆计量每层混凝土的浇筑高度，墙柱混凝土应保证浇筑施工的连续性。在与梁板整体浇筑时，应在墙柱浇筑完毕后停歇 1～1.5h，使其初步沉实，再继续浇筑。

（2）混凝土振捣

1）振捣棒选用：采用 φ50 和 φ30 两种规格的插入式振捣棒振捣，对一般地方用 φ50 振捣棒振捣，对钢筋密集处（插筋的地方）则采用 φ30 振捣棒振捣。

2）振捣位置及方法：底板施工时，振动棒分三道布置，第一道布置在出料点，使混凝土形成自然流淌坡度，第二道布置在坡脚处，确保混凝土下部密实，第三道布置在斜面中部，在斜面上各点要严格控制振捣时间、移动距

离和插入深度。

3）振捣由有经验的工人负责，严格按照操作规程进行操作，要做到"直上和直下，快插与慢拔；插点要均匀，切勿漏插点；上下要插动，层层要扣搭；时间掌握好，密实质量佳"，振捣棒插点移动次序采用梅花法，每一振捣点从斜面下端向上移动，振捣时间一般为 20～30s，但应视混凝土表面不再出现气泡，表面泛出灰浆为准，要防止出现漏振、欠振及超振的现象。

4）注意事项：在振捣上一层时，应插入下一层 50mm 左右，振捣时注意振捣棒不允许支承在结构钢筋上，或者碰撞预埋件、模板、测温元件。

7 混凝土养护及测温管理

7.1 底板混凝土养护

大体积混凝土表面水泥浆较厚，在浇筑后要进行处理。当混凝土浇筑到设计标高时用长刮尺刮平，在初凝前用木抹子打磨压实，以闭合收水裂缝。

大体积混凝土浇筑面应及时进行二次抹压处理，不宜采用二次振捣工艺。浇筑面可用圆盘磨光机先进行收面收光处理。初凝时（脚踩下去，脚印有 4～5mm 的下陷），随即用木抹子进行抹压处理，应做到随裂随抹，抹压与喷雾养护可同时进行。二次抹压压光后，应马上进行保温保湿养护。

雨天浇筑混凝土时，应及时用塑料薄膜对混凝土浇筑面进行封盖，严禁雨水直接冲刷新浇筑混凝土。

混凝土的养护过程应满足下列规定：

（1）应有专人负责保温养护工作，并按本规程的有关规定操作，同时应做好测试记录；

（2）保湿养护的持续时间不得少于 14d（尤其是主墙部位）；

（3）保温覆盖层的去除应分层逐步进行，当混凝土的表面温度与环境最大温差小于 20℃时，可全部去除。在保温养护过程中，应对混凝土浇筑体的里表温差和降温速率进行现场监测，当实测结果不满足温控指标的要求时，应调整保温养护措施。

7.2 竖向构件混凝土养护

竖向构件使用专用混凝土节水保湿养护膜养护，整个养护周期只在摊铺时浇水一次，混凝土能始终保持均衡湿润状态，膜内温度、湿度均衡，平缓昼夜温差，有效抑制微裂缝的产生，明显提高混凝土早期强度，并且减少了洒水车的浇水次数，从根本上提高了混凝土的养护质量。

施工工艺：

（1）贴膜

混凝土拆模后，除去混凝土表面上的灰尘，将养护膜有无纺布的一面紧贴混凝土，养护膜膜与膜之间的搭接口应保留 50mm 宽；在空气干燥地区，应将养护膜搭接口用透明胶带粘贴密封，防止膜内养生水过快蒸发损失。

（2）浇水

每铺贴完一圈或一段养护膜，从纵向上搭接口处往

混凝土面缓慢均匀浇水，使膜内高分子材料充分吸水。

（3）检查吸水状态

养护膜内高分子材料吸水膨胀后，厚度达3～5mm，膜内高分子材料呈透明状；反之则水分不足，此时可从搭接口处再浇水补充，确保养护膜内高分子材料吸水充足。

（4）密封搭接口

待立面铺贴浇水完毕后，用透明胶带将养护膜浇水口密封。

图1　竖向构件贴膜养护

图2　采用新型混凝土节水保湿养护膜养护

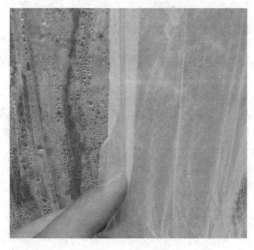

图3　养护效果

7.3　混凝土测温管理

（1）测点布置

1）监测点的布置范围以混凝土浇筑体平面图对称轴线的半条轴线为测试区，在测试区内监测点按平面分层布置。

2）在每条测试轴线上，监测点位不少于4处。

3）测温点埋设原则为：上下测点均位于距混凝土表面50mm处，中间测点位于混凝土底板厚度的中心处，保温层内测点位于覆面保湿材料下混凝土上。空气中测点位于混凝土表面以上1.5m左右的空气中（温湿度计），详见图4。

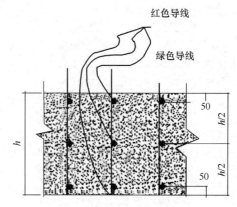

图4　测温点纵向埋设布置

4）根据现场区段划分，每区段埋设测温探头5处，每处设置3个点（混凝土上、中、下设置），棉毡下设置1个点（采用温度计测试）。

5）为了防止所埋设的测温遭到损伤或破坏，应在其他工序完工之后，混凝土浇筑之前进行埋设。在埋设有测温点的部位设置标示牌，以防止在浇捣时将其破坏。为避免混凝土在浇筑过程中测点被破坏，在铜热电阻处加设混凝土垫块保护，每个测点进行电阻平衡配线，以保证测温读数的准确性。要采取措施防止吊物或材料倒运等其他工序施工时将其损坏。

6）大气温度采用温湿仪测试，每段场地内挂设1处。

（2）测温点的埋设方法

1）测温探头必须在钢筋绑扎完毕后，按测温平面布置图埋设在规定的位置处。用ϕ16钢筋作为测温线的附着杆，并将测温线依次绑扎在钢筋上，测温线的温敏元件不得触到钢筋，导线绑扎在竖向钢筋上且对号连接接入混凝土测温仪内，在测温点处设置标识牌，注意保护，防止吊物等其他工序施工时将其破坏，振捣完成后抽出。

2）测温时将仪表、测温探头、测温线配合使用，做好测温点位的编号及温度测量记录，以便随时发现问题。

3）在浇筑混凝土时要特别注意，振动棒不得触及测温元件及其引线，绑扎在钢筋支撑上的测温线的温敏元件处于测温点位置并不得与钢筋直接接触。

（3）温度监测

混凝土浇筑后，第1d至第4d，每4h测一次，第5d至第7d，每8h测一次，第7d至测温结束，每12h测温1次。同时测出大气温度；对测出的数据应及时整理和分析，对温差超过23℃时，应及时在混凝土表面加温养护。

对混凝土的温度从浇筑起开始进行监测，包括混凝土内部温度从升温、降温、趋近于环境温度及拆除保温层，进入安全范围的全过程。测温时间原则上延续14d，但根据测温情况和气候变化情况必要时适当延长测温时间，具体根据现场情况而定。测温人员，每测完一次应立即通过项目公共信息平台报告温度情况，着重报告混凝土中心和表面、表面和环境温度之间的最大温差、混凝土降温的最大速度，每次测温温度数据收集后要及时绘制温度变化曲线，以便随时掌握温度变化情况。图中要有混凝土中心、底部和表面三种不同的温度变化曲线，测温完成后要写出分析意见。

（4）测温注意事项

1）在混凝土养护阶段，当混凝土最大温差大于 23℃时，应采取保温措施，使最大温差控制在 25℃以内。

2）结束覆盖养护或拆模后，混凝土表面以内 50mm 位置处温度与环境温度差值不大于 20℃。

3）混凝土浇筑体内相邻两测温点温度差值不大于 25℃。

4）混凝土中心部位降温速率不大于 2.0℃/d。

5）混凝土结构表面以内 50mm 位置的温度与环境温度的差值小于 20℃时，可停止测温。

7.4 测温结果分析

项目严格按照规范及方案要求进行混凝土养护，经过测温数据分析，测点温度满足上述测温要求，混凝土质量满足要求。

8 沉降观测

8.1 基准点的埋设和观测

（1）基准点的埋设原则

1）基准点的选设必须保证点位坚实稳定、通视条件好、利于长期保存和观测；

2）基准点是直接监测沉降观测点的依据，应选设在施工范围影响区以外的稳固位置，一般至少距所监测的建筑物基坑开挖深度 2.5 倍范围之外；

3）基准点分布应满足准确、方便测定全部观测点的需要，测区内基准点的个数不应少于 3 个，以保证必要的检核条件。

按照委托方提出的要求，结合施工场地现状，根据各类勘察报告，经委托方、监理、施工方同意，确定基准点的埋设区域。对于基准点的准确位置的确定应注意：

（1）参照该区域的地质剖面图，选取土层较好的位置；

（2）地形相对开阔，便于埋设；

（3）确保该位置下面无电力、光缆、燃气、上水、暖气等地下管线设施；

（4）该位置在变形观测期间内，无土方施工、降水等计划。

（2）基准点的埋设形式

本项目拟在施工区以外容易保存的区域埋设 5 个浅埋基准点，作为建筑物沉降观测的基准点。各基准点的标志中心唯一、清晰明显、埋设牢固。

（3）基准点观测及数据处理

基准点的观测精度按照《建筑变形测量规范》JGJ 8—2016 中二级变形要求进行即测站高差中误差最大为 ±0.5mm。采用精度为 0.3mm/km 的 Trimble DINI03 数字水准仪、条码水准尺，将 5 个基准点布设成为一个闭合水准路线，对控制网进行两个往返观测，测段间高差取平均，再利用"清华山维控制网测量平差软件 NASEW"对控制网进行数据处理，计算出所有基准点的高程，各项精度指标满足规范的要求后，各基准点可作为本次沉降监测的起算点。

沉降监测的基准点应每月对其高差进行 1~2 次检查，以确保基准点的稳定性。

8.2 观测点的埋设原则

在现场施工条件满足进场布点施工的时候开始进行观测点布设，观测点布设原则如下：

（1）沉降变形观测点分别布设在建筑物承重墙一般每隔 10~15m 或间隔 2~3 个结构柱上；

（2）建筑物的四角主要特征部位、结构变化处和高低错层处均需进行布设观测点；

（3）建筑物施工后浇带等主要特征部位均应布设观测点，后浇带观测点设在两侧主体柱子或底板上；

（4）框架（排架）结构的主要柱基或纵横轴线上；

（5）受堆载和振动显著的部位。

8.3 观测点的观测及数据处理

观测点的观测精度和观测方法按照《建筑变形测量规范》JGJ 8—2016 中三级变形要求。沉降观测点埋设在地上一层，观测时采用精度为 0.3mm/km 的 Trimble Dini0.3 数字水准仪、条码水准尺，将监测点布设成为一个水准闭合线路或附和线路，首次观测进行往返观测，之后观测进行单程观测。

（1）采用电子水准仪数据采集时，数据储存模块会以 Dat 格式将数据存储在仪器内存中。观测完毕后，启用程序的 DiNi 数据格式转换将".Dat"格式文件转换为需要的 Excel 格式文件。

（2）得到原始观测数据的 Excel 格式文件后，启用程序的数据检查模块，检查原始观测数据是否有误。检查内容包括：视距、视距差、视距累积差、测段视距、读数最小值、基辅差、基辅差之差、高差计算值、基尺高差与辅尺高差的均值、测段高差等，若检查有误，错误部分将会以红色显示，若检查无误，程序会自动计算往返观测的平均值。

（3）Excel 格式的数据检查无误后，启用程序的山维平差转换模块，转换出"清华山维控制网测量平差软件 NASEW"识别的".txt"格式文件。在转换时需要输入已知点坐标，可采用人工输入或文件输入两种方式。

（4）启动"清华山维控制网测量平差软件 NASEW"，导入".txt"平差文件，按照要求进行平差计算。

8.4 观测频率

首次观测时间，将以现场具有布点条件及观测条件开始，监测频率如下：

建筑物施工阶段：每 3 层观测 1 次；

结构封顶至竣工阶段：每 3 个月观测 1 次；

竣工后使用阶段：每 6 个月观测一次，直至沉降数据达到稳定标准（最后 100 天的沉降速率小于 0.010.04mm/天）为止。

本工程计划观测总次数为 12 次。

8.5 建筑物沉降报警值

建筑物设计人员根据拟建建筑物场区地质水文条件，结合建筑物本身结构特性，沉降观测的报警值一般是允许值的 80%，一旦达到或者超过允许值，我们将立即联系施工单位、监理单位以及委托单位，提出警示，以便及时采取有效措施，避免工程风险扩大。

8.6 观测结果分析

本工程进行了系统的沉降观测，从沉降观测数据来看，从基础底板至结构封顶，C 座塔楼周边沉降部分超过监测控制值 70%，均在报警值 44mm 之下。满足设计要求。

9 效果检查

经过现场施工经验，取消后浇带有以下优越性。

（1）可降低造价，节省投资，共计节约金额约 300 万元。

（2）由于大幅减少了施工程序，因此加快了施工进度，共计缩短工期约 50 天。

（3）避免在后浇带未封闭前，雨水、杂物和各种垃圾进入后浇带内，污染了后浇带并使钢筋锈蚀。清理时要花很多劳动力，特别是钢筋除锈，不但操作困难，并且不易除锈干净，影响工程质量。

（4）加快模板周转。因后浇带（指楼盖）两侧板、梁底模、支撑都不能拆除，很大一部分的模板长期无法周转，尤其是沉降后浇带几个月甚至 1~2 年无法拆除。

（5）减少钢板止水带。在建筑物地下部分的基础底板、外立墙及顶板（地下车库部分）等处的后浇带混凝土两侧均要设置钢板止水带，增加造价约 10 万元，且很难安装设置。

（6）一次浇筑，方便快捷。在后浇带混凝土浇筑时，因该处结构早已封闭，因此混凝土运输十分困难，泵送混凝土无法使用。只能采用人工运输缓慢浇筑，还要派专人养护 14d，且零星分散不好管理。若在后浇带混凝土中掺加膨胀剂，养护更困难，不仅要延长养护时间，且要有大量的水进行养护，如果养护不好使一条带变成两条缝，这种情况十分普遍，大幅影响工程质量。

（7）免受季节性影响。遇到雨季，雨水从后浇带漏入，尤其是沉降后浇带，从楼顶一直漏到地下室底板，直到地基，地下室成了大水池，严重影响工程质量。遇到冬季，后浇带封闭时，混凝土的运输、浇筑和养护问题更大，分散零星无法管理。

（8）工序提前穿插。由于沉降后浇带要求等待主体结构完成后，经沉降观察稳定时方可封闭后浇带。因此大幅影响了各类设备（水、电、空调）安装工程和各项装修（含二次结构）的插入施工，无法进行立体交错作业，极大地影响工程整体进度。

（9）避免规范不统一造成的矛盾。设计规范和施工规范对封闭施工后浇带的时间要求不同，差异甚大。设计规范原规定为 60d，后来改为 45d，而施工规范一直规定为 14d，造成了很大矛盾，不好协调解决。

（10）提高工程质量。后浇带的设置不同程度地影响工程质量的整体性，除钢筋生锈不易除锈外，在后浇带两侧的混凝土长期暴露在大气中与封闭时新浇筑的混凝土不易粘结牢固，整体性差，且垃圾杂物污染物不易清理，养护混凝土又很困难等，都严重影响整体工程质量。

（11）减少水资源浪费。由于沉降后浇带长期不能封闭，地下水（尤其是地下承压水）必须长期用泵抽水，不但要投入大量费用，并且浪费水资源。

（12）提高绿色施工。后浇带的设置不利于绿色施工，造成环境严重污染，安全隐患重重，整个建筑和现场千疮百孔，给现场运输和管理造成极大的困难。

（13）沉降后浇带的设置还大幅影响项目的现场施工。由于项目地下室面积较大，建筑外侧设置了大量的沉降后浇带，并在地下车库设置了不少沉降后浇带。在地下室顶板上面均有 2~3m 厚的种植回填土，在这些沉降后浇带未封闭前均不能回填，因此几乎整个现场场地无法平整使用，造成道路不通顺，构件无法堆放，外架不能支搭，塔式起重机无法行走运转，给整个现场施工造成了极大困难，简直无法施工。

10 效果检查

本项目"调平设计法取消超深超大基坑后浇带技术"，相比于常规设置后浇带施工，解决了后浇带清理工作困难、开裂与渗水、工序无法穿插施工等一系列问题，提高了施工质量，节约了工期，共计缩短工期约 50d，共计节约金额约 300 万元。

项目通过"调平设计法取消超深超大基坑后浇带技术"的应用，保证了节点工期的顺利完成，安全生产无事故，工程质量达到优良工程标准。

参考文献：

[1] 朱绪伟，杨鑫，卜凡国，等. 跳仓法在特大基础底板施工中的技术分析 [J]. 建筑施工，2013，35（2）：107-108.

[2] 房慧云. 超高层桩筏基础的变刚度调平设计 [J]. 城市建设理论研究（电子版），2017，（14）：85.

[3] 冯知夏，金来建，孙占军，等. 黄土地基超高层桩筏基础变刚度调平设计 [C]//中国建筑学会地基基础分会 2010 学术年会论文集，2010.

[4] 吕三权，黄海，马明磊，等. 江苏大剧院地下室底板跳仓施工及其经济效益评价 [J]. 建筑工程技术与设计，2015（7）：2351-2351+2249.

[5] 王静梅，刘文秀. 超长混凝土结构取消沉降后浇带技术的研究与应用 [J]. 施工技术，2015（3）：31-33+106.

深基坑开挖对既有地铁隧道变形影响的有限元分析

唐 文，方贤强

（福建建中建设科技有限责任公司，福建 福州 350000）

摘 要： 随着大中型城市轨道交通和地下空间的不断建设开发，有时需要在运营中的地铁隧道邻边进行深基坑开挖卸载，为保证地铁运营和基坑施工安全性，需要预先进行数值模拟分析。本文以此背景下的某深基坑施工项目为例，采用迈达斯 GTS-NX 三维数值动态模拟分析基坑开挖卸载的各种施工步骤对既有地铁隧道的影响过程，根据计算分析结果对基坑施工过程与地铁隧道结构的影响变化做出安全性评估。

关键词： 地铁隧道；深基坑；开挖卸载；安全性

0 引言

处于运营中的地铁区间隧道虽然其土层沉降已基本稳定，但其隧道结构体系为预应力管片拼装而成，整体强度和刚度相对较低，会对周边岩土体的扰动变形较为敏感[1]。尤其当基坑邻近运营地铁施工，且处于深厚软土层中，受蠕变效应及时空效应影响，在深基坑的开挖卸载和主体结构的施工期间内，必将会对邻近的地铁隧道结构产生一定的扰动[2]。城市地铁工程是影响百姓生活出行的生命线，社会影响巨大，一旦出现不良安全质量事故，会对人民造成重大直接和间接损失。

为提前预判定量评估某深基坑项目对既有地铁隧道变形产生的影响，本文采用迈达斯 GTS-NX 三维数值有限元分析基坑支护及主体结构楼板侧墙等各种施工步骤对邻近地铁隧道的影响过程，能较为准确地反映基坑施工对邻近地铁区间的真实过程和情况，根据计算分析结果对基坑施工过程与地铁隧道结构的影响变化做出安全性评估。

1 工程概况

1.1 工程简介

某项目有三层地下室，采用筏形基础。地下室基坑大致呈正方形，南、北向约 50m，东、西向约 50m，周长约 200m。基坑开挖设计深度标高为 -15.00 ~ 15.50m。基坑支护形式为 800mm 厚地下连续墙+二道混凝土支撑结构。地下连续墙兼做地下室外墙，地下连续墙外侧用 7 排直径 550mm 间距 400mm 的格栅式搅拌桩加固，搅拌桩深度 $L=11m$，地下连续墙内侧在第二道内支撑下面同样用 7 排直径 550mm 间距 400mm 的格栅式搅拌桩加固，搅拌桩搅至搅不动为止。基坑南面为地铁隧道区间，由于地铁区间隧道底标高约 -15.23m，与基坑底标高几乎在同一高程面上，且基坑支护的地下连续墙外壁与隧道的净距仅约为 8.5m，场地地层结构较差，为深厚软塑状态淤泥层。

1.2 工程地质及水文情况

据地勘报告显示，项目场地地层自上而下依次可分为：①₁ 填土、②₁ 淤泥、②₂ 粉砂、②₃ 粉土、③₁ 粉质黏土、④₁ 全风化泥质粉砂岩、④₂ 强风化泥质粉砂岩、

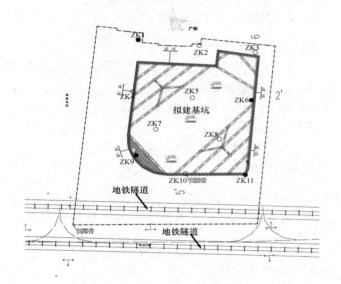

图 1 基坑与地铁区间关系平面图

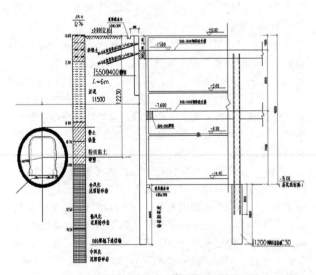

图 2 基坑支护与地铁隧道关系剖面图

⑤₁ 中风化泥质粉砂岩。地铁隧道顶面基本处于淤泥层中，但基坑底部和隧道底面则处于泥质粉砂岩的风化层中。

场区揭露的地下水主要为第四系上层孔隙水和下部基岩裂隙水，钻探时测得各孔的地下水位埋深为 1.25 ~ 1.36m。根据抽水试验，总体场地的地下水贫乏。

土层名称	重度 γ(kN/m²)	黏聚力 c（kPa）	内摩擦角 φ（°）	变形模量 E（MPa）	泊松比 μ
人工填土	17.0	10	9	8	0.38
冲积层	16.5	7	6	2	0.42
	18.0	0	25	12	0.33
	18.0	25	22	10	0.35
	19.0	20	19	25	0.32
残积层	20.0	35	25	40	0.30
全风化岩	20.0	45	26	50	0.28
强风化岩	20.5	60	28	120	0.25
中风化岩	21.0	200	32	300	0.20

岩土层物理力学计算参数　　表1

2　三维有限元数值模拟

2.1　分析模型尺寸确定

模型边界确定原则为：（1）基坑北侧为1倍基坑深度；（2）基坑东、西侧为2倍基坑深度；（3）基坑南侧为1倍隧道埋深。由此，该分析模型的尺寸为120m×120m×30m（长×宽×高）。

2.2　模型边界约束条件

模型底部约束 Z 方向位移，模型前、后面（基坑南、北侧）约束 Y 方向位移，左、右面（基坑东、西侧）约束 X 方向位移。

2.3　模型的地面附加荷载

在模型顶面除基坑开挖范围内，考虑20kN/m²地面大面积活动荷载。

2.4　模型采用的地层结构性质

项目场地地层厚度分别为：2.5m杂填土、9m淤泥、1.2m可塑粉质黏土、1.5m硬塑状粉质黏土、2m全风化岩、5m强风化岩、10m中风化岩。

2.5　模型中确定的地下水的定义

地下水分两种情况定义：（1）地下水在自然水位及地表以下1m，基坑开挖过程地下水位不下降。（2）地下水随基坑开挖到底时最大降深为地面以下5m。

2.6　施工动态过程的模拟

（1）先对场地进行初始地应力分析，然后开挖隧道，再对位移进行清零。

（2）假设忽略单幅地下连续墙成槽施工对隧道的影响，主要影响分析土方开挖、内支撑施工、地下室结构回筑的拆撑过程。

因此，可将基坑与主体结构施工的过程分成六个步骤[3]：

步骤一：土方开挖到冠梁底标高，施工第1道内支撑；

步骤二：土方开挖到腰梁底标高，施工第2道内支撑；

步骤三：土方开挖到基坑底标高；

步骤四：施工地下室底板；

步骤五：负3层楼板施工，拆除第2道支撑；

步骤六：负2层楼板施工，拆除第1道内支撑。

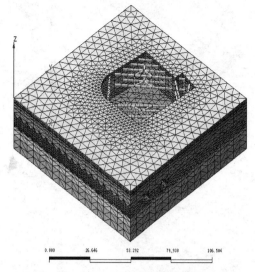

图3　整体分析模型

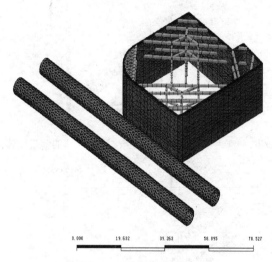

图4　三维等轴侧视图

3　安全性评估分析

本模型分析了基坑施工过程对隧道的附加水平位移（DXY）、竖线下沉位移（DZ）和总位移（DXYZ）。最大附加位移图如下。

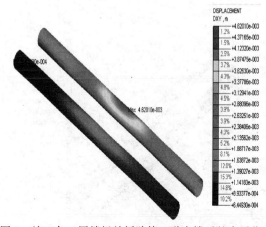

图5　施工负三层楼板并拆除第二道支撑后的水平位移

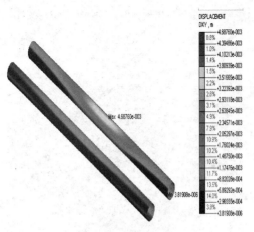

图 6　坑外水位下降 5m 后隧道水平位移

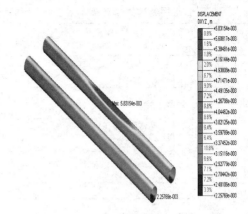

图 10　坑外水位下降 5m 后步骤六下隧道位移

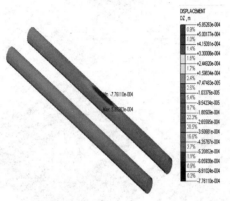

图 7　施工负三层楼板拆除第二道支撑后的垂直位移

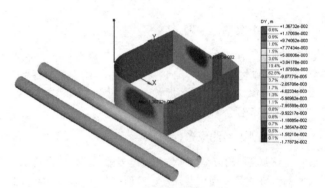

图 11　拆除第二道支撑隧道侧地下连续墙沿
Y 方向位移等色图

图 8　坑外水位下降 5m 后隧道垂直位移

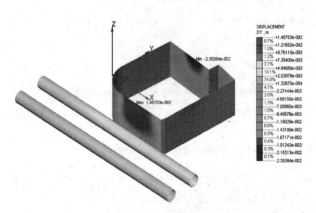

图 12　拆除第一道支撑隧道侧地下连续墙沿
Y 方向位移等色图

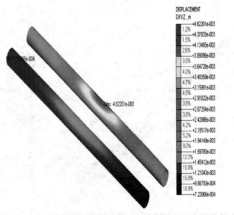

图 9　施工负三层楼板并拆除第二道支撑后隧道结构位移

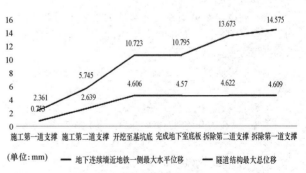

图 13　地下连续墙和隧道结构位移变化规律曲线图

最大位移变化汇总表（mm）　　表2

计算步骤	地铁隧道结构最大位移			地下连续墙近地铁一侧最大位移
	水平位移	竖向位移	总位移	水平位移
第一次土方开挖并施工第一道支撑	0.735	−0.215	0.753	2.361
第二次土方开挖并施工第二道支撑	2.637	−0.429	2.639	5.745
第三次土方开挖至基坑底	4.605	−0.738	4.606	10.723
完成地下室底板	4.569	−0.759	4.570	10.795
完成负三层楼板并拆除第二道支撑	4.621	−0.761	4.622	13.673
完成负二层楼板并拆除第一道支撑	4.607	−0.760	4.609	14.575
坑外水位下降5m完成负二层楼板并拆除第一道支撑	4.688	−4.788	5.831	11.785

4 结论与建议

（1）该深基坑开挖卸载和主体结构施工期间对邻近地铁隧道结构引起的变形和位移量均比较小，未达到相关地铁保护规范条例中的警戒值。由此，可初步预判本基坑施工过程与地铁隧道均是安全可靠的。

（2）基坑外水位在自然水位不下降的情况下，隧道垂直位移仅有−0.760mm；而当坑外水位下降到−5m时，隧道的沉降达到了−4.788mm。由此，可看出坑外地下水位下降是影响隧道沉降变形的重要因素，所以对坑外水位严格控制至关重要。

（3）从计算分析结果上看，在进行步骤三和步骤五施工时，隧道结构位移变化是明显增大的。因此，在进行步骤三土方开挖和步骤五拆撑施工的速度和顺序上要格外重视，杜绝施工工效、工序不当等不良情况的发生，以免对基坑和隧道结构造成不利因素。

（4）为减少地下连续墙成槽施工过程中对邻近的隧道结构可能会造成的附加影响，可在设计文件中明确根据相关地铁保护条例要求邻近地铁侧的地下连续墙施工不得使用冲孔及爆破施工工艺，建议使用双轮铣成槽施工。

（5）必要时可建议采用盆式开挖法，这样可减少无支撑支护状态的时间，因为留存的地下连续墙内侧的反压土坡，可部分抵消支护结构后方土压力造成的变形。

（6）考虑到深厚软土层的蠕变时空效应及施工场地周边环境的复杂性，在基坑开挖和内支撑施工的时效上必须要保证及时性，同步要做好基坑降排水、围护结构及场地周边环境的变形监测等相关工作，可根据监测信息调整施工方案和施工工况，做到信息化施工[4]。

参考文献：
[1] 岩土工程勘察规范 GB 50021—2001[S]. 北京：中国建筑工业出版社，2004.
[2] 陈志平，林本海. 两明挖隧道基坑先后开挖对其下地铁隧道的影响评价[J]. 华南地震，2014，34(1)：63-69.
[3] 张玮鹏，刘锡儒. 基坑施工对邻近地铁隧道影响分析[J]. 住宅与房地产，2017(17)：242.
[4] 刘锡儒，林本海. 深大基坑分区开挖卸载对地铁隧道的影响分析[J]. 建筑监督检测与造价，2015，000(006)：P.14-19.

超大直径盾构机穿越高架桥加固施工技术

寇新涛，朱士齐

（中铁十四局集团第四工程有限公司，山东 济南 250000）

摘　要： 随着城市地铁的发展，盾构机在城市地铁施工中应用越来越普遍，大直径盾构机，超大直径盾构机竞相出现，盾构施工过程中穿越既有建筑物的情况越来越多，如何对既有建筑物加固，保证既有建筑物的安全，节约材料成本，成了一个新的研究方向。本篇结合济南黄河隧道工程 15.76m 超大直径盾构穿越北绕城高速高架施工，展示高架桥加固施工工艺。

关键词： 超大直径盾构机；穿越；高架桥加固

0　工程概况

济南黄河隧道工程起点位于济南市天桥区济泺路与泺安路交叉口北侧，终点位于济南市先行区梅花村西北连接 G309 国道。隧道为共轨合建段隧道，上部三车道公路，下部为规划 M2 线地铁和综合管廊，隧道长 2519m，隧道外径 15.2m，为首条跨越黄河的大直径盾构隧道，被誉为"万里黄河第一隧"。穿越处北绕城高速高架设计双向四车道，桥梁宽度 24.5m，设计荷载：汽超－20 级，挂－120 级，穿越处为 31＋45＋31m 三跨预应力连续刚构桥，边跨桩长 38m，主跨桩长 30m，桩径 1.5m，为摩擦桩。黄河隧道西线、东盾构分别从高架桥中跨、东跨下平面正交穿越，其中东线隧道距离桩基最小净距约 3.91m，详见图 1、图 2。

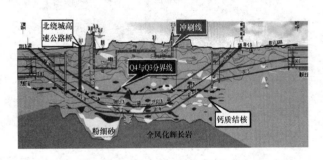

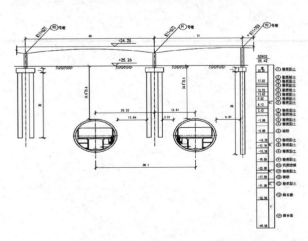

图 1　盾构隧道与北绕城高速高架关系图

图 2　北绕城高速高架

1　工程地质及水文条件

1.1　工程地质

根据地勘资料，地层自上而下依次涉及地层有：①路基填土及路面层；②亚砂土、亚黏土相变层，软塑为主局部可塑—硬塑；③亚黏土、黏土层，可塑—硬塑，局部软塑；④亚黏土、黏土，可塑—硬塑，含姜石及姜石混黏性土透镜体；⑤亚黏土、亚黏土混砂、亚黏土含姜石、砂相变层，可塑—硬塑，含姜石、砂，分布不均；⑥黏土、亚黏土，可塑—硬塑，夹中砂及中粗砂薄层；⑦黏土混姜石、卵砾、亚砂土、砾砂、中粗砂、亚黏土相变层，可塑—硬塑，稍密—中密；⑧中粗砂混黏土，硬塑，夹薄层亚砂土。

1.2　水文条件

工程区地下水主要分布在第四系地层中，地下水类型为孔隙潜水，水位埋深 0.94～11.31m，相应高程 22.50～23.95m。含水层主要为粉土、粉砂层。地下水补给来源主要为大气降水及河水，孔隙潜水排泄以蒸发、开采、侧向径流为主。

2　地下管线及周边建筑物

目前已知高压旋喷桩施工区域底部 1.3m 深处有南北向弱电管及 10kV 电力管，施工前对施工区域内地下障碍物予以清理，管线迁改时，产权单位人员进行现场监护。

施工区域北象限为黄河大堤、南象限为既有市政道路，东南西南象限为居民区和商铺，东西象限为北绕城高速高架。

3 施工准备

施工准备主要包含：交通导改（制定导改方案对接交警大队汇报审批）；用地准备（对接高架桥运管单位、黄河航务局、河务局，市政园林局办理用地手续，对接自来水公司，联通公司办理管线迁改手续）；技术准备（设计方案、施工方案专家评审，开工报告、安全技术交底等）；材料设备准备（散装水泥、水泥罐、水泥浆搅拌设备、矮正循环钻机、矮高压旋喷钻机、注浆机、挖掘机等）；临电、临水布置。

4 主要施工方法及工程量

根据济南黄河隧道穿越北绕城高速公路桥实际情况，综合考虑桥桩与隧道之间的关系、工程地质、超大直径隧道及盾构机动力等情况，并参考国内相关工程经验及成果，制定出采用隔离桩、高压旋喷桩桩、钢花管注浆和混凝土冠梁连梁的联合使用的施工方法，保证加固土体无侧限抗压强度为 0.8MPa。具体加固方式见图 3，工程数量如表 1 所示。

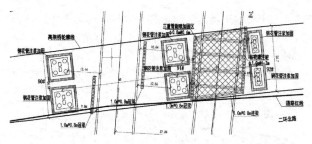

图 3 加固方式图

北绕城高速高架加固工程数量　　表 1

序号	项目	单位	数量	备注
1	φ800mm@600mm 三重管高压旋喷桩	实桩 m	4032.00	
2		空桩 m	30374.40	
3		体积 m³	2026.70	
4	φ1000mm@1200mm 钻孔灌注桩	实桩 m	2856.00	
5		体积 m³	2243.10	
6		钢筋 t	448.62	
7	1000mm×800mm 冠梁	m³	107.84	
8	1000mm×800mm 连梁	m³	86.32	
9	φ42mm 钢花管	管长 m	14472.00	
10		注浆体积 m³	5374.39	

高架桥下加固围护桩共 68 根，直径均为 φ1000mm，间距 1.2m，桩长 43~43.8m。东侧盾构隧道顶采用 φ800@600 高压旋喷桩进行土体加固，加固厚度 3m，加固区

范围沿两排钻孔灌注桩内侧进行加固，宽 18.48m，加固区长 25m。桩底标高在地面以下−24.8~25.6m。在盾构穿越段两侧 90 号、91 号、92 号墩承台四边外 1m 间隔进行钢花管注浆加固，加固宽度 0.8m。钢花管注浆加固顶标高位于地面以下 10m 处，其中 90 号、91 号墩承台四周注浆区段长 26m，92 号墩承台四周注浆区段长 34m。钢花管注浆通过压力注浆机把水泥浆或其混合浆液由钻孔（钢花管、锌管）注入地层内部（空隙、间隙、裂隙或空洞等）。桩基顶部设置冠梁 81m，尺寸 1m×0.8m，91~92 号墩之间东西两侧联梁设置 6 道连梁长度 110.67m，尺寸 1m×0.8m。施工监测一项，监测项目地表沉降、桥梁墩台竖向位移、墩台顶水平位移、桥梁桥墩倾斜。

设计单位采用 Midas GTS/NX 有限元软件模拟建立三维有限元计算模型（图 4），选择地层范围为：隧道结构外左右两侧范围取 5 倍左右洞径，即模型 X 向范围为 158m；区间隧道结构底板下方约取 5 倍洞径，即模型 Z 向范围为 75m；模型尺寸为：$X×Y×Z=$长×宽×高$=$158m×100m×75m。模型如图 4 所示。

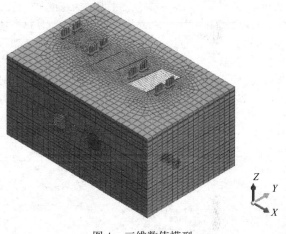

图 4 三维数值模型

采用有限元软件 Midas/GTS，对工程的施工进行全过程的仿真模拟，按照西线盾构隧道先施工，东线盾构隧道后施工的顺序，其过程分为十三个工况。工况一：位移清零；工况二：西线盾构掌子面位于北侧桥墩中心线北侧 16m 外；工况三：西线盾构掌子面位于北侧桥墩中心线处；工况四：西线盾构掌子面位于南、北侧桥墩中心线处；工况五：西线盾构掌子面位于南侧桥墩中心线处；工况六：西线盾构掌子面位于南侧桥墩中心线南侧 20m 处；工况七：西线贯通；工况八：东线盾构掌子面位于北侧桥墩中心线北侧 16m 处；工况九：东线盾构掌子面位于北侧桥墩中心线处；工况十：东线盾构掌子面位于南、北侧桥墩中心线处；工况十一：东线盾构掌子面位于南侧桥墩中心线处；工况十二：东线盾构掌子面位于南侧桥墩中心线南侧 20m 处；工况十三：东线贯通。

通过仿真模拟，高架桥未采取加固措施在工况十、十二时竖向沉降最大达到 8.15mm，工况十二时横隧道水平位移达到 3.37mm，达到或者接近《城市桥梁养护技术规程》中的水平位移和相邻墩台差异沉降的预警值。仿真模拟高架桥加固后，各工况均沉降、位移均未达到预警值。

5 施工工艺

5.1 钻孔灌注桩施工

东线盾构隧道距桥桩水平净距仅 3.91m，在桥梁桩基与隧道交叉位置全长设置两排 $\phi1.0m@1.2m$ 隔离桩，数量 41 根。西线盾构隧道距桥桩水平净距较大，在桥梁桩基和隧道交叉位置部分设置两排 $\phi1.0m@1.2m$ 隔离桩，数量 27 根。

（1）钻孔灌注桩施工流程

施工准备→测量放样→护筒埋设→制备泥浆→钻机就位→钻进成孔→清孔→钢筋笼验收下钢筋笼→下导管→二次清孔→灌注混凝土→拔导管→截桩头→无损检测。

（2）施工要点

本工序施工要点为钢筋笼分节加工和吊装，钢筋笼加工前需要根据桩长划分钢筋笼分节，底节长度 5m，下端主筋平齐，上端长短筋错开不小于 35d，且不小于 500mm，施工过程中取 875mm；中间节为标准节，总长 5m，长短筋错开不小于 875mm；首节为调节节，根据具体桩长设置。钢筋笼吊放：钢筋笼吊装采用钻机吊装架起吊下放，钢筋笼分节吊装下放对接，由于钢筋笼离桩底均有一定的距离，待第一节钢筋笼下放到护筒顶时调整钢筋笼位置，并用槽钢将钢筋笼固定，起吊第二节钢筋笼，对接后套筒连接，钢筋笼主筋连接接头按 50% 错开布置，接头错开长度不小于 875mm，将钢筋笼下放到设计标高，用 $\phi10cm$ 钢管作为扁担，待混凝土浇筑完毕 8h 后，将扁担撤出。

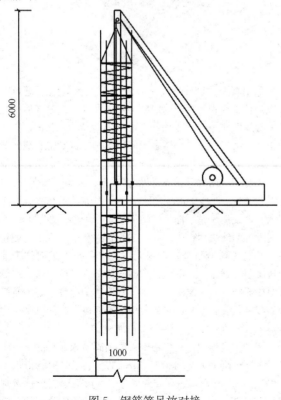

图 5　钢筋笼吊放对接

5.2 高压旋喷桩加固土体施工

东线盾构顶上方 3m，采用高压旋喷桩加固。

（1）工艺流程

施工准备→测量放样→钻机就位→钻井成孔→清孔（置换清渣）→移钻→制备水泥浆→插入高喷管→高喷作业→回灌→挪钻机。

（2）施工注意事项

高压旋喷土体加固在市政工程中应用比较普遍，施工工艺较常规，本篇仅对试桩做重点叙述。

图 6　高压旋喷施工加固土体

施工前对现场土进行取样，做好室内配合比选出合理配合比进行试桩。通过试桩确定水泥掺量、水灰比、下沉速度、提升速度、注浆压力、注浆流量、转速、28 天无侧限抗压强度等参数，试桩不少于 3 根，位置尽可能分散且具有代表性。

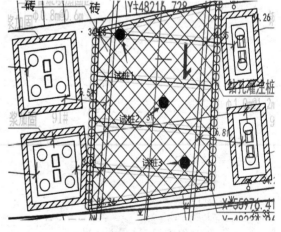

图 7　试桩位置

5.3 高架桥基础钢花管注浆加固

为保证桥基础稳定，在 90 号、91 号、92 号桥墩地表四周采用 $\phi42$ 钢花管预注浆加固，加固深度从地表下方 10m 到原桥桩下方 3m。

（1）施工工艺

场地平整→孔位放样→钻机就位→钻孔→安装钢花管→封孔→注浆→强度检测。

（2）施工中注意事项

在正式注浆前需要进行试桩试验，选择 3m×3m 孔排成块，通过试验确定注浆压力、注浆量、水灰比、复灌次数、注浆流量等参数。注浆需要跳孔注浆，由四周到内部逐圈注浆，切不可铺开依次注浆。

图 8　钢花管注浆加固

5.4　冠梁及联梁施工

（1）工艺流程

施工按照沟槽开挖→桩头破除，桩基检测→测量放线→垫层浇筑→钢筋制作安装→预埋件安装→钢筋验收→模板安装→模板验收→混凝土浇筑→拆模→养护。

（2）注意事项

冠梁底标高以上 15～30cm 采用人工开挖。开挖时应由现场技术人员亲自指挥开挖，严禁私自开挖防止破坏地下管线。司机及现场领工应保持高度敏感心理，如遇见开挖不正常情况时立即通知现场技术人员，待查明问题原因后再进行开挖。土方开挖前应观察作业范围内的测量监测点位等，如作业范围内有不可避免的测量点位时立即通知现场技术人员，由现场技术人员决定如何施工作业或者不进行作业。

5.5　施工监测方案

（1）监测项目

超大直径盾构机掘进参数调整是以监测的数据变化为依据的，施工过程监测尤为重要。需要对地表沉降、桥梁墩台竖向位移、墩台顶水平位移、桥梁桥墩倾斜四个项目进行监测。

（2）监测点布置

选取北绕城高速高架桥 89 号、90 号、91 号、92 号、93 号桥墩进行监测，监测点布置见图 9 中监测点布设位置。对 89 号、90 号、91 号、92 号、93 号桥墩，每个桥墩布置 2 个平面位移点、1 个倾斜监测点、1 个沉降监测点。平面位移监测点布设在桥墩墩顶两端，采用监测棱镜，在 89 号、93 号桥墩设置方向控制点，并在合适的位置设置强制对中墩。一共布设 10 组桥梁墩台竖向沉降位移监测点、10 组墩台顶水平位移监测点、10 组墩台倾斜监测点，桥梁墩台竖向位移监测点采用 L 形沉降观测点预埋件埋入桥梁墩台内或在桥梁墩台外表面贴沉降观测贴纸，墩台顶水平位移监测点在桥墩上部表面贴徕卡反射片。

（3）监测频率

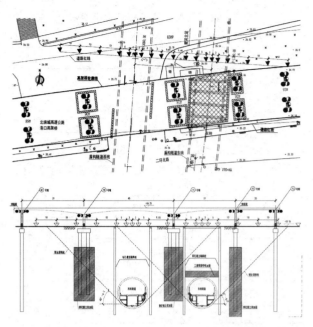

图 9　高架桥 89～92 号桥墩监测点布置图

掘进面前后＜20m 时测 1～2 次/d，掘进面前后＜50m 时测 1 次/2d，掘进面前后＞50m 时测 1 次/周，如遇特殊情况如监测数据达到报警值、监测数据变化量较大或者速率过快等，应加强监测，提高监测频率，以上监测均需要记录，并出具书面报告。

5.6　加固效果分析

对济南黄河隧道穿越北绕城高架桥工程施工阶段施工监测，十三个工况下桥梁第 89～92 号桥墩基础附加变形结果统计见表 2～表 7。

89～92 号墩累计竖向变形数值统计表　　　表 2

墩号	89 号墩	90 号墩	91 号墩	92 号墩
工况二	−0.33	−0.21	−0.43	−0.50
工况三	−0.37	−0.22	−0.54	−0.60
工况四	−0.38	−0.32	−0.66	−0.71
工况五	−0.39	−0.38	−0.74	−0.81
工况六	−0.43	−0.42	−0.78	−0.82
工况七	−0.46	−1.45	−0.95	−0.89
工况八	−0.59	−1.56	−1.28	−0.96
工况九	−0.75	−1.74	−1.56	−1.35
工况十	−0.81	−1.80	−1.79	−1.38
工况十一	−0.91	−2.05	−2.00	−1.46
工况十二	−0.95	−2.12	−2.11	−1.66
工况十三	−1.05	−2.32	−2.49	−2.03

89～92号墩顺隧道向累计水平变形数值统计表 表3

墩号	89号墩	90号墩	91号墩	92号墩
工况二	0.37	0.13	0.18	0.33
工况三	0.45	0.33	0.36	0.38
工况四	0.55	0.38	0.42	0.63
工况五	0.42	0.66	0.53	0.83
工况六	0.61	0.96	0.78	1.04
工况七	0.73	1.07	0.87	1.29
工况八	0.79	1.12	0.95	1.40
工况九	0.92	1.28	1.33	1.48
工况十	0.99	1.35	1.42	1.52
工况十一	1.13	1.49	1.52	1.63
工况十二	1.19	1.56	1.77	1.71
工况十三	1.22	1.62	1.79	1.80

89～92号墩横隧道向累计水平变形数值统计表 表4

墩号	89号墩	90号墩	91号墩	92号墩
工况二	0.34	0.14	0.51	0.46
工况三	0.36	0.49	0.74	0.59
工况四	0.38	0.62	0.85	0.72
工况五	0.68	0.82	0.99	0.80
工况六	0.87	1.01	1.19	0.90
工况七	0.89	1.07	1.18	1.09
工况八	0.91	1.25	1.3	1.34
工况九	1.10	1.48	1.34	1.47
工况十	1.11	1.46	1.46	1.54
工况十一	1.19	1.81	1.48	1.75
工况十二	1.27	1.85	1.53	1.78
工况十三	1.36	1.92	1.65	1.90

89～92号墩竖向变形数值统计表 表5

墩号	89号墩	90号墩	91号墩	92号墩
工况三	-0.03	-0.01	-0.08	-0.06
工况四	0.00	-0.06	-0.03	-0.06
工况五	-0.01	-0.01	-0.03	-0.03
工况六	-0.01	-0.01	-0.02	0.00
工况七	-0.02	-0.02	-0.10	-0.05
工况八	-0.07	-0.05	-0.09	-0.03
工况九	-0.04	-0.04	-0.08	-0.27
工况十	-0.06	-0.06	-0.23	-0.04
工况十一	-0.07	-0.07	-0.05	-0.03
工况十二	-0.11	-0.04	-0.19	-0.02
工况十三	-0.07	-0.16	-0.16	-0.10

89～92号墩顺隧道向水平变形数值统计表 表6

墩号	89号墩	90号墩	91号墩	92号墩
工况三	0.03	0.15	0.14	0.04
工况四	0.07	0.04	0.04	0.13
工况五	0.07	0.16	0.06	0.16
工况六	0.13	0.13	0.24	0.13
工况七	0.07	0.07	0.04	0.14
工况八	0.05	0.04	0.09	0.06
工况九	0.03	0.03	0.25	0.05
工况十	0.07	0.07	0.09	0.04
工况十一	0.10	0.10	0.07	0.06
工况十二	0.04	0.04	0.14	0.04
工况十三	0.01	0.04	0.00	0.04

89～92号墩横隧道向水平变形数值统计表 表7

墩号	89号墩	90号墩	91号墩	92号墩
工况三	0.01	0.22	0.11	0.09
工况四	0.00	0.09	0.07	0.07
工况五	0.14	0.14	0.03	0.03
工况六	0.16	0.16	0.06	0.06
工况七	0.01	0.01	0.02	0.16
工况八	0.00	0.06	0.05	0.10
工况九	0.02	0.02	0.01	-0.03
工况十			0.12	0.07
工况十一	0.05	0.05	0.01	0.10
工况十二	0.05	0.05	0.01	-0.03
工况十三	0.04	0.03	0.08	0.10

由表2～表7可以看出：

（1）盾构施工完成后，对89～92号桥墩竖向变形影响幅度相似，桥梁产生最大累计竖向变形量为-2.49mm，出现在91号墩。

（2）盾构施工完成后，对89～92号桥墩顺隧道向水平变形影响幅度相似，桥梁产生最大累计水平变形量为1.79mm，出现在91号墩。

（3）盾构施工完成后，对89～92号桥墩横隧道向水平变形影响幅度相似，桥梁产生最大累计水平变形量为1.81mm，出现在90号墩。

（4）盾构施工过程中，对89～92号桥墩竖向变形影响幅度相似，桥梁产生最大竖向变形量为-0.27mm，发生在施工工况九情况下92号墩体。

（5）盾构施工过程中，对89～92号桥墩顺隧道向变形影响幅度相似，桥梁产生最大顺隧道向变形量为0.25mm，发生在施工工况九情况下91号墩体。

（6）盾构施工过程中，对89～92号桥墩横桥向变形影响幅度相似，桥梁产生最大横隧道向变形量为

0.22mm，发生在施工工况三情况下 90 号墩体。

（7）经计算，盾构施工过程中，对 89～92 号桥墩产生最大附加差异沉降量为 1.27mm，发生在施工工况十三。

6 结束语

通过济南黄河隧道工程超大直径盾构机穿越高架桥加固技术，对济南北绕城高速高架桥进行加固，有效控制超大直径盾构机穿越高架桥时高架桥不均匀沉降，沉降量、水平位移变化量满足城市桥梁养护沉降量的要求，保证了高架桥的运营安全，为类似工程施工提供了借鉴。

参考文献：

[1] 济南市济泺路穿黄隧道穿越北绕城（济广）高速公路工程涉路部分设计方案 201911，中铁第四勘察设计院集团有限公司。

[2] 中华人民共和国住房和城乡建设部. 建筑地基基础工程施工质量验收标准 GB 50202—2018[S]. 北京：中国计划出版社，2018.

[3] 中华人民共和国住房和城乡建设部城市桥梁养护技术标准 CJJ 99—2017[S]. 北京：中国建筑工业出版社，2018.

超浅埋暗挖下穿既有市政道路施工技术

朱士齐， 袁晓龙

（中铁十四局集团第四工程有限公司，山东 济南 250000）

摘　要： 目前多数城市受地面交通影响，新建市政道路管沟采用明挖法下穿既有市政道路已逐渐行不通，随之暗挖施工应运而生。本文以济南市中央商务区天辰路雨水沟暗挖下穿奥体西路为例对该施工技术予以介绍，综合运用管线保护、超前支护、初期支护、监控量测、初支背后注浆等技术手段，安全实现了浅埋暗挖下穿既有道路。

关键词： 超浅埋；浅埋暗挖；下穿；既有市政道路

0　引言

天辰路雨水沟为济南市中央商务区主要泄洪沟之一，收集道路及周边小区雨水，雨水沟由西向东最终穿过奥体西路接入大辛河。奥体西路为既有市政道路，车辆正常通行，车流量较大，道路下方管线密集，经多方考量，本工程不适合采用明挖法，需采用浅埋暗挖法下穿奥体西路。

1　工程概况

天辰路雨水沟过奥体西路暗挖段长为80m，覆土厚度 H 约4.4m，结构跨度 D 为5m，$H/D=0.88<1.5$，为超浅埋隧洞。结构采用拱形断面（图1），奥体西路以西段雨水沟为明挖钢筋混凝土框架箱涵（1～4.5m×2.5m）。奥体西路管线分布密集，沿道路横断面分布有雨水、电力、热力、燃气等11种管线，暗挖风险大，对地表沉降和管线变形要求高。

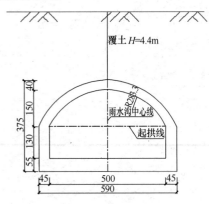

图 1　暗挖段断面图

2　场地工程环境

暗挖段主要位于奥体西路下方，进口位于奥体西路西侧，周边为平坦空旷场地，无周边建筑物和管线。奥体西路东侧为中建五局、天齐置业施工工地，暗挖段上方为天齐置业的二层临时板房。奥体西路东半幅由于受地面建筑工地渣土车、混凝土搅拌运输车等重型车辆进出影响，对暗挖施工影响较大。

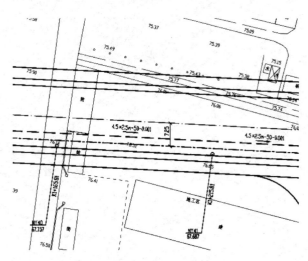

图 2　暗挖段周边环境

2.1　管线种类

奥体西路含11种，19道管线，分别为污水、天然气、给水综合、交通信号、路灯、雨水、电信综合、军用通信、电信综合、供电、热力。

管线列表　　　　表1

序号	管线名称	材质	管径（mm）	埋深（m）
1	热水	钢	1000	2.5
2	热水	钢	1000	2.5
3	给水	铸铁	300	2.2
4	路灯	铜	400×200	0.6
5	交通信号	铜	400×200	0.6
6	雨水	混凝土	1800	3.61
7	污水	PVC	600	3.22
8	供电	钢	750×600	1.86
9	交通信号	铜	100	0.81
10	电信综合	铜	200×200	1.74
11	军用通信	铜	200×200	1.74
12	电信综合	铜	300×200	1.72
13	雨水	混凝土	1000	3.06
14	雨水	混凝土	300	0.92

续表

序号	管线名称	材质	管径（mm）	埋深（m）
15	路灯	铜	400×200	0.63
16	交通信号	铜	400×200	0.63
17	给水	铸铁	500	1.87
18	天然气	钢	326	1.49
19	污水	PVC	600	3.57

2.2 管线控制标准

燃气管道：经与燃气公司沟通，控制变形量 5cm。

热力管道：经与热力公司沟通，控制变形量 3mm。

雨污水管：经与市政设计院沟通，控制变形量为 1.5cm。

交通信号、路灯、电信综合、军用通信等线缆：控制变形量为 2cm。

给水管道：经与自来水公司沟通，给水管道为承插连接，管材较脆，变形控制较为严格，控制变形量为 5mm。

2.3 奥体西路断面图

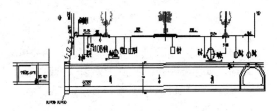

图3 暗挖纵断面图

3 水文、工程地质条件

3.1 水文地质条件

根据勘测报告中场区内地下水位测量和场地调查、周边地下水资料，拟建暗挖段无水。

3.2 工程地质条件

暗挖段洞身开挖高程范围位于 67.179～71.499m，根据勘探资料，与暗挖段有关地层如下：

（1）填土（含道路结构层）：层底深度 0～2m，层底标高 69.98～75.85m。

（2）黄土：层底深度 2～3.4m，层底标高 68.58～69.98m。

（3）粉质黏土：层底深度 3.4～9m，层底标高 62.98～68.58m。

4 主要施工方法

4.1 总体施工思路

暗挖段施工前，洞外路面加铺 2cm 厚钢板进行应力扩散，洞身采用大管棚超前支护。进洞后采用先支护后开挖、短进尺、快封闭、勤量测的原则进行施工控制，大管棚末端剩余 1m 时，改用小导管进行超前支护。通过对隧洞开挖线周围土体进行加固，形成整体拱形支护壳体。洞内开挖时，采取针对性的辅助措施控制沉降、防止坍塌，保护奥体西路管线及交通安全。

4.2 超前大管棚

大管棚采用 φ108mm 热轧无缝钢管，壁厚 6mm，22 根/环，环向间距 40cm，每根长度为 15m，仰角 1°～2°，方向与路线中线平行。套拱宽 1.2m，高 0.55m，套拱内设置 4 榀全环 I20a 型钢钢架，间距 0.3m。

（1）套拱施工

大管棚施工前应首先施作 C30 混凝土套拱，套拱在衬砌外轮廓以外，紧贴掌子面施作，套拱纵向长度为 1.2m，厚度为 0.55m，套拱内埋设四榀 I20a 工字钢，工字钢上焊接 φ152mm 孔口管为导向管，保证孔口管环向中心间距为 40cm。

套拱基础必须置于稳定基础或具有足够的承载力，必要时进行加深或加固处理。套拱施工前，应先施作管棚施工作业平台以上型钢钢架。超前管棚断面图见图 4。

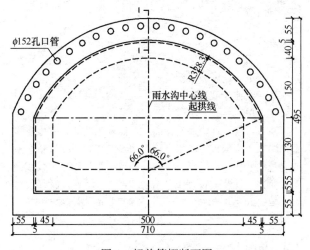

图4 超前管棚断面图

孔口管作为管棚的导向管，它安设的平面位置、倾角的准确度直接影响管棚的质量。在安装前用 GPS 在工字钢架上定出其平面位置；用水准尺配合坡度板设定孔口管倾角后，在工字钢架与孔口管间垫小钢板并焊牢靠，孔口管采用 HRB400φ25 钢筋将其固定。孔口管纵向布置见图 5。

在孔口管安装完成后进行支撑体系搭设和内外模安装，模板采用钢模及木模组合，待自检合格后报监理工程师验收，验收合格后进行混凝土浇筑，浇筑后按要求进行养护。

（2）大管棚钻孔注浆

1）大管棚钻孔

搭钻孔平台安装钻机，开钻前首先从左向右对孔口进行编号，并用红油漆写在套拱上。钻机要求与已设定好的孔口管方向平行。钻孔时按编号施工顺序从低孔开始，由两侧往中间方向对称进行施工，钻孔时钻机距工作面的距离一般情况下应不小于 2m。钻孔结束时，用钻杆配合钻头进行反复扫孔，清除浮渣，确保孔径、孔深符合要

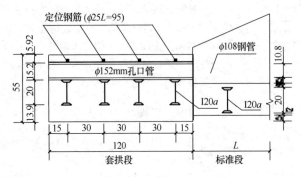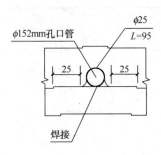

图5 孔口管布置图

求，防止堵孔。用高压风从孔底向孔口清理钻渣。

2）大管棚注浆

管棚顶进后即在棚管端头焊接止浆板，止浆板采用5mm厚钢板制作，中间焊有 $\phi20$ 注浆管，管口拉丝2cm，以备连接止浆阀。

安装好棚管后使用锚固剂将孔口管及棚管间缝隙封闭住，达到强度后方可进行孔内注浆，注浆压力初压0.5～1MPa，终压2.0MPa，注浆前备足止浆阀。

注浆材料：水泥浆；当围岩破碎、地下水发育时，为调凝需要，可部分采用水泥-水玻璃双液浆，要求浆液强度等级不小于M10。

单孔注浆结束标准：①注浆压力逐步升高，达到设计终压后并稳压一定时间；②注浆量不小于设计注浆量80%；③进浆速度为开始进浆速度的1/4。

止浆阀待浆液凝固后卸下，清洗后循环使用。注浆时先灌注"单"号孔，再灌注"双"号孔。

注浆过程中压力突然升高，可能发生堵管，应停机检查；注浆进浆量很大，压力长时间不升高，则应调整浆液浓度及配合比，缩短凝胶时间，进行小量低压力注浆或间歇式注浆，使浆液在裂隙中有相对停留时间，以便凝结，但停留时间不能超过混合浆的凝胶时间，才能避免产生注浆不饱满。

4.3 超前小导管

$\phi42$ 超前注浆小导管：在拱部132°范围设置，环向间距为0.3m，每1.2m一环，3.5m/根，倾角10°～15°。在奥体西路东侧污水、雨水、热力等管线分布段K1+044-K1+057超前小导管由3.5m/根调整为2.4m/根，每0.5m打设一环，环向间距、拱部范围不变，倾角变小，避免对污水管、雨水管、热力等管线造成影响。

4.4 初期支护

初期支护要尽快施作并封闭成环，初支闭合位置距掌子面的距离不超过9m。初支支护仰拱施工应快挖、快支、快封闭，仰拱初期支护应在8h内完成开挖、架设钢架、喷射混凝土封闭作业。

工字钢拱架：I20a工字钢，0.6m/榀，钢架全环是由3A+2B+C组合而成的闭合结构，单元间采用法兰盘连接。在奥体西路东侧污水、雨水、热力等管线分布段K1+044－K1+057钢架间距由0.6m/榀调整为0.5m/榀，保证暗挖过程管线安全，防止冒顶、塌方等危险。

钢筋网：双层，采用HPB300$\phi8$的钢筋焊接而成，网格15cm×15cm。

锁脚锚管：每榀钢拱架均需设置2根长度为3m的 $\phi42$mm锁脚锚管，8根/榀，确保初支稳定，抑制沉降。

喷射混凝土：采用C25早强喷射混凝土，厚26cm。

4.5 初期支护背后注浆

为避免初支背后脱空引起背后土体下沉，减小奥体西路管线沉降，初期支护完成后，及时进行背后注浆工作。上台阶拱部初支钻孔安装3根 $\phi42$mm注浆管，长30cm/根，外露4cm，便于安装止浆阀。浆液采用水泥浆，水泥P.O42.5，注浆顺序由下而上，水灰比1:1，浆液由稀到浓逐级变换，即先稀后浓。注浆完成后，立即堵塞孔口，防止浆液外流。施工完成后对外露钢管部分割除。

4.6 监控量测

监控量测项目包含地质和初支情况观察、周边位移、拱顶下沉、地表下沉、地下管线沉降。

监控量测频率表 表2

项目名称	布置	量测间隔时间			
		1～15天	16天～1个月	1～3个月	3个月后
地质和初期支护状况观察	开挖后或初期支护后进行	开挖后或初期支护后进行	—		
周边位移	每5～20m一个断面，每断面2～3对测点	1～2次/天	1次/2天	1～2次/周	1～3次/月
拱顶下沉	每5～10m一个断面	1～2次/天	1次/2天	1～2次/周	1～3次/月
地表下沉	沿路纵向每5m一个断面，每断面至少10个测点，测点沿道路横断面均匀布置，至少2个断面。	开挖断面距离测断面前后<2B时，1～2次/天；开挖断面距离测断面前后<5B时，1次/2天；开挖断面距离测断面前后>5B时，1次/周			
地下管线沉降	分别于浅埋区间隧洞线位上方外挖范围内地下管线密集处布置必要数量测点	随掌子面推进进行			

施工期间，监控量测人员每次监测后及时对数据进行整理，分析各个测量点的位移变化趋势，根据洞内施工情况、拱顶下沉、水平收敛变化情况，综合判断围岩和支护结构的稳定性，并根据变形数据指导现场施工。

5 施工注意事项

（1）超前支护：施工前根据奥体西路各种管线平面位置、深度，分析超前管棚或小导管是否对管线造成破坏。钻孔施工需严格控制钢管的角度、长度，避免钻孔施工破坏管线。现场技术人员需严格控制注浆效果，注浆固结是保证奥体西路不发生塌陷、管线不受破坏的关键。

（2）初期支护：掌子面处预留核心土，保证掌子面稳定；严格按照"管超前，严注浆，短开挖，强支护，快封闭，勤量测"方针进行组织施工；受开挖断面狭小限制，上台阶钢架拱脚容易悬空，锁脚锚管须打设到位并与钢架采用"U"形或"L"形钢筋焊接牢固，下台阶开挖完成后，及时"接腿"，使钢架落到实地上。

（3）初支背后注浆：受奥体西路管线对沉降要求十分严格的影响，在加强喷浆效果的同时，初支完成后，及时对背后予以注浆，避免背后土体发生松弛下沉。

（4）监控量测：洞外地表和洞内布点需位于同一断面，各管线所在位置需布点监测，测得数据后及时分析，如有异常及时采取措施。

6 结语

济南市中央商务区天辰路超浅埋雨水沟下穿奥体西路暗挖工程，通过大管棚、小导管超前加固地层，严格按照"十八字"方针施工，保证了奥体西路管线安全及交通正常通行，施工期间非管线区最大沉降量为2cm，管线位置几乎没有发生沉降，取得了良好的经济效益和社会效益。

参考文献：
[1] 给水排水管道工程施工及验收规范GB 50268—2008[S]. 北京：中国建筑工业出版社，2009.
[2] 谭军民. 浅谈隧道超前支护施工技术[J]. 隧道建设，2007(S2)：27.

第二部分

桩与连续墙工程

旧桩拆除及新桩复建成套施工技术

李洪勋， 雷 斌， 许国兵， 高子建， 谢杭澎

（深圳市工勘岩土集团有限公司，深圳 518063）

摘 要： 文章介绍了旧桩拆除及新桩复建成套施工技术的工艺原理、操作流程及特点，为解决城市更新项目施工中旧桩废除和重新成桩的技术难题，通过采用全回转钻机整体或分段拔除旧桩，对旧桩孔段采用水泥搅拌土密实回填，新基础桩采用深长护筒护壁和旋挖成孔等工艺实现重新成桩。该施工技术便捷经济、绿色环保且质量可控，多个项目的实际应用证明其具有显著的社会效益和经济效益，为日益增多的城市更新项目桩基础施工提供参考。

关键词： 城市更新；旋挖灌注桩；旧桩废除；新桩复建；施工技术

0 引言

为满足城市建设发展用地逐渐减少的需求，城市更新是城市现代化建设的趋势。但由于城市更新存在大量拆除重建，因此此类项目的场地内势必存在大量原有建筑旧基础桩，出现新建设项目桩基与旧桩重叠或部分重叠的现象。一般情况下，对于城市更新项目旧桩基的处理通常采用冲击破碎法，通过冲击锤将旧桩基自上而下破碎，此种方法冲击过程中时常要更换电磁铁吸附旧钢筋，操作繁琐，施工速度慢，处理时间长、综合费用高。此外，旧桩废除后施工新桩时，旧桩孔中的回填土极易产生塌孔现象，使新桩基的施工质量难以得到有效保证。

为此，对旧桩拆除和新桩复建的技术难题，提出通过采用全回转钻机整体拔除旧桩，对旧桩孔段采用水泥搅拌土密实回填后，新基础桩采用深长护筒护壁和旋挖成孔的施工工艺，大大提高了旧桩基的处理效率，同时也极大地提高了新桩基的成桩质量，取得显著的社会效益和经济效益，实现了质量保证、便捷经济、绿色环保的目标。

1 工艺原理

本技术的关键技术主要包括三方面：一是全回转钻机整体拔除旧桩基础技术，不再将旧桩基础自上而下冲击破碎；二是空孔段回填技术，整体拔除旧桩基础之后，在拆除全回转钻机套管的同时采用水泥搅拌土回填旧桩拔除后的空孔段，为后续大型设备的施工提供良好的施工条件；三是深长双护筒安放定位技术，为新桩成孔施工提供有力的保障，避免出现塌孔等不利现象。

1.1 旧桩废除技术

利用全回转钻机拔除旧桩基础其主要原理包括"分段清除"和"套管回转切削"，分段清除的原理是利用全回转设备产生的下压力和扭矩将套管（套管直径与桩身直径相同甚至略小于桩身直径）沿着旧桩的桩身向下推进，利用套管内壁和桩体之间的摩擦力把桩体扭断，断后的桩体用冲抓斗或者吊车捆扎取出，依次作业，直至整个桩体被清除。套管回转切削是利用钻机的套管（套管直径

略大于桩身直径）将桩身与桩身周围的土体分离以减少桩身与周围土体的摩擦力，在拔除旧桩时只需考虑桩体的自重而不必考虑桩体与周围土体的摩擦力，从而大大降低桩身拔除的难度。

1.2 空孔段回填技术

在水泥加固土中，由于水泥掺量很小，水泥的水解和水化反应完全是在具有一定活性的介质——土的围绕下进行，水泥加固土体的原因主要包含如下几种：

（1）水泥的水解和水化反应

普通硅酸盐水泥主要由氧化钙、二氧化硅、三氧化二铝、三氧化二铁及三氧化硫等组成，由这些不同的氧化物分别组成了不同的水泥矿物：硅酸三钙、硅酸二钙、铝酸三钙、铁铝酸四钙、硫酸钙等。用水泥加固软土时，水泥颗粒表面的矿物很快与软土中的水发生水解和水化反应，生成氢氧化钙、含水硅酸钙、含水铝酸钙及含水铁酸钙等化合物。所生成的氢氧化钙、含水硅酸钙能迅速溶于水中，使水泥颗粒表面重新暴露出来，再与水发生反应，这样周围的水溶液就逐渐达到饱和。当溶液达到饱和后，水分子虽继续深入颗粒内部，但新生成物已不能再溶解，只能以细分散状态的胶体析出，悬浮于溶液中，形成胶体。

（2）土颗粒与水泥水化物的作用

当水泥的各种水化物生成后，有的自身继续硬化，形成水泥石骨架；有的则与其周围具有一定活性的黏土颗粒发生反应[3]。

（3）碳酸化作用

水泥水化物中游离的氢氧化钙能吸收水中和空气中的二氧化碳，发生碳酸化反应，生成不溶于水的碳酸钙，这种反应也能使水泥土增加强度，但增长的速度较慢，幅度也较小。

从上述水泥加固土体的机理可知，经过水泥搅拌之后的土体形成一种独特的水泥土结构，搅拌越充分，土块被粉碎得越小，水泥分布到土中越均匀，则水泥土结构强度的离散性越小，其宏观的总体强度也最高。因此，水泥土回填能够起到加固空孔段的作用，为后续在空孔段周边施工新的桩基础提供有利的施工条件。

1.3 深长双护筒定位施工技术

通过预先埋设稍短的外护筒，采用在外护筒顶部设

置四个对称定位螺栓，对深长内护筒中心进行精准定位，下放内护筒时只需将内护筒放入四个定位螺栓形成的包围圈内，实现内护筒中心与桩孔中心位置的重合，即可完成平面中心点的定位工作，如图1所示。

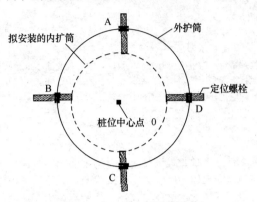

图1 内护筒中心定位示意图

下沉内护筒时，通过在外护筒上增设的四个定位螺栓定位内护筒竖直中心线上的一点，再利用振动锤护筒起吊点，实现二点一线的精准定位，再辅以下沉过程中护筒垂直度的全站仪观测和及时纠偏等技术措施，可保持内护筒安装的垂直度满足规范和设计要求，使内护筒竖直方向中心线在水平面的投影点与定位螺栓所定位的桩孔中心重合，实现内护筒安装全过程定位（图2）。

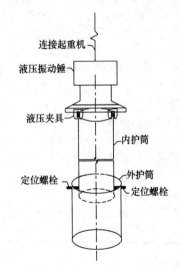

图2 深长内护筒定位、安装过程定位原理示意图

2 施工工艺流程及操作要点

2.1 施工工艺流程

旧桩拆除及新桩复建成套施工工艺流程如图3所示。

2.2 适用范围

该施工技术适用于场地内存在各类旧桩基的城市更新项目桩基础工程。

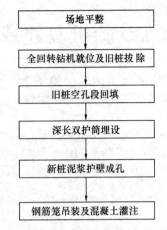

图3 旧桩拆除及新桩复建成套施工工艺流程图

2.3 操作要点

2.3.1 场地平整

在施工前根据旧桩基的图纸测放出旧桩基的大致位置，然后使用挖掘机对旧桩基进行挖掘，露出旧桩基的桩头，最后对旧桩基周围的场地进行平整，在旧桩基周边铺设路基箱板。

2.3.2 全回转钻机就位及旧桩拔除

当旧桩直径较大且桩长较长时（桩径大于1.2m，且桩长大于20m），如果采用"套管回转切削"的方法拔除旧桩，则对吊车的要求过高，需要大型号的吊车对桩体进行吊装，既不经济也不合理，因此，当旧桩直径较大且桩长较长时一般采用"分段清除"的方法拔除旧桩。当旧桩直径较小且桩长不大时（桩径不大于1.2m，且桩长不大于20m），采用"套管回转切削"的方法拔除旧桩。根据我国的建设工艺历史和水平，早期的旧基础总体来说桩径偏小，桩长偏短，因此"套管回转切削"方法使用性更加广泛，此处只对"套管回转切削"方法拔除旧基础做详细说明。

（1）全回转钻机移机定位，调整钻机的水平和垂直度，使钻机配置的钢套管中心与已定位的老旧基础桩中心保持一致。如图4所示，全回转钻机就位。

（2）由全回转钻机驱动钢套筒旋转切削旧桩基周边的土体，将旧桩基与周边的土体实施分离，减少桩侧摩擦力。在旋转切削桩周边土体的同时，钢套管沉入到预定深度。

（3）在钢套管逐步下压的同时，用冲抓斗不断地抓出套管内老旧基础的混凝土碎块，使旧桩基的钢筋裸露出来。

（4）将旧基础的钢筋与事先准备好的钢板焊接牢固。旧桩钢筋与钢板焊接见图5。

（5）使用吊装能力满足要求的履带吊，在全回转钻机回顶作用的配合下，将旧桩基从钢套管内整体拔除。全回转钻机对旧基础桩进行回顶操作，见图6，履带吊将旧基础整体拔除见图7。

2.3.3 旧桩空孔回填

（1）旧桩清除后，旧桩空孔必须进行回填，回填材料

图 4 回转钻机就位

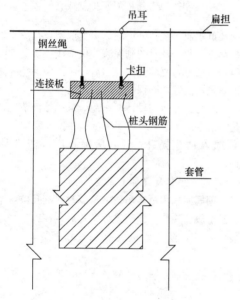

图 5 在旧桩头上设置吊耳

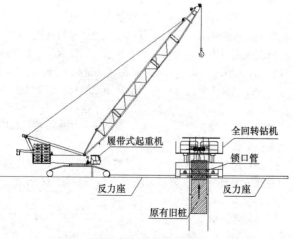

图 6 采用全回转钻机进行回顶

图 7 采用履带式起重机吊出旧桩桩体

选用水泥搅拌土，水泥掺量建议不少于 5%。挖掘机拌合水泥土见图 8。

（2）回填水泥搅拌土在旧桩拔除后的钢套管内进行。

（3）水泥搅拌土回填的速度和拔除钢套管的速度必须相协调，以确保钢套管在水泥土中的埋深在 3m 左右，防止周边土体垮塌进入钢套管内部。

图 8 挖掘机现场拌合水泥回填土

2.3.4 深长双护筒埋设

（1）测量人员对桩位进行放样。

（2）施工人员采用"十字线"设置四个外护筒的定位参考点，十字线交叉位置即为桩位中心。

（3）采用液压振动锤夹持外护筒参照设置的四个参考点完成定位，再缓慢振动沉入，安装外护筒时，工作人员应测量外护筒与定位参考点在"十字线"方向的距离，判断外护筒安装是否偏移，以便及时调整；外护筒埋设的作用主要作为内护筒埋设定位，其长度由场地上部地层和内护筒的长度确定，一般为 4~6m，其埋设外护筒中心误差不宜大于 5cm，振动锤下放外护筒见图 9。

（4）内护筒定位安装：采用液压振动锤夹持内护筒，

图 9　液压振动锤下放护筒

将其放入四个定位螺栓包围圈内,再将筒身调整至竖直,形成桩中心点与振动锤起吊中心点二点一线后,振动沉入完成内护筒的安装定位。

（5）下沉内护筒：液压振动锤夹持内护筒缓慢振动沉入,在沉入过程中可采用全站仪或吊线法对筒身垂直度进行观测,若出现偏差及时进行调整;内护筒下沉完成后,对桩位进行复核和垂直度测算,内护筒标高高出外护筒 20～50cm,双护筒下放完成见图 10。

图 10　双护筒下放完成

2.3.5　新桩泥浆护壁成孔

（1）钻孔过程中,根据地质情况控制进尺速度,由硬地层钻到软地层时,可适当加快钻进速度;在淤泥层中钻进时,减速慢进。新桩泥浆护壁成孔见图 11。

（2）成孔时,设专职记录员记录成孔过程的各种参数,必须认真、及时、准确、清晰。

（3）钻进过程中,需经常检查钻杆垂度,以确保孔壁垂直。需控制钻头在孔内的升降速度,防止因浆液对孔壁

图 11　新桩泥浆护壁成孔

的冲刷及负压而导致孔壁坍塌。根据地层、孔深变化,合理选择钻进参数,及时调制泥浆,保证成孔质量。

（4）钻进达到要求孔深停钻后,注意保持孔内泥浆的浆面平齐孔口高程,确保孔壁的稳定。

（5）成孔深度达到设计要求后,采用钻筒清孔,清孔采用孔内钻斗来掏除钻渣,即通过钻斗把孔底原状土切削成条状载入钻斗提升出土,保持孔底沉渣满足设计要求[1]。

2.3.6　钢筋笼吊装及混凝土灌注

（1）钢筋笼采用吊车吊放,吊装时对准孔位,吊直扶稳,缓慢下放。笼体下放到设计位置后,在孔口采用笼体限位装置固定,防止钢筋笼在灌注混凝土时出现上浮下窜。

（2）下导管前,对每节导管进行详细检查,第一次使用时需做密封水压试验;导管连接部位加密封圈及涂抹黄油,确保密封可靠,导管底部离孔底 300～500mm。下放导管时,调接搭配好导管长度。

（3）在灌注前、清孔结束后将隔水塞放入导管内,隔水塞采用橡胶皮球,安装初灌料斗,盖好密封挡板,然后进行混凝土料灌注。为确保初灌质量,保证混凝土初灌埋深在 0.8m 以上,采用方量合适的料斗进行初灌。

（4）混凝土灌注过程中,经常用测绳检测混凝土上升高度,适时提升拆卸导管,导管埋深控制在 2～6m[2],严禁将导管底端提出混凝土面。混凝土灌注连续进行,以免发生堵管,造成灌注事故。

（5）设专人测量导管埋深及管内外混凝土面的高差,填写水下混凝土浇筑记录,随时掌握每根桩混凝土的浇筑量,预防塌孔现象出现。

（6）考虑桩顶有一定的浮浆,桩顶混凝土超灌高度为 80～100cm[2],以保证桩顶混凝土强度,同时又要避免超灌太多而造成浪费。

2.4 工艺特点

2.4.1 旧桩废除施工效率高

传统冲击锤处理旧桩基需要将桩身混凝土破碎成小块，需要频繁更换电磁铁吸附旧钢筋，处理旧桩耗时长。本技术采用全回转钻机围绕桩周钻进，并直接将废桩拔出，处理旧桩耗时短。以直径 1m、桩长 20m 的旧桩为例，传统的冲击锤处理该桩大概需要 4d 时间，而采用本技术只需 1d 时间，施工效率大大提高。

2.4.2 施工安全可靠度高

传统废除旧桩施工工艺中常常采用回填土置换桩孔泥浆，导致回填区软弱，难以有效保证旋挖机等大型施工设备在场地内安全行走。本技术在拔除旧桩之后，在拆除套管的同时采用水泥搅拌土进行旧桩孔的回填，回填后场地的承载力远大于使用传统方法回填之后的场地承载力，施工安全可靠度大大提高。

2.4.3 新桩成桩质量有保证

本技术采用深长护筒护壁施工为主，再辅以对回填料进行处理，有效避免了传统废除旧桩施工工艺中成孔时回填土易塌孔的现象，有效确保了新桩成桩质量。

2.4.4 绿色环保

全回转钻机整体拔除旧桩，整个施工过程中未使用泥浆，因此更有利于施工场地的文明施工，符合绿色环保要求。

2.4.5 综合施工成本低

采用全回转钻机拔桩，大大提高了旧桩的处理效率，减少了其他机械设备的使用，节省了大量机械设备费用；采用长护筒护壁，对泥浆要求相对低，总体综合施工成本低。

2.5 实施效果评价

通过多个城市更新项目旧桩处理及新桩复建的实践应用证明，旧桩废除及新桩复建施工技术在工程管理、处理工效、综合成本控制及文明环保等方面都突显出了独特的优越性，为解决城市更新项目中灌注桩施工质量的把控提供了一种创新、实用的工艺技术，得到参建单位的一致好评，取得了显著的社会效益。

3 结语

在如今国内城市更新项目逐渐增多的形势下，旧桩废除和新桩复建等工程项目日益增多，本施工技术通过旧桩的整体拔除，采用水泥拌合土进行回填旧桩孔，通过采用双护筒工艺进行桩位定位和成孔护壁，确保新桩施工更具施工效率和质量保证，具有广泛的推广意义和价值。

参考文献：

[1] 建筑基桩检测技术规范 JGJ 106—2014 [S]. 北京：中国建筑工业出版社，2014.

[2] 建筑桩基技术规范 JGJ 94—2008 [S]. 北京：中国建筑工业出版社，2008.

[3] 程鉴基. 水泥土深层搅拌桩设计与施工 [J]. 建筑技术，2001，32(3)：172-173.

岩溶地基基桩混凝土常见质量问题的预防和处理

邱运鑫[1]， 王子红[2]， 何树伦[1]， 徐卓立[2]

(1. 河北天璞基础工程有限公司贵州分公司，贵州 贵阳 550081；2. 贵州省建筑设计研究院有限责任公司，贵州 贵阳 550081)

摘 要：岩溶地基由于埋藏较浅，地基工程强度往往是场地最好的地层，常被选作地基持力层使用，设置桩基础。但由于岩溶地基的岩土工程条件复杂，地下水条件复杂，基础施工条件也就相应复杂等原因，桩基础的桩身施工质量问题频频出现，需要对存在桩身质量问题的基桩进行工程处理。本文通过工程实例介绍桩身施工质量问题预防、发生和处理的有关问题。

关键词：岩溶地基；基桩桩身施工质量问题；桩身施工质量事故的发生、预防和处理

0 贵州岩溶地基

贵州的碳酸盐岩地层作为建筑地基有几个突出的特点：第一是数量大覆盖面积广，分别占省区岩石总量的 89.7% 和省区面积的 51%；第二是岩溶普遍发育甚至强发育、串珠状发育，岩溶发育深度大，已知发育深度达 2900m；第三是岩溶地基工程地质条件复杂，岩溶系统难以查明；第四是岩溶水文地质条件复杂，岩溶地下水有溶洞管道水、溶隙溶洞水和溶孔溶隙水三种基本类型，总的特点是富水性较强，水力联系复杂，极不均匀，具有突出的各向异性，部分地下水具有承压性，岩溶地下水引起地下室底板上浮的事件频发；第五是岩溶地基主要是由白云岩、石灰岩等可溶碳酸盐构成，虽然属于硬质岩，但岩溶的发育使岩质地基的工程强度受到严重影响，岩体风化带分布杂乱，地基均匀性和稳定性不良是勘察设计和施工所要面对的主要工程问题；第六是岩溶地基埋藏较浅，甚至出露地表，厚度大，工程强度高，所以岩溶地基往往是场地的主要建筑地基，对重、高、大建（构）筑物更是唯一可选用的天然地基持力层，故建（构）筑物多以岩溶地基作持力层设置桩基础。

大部分桩基础在施工中都会遇到岩溶地下水，岩溶地下水具有统一流场，但水力联系复杂，分布及流量极不均匀的特点。桩基础施工往往又会导致原有流场被破坏，水力坡度增大，流速加快，并且具有不同的水动力条件。

由于岩溶地基的复杂岩土工程条件，不但给地基基础的设计施工增加困难，而且一旦重视不够或工程措施不当还将造成不良的社会影响和重大经济损失。例如：2019 年媒体报道的"广西岑溪市一栋 25 层高楼建在溶洞上，楼体发生倾斜，出现'断裂、下沉、漏水等'严重工程质量事故"。

1 岩溶地基的桩基施工工艺选择

岩溶地基的基础设置多为桩基础，成桩施工工艺有人工挖孔和机械成孔两种。

（1）人工挖孔桩基础

优点：造价相对较低。施工不受机械设备数量控制；可以全面铺开同时施工，总体进度较快；对施工场地条件基本无要求；可做扩底桩提高单桩承载力；桩身施工条件、地基条件直观可控，可直接鉴定和选择桩端持力层条件，便于及时发现地基、施工问题和处理，容易控制和保证成桩质量；桩端地基持力层状况可以通过钻探或钎探查明；容易清除桩底虚土，有利于防止基桩沉降和端阻力的发挥；地基和施工工程问题可以及时发现和处理；基础断面不受限制；对环境污染较少。

缺点：单桩施工速度较慢；施工安全问题比较突出；当地下水位高且水量大时无法施工；施工条件受地层和地下水条件制约，在一些特殊地层中成桩困难或不能施工；基础埋深越大施工越困难；施工速度随深度增加而降低。如果采用的人工护壁质量达不到要求则不能充分发挥侧摩阻力，只能以增大桩径来提高单桩承载力。岩石地基如果采用爆破掘进，影响地基持力层完整性及强度。小直径桩不能施工，增大桩径又提高了工程造价。桩基础如果采用抽降水施工，可能引起环境地面或者建（构）筑物的塌陷。

（2）机械成孔桩基础

优点：其最大优点是施工基本不受地层条件、地下水条件和桩长限制，可以施工小直径桩。施工安全条件相对较好、单桩施工速度较快，可以较好地利用桩侧摩阻力。

缺点：桩底虚土难于清除；使用循环液对岩石可能产生软化作用，并形成泥皮，降低侧摩阻力；人为影响施工质量因素较多，施工质量难于控制和保证；特别是桩端地基条件无法直观获知，也难于探查和检测，基底持力层的稳定性难以保证；孔内地基条件和工程条件难以观察掌握和控制，出现工程质量问题难以发现和处理；工程成本较高；施工机械受场地环境条件限制。

要做到可靠有效地确保机械成孔桩基础质量是比较困难的，故建议在确保安全的前提下，岩溶地基桩基施工优先采用人工挖孔工艺。目前有些地区出于施工安全考虑，准备废弃人工挖孔成孔工艺，笔者认为这并非明智之举。

由于市场混乱和质量意识的淡薄，岩溶地基桩基质量事故时有发生，特别是采用机械成孔工艺所产生的质量事故远高于人工挖孔成孔工艺。例如：近年贵州某经济开发区公租房二期三标段的 452 根桩，采用机械旋挖成孔工艺，成桩后检测结果 147 根桩不合格，占 32.5%，基桩检测费和基桩补强处理费高达 716.8 万元。

2　工程实例

由于施工人员对岩溶地基和岩溶地下水的性质及危害缺乏充分的认识和成熟的处理经验，往往在灌注桩身混凝土时工程措施不当导致桩基工程质量事故时有发生，甚至在一些桩基工程中形成严重工程质量问题。

本文期望通过工程实例来探讨这一类桩基质量事故的产生、预防和处理等有关问题。

2.1　工程概况

某商住楼为十一层，地基岩土构成为上部 2～3m 结构松散的人工素填土，其下是 0.5～3m 的可塑至软塑状红黏土，下伏基岩为白云岩。白云岩中岩溶发育，具承压岩溶裂隙水，为地下水活动带。基础采用人工挖孔桩，设计为端承桩，以中风化白云岩为地基持力层。单桩荷载 1500～3000kN，设计桩径 $\phi1000～\phi1300$，桩长 3.1～6.0m，设计桩身混凝土强度等级 C25。

桩基础竣工后从近 50 根基桩中抽取 25 根基桩进行施工质量检测，发现受检桩存在桩位偏差，桩端存有软黏土、虚土、强风化岩石以及桩身混凝土质量不良等多种工程质量问题，其中以岩溶地下水引起的桩身混凝土质量问题最为突出。对 25 根受检桩采用钻孔抽芯和超声波检测，其中 16 根桩桩身存在较严重的工程质量问题，占受检桩的比例高达 64%。这 16 根基桩的检测结果表明，基桩上部约 2m 桩段混凝土质量较好，钻探取芯率高，混凝土强度等级均可达到设计要求。桩体约 2m 以下处于地下水活动带内的桩段，桩身混凝土质量很差，有的混凝土严重离析，骨料无水泥胶结，呈散体状态；有的多蜂窝状孔洞，抽芯钻探可无压钻进，取芯率极低，超声波测试波速多小于 2600m/s，16 根事故桩的平均纵波速为 2000～3545m/s，换算混凝土强度等级为 C11～C23，均达不到设计要求，低于 C20 者有 14 根桩，占 56%。

类似工程质量事故在该地段屡屡发生，水动力条件较强或承压水地层更容易发生此类事故。

2.2　事故处理

对已查明的 16 根事故桩采用压浆补强进行工程处理。

为了进一步了解事故桩的桩身质量状况，以便确定压浆补强的施工工艺和施工参数，首先在事故桩中选取不同类型的代表桩进行注水试验和压浆试验，以便确定处理施工方案，而后再对所有已查明的事故桩进行压浆补强处理。

注水试验结果表明，桩身混凝土质量很差的桩段连通性良好，在 0.12MPa 的低压下，即可与邻近桩体连通，此类桩段混凝土严重离析，骨料基本呈散体状态，无胶结；质量较差的桩段连通性较差，在注水压力为 0.3MPa 时其透水率为 65～90Lu，桩体多蜂窝状孔洞；桩体质量较好的桩段存在局部孔洞，在 0.1～0.2MPa 注水压力下基本不透水，当注水压力增加至 0.3MPa 时，局部桩体可被击穿，注水穿透至桩体以外。注水试验也对桩体事故段起到清洗和预先打通部分压浆通道的作用。

压浆试验和补强处理采用的压力为 0.1～0.3MPa，浆液采用 42.5 级普通硅酸盐水泥加水调制，针对不同的桩身质量问题，分别采用水与水泥的重量比为 1∶0.5，1∶0.75，1∶1，1∶1.25，1∶1.5，1∶1.75 等几种不同浓度的浆液进行压注。

压浆补强施工时，混凝土胶结不良的桩段，耗浆量大，连通性好，为防止压注浆液流失至邻近桩体影响压浆效果，宜先封堵邻近基桩。这类桩采用水灰比为 1∶1～1∶1.5 的浓浆压注处理，注浆压力由 0.1MPa 逐渐升至 0.3MPa。注浆终止压力如能顺利升至 0.3MPa，可保持此压力压注 30min，直至浆液压不进为止，可一次完成补强。如压浆过程中，注浆压力升不起来，表明一次压浆效果不理想，需进行复灌，可在压注浆液至 600～800L 时，结束第一次压注，待 72h 后再提高压力进行第二次压注。桩体质量较差多蜂窝状孔洞的桩体，采用 0.2～0.3MPa 的注浆压力，先用水灰比为 1∶0.5～1∶0.75 的水泥浆压入 200L 后，改用 1∶1 的水泥浆压注。

对事故桩进行压浆补强处理时，应根据桩长、桩径以及桩身质量存在问题状况和压注过程中的反应情况，灵活调整施工方法和施工参数，不宜采用固定模式处理。压浆施工最好一次完成，可视压注情况采取改变注浆压力、浆液浓度，时停时注，分段及多序次压注等方法提高处理效果。对于一次压注效果不理想的基桩，可采取多次复灌注，直至取得明显处理效果为止。对于桩体由骨料散体组成且较长的桩段，可进行分段压注处理。桩长小于 4.0m 的基桩采用 0.2MPa 或小于 0.2MPa 的压力；桩长大于 4.0m 的基桩注浆压力大于 0.2MPa。

在 16 根事故桩压浆补强结束后 7～8d，采用钻孔抽芯及超声波、地震反射波动测检查补强效果。经过压浆补强处理后的基桩质量均有不同程度提高，平均纵波速度提高至 2719～3729m/s，绝大部分基桩波速已在 3000m/s 以上，换算混凝土强度等级提高至 C16～C25，但纵波速度高于 3500m/s 的仅有一根基桩。桩身质量最小提高 0.6 级，最大提高 2.4 级，符合设计要求，但其中 15 根基桩还是达不到设计混凝土强度等级。

检查结果表明，压浆补强效果不一，总体效果并不理想。原桩体质量很差，混凝土桩身严重离析的桩段，由于连通性及透水性好，补强效果明显，扩散半径大于 0.5m，散粒体骨料经处理后胶结良好；桩身混凝土多蜂窝状孔洞且连通性较好的基桩，补强效果也较好；然而混凝土桩体内孔洞分散且孤立者，连通性不好，补强效果较差，扩散半径小于 0.5m 且均匀性差。

压浆补强效果检查还表明，注浆压力与浆液浓度是决定补强效果的关键因素。注浆耗灰量与纵波速度提高的增量相关性不明显。根据本工程的基桩桩径和桩长，以 1∶1 的浆液浓度计算，每根桩的平均补强耗浆量约为 400～600L，水泥耗量约 200～300kg，但实际耗量超过计算值，推测多余的浆液已扩散至桩周的岩土体中，可增强桩土间的粘结力，对提高单桩承载力有一定作用。

总的来看本工程的压浆补强处理效果并不理想，初步分析主要原因一是注浆压力较低，最大压力仅 0.3MPa，而一般最大注浆压力不宜低于 0.5MPa；二是本工程大多采用单孔压注，处理效果有限，尤其对于混凝土中的孔洞质量缺陷，采用单孔压注是难以取得良好效果的。

3 桩身混凝土质量问题的发生、预防和处理

由于岩溶地基条件复杂，施工人员对岩溶地基条件缺乏应有的认识和工程质量意识薄弱，岩溶地基桩身混凝土灌注时极易形成工程质量问题，桩身混凝土缺陷和质量事故已成为常见多发病害，根据长期工程实践，介绍此类桩基工程质量问题的产生原因、预防及处理如下。

3.1 事故产生原因

我们认为由于复杂的原因，岩土工程勘察工作被严重忽视，勘察、设计工程单价低，质量意识淡薄，对建筑科学缺乏应有的了解和重视，是造成建筑工程质量事故的重要原因之一，已成为一种社会痼疾，需要下大力气认真治理。

岩溶地基复杂的岩土工程条件和地下水条件在场地岩土工程勘察中不可能完全查明，往往只能了解其概况，因此对于桩基施工来说，存在很多未知因素，这是桩基设计和施工存在的实际问题。

在工程实践中，极少有施工单位去认真关注场地的岩土工程条件，更不会备有水下混凝土灌注等特殊施工手段和设备。由于对岩溶地基的特点缺乏应有的认识和重视，对于在施工中遇到的地下水，一般都是简单地将桩孔内的积水抽干就灌注混凝土，并不分析和考虑岩溶地下水的特殊水文条件和应该采取的正确工程措施，也意识不到岩溶地下水可能对桩身混凝土质量产生的危害。当混凝土灌注时，桩孔中往往仍然有地下水不断流出，如果灌入孔内的混凝土不能及时地将桩孔内所有的地下水都消耗掉，继续流入孔内的地下水在进入混凝土中后，必将造成混凝土离析，或形成蜂窝状孔洞，甚至在混凝土中局部聚集成水体，干涸后形成规模和数量不等的孤立孔洞，已发现的此类孔洞直径可达 20cm 以上。严重时桩身混凝土离析，水泥浆上浮在基桩顶部形成水泥结石。因此如果在成桩后发现桩顶混凝土中的水泥结石含量异常增多，颜色深灰，则可判定桩体中很可能有较严重的离析现象发生，应当重点查验。根据桩顶中异常水泥结石的数量多少，可大致评估下部桩身混凝土发生离析的程度。除了由于地下水引起的工程质量事故外，地基中的岩溶洞隙也会对岩溶地基中的局部水文条件产生影响，造成混凝土的流失，如果施工措施不当，就更容易发生工程质量事故。

3.2 预防措施

任何事故都应强调以预防为主。在桩基工程施工之前就应该认真分析研究地勘报告中有关的岩溶发育特点和地下水条件，但这恰恰是地基基础施工中的薄弱环节。地勘报告中的岩溶地基条件和地下水条件基本是场地岩土工程特征的概况。岩溶地基和地下水系统十分复杂，不

可能对基础施工提供详尽的指导。因此在桩基施工阶段还需要认真进一步查明场地的岩溶地基条件和地下水分布、流量、流向及水动力条件等，并作出相应的混凝土灌注施工计划，针对不同基桩的不同地基、地下水条件，分别采取不同的施工技术方法和措施，施工中发现异常时应及时调整施工方案和措施。有以下几点可供参考。

(1) 岩溶地下水往往具有统一的流场，如果地下水流向已经掌握，在桩基混凝土灌注时可先灌注处于地下水通道上游的基桩，这有可能引起地下水流场的变化，减少甚至阻断下游基桩中的地下水水源或降低水动力条件。

(2) 在地下水流场不清的情况下，可采用套管、砌石、加入水玻璃或其他速凝剂的混凝土或砂浆等封堵地下水出口以及桩壁的溶洞、溶隙等岩溶通道，降低或消除地下水及岩溶通道对桩身混凝土灌注可能产生的不良影响。

当桩孔内的地下水不可能完全封堵时，桩身混凝土的灌注施工应该根据桩孔内地下水的不同情况，分别采取不同的灌注施工方法，如地下水出水量不大时，可在完全抽干桩孔内的积水后，立即迅速连续地灌注混凝土，在地下水尚未对混凝土产生明显影响之前就有效地封堵地下水出口，完成灌注工作。但是有一种方法应慎重采用，有的施工人员认为，可以向桩孔内倒入不加水的混凝土拌合干集料，让孔内流出的地下水代替应加入混凝土中的配水量。他们忽略了两个重要的问题；第一，混凝土振捣代替不了搅拌，反倒容易出现多种质量问题；第二，有试验证明，投入充水桩孔中的混凝土干集料被搅动后更易发生离析，水泥灰极易分离上浮造成严重质量事故。

采用商品混凝土灌注时也应注意，商品混凝土是一种大水灰比的流态混凝土，在有地下水渗入时容易稀释离析或降低混凝土强度。在使用时也可视地下水流量大小适当降低商品混凝土的水灰比或使用外加剂。事实证明，当商品混凝土不能保证连续供应造成桩身混凝土灌注中断时，在有地下水的桩孔中极易发生桩身混凝土质量事故。

(3) 在桩孔内的地下水流量很大或有水动力较强的出水点时，为确保混凝土施工质量，切忌采用干孔灌注的常规施工方法，而应采用特殊的灌注方法：1) 采用水下灌注工艺；即使用专用水下灌注导管和工具，采用大坍落度混凝土进行灌注，并且混凝土配合比强度等级相应提高一级。工程实践证明，在岩溶地基桩基施工中，采用水下混凝土灌注工艺施工的桩基础，只要严格按照规程规定操作施工，发生桩身混凝土质量事故的概率很小。2) 采用水下不离析混凝土浇筑。水下不离析混凝土又称水下不分散混凝土，是一种专用于在水体中浇筑混凝土施工的新技术。使用比较简单，只需在普通混凝土集料中加入专用外加剂拌制。这种外加剂对混凝土产生代性作用，使混凝土具有更高的黏度，在水中基本不发生分散离析，同时还可使混凝土更加密实和具有更强的抗渗性，并且仍然可以根据工程需要使用早强剂、减水剂等常规外加剂。

(4) 在基桩施工中，对桩孔中遇到的岩溶洞隙，尤其是规模较大、连通性良好的岩溶洞隙，要采用砌筑块石或套管等方法加以有效封堵，阻断桩孔与岩溶洞隙系统的

联系，避免灌注的混凝土流失或产生桩身质量问题。

（5）桩基础是隐蔽工程，工程质量和多方面因素有关，桩基施工质量很难完全把握，一旦发生工程质量问题，后果严重。因此所有桩基工程都应按规定严格进行施工质量控制、工程质量检测，及时发现问题，及时处理，不留后患。

3.3 事故处理方法和步骤

桩基质量事故处理工作可分三个步骤和两种方法进行。

（1）查明事故发生及处理条件。包含两个内容，即查明待处理基桩的质量问题状况和现场岩土工程条件及施工条件。

（2）事故桩处理。针对已查明的基桩质量状况和相关地基、施工条件，拟定周密的施工处理计划，正确选择合理有效的处理方法，力求达到最佳处理效果。目前对桩身混凝土质量问题的处理，有两种常见方法。

1）废除原桩重新灌注混凝土成桩。这种方法比较简单，处理彻底且比较可靠，但也受到施工条件的制约，而且工作量较大，成本较高。适用于桩身质量问题比较严重的短桩和作用十分重要、质量问题严重且进行补强处理没有十分把握的基桩或者主要质量问题存在于桩身上部的基桩。在重新浇筑桩身混凝土时，仍然可能存在地下水和岩溶孔洞等问题，必须根据具体情况采用可靠的施工方案。

2）压浆补强。通过钻孔压入浆液对桩身质量缺陷进行补救处理，其施工工艺和采用的浆液配方、浓度可以有不同的选择，应根据工程实际情况和条件确定。例如：补强钻孔可以采用单孔或多孔；压注可以采用单管、双管或多管；补强浆液可以用纯水泥浆，也可以用在水泥浆中加入粉煤灰、水玻璃或其他材料的复合浆液，还可以根据需要添加必要的外加剂。注浆材料、浆液浓度、注浆压力、注浆序次都可根据需要灵活选择调节，具体可参考有关资料。

在正式处理前宜通过试验，证明所选补强方案及参数合理可靠后方可实施，并注意以下几个问题。

首先应根据桩径、桩长和存在质量问题的具体状况、设计要求、地基条件等，针对不同的基桩分别选定不同的处理方法和施工参数，不应不加区别地一律采用相同的处理模式，力求一次处理成功。如果一次处理不成功，再次处理成功的概率也不大。

压浆补强前先作压水试验，一方面进一步查明待处理桩体质量缺陷的连通性、可灌性及范围等情况，以确定需采用的浆液配方、起始浓度、压力、压注序次等施工方法和参数；另一方面高压水流对桩身缺陷部位还可起到清洗作用和击穿一些质量薄弱部位，打通或扩大处理通道，提高补强效果。洗孔至基桩内泥、粉被冲出孔外，排气充分，返水清澈为止。

压浆补强施工钻孔的位置、数量、孔深、孔径等要根据具体情况合理布置，对于那些桩身混凝土密实度差、孔洞较多而又比较分散且连通性不好的基桩，宜多布设几个压浆补强钻孔。一般可以在距桩身钢筋笼内侧 5～10cm 的距离，以 120°分布 3 个孔效果较好。

要采用足够大的注浆压力，提高扩散半径，力求取得最佳处理效果。根据理论和经验，高压注浆补强的效果更好，注浆压力一般控制在 3～5MPa。

如果是分段注浆，注浆管底部深度宜超过质量缺陷位置 1m 以上，如果是采用全桩长压注，注浆管底端距桩底 20～50cm，以免堵塞。排气排水管宜设于桩顶以下 0.5～1.5m。

如果有条件，可采用 20～40MPa 的高压喷射注浆处理。由于其压力大，可获得较大的扩散半径和击穿较多桩身质量缺陷薄弱部位，取得更好的补强效果。根据质量缺陷性质、范围和位置，还可分别采用旋喷或定向喷射处理，增强处理效果。

压浆补强只是一种不得已的补救措施，由于其工艺条件限制，对桩身质量缺陷很难取得全面彻底的处理效果，尤其是对于那些混凝土中分散而又孤立的孔洞。桩体质量缺陷状况不可能完全查清掌握，对此应有清楚的认识，力求采用最佳施工方案，使补强处理后的桩身混凝土质量真正达到设计要求。

（3）处理效果检查。对处理后的基桩质量还必须进行处理效果检查。检查可以采用无损测测、钻孔抽芯等多种方法，以全面评价处理效果，确定经处理后的基桩质量是否符合设计要求。此项工作同样也不可轻视、马虎，以免遗留工程隐患。对于处理后仍达不到设计要求的基桩，还需作进一步处理。

参考文献：

[1] 汤从贵，吴高海. 端承桩灌浆补强处理研究[J]. 贵州勘察设计，1998(2)：57-60.

[2] 岩土注浆理论与工程实践协作组. 岩土注浆理论与工程实践[M]. 北京：科学出版社，2001.

[3] 胡格格. 高风险岩溶隧道注浆材料的研究与应用[D]. 武汉：武汉工程大学，2015.

既有桩基建筑物顶升纠偏工程实践

宋翔东，　张勤羽，　朱悦铭，　杨砚宗，　郭俊杰

（上海长凯岩土工程有限公司，上海 200093）

摘　要： 由于场地地层复杂和后期填土堆载，浙江省某桩基建筑物发生不均匀沉降，最大倾斜率为 11.7‰。为使房屋恢复正常使用，经研究后决定采用锚杆静压钢管桩托换加固及顶升纠偏方案。以此工程为例，介绍了纠偏方案的选定、锚杆静压钢管桩托换顶升纠偏施工工序、顶升监测与控制等。经过 5 天顶升施工后，房屋的倾斜率降低至 1‰，房屋恢复了正常使用。本次既有桩基建筑物顶升纠偏工程实践为同类型建筑物提供了宝贵的经验，避免产生倾斜的建筑物因拆除而产生损失，带来了良好的经济和社会效益。

关键词： 基础工程；顶升纠偏；锚杆静压桩；地基加固；工程实例

0　引言

随着我国城市化的发展，大量建筑在城市兴建，由于结构、地基基础、环境和外部干扰等多种因素影响，既有和新建构建筑物常发生一定程度倾斜，当构建筑物的倾斜率超过一定限度，其正常使用性和安全性会受影响，因此必须对倾斜超限度的构建筑物进行处理[1-3]。选择合理的纠偏加固技术能够有效避免产生倾斜的建筑物因拆除而产生损失，保证建筑物生产或生活不受影响[4]。

造成建筑物倾斜的原因主要包括上部结构荷载不均、地基基础承载性能不均、周边施工干扰等因素[5]。目前常见的纠偏方法有：通过直接改变上部结构的受力或位移的顶升或抬升纠偏法、加大沉降较小一侧的地基变形的迫降法、阻止沉降较大一侧的地基沉降的阻沉法以及改变上部结构荷载分布的调整上部结构法[6,7]。但这些方法大多数只应用于筏板、条形基础等浅基础形式，应用于桩基础的实例很少，这一方面的理论探讨也很少见。

浙江某别墅为钢筋混凝土异形柱框架结构，地下一层（景观填土回填形成），地上三层，房屋总高度为 11.00m。各层竖向构件、楼盖及屋盖均为现浇钢筋混凝土。采用桩基础，一柱一桩，桩下承台厚 650mm。地下室底板厚 250mm，C30 混凝土，双层双向 $\phi 10@200$ 配筋。

本项目场地条件较为复杂，地层层深变化较大。场地地表以下 20m 深度范围内以饱和软弱黏性土为主，该层土含水率大，呈软塑状态，土性较差，地基承载力低。基础为桩基，桩选用 PHC-400-AB-95 预应力管桩，以强风化凝灰岩或中等风化凝灰岩作为持力层。

建筑物主体完工后北侧堆载了 3m 厚景观填土，填土堆载后，建筑物产生不均匀沉降，房屋整体向南倾斜。填土的自重超过了淤泥质土的地基承载力，淤泥质土体极易发生塑性破坏，对原工程桩侧向挤压作用明显，特别是对原工程桩接头影响较大，易导致断桩、斜桩等问题出现，从而引起建筑物的不均匀沉降和倾斜。

1　纠偏方案

常用的建筑物纠偏方法可分为顶升法和迫降法两大类。目前房屋已投入使用，房屋北侧为小区主要道路，且

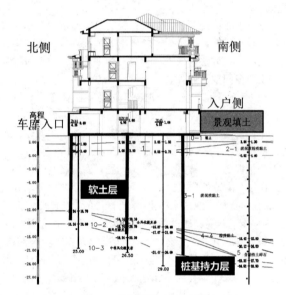

图 1　建筑物情况示意图

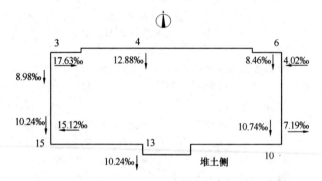

图 2　建筑物整体倾斜示意图

地下管网已形成，如采用迫降纠偏，需要重新布置地下管网；迫降后建筑物整体将比周围建筑物矮 10cm 以上，给居民出行和排水带来较多不变。

综合考虑本工程房屋可能的倾斜原因、房屋现状及业主诉求，本工程拟采用室内局部顶升纠偏方法进行建筑物纠偏。先采用锚杆静压钢管桩进行基础加固，建筑物北侧（沉降小）为加固区域，建筑物南侧（沉降大）为顶升区域，再利用新增桩作为支点，将建筑物和原有桩抬升，达到纠偏的目的。

根据《建筑物倾斜纠偏技术规程》JGJ 270—2012 表

3.0.2 规定的纠偏标准，当自室外地面算起的建筑物高度小于24m时，建筑物纠偏水平变形控制值小于等于高度的4‰，即：

$$S_H \leqslant 0.004 H_g$$

S_H 为建筑物顶板纠偏水平变形控制值，H_g 为室外地面算起的建筑物高度。

本工程楼高 11m，房屋南北宽 B 约为 15.51m，南北最大差异沉降量 $S_V = (12.88‰ - 4.0‰) \times 15.51 = 137.7$mm。

设计回倾目标值为 8.0‰，以 L 轴作为旋转轴，各桩顶升量如下：

G 轴桩顶升量：4500×8.0‰＝36mm；

F 轴桩顶升量：8000×8.0‰＝64mm；

C 轴桩顶升量：13000×8.0‰＝104mm。

实际施工过程中需要实时监测建筑物差异沉降情况，调整顶升量，以达到变形协调，避免造成建筑物结构损伤。

根据计算，采用 φ273×8 的 Q235B 钢管桩，桩端持力层为强风化凝灰岩或中等风化凝灰岩，桩长 22～25m，单桩承载力极限值可达 1400kN，北侧加固区域新增钢管桩 9 根，南侧顶升区域新增钢管桩数量为 38 根。补桩顶升后，顶升及加固区域上部荷载全部由新增桩承担。

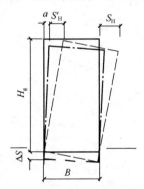

图 3　建筑物纠偏计算简图

具体纠偏加固流程如下：新增承台→基础加固（型钢）→结构临时加固（剪刀撑）→施工锚杆静压钢管桩→基础托换→顶升→封桩→注浆。

（1）拆除地下室的填充墙，在沉降大的一侧增补承台，将新增承台与原有承台相连接，预留锚杆静压桩压桩孔；

（2）顶升区域内采用型钢对基础梁进行加固，以增加基础梁刚度；顶升区域内部分地下一层结构柱间采用剪刀撑相互连接，以增加上部结构的整体性；

（3）在预留压桩孔施工钢管桩，采用桩型为钢管桩，施工完成后暂不封闭压桩孔；

（4）锚杆静压钢管桩顶部放置千斤顶，安装反力架，对千斤顶进行加载，对基础进行临时托换；

（5）千斤顶缓慢加程，直至房屋顶升至相应高度，顶升到位后，锁紧所有的千斤顶；

（6）顶升完成后进行封桩，采用灌浆料封孔，分批多次进行封孔；

（7）封桩完成后待节点处理达到强度后，分批撤除千斤顶，并观察连接位置是否有异常，反力架拆除，恢复地坪，拆除上部剪刀撑和型钢。

施工过程中通过静力水准仪、激光水准仪等对地面高程、结构柱或剪力墙的倾斜、承台上抬量进行实时观测，以加强对建筑物的变形控制，避免顶升过程的失稳。本工程布置 4 条南北向、2 条东西向的差异沉降观测断面，差异沉降数据实时上传至云端，供设计、施工、监理等相关人员掌握现场沉降变化情况。根据建筑物变形监测结果合理调整顶升速率、顶升量、封孔顺序等工序，实现信息化施工。

2　工程实施情况

本工程位于已投入使用的高档小区，对作业时间、安全文明施工要求严格。为避免对周边居民正常生活造成影响，全部纠偏加固工作在被加固建筑内部完成，施工场地局限性大。本次纠偏加固包含防水板破除、植筋、新承台浇筑、结构加固、压桩、桩身填芯、填土挖除、管桩切割、顶升、灌浆、封孔等工序，工序较多、工期紧迫。

地下室净高约 2.7m，受其影响，只能采用小型设备进行压桩。压桩时每节桩长度控制在 1.2m，这不仅增加了接桩数量，而且增加了垂直度的控制难度。典型的压桩动阻力图见图 4，压桩动阻力可达 1500kN，桩端阻力与桩侧阻力比接近 10：1。可见原有桩基抗拔能力较弱，因此不需对原有桩基进行截桩即可对建筑物顶升。

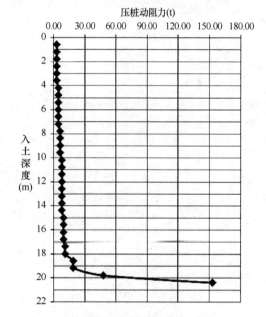

图 4　压桩动阻力图

压桩完成后，撤除压桩架，在顶升区域安装我司自主研发的压桩托换装置，以新增桩作为顶升支点，采用 200t 的液压千斤顶提供顶升力，共 38 个。千斤顶安装完成后，逐桩加压预顶，检查液压千斤顶有效性以及桩基在压力作用下的稳定性。检查完成后进行试顶，确定合适的顶升压力。

顶升过程中，38 个支点为超静定结构，顶升过程中需要密切注意各千斤顶的液压压力，适时补压每半小时为一轮次，每一轮次结束后根据差异沉降变化情况，对各点的顶升速度和位移做出动态调整，避免结构产生较大的内应力，减小结构损伤。仅用 5d，建筑物南北倾斜从 11.7‰到小于 1‰。

顶升完成后，采用分批多次封孔技术，第一次采用水泥灌浆的方法将底板下的空隙填充完整，水泥浆液面至底板底位置；第二次采用灌浆料封孔，孔口顶以下预留 10cm 不灌浆；待第二次封孔灌浆料达到设计强度后，进行第三次封孔，第三次分封孔时均匀拆除 1/2 千斤顶，恢复压桩孔顶层钢筋，然后浇筑灌浆料；待灌浆料强度达到设计要求后，拆除剩余千斤顶，恢复压桩孔顶层钢筋，最后浇筑灌浆料。

3 结论

本工程建筑物发生不均匀沉降的原因主要是场地地层起伏变化大，入岩 PHC 管桩效果难以保证，后期 3m 高景观填土堆载产生的侧向压力对 PHC 管桩造成破坏。前期结构设计人员应与后期景观设计人员充分沟通，避免类似问题再次发生。

采用锚杆静压钢管桩对建筑物进行加固，并利用新增钢管桩作为顶升支点，对建筑物进行顶升，经过 5d 顶升施工后，房屋的倾斜率降低至 1‰，顶升完成后原有裂缝不再发展，结构柱和剪力墙无贯通裂缝，修补后可正常使用。

本次纠偏工程实践表明，采用合理的设计和施工工艺能够有效对既有桩基建筑进行结构纠偏。室内顶升纠偏具有纠偏效果显著，纠偏时间短，周边影响小等优点。本次室内顶升纠偏的成功，积累了宝贵的工程经验，为顶升法纠偏设计提供了一种新思路。

参考文献：

[1] 张鑫，陈云娟，岳庆霞，郭道通. 建筑物纠倾技术及其工程应用[J]. 山东建筑大学学报，2016，31(06)：599-605.

[2] 刘小波. 建筑物纠偏技术探索[J]. 产业与科技论坛，2015，14(20)：74-76.

[3] 汪扬. 建筑物纠偏加固方法研究[D]. 合肥：安徽建筑大学，2017.

[4] 徐少平. 房屋倾斜截桩纠偏[J]. 建筑工人，2001(01)：39.

[5] 屠一劬，马海龙. 某多层建筑物纠倾方法分析与实施[J]. 建筑技术，2015，46(02)：170-171.

[6] 朱克，李红兵，赵宝生. 某小区住宅楼加固与纠偏[J]. 地质装备，2016，17(04)：36-39.

[7] 钟贵荣. 新型截桩可控迫降纠偏工艺及实践[J]. 福建建筑，2016(11)：50-53.

φ15m 超大直径波纹钢围堰挖孔空心桩经济分析

吴泽强[1]，褚东升[2]，林乐翔[3]，胡文韬[3]

（1. 中铁二十四局集团有限公司，上海 200071；2. 中交第四航务工程勘察设计院有限公司，广东 广州 510230；3. 华东交通大学，江西 南昌 330013）

摘 要： 吉衡铁路上跨高架桥为了克服基础发现串珠式溶洞所造成停工困难，采用了专利技术"波纹钢围堰挖孔空心桩"，从而保证桥梁工程顺利地进行。这是岩溶地区基础的一种创新的新型式。文中简介 φ15m/φ12m 超大直径挖孔空心桩实施的经济分析。

关键词： 串珠式溶洞；波纹钢挖孔空心桩；减少 80% 造价

0 用创新的理念来攻关解难

（1）工程事故

吉安市井冈山经济技术开发区投资新建"深圳大道高架桥"连续上跨吉安－井冈山铁路、京九铁路、吉安南疏解铁路，全长 933m。左右分幅各宽 17m。上部构造主梁采用 35m、40m、50m 不同跨径的 PCT 梁，下部结构的桥墩采用桩＋柱＋盖梁形式。为确保铁路运输安全，业主委托了南昌铁路局、江西地方铁路开发公司代理建设管理。于 2012 年 2 月正式开工建设后，钻孔桩连续出现漏浆、塌孔和钻孔掉入溶洞现象，经补充雷达波和 CT 电磁波检测发现桥墩下有 80m 深串珠式溶洞，都不能满足桩基设计条件。尤其是两条铁路附近的 6 个桥墩钻孔桩施工，对铁路稳定存在较大隐患，被迫停工。经过反复研究都苦无良策。

（2）创新建议

在危难中，业主（井开区管委会）聘请华东交通大学上官兴教授为"特别技术顾问"，来帮助解决溶岩地层钻孔桩的技术难题。上官兴教授是我国著名的空心桩专家，已修建了 80 多根钻埋空心桩[1]，对岩溶地质桥梁钻孔桩也颇有研究。在广东肇庆西江大桥积累了"电磁波 CT 技术勘测溶洞""钻孔注浆法封闭溶洞"和"小钢管桩处理大溶洞"等工程经验和拥有"波纹钢围堰内小型挖掘机挖孔空心桩专利"等多种处置技术。为了解决吉安高架桥难题，上官兴教授带领研究牛团队在现场反复研究后，提出了"超大直径波纹钢挖孔空心桩"和"65m 波形钢腹板预应力连续箱梁顶推"两个方案，来攻关解难。

（3）业主拍板

在工程停工已造成重大损失情况下，代建业主（南昌铁路局和江西地方铁路开发公司）多次主持召开专家审查会。众所周知，在跨越铁路的高架桥工程中，确保铁路安全正常运营是一项十分重要的政治任务。在铁路系统一再强调"安全、安全、再安全"。面对一种前所未知的新工艺和新结构，大多数人表示担心出了问题怎么办？谁负责？时任江西地方铁路开发公司总工程师蒲保新指出：超大直径挖孔空心桩方案实质上是一个集成创新技术。它每一个重要环节都有成功的实践，只要我们认真对待，通过群策群力是可以实施成功的。最后井开区管委会吴磊副主任拍板：从尊重科学出发，支持用创新的理念来化解串珠式溶洞钻孔桩施工的困难，让"超大直径波纹钢空心桩"在红色老革命根据地（吉安）落地生根。历史证明"井开区管委会这个英明的决策"孕育了具有中国特色的超大直径波纹钢挖孔空心桩的诞生。

（4）小结

吉安深圳大道高架桥基础出现串珠式溶洞地层困局，终于在创新理念的指引下，通过各方努力终于过关。在成功修建了 5 个 φ14m 以下波纹钢挖孔空心桩后，右幅长 933m 桥梁于 2015 年 10 月建成通车。由于经费问题，左幅 2×65 波纹钢腹板 PC 箱梁桥推迟到 2017 年 12 月 4 日顶推到位，2018 年 4 月钢导梁 65 孔浇筑混凝土顶底板后张拉预应力后，合拢 9 月进行动荷载实验，国庆左幅全线建成通车，延长工期达 3 年。

1 "集成创新"来实现专项技术

1.1 "专利"本身就是创新的标志

要在桥梁工程中落实专利，首先就必须利用好波纹钢新材料来做挖孔桩的护壁，从而充分发挥好大功率的液压挖掘机挖孔效率，再在孔壁与波纹钢之间填混凝土形成超大直径钢混凝土围堰。

（1）2012 年"波纹钢围堰挖孔桩"的专利在湖南炎帝陵大桥未能采用的原因，首先是设计不敢突破，其次专利中许多关键技术没有成熟经验。因此必须要用"集成创新的方法"，来逐一攻关。中铁二十四局领导十分重视，向诸多有专长的单位咨询来完善施工方案。例如：

1）请河北益通金属制品公司介绍"大广高速"建成的波纹钢渗水井的制作工艺；

2）请广东省工程防震研究所介绍"钻孔桩 CT 探测波"的检测技术；

3）请广州地质勘察基础佛山分公司介绍溶岩压浆补强加固方法等，通过咨询后大家心中都有数，敢于开工了。

（2）业主统筹有实力的单位来攻克空心桩的设计

1）聘请华东交通大学，完成 φ14m/φ11m 空心桩的方案设计和沉降量的计算。

147

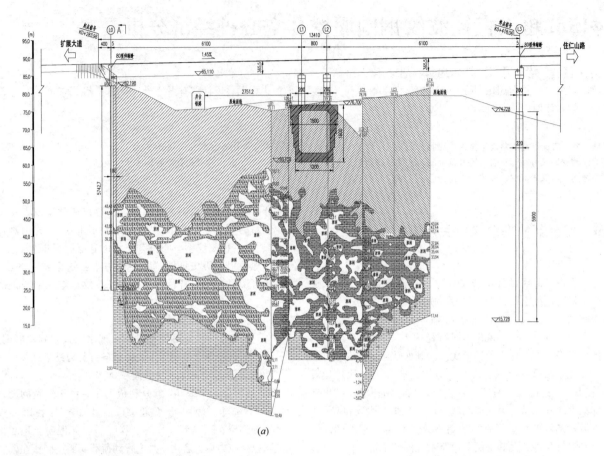

图1 吉安井开区深圳大道跨铁路高架桥施工图

（a）深圳大道高架桥左幅桥型图；（b）2017年12月左幅130m波腹PC小箱梁顶推到位图；（c）2018年9月左幅933m桥梁贯通

2）由原设计单位上海城建设计院完成三个 φ14m 和 2 个椭圆形（7×14）空心桩的施工图设计。

3）新增加中交四航设计院完成 2×65m 顶推连续梁及（φ15m/φ12m）空心桩施工图设计和全桥六个空心桩底岩溶地层的补强加固处理设计。

由于集中精锐力量，通过齐心合力的联合攻关，在较短的时间内相继完成了六根桩"波纹钢挖孔桩施工图设计"。其中 2×65m 中墩超大直径（φ15m/φ12m）空心桩结构如图2所示。

1.2 精心施工，一气呵成

1.2.1 工期

L1、L2 桥墩的 φ15m 波纹钢的挖孔桩在 2013 年底开工，由于 L0 桥台 3φ1.8m 钻孔桩，施工折腾了一年才结束，大家憋着一口气在中铁二十四局已完成的五根空心桩的经验积累基础上，通过精心组织，加班加点工作，结果只用一个多月时间抢在春节前一气呵成 16m 深 φ15m/φ12m 挖孔空心桩。中墩施工过程如图3所示；其中（φ15m/φ12m）×6m 竖向波纹钢外包混凝土围堰的施工时间如表1所示。

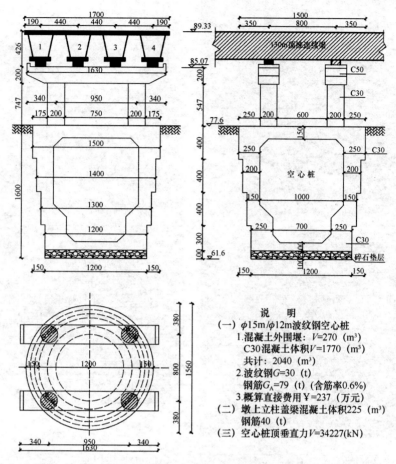

图2 2×65m 连续梁中墩超大直径（φ15m/φ12m）空心桩构造图

φ15m/φ12m 空心桩基础桥墩工期表 表1

部位 部位 项目		开始时间	结束时间	工作时间 （d）	土方（m³）	材料混凝土 （m³）
桥墩处整理挖土				小计253（m³）		
挖孔桩	第一层	2013.12/22	2013.12/25	4	804	混凝土护壁92
	第二层	2013.12/26	2013.12/31	6	616	护壁87
	第三层	2014.1/1	2014.1/5	5	531	护壁86
	第四层	2014.1/5	2014.1/8	4	452	护壁62
	16m深孔桩共用19d时间				$V=2403$	$\sum V=327m^3$
混凝土 空心桩	底板	2014.1/9	2014.1/21	13		时间共 $t=50d$ 混凝土共 $V=1492$（m³） 钢筋 $G=79$（t） 波纹钢 $G=30t$
	春节假期	2014.1/22	2014.2/1	休息		
	脚手架、顶板内模	2014.2/14	2014.3/4	20		
	桩身顶板浇筑	2014.3/5	2014.3/8	4		
	倒角关模浇混凝土	2014.3/9	2014.3/12	4		
	停工	2014.3/13	2014.3/14	2		
	钢筋安装预埋	2014.3/15	2014.3/16	2		
	浇筑顶板	2014.3/17	2014.3/17	1		
	顶板养护	2014.3/18	2014.3/23	6		
桥墩	L1号墩柱	2014.3/30	2014.4/2	3		时间共14d 混凝土 $V=225m^3$ 钢筋 $G=40$（t）
	L1盖梁	2014.4/14	2014.4/18	4		
	L2号墩柱	2014.4/3	2014.4/5	3		
	L2盖梁	2014.5/1	2014.5/4	4		

①边挖土，边拼波形钢围堰

②汽车吊提升波纹钢和吊运钢混凝土围堰中挖孔土方

③在孔壁与波纹钢筒之间浇筑混凝土护壁

④浇筑底部(ϕ12)混凝土底板

⑤ϕ15mm桩顶混凝土浇筑

⑥用波纹管做内模，浇筑空心墩混凝土

⑦封空心桩顶板后施工四柱墩及帽梁

图3　2×65mPC连续梁中墩施工图片

（1）4层不同直径钢混凝土围堰从 2013 年 12 月 22 日开始第一层开挖至 2014 年 1 月 8 日第 4 层结束，共计 19d 完成土方 2403m³。平均每天开挖 126m³，相当 10φ4m 钻孔桩，可见挖孔桩施工速度比钻孔桩有数倍以上的提高，这是工期缩短的关键。

（2）φ15m/φ12m 深 16m 的波纹钢外包混凝土护壁所形成的钢混凝土围堰完成后，用碎石铺底、上浇筑混凝土底板；再在围堰内以波纹钢做内模，绑扎钢筋、浇筑混凝土分三层，分别完成空心墩身混凝土。最后在脚手架上浇筑顶板混凝土，总计空心桩基础共计混凝土 1492（m³）、波纹钢 30t、钢筋 79t、历时 50d。

（3）按常规方法，完成 4φ2m 立柱和盖梁共计混凝土 225m³，钢筋 40t 历时 14d。

1.2.2 材料、机械

有关 φ15m/φ12m×16m 超大直径、变截面波纹钢和外包混凝土围堰、挖孔空心桩基础的施工步骤及技术内容，在中铁二十四局新余公司总工李小震所写论文[5]以及四航设计院空心桩设计负责人褚东升论文[6]中均有介绍，本文从简，现以较大的篇幅来介绍空心桩施工分阶段施工的材料和机械，如表 2 所示，以供不同工艺的对比和分析。

φ16.2m/φ13m 波纹钢外包混凝土材料、设备汇总表　　　　　表 2

材料设备	单位	第一层 φ15m	第二层 φ14m	第三层 φ13m	第四层 φ12m	合　计
220 型挖掘机	h	12	16	16	16	60（h）
自卸汽车	h	12	12	12	12	48（h）
波形钢安装人工	工日	8	12	12	12	44（日）
25t 吊机	h	14	16	16	16	62（h）
土方	m³	804.24	706.8	706.8	706.8	2924.64（m³）
波形钢（外）φ15m	m	188.4	175.92	163.2	150.8	678×（511 元/m）＝34.7 万元
围堰 C20 混凝土	m	97.2	91.08	84.8	78.4	351.48（m）
钢筋	kg		78442			78442（kg）
桩身 C30 混凝土	m³		1268.4			1268.4（m³）
波形钢（内）φ10m	m	62.8	125.6	106.78	21.99	317×（435 元/m）＝13.8 万元
租用脚手架	t		10			10（t）
混凝土浇筑人工	工日		277			277（日）

2　φ15m 空心桩的经济分析

2.1　(2×65m) PC 连续梁中墩设计

2015 年 10 月 1 日深圳大桥 933m 右幅桥因为采用了五根 φ8～φ14m 波纹钢挖孔空心桩，终于解决了串联式溶洞不能成桩而造成停工的困境而建成通车，其实际工期 3.5 年（超过原计划半年）。而在相应的左幅因与"吉-衡"铁路斜交，为了避免与右幅成桥 1 号桥墩（φ14m 波纹钢挖孔空心桩）在平面上相重叠，不得不将 L1 桥墩向东移动 15m，这样可以取消 L2 桥墩，从而形成 2×65m 双跨 PC 连续梁。其基础设计形式可以仿 0 号桥台的双排 3φ1.8m 钻孔桩，可设计为双排 3φ1.8m 钻孔桩，如图 4 所示。

2.2　桥台（3φ1.8m 钻孔桩）直接施工费用如表 3 所示

深圳大道跨铁路高架桥的起始 0 号桥台，右和左幅均设计为 3φ1.8m 钻孔桩。右幅先开工，由于没有岩溶情况，施工较顺利，单根 φ1.8m 钻孔桩约 21d 完成，费用如表 3 中（二）：施工直接费用 12 万元/桩，全幅钻孔直接费＝3×12＝36 万元。而左幅 3φ1.8m 钻孔桩遇有孔旁小溶洞，施工用尽了常规的：①护筒（4.12 万元）；②回填片石（15.22 万元）；③注浆加固溶洞（35.29 万元）；④溶洞处理（34.23 万元）的种种手段，合计与溶洞有关的费用共 98.86 万元。这些处理手段又将工期延长到 9 个月 14 天（284 工日），从而使租借的钻机闲置费达 128.8 万元及人工误工费 336 万元。这样致使其中 1 根最严重的 φ1.8m 钻孔桩合计花费 254 万元/根。现将右、左幅各选 1 根 φ1.8m 钻孔桩作为代表，证明有溶洞的 100m φ1.8m 钻孔桩时间增至（100/40＝2.5）×21 天＝52 天。由此还可以得到溶洞施工的时间增大系数 $\eta=\eta_1=284/52=5.5$ 倍，而直接费增长系数 $\eta_2=254$ 万/12＝21 倍。这两根的比较系数说明了深圳大道高架桥 0 号桥台 φ1.8m 钻孔桩的工程实际所得到的对比性，可以用来进行原设计的钻孔桩遇到串珠式溶洞时的费用推算，从而求得波纹钢外包混凝土围堰挖孔空心桩的经济效益。

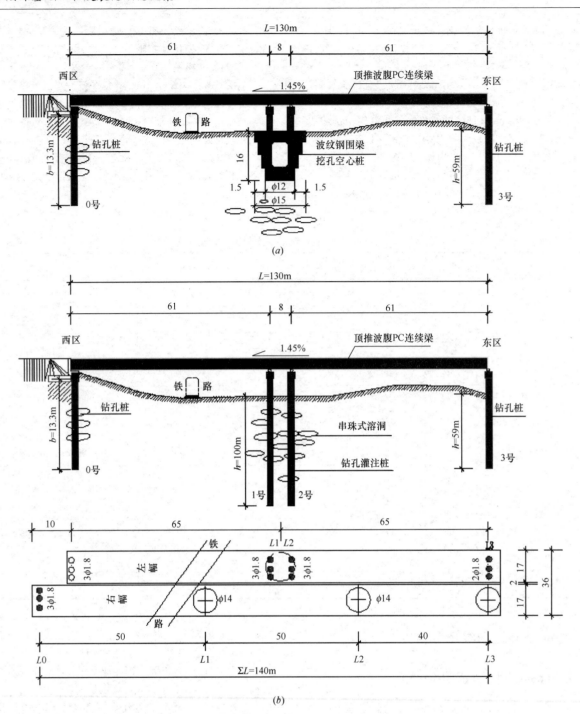

图4 深圳大道高架桥左幅桥梁基础比较图（单位：m）

(a) 左幅中墩波纹钢空心桩；(b) 设计比较钻孔桩

桥台 3ϕ1.8m 钻孔桩施工直接费用 表3

名称	单位	单价（元）	数量	费用（万元）
（一）左幅桥其中一根有最不利溶洞的桩实际费用				
吊机	月	1800	3.6	0.65
挖机	月	24000	3.6	8.64
C30ϕ1.80m 钻孔桩	m	840	43.33	3.64
钢筋	t	500	9.5381	0.48
水下 C30 混凝土	m³	290	129.6	3.76
①溶洞处理	m	420.0	815.1	34.23

名称	单位	单价（元）	数量	费用（万元）
②超灌 C30 混凝土	m³	290	65.4	1.90
③护筒根进	m³	8444.2	4.9	4.12
④灌注 C20 混凝土	m³	290	22	0.64
⑤回填片石	m³	66.68	2282.82	15.22
⑥钻孔	m³	230.76	523.00	12.07
⑦注浆加固	m³	520.55	678.00	35.29
钻机停工（租借计算）	月	230000.00	5.60	128.8
人工误工费	月	6000.00	5.60	3.36
单根 φ1.8m 桩	时间：9 个月 14 天＝284 天			￥₁＝254（万元/单根）

$\Upsilon_1 = 254$（万元/单根）写在表中。

| 桥台 3φ1.8m 桩 | $\sum \Upsilon = 3 \times$（254 万）＝762 万元 | | | |

（二）没有溶洞右幅桥实际一根桩价格

名称	单位	单价	数量	费用（万元）
吊机	月	1800	0.7	0.13
挖机	月	24000	0.7	1.68
C30φ1.80m 钻孔桩	m	840	40.031	3.36
钢筋（工费）	t	500	7.78	0.39
钢筋材料	t	4073	7.78	3.17
混凝土材料	m³	290	101.81	2.95
合计	时间：（21d）			￥₂＝12 万元/单根

| 桥台 3φ1.8m 桩费用＝3×12＝36 万元 | | | | |

2.3 2×65m 连续梁中墩 6φ1.8m 钻孔桩施工直接费用的推算

2012 年初，大桥钻孔桩工程开工了，在六个桥墩位置钻孔时连续出现漏浆、塌孔和掉钻头进溶洞种种现象而无法解决，导致停工。在向上官兴教授咨询后，对跨吉-衡铁路两侧 L1、L2、L3 墩位置补充进行了磁波 CT 和雷达波检测，发现墩位下存在 80m 深的串珠式连续溶洞；其间坚硬石灰岩层厚度均小于设计所需要的 4m，因此无法作为摩擦桩或支承桩来设计，因此桩长应加大至 $L=100\text{m}$，如图 4 所示，即考虑用超过 80m 后的 20m 地层来作为摩擦支承桩。现按常规无溶洞的情况，计算单根 φ1.8m 钻孔桩的费用如表 4 所示，￥＝33.6（万元/根）×6＝202（万元/墩）。按前述 0 号桥台两根有溶洞和无溶洞的工程直接费对比的造价提高系数 $\eta=21$ 倍计算。注意到中墩处有 80m 深串珠式溶洞的实际情况，故钻孔桩应加长 20m 按总长 100m 计算。这样采用 100m 根长的需要加上护筒跟进、片石填洞、钻孔、注浆、反复冲孔、打捞钻头等处理溶洞的常规手段，其工期要延长 t＝（100/40＝2.5）×21 天＝52 天，钻孔的直接费提高系数 $\eta=21$ 倍，21×202 万元＝4242 万元。混凝土体积 15300m³，单位体积的直接费用＝2.8 万元/m³，从这里看到如此昂贵的造价和长的时间的冲孔桩方案是不可接受的。

中墩设计 6φ1.8m 钻孔桩无溶洞中施工直接费　表 4

名称	单位	单价（＊/元）	数量	费用（万元）
吊机	月	1800	3	0.54
冲击钻机	月	24000	3	7.2
C30φ1.80m 钻孔桩	m	840	100	8.4
钢筋（工费）	t	500	22.0279	1.1
钢筋材料	t	4073	22.0279	9.0
水下混凝土工程	m³	290	254.3	7.4
（单根）合计	工作时间（100ᵐ/40ₘ＝2.5 倍）×21 天＝52 天			33.6 万元
（1）正常情况下钻孔桩（双排 6φ1.8）	无溶洞 33.6 万元×6＝202（万元） ① 桩径 6φ1.8m；面积 $A=6 \times 25.5\text{m}^3=153$（m³） ② 桩长 $n=40\text{m}$；体积 $v=6120\text{m}^3=0.61$（万 m³） ③ 施工直接费平均单位面积费用： $\Upsilon=202$ 万元/0.61（m³）＝331（万元/m³）			
溶洞提高系数 $\eta=B/A$	0 号桥台右幅（无溶洞）和左幅（有溶洞）两根 φ1.8m 钻孔桩时，对比得到溶洞提高系数 η ① 时间增长系数 $\eta_1=284/52=5.5$ 倍 ② 直接费增大系数 $\eta_2=254/12=21$ 倍			
（2）有溶洞钻孔桩（6φ1.8m）	① 有溶洞时间 $t=\eta_1 \cdot t_0=5.5 \times 52$ 天＝286（天） ② 有溶洞费用 $\Upsilon=\eta_2 \Upsilon_1=21 \times 202$ 万元＝4242（万元）			

2.4　2×65m 连续梁中墩 $\phi15m/\phi2m×16m$ 空心桩方案

中墩波纹钢挖孔空心桩直接施工费用如表5所示。

（1）总费用827万元其中挖孔空心桩220万元占用27%，空心桩周和底部对原溶洞进行钻孔、注浆加固费用607万元，占总费用73%。这些费用是在波纹钢挖孔空心桩完成以后再做的，与立柱、帽梁可以同时做，不占用工期。应当指出这是保证溶洞百年之内不会再发生变化的重要手段。

（2）所成功实施的超大直径空心桩内部挖空体积达到 $V=809m^3$，这是其他任何桩基方案都做不到的。这根又大（$\phi15m$）又深（16m）的桩体，减轻自重2023t占全重35%，相当上部构造自重28%，致使基底应力大幅度降低。正压应力 $\sigma_0=0.393MPa$ 边缘最大应力 $\sigma=0.299/0.487MPa$ 均小于深埋16m所产生的地基应力的提高值 σ_η

$=0.58MPa$，故是安全的，见文献[9]和[4]。

（3）空心桩总费用与进洞桩基相比仅为19%，$6\phi1.8m$ 钻孔桩在穿入溶洞情况下的造价¥=4242万元。这说明采用不进溶洞的超大直径 $\phi15m/\phi12m×16m$ 深（波纹钢外包混凝土围堰挖孔空心桩＋桩底注浆填实溶洞）的施工方案与传统 $6\phi1.8m×100m$ 深的冲击钻孔桩方案的施工直接费要节省悉=4242－827=3415万元（约占80%）。

（4）采用不进洞的超大直径（$\phi15m/\phi12m$）空心桩基础的工期仅63天，仅为进洞处理的 $6\phi1.8m$ 钻孔桩工期653天的10%，即空心桩比钻孔桩快9倍。

（5）按照左幅L1、L2中间墩空心桩对比加深的钻孔桩，一个桥墩就节省3415万元，而全桥其六根将节省近1亿元。这就是吉安井开区深圳大道高架桥作为首创制作的波纹钢围堰变截面挖孔空心桩的重大政治和经济意义所在。吉安深圳大桥高架桥的工程实践，再次说明"科技是第一生产力"。

吉安深圳大道跨铁路高架桥中墩挖孔桩直接费用　　　　　　表5

① L1、L2 挖孔桩工程直接费					
名称	单位	单价（元）	数量	费用（万元）	
挖掘机挖土	m³	108	2656	28.69	
空心桩混凝土浇筑	m³	166	1268	21.06	
护壁混凝土浇筑	m³	80	501	4.01	
挖孔桩钢筋加工	t	550	79	4.31	
C30混凝土	m³	358	1769	63.35	
钢筋	t	4073	78	31.95	
波纹钢安装	m	70	995	6.97	
运土方	m³	20	2656	5.31	
吊机打混凝土	m³	30	1619	4.86	
钻孔	m	238	3863	91.82	607
注浆加固	m³	519	9928	515.06	
合计				¥=777.39	
② L1、L2 挖孔桩材料费用					
名称	单位	单价（元/m）	数量	费用（万元）	
波纹钢（外）5mm	m	511	678.32	34.66	
波纹钢（内）4mm	m	435	317.17	13.80	
合计				¥₂=48.46	
③ L1、L2 挖孔桩机械费用					
100t吊机台班（挖掘机起吊）	台班	15000	1	1.5	
合计				¥₃=1.5	
①②③总计		($\phi15m/\phi14m/\phi13m/\phi12m$)空心桩∑¥=827万元（20%）				

波形钢围堰挖孔空心桩基础（$\phi15m/\phi12m$）

（1）6ϕ1.8m钻孔桩方案	工期	$(100/43)=2.3×284=653$ 天（100%）	造价	¥=21倍×202=4242万元（100%）
（2）波纹钢挖孔空心桩方案	工期	挖孔桩 $t=63$ 天　快90%（10%）	造价	∑¥=777.39＋4846＋1.5=827万元　省4242－827=3415万元（19%）

参考文献：

[1] 王伯惠，上官兴. 中国钻孔灌注桩新发展[M]. 北京：人民交通出版社，2001.

[2] 刘洪林. 金属波纹钢桥涵[C]. 河北益通金属制品有限责任公司，2011.

[3] 波纹钢围堰挖孔空心桩 2016.2058.6949.9 [P]. 南昌：华东交通大学，2012.

[4] 陈光林. 超大直径波纹钢空心桩的开发研究[D]. 南昌：华东交通大学，2012.

[5] 李小正. 大直径挖孔空心桩在岩溶区的应用及施工[J]. 中国信息化，2013(6)：242.

[6] 褚东升. φ15m超大直径空心桩在复杂岩溶地层中应用[J]. 水运工程，2014(2)：180-184.

[7] 中交四航勘察设计院. 吉安井开区2×65m连续梁施工设计图[S]. 2014.

[8] 中铁二十四局，华东交通大学. 波纹钢围堰挖孔空心桩施工图集[C]. 2015.

[9] 林乐翔. φ15m/φ12m超大直径挖孔空心桩专利技术[C]. 第八届深基础工程发展会议. 2018.

[10] 胡文韬. 大直径空心桩沉降量计算的研讨[C]. 南昌：华东交通大学，2018.

北京东郊旋挖钻孔灌注桩多桩型承载力试验性状分析

李伟强，周　钢，王　媛，石　异，孙宏伟

（北京市建筑设计研究院有限公司，北京 100045）

摘　要： 针对北京东郊地层，采用后注浆工艺旋挖钻孔灌注桩，对比 600mm、800mm、1000mm 等不同桩径，30～50m 等不同桩长试验桩数据，对试验桩破坏规律和破坏机理进行研究分析。根据试验成果和理论计算数据对比，为类似地层的工程桩设计提供参考。

关键词： 旋挖；承载力；后注浆

0　引言

旋挖钻机是一种适合建筑基础工程中成孔作业的施工机械，具有污染少、效率高、功能多及机动灵活等优点，在灌注桩、连续墙、基础加固等多种地基基础施工中得到广泛应用[1-3]。目前国内生产旋挖钻机的企业有 50 余家，旋挖钻机实现大幅度增长，完全满足国内市场的施工需求[2]。后压浆钻孔灌注桩是常规钻孔灌注桩成桩一定龄期后，通过预埋在桩身的灌浆管把水泥浆压入桩侧和桩底土体，固化沉渣和泥皮，加固桩底和桩周一定范围的土体，以大幅提高桩的承载力，增强桩的稳定性，减少桩基沉降。实践证明采用后注浆技术不仅可以大幅度提高基桩的承载能力、减少桩顶沉降量，同时基桩的承载性状也会得到改善，目前在工程得到大量的应用[2-6]。

目前北京地区建筑桩基工程大多采用钻孔灌注桩，桩长在 20～50m、桩径在 600～1200mm 不等，同时采用后压浆工法提高成桩质量和基桩承载力[7]。北京东郊某地铁车辆段盖上开发项目，因上部结构跨度大小不一，存在大量的结构转换层，造成基础底面荷载分布差异很大，如果选用一种桩型，很难达到安全性与经济性的统一。为此需要多种桩型来满足不同承载力的需求，根据岩土工程勘察报告提供的地质条件，最终选用的试验桩方案涵盖 600mm、800mm、1000mm 等不同桩径，30～50m 等不同桩长。试验桩施工均采用旋挖钻孔灌注桩，后注浆技术。试验桩桩身土层变化部位埋设测试元件对桩侧阻力和桩端阻力分布规律进行研究，通过静载试验曲线确定单桩极限承载力，而且针对部分试验桩试验直到破坏，以研究其破坏规律和破坏机理。最终根据试验成果和理论计算对比分析，对多桩型灌注桩进行单桩承载力综合分析。

1　试验桩设计方案

1.1　工程概况

本场地东西长约 1860m，试验选在不同区域进行。其中区域一试验桩桩径为 800mm、1000mm，桩长 40m、50m；区域二试验桩桩径为 600mm、800mm，桩长 34m。

1.2　工程地质条件分析

北京市第四系地质条件十分复杂，其总体趋势为自西向东由单一的砂、卵砾石层逐渐过渡到黏性土和砂、卵砾石层的交互沉积层，拟建工程主要位于永定河冲洪积扇中下部，地貌上属于古金沟河故道及古清河故道的河间地块，地势基本平坦，勘探深度范围内的土层划分为人工堆积层、第四纪全新世冲洪积层（黏质粉土、粉质黏土、粉细砂交互）、第四纪晚更新世冲洪积层（粉细砂、粉质黏土、细中砂）三大类。典型地质剖面图如图 1 所示，可选用的桩端持力层为粉细砂⑦$_2$层、细中砂⑦$_1$层、细中砂⑧$_3$层。

本工程 30.0m 深度内主要分布有三层地下水，主要为潜水（水位埋深为 0.77～5.05m，含水层主要为黏质粉土砂质粉土③层、粉细砂③$_3$层，随着隔水层的起伏，该层水表现为微承压性）、层间水（水位埋深为 18.05～19.94m，含水层主要为黏质粉土砂质粉土④$_2$层、粉细砂④$_2$层、砂质粉土黏质粉土⑥$_2$层、粉细砂⑥$_3$层，受隔水层分布的起伏影响，局部表现出微承压性）、层间水（水位埋深为 26.62～31.50m，含水层主要为细中砂⑦$_1$层、粉细砂⑦$_2$层、黏质粉土砂质粉土⑦$_4$层）。

1.3　单桩承载力特征值计算

试验桩均采用桩端及桩侧注浆工艺，后注浆灌注桩单桩极限承载力根据《建筑桩基技术规范》JGJ 94—2008 式 5.3.10，后注浆侧阻力、端阻力增强系数采用《北京地区建筑地基基础勘察设计规范》DBJ 11—501—2009 表 9.2.7 中的建议值计算。

1.4　试验桩参数

				试验桩参数表	表 1
试验位置	桩号	桩长 (m)	桩径 (mm)	试验最大加载量 (kN)	计算单桩承载力特征值 (kN)
区域一	TP12-1	51	1000	25000	10000
	TP12-2	37	1000	20000	8000
	TP12-3	37	800	16250	6500
区域二	TP12-4	35.5	800	12500	5000
	TP12-5	35.5	600	8750	3500

试验最大加载量为估算单桩承载力特征值的 2.5 倍。桩身混凝土强度等级 C45。单桩竖向抗压静载试验加载反力装置采用锚桩横梁反力装置。

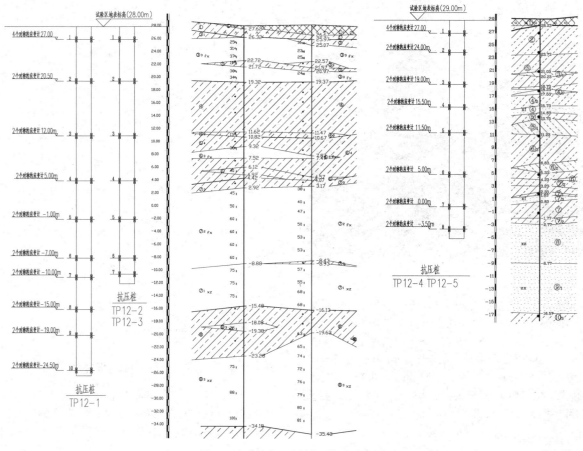

图 1　试验桩与地层剖面关系示意图

2　试验桩施工参数及检测方案

2.1　施工工艺

试验桩施工采用旋挖钻孔（泥浆护壁）灌注施工工艺，泥浆采用钠基膨润土（3%～10%），掺加外加剂（纯碱1%、CMC羧甲基纤维素钠0.1%）护壁泥浆，黏性土泥浆相对密度1.05～1.1，黏度18～24s，砂性土泥浆相对密度1.1～1.2，黏度25～28s。对于直径0.8m、1m的桩，采用旋挖280成孔，对于直径0.6m的桩，采用旋挖

220成孔。

2.2　后注浆工艺

采用DN25钢管作为注浆管，桩端后注浆管所有桩均为2根。桩侧后注浆设置，桩长50m设置4道，桩长40m设置3道，桩长30m设置2道，下部侧注浆阀距桩底10～12m，上部侧注浆阀距桩顶8～10m，每道侧注浆阀竖向间距为12m。桩端注浆水泥用量分别为：桩径1000mm 1.8t/桩、800mm 1.5t/桩、600mm 1.1t/桩，桩侧注浆水泥用量分别为：桩径1000mm 0.7t/管、800mm 0.6t/管、600mm 0.5t/管。

图 2　桩端、桩侧后注浆装置

157

2.3 主要检测内容

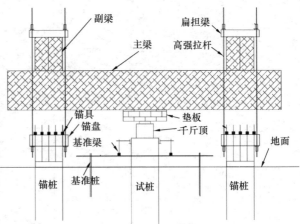

图 3　锚桩法反力装置

单桩竖向抗压静载荷试验按《建筑基桩检测技术规范》JGJ 106—2014，加载采用慢速维持荷载法，试验分为 10 级，首级荷载加倍，卸载每级为加载时分级加载量的 2 倍，逐级等量卸载；除承载力检测外，还包括成孔质量检测（孔径、孔深、垂直度）、桩身内力测试（测得地层的侧阻力、端阻力）、低应变法和声波透射法桩身完整性检测（可得到基桩的桩身缺陷及位置）。

2.4 主要检测结论

成孔质量检测，各受检桩成孔垂直度均小于 1%、平均孔径均大于设计孔径；低应变法桩身完整性检测，各受检桩桩身完整性类别均为 I 类，桩身完整；声波透射法混凝土桩身完整性检测，L12TP4-1 桩所测深度内无明显缺陷，其余各受检混凝土灌注桩桩身完整性类别均为 I 类，桩身完整。

单桩竖向抗压静载荷试验成果表　　表 2

序号	编号	桩径 (mm)	桩长 (m)	检测平均孔径 (mm)	充盈系数/平均	
1	TP12-1-1	1000	51	1037.9	1.12	
2	TP12-1-2	1000	51	1075.4	1.10	1.11
3	TP12-1-3	1000	51	1085.5	1.12	
4	TP12-2-1	1000	37	1041.2	1.12	
5	TP12-2-2	1000	37	1053.7	1.14	1.13
6	TP12-2-3	1000	37	1024.3	1.12	
7	TP12-3-1	800	37	839.2	1.15	
8	TP12-3-2	800	37	831.7	1.20	1.16
9	TP12-3-3	800	37	859.0	1.12	
10	TP12-4-1	800	35.5	880.9	1.20	
11	TP12-4-2	800	35.5	860.6	1.20	1.21
12	TP12-4-3	800	35.5	847.9	1.23	
13	TP12-5-1	600	35.5	695.2	1.42	
14	TP12-5-2	600	35.5	658.5	1.53	1.46
15	TP12-5-3	600	35.5	658.3	1.42	

3 承载性状试验研究

3.1 荷载 - 沉降（Q-s）曲线规律分析

试验加载原则为：静载试验顺序按承载力从小至大依次进行，每组试验桩前两根试验桩试验加载至设计要求单桩试验荷载值，且保证锚桩不破坏，第三根试验桩加载至试验桩破坏。考虑到试验所用锚桩需重复使用，TP12-1-2、TP12-1-3 试验桩加载至设计最大试验荷载值 25000kN 时，桩顶累计沉降量为 33.00mm、36.24mm，停止加载；对 TP12-1-1 按加载至破坏进行试验，在 30000kN 处 Q-s 曲线发生明显陡降，s-lgt 曲线尾部出现明显向下弯曲，且本级沉降不稳定、桩顶累计沉降量达到 80.35mm，本级沉降量超过上一级沉降量的 5 倍（5.35 倍）且桩顶累计沉降量超过 50mm，试验桩达到极限破坏，终止加载，取前一级加载值 27500kN 作为该试验桩单桩竖向抗压极限承载力，累计沉降量为 40.15mm；综上所述，TP12-1 型试验桩单桩竖向抗压极限承载力极差值（2500kN），未超过 3 根试验桩单桩竖向抗压极限承载力平均值的 30%（7750kN）。依据《建筑基桩检测技术规范》JGJ 106—2014，取其算术平均值（25833kN）为 TP12-1 型试验桩单桩竖向抗压极限承载力。其他各试验桩 Q-s 曲线详见图 4。

TP12-2-1、TP12-2-2、TP12-2-3 试验桩单桩竖向抗压极限承载力分别为 20000kN、20000kN、22000kN，对应柱顶沉降 27.97mm、20.45mm、27.8mm，极差值不超过平均值的 30%（6200kN），取其算术平均值（20666kN）为 TP12-2 型试验桩单桩竖向抗压极限承载力。

TP12-3-1、TP12-3-2、TP12-3-3 试验桩单桩竖向抗压极限承载力分别为 17875kN、16250kN、16250kN，对应柱顶沉降 30.34mm、25.82 mm、20.62mm，极差值不超过平均值的 30%（5037kN），取其算术平均值（16791kN）为 TP12-3 型试验桩单桩竖向抗压极限承载力。

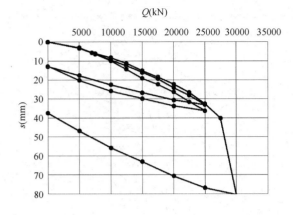

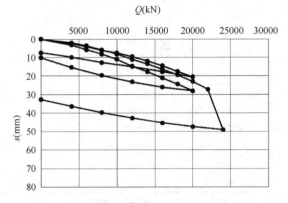

图 4　试验桩 Q-s 曲线（TP12-1、TP12-2）

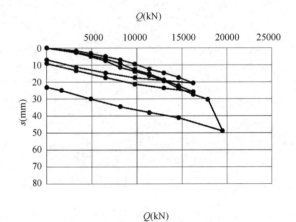

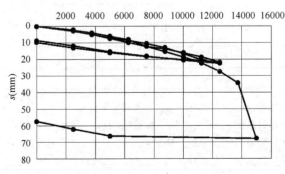

图 5　试验桩 Q-s 曲线（TP12-3、TP12-4）

TP12-4-1、TP12-4-2、TP12-4-3 试验桩单桩竖向抗压极限承载力分别为 12500kN、13750kN、12500kN，对应桩顶沉降 21.75mm、34.28 mm、22.35mm，极差值不超过平均值的 30%（3875kN），取其算术平均值（12916kN）为 TP12-4 型试验桩单桩竖向抗压极限承载力。

TP12-5-1 试验桩加载至 7000kN，桩头出现明显倾斜，位移传感器不均匀沉降达到 43.52mm，终止试验，取桩头发生明显倾斜前一级荷载 6125kN 为该试验桩的单桩竖向抗压极限承载力，单桩竖向抗压极限承载力值情况下累计沉降量为 12.31mm。

TP12-5-2 试验桩加载至 9625kN，桩头出现明显倾斜，位移传感器不均匀沉降达到 37.11mm，终止试验，取桩头发生明显倾斜前一级荷载 8750kN 为该试验桩的单桩竖向抗压极限承载力，单桩竖向抗压极限承载力值情况下累计沉降量为 19.04mm。

TP12-5-3 试验桩加载至 8750kN，Q-s 曲线未出现陡降，s-$\lg t$ 曲线尾部未出现明显向下弯曲的情况，考虑到试验所用锚桩需重复使用，且试验已加载至设计要求的单桩试验荷载，故终止加载，桩顶累计沉降量为 19.40mm，取最大试验荷载值 8750kN 为该试验桩的单桩竖向抗压极限承载力，单桩竖向抗压极限承载力值情况下累计沉降量为 19.40mm。

TP12-5-1、TP12-5-2、TP12-5-3 试验桩单桩竖向抗压极限承载力极差值（2625kN），超过平均值的 30%（2362kN），且该组试验桩在实际施工时长度不同，TP12-5-1、TP12-5-3 试验桩桩长为 35.45m，TP12-5-2 试验桩桩长为 32.45m。故该组试验桩的单桩竖向抗压极限承载力不予统计。只作为对比分析参考。

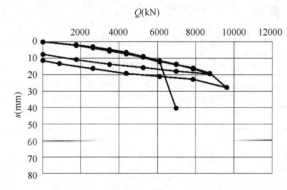

图 6　试验桩 Q-s 曲线（TP12-5）

3.2　桩身轴力随荷载变化特性分析

选定静载试验桩进行内力测试，在桩基施工前，在钢筋笼不同土层截面预埋振弦式钢筋计（按钢筋直径选配相应规格的钢筋计，每个截面设置 3 个钢筋计，钢筋计截面设置在土层分界处）。通过钢筋计测出钢筋的应力，进一步换算得出混凝土截面的桩身轴力，然后用总极限荷载值减去桩身轴力即为此截面以上桩侧摩阻力。

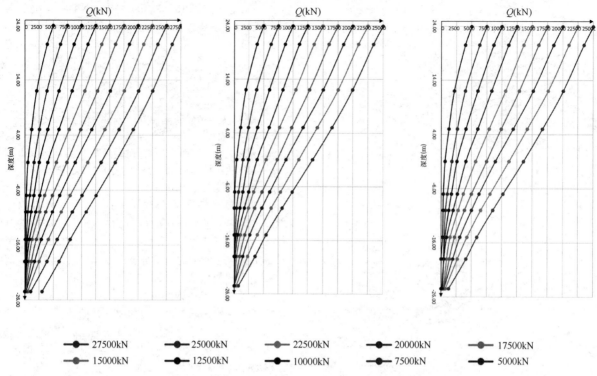

图 7　TP12-1试验桩各级荷载下桩身内力分布曲线

单桩竖向抗压静载荷试验成果表　　　　　　　　表 3

序号	编号	桩径 (mm)	桩长 (m)	单桩竖向抗压极限承载力（kN）	对应桩顶沉降 (mm)	桩身侧摩阻力		桩端阻力	
						(kN)	(%)	(kN)	(%)
1	TP12-1-1	1000	51	27500	40.15	24481	89.0	3019	11.0
2	TP12-1-2	1000	51	25000	33.00	24268	97.1	732	2.9
3	TP12-1-3	1000	51	25000	36.24	23767	95.1	1233	4.9
4	TP12-2-1	1000	37	20000	27.97	17731	88.7	2269	11.3
5	TP12-2-2	1000	37	20000	20.45	18024	90.1	1976	9.9
6	TP12-2-3	1000	37	22000	27.18	18426	83.8	3574	16.2
7	TP12-3-1	800	37	17875	30.34	15211	85.1	2664	14.9
8	TP12-3-2	800	37	16250	25.82	14516	89.3	1734	10.7
9	TP12-3-3	800	37	16250	20.62	14027	86.3	2223	13.7
10	TP12-4-1	800	35.5	12500	21.75	11346	90.8	1154	9.2
11	TP12-4-2	800	35.5	13750	34.28	12096	88.0	1654	12.0
12	TP12-4-3	800	35.5	12500	22.35	10998	88.0	1502	12.0
13	TP12-5-1	600	35.5	6125	12.31	6059	98.9	66	1.1
14	TP12-5-2	600	35.5	8750	19.04	7788	89.0	962	11.0
15	TP12-5-3	600	35.5	8750	19.4	7943	90.8	807	9.2

3.3　桩身侧摩阻力分布及发挥特性分析

从图8可以看出，由于采用了桩侧桩端后压浆技术，各层土侧摩阻力均有所提高，区域一内的TP12-1～TP12-3型试桩侧阻力曲线分析，粉质黏土层侧阻力提高系数，试验值与勘察报告建议值比在2.2～2.77之间，平均值2.46；粉细砂、细中砂层侧阻力提高系数，试验值与勘察报告建议值比在2.35～3.15之间，平均值2.95；较理论计算时取的1.4～1.9有大幅提高。区域二内的TP12-4型试桩侧阻力曲线分析，侧阻力提高系数（试验值与勘察报告建议值比）在2.00～3.2之间，平均值2.5；较理论计算时取的1.4～1.9有大幅提高。理论计算单桩后注浆综合提高系数为1.67～1.82之间。试验桩单桩后注浆综合提高系数为2.16～2.36之间。

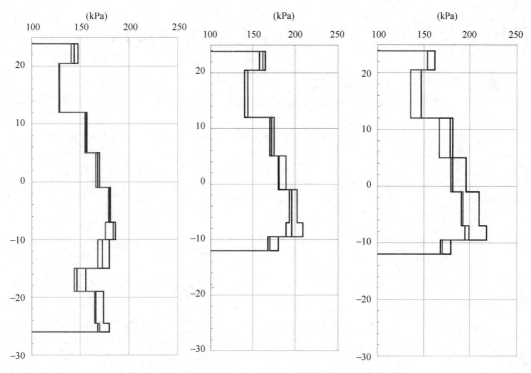

图 8　TP12-1、TP12-2、TP12-3 试验桩侧阻力分布曲线

4　结语

　　采用后注浆工艺，不仅确保钻孔灌注桩的施工质量，而且减小桩基沉降量。针对本项目特点，对后期建筑的沉降控制起到很好的作用。根据荷载分担比例判断，本次试验桩均属于端承摩擦型桩，荷载主要由桩侧摩阻力提供，桩端承载力占比很小，这对后期设计桩长的选择有一定的指导作用。

参考文献：

[1]　许文利. 国内旋挖钻机市场分析[J]. 交通世界，2018(28)：120-121.

[2]　聂庆科，梁金国. 后压浆旋挖钻孔灌注桩的研究[C]//全国岩土与工程学术大会论文集(下册)，2003.

[3]　孙冶默，卢萍珍，孙宏伟. 北京通州地区深厚砂层后注浆灌注桩抗拔系数试验分析[J]. 岩土工程技术，2018，32(01)：28-33+49.

[4]　王媛，孙宏伟，束伟农，方云飞. 北京新机场航站楼桩筏基础基于差异变形控制的设计与分析[J]. 建筑结构，2016，46(17)：93-98.

[5]　孙宏伟. 京津沪超高层超长钻孔灌注桩试验数据对比分析[J]. 建筑结构，2011，41(09)：143-146.

[6]　黄丽娟，高兰芳. 不同地质后注浆钻孔灌注桩承载力试验研究[J]. 公路交通科技，2017，34(10)：74-82.

[7]　周明荣. 后注浆钻孔灌注桩承载性状试验分析[J]. 山西建筑，2018，44(25)：72-74.

[8]　姚建平，蔡德钧，朱健，王立伟. 后压浆钻孔灌注桩承载特性研究[J]. 岩土力学，2015，36(51)：513-517.

[9]　冯忠居，谢永利，李哲，张宏光. 大直径超长钻孔灌注桩承载性状[J]. 交通运输工程学报，2005(01)：24-27.

[10]　张忠苗，何景愈，房凯. 软土中桩端后注浆大直径灌注桩尺寸效应试验研究[J]. 岩土工程学报，2011，33(52)：32-37.

[11]　刘福天，赵春风，吴杰，刘丹. 常州地区大直径钻孔灌注桩承载性状及尺寸效应试验研究[J]. 岩石力学与工程学报，2010，29(04)：858-864.

[12]　周宏磊，陶连金，王法. 非均质地基土条件下的钻孔灌注长桩竖向承载性状分析研究[J]. 工程勘察，2009(12)：30-34+43.

[13]　MATTES N S，POULOS H G. Settlement of single compressible pile[J]. Journal of Soil Mechanics and Foundation Division，ASCE，1969，95(SM1)：189-207.

[14]　李自强. 桩端后注浆钻孔灌注桩极限承载力不同计算方法的比较[J]. 建筑结构，2014，44(14)：100-102+95.

[15]　建筑基桩检测技术规范 JGJ 106—2014[S]. 北京：中国建筑工业出版社，2014.

[16]　建筑桩基技术规范 JGJ 94—2008[S]. 北京：中国建筑工业出版社，2008.

[17]　北京地区建筑地基基础勘察设计规范 DBJ 11—501—2009[S]. 北京：中国计划出版社，2009.

基于侧阻概化的桩基沉降计算方法及工程应用

王　涛[1,2]，褚　卓[1,2]，刘金砺[1,2]，王　旭[1,2]

（1. 中国建筑科学研究院地基基础研究所，北京 100013；2. 建筑安全与环境国家重点实验室，北京 100013）

摘　要：本文选取不同场地条件下不同桩型（长径比）试桩102根，按基桩工作荷载（特征值）下的侧阻分布曲线"化繁为简"的原则，基于侧阻分布概化前后包络面积相等将实际侧阻分布概化为正梯形、锥头形、蒜头形、凹谷形4种类型。并将每种侧阻概化模式分解为沿桩长 l、kl 的矩形、三角形分布侧阻单元，据此可查表确定 Mindlin 解附加应力系数。针对每种概化模式，本文给出了判定标准，以便于手算和程序实现概化过程。用本文推荐的方法对桩侧阻分布曲线进行概化后，通过工程实例验证，根据概化模型的侧阻分布可方便应用 Mindlin 应力解精确求解传至桩端平面处的附加应力，进而提高桩基沉降计算精度。

关键词：侧阻力；端阻力；分布概化模式；Mindlin 应力解；沉降计算

0　引言

传统方法借助半无限空间弹性体表面荷载下的 Boussinesq 应力解进行附加应力计算。对群桩基础，通常将其视为实体基础，利用 Boussinesq 解求得基底分布荷载下的土中附加应力，按单向压缩分层总和法计算沉降。JGJ 94—2008《建筑桩基技术规范》[1,2]中给出了考虑桩径影响的 Mindlin 解，桩中轴线上给出了解析式，中轴线以外给出了数值积分解，取代原 Mindlin-Geddes 集中力解。采用 Mindlin 附加应力系数叠加法虽然理论上先进，但实际操作繁琐，只简单将侧阻力分布简化为矩形和正三角形分布，与实际出入较大。实际侧阻概化分布重心越靠桩身上部，其产生的附加应力越小，与 Geddes 正梯形假定计算的附加应力的差异也越大；实测侧阻概化分布重心越靠下，其附加应力越大。采用符合实际的侧阻分布模式计算附加应力，可显著提高桩基沉降计算的可靠性。

国内外对桩侧摩阻力和桩端阻力这一课题已有多年的研究，解决的方法基本上有两类：一类是通过原位测试手段探查土层的物理参数，与试桩资料对比，建立经验公式或修正曲线来确定桩侧摩阻力和桩端阻力；另一类方法是通过桩静载试验实测桩侧摩阻力和桩端阻力。很少有工程通过侧阻分布实测曲线确定附加应力。究其原因有二：一是进行单桩静载试验测定侧阻分布的工作投入大，时间长，仅限于少数重点工程实施；二是侧阻分布实测曲线多数形态复杂，难以直接用于 Mindlin-Geddes 公式的附加应力计算。由此导致符合桩基应力变形状态的 Mindlin 解在桩基沉降计算中难以推广应用，或应用不当而收不到应有的效果。

为了提高桩基沉降计算的可靠性，近年来人们聚焦于应用 Mindlin 解确定地基附加应力这一核心问题。笔者所在科研团队围绕这一课题取得了一系列成果。2016 年课题组在先前收集 51 根试桩基础上[4]，第二次收集测试侧阻、端阻、沉降和相关地质资料，共计 102 根试桩。对其进行整理分析表明，将侧阻分布概化模式归类，与第一次所收集资料结果相类似。遵循在工作荷载（特征值）下的侧阻分布曲线"避繁就简、作用等效"的原则进行概

化，具体操作按桩概化侧阻力包络面积与实测曲线包络面积相等、重心相近。本着简化实用原则，最终归纳为图 1 所示 4 种概化模式。

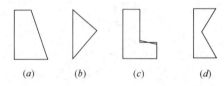

图 1　侧阻力沿桩身分布概化模式示意图
（a）正梯形；（b）锥头形；（c）蒜头形；（d）凹谷形

1　桩侧阻力分布概化途径及相关规定

1.1　土层类别软硬强弱评定规一化

为统一判定桩端、桩侧土层的软硬、强弱统一划分为极软土、软土、较软土、较硬土、硬土、坚硬土 6 类[4]。

1.2　工作荷载下端阻比 α 确定

根据本课题研究统计的 102 根试桩资料成果分析表明，端阻比受桩端持力层性质、桩长径比、平均侧阻力、荷载水平诸因素耦合作用的综合影响而变化。对于计算沉降时采用的工作荷载的端阻比 α 而言，平均极限侧阻力（这一参数可方便根据勘察报告直接获取或由土的物理指标按《建筑桩基技术规范》中的经验参数表查得）大小则是主导因素，由于侧阻的不同，端阻比的变化幅度可达 $10\sim20$ 倍，桩端持力层性质和桩长径比对端阻比的影响变化幅度均在数倍以内。本研究结合相关参数条件综合确定工作荷载下端阻比 α 参数列于文献[4]。在无相关地区经验和勘察报告实测端阻值情况下可以借鉴参照。

1.3　侧阻分布概化模式综合判定

应用桩侧阻分布实测曲线进行概化，大多数因形态复杂难以操作，欲通过概化的方法将实际桩侧阻分布形式概化归并为前述 4 种模式中的其一很难实现。课题组选择根据土层性质分布情况、长径比确定概化模式，根据软硬（含软、硬化土层的层位）确定各分解图形（矩形、正

基金项目："十二·五"国家科技支撑计划课题（No.2012BAJ07B01）。

三角形）的参数（k，a_i，b_i），参数确定参照勘察报告及有关规范。

（1）正梯形分布

对于短桩（$l/d \leqslant 30$）和中长桩（$30 < l/d \leqslant 60$），桩侧土层自上而下由较软逐渐变硬、由较弱逐渐趋强；对于长桩（$l/d > 60$），桩侧土层由软土、较软土逐渐变为较硬土、硬土，工作荷载下侧阻分布可概化为正梯形分布。

（2）锥头形分布

对于中长以上的桩（$l/d > 30$），桩侧土层自上而下由多层黏性土、粉土、砂土、碎石土（可能有黏土、粉黏、粉土、粉细中砂、砾砂、砾石、卵石的3种以上土层）交互分布，位于中上部的应变硬化土层，随荷载增加，其侧阻剧增而凸起，下部侧阻则由于桩土相对位移衰减而趋于零，形成明显的锥头形概化分布。当多层土中缺少粗粒土应变硬化层时，中部土层处于高围压应力状态导致侧阻凸起，侧阻分布仍呈现为锥头形。

（3）蒜头形分布

对于短桩、中长桩、长桩，桩侧上覆土层为较厚极软—软土，下部突变为硬土、坚硬土层，工作荷载下侧阻分布可概化为蒜头形分布。

（4）凹谷形分布

对于中长桩、长桩，当桩身中部为软弱夹层，上下土层为相对较厚的硬土层、较硬土层时，工作荷载下，侧阻分布可概化为凹谷形。

鉴于侧阻分布概化模式及其重心高低将影响计算沉降的附加应力大小，因此，概化图形绘制时一定要仔细分析土层侧阻分布（包括应变硬化效应）与概化图形相匹配，以避免引发计算误差。

2 桩侧阻力分布概化模式解析

2.1 基桩侧阻分布概化模式基本单元及其附加应力

对于上述每种概化模式基本原则为：由折线形概化模式求其面积，该面积与桩周长之积为总侧阻，检验此总侧阻 Q_s 是否等于 $Q(1-\alpha)$（α 为总端阻与附加荷载 Q 之比）。

将以上4种侧阻概化模式图分解为沿全桩长 l 和桩端以上局部桩长 kl 分布的矩形、正三角形4种基本单元，这样便可利用考虑桩径影响的矩形、正三角形分布侧阻附加应力系数 l/d、kl/d 查表计算附加应力[3,4]。任一种侧阻分布概化模式由2～3个矩形、正三角形单元组成，在基桩桩顶附加荷载 Q 作用下桩端以下的地基竖向附加应力 σ_z 由端阻附加应力 $\sigma_{z,p}$、侧阻基本单元附加应力的代数和 $\sigma_{z,s}$ 组成，现分别表示如下：

地基任一点竖向附加应力

$$\sigma_z = \sigma_{z,p} + \sigma_{z,s} \tag{1}$$

端阻附加应力

$$\sigma_{z,p} = q_p k_p, q_p = \frac{4\alpha Q}{\pi d^2} \tag{2}$$

桩长 l 矩形分布侧阻附加应力

$$\sigma_{z,sr} = q_{sr} k_{sr}, q_{sr} = \frac{Q_{srl}}{\pi d l} \tag{3}$$

桩长 kl 矩形分布侧阻附加应力

$$\sigma'_{z,sr} = q'_{sr} k'_{sr}, q'_{sr} = \frac{Q_{srkl}}{\pi d k l} \tag{4}$$

桩长 l 正立三角形分布侧阻附加应力

$$\sigma_{z,st} = \bar{q}_{st} k_{st}, \bar{q}_{st} = \frac{Q_{stl}}{\pi d l} \tag{5}$$

桩长 kl 正立三角形分布侧阻附加应力

$$\sigma'_{z,st} = \bar{q}'_{st} k'_{st}, \bar{q}'_{st} = \frac{Q_{stkl}}{\pi d k l} \tag{6}$$

式中，Q_{srl} 为 l 桩长矩形分布侧阻下等效桩顶附加荷载；Q_{srkl} 为 kl 桩长矩形分布侧阻下等效桩顶附加荷载；Q_{stl} 为 l 桩长正三角形侧阻下等效桩顶附加荷载；Q_{stkl} 为 kl 桩长正三角形侧阻下等效桩顶附加荷载；d 为桩径；l 为桩长；k 为侧阻力局部分布长度与桩长之比；q_p、q_{sr}、$\bar{q}_{st}$ 分别为端阻、l 桩长的矩形分布侧阻、正立三角形分布平均侧阻；q'_{sr}、$\bar{q}'_{st}$ 分别为 kl 桩长的矩形分布侧阻和正立三角形分布平均侧阻；k_p、k_{sr}、k_{st} 分别为端阻附加应力系数、l 桩长的矩形分布侧阻附加应力系数和正立三角形分布侧阻附加应力系数；k'_{sr}、k'_{st} 分别为 kl 桩长的矩形分布侧阻附加应力系数和正立三角形分布侧阻附加应力系数。

考虑桩-桩相互影响，叠加法计算基桩地基附加应力，影响应力 $\Delta\sigma_{zi}$ 按下式计算。

$$\Delta\sigma_{zi} = \sum_{k=1}^{t} (q_{p,k} k_{p,i} + q_{sr,k} k_{sr,i} + \bar{q}_{st,k} k_{st,i}) \tag{7}$$

式中，$\Delta\sigma_{zi}$ 为相邻基桩对计算基桩压缩层内第 i 分层的影响应力；k 为有效影响半径范围内第 k 桩；t 为影响基桩数；$q_{p,k}$、$q_{sr,k}$、$\bar{q}_{st,k}$ 为第 k 基桩的端阻、矩形分布侧阻、正三角形分布平均侧阻；$k_{p,i}$、$k_{sr,i}$、$k_{st,i}$ 为第 k 基桩对被影响基桩第 i 分层的均化附加应力系数，可按前节编制的表格查取。

基桩最终沉降公式可以表述如下：

$$s = \sum_{i=1}^{n} \frac{\sigma_{zi} + \Delta\sigma_{zi}}{E_{si}} \Delta z_i + s_e \tag{8}$$

群桩基础最终沉降量计算，由于上部结构和桩基承台的刚度效应，桩筏基础变形趋于均匀，本文采用以下两种方法之一计算桩筏基础沉降。

一是整体均化分层总和法：根据综合判定方法确定侧阻概化分布模式和端阻比，将桩基平面图中各基桩自身和相互影响的侧阻、端阻均化附加应力系数自桩端平面起分层（计算压缩层范围按压缩模量、厚度分层）叠加，并求得相应的侧阻、端阻附加应力，除以桩数得分层均化附加应力，按分层总和法求得平均沉降。

二是基桩叠加分层总和法：确定坐标原点，将各编号基桩的 x，y 坐标列出，分别查表求得各桩的侧阻、端阻分层均化附加应力系数，计算相应附加应力，并将影响范围内基桩的附加应力分别叠加至计算基桩投影影响面内，采用分层总和法求得基桩沉降。此法更适用于上部结构刚度较弱和柔性基础的群桩沉降计算。

具体均化附加应力系数计算方法可参考文献[5]。

2.2 基桩侧阻分布概化模式解析及相关参数确定

将本次4种概化模式按统计发生频率的先后顺序逐一

进行分解和相关参数计算如下。

（1）正梯形侧阻概化模式

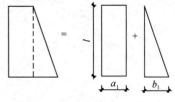

$$\sigma_{z,s} = q_{sr}K_{sr} + \overline{q}_{st}K_{st} \quad (9)$$

$$q_{sr} = a_1 \quad (10)$$

$$\overline{q}_{st} = b_1/2 = (1-\alpha)Q/\pi dl - a_1 \quad (11)$$

式中，a_1 为桩顶 $2d$ 范围内桩侧阻力特征值之均值，可根据规范（包括地方规范）、勘察报告确定。对于黏性土、粉土，a_1 ＝极限侧阻 $\overline{q}_{su}/2$；对于碎石土、砂土，a_1 ＝极限侧阻 $\overline{q}_{su}/4$（考虑应变软化），使得概化图形底部侧阻（a_1+b_1）与实际侧阻（特征值）最大值接近。

（2）锥头形侧阻概化模式

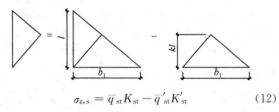

$$\sigma_{z,s} = \overline{q}_{st}K_{st} - \overline{q}'_{st}K'_{st} \quad (12)$$

$$\overline{q}_{st} = \overline{q}'_{st} = b_1/2 \quad (13)$$

$$\overline{q}_{st} = b_1/2 = (1-\alpha)Q/\pi dl(1-k) \quad (14)$$

式中，k 为桩身中上部侧阻力最大土层 1/2 厚度处至桩端距离与桩长之比，锥头形峰值与土层侧阻峰值相对应。

（3）蒜头型侧阻概化模式

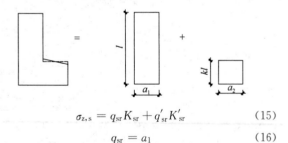

$$\sigma_{z,s} = q_{sr}K_{sr} + q'_{sr}K'_{sr} \quad (15)$$

$$q_{sr} = a_1 \quad (16)$$

$$q'_{sr} = a_2 = (1-\alpha)Q/k\pi dl - a_1/k \quad (17)$$

式中，k 为桩身下部硬、坚硬土层厚度与桩长之比，a_1 确定方法同（1）。

（4）凹谷形分布

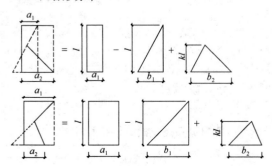

$$\sigma_{z,s} = q_{sr}K_{sr} - \overline{q}_{st}K_{st} + \overline{q}'_{st}K'_{st} \quad (18)$$

$$q_{sr} = a_1, \overline{q}_{st} = b_1/2, \overline{q}'_{st} = b_2/2 \quad (19)$$

$$\overline{q}_{st} = b_1/2 = a_1/(1-k) + (a_2-a_1)k/2(1-k) \quad (20)$$
$$- (1-\alpha)Q/\pi dl(1-k)$$

$$\overline{q}'_{st} = b_2/2 = (b_1+a_2-a_1)/2 \quad (21)$$

式中，k 为中部软弱夹层中点至桩端距离与桩长之比；a_1 确定方法同（1）；a_2 为桩端以下 $2d$ 范围内桩侧阻力特征值之均值，可根据规范（包括地方规范）、勘察报告确定。

3 工程案例验证

限于本文篇幅，仅对较常见的梯形和锥头形概化模式，选取两项工程进行沉降计算验证。

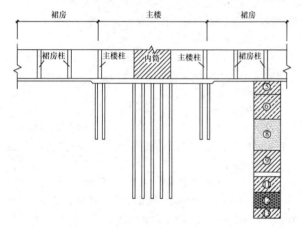

图2 场地地层柱状土

3.1 锥头形侧阻概化模式工程案例验证

北京佳美风尚中心位于北京市望京新城，由 2 座高层主楼（办公楼及酒店）及与之相连的裙房及纯地下室组成，整个工程地下 3 层，位于同一整体大底盘基础之上，基础平面尺寸约 260m×75m。主楼平面尺寸约 56m×36m，地上 24～28 层，高度 99.8m，框架核心筒结构，桩筏基础，本工程长桩（37m）实施桩侧、桩底复式注浆，单桩极限承载力标准值取 12800kN。

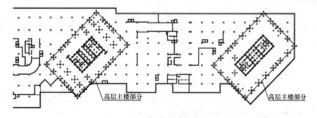

图3 桩基平面图

平均极限侧阻力 $\overline{q}_{su}$ ＝50kPa，根据文献[4]综合确定工作荷载下端阻比 α ＝0.2。

按本文桩侧阻概化研究成果，对于桩侧土层自上而下由多层黏性土、粉土、砂土、碎石土交互分布，位于中上部的应变硬化土层，随荷载增加，其侧阻剧增而凸起，下部侧阻则由于桩土相对位移衰减而趋于零，形成明显的锥头形概化分布。由概化后折线形概化模式求其面积，该面积与桩周长之积为总侧阻，检验此总侧阻是否 $Q_s = Q(1-\alpha)$，概化前后除满足面积。最终基桩总承载力工作荷载下侧阻概化结果如图4所示。

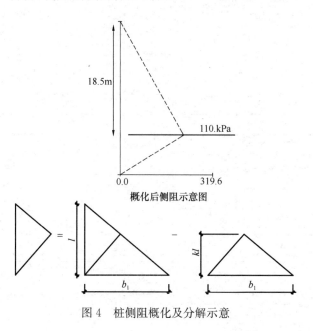

概化后侧阻示意图

图4　桩侧阻概化及分解示意

根据式（12）~式（14）计算正立三角形分布平均侧阻，k 为桩身中上部侧阻力最大土层 1/2 厚度处至桩端平面距离与桩长之比，锥头形峰值与土层侧阻峰值相对应，$k=0.5$。

将核心筒下群桩中每根桩经过不同桩间距的桩-桩均化附加应力表系数叠加求得每根桩的附加应力场。考虑核心筒主体区域上部结构刚度较好，上部结构和基础刚度对沉降具有均化效应，再将各桩的附加应力场叠加后除以桩数，即得到群桩均化附加应力，据此计算群桩沉降。

限于本文篇幅，详细求解过程不再赘述，仅将东塔楼计算结果列出。经过求解后核心筒桩基沉降结果（未经修正）$s = 35.35$mm，考虑桩身压缩变形量 9.47mm，总沉降量为 35.35＋9.47＝44.82mm。沉降计算应考虑后注浆减沉效应，计算值应乘 0.7（砂砾卵石）~0.8（黏性土、粉土）折减系数，考虑后注浆减沉降效应修正后沉降为 31.38mm。将本文推荐方法计算本工程东塔核心筒平均沉降值与沉降观测资料中点最大沉降值（竣工时）比较列于表1（详细计算过程列于表2），由表1可以看出，本文推荐的方法计算值与实测值比较在不经经验修正系数修正的情况下较为相近，这验证了此法计算群桩沉降的可行性。

沉降计算值与沉降观测值比较　表1

计算方法	计算 s'（mm）	后注浆减沉系数	沉降计算经验系数	s（mm）
Boussinesq 解实体深基础计算法	131.60	0.7	0.33	30.40
等效作用计算法	85.54	0.7	0.48	28.74
本文推荐方法	44.82	0.7	1	31.38
实测沉降（竣工时）				26
预估最终沉降 $s_\infty = (1+0.25)s$				32.5

桩基沉降计算　表2

序号	层底标高（m）	侧阻均化附加应力 $\overline{\sigma}_{z,s}$（kPa）	端阻均化附加应力 $\overline{\sigma}_{z,p}$（kPa）	压缩模量 E_s（MPa）	分层压缩 s_i（mm）
	−16.2	14.902	1270.6		
1	−16.7	14.624	645.92	130	3.742
2	−17.2	14.35	231.58	130	1.743
3	−17.7	14.076	132.81	130	0.755
4	−18.2	13.802	95.74	130	0.493
5	−19.2	13.255	69.675	130	0.334
6	−19.7	13.019	64.687	130	0.309
7	−20.06	12.868	62.201	130	0.212
8	−20.56	12.658	58.805	21.8	1.68
9	−21.06	12.452	55.568	21.8	1.6
10	−21.56	12.246	53.292	21.8	1.532
11	−22.06	12.04	51.016	21.8	1.475
12	−22.46	11.875	49.196	21.8	1.139

序号	层底标高 （m）	侧阻均化附加应力 $\bar{\sigma}_{z,s}$（kPa）	端阻均化附加应力 $\bar{\sigma}_{z,p}$（kPa）	压缩模量 E_s （MPa）	分层压缩 s_i （mm）
13	−22.96	11.669	46.769	75	0.398
14	−23.46	11.468	44.284	75	0.381
15	−23.96	11.299	41.8	75	0.363
16	−24.46	11.131	39.579	75	0.346
17	−24.76	11.031	38.388	75	0.2
18	−25.26	10.865	36.397	130	0.186
19	−25.76	10.7	34.406	130	0.178
20	−26.26	10.534	32.777	130	0.17
21	−26.76	10.369	31.18	130	0.163
22	−27.26	10.203	29.582	130	0.156
23	−27.76	10.071	28.303	130	0.15
24	−28.26	9.953	27.148	130	0.145
25	−28.76	9.836	25.998	130	0.14
26	−29.26	9.72	24.938	130	0.136
27	−29.56	9.65	24.345	130	0.079
28	−30.06	9.535	23.356	25	0.669
29	−30.56	9.419	22.368	25	0.647
30	−31.06	9.303	21.378	25	0.625
31	−31.56	9.188	20.387	25	0.603
32	−32.06	9.072	19.397	25	0.58
33	−32.56	8.956	18.664	25	0.561
34	−33.06	8.84	18.031	25	0.545
35	−33.56	8.725	17.398	25	0.53
36	−34.06	8.609	16.764	25	0.515
37	−34.56	8.493	16.131	25	0.5
38	−35.06	8.378	15.498	25	0.485
39	−35.56	8.297	14.865	25	0.47
40	−36.06	8.291	14.232	25	0.457
41	−36.26	8.288	14.02	25	0.179
42	−36.76	8.284	13.731	25	0.443
43	−37.26	8.284	13.443	25	0.437
44	−37.76	8.284	13.154	25	0.432
45	−38.26	8.284	12.865	25	0.426
46	−38.76	8.284	12.577	25	0.42
47	−39.26	8.284	12.288	25	0.414
48	−39.76	8.284	12	25	0.409
49	−40.26	8.284	11.669	25	0.402
50	−40.76	8.284	11.025	25	0.393
51	−41.26	8.284	10.381	25	0.38
52	−41.76	8.284	9.738	25	0.367
53	−42.26	8.284	9.094	25	0.354
54	−42.76	8.284	8.45	25	0.341
55	−43.26	8.284	7.807	25	0.328

序号	层底标高 （m）	侧阻均化附加应力 $\bar{\sigma}_{z,s}$（kPa）	端阻均化附加应力 $\bar{\sigma}_{z,p}$（kPa）	压缩模量 E_s （MPa）	分层压缩 s_i （mm）
56	−43.76	8.284	7.163	25	0.315
57	−44.26	8.284	6.59	25	0.303
58	−44.76	8.284	6.537	25	0.297
59	−45.26	8.284	6.484	25	0.296
60	−45.76	8.284	6.431	25	0.295
61	−46.26	8.284	6.378	25	0.294
62	−46.76	8.284	6.325	25	0.293
63	−47.26	8.284	6.272	25	0.292
64	−47.76	8.284	6.219	25	0.291
65	−48.26	8.284	6.172	25	0.29
66	−48.76	8.284	6.172	25	0.289
67	−49.26	8.284	6.172	25	0.289
68	−49.76	8.284	6.172	25	0.289
69	−49.78	8.284	6.172	25	0.016
				总均化沉降量	35.35mm
		计入桩身压缩变形量 9.47mm，最终总均化沉降量			44.82mm

3.2 梯形侧阻概化模式工程案例验证

皂君庙电信大楼位于北京市海淀区皂君庙，总建筑面积为 6.6 万 m^2。整个建筑场地均设有 2~3 层地下室，设计埋深 12.50m，其中主机楼地上 18 层，采用框架剪力墙结构，建筑结构高度 80m，加上其顶部 70m 钢结构通讯铁塔，总高度达 150m，此部位地下 2 层，电信设备荷载很大，后期加荷几乎占 50%。场区北部为 10 层框架剪力墙结构行政业务楼，在行政业务楼南侧沿主机楼西侧为 1 栋 5 层南北走向的框架结构裙房。主裙楼连体未设置沉降后浇带。本工程经变刚度调平设计后，将原设计方案 373 根 ϕ800 桩和 391 根 ϕ1000 桩优化设计为 302 根 ϕ800 直径桩，桩长 15.2m。

计算平均极限侧阻力 $\bar{q}_{su} = 74.25$kPa，查文献 [4] 综合确定工作荷载下端阻比 $\alpha = 0.3$。

按本课题桩侧阻概化研究成果，对于短桩（$l/d \leqslant 30$），桩侧土层自上而下由较软逐渐变硬、由较弱逐渐趋强，形成明显的梯形概化分布。由概化后折线形概化模式求其面积，该面积与桩周长之乘积为总侧阻，检验此总侧阻是否 $Q_s = Q(1-\alpha)$，概化前后除满足面积。最终基桩总承载力工作荷载下侧阻概化结果如图 7 所示。

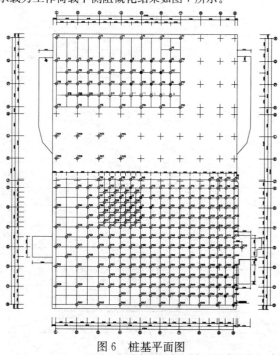

图 5　地层柱状土　　　　　图 6　桩基平面图

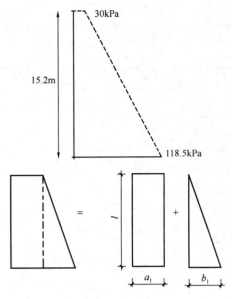

图 7　桩侧阻概化及分解示意

检验由折线形概化模式求其面积，该面积与桩周长之积等于总侧阻 $Q(1-\alpha)$，概化前后图形形心完全一致。

$$\sigma_{z,s} = q_{sr}K_{sr} + \bar{q}_{st}K_{st}$$

$$q_{sr} = a_1 = 30$$

$$\bar{q}_{st} = b_1/2 = (1-\alpha)Q/\pi dl - a_1 = 88.5/2 = 44.25$$

将核心筒下群桩中每根桩经过不同桩间距的基桩均化附加应力系数叠加求得每根桩的附加应力场，再将各桩的附加应力场叠加后除以桩数，即得到任意布桩模式下桩基沉降均化应力，进而计算群桩沉降。

限于本文篇幅，详细求解过程不再赘述。将本文推荐方法计算 A（下）区域平均沉降值、最大沉降值与实测最大沉降值（装修阶段）比较列于表 3（详细计算过程列于表 4），由表 3、表 4 可以看出，本文推荐的方法计算值与实测值比较在不经验修正系数修正的情况下较为相近，这验证了此法计算群桩沉降的可行性。

沉降计算值与沉降观测值比较　　　　　　　　　　表 3

计算方法	计算 s' (mm)	后注浆减沉系数	沉降计算经验系数	s (mm)
Boussinesq 解实体深基础计算法	19.88	0.7	0.25	3.48
等效作用计算法（桩基规范）	11.48	0.7	0.4	3.21
本课题推荐方法（均化沉降）	19.61	1	1	19.61
本课题推荐方法（最大沉降）	28.36	1	1	28.36
实测最大沉降（装修阶段）				24

桩基沉降计算　　　　　　　　　　表 4

序号	层底标高 (m)	侧阻均化附加应力 $\bar{\sigma}_{z,s}$ (kPa)	端阻均化附加应力 $\bar{\sigma}_{z,p}$ (kPa)	压缩模量 E_s (MPa)	分层压缩 s_i (mm)
	24.5	47.901	1214.1		
1	24	40.617	617.93	100	4.802
2	23.5	35.261	221.02	100	2.287
3	23.05	32.894	132.9	100	0.95
4	22.55	31.146	87.518	120	0.593
5	22.05	29.812	66.198	120	0.447
6	21.55	28.806	58.896	120	0.383
7	21.05	27.874	53.601	120	0.352
8	20.55	27.016	50.313	120	0.331
9	20.05	26.223	47.877	120	0.315
10	19.55	25.463	45.704	120	0.303
11	19.05	24.765	43.924	120	0.291
12	18.55	24.066	42.143	120	0.281
13	18.05	23.378	40.371	120	0.271
14	17.55	22.776	38.679	120	0.261
15	17.05	22.174	36.987	120	0.251
16	16.55	21.573	35.296	120	0.242

续表

序号	层底标高 (m)	侧阻均化附加应力 $\bar{\sigma}_{z,s}$ (kPa)	端阻均化附加应力 $\bar{\sigma}_{z,p}$ (kPa)	压缩模量 E_s (MPa)	分层压缩 s_i (mm)
17	16.05	21.047	33.904	120	0.233
18	15.55	20.531	32.546	120	0.225
19	15.05	20.014	31.187	120	0.217
20	14.55	19.55	29.85	120	0.21
21	14.05	19.108	28.521	120	0.202
22	13.55	18.666	27.192	120	0.195
23	13.05	18.257	26.059	120	0.188
24	12.55	17.88	25.121	120	0.182
25	12.05	17.504	24.184	120	0.176
26	11.55	17.145	23.234	120	0.171
27	11.05	16.824	22.255	120	0.166
28	10.55	16.504	21.275	120	0.16
29	10.25	16.312	20.688	120	0.093
30	9.85	16.078	19.975	23.3	0.627
31	9.35	15.803	19.138	130	0.137
32	8.85	15.528	18.301	130	0.132
33	8.35	15.272	17.548	130	0.128
34	7.85	15.059	16.991	130	0.125
35	7.35	14.846	16.433	130	0.122
36	6.85	14.634	15.875	130	0.119
37	6.35	14.421	15.318	130	0.116
38	5.85	14.208	14.76	130	0.113
39	5.35	13.996	14.203	130	0.11
40	4.85	13.783	13.645	130	0.107
41	4.35	13.589	13.129	130	0.104
42	3.85	13.437	12.711	130	0.102
43	3.35	13.286	12.292	130	0.099
44	2.85	13.134	11.874	130	0.097
45	2.35	12.983	11.455	130	0.095
46	1.85	12.832	11.036	130	0.093
47	1.35	12.68	10.618	130	0.091
48	0.85	12.529	10.199	130	0.089
49	0.35	12.39	9.899	130	0.087
50	−0.15	12.28	9.874	130	0.085
51	−0.65	12.17	9.848	130	0.085
52	−1.15	12.061	9.823	130	0.084
53	−1.65	11.951	9.798	130	0.084
54	−2.15	11.841	9.773	130	0.083
55	−2.65	11.731	9.748	130	0.083
56	−3.15	11.621	9.723	130	0.082
57	−3.65	11.52	9.539	130	0.082

续表

序号	层底标高 （m）	侧阻均化附加应力 $\bar{\sigma}_{z,s}$（kPa）	端阻均化附加应力 $\bar{\sigma}_{z,p}$（kPa）	压缩模量 E_s （MPa）	分层压缩 s_i （mm）
58	−4.15	11.437	8.988	130	0.08
59	−4.65	11.354	8.437	130	0.077
60	−5.15	11.271	7.885	130	0.075
61	−5.199	11.263	7.831	130	0.007
				总均化沉降量	18.38mm
计入桩身压缩变形量 1.23mm，最终总均化沉降量					19.61mm

4 结论

本文通过对 102 根现场试桩实际桩侧阻力分布形式的测试结果重新概化简化，将在工作荷载（基桩承载力特征值）下各种繁杂不同侧阻分布概化为正梯形、锥头形、蒜头形和凹谷形四种，并给出相应简化分解方法。并通过对影响桩侧阻分布因素进行分析，总结出了侧阻分布概化模式综合判定方法。根据土层分布情况确定概化模式；根据软硬（含软、硬化土层的层位）确定各分解图形（矩形、正三角形）的参数（k，a_i，b_i），参数确定参照勘察报告及有关规范。通过实际工程验证，用本文推荐的方法对桩侧阻分布进行概化后，根据概化模型的侧阻分布可方便应用 Mindlin 应力解较精确求解传至桩端平面处的附加应力，进而提高桩基沉降计算精度，桩基沉降计算较为接近实际工程沉降观测值。该法计算沉降的可靠性，尚需通过不同地质条件、不同建筑结构形式的桩基进行检验。

参考文献：

[1] 中国建筑科学研究院. 建筑桩基技术规范 JGJ 94—2008 [S]. 北京：中国建筑工业出版社，2008.

[2] 刘金砺，邱明兵，秋仁东，高文生. Mindlin 解均化应力分层总和法计算群桩基础沉降[J]. 2014，47(5)：118-127.

[3] 邱明兵，刘金砺，秋仁东，等. 基于 Mindlin 解的单桩竖向附加应力系数[J]. 土木工程学报，2014，47（3）：130-137.

[4] 刘金砺，秋仁东，邱明兵，高文生. 不同条件下桩侧阻力端阻力性状及侧阻力分布概化与应用[J]. 岩土工程学报，2014，36(11)：1953-1970.

[5] 王涛，刘金砺，王旭. 基于桩侧阻概化模式的基桩均化附加应力系数研究[J]. 岩土工程学报，2018，40（4）：665-672.

[6] 龚剑，赵锡宏. 对 101 层上海环球金融中心桩筏基础性状的预测[J]. 岩土力学，2007，28(8)：1695-1699.

[7] 孙宏伟. 京津沪超高层超长钻孔灌注桩试验数据对比分析[J]. 建筑结构，2011，41(9)：143-146.

[8] 王卫东，李永辉，吴江斌. 上海中心大厦大直径超长灌注桩现场试验研究[J]. 岩土工程学报，2011，33（12）：1817-1826.

[9] Reul O, Mark F R. Design strategies for piled rafts subjected to nonuniform vertical loading[J] Geotech. Geoenviron. Eng.，2004，130(1).

[10] Kim K N, et al. Optimal pile arrangement for mininizing differential settlements in piled raft foundations[J]. Computers and Geotechnics，2001，28.

[11] Poulos H G. Piled-raft foundation：design and applications [J]. Geotechnique，2001，51(2).

非等长双排桩在武汉某工程中的应用

曾纪文，　贺　浩，　胡福洪

（武汉地质勘察基础工程有限公司，湖北 武汉 430072）

摘　要：本文通过大量查阅双排桩在基坑支护中的理论和应用等方面的研究，以武汉某深基坑支护为研究背景，通过设置前长后短非等长双排桩进行基坑支护，并利用武汉天汉设计软件对该项目的某一个支护段进行设计计算研究。计算结果表明：该支护段的前后排桩的最大位移为 37.9mm 在地面以下 1.0m 处（即桩顶），被动区弹性抗力安全系数为 3.90。在本项目基坑中的预警控制指标为支护结构水平位移 ≤40mm，能够满足设计监测要求，为以后非等长双排桩在基坑中的应用提供参考借鉴。

关键词：非等长双排桩；天汉软件设计；基坑支护；桩顶位移

0　引言

随着城市建筑大量的开发建设，施工场地和用地红线的限制，对基坑的开挖和变形提出了越来越高的要求，基坑开挖过程中，新型的支护形式在基坑支护中被应用越来越常见[1,2]。双排桩是一种新型的支护结构，由两排平行排列的钢筋混凝土桩以及在桩顶的圈梁和连梁组成的空间围护结构体系。它通过连梁的约束作用和桩间土相互作用，使其侧向刚度大、位移小、内力分布较均匀[3]，因而在基坑和边坡支护工程中得到广泛应用。

国内已有众多学者在理论、室内模型试验、数值模拟等方面开展了大量的研究。在理论分析方面，戴智敏等[4,5]建立一个以被支挡土体假想滑裂面为分界面，C 滑裂面以上采用土拱理论，C 滑裂面以下采用土抗力法的分析计算模型考虑深基坑空间效应及支护桩顶的水平圈梁作用，对双排桩支护结构体系进行三维分析来求得内力和变形的分布；牟春梅等[6]利用平面刚架结构模型进行计算，双排桩支护能满足深基坑工程应达到地下室及主体结构不承担基坑侧壁回填土传递的土压力的要求，并且有良好效果；黄凭等[7]通过建立和求解各段桩体的挠曲微分方程，最终利用求导的方法求出双排桩各点的变形及内力情况。在室内和现场试验方面，彭文祥等[8]通过对 4 种桩距的双排桩支护结构进行室内模型试验，试验结构表明：当桩径为 600～1200mm 双排桩支护结构排距为 3D～4D 时为最合理。在数值模拟方面，丁洪元等[9]通过建立三维仿真计算模型对双排桩的受力和位移特性进行计算，得到该软土基坑工程双排桩支护结构的最佳排间距、桩径和桩长。结果表明：当双排桩桩径取 0.8～1.0m、排间距取桩径的 3～4 倍时，排桩的弯矩分布和桩身的位移比较合理，可以最大化地发挥双排桩的支护作用；相比于后排桩桩长，增加前排桩的桩长对提高支护结构的稳定性更有效。仇建春等[10,11]利用 ABAQUS 分析该新型双排复合支护结构的结构性能及深基坑开挖对周围环境的影响，验证设计方案的有效性；游强等[12]利用 FLEX 3D 软件证明支护形式能很好地控制基坑变形，确保基坑稳定。

本文在原有的等长双排桩的基础上，设计出一种新型的非等长双排桩，并在武汉某基坑中得以应用。

1　工程概况

1.1　基本概况

拟建工程场地位于武汉江岸区市民之家西侧，场地地形略有起伏，勘察时地面高程为 20.14～26.23m（以孔口高程计）之间，呈北高南低之势。场地地貌单元属长江左岸 Ⅱ 级阶地前缘。项目用地面积约 35195.5m²，总建筑面积约 206250m²。地上为 3 栋高层（28～32F）、4 栋超高层（41F、45F）公共服务设施配套用房等，计容面积为 144000m²，地下面积为 62250m²（2F）。

1.2　基坑规模概述

基坑边线平面呈近似长方形，东西向长约 310m，南北向长约 88～100m，基坑面积约 30400m²，基坑周长约 800m。支护范围内自然地面标高为 21.20m，基坑计算开挖深度为 9.1～10.5m。依湖北省地方标准《基坑工程技术规程》DB42/T 159—2012 第 4.0.1 条[13]，结合场地环境条件与工程地质、水文地质条件及基坑开挖深度等条件综合考虑，基坑工程重要性等级可定为一级，基坑支护平面布置图如图 1 所示。

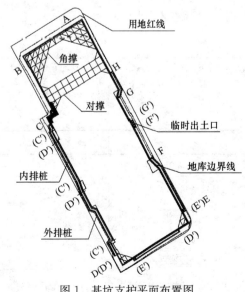

图 1　基坑支护平面布置图

1.3 主要支护形式和支护结构体系

基坑桩顶采用整体冠梁，冠梁尺寸为 1200mm×800mm/1400mm×1000mm，设计的桩身和冠梁混凝土强度等级为 C30，非等长双排桩示意图如图 2 所示。

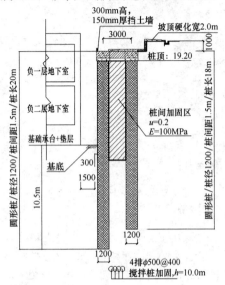

图 2 非等长双排桩示意图

项目基坑的主要支护形式	表 1
支护形式	区段
单排支护桩	AB、BC、D′E′、HA
单排支护桩＋锚杆支护	FG
双排等桩长支护桩	CD、DE
双排非等桩长支护桩	C′D′、EF、F′G′、GH

2 设计计算和参数选择

以 C′D′ 段非等长双排桩为背景，利用天汉基坑设计软件[14] 对 C′D′ 段双排桩进行结构设计计算。基坑开挖深度及其影响范围内，各土层的基坑设计物理参数值如表 2 所示。依据设计图纸和勘察报告，设计的综合信息和桩间土加固信息如表 3、表 4 所示。

非等长双排桩采用 C30 混凝土钻孔灌注桩，前排桩桩长为 20m，后排桩桩长为 18m，双排桩的排距为 3.0m，桩间距均为 1.5m，双排桩的详细设计参数如表 5 所示。

各土层物理层参数 表 2

地层代号	岩土名称	密度或状态	天然重度 γ (kN/m³)	总应力指标		静止侧压力系数 k_0	渗透系数 k (cm/s)
				内摩擦角 φ_k (°)	黏聚力 c_k (kPa)		
①	杂填土	松散—稍密	17.2	18	8	0.70	2.2×10⁻³
②₁₋ₐ	淤泥	流塑	16.1	4	12	0.80	1.7×10⁻⁷
②₁₋ᵦ	黏土	软—可塑	17.6	8	16	0.55	3.4×10⁻⁷
②₂	黏土	可塑	18.7	13	23	0.48	6.2×10⁻⁷
②₃	黏土	硬塑	19.5	16	35	0.43	2.6×10⁻⁶
②₄	粉质黏土	可塑	19.1	15	30	0.46	5.2×10⁻⁵
③	含砾细砂	中密	—	35	0	—	—
④	含砾粉质黏土	硬塑	20.0	16	40	—	—

备注：1. 按查表确定的 c_k、φ_k，是根据湖北省地方标准《基坑工程技术规程》DB42/T 159—2012 查表确定的总应力指标；综合取值为总应力指标；
2. 杂填土及黏性土的渗透系数为经验值；人工填土及砂土层的静止侧压力系数为经验值。

C′D′ 段设计的综合信息 表 3

项目	参数	项目	参数
引用钻孔号	JK22	结构正负零标高	22.350m
计算坡顶标高	21.200m	结构正负零高差	1.15m
计算开挖深度	10.5m	基底标高	10.700m（−11.650m）
基坑等级	一级基坑	临时结构调整系数	1
支护结构类型	双排桩支护结构	土压力分布模式	朗肯土压力模式
水土压力计算方法	总应力法	被动土压力折减系数	1

C'D'桩间土加固信息　　表4

项目	参数	项目	参数
顶标高/埋深	−3.15m（2m）	底标高/埋深	−13.15m（12m）
到前桩距	0m	到后桩距	0m
加固区高	10m	加固区宽	1.8m
加固区变形模量	100MPa	加固区泊松比	0.2

C'D'段前后排桩的设计参数　　表5

参数名称	前排桩	后排桩
桩顶相对标高（m）	−2.15	−2.15
桩长（m）	20	18
桩间距（m）	1.5	1.5
截面类型	圆桩	圆桩
桩径（m）	1.2	1.2
截面积（m²）	1.1309	1.1309
惯性矩（m⁴）	0.101787	0.101787
弹性模量（GPa）	30	30
桩底弹簧刚度（kN/m）	500000	500000

3　计算结果及分析

该项目基坑重要性等级为一级，临时支护结构调整系数为1.00，采用总应力法（水土合算）且被动区无加固，C'D'段桩坡顶放坡共1项，坡的总高为1m，平台宽为1m。最大开挖深度为10.5m，前排桩结构的设计桩长为20m，嵌入坑底深度为10.5m；后排桩结构设计桩长为18m，嵌入坑底深度为8.5m。其内力计算结果如表6所示，另外设计计算的位移图、弯矩图和剪力图如图3～图5所示。

C'D'前后排桩的内力计算结果　　表6

名称	数值	地面以下位置（m）
前排桩最大正弯矩（kN·m）	821	14.4
前排桩最大负弯矩（kN·m）	−335	4.7
前排桩最大正剪力（kN）	286	12.0
前排桩最大负剪力（kN）	−174	18.0
后排桩最大正弯矩（kN·m）	185	13.5
后排桩最大负弯矩（kN·m）	−322	1.0（桩顶）
后排桩最大正剪力（kN）	67	13.5
后排桩最大负剪力（kN）	−51	1.0（桩顶）

由表6我们会发现，前后双排桩的最大正弯矩在地表下14.4m和13.5m的位置，最大的正剪力在12.0m和13.5m的位置，均在基坑开挖深度下1/2开挖深度（10～15m）范围内，桩基设计桩长在剩余部分长度的弯矩和剪力均较小，故设计成非等长双排桩是经济合理的。

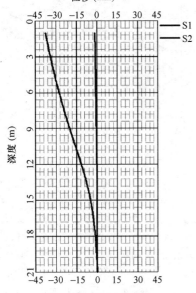

图3　前后排桩位移图

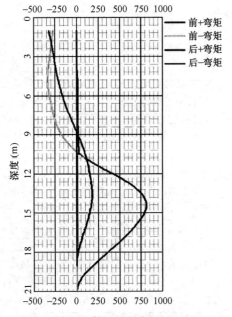

图4　前后排桩弯矩图

由图3计算结果显示：C'D'前后排桩的最大位移为37.9mm在地面以下1.0m处（即桩顶），被动区弹性抗力安全系数为3.90。在本项目基坑中的预警控制指标为支护结构水平位移≤40mm，能够满足设计监测要求。

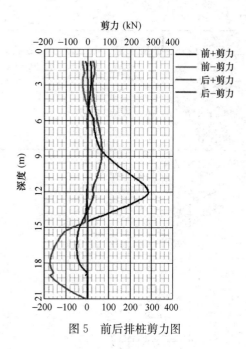

图 5   前后排桩剪力图

由图 4、图 5 可知，在基坑底面以上，前排桩的弯矩值为 $-335kN \cdot m$，后排桩的弯矩值为 $-322kN \cdot m$，而在基坑开挖面以下，前排桩的最大正弯矩为 $821kN \cdot m$，后排桩为 $185kN \cdot m$，表明在基坑底部，冠梁、搅拌桩、双排桩三者形成一个有机的整体，共同受力；而在基坑底面，由于前排桩受到下部土体的主动力的作用，开始由前排桩独自受力，故而其最大正弯矩较大。前排桩最大的正剪力和最大负剪力分别为 $286kN$ 和 $-174kN$，位置分别在基坑底面和后排桩的底部附近。

4   结论

本文以门架式等长双排桩为研究基础，探索研究一种新型的门架式不等长双排桩结构支护形式，在研究分析目前常见的双排桩计算模型和设计计算理论的基础上[15,16]，通过桩基设计和天汉软件模拟，探究该前长后短非等长双排桩的合理性，并研究其桩顶水平位移曲线、桩身弯矩以及剪力等，得到以下结论：

（1）通过多级支护结构的使用，在本项目中减少了大面积设置内支撑，能够有效地解决传统桩撑支护造价高、工期长、拆除支撑产生的固体废弃物易造成环境污染等多方面的问题。双排桩支护结构取得了良好的支护效果，表明其在深基坑支护工程中具有广泛的应用前景，可对双排桩的工作进一步研究。

（2）通过天汉设计软件设计验算，$C'D'$ 前后排桩的最大位移为 37.9mm 在地面以下 1.0m 处（即桩顶），被动区弹性抗力安全系数为 3.90。在本项目基坑中的预警控制指标为支护结构水平位移≤40mm，能够满足设计监测要求。

（3）天汉设计计算软件结果表明这种前排桩长于后排桩的布桩形式对于提高门架式双排桩的极限支护抗力以及限制桩顶水平位移变形更加有利，但前排桩桩身承担了较大的桩身内力，所以在工程中我们可以采取加大前排桩的直径或者配筋的同时减小后排桩的直径或配筋的布桩形式，从而达到调节前后排桩上的内力分配的目的，进一步使两桩受力更加接近，更多发挥前后排桩的协同作用。

当前在基坑支护实际工程中，对等长双排桩（门式双排桩）的应用和研究很多，已经近乎成熟且已得到广泛应用，但非等长双排桩的研究和应用还很少，这方面的研究还有待进一步深入。

参考文献：

[1]   李佳. 软土基坑双排桩支护结构的变形性状分析[J]. 建筑技术，2017，48（9）：960-963.

[2]   林书成，周振荣，唐咸远. 复杂环境中深基坑综合支护设计与施工技术[J]. 探矿工程-岩土钻掘工程，2017，44（1）：70-74.

[3]   魏天乐. 双排桩在南京地区基坑支护中的设计应用[J]. 岩土工程技术，2017，31（4）：200-204.

[4]   戴智敏，阳凯凯. 深基坑双排桩支护结构体系受力分析与计算[J]. 信阳师范学院学报：自然科学版，2002（3）：348-352.

[5]   黄先伍，李天珍，马林. 边坡支护双排桩变形和内力的解析分析[J]. 徐州工程学院学报（自然科学版），2014（4）：56-60.

[6]   牟春梅，董文专，邱贤辉，等. 双排桩在深基坑支护中的应用[J]. 路基工程，2014（5）：49-52.

[7]   黄凭，莫海鸿，陈俊生. 双排桩支护结构挠曲理论分析[J]. 岩石力学与工程学报，2009，28（S2）：3870-3875.

[8]   彭文祥，刘彬. 深基坑双排桩支护排距室内模型试验研究[J]. 湖南大学学报：自然科学版，2018，45（7）：121-127.

[9]   丁洪元，昌钰，陈斌，等. 软土深基坑双排桩支护结构的影响因素分析[J]. 长江科学院院报，2015，32（5）：105-109.

[10]   仇建春，房彬，曹睿哲，等. 深基坑中新型双排复合支护结构的三维空间有限元分析[J]. 南水北调与水利科技，2017，15（6）：157-164.

[11]   邱佳荣，陈征宙，胡谢飞，等. 基坑工程中双排桩支护结构的应用分析[J]. 建筑科学，2013，29（7）：104-108.

[12]   游强，游猛. 深层搅拌桩与双排桩在基坑支护中的应用研究[J]. 建筑技术，2014，45（9）：850-852.

[13]   湖北省基坑工程技术规程 DB42/T 159—2012[S]. 武汉：湖北省建设厅，2012.

[14]   陈卫华，胡福洪，陈锋. 基于边坡稳定性计算方法比较分析[J]. 探矿工程-岩土钻掘工程，2018，45（9）：71-74.

[15]   荣玲. 门架式不等长双排桩模型试验研究[D]. 西安：西安建筑科技大学，2017.

[16]   汪晓亮. 深厚软土超大基坑中双门架式支护结构的改进和应用[J]. 探矿工程-岩土钻掘工程，2016，43（6）：84-87.

下部扩大段复合桩抗拔承载力设计方法与试验研究

周同和[1]， 邬新军[*2]， 郭院成[2]， 孙轶斌[2]

(1. 郑州大学综合设计研究院有限公司，河南 郑州 450002；2. 郑州大学 土木工程学院，河南 郑州 450000)

摘 要：下部扩大段复合桩是一种新型抗拔桩，采用理论分析与现场试验相结合的方法分析了下部扩大段复合桩抗拔作用机制，提出了该桩型单桩抗拔承载力理论模型及计算参数。结果表明：在一定上覆土层厚度条件下，下部扩大段桩侧阻力受到上端阻力作用的影响得到增强，试验条件下采用经验参数法进行计算时的发挥系数可达 1.6；上部非扩大段抗拔承载力受到扩大段上端阻力的影响得到减弱，发挥度有所降低；上部非扩大段桩径相对扩大段较小时，仅可考虑扩大段桩侧阻力和上端阻力进行下部扩大复合桩抗拔承载力计算；通过与试验对比，验证了模型和理论方法的可靠性、实用性。该研究成果可供工程设计参考。

关键词：下部扩大段；复合桩；抗拔承载力；侧阻力发挥系数

0 引言

随着地下空间的进一步开发利用和基础埋深的增加，建筑物受到浮力的情况也越来越严重，对于处理水浮力带来的损坏，工程上常采用抗拔桩、抗拔锚杆等方法进行处理。在以上的抗浮处理中，如何准确确定抗拔桩及抗拔锚杆的承载力是进行工程抗浮设计的关键，目前国内外大量的学者针对该问题进行了理论和试验研究，并取得了一定的研究成果，使其在工程中得到了广泛的应用及检验。

文献[1]针对抗拔桩呈非整体破坏时，推荐采用下式计算基桩抗拔极限抗拔承载力：

$$T_{uk} = \sum \lambda_i q_{sik} u_i l_i \tag{1}$$

式中，T_{uk} 为基桩抗拔极限承载力标准值；u_i 为桩身周长；q_{sik} 为第 i 层土极限桩侧侧阻力标准值；λ_i 为抗拔系数；l_i 为桩周第 i 层土厚度。

《高压喷射扩大头锚杆技术规程》JGJ/T 282—2012[2]提出扩大头锚杆抗拔承载力由上部小直径段侧阻力、下部扩大段侧阻力与扩大头上部阻力构成：

$$T_{uk} = \pi \left[D_1 L_d f_{mg1} + D_2 L_D f_{mg2} + \frac{P_D}{4}(D_2^2 - D_1^2) \right] \tag{2}$$

$$P_D = \left[(K_0 - \xi) K_p \gamma h + 2c \sqrt{K_p} \right] / (1 - \xi K_p) \tag{3}$$

式中，D_1 为锚杆钻孔直径；D_2 为扩大头直径；L_d 为锚杆普通锚固段计算长度；L_D 为扩大头长度；f_{mg1} 为锚杆普通锚固段注浆体与土层间的摩阻强度标准值；f_{mg2} 为扩大头注浆体与土层间的摩阻强度标准值；P_D 为扩大头前端面土体对扩大头的抗力强度值；K_0 为扩大头端前土体的静止土压力系数；ξ 为扩大头向前位移时反映土挤密效应的侧压力系数；K_p 为扩大头端前土体的被动土压力系数；γ 为扩大头上覆土体重度；h 为扩大头上覆土体厚度；c 为扩大头端前土体黏聚力。

陈捷等[3]通过现场静压管桩的竖向抗压、抗拔静载荷试验，研究了预应力管桩抗拔系数，结果表明：桩端位于承载力较高的砂土层时，抗拔系数较小，桩端位于桩端阻力较小的黏土层时，抗拔系数较大；抗拔系数受长径比影响较大，长径比大时，上部土层抗拔系数较大，长径比

小时，下部土层抗拔系数较大。陈占鹏等[4]通过现场载荷试验，研究了郑州粉土条件下，相同外径、桩长的变径节桩（PHB）和 PHC 桩抗压、抗拔承载力及其抗拔系数，结果表明：变径节桩（PHB）和 PHC 桩抗压、抗拔承载力均小于 PHC 桩，但前者抗拔系数大于后者，说明桩节的存在对提高桩侧抗拔阻力具有一定作用。赵鹤飞[5]通过扩大头抗拔锚杆现场试验、理论分析研究，建立了简化的理论计算模型，并以此对现有的扩大头锚杆抗拔承载力计算公式进行修正。李粮钢等[6]利用弹性力学 Boussinesq 问题推导扩大头锚杆极限拉拔力计算公式，并与现场试验相对比得出影响其极限承载力的因素由强到弱依次为：扩大头直径、土体极限抗剪强度、弹性模量、土体泊松比等。李智慧等[7]依据抗浮锚杆荷载传递双曲函数模型理论来分析抗浮锚杆拉拔试验，得出锚杆-岩土层系统的 G 值，并验证了锚杆抗拔能力。孙仁范等[8]通过把抗浮锚杆、基础及结构看作整体进行数值模拟，揭示其各部分的相互影响作用有利于抗浮承载力，并给出了计算整体模型中抗浮锚杆刚度的方法。

在以上关于抗浮桩和抗浮锚杆的承载力计算中，《建筑桩基技术规范》JGJ 94—2008[1]中抗拔系数采用经验方法，取值与桩长不发生关系，建议的长径比小于 20 时取低值，可能与实际不符；《高压喷射扩大头锚杆技术规程》JGJ/T 282—2012[2]在进行扩大端侧阻计算时，未考虑因上端阻力对侧阻的增强效应，此外，在进行上端阻力计算时，对非预应力锚杆，系数 ξ 为一范围值，也可能影响计算精度。同时，在抗浮桩及锚杆实际受力工作时，其抗拔力全部由桩或锚杆侧壁与土体的侧摩阻力抵抗，且桩或锚杆上部先出现侧摩阻力并逐渐向桩或锚杆底部传递。一般当上部桩或锚杆侧摩阻力达到极限发生剪切滑移破坏时，桩或锚杆锚固段下部侧摩阻力还未充分发挥。此外，普通抗浮桩或锚杆在承受较大力时锚固段上部容易产生较大的拉伸，而导致水泥注浆体产生较大的开裂、钢筋的外漏腐蚀。

鉴于此，本文设计了一种适用工程抗浮设计的下部扩大段复合桩。该桩是一种在下部一定长度混凝土或水泥土、砂浆固结体中插入预制混凝土桩后形成的新型复合桩，可承受抗拔、抗压双向荷载，受力更为合理，且与抗浮桩及锚杆相比较好地解决了与基础的连接问题，具

基金项目：国家自然科学基金（No. 41602297）；河南省科技攻关项目（No. 182102310009）。

有较好的技术经济效益。然而，设计理论的缺乏限制了该抗浮桩的应用和推广。因此，本文采用理论分析及现场试验的方法，在分析比较等直径混凝土桩抗拔、等长劲性水泥土复合桩抗拔、高压喷射扩大头锚杆抗拔承载作用基础上，分析了下部扩大段复合桩抗拔作用机制，提出了该桩型单桩抗拔承载力理论模型及计算参数，并通过现场试验验证了模型和理论方法的可靠性、实用性，为其在工程中的推广应用提供科学依据。

1 计算模型与理论方法

1.1 下部扩大段复合桩抗拔承载力计算理论

与竖向抗压桩相似的原理，下部扩大段上端阻力的存在对复合桩下部侧阻力具有增强效应，这种效应的作用机制是上端阻力对扩大端产生一个向下的力，对扩大端产生压缩变形，同时阻止扩大端桩侧阻力发生软化。当锚杆与周围砂浆的握固力和砂浆与周围土体的粘结力足够大时，假设：（1）扩大头锚杆的破坏主要是沿着锚固段（图1）与土体的薄弱面（图1中Ⅰ面）发生剪切破坏；（2）锚杆比较长，杆体、砂浆和土体均处于弹性状态。下部扩大段复合桩破坏计算模型见图1。

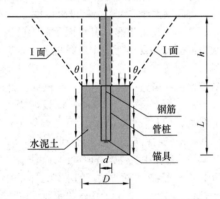

图 1 下部扩大段复合桩破坏模型假定

1.2 下部扩大段复合桩抗拔承载力计算方法

1.2.1 方法 1

当扩大段顶部具有一定的埋深 h，上部土体的破坏模式假定如图1所示，可不考虑小直径段侧阻力提供的承载力，此时，单桩抗拔极限承载力计算式为：

$$T_{uk} = q_{pk}A_D + u\sum\lambda_i q_{sik}L_i \qquad (4)$$

式中，q_{sik} 可采用现场试验指标，基于《河南省建筑地基基础勘察设计规范》DBJ 41/138—2014[9] 有可以比较的经验时可采用式（5）计算：

$$q_{sik} = K_{ui}\overline{\sigma_{vi}}$$
$$K_{ui} = K_{pi}\tan\left(\frac{2}{3}\varphi_i\right) \qquad (5)$$
$$\overline{\sigma_{vi}} = q_0 + \left(\sum L_{i-1} + \frac{1}{2}L_i\right)\gamma_{mi}$$

式中，T_{uk} 为抗拔极限承载力；T 为抗拔承载力特征值；q_{sik} 为扩大段上端阻力极限值；A_D 为扩大段截面面积；u 为扩大段截面周长；L_i 为扩大段长度；K_{ui} 为扩大段侧阻系数；K_p 为扩大段侧向被动土压力系数；$\overline{\sigma_{vi}}$ 为沿扩大段侧面竖

向分布力平均值；φ_i 为扩大段 i 土层内摩擦角；γ_{mi} 为土体重度，水下取浮重度；q_0 为扩大段上截面以上上覆土层重度；λ_i 为扩大段侧阻抗拔系数，可取 0.7~0.9。其中，上端阻力 q_{pk} 可按式（6）计算，且应满足式（7）的要求：

$$q_{pk} = (1 + K_p)\gamma'_m h$$
$$K_p = \tan^2\left(45 + \frac{\overline{\varphi}}{2}\right) \qquad (6)$$

式中，γ'_m 为扩大段上部土体重度，水下取浮重度；$\overline{\varphi}$ 为扩大段上部土体内摩擦角平均值。

$$q_{pk}A_D \leqslant \gamma'_m V_p \qquad (7)$$
$$V_p = \frac{1}{3}h(A_D + \sqrt{A_D A_0} + A_0)$$
$$A_0 = \frac{\pi}{4}(D + 2h\tan\theta)^2$$

式中，V_p 为假定锚杆上部滑裂体体积；h 为假定锚杆上部滑裂体高度；D 为锚杆扩大头直径；θ 为假定锚杆上部滑裂面与竖向的夹角；A_0 为管桩截面面积。

1.2.2 方法 2

当采用现行国家行业标准中经验参数法时，可采用下式计算单桩抗拔承载力：

$$T_{uk} = q_{pk}A_D + u\sum\beta_i\lambda_i q_{sik}L_i \qquad (8)$$

式中，β_i 为扩大段侧阻发挥系数，可取 1.3~1.5。

1.3 扩大段上部覆盖土层最小厚度

将式（6）代入式（7），因 $A_D < A_0$，为简单处理，右侧忽略了 A_D 有：

$$(1 + K_P)\gamma_m h A_D \leqslant \frac{\pi}{12}\gamma_m h(D + 2h\tan\theta)^2 \qquad (9)$$

忽略 D，有

$$h \geqslant \frac{\sqrt{\frac{3}{\pi}(1 + K_p)A_D}}{\tan\theta} \qquad (10)$$

假定 $\theta = \varphi/2$，当 $\varphi_1 = 10°$，$\varphi_2 = 20°$，$\varphi_3 = 30°$，最小覆盖土层计算结果：$h_1 = 9m$，$h_2 = 7m$，$h_3 = 5m$，作为一般粉土、粉质黏土、砂土中扩大段上端覆盖土层最小厚度限值，符合以往工程经验。

1.4 复合桩直径

考虑劲性体与扩大体间的粘结强度应满足抗拔承载力要求，同时需要考虑工法与工艺要求，应对复合桩设计直径进行一定的限制。一般条件下，外围环状水泥土厚度不宜大于剪应力传递的最大尺寸，以防止产生较大的剪切位移。因此，建议复合桩扩大段直径为劲性体直径的1.5~3.0倍。

2 现场试验

2.1 试验概况

2.1.1 工程地质条件

本试验场地土层物理、力学指标见表1，其中地下水类型为孔隙潜水，地下水位埋深14.0m。复合桩土层分布见图2。

相关土层物理力学指标 表1

土层	土性	状态	平均厚度（m）	承载力特征值（kPa）	黏聚力（kPa）	内摩擦角（°）	极限侧阻力标准值（kPa）
②	粉土	稍密	8.2	120	11	20	40
③	粉质黏土	可塑	2.5	140	17	11	60
④	粉土	中密—密实	6.9	160	13	21	65
⑤	细砂	密实	10.9	240	0	30.5	70

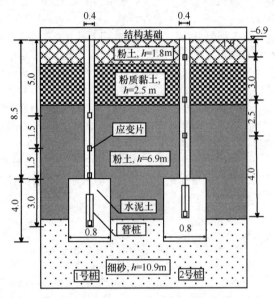

图2　下部扩大段复合桩土层位置示意（单位：m）

2.1.2　试验桩设计与施工

试验设计的复合桩为变截面结构，上段桩长8.5m直径400mm，为旋喷水泥土；下部扩径段长4m直径800mm，为旋喷水泥土桩内插入300mm直径预应力管桩，管内配置一根直径36mm PSB1080级精轧螺纹钢筋并延伸至桩顶，钢筋在管桩内采用定位支架固定，螺纹钢筋底部采用托盘和管桩端板固定。竖向钢筋在管桩段与管壁间空隙采用0.5水泥浆注浆封闭，水泥选用标准强度为42.5MPa的普通硅酸盐水泥。旋喷桩施工采用强度等级为42.5MPa的普通硅酸盐水泥，水灰比为1∶0.8，为保证下部桩径，下部扩大段旋喷时采用双管高压喷射技术。

为了测定复合桩桩侧阻力，在预应力螺纹钢筋上安装了应变计，具体布置见图2。图3(a)为开挖前复合桩现场图片，图3(b)为开挖至基底设计标高时现状图片。

(a)　　　　　　　　　　(b)

图3　现场复合桩照片
(a)复合桩施工图；(b)复合桩开挖图

2.2　试验结果

2.2.1　静载荷试验

现场施工完成水泥土达到龄期后，进行复合桩拉拔载荷试验，按有关技术规范采用循环加载方法。加载过程共分为3个循环，第1循环由140kN加载到420kN，再卸载至140kN；第2循环由140kN加载到420kN，再加载到700kN，再卸载至140kN；第3循环由140kN加载到420kN，再加载到700kN，再到840kN，再卸载至140kN。每步加载持荷时间为2min，在加载最大值时持荷时间10min。最终2根复合桩抗拔承载力极限值及对应的位移值见表2。

静载试验结果 表2

试桩	承载力极限值 T_{uk}（kN）	位移值（mm）
1号	840	35.23
2号	700	27.56

2.2.2　试验数据整理

取旋喷桩身水泥土90d强度为15MPa，水泥土压缩模量取 $120f_{cu}=1800$MPa，则扩大段抗拔承载力 T_D、扩大段上端承载力 Q_D、扩大段上端阻力极限值 q_{pk}、扩大段摩阻力极限值 q_{sk} 可分别由式（11）～式（14）求得，结果见表3。

$$T_D = \varepsilon(E_s A_s + E_c A_D) \tag{11}$$

$$Q_D = T_{uk} - T_D \tag{12}$$

$$q_{pk} = Q_D / A_D \tag{13}$$

$$q_{sk} = T_D / A_c \tag{14}$$

式中，ε 为相应截面应变计应变值；E_s 为钢筋的弹性模量；E_c 为水泥土的弹性模量；A_s 为钢筋截面面积；A_c 为扩大段有效侧面面积。

扩大段及扩大段上端抗拔承载力 表3

试桩	T_{uk}（kN）	T_D（kN）	A_D（m²）	A_s（m²）	A_c（m²）	Q_D（kN）	q_{pk}（Pa）	q_{sk}（kPa）
1号	840	559	0.502 4	1 017×10⁻⁶	7.536	281	562	74
2号	700	495	0.502 4	1 017×10⁻⁶	6.280	205	410	79

3　试验结果比较与分析

3.1　扩大段桩侧阻力发挥系数

根据试验计算结果，扩大段桩侧阻力平均值：

$$\bar{q}_{sk} = (q_{sk1} + q_{sk2})/2 = 77\text{kPa} \tag{15}$$

取抗拔系数 λ 为 0.7，依据地质报告建议值，则扩大段平均桩侧阻力发挥系数为：

$$\xi = \frac{\overline{q}_{sk}}{\lambda q'_{sk}} = \frac{77}{68 \times 0.7} = 1.62 \quad (16)$$

式中，q'_{sk} 为地质报告侧阻力建议值。

该结果与文献［1］中粉土、粉砂土层中后注浆灌注桩侧阻增强系数基本相当，小于文献［5］中水泥土劲性复合桩，粉土中为 1.5～1.9，粉砂土中为 1.7～2.1 的范围值。

3.2 复合桩抗拔承载力极限值分析

结合地质条件及工程情况，分别按照文献［2］方法、本文方法 1、本文方法 2 中的公式计算复合桩抗拔承载力及扩大段上端阻力，计算结果分别见表 4、表 5。

抗拔承载力结果比较（单位：kN） 表 4

试桩	文献[2]方法	本文方法 1	本文方法 2	试验结果
1 号	1016	800	836	840
2 号	951	700	724	700

扩大段上端阻力 q_{pk} 计算结果比较（单位：kPa） 表 5

文献[2]方法	本文方法	试验结果		
		1 号桩	2 号桩	平均值
598	493	562	410	485

由表 4 可知，采用文献［2］同时考虑上端阻力和非扩大段侧阻力计算得到的单桩抗拔承载力偏大，分别为实测值的 120%、136%；本文方法 1 计算结果分别为实测值 95%、100%；本文方法 2 计算结果分别为实测值的 99%、103%。说明试验条件下，采用本文方法进行复合桩抗拔承载力的计算基本可行。同时，由表 5 可知，与文献［2］相比，本文方法计算的扩大段上端阻力 q_{pk} 与实测结果平均值相对差距较小。

关于非扩大段承载力计算的比较。采用文献［2］与本文方法计算得到的扩大段上端承载力值分别为 221、246kN，两者相差不大，但总承载力计算结果文献［2］方法较本文方法高出 105kN。分析认为文献［2］单桩抗拔承载力计算结果偏大的原因，应与其同时足额考虑了非扩大段侧阻与扩大段上端阻力有关；同时揭示了上端

阻力对非扩大段桩侧阻力具有减弱效应。

4 结论与建议

本文采用理论分析与现场试验相结合的方法，分析了下部扩大段复合桩抗拔作用机制，研究了该桩型单桩抗拔承载力理论模型及计算参数，具体结论如下：

（1）下部扩大段旋喷水泥土复合桩单桩抗拔承载力主要由扩大段抗拔承载力组成，包括其上端阻力和扩大段侧阻力。

（2）上端阻力对非扩大段桩侧阻力具有减弱效应，对扩大段桩侧阻力具有增强效应。一定条件下，可不考虑非扩大段抗拔承载力，采用本文方法进行单桩抗拔承载力计算。

（3）进行初步设计时，复合桩扩大段桩侧阻力发挥系数，可按《建筑桩基技术规范》JGJ 94—2008 建议的后注浆混凝土灌注桩侧阻增强系数取值。

（4）非扩大段抗拔承载力与其自身长度、土层条件、上端阻力等约束条件相关，上端阻力与非扩大段抗拔承载力的相互作用还有待进一步研究。

参考文献：

［1］中国建筑科学研究院. 建筑桩基技术规范 JGJ 94—2008［S］. 北京：中国建筑工业出版社，2008.

［2］深圳钜联锚杆技术有限公司. JGJ/T 282—2012 高压喷射扩大头锚杆技术规程［S］. 北京：中国建筑工业出版社，2012.

［3］陈捷，周同和，王会龙. 预应力管桩承载力抗拔系数试验分析［J］. 河南科学，2015，33（9）：78-81.

［4］陈占鹏，王澄基，高伟，等. 预制变径节桩（PHB）单桩承载力试验分析［J］. 河南科学，2016，34（8）：69-72.

［5］赵鹤飞. 扩大头锚杆抗拔试验研究［D］. 郑州：郑州大学，2016.

［6］李粮纲，易威，潘攀，等. 扩大头锚杆最大抗拔力计算公式探讨与分析［J］. 煤炭工程，2014，46（1）：102-104.

［7］李智慧，杨静，任喆. 用双曲函数模型分析抗浮锚杆在抗拔试验条件下的受力特性［J］. 价值工程，2012，31（018）：73-76.

［8］孙仁范，刘跃伟，蔡军，等. 带地下室或裙房高层建筑抗浮锚杆整体计算方法［J］. 建筑结构，2014，44（6）：27-41.

［9］河南省建筑设计研究院有限公司. 河南省建筑地基基础勘察设计规范 DBJ 41/138—2014［S］. 北京：中国建筑工业出版社，2014.

光伏支架桩基础水平承载力计算方法与试验研究

刘丰敏，　杜风雷

（中国建筑科学研究院有限公司，北京 100013）

摘　要：光伏发电与大棚农业混合发展项目中光伏支架的桩基础通常外露地面一定高度，荷载作用点位于桩顶附近，与常规桩基础水平受力模式不同。本文总结了其单桩水平承载力的计算方法，并结合某实际工程项目进行了计算分析。与静载试验结果对比表明，以考虑承台-桩-土共同作用的分析方法适用于此类桩基础水平承载力计算。

关键词：光伏项目；单桩水平承载力；静载试验；计算方法

0　引言

为了充分利用太阳能这一可再生资源，提高土地利用效益，在既有农林业设施或养殖大棚上敷设光伏组件，在大棚下面开展农业、苗圃或养殖的多元化综合开发项目日益增多。该类项目的光伏板支架通常采用预应力管桩基础，且出露地面 3～5m，属高承台桩基础。管桩起到基础与结构的双重作用，荷载作用点通常位于接近桩顶的位置。光伏桩基础承担的竖向荷载通常较小，故承载力主要受水平承载力控制。而影响基础水平承载力因素包括桩身截面抗弯刚度、材料强度、桩侧土质条件、桩的入土深度、桩顶约束条件等。因此，通过计算确定桩基的水平承载力是此类光伏桩基础设置中一项重要而复杂的工作。

1　光伏高桩基础水平承载力计算方法

1.1　计算方法1——简化计算方法

根据《建筑桩基技术规范》JGJ 94—2008 第 5.7.2 条第 6 款规定，当桩的水平承载力由水平位移控制，且缺少单桩水平静载试验资料时，预制桩单桩承载力特征值可按下式计算：

$$R_{\mathrm{Ha}} = 0.75 \frac{\alpha^3 EI}{\nu_{\mathrm{x}}} \chi_{0\mathrm{a}} \tag{1}$$

式中，R_{Ha} 为单桩水平承载力特征值；α 为桩的变形系数；$\chi_{0\mathrm{a}}$ 为桩顶允许水平位移（取 0.01m）；ν_{x} 为桩顶水平位移系数；EI 为桩身抗弯刚度。各参数的取值方法可参考规范相应条文。

式（1）计算得到的单桩承载力特征值适用于建筑桩基，其特点是桩顶位于地基土顶面附近，水平荷载作用点位置距地基土顶面距离较小。而"农光互补"项目预应力

管桩基础通常出露地面 3～5m，荷载作用点位置位于桩顶附近，故采用式（1）计算单桩承载力特征值是否合适需进一步研究。

1.2　计算方法2——考虑承台-桩-土共同作用的分析方法

该方法以水平荷载作用下的 Winkler 弹性地基梁为理论基础。计算时将土体视为弹性变形介质，其水平抗力系数随深度线性增加（m 法）。通过幂级数法求解，即可计算得到桩身任意位置的内力和位移。具体计算过程可参考《建筑桩基技术规范》JGJ 94—2008 附录 C 表 C.0.3-1。

采用上述方法计算光伏桩基础水平承载力时，首先应初步确定预应力管桩的长度、直径、入土深度等信息，再根据光伏支架厂家提供的基础顶部荷载按表 C.0.3-1 计算桩身最大弯矩、地面处桩身位移。如果桩身最大弯矩或地面处桩身位移不满足要求，则修改桩长、桩径、入土深度后再按照表 C.0.3-1 计算桩身最大弯矩、地面处桩身位移，直到达到要求为止。

2　工程实例

2.1　工程概况

某农光互补太阳能发电项目，光伏支架采用预应力管桩基础。桩型为 PHC300-AB-70-7 型桩，长度 7.0m，入土深度 3.8m，外露 3.2m。根据支架厂家提供的荷载数据，桩顶作用的反力标准值如下：

水平力标准值：$H_{\mathrm{k}} = 4.1\mathrm{kN}$；弯矩标准值：$M_{\mathrm{k}} = 5.3\mathrm{kN} \cdot \mathrm{m}$。

根据地质勘察报告，场地地层主要为第四系全新统残坡积层（$Q_4^{\mathrm{el+sl}}$），岩性为粉质黏土，下伏岩层为第三系官庄组（$E_{2\text{-}3}$）泥质砂岩，场地内土层参数如表 1 所示。

场地地层参数表　　　　表 1

推荐值　　指标　　岩性	重度 γ (kN/m³)	天然孔隙比 e_0	塑性指数 I_P	液性指数 I_L	直接快剪		层厚 (m)
					黏聚力 c (kPa)	内摩擦角 φ (°)	
① 粉质黏土	17.3	0.843	13.1	0.21	32	15.4	2.0
② 全风化泥质砂岩	18.6	0.674	13.7	−0.10	31	17.9	1.8

续表

推荐值 指标 岩性	重度 γ (kN/m³)	天然孔隙比 e_0	塑性指数 I_P	液性指数 I_L	直接快剪		层厚 (m)
					黏聚力 c (kPa)	内摩擦角 φ (°)	
③强风化泥质砂岩	21.5	—	—	—	40	40	1.7
④中等风化泥质砂岩	25.0	—	—	—	40	50	5.0

注：层厚根据最不利钻孔资料得到。

光伏支架桩基础主要位于①粉质黏土和②全风化泥质砂岩层中。

2.2 单桩水平承载力计算

2.2.1 按方法1计算

根据地质资料，主要影响深度范围内地层的 m 值取 6940kN/m⁴。预应力管桩截面抗弯刚度可按式（2）计算：

$$EI = 0.85E_c I_0$$
$$= 0.85E_c\left[\frac{\pi}{4}(r_2^4 - r_1^4) + \left(\frac{E_s}{E_c}-1\right)A_p\frac{r_p^2}{2}\right] \quad (2)$$

式中，E_c 为混凝土弹性模量，E_s 为钢筋弹性模量，I_0 为桩身惯性矩，r_1、r_2 为管桩环形截面的内、外半径，A_p 为全部纵向预应力钢筋的截面面积，r_p 为纵向预应力钢筋分布圆的直径。

以上参数均可从标准图集《预应力混凝土管桩》10G409中获得。PHC300-AB-70型管桩截面矩 EI = 12153kN·m²。桩身计算宽度 $b_0 = 0.9(1.5d + 0.5) = 0.855$m，则桩水平变形系数：

$$\alpha = \sqrt[5]{\frac{mb_0}{EI}} = 0.866。$$

桩换算埋深 $\alpha h = 0.866 \times 3.8 = 3.29$m，查《建筑桩基技术规范》表5.7.2，插值计算 $\nu_x = 2.624$，根据式（1）计算PHC300-AB-70型管桩单桩承载力特征值：

$$R_{Ha} = 22.56\text{kN}$$

即采用方法1计算单桩水平承载力特征值为22.56kN。该水平力作用于地面处。

2.2.2 根据方法2计算

第一步计算地面处桩身内力：

$$H_0 = \frac{H}{n}, \quad M_0 = \frac{M}{n} + \frac{H}{n}l_0$$

式中，n 为桩数，取1，l_0 为桩外漏高度，即3.2m。弯矩取 $M = 0$kN·m，$H = 6$kN，带入上式得 $H_0 = 6$kN，$M_0 = 19.2$kN·m。

第二步求单位力作用于桩身地面处时该处桩的变形：

当 $H_0 = 1$ 时，$\delta_{HH} = \frac{1}{\alpha^3 EI}A_f$，$\delta_{MH} = \frac{1}{\alpha^2 EI}B_f$，

当 $M_0 = 1$ 时，$\delta_{HM} = \delta_{MH}$，$\delta_{MM} = \frac{1}{\alpha EI}C_f$

式中，δ_{HH}、δ_{HM} 为荷载作用下地面处桩的水平位移，δ_{MH}、δ_{MM} 为荷载作用下地面处桩的转角。A_f、B_f、C_f 为影响函数，其值可根据桩换算埋深查《建筑桩基技术规范》附表C.0.3-4获得。$\alpha h = 3.29$ 时，$A_f = 2.726$，$B_f = 1.910$，$C_f = 1.970$，可得：

$\delta_{HH} = 0.000345$，$\delta_{MH} = 0.000209$，$\delta_{HM} = 0.000209$，$\delta_{MM} = 0.000187$。

第三步求地面处桩身变形：

水平位移：$x_0 = H_0\delta_{HH} + M_0\delta_{HM} = 0.00609$m；

转角：$\varphi_0 = -(H_0\delta_{MH} + M_0\delta_{MM}) = -0.00485$。

第四步计算桩顶水平位移：

$$\Delta = x_0 - \varphi_0 l_0 + \frac{Hl_0^3}{3nEI} + \frac{Ml_0^2}{2nEI} = 0.027\text{m}。$$

第五步求桩身最大弯矩和位置：

$$C_I = \frac{\alpha M_0}{H_0} = 2.773$$ 查《建筑桩基技术规范》附表 C.0.3-5 得 $\alpha y = 0.672$，$D_{II} = 3.037$。按规范计算桩身最大弯矩位置和最大弯矩：

$$y_{max} = \frac{\alpha y}{\alpha} = 0.775\text{m}, \quad M_{max} = \frac{H_0}{\alpha}D_{II} = 21.03\text{kN·m}。$$

进一步取桩顶弯矩 $M = 0$kN·m，桩顶水平力 $H = 8$kN 按上述步骤计算，可得地面处水平位移 $\Delta = 0.008$m，桩身最大弯矩 $M_{max} = 28.04$kN·m。考虑到PHC300-AB-70型管桩开裂弯矩值为30kN·m，故当水平荷载作用于桩顶时，单桩承载力特征值可取8kN。

2.2.3 两种计算方法对比

通过两种方法计算结果可见，方法1计算的单桩水平承载力特征值要远大于方法2的计算结果。方法1适用于水平荷载作用于地面附近的情况，而方法2考虑了桩基础出露地面的情况，更符合光伏桩基础的受力模式。将方法1计算结果直接作为光伏桩顶部承受荷载作用时的单桩承载力特征值是不合适的。例如对于本工程，如桩顶水平荷载为22kN，则地面处桩身弯矩值为22×3.2=70.4kN·m，而PHC300-AB-70型管桩桩身受弯承载力为40kN·m，即桩已经破坏。因此，对于出露地面高度较大的桩基础，不应采用方法1确定其单桩水平承载力特征值。

3 水平静载试验结果分析

现场对部分工程桩进行了静载试验。桩顶水平力通过专门加工的加载装置在施加，如图1所示。试验桩桩身由下至上布置三块位移表，第一块位于地面，第二块位于距地面约1.4m位置处，第三块百分表位于距地面约2.6m位置处。试验采用单向多循环加载法，最大试验荷载为8kN，加载分10级进行。

整理试验结果如表 2 所示。

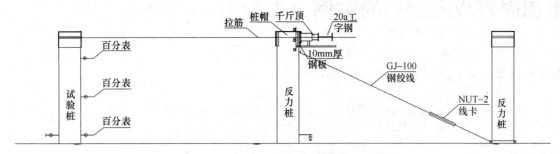

图 1 现场水平静载试验装置图

现场静载试验结果表　　　　　　　　　　　　　　　　　　表 2

试桩编号	最大试验荷载 (kN)	上表位移 (mm)	中表位移 (mm)	下表位移 (mm)	地面处转角	地面处桩身变形计算值	
						水平位移 (mm)	转角
sz1	8	12.90	9.07	3.34	0.00395	8.12	0.00647
sz2	8	20.43	13.60	5.36	0.00561		
sz3	8	23.84	15.48	6.77	0.00597		
sz4	8	16.92	10.62	3.72	0.00466		
sz5	8	30.23	18.19	7.99	0.00756		
sz6	8	16.20	8.71	2.70	0.00429		

根据试验结果可知，在最大水平荷载作用下桩顶附近水平位移为 12.90～30.23mm，而按方法 2 计算的桩顶位移为 35.66mm。最大水平荷载作用下地面处桩的水平位移为 2.70～7.99mm，转角为 0.00395～0.00756，而按方法 2 计算得到地面处水平位移为 8.12mm，转角为 0.00647。静载试验结果证明按方法 2 进行出露地面的光伏高桩水平承载力计算是合适的。

4 结论

（1）对于出露地面一定高度的光伏支架桩基础，采用《建筑桩基技术规范》JGJ 94—2008 中式（5.7.2-2）计算的单桩水平承载力特征值明显偏大，故该公式不适用于出露地面高度较大的基桩水平承载力计算。

（2）承台-桩-土共同作用的计算方法考虑了桩基础出露地面的情况，更符合此类光伏支架桩基础的受力模式。在地层为粉质黏土、全风化泥砂岩的场地进行了现场静载试验，试验结果与考虑承台-桩-土共同作用的计算结果比较接近，证明该方法适用于该类场地地质条件下光伏支架桩基础水平承载力计算。

参考文献：

[1] 中华人民共和国行业标准. 建筑桩基技术规范 JGJ 94—2008[S]. 北京：中国建筑工业出版社，2008.

[2] 黄万山等. 基于光伏桩基试桩结果的 m 值及桩顶位移研究[J]. 武汉大学学报(工学版)，2018，51(S1)：238-241.

[3] 杜凤雷等. 光伏高桩基础静载试验及测试设备研究[A]//桩基工程技术进展 2019[C]. 北京：中国建筑工业出版社，2019.

[4] 陈国兴等. 对《建筑桩基技术规范》中桩基水平承载力计算方法的讨论与修止意见[J]. 南京建筑工程学院学报，1998(04)：9-16.

[5] 汪秀石，伍敏，程建，杜明淮，何芳芳. 水域固定式光伏电站预应力管桩水平荷载试验研究[J]. 山西建筑，2019，45(16)：49-50.

锚索加固桩板式挡墙的实例工程剖析

文继涛， 颜 超， 李 鸣

（自贡市城市规划设计研究院有限责任公司，四川 自贡 643000）

摘 要：某实际工程的桩板式挡墙受滑坡影响出现变形开裂，通过采用锚索进行了加固，取得了良好的效果。本文对该工程进行全面的剖析，得出桩板墙加固前后的受力变化及设计要点，并总结了类似工程值得借鉴的经验。

关键词：锚索；加固；桩板式挡墙；受力变化

0 工程概况及加固由来

某桩板墙 34～45 号桩位于两栋居民楼之间，桩高 2.5m，宽 1.75m，间距 5m，平均临空面高 12m，总桩长 16～18m，以强风化和中风化岩层为锚固段。

2010 年 3 月施工该挡墙时，部分桩孔内及桩后靠山侧斜坡上揭露到滑面，5 月桩板墙施工结束。2010 年 7 月 17 日持续暴雨之后发现 37～44 号桩顶向临空面倾斜，随后桩体位移逐渐增加，10 月 18 日至 11 月 1 日的桩顶沿临空面的位移监测数据如表 1 所示。

37～44 号桩桩顶位移监测数据　　表 1

时间	10.18 日	10.29 日	11.1 日
桩号	垂直度偏差（cm）	累计垂直度偏差（cm）	累计垂直度偏差（cm）
37 号	18	18.2	18.2
38 号	19	19.2	19.2
39 号	22	22.4	22.4
40 号	18	18.3	18.4
41 号	29	29.6	29.7
42 号	52	52.8	53
43 号	53	53.5	53.8
44 号	55	55.4	55.6

由于桩板墙位移值已超过规范要求，且有继续发展趋势，为保证上下侧房屋建筑安全，经研究需要对其加固。

1 变形特征及原因分析

1.1 变形特征

桩板式挡墙 37～44 号桩除出现上述情况的位移之外，在 44 号桩与 45 号桩之间的现浇板端部出现一竖向裂缝，裂缝从桩顶延伸至底部，但未贯通结构，为表面裂缝，其余地段未见裂痕。桩板变形特点为桩顶位移值较大，场平处几乎无变形，故可推断桩板墙为绕场平以下较近范围内发生的转动变形，且在 45 号桩变形基本消失。

图 1 倾斜的桩板式挡墙现场照片

图 2 桩板式挡墙现浇板处的竖向裂缝现场照片

1.2 挡墙倾斜变形及开裂的原因分析

（1）该挡墙于 2010 年 5 月前后完成施工及后部回填，回填土结构较松散，之后直到 7 月 17 日之前，挡墙完好，未见偏移。7 月 17 日大降雨之后，挡墙后侧的松散填土（6～17m）饱水，发生沉降，地面局部见裂缝，后侧正在施工中的房屋建筑人工挖孔桩发生坍塌和桩壁错位，最大错位达 15cm；同时饱水后的填土导致土压力增加，覆盖层沿原滑面滑动增加了推力（原设计按照综合 30°内摩擦角计算墙背水平推力为 812kN，饱水形成滑坡后的推力为 1080kN)。

(2) 挡墙施工完成后，后侧建筑施工加载严重，较大增加了墙后的土压力。

(3) 挡墙泄水孔未见出水迹象，间接导致土体饱和后增加土压力。

(4) 由于 9 号挡墙先行施工完成，前侧道路和挡墙开挖后导致 9 号挡墙的锚固段岩土层强度受到一定的破坏，地基土横向容许承载力降低。

(5) 现浇板处的竖向裂缝刚好位于 44 号桩靠 45 号桩近支点处，既剪力最大的部位，裂缝的宽度较为均匀，约在 0.2~0.5mm 之间，其形态为竖直裂缝，该裂缝系由 44 号桩和 45 号桩之间不协调变形造成。

通过对 38~45 号桩完整性检测（表2）可知，38 号、39 号、40 号、42 号桩在场平以下存在一定缺陷，但均不在一个位置，由此可以判断不存在断桩的情况，仅是局部质量缺陷，综合上述原因分析，该段挡墙墙顶位移的主要原因是由于暴雨引起墙背回填土产生滑坡，其推力已较大的超出原设计荷载，使得原本较脆弱的地基土横向容许抗力不够，引起桩板板绕场平下某一中轴点产生了转动，桩顶进而出现较大位移。

38~45 号桩完整性检测表格　　表2

序号	桩号	波速(m/s)	施工记录桩长(m)	测试长度(m)	测试长度范围内桩身结构描述	类别	备注
1	38	3500	21.50	16.7	13.5m左右缺陷	III	曲线1
				21.5	16.7m左右缺陷		曲线2
2	39	3300	21.5	3.6	结构完整	III	曲线3
				16.3	结构完整		曲线4
				21.5	16.3m左右缺陷		曲线5
3	40	3500	21.0	19.6	16m左右缺陷	III	曲线6
				16.0	13m左右缺陷		曲线7
4	41	3500	19.0	18.3	结构完整	I	曲线8
5	42	3600	18.0	18.3	13.8m左右缺陷	III	曲线9
				13.8	结构完整		曲线10
6	43	3500	18.0	8.7	结构完整	III	曲线11
				17.4	结构完整		曲线12
7	44	3600	18.0	16.9	结构完整	I	曲线13
8	46	3500	20.0	19.3	13.8m左右缺陷	II	曲线14
				19.3	结构完整		曲线15

图3　墙背回填土沉降最大 50cm 现场照

图4　桩顶出现不协调的变形现场照

2　地质概况

2.1　地震

场地地震基本烈度为Ⅶ，地震动峰加速度为 0.15g，20 年超越概率 10% 的基岩水平峰值加速度为 143cm/s²，50 年超越概率 10% 的地面设计水平峰值加速度为 175.4cm/s²。

2.2　场地岩土工程地质条件

根据工程地质测绘和钻探揭露，场地主要地层有：第四系人工填土层（Q^{ml}）、第四系全新统残坡积层（Q_4^{el+dl}）和三叠系上统白果湾组砂岩（T_{3bg}）。现由新至老将地层岩性分述如下：

(1) 第四系人工填土层（Q^{ml}）：褐黄色、褐红色，主要有粉质黏土和块碎石构成，松散，主要分布在临时安置房和新修道路前缘。

(2) 第四系全新统残坡积层（Q_4^{el+dl}）

1) 粉质黏土：棕红、灰黄、褐黄色，可塑至硬塑状。无摇振反应，稍具光滑，干强度高至中等，韧性中等。失水可见开裂，局部见黑色铁锰质浸染及钙质结核。层中部分段含 5%~25% 的碎石、角砾，局部富集达 35%~40%，形成含砾（碎石）粉质黏土透镜体，角砾、碎石成分主要为粉砂质泥岩、泥质粉砂岩和灰岩，多呈全至强风化状，分布于场地表层。

2) 块石土：褐黄色、灰色，稍湿，中—密实。块石成分以灰岩、砂岩为主，块石含量约 60%~80%，粒径一般在 20~35cm，个别达 1m 以上，碎石含量约 10%~15%，余为角砾及泥质充填。该层分布较广，但不连续。

(3) 三叠系上统白果湾组砂岩（T_{3bg}）：主要为泥质粉砂岩，岩层产状75°∠15°。

1) 强风化泥质粉砂岩：青灰色、黄褐色，岩层中夹薄层状粉砂质泥岩，岩层多沿层理面脱落，岩芯破碎。由于砂泥岩的差异风化，节理裂隙发育，岩层中偶含 0.1m 厚泥化夹层，具土体特征。

2) 中风化泥质粉砂岩：青灰色、黄褐色，岩芯多沿层理面脱落，岩芯较完整。由于砂泥岩的差异风化，节理裂隙发育，岩层中有薄层状泥化夹层。

2.3　水文地质条件

场地地下水主要有第四系松散岩类孔隙水和基岩裂

隙水两类。

场地内角砾土、碎石土及块石土具有一定的孔隙，赋存少量的孔隙水。由于场地表层多为粉质黏土覆盖，且厚度较大，不利于大气降水入渗补给。因此，孔隙水贫乏，局部以上层滞水形式出现。但粉质黏土具失水开裂特征，降水往往于该带受阻而富集，从而对土体进行软化，降低土体抗剪强度，不利于浅部边坡的稳定。

2.4 滑坡基本特征

滑坡体外形近似半圆状，主滑方向为37°，后缘最高

高程984m，前缘以下场平为剪出口，高程967m，相对高差17m。

滑坡长40m，宽90m，面积2000m²，滑体厚度平均12m，体积约24000m³，主滑方向为37°，属小型滑坡。

滑动带后部为填土内部滑动，中部为粉质黏土和下部的碎石土接触带，前部为粉质黏土内部。

2.5 岩土物理力学参数建议

各地基岩土有关物理力学参数见表3。

岩土体主要物理力学指标建议值表　　　　　　　　　　表3

时代	土　名	状态	重度	黏聚力	内摩擦角	压缩模量	变形模量	承载力特征值	人工挖孔桩 极限端阻力标准值	人工挖孔桩 极限侧阻力标准值	基底摩擦系数
			γ (kN/m³)	c (kPa)	φ (°)	E_s (MPa)	E_0 (MPa)	f_{ak} (kPa)	q_{pk} (kPa)	q_{sk} (kPa)	
Q_4^{ml}	填土		18.5	0	5	2	2	60			0.10
Q_4^{dl+pl}	粉质黏土	可塑	19.0	17	10	7	6.5	140			0.20
	碎石土	稍密	22.5	—	26	26	22	300		120	0.40
	块石土	中密	23.0	—	27	30	25	400		140	0.40
T_{3bg}	砂岩	强风化	23.2		36			280		120	0.60
	砂岩	中风化	24.0	—	40		3000	600	3000	140	0.70

3 锚索加固设计

3.1 加固设计原则

（1）根据相关成果资料，针对边坡破坏形态和发育规律，制定切实可行又安全有效的工程方案，以保证工程的科学性。

（2）在现有资料的基础上，结合已修建的住宅楼和挡墙，采取必要的治理措施，保证已建建筑物和挡墙的安全

需要，同时保证结构的刚度及耐久性。

（3）加固选择技术可靠、经济合理、结构简单、可操作性强的方案。

（4）根据计算结果并结合远期建筑需要，选择最合理的工程结构和布置形式。

（5）加固方案保证外观协调且考虑居民的心理需求。

3.2 加固设计方案

设计采用锚索治理加固，37～44号桩均设置2排75t级的压力型锚索，第一排距桩顶2m，第二排距桩顶8m；

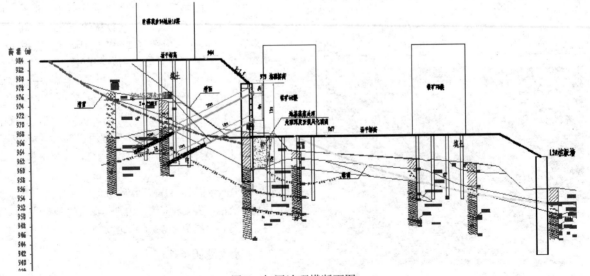

图5　加固治理横断面图

34～36 号、45 号桩设置 1 排 75t 级的压力型锚索，距桩顶 2m；对现有排水系统进行清理，采用软式透水管进行处理；对于竖向裂缝由于不影响结构受力且无发展趋势，故采取灌浆处理；37～44 号桩前侧土体采用 M5 水泥砂浆灌注处理，灌浆深度至强风化顶面，钻孔直径 130mm，间距 2m×2m，顶面采用 10cm 厚 C25 混凝土作为封闭层。

3.3 加固计算分析

3.3.1 计算方法及公式

（1）计算基本假定

假定抗滑桩嵌固段为文克尔地基：假定桩的水平位移与该处岩土体水平位移一致，桩与岩土体之间只传递压应力，不传递拉应力与剪应力；假定桩顶与地面平齐，在水平力和力矩作用下，桩顶在地面处产生水平位移和转角。

（2）土反力计算

$$P = k\Delta$$

$$K = ah^n$$

式中　P——滑坡面以下桩的弹性土抗力（kPa）；

　　　k——弹性土抗力系数；

　　　Δ——滑坡面以下桩的位移（m）；

　　　a，n——计算系数；

　　　h——滑坡面以下任意点到滑坡面的竖向距离（m）。

（3）桩体有限元计算方程

$$[[K_Z]+[K_T]+[K_{T_0}]]\{\delta\} = \{p\}$$

式中　$[K_Z]$——抗滑桩的弹性刚度矩阵；

　　　$[K_T]$——滑坡面以下土体的弹性刚度矩阵；

　　　$[K_{T_0}]$——滑坡面以下土体的初始弹性刚度矩阵；

　　　$\{\delta\}$——抗滑桩的位移矩阵；

　　　$\{p\}$——抗滑桩的荷载矩阵。

将桩的位移边界条件代入方程，求解就可得到桩各点的位移及内力。

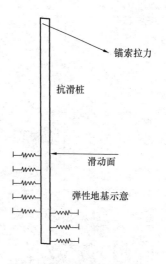

图 6　弹性方法计算模型简图

3.3.2 计算结果

对 37～44 号桩设置了 2 排 75t 级的压力型锚索进行了加固前后的计算对比如下。

加固前后受力对比表　　　表 4

项目	背侧最大弯矩(kN·m)	距桩顶距离(m)	面侧最大弯矩(kN·m)	距桩顶距离(m)	最大剪力(kN)	距桩顶距离(m)	桩顶位移(mm)
加固前	31378.8	13.875	0	0	12073.2	16.9	290
加固后	6185.4	14.471	3555.4	6.235	2838.2	12	78

从上述计算结果可知：加固前背侧最大弯矩是加固后的 5 倍，最大剪力是 4.25 倍，最大位移是 3.7 倍，加固后的最大弯矩位于锚索中部。

由于设置锚索相当于在原悬臂结构上增加 2 个支点，形成了三跨连续结构，故大大减少了弯矩峰值，有效控制了桩身位移，同时锚索水平拉力分段减少了剪力，可以合理地优化截面和配筋。

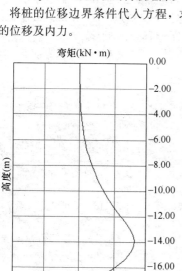

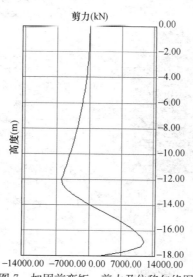

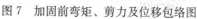

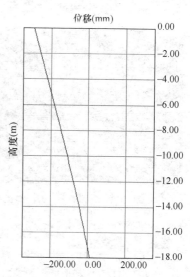

图 7　加固前弯矩、剪力及位移包络图

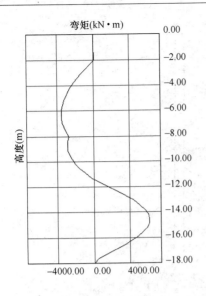
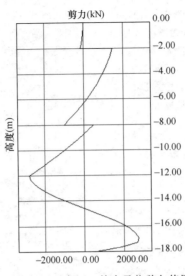
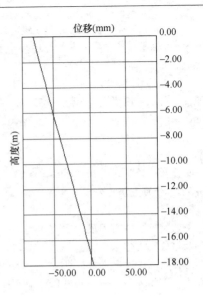

图8 加固后弯矩、剪力及位移包络图

4 加固处治效果分析

施工前，在挡墙顶上设置了系统的变形观测点，施工期间及加固处治完毕后一段时期进行变形观测。观测结果表明：挡墙和路面在张拉锁定前，一直处于外倾和沉降变形状态；张拉过程中，挡墙普遍被拉回5～15mm，3～4天后挡墙趋于稳定；锁定后至今已经过3个雨季的考验，该路段挡墙、边坡及上侧建筑处于稳定状态，运营状况良好。

图9 加固后现场照片

图10 加固后现场照片

5 结论

（1）对于出现了大变形的桩板式挡墙采用锚索加固不

仅可较好的改善桩基的受力状态，还可以逆转桩基已产生的变形。

（2）采用锚索加固桩板墙的关键点在于需要准确认识和分析产生变形和裂缝的原因，可通过收集勘察设计及施工资料、验桩记录、水平位移值及倾斜度，对主要的结构性裂缝应通过测试检查是否贯通。

（3）在应用锚索加固时应同时采用多种措施联合使用可达到更佳的效果，如本文中提及的采用灌浆改良锚固段岩土层强度、采用软式透水管或仰斜式排水孔疏通墙背水体。

（4）本加固工程采用6ϕs 15.2钢绞线共536m，投资仅40万元，相对其他加固方式经济效益良好，且施工周期较短，可作为加固工程的首选。

6 结束语

本文是作者根据实际设计工作的一些体会和总结，加固方案应因地制宜多方案比较选择，根据构筑物变形开裂特点、地质水文情况、周边建筑相对关系、施工工期等综合因素选择较为合理的加固处理方式。

由于作者水平有限，错误之处难免，欢迎指正。

参考文献：

[1] 中交第二公路勘察设计研究院有限公司.《公路挡土墙设计与施工技术细则》[M]. 北京：人民交通出版社，2008.

[2] 建筑边坡工程技术规范 GB 50330—2002[S]. 北京：中国建筑工业出版社，2014.

[3] 滑坡防治工程设计与施工技术规范 DZ/T 0219—2006[S]. 北京：中国标准出版社，2006.

[4] 铁路路基支挡结构设计规范 TB 10025—2019[S]. 北京：中国铁道出版社，2019.

[5] 铁道部第二勘测设计院编. 抗滑桩设计与计算[M]. 北京：中国铁道出版社，1983.

一种新型的旋喷桩施工参数自动监测记录装置

李慕涵，李永迪，张　帆，黄均龙

（上海隧道工程有限公司，上海 200333）

摘　要：为了提高旋喷桩施工质量，进行旋喷桩施工参数即时检测与自动记录，研制了新型的旋喷桩施工参数自动监测记录装置。它由流量与压力等传感器、信号接收无线传输箱、现场监视器等组成，能适应多种旋喷桩施工工艺参数的显示与记录。应用该自动监测记录装置，能即时判别旋喷桩施工质量。

关键词：旋喷桩；施工参数；自动监测记录装置；无线传输；异地监视

0　概述

旋喷桩施工工艺一般是采用旋喷钻机将旋喷管（钻杆）放入预成孔内，由旋喷管端部安装的喷嘴，一边旋转并喷射出高压流体切削土体，一边使水泥浆液与切碎的土体混合，形成的水泥土固结体强度可达数兆帕，广泛应用于土木、水利、矿山、市政、地铁等工程领域，以提高地基承载力，进行地基加固处理，也用于盾构进出洞口的地基加固。

旋喷桩施工质量与施工参数有关，目前无法直接判断，也没有理想的即时检测手段，一般采用开挖检查、取芯、标准贯入试验、载荷试验或围井注水试验等方法进行随机抽检，检验点的数量为施工孔数的1％，且不少于3点[1]。而随机抽检带有很大的偶然性，为此，在上海《地基处理技术规范》DG/TJ 08—40—2010 中第9.4.1条规定：旋喷桩施工中应严格做好施工参数的记录，其中包括压力、流量、提升速度、旋转速度等，发现问题时应采取补喷或其他措施[2]。但目前旋喷桩施工一般都未严格执行，施工质量问题时有发生。

为确保旋喷桩的施工质量，实现旋喷桩信息化施工，上海隧道工程有限公司研制了一种新型的旋喷桩施工参数自动监测记录装置，并在工程中成功应用。

1　旋喷桩施工参数自动监测记录装置

1.1　装置组成

旋喷桩施工参数自动监测记录装置主要由深度传感器、转速传感器、倾角传感器、电磁流量计、压力传感器、气体流量计、信号传输线、信号接收无线传输箱、现场监视器、电脑、打印机等组成，见图1。

1.2　监测记录内容

监测记录的旋喷桩施工参数有：动力头提升速度、旋喷钻头深度、旋喷管转速、旋喷钻机动力头导轨立柱倾角、注浆（注水）泵的工作流量与工作压力、空气压缩机的工作流量与工作压力、单位深度内的注浆量、成桩注浆总浆量等，对于 MJS 旋喷工法，还监测记录地内压力与地内压力系数。

1.3　各部件的功能及安装位置

（1）深度传感器根据旋喷钻机动力头移动方式，一般可采用旋转编码器或拉绳式位移传感器。旋转编码器与旋喷钻机顶部链轮轴螺纹连接，或由旋转编码器组成的深度测量装置滑轮与高架式旋喷钻机上的卷扬机钢丝绳接触，实现与动力头相连的移动链条或钢丝绳同步位移

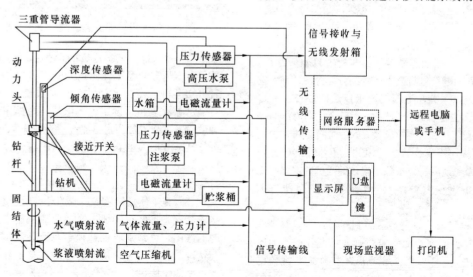

图1　旋喷桩施工自动监测记录装置组成示意图

187

量的采集，并转换成脉冲计数信号，经过信号传输线输入现场监视器。

（2）转速传感器是采用接近开关，将接近开关安放在旋喷钻机动力头上，随着动力头驱动输出轴的转动，测出与动力头输出轴法兰上的凸出铁片（可视为旋喷管）旋转时接近次数，从而输出对应的开关电信号，经过信号传输线输入现场监视器。

（3）双轴倾角传感器安放在旋喷钻机动力头导轨立柱上，倾角传感器可测量导轨立柱前后、左右2个方向的角度。由于旋喷钻机动力头导轨立柱的摆动或倾斜，使倾角传感器的水平位置发生变化，从而转换并输出对应的4～20mA电信号，经信号传输线将此电信号输入现场监视器。

（4）2个电磁流量计分别串接在高压水泵与注浆泵的进料管路中，高压水泵压注的水或注浆泵压注的水泥浆在通过电磁流量计时，作切割磁力线运动，将物理量转换成对应的4～20mA电信号，经信号传输线将此电信号输入信号接收无线传输箱。

（5）2个压力传感器分别串接在注水或注浆管路中，将通过的水压力或水泥浆压力信号转换并输出对应的4～20mA电信号，经信号传输线将此电信号输入信号接收无线传输箱。

（6）气体流量计与气体压力传感器串接在压缩空气管路中，将通过的压缩空气分别转换成一个空气流量信号与一个空气压力信号，并输出2个对应的4～20mA电信号，经信号传输线将此电信号输入信号接收无线传输箱。

（7）信号接收无线传输箱将接收到的各流量与压力电信号转换成数字信号，并通过局域网无线发送至现场监视器。

（8）如用于MJS旋喷工法，可通过MJS旋喷钻头上的压力传感器，测到土压或泥浆压力所输出对应的4～20mA电信号，经信号传输线将此电信号输入现场监视器；还可通过MJS旋喷钻头上的位移传感器，将测到排浆阀门开口大小所输出对应的4～20mA电信号，经信号传输线将此电信号输入现场监视器。

（9）现场监视器由局域网收发模块、数据采集程序控制器、数据处理分析程序、数据储存器、时钟计数器、GPRS无线通信终端模块、显示屏、键盘与U盘等组成。监视器对接收到的电信号与数字信号进行分析、处理，在液晶屏上显示出以上旋喷桩施工要求反映的成桩工艺参数；显示注浆量-成桩深度曲线、成桩深度（提升速度）-时间曲线；显示浆、水、气的流量/压力-时间曲线。如用于MJS旋喷工法，还显示MJS旋喷钻头上排浆阀门开口大小、地内压力与地内压力系数。记录的成桩数据同步无线传输至专用的网络服务器上，也保存在监视器与U盘中。

（10）在远程电脑上通过特殊编制程序，同步看到施工现场旋喷桩施工监视器上的监视画面，查看记录的各施工参数历史曲线，下载施工现场旋喷桩施工监视器已保存的成桩数据文件。可读取保存的数据，查看施工时的各类工艺参数值、曲线图及施工参数记录报表，并可由打

印机进行打印。

1.4 信息化施工

（1）现场监视器的普通旋喷施工第一监视画面（图2）左侧显示旋喷施工实施工艺参数值，并在相应施工工艺参数下方的蓝色或红色隐示条内有该参数要求的上下限设定值；画面右侧分别显示每成桩深度10cm内的注浆量数值曲线，成桩深度（提升速度）－时间曲线。

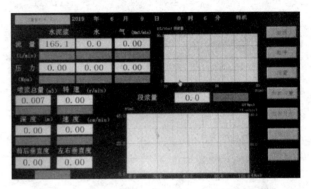

图2　监视记录器普通旋喷施工第一监视画面图

通过点击图2右侧的"流量"，监视器的显示屏幕切换成第二监视画面，如图3所示，其右侧显示高压浆泵、水泵、压缩空气的流量与压力时间曲线，以查看成桩过程中施工工艺参数执行情况，左侧显示一部分施工工艺参数。

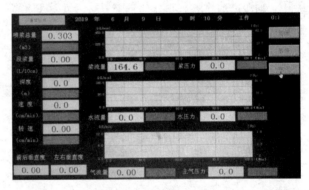

图3　监视记录器普通旋喷施工第二监视画面图

（2）当实际工艺参数显示值超过设定的上下限值，参数显示值下方的隐示条显示红色；反之，显示蓝色。这样就可知道目前操作实施的工艺参数是否符合施工要求。若显示参数值超过设定上下限值，则操作人员就可及时调整设备工作参数；对不能调整到符合要求的设备，则应维修恢复其原有的技术性能。从而指导设备操作人员在成桩施工过程中严格按照施工组织要求的各工艺参数进行施工，有效控制旋喷桩的施工质量。

（3）施工质量检验人员或监理可通过电脑查看施工现场旋喷桩施工监视画面或自动生成的施工参数记录报表与曲线图，可判别成桩过程中对设计施工工艺参数的执行情况与施工质量，从而有效防止与消除施工质量事故和施工质量隐患。

2 应用举例

上海轨道交通某标段盾构进洞口土体采用 ϕ850mm 三轴搅拌桩加固，在搅拌桩与地下连续墙的 500mm 间隙处采用 ϕ1200mm 的双高压旋喷桩进行加固，旋喷桩深 23.03m，旋喷桩中心距为 900mm。

2.1 旋喷工艺参数

施工组织要求的双高压旋喷施工参数见表 1。

施工参数	表 1
施工参数	要求数值
水压力（MPa）	≥35
浆压力（MPa）	≥28
空气压力（MPa）	0.7
浆液流量（L·min⁻¹）	60～70
水流量（L·min⁻¹）	70～90
气流量（m³·min⁻¹）	1.0～2.0
钻杆提升速度（cm·min⁻¹）	4～6
钻杆转速（r·min⁻¹）	12～16
成桩垂直度误差	≤1/100

2.2 自动监测记录装置的安装与调试

2.2.1 XP-30A 旋喷钻机

XP-30A 旋喷钻机的动力头提升速度与输出转速可调，为液压控制无级变速；其动力头导轨立柱垂直度靠 2 根斜撑螺杆调整，也可通过底盘上 4 个液压支腿油缸来调整；动力头的移动靠油缸伸缩拉动与动力头连接的链条而实现；提升速度、输出转速与立柱垂直度 3 个数值无显示。

2.2.2 自动监测记录装置的安装

（1）将拉绳式传感器安装在旋喷钻机立柱顶部一侧，其拉绳头子与钻机动力头座导向架固定；将接近开关安放在旋喷钻机动力头固定法兰铁片上；将双轴倾角传感器安装在旋喷钻机导轨立柱背面。

（2）将 2 个电磁流量计分别串接在高压水泵与高压注浆泵的进料管路中；将气体流量计（含压力传感器）串接在压缩空气管路中；选用的进口高压水泵与高压注浆泵上已安装了压力传感器。

（3）将信号接收无线传输箱安放在后台制浆处，并将浆、水、气的流量和压力传感器输出线插入信号接收无线发射箱内 6 个对应的插座上，插入 220V 交流电源线并开启电源开关。

（4）将现场监视器安放在旋喷钻机的操作台上，并插上 U 盘，接上电源；将深度、转速、倾角与暂停/执行信号传输线连接到现场监视器背面的相应接线座上。

以上工作参见图 4。

浆、水压力传感器	信号接受无线传输箱		监视记录器
浆、水、气流量仪	钻杆转速与深度传感器		

图 4 自动监测记录装置的安装工作示意图

2.2.3 设定值输入

将施工组织要求的旋喷施工参数值输入到现场监视器，并设定施工参数允许变化的上下限值。

2.2.4 自动监测记录装置的调试

（1）合上现场监视器电源开关，根据实际量测的动力头的移动距离，调整深度系数；

（2）调节旋喷钻机动力头导轨立柱的垂直度，使安放在立柱上的双向水平仪中气泡位于刻度线中间，然后调整倾角系数。

2.3 现场应用情况

旋喷桩施工操作人员根据现场监视器上的施工参数显示值，调整垂直度；按照设定值正确调节提升速度与转速；当发现水压力或浆压力低于设定要求范围时，就可以根据喷嘴与泵头密封件的使用时间及时更换。现场施工质量管理人员可在办公室的电脑上看到现场监视器上显示的即时参数与曲线，以及历史成桩参数记录，可了解旋喷桩施工工艺参数执行情况，也间接了解旋喷桩施工质量，从而可避免旋喷桩施工质量事故。

3 结语

研制的旋喷桩施工参数自动监测记录装置适应普通旋喷与引进的 MJS 工法、RJP 工法等旋喷工艺施工参数的监测与自动记录，能指导施工人员在旋喷桩成桩过程中按照设计的工艺参数进行施工，能有效控制旋喷桩的施工质量，实施信息化施工。

为使操作人员能根据显示的各类工艺参数及时调整施工参数值，必须加强对该装置的应用管理，并提高操作人员的自觉使用意识，则可提高旋喷桩的施工质量，避免旋喷桩施工质量事故。

参考文献：

[1] 建筑地基处理技术规范 JGJ 79—2012[S]. 北京：中国建筑工业出版社，2013.

[2] 地基处理技术规范 DG/TJ 08—40—2010[S]. 上海：上海市建筑建材业市场管理总站，2010.

液压接头箱在地下连续墙施工中的应用

贾秀堃

（山东省济南市章丘区第一中学，山东 济南 250201）

摘 要：就现有地下连续墙接头施工中的特性和工艺方法，设计出一种利用液压动力的可伸缩的接头箱，以及其在施工中的工艺方法和有益效果。

关键词：地下连续墙；接头施工；液压动力

0 引言

地下连续墙工法是伴随着现代大型基础工程的深大基坑创造发展起来的，其工法已普遍应用于水利、水电、矿山、建筑、城市地铁、减灾防灾、环境保护等领域。

为满足大型基础工程的发展要求，地下连续墙也在向更深、更宽的方向发展，在地下连续墙施工中，槽段接头和结构节点一直是令人头疼的事情，现如今接头施工中主要以套铣接头工艺，接头箱、接头管工艺为主。

套铣接头工艺（图 1）用双轮铣以跳槽施工的方式施工间隔的一期槽，而后在间隔的一期槽中施工二期槽，使其连续成墙，单边一般要铣掉 20cm 的混凝土。以 1m 宽60m 深的地下连续墙为例，单边就要铣掉 12m³ 的混凝土，一幅二期槽就要铣掉 24m³ 的混凝土。套铣接头工艺是平接头，相邻墙体连接刚度较小，接缝基线短，接缝有可能造成渗水。接头箱、接头管工艺（图 2）在施工中很难满足全深度要求，无法占据接头空间，需要人工装大量沙包，先用沙包填充至一定深度，下接头箱、接头管后，在接头箱、接头管的背面要用沙包填实剩下的空间，如出现沙包搭桥，顶拔时间控制不好，易发生混凝土绕流，使接头箱、接头管顶拔困难，为后续施工增加难度。

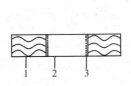 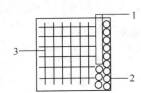

图 1 套铣接头工艺　　图 2 接头箱、接头管工艺
1——期槽；2—二期槽；　　1—接头箱；2—沙包；
3—铣掉混凝土　　　　3—钢筋笼

在接头施工中还有工字钢、十字钢的隔板接头，混凝土预制接头，软接头等。工字钢、十字钢的隔板接头在施工中要与接头箱、接头管组合使用。混凝土预制接头与接头箱、接头管的性质是一样的。用橡胶等软材料做成的圆筒状软接头，在内部注泥浆或水使其膨胀后可以占据接头空间，可以与工字钢隔板接头组合使用，但是软材料承受压力有限，在混凝土浇筑时的巨大压力下会变形，且长度越长变形越严重，无法满足全深度要求，软材料的可靠性不能保证，无法用于无型钢的钢筋笼。

总之在地下连续墙施工中，为了方便所施工的槽段，施工槽段的长度就会超挖，由此产生接头空间处理。为了保证后续施工的便利性和质量控制，工程人员也是想出了各种办法，但总也有各种各样的问题无法满足施工中的要求。

1 结构特性

液压接头箱是一种内置液压油缸的钢制接头箱，由液压控制站、槽口机、接头箱体组成。液压控制站提供液压动力和输出各油路的操作控制。

槽口机（图 3）用于接头箱入槽时对接头箱的固定，方便两节箱体连接。槽口机设计为方形框架结构，两边安装液压油缸，油缸的缸体端固定于框架，活塞杆端带动夹板，平跨于槽口，接头箱从两夹板之间下放入槽，入槽至高于槽口 1m 时夹住固定接头箱，于第二节进行连接操作，连

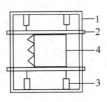

图 3 槽口机
1—框架；2—夹板；
3—油缸；4—接头箱

接后松开夹板继续下放入槽，重复进行到接头箱触底。

接头箱如图 4、图 5 所示，由钢板拆弯焊接成两个一面开口的箱体，箱体用 5mm 钢板，内面附方格状加强筋板，确保箱体的结构强度，一边为对灰面，一边为对壁面，对壁面尺寸略小，可扣入对灰面中，多个主液压油缸的两端分别固定于两边，液压油缸的行程伸缩带动两边动作。在对壁面的两边副液压油缸，工作时可以对两边的箱体进行扩张，抵紧槽壁。在接头箱的外边留有卡台，方便槽口机卡件。在两端内置平面接头，高强螺栓连接，实现两节的无缝连接。在对壁面端头留有有盖的连结操作口，在第一节的下部留有液压控制的活门，入槽方便泥浆流通过箱体内，触底后随箱体展开而关闭。其对灰面和两侧面为整体平面，没有开口，相邻两节的无缝连接保证混凝土无法进入箱体内部。双轮铣或液压抓斗在槽底于槽壁的夹角处留有弧度，接头箱的底部设计有斜角。其对灰面可以设计成相应的形状，如锯齿形（图 6）、圆弧形（图 7），使相连两墙连结更为牢固，延长接触基线防止渗水。为防止混凝土凝固后与箱体的紧密接合，在接头箱的顶部装有电动振动器，在下部装有液压振动器，通过振动接头箱与混凝土分离。液压油缸的排列间距为 2～3m 一组，所有主液压油缸在规定的工作压力下的总出力要大于施工墙体的重量，副液压油缸在抵紧槽壁后所受的压力较小。混凝土浇筑时的侧压力点集中在导管出口处，

压力点从下向上逐步移动,相对应油缸在压力高时会向压力低的油缸串油。为防止油缸间的相互串油,在每一组油缸安装液控单向阀,使每一组油缸都形成独立的支撑工作状态,保证接头箱整体形态的稳定。接头箱的长度有主节和副节,主节长度为 12m,副节长度分别为 6m、3m、2m 和 1m,主副节搭配组合使用可以满足各种深度尺寸。以槽宽 1m,深 60m,槽段 6m,开挖 6.8m 的地下连续墙施工为例。液压接头箱主节长 12m,5 节主节加一节 1m 节连接,高出槽口 1m,接头箱宽 0.96m,接头箱回程时 0.6m,展开 0.9m。接头箱内用直径 100mm 液压油缸,间隔 3m 一组 3 支油缸,其中 2 支主油缸、1 支副油缸,主油缸共 20 组 40 支油缸。单支油缸工作压力 31.5MPa 出力为 24.7t,所用主油缸总出力 988t,槽段混凝土方量 360m² 乘相对密度 2.4 共计 864t,接头箱的出力大于混凝土的重量。

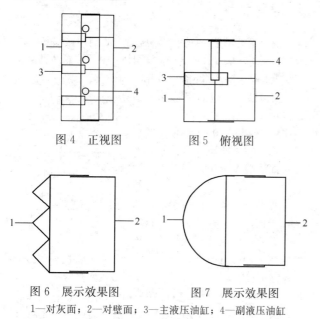

图 4　正视图　　　　图 5　俯视图

图 6　展示效果图　　　图 7　展示效果图
1—对灰面;2—对壁面;3—主液压油缸;4—副液压油缸

2　施工工艺

施工时,吊放钢筋笼入槽后,吊起接头箱,对灰面对钢筋笼下放入槽,槽口机卡住接头箱,吊第二节与第一节相连接,依次下放触底,连接液压控制站,主液压油缸顶出,对灰面把钢筋笼推到位,对壁面顶住槽壁,主液压油缸顶出的压力不可太大,以使接头箱刚好能够推动钢筋笼为宜,可以通过调节液压站上的压力阀控制,压力太大推钢筋笼时可导致钢筋笼发生变形。副液压油缸顶出扩张箱体,使两边顶住槽壁全部占用接头空间,浇筑混凝土,初凝后,所有油缸回程让出空间,吊接头箱出槽。不用拆分,直接吊放入下一施工槽段。

3　有益效果

液压接头箱相较于其他的接头工艺,具有全深度触底、不用填投沙包、全部占满接头空间、无混凝土扰流、把钢筋笼推到位、对施工槽段强力支撑不变形、增加墙体连结强度、施工简单方便、减少混凝土用量的特点、在节省物资消耗、降低人力成本、提高工作效率等方面拥有显著效果。

4　注意事项

液压接头箱施工是在碱性的泥浆中,对其中各液压组件的要求比较高,油缸是在泥浆中工作,泥浆中含有砂粒石屑等硬颗粒物,虽然油缸在设计制造中有针对性措施,但是其工作条件太过恶劣,需要定期对其检查维护。本接头箱属专用液压设备,操作人员应具备相关的专业知识。

参考文献:

[1]　丛蔼森,杨晓东,田彬. 深基坑防渗透体的设计施工与应用[M]. 北京:知识产权出版社,2012.

灌注桩废泥浆压滤固液分离循环利用施工技术

沙桢晖，雷　斌，黄　涛，左人宇，侯德军

（深圳市工勘岩土集团有限公司，深圳 518063）

摘　要： 灌注桩成孔过程中，会产生大量的废泥浆，目前常用处理方式为浆渣净化分离法、化学絮凝沉淀法、泥浆罐车外弃法等，每一种方法都存在处理效率低、经济效益差、容易造成环境污染等弊端。本技术通过架设在 3m 高钢平台上的专用泥浆压滤机对废泥浆进行压榨、过滤处理，达到固液分离和循环利用的处理效果，大大提升废泥浆的利用率，形成了施工新技术，达到高效、经济、绿色、环保的效果，具有显著的社会效益和经济效益。

关键词： 灌注桩；废泥浆处理；压滤固液分离；循环利用；施工技术

0　引言

随着城市建设快速发展，灌注桩被广泛利用于各类工程的基坑支护和基础类型中，灌注桩成孔需要优质泥浆护壁，随着钻深的加大，需要不断调配护壁泥浆性能指标，一般采用泥浆置换方式进行，以使泥浆满足护壁要求[1,2]；同时，在灌注桩身混凝土时，孔内的泥浆将全部被置换，整个施工过程中会产生出大量的废泥浆，场地内需要挖设大面积的储浆池。由于废泥浆为废浆和废渣组成的液态，现场处理不当容易造成现场文明施工条件差，甚至造成周边环境污染。目前，常用的废泥浆处理方式主要有浆渣净化分离法、化学沉淀法、泥浆罐车外弃法等[3]。每一种方法都存在处理效率低、经济效益差、容易造成环境污染等弊端。

随着当今对环境保护、绿色施工的重视，废弃泥浆的处理问题已在社会上引起广泛的关注，成为目前亟待解决的技术难题。本灌注桩废泥浆压滤固液分离循环利用施工技术通过专门研制的泥浆压滤机对废泥浆进行压榨过滤处理，将废泥浆分离为洁净的砂、干燥的泥饼、清洁的循环水，大大提升废泥浆的利用率，达到高效、经济、绿色、环保的效果，具有显著的社会效益和经济效益。

1　工程概况

1.1　工程位置及规模

汕头市华润中心三期万象城 B 区项目（第二期）土石方、基坑支护及桩基础工程现场位于汕头市东海岸新城新津片区，场地较平整，西南侧为阿里山路，西北侧为华侨大道，东北侧为二期工地，东南侧为规划路（津湾东五街）。项目拟建 2 栋 25 层（$H=100m$）的高层建筑物以及 2～5 层配套商业裙楼，设置 2 层地下室，结构类型为框架—剪力墙结构。基坑周长 605.5m，基坑占地面积约为 23893㎡，基坑深度为 10.4m。

1.2　灌注桩设计情况

基坑支护设计采用"排桩＋钢筋混凝土内支撑＋被

动区加固"的方式。灌注桩桩径 1.2m，共 324 根，旋挖成孔，长桩有效桩长 37m；立柱桩桩径 1.0m，共 112 根，有效桩长约 30m，桩端持力层进入砂层。

1.3　现场施工情况

在灌注桩成孔泥浆护壁，以及在灌注桩身混凝土过程中产生出大量的废泥浆，施工现场采用本施工工艺，相比于直接运输废泥浆，大大地降低了综合成本且占地面积小，较大地提高了施工效率，在废泥浆处理上取得显著工效，得到建设单位、监理单位和设计单位的一致认可。

2　施工技术介绍

2.1　适用范围

（1）适用于采用旋挖灌注桩、地下连续墙、预应力锚索等基坑支护工程及桩基础工程项目；

（2）适用于施工现场产生废泥浆较多的其他项目；

（3）适用于填土、淤泥、淤泥质土、黏性土、砂性土等地层产生的废泥浆处理；

（4）适用于现场文明施工要求高的项目。

2.2　工艺原理

本技术的目的在于提供一种高效、环保、经济的灌注桩废泥浆压滤固液分离循环利用处理方法，旨在解决目前常用的废泥浆处理方式中处理效率低、占地面积大、经济性差、污染环境等问题。

2.2.1　废泥浆压滤固液分离循环利用处理系统

本技术所述的处理方法是通过泥浆压滤机对废泥浆进行压榨、过滤处理，达到固液分离和循环利用的处理效果。该处理方法为一整套系统的废泥浆压滤固液分离循环利用处理技术，处理系统包括废泥浆储存系统、浆渣净化分离预处理系统、泥浆泵压系统、泥浆压滤系统、滤饼卸除系统，最终实现废泥浆的固液分离并循环利用的效果。废泥浆压滤固液分离系统构成如图 1 所示。

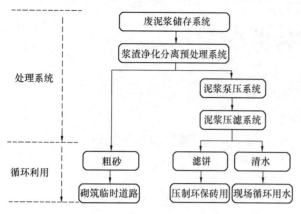

图1 灌注桩废泥浆压滤固液分离系统施工工艺流程

2.2.2 工艺原理

本技术通过架设在3m高钢平台上的专用泥浆压榨过滤机，对废泥浆进行压榨过滤处理，达到固液分离和循环利用的处理效果。工艺原理是先将废泥浆通过泥浆净化器预处理，将直径大于4mm的颗粒分离；再将预处理后的泥浆通过往复式高压泵，泵入厢式圆板型泥浆压榨过滤机，过滤系统由100块整齐排列的直径1200mm滤板和夹在滤板之间的过滤滤布完成，开始过滤时滤浆在进料泵的推动下，经进料口进入各过滤室内，滤浆借助进料泵产生的压力进行固液分离，由于过滤滤布的作用和压榨机压力挤压，使泥浆中的固体留在滤室内形成过滤后的泥饼，滤液从出液阀排出；经过约30min压榨、过滤，排出的水存储于水箱中可循环用于现场施工，压榨出的泥渣成圆饼状，含水率约20%，可直接装车外运。

灌注桩废泥浆压滤固液分离循环利用处理工艺原理如图2所示，工艺操作如图3所示。

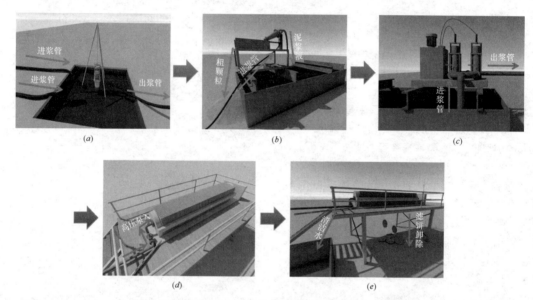

图2 废泥浆压滤固液分离系统处理工艺原理示意图

（a）废泥浆储存系统；（b）浆渣净化分离预处理系统；（c）泥浆泵压系统；（d）泥浆压滤系统；（e）滤饼卸除系统

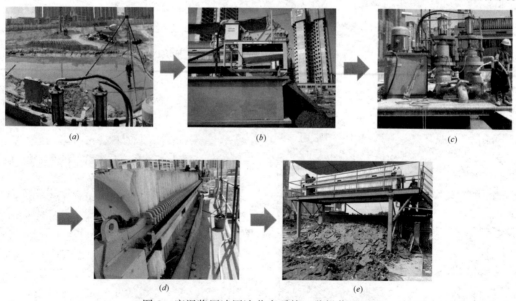

图3 废泥浆压滤固液分离系统工艺操作原理

（a）废泥浆储存系统；（b）浆渣净化分离预处理系统；（c）泥浆泵压系统；（d）泥浆压滤系统；（e）滤饼卸除系统

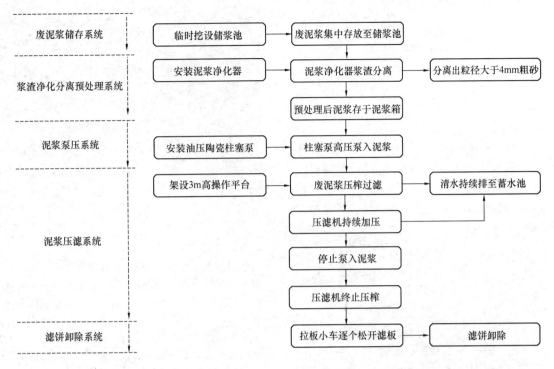

图 4　灌注桩废泥浆压滤固液分离循环利用施工工艺流程图

2.3　工艺流程

　　灌注桩废泥浆压滤固液分离循环利用施工工艺流程如图 4 所示。

2.4　操作要点

2.4.1　废泥浆集中存放至储浆池

　　(1) 灌注桩施工过程中，在成孔和桩身灌注混凝土时，不断置换泥浆，泥浆性能较好的浆液继续在成孔中循环使用，劣质废泥浆将通过泥浆泵抽至储浆池内，根据现场情况可由数台钻机的数条泵管同时输入。成孔和桩身灌注混凝土工序过程形成的废泥浆进入储浆池待处理。

　　(2) 储浆池在场内临时挖设，形状及尺寸根据现场情况确定，容量考虑为施工现场日产生废泥浆量的 1.5～2.0 倍，用来集中收纳场内的废泥浆，储浆池具体进入废泥浆储存系统待处理，如图 5 所示。

　　(3) 储浆池设立 3PN 泥浆泵，用三脚架架设在池中，用于将废泥浆输送至后续泥浆预处理系统。

　　(4) 储浆池四周设置封闭的安全护栏和安全标志，防止人员发生意外坠落。

2.4.2　泥浆净化器浆渣分离

　　(1) 利用储浆池内搭设的 3PN 泥浆泵，将废泥浆抽至浆渣净化分离预处理系统进行预处理，通过架设在泥浆箱上的泥浆净化器，利用离心沉降原理对废泥浆进行浆渣分离预处理，对废泥浆液中粒径大于 4mm 的粗颗粒进行筛分[4]，防止粗颗粒在下一压榨工序操作时对过滤滤布的损坏，预处理后的泥浆进入泥浆箱内存放，具体浆渣净化器及分离预处理如图 6 所示。

图 5　储浆池及 3PN 泥浆泵

图 6　浆渣净化分离预处理系统

　　(2) 本工艺使用的泥浆净化器采用 ZX-50 型，其处理技术指标见表 1。

ZX-50 泥浆净化器技术参数表　　表1

处理能力 (m³/h)	处理泥浆	渣料筛分能力 (t/h)	总功率 (kW)	外形尺寸 (m) 长×宽×高	筛分出的粒料含水率	重量 (kg)
50	最大相对密度小于1.35，黏度40s以下	10～25	48	2.300×1.250×2.460	小于20%	2100

（3）泥浆净化器利用两排工字钢架设在泥浆箱上，经净化处理的粗砂颗粒等排至指定位置堆放；预处理后的泥浆进入泥浆箱，如图7、图8所示。

图7　泥浆净化器排出的粗砂颗粒物

图8　预处理后泥浆排至泥浆箱

（4）预处理后的泥浆储存于泥浆箱中，泥浆箱用钢材料制作，尺寸设计为15m×3m×2m，具体容积大小可根据现场处理需要调整，泥浆净化器及后续工序使用的油压陶瓷柱塞泵皆用工字钢架设在泥浆箱上的两端，如图9所示。

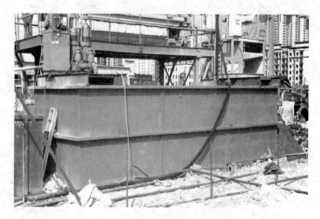

图9　泥浆箱

2.4.3　柱塞泵高压泵入泥浆

（1）将预处理后的泥浆通过陶瓷柱塞泵系统输入至泥浆压榨过滤系统，对泥浆进行压榨处理。

（2）油压陶瓷柱塞泵起着用高压力输送泥浆进入厢式圆板型压滤机的作用，由于需要较高压力，泥浆在高压下流动使得磨损较为严重，因此普通泵不适用。本工艺选用油压陶瓷柱塞泵 YB250，陶瓷柱塞直径 250mm，泵体为液压传动，由缸体、陶瓷柱塞、密封填料、进出浆阀、空气稳压罐等部件组成，该泵具有运行平稳、工作可靠、噪声低、压力高、压力波动小、体积小、重量轻，安装、维修、操作极其方便，使用寿命长的特点。油压陶瓷柱塞泵工艺参数见表2，泵体如图10所示。

YB250 油压陶瓷柱塞泵工艺参数表　　表2

额定流量 (m³/h)	压力范围 (MPa)	额定压力 (MPa)	冲程 (mm)	电机功率 (kW)	密封形式	外形尺寸 长×宽×高 (mm)	吸/排浆管直径
35	0～2.0	2	180	22	YX/叠圈	1.9×1.3×2.2	φ133/G2.5″

（3）柱塞泵连接形式

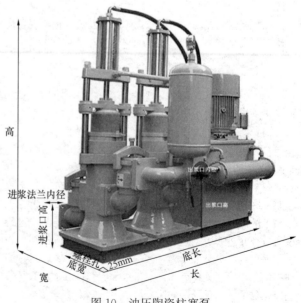

图10　油压陶瓷柱塞泵

泵架设在预处理系统的泥浆箱上，由于泵压大，进浆口及出浆口均采用4寸钢管连接；其中，进浆口钢管伸入泥浆箱内的泥浆中，抽吸泥浆经泵进入压榨机；出浆口钢管设置弯管和阀门，末端直接与泥浆压滤机的进口连接。陶瓷柱塞泵泵压系统连接示意如图11所示，泵压系统与压滤系统连接如图12所示。

图12　柱塞泵输出端与泥浆压滤机进口连接

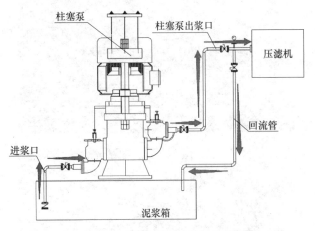

图11　油压陶瓷柱塞泵连接示意图

2.4.4　废泥浆压榨过滤

（1）废泥浆的压榨过滤由架设在3m高钢操作平台上的厢式圆板型压滤机完成，压滤机构造如图13、图14所示。高压泵入的泥浆由100块整齐排列的直径1200mm的滤板和夹在滤板之间的过滤滤布进行过滤处理，如图15所示；同时，开始过滤时滤浆在进料泵的推动下，滤浆借助进料泵产生的压力进入各滤室内进行固液分离，滤液从出液阀经排水板持续排出，为可利用的清洁水，存储于蓄水箱用于现场循环使用。

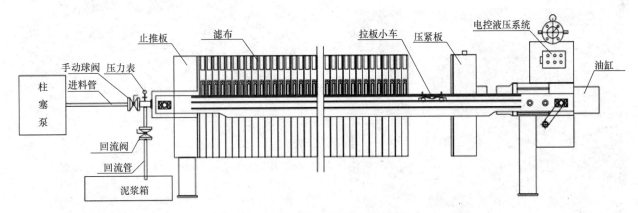

图13　厢式圆板型压滤机构造图

图14　压滤机机架系统

图15　压滤机装设的100片滤板及滤布

（2）厢式圆板型压滤机的结构

厢式圆板型压滤机主要由机架系统、过滤系统、进料系统、反吹系统、液压系统、过滤滤布、操作控制台等构成。

1）机架系统包括压紧板、止推板、油缸座、压滤机主梁等，均具有高强度、高韧性的特点；

2）过滤系统包括圆形厢式滤板、弹簧、密封胶、水嘴等，滤板尺寸为直径1200mm，材质采用钢板，具有耐磨的特点，过滤滤布为高弹性无纺布，具有透水性好、使用寿命长的特点，如图16所示；

3）进料系统具有进料速度快、进料压力大、结构简单等特点，压力通常控制在1.2～2MPa之间；

4）反吹系统主要功能是泥浆压榨完成后，用高压气（0.4MPa以上）通过反吹将滤板之间进料口多余的泥浆送回泥浆池，以达到更好的压榨效果；

5）液压系统包括液压站、液压油缸、液压马达、压力表等，配合电气系统实现自动压紧、自动松开、自动拉板等工作，如图17所示；

6）操作控制台可实现手动操作或自动操作，操作方法简单，合上压滤机电源，电源红色指示灯亮，压滤机即启动。

图16　圆形厢式滤板

图17　压滤机液压系统

（3）3m高钢操作平台的作用为架高压滤机，方便滤液从水嘴或出液阀排出，以及滤饼下落堆积存放和装车

外运；平台设置安全楼梯和封闭的安全护栏，防止人员坠落，如图18所示。

图18　3m高钢操作平台

（4）压榨过程中，滤液持续透过滤滤布流入排水板中，再经排水板通过出液阀排入蓄水箱，排出的滤液为可利用的清洁水，存储于蓄水箱用于现场循环使用。压滤机排水板如图19所示，蓄水箱如图20所示。

图19　压榨机压榨后滤液
透过滤布流入排水板

图 20　压榨过滤排出的循环清水

图 21　拉板小车逐个拉开滤板

2.4.5　压滤机持续加压

（1）根据工艺要求开启洗涤液阀门进液洗涤滤饼，进压缩气体吹干。

（2）关闭洗涤和吹干阀后，开启压榨阀，向隔膜滤板的压榨腔继续加压，压榨滤饼，以进一步提高滤饼的含固率。

2.4.6　停止泵入泥浆

（1）当压滤机泵压达到 2MPa 时，停止进料。

（2）开启放空阀，放空压榨流体后，按松开滤板按钮，压紧后退至适当位置后，按停止按钮，自动型退至设定的行程讧关处，压紧自动停止。

2.4.7　拉板小车逐个松开滤板

（1）泥浆压榨过滤完成后，转动排水板，由拉板小车逐个拉开滤板，滤室内压榨的泥饼实现自动卸除滤饼，如图 21～图 23 所示。

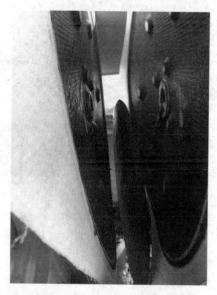

图 22　滤板拉开滤室内泥饼松开下落

（2）经压榨处理后的滤饼含水率约 20%，其颗粒细微，可直接由专车装运至加工厂压制成环保砖等，完全实现了对废泥浆的无害化循环处理利用，如图 24 所示。

2.5　工艺特点

2.5.1　处理效率高

相比于传统的灌注桩废泥浆处理方式，本工艺不需等待废泥浆长时间的自然沉淀，可以随时处理废泥浆，处理时间约 30min，大幅度提高处理效率；且传统处理方式临时占地面积大，需用槽车运至环卫部门指定的堆场填埋，

图 23　压榨过滤完成后卸除滤饼

(a)

(b)

图 24　完成卸除的滤饼

成本高、限制多，而采用本工艺占地面积小，使用不受限制。

2.5.2　操作简单

本工艺技术所利用的处理设备自动化程度较高，操作简单方便，且处理时间短，仅需一名专业人员即可进行现场操作。

2.5.3　经济性强

本工艺中运输泥饼相比于直接运输废泥浆节省运输空间及容量，大大地降低了运输成本且装运便捷；此外，随着城市用地紧张，废泥浆外运填埋价格高，本工艺对废泥浆经压滤后实现固液分离，废物循环利用，具有增值效果，大大降低了施工成本。

2.5.4　绿色环保无污染

传统方法未对废泥浆进行无害化处理，污染土壤及地下水，且在运输过程中易漏出造成环境污染及市政排水管道堵塞等不可控因素，加之运输队伍的不规范，普遍存在乱排乱倒现象；本工艺中泥浆预处理后的砂可直接用于临时砌筑，预压榨后的滤饼可在加工厂压制成环保砖，泥浆中的液态水分处理为干净的循环水，完全实现了对废泥浆的无害化循环处理利用，达到绿色、环保、无污染的效果。

2.6　实施效果评价

2.6.1　社会效益

本技术已在数个实际工程项目中施工，在施工效率、成本控制上，都突显出优越性，解决了灌注桩废泥浆无害化循环利用处理的难题，提供了一种高效无污染且经济性强的处理技术。将废泥浆处理成干燥的泥饼、无色的循环水，大大提升废泥浆的利用率，达到绿色、环保的效果，得到了设计单位、监理单位和业主的一致好评，取得了显著的社会效益。

2.6.2　经济效益

本技术经济效益主要体现在大大降低了槽车运输成本、滤饼及泥渣加工后可利用、清洁水循环利用于施工现场等，在相同工作量和工作时间的条件下，相比传统技术，可减少人员和槽车配置，达到降低工程施工成本的效果。

3　结论

本施工技术通过专用的泥浆压滤机对废泥浆进行压榨、过滤处理，达到固液分离和循环利用的处理效果，解决了目前常用的废泥浆处理方式中处理效率低、占地面积大、经济性差、污染环境等问题，对今后同类型的施工情况具有重要的指导意义。得出以下几点结论：

（1）灌注桩成孔过程中，会产生大量的废泥浆，由于废泥浆为泥浆和废渣组成的液态，现场处理不当容易造成现场文明施工条件差，甚至造成周边环境污染。本技术通过专用研制的泥浆压滤机对废泥浆进行压榨、过滤处理，将废泥浆分离为洁净的砂、干燥的泥饼、清洁的循环水，大大提升废泥浆的利用率，形成了施工新技术，具有显著的社会效益和经济效益。

（2）本技术采用一整套废泥浆压滤固液分离循环利用处理系统，处理系统包括废泥浆储存系统、浆渣净化分离预处理系统、泥浆泵压系统、泥浆压滤系统、滤饼卸除系统，最终实现废泥浆的固液分离并循环利用的效果。

（3）本技术中泥浆预处理后的砂可直接用于临时砌筑，预压榨后的滤饼可在加工厂压制成环保砖，泥浆中的液态水分处理为干净的循环水，完全实现了对废泥浆的无害化循环处理利用，达到绿色、环保、无污染的效果。

参考文献：

[1]　建筑桩基技术规范 JGJ 94—2008[S]．北京：中国建筑工业出版社，2008．

[2]　熊茂平．泥浆性能对超深大直径灌注桩成孔效率与成桩质量的分析[J]．施工技术，2005(01)：37-39．

[3]　蒋玉坤，郭飞，丁烨，等．废弃泥浆处理方法的总结与展望[J]．西部探矿工程，2010(01)：57-58．

[4]　雷斌，陈朝亮，叶坤．泥浆旋流器在冲孔灌注桩施工中二次清孔技术[C]// 第三届全国地下、水下工程技术交流会论文集，2013．

越南胡志明市 M8 项目基桩承载力计算浅析

张　兴，康增柱，师欢欢，杨宝森

（北京中岩大地科技股份有限公司，北京 100041）

摘　要： 文章重点介绍了越南胡志明市 M8 项目基桩承载力计算方法，并对其计算过程及结果进行了简要分析。通过对比国内规范《建筑桩基技术规范》JGJ 94—2008、越南规范《桩基础设计标准》TCVN 10304：2014 在计算公式、参数取值、承载力确定等方面的异同，说明了越南规范在经验参数法估算基桩承载力方面的规定更为具体。针对胡志明市的地层情况，分别采用中国规范和越南规范进行了基桩承载力的计算分析，对比试桩结果，越南规范对基桩承载力的计算结果更接近实际。本文可以为越南地区的基桩设计提供一定的参考。

关键词： 越南；基桩承载力；规范

0　引言

随着我国与越南在"一带一路"和"两廊一圈"的合作，国内将有更多的建设单位走进越南，参与越南的开发建设。我国作为基建大国，拥有雄厚的基建实力，而地基基础工程作为基建的重要一环，近年来已有一些单位参与其中，主要集中于地基处理[1-3]、桩基工程[4-6]，将来中越双方在该领域的交流合作会越来越多。

当前，越南已进入快速发展期，各国的房地产开发商已聚焦于胡志明市，大量的土地开发为岩土工程提供了沃土。"一带一路"的大背景，为国内岩土公司"走出去"提供了良好的机遇。我们积极参与进去，才能吸取不同国家的岩土设计理念，弥补自身不足，并通过不断积累经验，提升我们的岩土设计能力，逐渐实现岩土工程的品质提升与可持续发展。

1　工程概况

胡志明市位于湄公河平原东北，西贡河西岸，是越南最大的城市。富美兴创立于 1993 年，地块位于胡志明市第七郡，面积 3300hm²，开发前为沼泽盐碱地。本文进行介绍分析的 M8 项目即位于富美兴地块。

1.1　土层情况

M8 项目占地面积约 28000m²，根据勘察报告主要地层包括：①a 层为棕灰色—黑灰色可塑黏土；①b 层为棕灰色松散细砂；②层为黑灰色流塑状有机质黏土；③层为灰色—黄灰色可塑—硬塑黏土；④层为棕黄色—灰色可塑—硬塑砂质黏土；CL1 层为微黑可塑黏土；⑤层为灰色—棕黄色中密—密实细砂，其中 CL1 层局部缺失。各土层的具体参数如表 1 所示，典型地质剖面图如图 1 所示。

土层参数　　　　　　　　　　　　　　　　　　　　　　　　　　　　　　　表 1

地层	厚度 (m)	含水率 w	天然重度 γ_w (kN/m³)	黏聚力 c (kPa)	内摩擦角 φ (°)	标准贯入 N	液性指数 I_L	孔隙比 e
①a	2.3~4.5	49.2%	16.74	17.4	3.7	2	0.71	1.422
①b	1.5~2.0	24.3%	18.90	2.9	26.4	3	—	0.742
②	11.3~14.9	77.6%	15.15	6.2	3.7	0~1	1.21	2.080
③	5.7~8.7	25.5%	19.55	32.8	14.3	15	0.26	0.752
④	1.8~11.7	23.3%	19.80	26.3	15.9	13	0.35	0.685
CL1	2.3~5.7	34.9%	18.10	24.1	10.7	6	0.48	1.015
⑤	1.9~9.3	19.0%	20.28	10.1	24.7	28	—	0.568

1.2　勘察报告分析

与国内勘察工作不同，国内基本遵循《岩土工程勘察规范》GB 50021[7] 进行勘察工作，规范规定的较为详细具体，依据其执行即可；而越南的《高层建筑岩土工程勘察规范》TCVN 9363—2012[8] 仅包括一些原则性的条文，其更注重投资者的主体地位，如第 4.1 条："高层基础设计和施工的岩土工程勘察任务应由设计顾问承包商制定并经投资者批准。"越南勘察工作基本依据投资者的意见执行，一般工作量较小，如 M8 项目仅有 6 个勘察孔。

勘察报告的内容也与国内不同，勘察单位仅提供数据上的支持，而不对设计提供更多的建议。越南的勘察报告基本不会提供估算桩基承载力的侧阻力、端阻力建议值，也不对地基方案提供相应的分析和建议。越南的勘察报告一般只在土的现场描述的基础上，附加详细的室内试验数据，并进行简单的评价，诸如"③、④、⑤层土质较好，压缩系数低，承载力高，变形小，可根据上部荷载情况，选择上述土层作为持力层。"

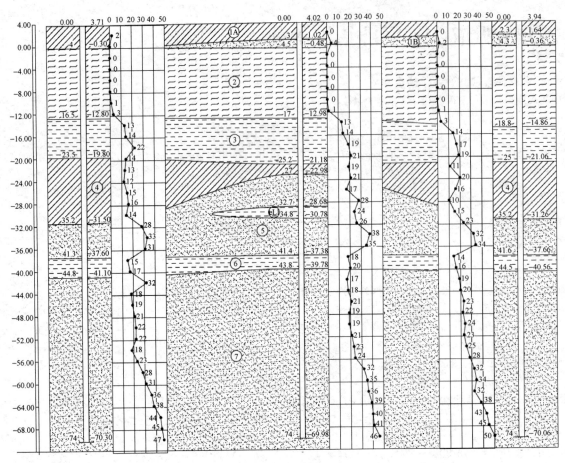

图 1　典型地质剖面图

1.3　桩基设计概况

M8 项目基础埋深约 6m，根据结构及地层情况，将场地划分为 12 个区域进行桩基布置，所有区域均采用预制管桩，并按桩径分为 4 类。PA 桩径 600mm，桩长 25～32m，共计 1138 根，承载力特征值 2400kN；PB 桩径 400mm，桩长 22～29m，共计 704 根，承载力特征值 1100kN；PC 桩径 700mm，桩长 28m，共计 73 根，承载力特征值 4500kN；PD 桩径 800mm，桩长 32m，共计 371 根，承载力特征值 5500kN。

每类桩在正式施工前，均于地面做试桩，其中 PA 桩 4 根，桩长 32～38m；PB 桩 3 根，桩长 27～31m；PC 桩 1 根，桩长 34m；PD 桩 1 根，桩长 38m。桩端均设闭口桩尖。

2　基桩计算分析

以 PA 桩试桩中靠近钻孔 BH6 的一根桩作为计算模型，施工采用静压法。以下分别依据国内规范《建筑桩基技术规范》JGJ 94—2008[9]、越南规范《桩基础设计标准》TCVN 10304：2014[10] 进行基桩承载力计算。

2.1　依据国内规范

依据国内规范，采用经验参数法对单桩竖向极限承载力标准值进行估算。对于闭口管桩单桩竖向极限承载力标准值的计算公式如式（1）所示：

$$Q_{uk} = Q_{sk} + Q_{pk} = u \sum q_{sik} l_i + q_{pk} A_p \tag{1}$$

式中　Q_{sk}、Q_{pk}——分别为总极限侧阻力标准值和总极限端阻力标准值；

u——桩身周长；

l_i——桩周第 i 层土的厚度；

A_p——桩端面积；

q_{sik}——桩侧第 i 层土的极限侧阻力标准值；

q_{pk}——极限端阻力标准值。

基于规范表 5.3.5-1、表 5.5.5-2 以及勘察报告提供的土的类别、状态信息，获取 q_{sik}、q_{pk} 的估计值，经计算单桩竖向极限承载力标准值为 5320.66kN，具体计算过程如表 2 所示。

单桩竖向极限承载力标准值计算表（JGJ 94—2008）　　表 2

管桩外径	管桩壁厚	桩端净面积	敞口面积	桩身周长	参考勘察孔
d（mm）	t（mm）	A_j（m²）	A_{pl}（m²）	u（m）	BH6
600	120	0.181	0.102	1.885	

续表

管桩外径	管桩壁厚	桩端净面积	敞口面积	桩身周长	参考勘察孔	
土层	层底标高	土层厚度	$q_{s/k}$	q_{pk}	Q_{sk}	Q_{pk}
1A	4.95	0	30		0.00	
1A	0.45	4.5	30		254.47	
1B	−1.35	1.8	48		162.86	
2	−12.65	11.3	14		298.20	
3	−21.35	8.7	55		901.95	
4	−26.45	5.1	60		576.80	
CL1	−28.75	2.3	40		173.42	
4	−30.65	1.9	60		214.88	
5	−33.05	2.4	74	8500	334.77	2403.32
合计		38			2917.35	2403.32
承载力标准值 Q_{uk}（kN）					5320.66	

2.2 依据越南规范

依据越南规范，采用经验参数法对单桩竖向极限承载力标准值进行估算。对于闭口管桩单桩竖向极限承载力标准值的计算公式如式（2）所示：

$$R_{c,u} = \gamma_c(\gamma_{cq}q_bA_b + u\sum\gamma_{cf}f_il_i) \qquad (2)$$

式中　γ_c——桩的工作状态系数，当桩端持力层为饱和度 $S_r < 0.9$ 的黄土层时，取 $\gamma_c = 0.8$，其他情况 $\gamma_c = 1.0$；

γ_{cq}——桩端土的影响系数，静压法施工管桩，土层为砾砂、粗砂、中砂、细砂、粉砂、细粒土且液性指数小于 0.5 时，$\gamma_{cq} = 1.1$，细粒土的液性指数大于等于 0.5 时，$\gamma_{cq} = 0.8$；

q_b——桩端阻力；

A_b——是桩端的截面面积；

u——桩身周长；

γ_{cf}——桩侧土的影响系数，静压法施工管桩，土层为砾砂、粗砂、中砂、细砂、细粒土时，$\gamma_{cf} = 1.0$，土层为粉砂时，$\gamma_{cf} = 0.8$；

f_i——桩侧第 i 层土的平均侧阻；

l_i——桩周第 i 层土的厚度。

基于越南规范表 2、表 3，以及勘察报告提供的土的类别、状态信息、土层埋深，获取 q_b、f_i 的估计值，经计算单桩竖向极限承载力标准值为 5791.81kN，具体计算过程如表 3 所示。

单桩竖向极限承载力标准值计算表（TCVN 10304：2014）　　　表 3

管桩外径	管桩壁厚	桩端面积	桩身周长	工作状态系数	参考勘察孔		
d（mm）	t（mm）	A_b（m²）	u（m）	γ_c	BH6		
600	120	0.28	1.88	1.0			
土层	I_L	e	层底标高	l_i	γ_{cq}	q_b	γ_{cf}	f_i
1A	0.71	1.422	4.95					
1A	0.71	1.422	2.95	2	1.0		1.0	4.00
			0.45	2.5	1.0		1.0	8.50
1B	—	0.742	−1.35	1.8	1.1		1.0	41.00
			−3.35	2	1.0		1.0	6.00
			−5.35	2	1.0		1.0	6.00
			−7.35	2	1.0		1.0	6.00
			−9.35	2	1.0		1.0	6.00
2	1.21	2.08	−11.35	2	1.0		1.0	6.00
			12.65	1.3	1.0		1.0	6.00
			−14.65	2	1.1		1.0	63.50
			−16.65	2	1.1		1.0	67.50
3	0.26	0.752	−18.65	2	1.1		1.0	70.50
			−21.35	2.7	1.1		1.0	73.50

续表

管桩外径	管桩壁厚	桩端面积	桩身周长	工作状态系数			参考勘察孔	
4	0.35	0.685	−23.35	2	1.1		1.0	56.50
			−25.35	2	1.1		1.0	54.50
			−26.45	1.1	1.1		1.0	56.50
CL1	0.48	1.015	−28.75	2.3	1.1		1.0	34.00
4	0.35	0.685	−30.65	1.9	1.1		1.0	60.00
5	—	0.568	−33.05	2.4	1.1	9600	1.0	100.00
合计				38	2985.77		2806.04	
承载力标准值 $R_{c,u}$ （kN）							5791.81	

2.3 对比分析

经压桩试验，上述试桩的承载力标准值为5750kN，与越南规范 TCVN 10304：2014 的计算结果基本一致，采用国内规范 JGJ 94—2008 计算的结果比实测值约小8%。产生这样的原因与国内规范侧阻力及端阻力取值相对宽泛有关，而越南规范侧阻力、端阻力的取值不仅与土的类别、土的状态有关，还取决于土层埋深、施工方法，取值相对确定。与国内相同，基桩承载力标准值的大小需经过现场试验验证，方可作为设计、施工依据。

3 结论

本文通过胡志明市 M8 项目，对比在相同条件下中国规范 JGJ 94—2008 与越南规范 TCVN 10304：2014 计算公式、参数取值、承载力确定等方面的异同，可以得出以下结论：

（1）对于基桩承载力，中国与越南均采用经验参数法进行估算，并均以试桩结果作为最终设计、施工依据；

（2）对于经验参数法，中国规范在侧阻力、端阻力取值方面的规定相对宽泛，而越南规范的侧阻力、端阻力取值不仅与土的类别、土的状态有关，还取决于土层埋深、施工方法，取值相对确定；

（3）针对越南胡志明地区的土质条件，采用越南规范估算的基桩承载力更为准确，其结果与试桩结果基本一致；

（4）岩土设计人员应广泛吸取不同国家、地区的岩土设计理念，弥补自身不足，并通过不断积累经验，提升我们的岩土设计能力，逐渐实现岩土工程的品质提升与可持续发展。

参考文献：

[1] 阮红兵，沈才华，徐科，等．越南高速公路砂井地基处理方法优化研究[J]．公路工程，2014，39(3)：56-59．

[2] 黄承斌，周正一，李金锋．越南某燃煤电厂软土层地基预处理方案和施工研究[J]．华电技术，2017，39(9)：42-44．

[3] 周杨，何世明，朱学伟．越南成胜项目塔吊基础软弱地基处理方案介绍[J]．工程建设，2018(01)：85-87．

[4] 龚维明，于清泉，戴国亮．越南大翁桥桩基承载力性能试验研究[J]．岩土力学，2009，30(2)：558-562．

[5] 王建林，李志千．EPC越南造船厂项目车间桩基变更设计的应用[J]．路基工程，2010(04)：245-247．

[6] 周匡营，林伟斌．越南某电厂旋挖灌注桩桩头渗水实例分析[J]．南方能源建设，2016，3(1)：141-144．

[7] 岩土工程勘察规范 GB 50021—2001(2009 年版)[S]．北京：中国建筑工业出版社，2009．

[8] TCVN 9363：2012 Building surveys-Geotechnical investigation for high rise building[S]．

[9] JGJ 94—2008 建筑桩基技术规范[S]．北京：中国建筑工业出版社，2008．

[10] TCVN 10304：2014 Pile Foundation-Design Standard[S]．

基于层次分析法的桩基础绿色施工评价体系研究

张思祺

（深圳宏业基岩土科技股份有限公司，广东 深圳 518000）

摘 要： 桩基础施工对资源与能源的消耗多为"大产量、大消耗、大废弃"形式，此形式造成资源的严重浪费和环境的急剧恶化。为了实现基础行业可持续发展的目标，绿色施工成为基础工程的必经之路。建立一套科学的、可行的桩基础绿色施工评价体系对桩基础绿色施工的实施和推广至关重要。本文建立的桩基础绿色施工评价体系，主要考虑对环境保护、资源节约与使用、绿色施工技术和综合管理四方面进行控制，采用层次分析法对桩基础绿色施工进行评价研究，以深圳市南山区某项目为实例，验证该评价体系的适用性，从而真正地对同类工程的绿色施工起到指导作用。

关键词： 桩基础；绿色施工；层次分析法

0 引言

近年来，基础建设项目与日俱增，而基础工程施工中桩基础应用最为广泛，只因桩基础具有单桩承载力高、施工质量易控制、施工速度快、经济效益好等优点。但桩基础在施工过程中存在着噪声大、振动大、对周围土体扰动大、易产生废浆废水等，对周围环境造成严重污染，对周边企业和居民的正常工作、生活带来较差的影响。因此，关于桩基础绿色施工的研究成为一项热点。目前，我国关于桩基础绿色施工的研究仍较少，国内没有一套完整的桩基础绿色评价体系作为桩基础绿色施工的支撑。本文在参考国内外相关资料和实际工程的基础上，通过定性和定量分析，建立了一套桩基础绿色施工评价指标体系，对目前桩基础绿色施工有一定的指导意义。

1 建立桩基础绿色施工评价体系

本文采用综合评价法中的层次分析法对深圳市南山区某一项目的桩基础绿色施工进行评价。层次分析法具有操作简单、可靠性高、误差小的优点。

（1）评价指标

该评价指标体系的选取主要参考《绿色建筑评价标准》GB/T 50378—2019[1]、《绿色建筑评价体系》[2]《绿色施工管理规程》[3]《绿色施工导则》[4]、Rania[5]的绿色建筑评估体系研究等资料，并结合深圳市地理环境和自然资源及桩基础施工特点进行评价指标的筛选。该指标分为 2 级，其中一级指标 4 个，二级指标 20 个。如表 1 所示。

桩基础绿色施工评价指标体系　　　表 1

目标层 A	标准层 B	方案层 C
桩基础绿色施工评价指标体系	环境保护控制 B₁	桩基施工噪声与振动控制 C₁₁ 桩基施工废水、废渣、废泥浆控制 C₁₂ 桩基施工挤土控制 C₁₃ 桩基施工扬尘控制 C₁₄ 对地下设施、文物、周围建筑和资源的保护 C₁₅

续表

目标层 A	标准层 B	方案层 C
桩基础绿色施工评价指标体系	资源节约与使用 B₂	节水及水资源使用 C₂₁ 节能及能源使用 C₂₂ 节材及材料使用 C₂₃ 节地及施工用地保护 C₂₄ 人力资源的合理使用 C₂₅
	绿色施工技术控制 B₃	桩基绿色施工管理方案及技术措施 C₃₁ 绿色施工新技术、新工艺、新方法应用 C₃₂ 绿色建材和复合材料、防腐材 C₃₃ 施工废弃物处理与再利用技术 C₃₄ 先进机械设备的使用 C₃₅
	综合管理控制 B₄	施工企业资质管理 C₄₁ 施工全过程动态管理 C₄₂ 施工监控评价管理 C₄₃ 安全文明施工管理 C₄₄ 人员安全及健康管理 C₄₅

（2）利用层次分析法确定指标权重

层次分析法（AHP）是通过专家打分，对指标进行定性分析，然后利用层次分析将定性指标定量化的一种方法。层次分析法需先建立层次指标体系，将每一层次指标进行比较，确定指标在本层中所占的比重，构造判断矩阵。

1）建立层次结构

本文将桩基绿色施工所考虑的因素按照相互关系进行分层，分为目标层、准则层、方案层，建立上述的指标体系，如表 1 所示。

2）指标重要程度比较

通过专家打分对同一层的各元素关于上一层中某一准则的重要性进行比较，构造两两比较矩阵。

方案层为 C 层，其中的元素为 X_1，X_2，X_3，…，X_n 与准则层 B 层中的元素 B_k 有关，则判断矩阵如表 2 所示。

判断矩阵的形式　　　　表 2

B_k	X_1	X_2	X_3	$\cdots$	X_j	$\cdots$	X_n
X_1	x_{11}	x_{12}	x_{13}	$\cdots$	x_{1j}	$\cdots$	x_{1n}
X_2	x_{21}	x_{22}	x_{23}	$\cdots$	x_{2j}	$\cdots$	x_{2n}
X_3	x_{31}	x_{32}	x_{33}	$\cdots$	X_{3j}	$\cdots$	x_{3n}
$\cdots$	$\cdots$	$\cdots$	$\cdots$	$\cdots$	$\cdots$	$\cdots$	$\cdots$
X_i	X_{i1}	X_{i2}	X_{i3}	$\cdots$	X_{ij}	$\cdots$	X_{in}
$\cdots$	$\cdots$	$\cdots$	$\cdots$	$\cdots$	$\cdots$	$\cdots$	$\cdots$
X_n	X_{n1}	X_{n2}	X_{n3}	$\cdots$	X_{nj}	$\cdots$	X_{nn}

该矩阵中，赋值 $X_{ij}(i=1,2,\cdots,n)(j=1,2,\cdots,n)$ 表示 X_i 相比于 X_j 重要程度的赋值。这些赋值可通过专家打分获取。

不同指标相互比较结果的根据是 T. L. Satty 的 $1\sim9$ 标度方法进行打分，不同重要程度分别赋予不同分值，如表 3 所示。

判断指标标度方法　　　　表 3

标度	含义
1	两个指标相比较，两者具有相同的重要性
3	两个指标相比较，前者比后者稍微重要
5	两个指标相比较，前者比后者明显重要
7	两个指标相比较，前者比后者强烈重要
9	两个指标相比较，前者比后者极端重要
2, 4, 6, 8	表示上述相邻判断的中间值
倒数	若指标 i 与 j 的重要性之比为 a_{ij}，那么元素 j 与元素 i 的重要程度之比为 $1/a_{ij}$

则对于准则层 B，n 个元素之间两两比较的重要性判断矩阵为：

$$\boldsymbol{B}=(X_{ij})n\times n \tag{1}$$

矩阵 $\boldsymbol{B}$ 应具备下列性质：$X_{ij}>0$，$X_{ij}=1/X_{ji}$，$X_{ii}=1$。

① 计算权重

将矩阵 $\boldsymbol{B}$ 的各向量进行几何平均，再进行归一化，得出的新向量为权重向量。

$$\boldsymbol{B}W=\lambda_{\max}W \tag{2}$$

式中，$\lambda_{\max}$ 为矩阵 $\boldsymbol{B}$ 的最大特征根，W 是相应特征向量。

计算特征向量和特征根，首先计算矩阵 $\boldsymbol{B}$ 的每行数据乘积 M_i。

$$M_i=\prod_{j=1}^{n}X_{ij} \tag{3}$$

式中，$i=1,2,\cdots,n$。

计算 M_i 的 n 次方根 $\overline{W}_i$，得出向量 $\overline{W}=\begin{bmatrix}\overline{W}_1 & \overline{W}_2 & \overline{W}_3 & \cdots & \overline{W}_n\end{bmatrix}^{\mathrm{T}}$。对 $\overline{W}$ 进行归一化，W_i 即为指标权重：

$$W_i=\frac{\overline{W}_i}{\sum_{i=1}^{n}\overline{W}_i} \tag{4}$$

计算矩阵 $\boldsymbol{B}$ 的最大特征根 $\lambda_{\max}$：

$$\lambda_{\max}=\frac{1}{n}\sum_{i=1}^{n}\frac{(\boldsymbol{B}W)_i}{W_i} \tag{5}$$

② 一致性检验

层次分析法是主观赋值法，为了证明权重合理性，需要对矩阵 $\boldsymbol{B}$ 进行一致性检验。一致性指标为 CI，一致性比率为 CR。

$$CI=\frac{\lambda_{\max}-n}{n-1} \tag{6}$$

$$CR=\frac{CI}{RI} \tag{7}$$

式中，RI 为平均随机一致性指标，RI 值参考相关研究结果[6]，如表 4 所示。CR 小于 0.1 时即认为对矩阵具有一致性。

平均随机一致性指标[6]　　　　表 4

n	1	2	3	4	5	6	7	8	9
RI	0.00	0.00	0.58	0.90	1.12	1.24	1.32	1.41	1.45

2　指标权重计算

根据式（1）~式（7）对桩基础绿色施工指标体系进行权重计算，结果如表 5 所示。

层次分析法评价指标权重计算结果　　　　表 5

目标层 A	标准层 B	权重值	方案层 C	权重值
桩基础绿色施工评价指标体系 $CR=$ 0.01 小于 0.1	环境保护控制 B_1	$B_1=0.47$ $CR=0.052<0.1$	桩基施工噪声与振动控制 C_{11}	$C_{11}=0.47$
			桩基施工废水、废渣、废泥浆控制 C_{12}	$C_{12}=0.14$
			桩基施工挤土控制 C_{13}	$C_{13}=0.27$
			桩基施工扬尘控制 C_{14}	$C_{14}=0.08$
			对地下设施、文物、周围建筑和资源的保护 C_{15}	$C_{15}=0.04$
	资源节约与使用 B_2	$B_2=0.1$ $CR=0.015<0.1$	节水及水资源使用 C_{21}	$C_{21}=0.16$
			节能及能源使用 C_{22}	$C_{22}=0.26$
			节材及材料使用 C_{23}	$C_{23}=0.42$
			节地及施工用地保护 C_{24}	$C_{24}=0.1$
			人力资源的合理使用 C_{25}	$C_{25}=0.06$

续表

目标层 A	标准层 B	权重值	方案层 C	权重值
桩基础绿色施工评价指标体系 $CR=$ 0.01 小于 0.1	绿色施工技术控制 B_3	$B_3=0.16$ $CR=0.007<0.1$	桩基绿色施工管理方案及技术措施 C_{31} 绿色施工新技术、新工艺、新方法应用 C_{32} 绿色建材和复合材料、防腐材 C_{33} 施工废弃物处理与再利用技术 C_{34} 先进机械设备的使用 C_{35}	$C_{31}=0.22$ $C_{32}=0.38$ $C_{33}=0.07$ $C_{34}=0.12$ $C_{35}=0.21$
	综合管理控制 B_4	$B_4=0.28$ $CR=0.007<0.1$	施工企业资质管理 C_{41} 施工全过程动态管理 C_{42} 施工监控评价管理 C_{43} 安全文明施工管理 C_{44} 人员安全及健康管理 C_{45}	$C_{41}=0.14$ $C_{42}=0.4$ $C_{43}=0.08$ $C_{44}=0.14$ $C_{45}=0.24$

3 工程实践

3.1 工程概况

该工程位于深圳市南山区，场地北临市政公路，下有综合管廊，管廊距基坑支护桩外边线约 14.9～16.18m；场地南侧为地铁线的连通通道，连通通道的结构外边线离地下室外墙 3.88～5.55m；场地东侧为市政道路，离基坑支护桩外边线约 70.0m。该工程工程桩采用钻孔灌注桩，支护形式为咬合桩＋内支撑。

根据表 5 所得的指标权重值，本项目选取的主要指标为 C_{11}、C_{12}、C_{13}、C_{22}、C_{23}、C_{31}、C_{32}、C_{35}、C_{42}、C_{45}，其余为次要指标。

本项目桩基础针对绿色施工采取了以下措施：

（1）环境保护控制措施（B_1）

1）对于桩基础施工噪声控制（C_{11}）：项目设置了噪声监控设施如图 1 所示，利用监控设施，监测项目上噪声指数，并通过控制场地内车速，来减少噪声和振动的产生。旋挖钻机均采用新型机械，对减少噪声和振动也有一定帮助。

图 1 噪声监控设施

2）对于桩基础施工废水、废渣、废泥浆控制（C_{12}）：桩基施工过程中会产生大量废水、废渣、废泥浆，本工程研发设计固化剂系统如图 2 所示，对现场废水、废渣、废泥浆进行进一步处理。

图 2 固化剂系统

3）对于挤土控制（C_{13}）：本项目采用长护筒施工作业；并设置降水井；跳桩施工措施，减少施工中挤土影响。

4）对于扬尘控制（C_{14}）：场内设置雾炮机、洒水车定时进行降尘处理，现场周边也设置了附壁式降尘喷雾装置；现场及时进行裸土覆盖如图 3 所示；设置围挡；进行场地硬化处理；从而减少扬尘产生。

5）对于地下设施、文物、建筑物和地下资源的保护

图 3 现场裸土覆盖

（C15）：本项目采用物探的方式，事先对现场进行物探处理。

（2）资源节约与使用措施（B2）

1）节水及水资源使用（C21）：本项目设计了自动喷淋洗车池系统，利用四级沉淀池、排水与回水沟、喷淋设施三大部分形成水循环系统如图4所示。降水井和现场抽排水系统中也设置了三级沉淀池，将沉淀后的水进行排放或循环利用于现场施工中。

图4 四级沉淀池及洗车池循环系统

2）节能及能源使用（C22）：本项目大于16mm的钢筋均采用直螺纹套筒连接，减少焊接产生废气，污染环境。项目上优先使用国家、行业推荐的节能、高效、环保的施工设备和机具，如选用变频技术的节能施工设备。

3）节材及材料使用（C23）：本项目桩基础施工采用均HRB400E高强钢筋进行施工，提高结构性能，减少资源消耗。

4）节地及施工用地保护措施（C24）：本项目合理确定临时设施位置，办公区、生活区、施工区合理划分。

（3）绿色施工技术控制措施（B3）

1）桩基础绿色施工管理方案及技术措施（C31）：本项目指定了绿色施工专项方案，建立了绿色施工组织管理体系、确定施工顺序及绿色施工措施等。

2）绿色施工新技术、新工艺、新方法应用（C32）：本项目的立柱桩基础施工采用灌注桩与立柱桩组合工艺进行施工。

3）先进机械设备使用（C35）：本项目采用徐工550进行大直径桩的施工，提高工作效率，且减少机械施工产生的噪声和振动。

（4）综合管理控制措施（B4）

1）施工全过程动态管理（C42）：本工程采用施工过程节点拍照验收的方式进行全过程动态管理。

2）施工监控评价管理（C43）：本工程建立详细的验收程序，每一步完成后由施工方进行自检后报监理方进行验收，并拍照上传至监管群内，作为过程管理依据。并每周一次项目内周检并且每周所属区域第三方监管局均会对本项目进行现场检查和评估。

3）安全文明施工管理（C44）：本项目设置安质环保部，对项目的安全文明施工进行专管。

4）人员安全及健康管理（C45）：本项目对现场施工人员和管理人员在进入现场前均会进行安全教育工作和体检工作，并留档；新工人上岗前进行体格健康检查，特殊工种、有毒有害工种按《职业病防治法》定期做健康检查。每周会进行生活区和办公区的四害清除和防疫工作；项目设置独立的食堂，食堂工作人员全部经体检合格，持健康证方可上岗，生活区每周进行卫生检查等确保干净的生活条件。现场设饮水处、休息区、固定厕所、食堂、浴室、吸烟室等必要的施工人员生活设施，每日专人清洁环境、喷洒消毒、防止污染。

3.2 项目桩基础绿色施工评价

根据本项目的桩基础绿色施工相应措施，利用专家打分法进行等级类评分。评分标准如表6所示。

指标评分标准　　　　　　　　表6

标度	含义
1	小、差、低
2	较小、较差、较低
3	一般
4	较大、较好、较高
5	大、高

本项目桩基础绿色施工评分结果及评价指数如表7所示。

本项目桩基础绿色施工评分结果及评价指数　　　　　　　　表7

目标层A	标准层B	综合评价指数	方案层C	评分	评价指数
桩基础绿色施工评价指标体系	环境保护控制B1	1.69	桩基施工噪声与振动控制C11	4	1.88
			桩基施工废水、废渣、废泥浆控制C12	3	0.42
			桩基施工挤土控制C13	3	0.81
			桩基施工扬尘控制C14	5	0.4
			对地下设施、文物、周围建筑和资源的保护C15	2	0.08

续表

目标层 A	标准层 B	综合评价指数	方案层 C	评分	评价指数
桩基础绿色施工评价指标体系	资源节约与使用 B₂	0.27	节水及水资源使用 C_{21}	5	0.8
			节能及能源使用 C_2	3	0.78
			节材及材料使用 C_{23}	2	0.84
			节地及施工用地保护 C_{24}	2	0.2
			人力资源的合理使用 C_{25}	2	0.12
	绿色施工技术控制 B₃	0.43	桩基绿色施工管理方案及技术措施 C_{31}	4	0.88
			绿色施工新技术、新工艺、新方法应用 C_{32}	3	1.14
			绿色建材和复合材料、防腐材 C_{33}	2	0.14
			施工废弃物处理与再利用技术 C_{34}	1	0.12
			先进机械设备的使用 C_{35}	2	0.42
	综合管理控制 B₄	1.13	施工企业资质管理 C_{41}	1	0.14
			施工全过程动态管理 C_{42}	4	1.6
			施工监控评价管理 C_{43}	5	0.4
			安全文明施工管理 C_{44}	5	0.7
			人员安全及健康管理 C_{45}	5	1.2

由上表所得该工程桩基础绿色施工评价指数为 3.52，根据指标评分标准表 6 可知，该工程桩基础绿色施工等级为较好，即属于较高水平的绿色施工。

4 结束语

桩基础绿色施工评价是一项复杂的研究课题，涉及很多学科[6]。本文从环境保护控制、资源节约与使用控制、绿色施工技术控制和综合管理控制四方面出发，参考国内外有关文献，建立了桩基础绿色施工评价指标体系，利用简单有效的层次分析法对桩基础绿色施工指标体系进行评价，并利用工程实例确定该评价的有效性。对当前和今后桩基础绿色施工评价的研究具有一定的指导、借鉴作用。由于层次分析法主观因素较多，因此为了更好地反映评价结果，还需做更进一步的研究和完善。

参考文献：

[1] 王清勤.修订绿色建筑评价标准 助力建筑高质量发展[J].工程建设标准化，2019(12)：34-39.
[2] 中华人民共和国建设部.绿色建筑评价标准[S].北京：中国建筑工业出版社，2006.
[3] 刘月月.北京规范绿色施工管理[J].广西城镇建设，2008(06)：29.
[4] 中华人民共和国建设部.绿色施工导则[S].北京：中国建筑工业出版社，2007.
[5] Rania Rushdy Moussa. The reasons for not implementing Green Pyramid Rating System in Egyptian buildings[J]. Ain Shams Engineering Journal, 2019, 10(4).
[6] 洪锋，王东，万云华.基于模糊综合评判的桩基础绿色施工指标体系研究[J].昆明理工大学学报(理工版)，2009，34(04)：47-52.

VDS 灌注桩技术研究

邵金安[1]，孙文怀[2]，王　园[3]，邵炳华[4]，刘晓淼[1]，邵振华[1]

(1. 郑州金泰利工程科技有限公司，河南 郑州 450044；2. 华北水利水电大学，河南 郑州 450045；3. 中铁大桥（郑州）工程机械有限公司，河南 郑州 450043；4. 东北大学，辽宁 沈阳 110819)

摘　要：本文提出了采用变径螺旋钻具实现桩柱体与桩周土体镶嵌摩擦及夯实桩底消除沉渣效应提高承载力的技术理论，简称 VDS 灌注桩。分析了钻具结构的主要功能与技术特征，研发了变径螺旋钻具。采用复合动力桩工产品及 SDL 工法实现了 VDS 灌注桩的施工，介绍了 VDS 灌注桩的施工工艺，通过工程实例验证了 VDS 灌注桩的性能，实践证明 VDS 灌注桩将对桩工行业在节能环保、经济高效、质量保证及安全可靠方面具有建设性的引导作用，可以大面积推广应用。

关键词：VDS 灌注桩；变径螺旋钻具；复合动力桩工钻机；SDL 创新工法

0　引言

灌注桩是基础工程行业常用的桩型。在桩基础施工技术中，常用代表性技术工法从钻进形式上可分为两种类型，旋切钻进施工法和冲切钻进施工法。由于我国地域广阔，地质条件复杂多样化，冲切钻进和旋切钻进技术工法及产品的单一做功方式、应用于复杂多变的软硬交替地层和入岩钻进方面存在高成本、高能耗、低效率等问题。随着我国基础工程建设用地向丘陵、山地、江海湖泊滩涂用地的纵深发展，开发绿色环保高效施工新技术解决现有技术产品存在的问题尤为重要。通过对现有常用技术旋切钻进施工法和冲击钻进施工法的长期应用、观察、与深入解读、从功效和环保方面分析对比、得出其特点规律：旋切钻进用于软土地层施工明显优于冲切钻进，冲切钻进用于硬质复杂地层及嵌岩地层钻进明显优于旋切钻进。综合上述分析与实践相结合形成一种创新工法——SDL 工法[1]，即根据被钻进地层的变化适时切换冲击、旋切与冲旋联动钻进模式，使作业模式始终适用于地层，达到节能、快速、高效钻进做功的施工方法，以解决现有技术问题，在 SDL 工法的基础上形成了 VDS 灌注桩。

1　VDS 灌注桩技术

1.1　VDS 灌注桩的命名

在地质条件和基桩设计参数相同的条件下，不同的施工工艺完成的灌注桩承载力是不相同的。桩承载力来源的基础理论在于桩周土体摩擦力和桩端持力层端阻力，提高桩周摩擦力和桩底端承力是获得基桩承载力提升的必要条件和基本途径，根据地层和施工条件选择施工工艺对提高基桩承载力具有重要意义。施工技术水平在提高桩周摩擦力方面，停留在桩柱体与桩周土体面对面的摩擦关系；在提高桩端承载力方面有增大端承面积的变径桩、孔底夯扩，还有为消除桩底沉渣效应的后压浆和夯实孔底等措施，虽然在获得承载力提高方面效果良好、但存在工艺复杂、施工难、高成本、应用范围受限。综合上述原理为提高基桩承载力我们的技术方案是：采用创新技术 SDL 工法→通过复合动力桩工钻机的特有功能→利用特种变径螺旋钻杆的作用原理，实现夯实孔底消除沉渣保证桩端承载力、挤土钻进加固桩周土体提升力学指标、灌注碾压混凝土形成桩与土的镶嵌摩擦关系提高承载力，这种使用变径螺旋钻杆、SDL 工法施工可大幅提高承载力的桩叫 VDS 灌注桩（VD 是英文单词 Variable Diameter 的缩写，S 代表 SDL 工法）。

1.2　VDS 灌注桩施工原理

随着国家发展建设用地由平原转向山丘（荒地与坡积地）、山地、滩涂堆填，大多为颗粒土（砂、砾砂、卵石、碎石、圆砾等）地层与山地岩基。针对上述情况，复合动力 SDL 施工法及专用螺旋挤土成孔的 VDS 灌注桩技术应运而生。VDS 灌注桩基本原理：VDS 灌注桩施工需采用复合动力桩工钻机和变径螺旋钻杆、钻头挤土成孔，钻进系统采用三点支撑依附自行式桩架，其钻具在动力系统的作用下，对其施加大扭矩及竖向力螺旋挤扩钻进。下钻过程中，通过动力头的工作电流的工作情况，不同土体对钻具产生的摩擦力（电流 A）的变化和下钻速度、掌握被钻进地层情况，当钻进困难或难以钻进时，适时启动冲击加旋切钻进模式；变径变螺旋把低压缩性和不可压缩地层的钻渣调配到可压缩性地层辗轧挤入桩周形成圆柱形的桩孔，到达桩端后启动冲击夯实孔底，钻机正向旋转、上提，同时泵压混凝土，孔内压灌混凝土面高出钻头及部分变径螺旋叶片，叶片辗轧混凝土镶嵌桩周地层灌注成桩。有钢筋笼的桩、可将预制好的钢筋笼插入混凝土内，固定在规定深度。变径变导程螺旋在动态正转时、钻渣在孔内运行轨迹的改变达到调配钻渣消除应力作用。详见：一种螺旋钻杆、钻机及由螺旋钻杆成型的桩孔和 VDS 灌注桩（专利号：ZL 201621365196.5）实用新型专利。

1.3　技术理论的先进性

VDS 灌注桩采用了 SDL 工法、复合动力桩工钻机结合变径螺旋钻杆施工技术；变径螺旋钻进调配钻孔应力、螺旋辗轧钻渣挤密加固桩周成孔、夯实孔底消除沉渣效应、管内压灌螺旋碾压混凝土与桩周镶嵌融合成桩的技术理论。VDS 灌注桩理论、SDL 工法及复合动力桩工钻机的技术组合已形成创新技术体系。工法、产品、桩型均为国家已授权发明专利，新技术体系理论先进、国内外行业首创。新技术、新产品、新桩型的推广应用，为今后行业发展，在高效率、低能耗、低投入、高收益、节约资源、绿色环保等方面为人类社会做贡献，让中国技术领先世界、让世界爱上中国桩工产品。

1.4 适用性

复合动力专用螺旋挤土钻进施工的 VDS 灌注桩，适应于软土、粉土、黏性土、砂性土、砾石层、建筑垃圾堆填、碎石堆填、卵石层和强度≤60MPa 的岩层。施工不受地下水位的影响，复合动力桩工钻机有顶冲式和低冲式两大系列多种机型，可满足多种规格多种桩型施。

2 VDS 灌注桩的施工工艺

复合动力钻机螺旋挤土成孔至设计标高→启动冲击模式夯实孔底→从钻杆中心泵送混凝土→钻杆正转挤压混凝土加固桩周→边提钻杆不间断泵送混凝土至桩顶设计位置以上一定高度→用振动方法插放钢筋笼→成桩，工艺流程如图1所示。

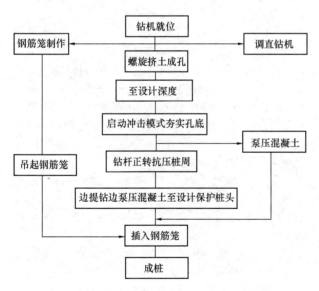

图 1　VDS 灌注桩施工工艺流程

3 传统钻具挤土钻进技术分析

常用的旋切挤土和冲击挤土施工技术均为大推力、高钻压、被动强制挤土理论，无孔内应力调配或调配能力差，孔内竖向和侧向应力不能得到科学合理调配释放，常出现钻进难、效率低、高能耗、高成本，尤其是孔内侧向应力释放不均孔径回缩影响工程质量，传统技术在孔内应力调配方面有待进步提升。

3.1 变径螺旋钻杆

2016 年 12 月郑州金泰利工程科技有限公司、邵金安

董事长会同郑州市掘进工程研究中心多学科专家，结合土力学、流体力、机械制造与 3D 技术，经长期研究、模拟实验，成功推出变径螺旋钻杆及 VDS 灌注桩技术理论。2018 年 12 月获得国知局发明专利授权，专利号：ZL 201611145464.7。

3.2 变径螺旋钻杆的螺旋结构组成

螺旋的每个导程单元由多个异形弧面齿状组成，每个齿体的大小、长度、导程根据成孔直径导程高度参数适配，齿状体有三个弧形面，有内弧、外弧和齿顶弧面，内弧和齿顶弧与钻杆芯管同心、从齿根到齿顶高度随导程高度过渡、外弧从齿根到齿顶弧形过渡，齿状螺旋的每个齿状组件从齿根到齿顶渐厚过渡设计保证齿顶弧面宽度满足挤土和碾压混凝土需要，异形齿状体组合形成变径螺旋与芯管结构连接形成螺旋钻杆，钻具结构如图 2 所示。

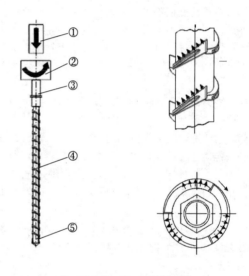

①—冲击部；②—回转旋切部；
③、④—变径螺旋钻杆；⑤—钻头
图 2　钻具结构示意图

3.3 钻具的特点

（1）专用螺旋钻杆结构可减小下钻阻力，减轻其工作负荷、提高钻进工作效率。

（2）螺旋钻杆结构可根据地层的工程地质条件配置、可实现全挤土和半挤土混凝土灌注桩施工。

（3）螺旋钻杆加冲击破碎钻进可使得钻具能够快速下钻，减少钻具磨损，减少钻具发热量，延长钻杆钻具的使用寿命。

（4）变径变导程螺旋可根据孔内侧限应力调配钻渣和混凝土在孔内挤压加固桩周、桩体与土层稳定镶嵌结合，对所承托的建筑物具有强有力的支撑。

（5）采用复合动力桩工钻机使用变径变导程螺旋施工的 VDS 灌注桩体可适用于多种地层情况，具有摩擦桩与端承桩的双重特点，尤其适用于复杂的地质情况，可深入地下 20m 以上，能够对建筑物提供可靠且有力的支撑，适合各种建筑基础支撑。

3.4 实现上述特点的具体做法

（1）专用螺旋钻杆结构，包括有钻杆、钻头，钻杆全长或至少有一部分为变径变导程螺旋结构，其特征在于钻杆的螺旋部分叶片每个齿的宽度和厚度尺寸自下而上逐渐过渡增大的结构，在螺旋长度范围内，螺旋向上输送挤密钻渣的同时，根据钻孔内压力通过螺旋齿与齿之间的空隙上下调配钻渣，螺旋齿逐渐变后的侧立面辗轧钻渣加固到侧限力相对较小的孔壁。螺旋部分引导钻杆整体向下钻入，该结构设计可减小其下钻的阻力，减轻其工作负荷、提高钻进工作效率。

（2）钻杆具有外管和内管，外管是为传送扭力及压力而设，直径可根据实际的需求制作；内管是配合泵送混凝土而设，其直径大于混凝土泵管的直径，一般直径为160mm左右。

（3）变径变导程螺旋长度范围内、根据钻孔内压力改变钻渣运行轨迹把不可压缩地层的钻渣输送挤密到可压缩性地层，以减小土层或者岩石层的钻进阻力，便于下钻，可快速地进行打桩工作，解决了下钻阻力大的问题，更重要的是可调配钻渣加固桩周提高侧阻力有益参数。

（4）复合动力螺旋钻进，夯实桩端持力层，可保证桩端持力层的端承力。

（5）钻杆正转状态管内压灌混凝土，孔内混凝土面高于钻头螺旋叶片时、螺旋叶片的侧立面辗轧混凝土镶入桩周地层，这种挤土成孔又辗轧混凝土镶嵌桩周地层的灌注桩，可大幅提高桩体与桩周地层侧摩阻力有益参数。

（6）复合动力钻进结合专用螺旋结构及钻头的设置，可钻透强度≤50MPa的风化岩，实现高效率、低能耗、快速钻进。

3.5 变径螺旋钻杆的适用性、先进性

变径螺旋钻杆与复合动力桩工钻机配套可完成VDS灌注桩和全挤土及半挤土多种桩型施工，适用于土层和多种复杂地层施工，不受地下水影响、干法施工。有效解决了常用挤土钻进技术孔内钻渣调配能力差、阻力大、钻压高、大推力、高能耗等缺点，强制被动挤上方式存在钻孔内应力影响工程质量。变径螺旋钻杆挤土是钻进的同时螺旋侧立面主动挤土、变径螺旋直径差形成的空间可上下调配钻渣、消除孔内应力、钻压低、阻力小、所需推力小、能耗低、效率高。

3.6 变径螺旋钻杆的挤土原理

钻头快速钻进的同时变径螺旋驱动钻渣向孔壁、孔口两个方向运行，部分钻渣受螺旋的弧形侧立面驱动由内向外离心运行到齿顶弧形面碾压钻渣加固到孔壁，弧形齿的变径空间起到上下调配钻渣降低钻压的作用，被碾压挤入孔壁的剩余钻渣受螺旋齿根到齿尖的导程高度随钻杆转动向孔口运行、钻渣向孔口运行的同时受多个齿状螺旋多次轮回碾压被加固到孔壁，被挤密加固孔壁达到一定侧限或遇不可压缩地层时钻渣受变径螺旋驱动

向孔口调配运行被再次碾压加固到侧限力较小部位。孔底到孔口受加固后的孔壁侧限力均匀、成孔质量高、桩周土体土力学有益参数的改善可提高桩与桩间土的承载力。

4 VDS灌注桩的工程应用

4.1 工程概况

河南辉县孟电集团天鹅堡项目D11～D21号楼，楼高25层＋1层地下室。原设计400mm螺旋挤土灌注桩复合地基，由于地层起伏变化很大且有卵石层（卵石含量达65.5%），卵石厚度1～8m不等、卵石层顶面和中下部为灰质胶结层，厚度1～5m不等，采用大扭矩长螺旋钻机施工效率低，能耗大，部分区域单一的旋切钻进不进尺，后选用复合动力桩工钻机施工，顺利完成了施工任务。

4.2 工程地质条件

根据该场地勘察报告，地层情况如下：

②层：粉质黏土（Q_4^{al+pl}）黄褐色；可塑，局部硬塑；包含黑色碳膜、锈染、姜石，局部夹卵石薄层。层底埋深1～4.4m，层厚0.5～3.6m，平均厚度1.56m。

③层：卵石（Q_4^{al+pl}），灰白色；中密；粒径大于20mm的粒径含量平均值是总重量的65.3%；成分以灰岩为主；磨圆度中等；泥质或砂质充填，局部钙质胶结。层底埋深3.7～9.0m，层厚1.9～7.1m，平均厚度4.87m。

③层亚层：粉质黏土（Q_4^{al+pl}）黄褐色；可塑，局部硬塑；包含黑色碳膜、锈染、姜石。层底埋深4.3～6.5m，层厚0.6～2.3m，平均厚度1.35m。分布不均，呈透镜体状存在于第③单元层中。

④层：粉质黏土（Q_4^{al+pl}）黄褐色—浅棕红色；硬塑，局部可塑；包含黑色碳膜、锈染、姜石，局部夹卵石薄层。层底埋深4.8～12.6m，层厚1～7.7m，平均厚度3.4m。

⑤层：卵石（Q_4^{al+pl}），灰白色；中密；粒径大于20mm的粒径含量平均值是总重量的65.6%；成分以灰岩为主；磨圆度中等；泥质或砂质充填，局部钙质胶结。层底埋深8.5～14.9m，层厚0.9～6.4m，平均厚度8.71m。

⑥层：粉质黏土（Q_4^{al+pl}）浅棕红色；硬塑，局部可塑；包含黑色碳膜、锈染、姜石，局部夹卵石薄层。层厚4.6～9.7m，平均厚度6.74m。

⑦层：卵石（Q_4^{al+pl}），灰白色；中密；粒径大于20mm的粒径含量平均值是总重量的66.5%；成分以灰岩为主；磨圆度中等；泥质或砂质胶结。层厚0.8～8m，平均厚度5.6m。

⑧层：卵石（Q_4^{al+pl}），棕红色；硬塑，局部坚硬；包含黑色碳膜、锈染、姜石，局部夹卵石薄层。层厚7.8～14m，平均厚度11.1m。

本次勘察在卵石钙质胶结层中动力触探试验$N_{63.5}$统计共有6次达到56以上。

4.3 复合动力螺旋挤土成孔 VDS 灌注桩

复合动力钻进螺旋挤土 VDS 灌注桩，桩径 400mm、有效桩长 11m，单桩承载力特征值 780kN，总桩数 470 根。验收桩合格，40% 低应变检测无三类桩。

4.4 试验结果

(1) 采用大扭矩旋切钻进、单根桩成孔时间 102min 达到设计深度，同地质条件相距 1.6m 邻桩采用复合动力钻进时间 42min，较单一的旋切钻进节约施工时间 50% 以上，钻具磨损为旋切钻机的 30%，节约人工、电费 70%，提高施工效率 2.5 倍。

(2) 部分区域遇较厚钙质胶结层（钙质胶结层的强度在 40~50MPa）用大扭矩旋切钻进无法钻进，采用复合动力桩工钻机钻进到设计深度用时 40~50min。

(3) 所试桩的荷载-沉降（Q_s）曲线图呈缓变形，且总沉降量均未超过 40mm，根据试验情况及资料分析，其单桩竖向承载力特征值能满足 780kN 的设计要求。

5 结束语

(1) VDS 灌注桩施工技术与提高承载力的技术理论属于原创发明，填补了国内外行业技术空白。

(2) 变径螺旋钻具可有效降低钻压快速钻进，应对复杂地层和岩层穿透能力超越了现有技术产品，根据地层变化合理调配钻渣挤密成孔，消除挤土效应保证桩身质量。

(3) 变径变导程螺旋与复合动力桩工钻机的结合与应用是现代科技进步的典型代表之一，采用 SDL 工法和变径变导程螺旋施工的 VDS 灌注桩，桩身与桩周地层的镶嵌结合改变了桩身与桩周的结合关系，夯实桩底消除沉渣效应对承载力的影响，VDS 灌注桩科学合理地调用了桩周土和桩端持力层承载力的充分有效发挥。

(4) SDL 工法是现有技术旋切钻进与冲击钻进两种工法的优势组合，科学巧妙地解决了桩工机械在复杂地层和桩端入岩地层的钻进难题，可大幅提高施工效率。

(5) 复合动力桩工钻机施工效率高、穿透能力强是我国桩工机械的新一代产品，其实用性和先进性填补了国内外行业空白。

VDS 灌注桩理论、变径螺旋钻具、SDL 工法、复合动力桩工产品，已形成郑州金泰利工程科技有限公司自主知识产权技术体系并获得国家专利授权。创新技术对推动桩工行业新发展意义重大，产品投入市场至今，已在全国多个施工项目得到成功应用，解决了多项施工难题，尤其是在碎石、建筑垃圾、挤土钻进和嵌岩钻进方面所取得的节能、高效、环保及经济指标是传统技术无法比拟的。随着时间和业绩积累将在桩基础施工行业更加广泛的推广应用，其产生的社会效益和经济效益是不可估量的。

参考文献：

[1] 邵金安. SDL 工法及复合动力掘进技术探讨[J]. 岩土工程，2018(3): 355-356.

[2] 沈保汉. 技术创新是中国桩基发展的唯一出路[J]. 施工技术，2011(7): I0017-I0019.

[3] 沈保汉. 桩基与深基坑支护技术进展[M]. 北京：知识产权出版社，2006.

[4] 邵金安. 液压振动冲击器及其构成的桩工动力头：中国，ZL201110286191.9[P]. 2012-03-28.

[5] 邵金安. 冲击旋切钻头及使用该钻头的入岩钻机：中国，ZL201210518973.5[P]. 2015-01-07.

[6] 邵金安. SDL 桩工掘进方法及专用于实施该方法的桩工钻机：中国，ZL201310238659.6[P]. 2013-09-04.

[7] 邵金安. 一种螺旋钻杆、钻机及由螺旋钻杆成型的桩孔和 VDS 灌注桩：中国，ZL201621365196.5[P]. 2017-07-21.

基于复杂环境下矩形抗滑桩支护体系施工控制

曹羽飞， 彭占良， 冯科明

（北京城建勘测设计研究院有限责任公司，北京 100101）

摘　要： 依托某工程实例，简述了在复杂环境下矩形抗滑桩支护体系的施工过程，并分析了挖桩遇水、挖桩遇岩，护壁接茬处理、锚杆卡钻处理及挡土板与桩的连接五个施工控制要点，为以后类似工程的施工提供参考。

关键词： 复杂环境；矩形抗滑桩；支护体系；施工控制

0　引言

随着人类改造自然的深入，山区高边坡工程越来越普遍。山上的气候、环境、地层给施工带来很多新的难题，例如，人工挖孔遇到潜水怎么止水进行后续开挖；人工挖孔遇到整块孤石（覆盖整个桩孔）或遇到基岩怎样进行破碎；人工挖孔护壁搭接处怎样做成平口并保证混凝土强度；预应力锚杆在碎石土地层钻进卡钻如何处理；挡土板水平筋与预埋筋的连接方法等。下面结合某工程实例，介绍一下复杂环境下矩形抗滑桩支护体系的施工过程和施工控制要点，并针对上述问题进行分析，介绍它们的解决办法，供同行借鉴。

1　工程概况

1.1　工程总体概况

本工程为一旅游设施，位于中国某北方城市山区，南

北长约 700m，东西宽约 300m，地势东北高西南低，拟建场地高程在 900～983m 之间，南北高差约为 80m，东西高差约为 30m。建筑采用山地村落分散式，半开放的院落格局，自南向北顺地势叠落，依山形地势而建。为了保证场地永久性边坡稳定及边坡上下拟建建（构）筑物的安全使用，对上述区域的边坡进行治理。本工程边坡为永久边坡，设计使用年限为 50 年，边坡高度大于 15m 的区段边坡安全等级为一级，其余区段边坡安全等级为二级。

边坡主要采用抗滑桩＋锚杆＋挡土板支护形式。

1.2　地质概况

拟建场地位于山前台地和河流阶地上，地表覆盖有厚层第四纪坡洪积层，岩性主要碎石土层，其间夹有厚度不同的黏性土透镜体。场地西南有少量白垩纪花岗岩出露，其他区域多为碎石土。勘察深度 51m 范围内地层自上至下见表 1。

地层概化及主要物理力学性质指标　　　　表 1

大层分类	地层岩性	粒径（RQD）	厚度
人工堆积层	耕植土①层，碎石及块石填土①$_1$层		最小厚度 0.1m，最大厚度 1.7m，平均厚度 0.54m
第四纪坡洪积层	块石及漂石②层，块石及碎石②$_1$层，碎石及块石②$_2$层，细砂②$_3$层，粉质黏土及黏质粉土②$_4$层	最大粒径为 200cm，一般粒径 2～22cm	最小厚度 6.7m，最大厚度 26.2m，平均厚度 14.5m
	碎石及块石③层，碎石及块石③$_1$层，碎石、块石混黏性土③$_2$层，黏性土混碎石③$_3$层	最大粒径为 22cm，一般粒径 3～12cm	最小厚度 1.0m，最大厚度 24.4m，平均厚度 9.86m
白垩纪侵入岩	中等风化花岗岩④层，强风化花岗岩④$_1$层	RQD 为 50%～70%	最小厚度 1.7m，最大厚度 12.0m，平均厚度 5.57m

地下水位埋深 11.90～29.00m，标高为 897.83～956.98m，为第四纪松散层孔隙潜水类型，含水层岩性主要为碎石、块石。场区地下水水力坡度较大，地下水径流方向与地形基本一致（由高向低），即由东北向西南。

2　设计概况

抗滑桩采用人工挖孔成孔，桩长 10.4～32.6m，桩身尺寸 2.5m×1.75m，2m×1.5m，1.5m×1m，混凝土强

度等级 C30。锁口梁截面尺寸 0.5m×0.35m，混凝土强度等级 C25。护壁厚度 0.3m，混凝土强度等级 C25。锁口梁、护壁配筋图见图 1。

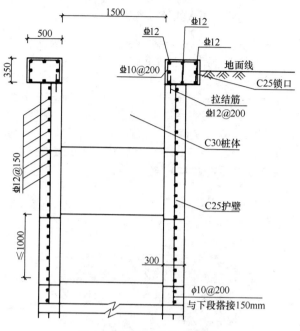

图 1　锁口梁、护壁大样图

锚杆孔径 150mm，长度 14～28m。注浆材料为 M35 水泥浆，水灰比 0.4，注浆压力 0.5～0.8MPa，斜托、封头均采用 C30 混凝土浇筑，斜托依据地梁倾角浇注，锚头下设锚垫板。

挡土板厚度 0.3m，水平筋与抗滑桩预埋钢筋采用直螺纹连接，混凝土强度等级 C30。桩板墙平面图见图 2，挡土板配筋图见图 3。

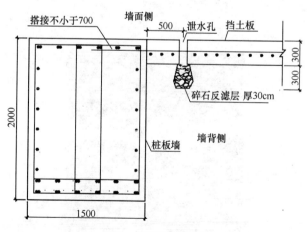

图 2　桩板墙平面图

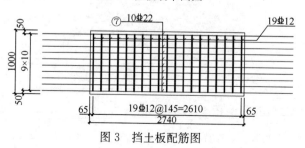

图 3　挡土板配筋图

3　施工概况

3.1　抗滑桩施工

施工流程为：测放桩位→锁口梁施工→架设设备→开挖桩孔→施工护壁（绑筋、支模、浇混凝土）→拆模挖孔（前三道工序循环）→检查隐蔽（验槽）→垫层封底→钢筋绑扎→浇桩芯混凝土。

人工挖孔桩施工应按照先高后低，先深后浅顺序进行组织，采取跳挖施工，单号桩与双号桩分批施工。挖土方时由人工从上到下逐层用镐、锹进行，遇到硬土层或孤石用锤、钎和机械破碎。桩内挖土方次序为先中间后周边，挖至设计深度。每段护壁深度 1m，待护壁钢筋安装后及时支模并用串筒浇灌混凝土。矩形护壁模板采用四大块工具式内模板拼装而成，模板间上下各设一道环形支撑，中间架立十字支撑。使用厚木板，覆盖在护壁模板上组成混凝土进料模具和振捣护壁混凝土的操作平台[1]。护壁成品见图 4。

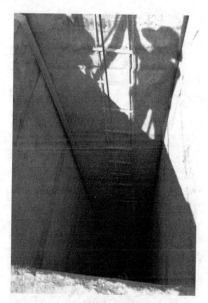

图 4　人工挖孔桩护壁成品

桩身钢筋笼安装流程：按设计尺寸下料→主筋套丝→箍筋加工→分布筋加工→半成品钢筋运输→孔内下箍筋→安放吊筋（辅助固定箍筋）→均匀分布、绑扎箍筋→逐根安放主筋→固定主筋→安放锚索预留钢套管→钢筋笼验收。

桩身浇筑：下料采用泵管配合皮管伸入桩孔内，管口自由下落高度小于 2m，随混凝土浇筑逐渐上提，混凝土分层浇筑振捣，连续一次性浇筑完毕[2]。

3.2　锚杆施工

采用风动潜孔锤成孔，钻孔过程中如遇塌孔等现象，则采用跟套管的钻进技术。注浆采用自孔底向上反压浆施工，孔口做适当封堵并留排气孔。预应力锚索采用 φ15.2 高强度低松弛钢绞线，钢绞线标准强度不小于 1860MPa，采用配套 OVM15-8 型锚具。施工时，按照初始预应力设计值的 1.05～1.1 倍进行张拉，按照初始预应力设计值锁定。锚杆施工现场见图 5。

图 5　锚杆施工现场

3.3　挡土板施工

当抗滑桩桩身混凝土达到设计强度以后，再开挖靠近临空面一侧土石方至设计标高，凿掉抗滑桩开挖一侧护壁层，清理暴露的抗滑桩一侧混凝土面，清理预埋钢筋，与挡土板主筋连接，形成一个整体。挡土板钢筋施工现场图 6。

图 6　挡土板钢筋施工现场

架立模板前，模板需调直整平，架立时，挡土板靠近道路一侧模板内侧满贴保泥板，保证模板顺直、平整，成品混凝土面光整。混凝土浇筑时要保证浇筑的连续性，振捣密实，边浇筑边观察模板变化，当模板变形时，应及时加固，避免爆模、伤人等事件发生。

4　施工控制

4.1　人工挖孔遇水的处理措施

部分抗滑桩开挖过程中，遇到潜水，采取如下措施：(1) 先开挖中间部分，形成集水坑，集水明排；(2) 减小开挖步距，从每步 1m 减小至每步 0.3～0.5m，待护壁强度达到设计要求后再继续开挖；(3) 抽排附近桩地下水，与附近桩交替开挖，降低孔内水头，保证护壁能浇筑成功、终凝；(4) 如遇砾、砂等自立性能较差的土层时，可在侧壁插入钢筋，然后用密目网等透水性较好的材料对侧壁进行加固，确保土体不会坍塌后尽快完成护壁施工[3]。

因孔内为有限空间，必须在含水层部位护壁做导流管，减小侧壁水压，防止侧壁因水压力而崩落。

人工挖孔遇水现场见图 7、图 8。

图 7　人工挖孔桩遇水现场 1

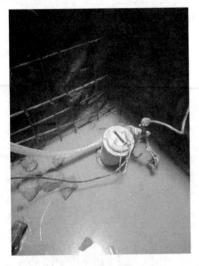

图 8　人工挖孔桩遇水现场 2

4.2　人工挖孔遇岩的处理措施

如遇大块孤石、漂石、基岩将整个孔口填满，岩石在水平向没有分解空间。采用水磨钻工艺，钻取四周岩石：沿桩孔壁布置取芯点，取芯直径为150mm，取芯圆与锁口内壁相切。依次钻取外周的岩芯，取出的岩芯高约500mm，将外周岩芯取完后桩芯体外围便形成一个环形临空面。然后风炮在岩石上成孔，插入钢楔，用大锤锤击钢楔使岩体获得一个水平的冲击力，在水平冲击力作用下岩石沿铅锤面被拉裂，底部会发生水平剪切破裂。依次分裂岩体，直至该层桩芯岩体全部被破裂。人工挖孔遇岩处理步骤见图9[4]。

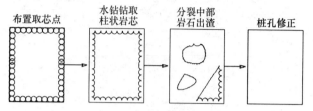

图9　人工挖孔遇岩处理步骤

若孤石未占满桩孔，可直接采用钢楔破碎岩石，也可采用液压岩石劈裂机。若大块孤石嵌固在侧壁，可以根据具体情况进行破碎，必要时为保证侧壁的安全可适当减少凿进尺寸，但确保护壁厚度不小于200mm。

水磨钻在基岩中取芯现场见图10，钢楔破碎岩石现场见图11，劈石机破碎岩石现场见图12。

图10　水磨钻在基岩中取芯现场

图11　钢楔破碎岩石现场

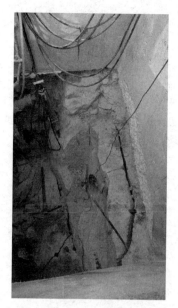

图12　劈石机破碎岩石现场

4.3　人工挖孔护壁搭接处的处理

传统的人工挖孔桩每一步距开挖都是上宽下窄的倒梯形结构。护壁钢筋搭接部位，混凝土也有重叠，这种形式方便护壁混凝土浇筑，浇筑能一次成型。但是边坡开挖后，剥离护壁混凝土，桩身混凝土外露部分为齿状，严重影响美观。

因本工程为一景区工程，对外形要求严格，所以护壁接茬处采用平口。钢筋搭接部分20cm为浇筑护壁混凝土的入口，护壁混凝土浇筑、振捣完毕后，立即人工用混凝土将该20cm填充，并均匀抹面，采用20cm宽的方条同样支模、固定、养护。

4.4　锚杆钻进中卡钻的处理措施

锚杆成孔采用风动潜孔锤钻机跟管钻进。但是在遇到大孤石、黏土、粉土填充率较高的地层时仍会遇到卡钻的情况。

遇到孤石的情况，可以采用更换小钻头，在孤石上多成小孔，然后再更换大钻头冲击、破碎。

在遇到黏土、粉土填充率较高的地层时，土在钻头与钻管之间淤积，排气口无法进气，钻渣无法排出。该情况可注入少量水，土遇水沉陷，气流回路打开，可将钻渣、泥水吹出[5,6]。

4.5　挡土板水平筋与桩体连接的措施

挡土板水平筋与桩体连接部分采用预埋方式。抗滑桩在与挡土板连接位置，左预埋一根70cm钢筋，外侧剥肋与直螺纹连接，直螺纹另一侧用胶帽封堵。在桩体护壁剔凿时，用人工将直螺纹部分剔凿露出。挡土板每道水平筋在两侧分别用一根钢筋与预埋直螺纹连接，然后再搭接焊接[7]。

预埋直螺纹套筒在剔凿时严禁使用破碎炮剔凿。若发现连接套筒有破损，采用植筋方式补救。

5　结语

本文结合笔者亲身经历的案例，较为详细地介绍了在山区复杂地形、复杂地层等条件下矩形抗滑桩支护体系的工艺流程，重点叙述了在施工过程中遇到的五大难题和解决的办法，可为类似工程施工提供借鉴。

参考文献：

[1] 覃家众. 抗滑桩在毕节市某古滑坡地质灾害治理中的应用研究[J]. 山西建筑，2019，19(1)：62-63.

[2] 汪亚生. 浅谈人工挖孔桩施工质量控制要点[J]. 智能城市，2020(01)：158-159.

[3] 李艳星. 浅谈高水位和地质复杂条件下人工挖孔桩施工技术应用[J]. 科技与创新，2016(08)：155-157.

[4] 马超. 不良地质人工挖孔桩采取水磨钻施工技术[J]. 建筑机械，2019(04)：116-118.

[5] 赵文博. 潜孔锤跟管钻进成孔在堆石体边坡锚杆施工中的应用[J]. 河南水利与南水北调，2017(11)：43-45.

[6] 文鹏. 气动潜孔锤锚固成孔技术问题的探讨[D]. 成都：成都理工大学，2012.

[7] 孟建创. 桩板墙在铁路路堑高边坡防护施工中的工艺技术探讨[J]. 价值工程，2017(20)：131-133.

高压喷射注浆技术在长螺旋桩基施工实践中的应用

甄　黎[1, 3]，朱　磊[1, 2]

（1. 山东省建筑科学研究院有限公司，山东 济南 250031；2. 山东建科特种建筑工程技术中心有限公司，山东 济南 250031；3. 山东省组合桩基础工程技术研究中心，山东 济南 250031）

摘　要： 为提高长桩的施工质量，对一组普通长螺旋钻钻孔灌注桩和应用高压喷射注浆技术施工的长螺旋钻孔灌注桩进行静载荷试验，对比发现采用高压喷射水泥浆技术的长螺旋灌注桩可以对桩端持力层进行充分加固，大大改善桩基受力状态，提高桩基承载能力，其中控制喷射水泥浆的压力尤为重要，喷射压力可以高达40MPa以上。这一试验对高压喷射注浆技术在长螺旋桩基施工中的应用提供了依据。

关键词： 长螺旋钻钻孔灌注桩；高压喷射注浆；静载试验

0　前言

实践中，桩基桩端的混凝土强度有时会偏低，甚至个别桩身成萝卜形状，影响桩的承载力发挥，需要加固。随着建筑物体量的增大，对桩基承载能力的要求也越高，桩身需要不断加长，过大的长径比增加了对普通桩基施工质量控制难度。将高压喷射注浆技术和长螺旋钻孔灌注桩工艺结合，发挥各自优势，可以提高桩的施工质量，应用前景广阔。

高压喷射注浆技术是在化学注浆技术的基础上发展起来的新型地基加固技术。"利用钻机把带有喷嘴的注浆管钻进至土层预定深度后，以20～40MPa的压力把浆液或水从喷嘴喷射出来形成喷射流冲击破坏土层[1]"，浆液与土粒搅拌混合按一定比例和质量从新排列，随着浆液的凝固，在土中便形成带有一定强度的固结体。《建筑地基处理技术规范》JGJ 79—2012第7.4节"旋喷桩复合地基"也将高压喷射注浆技术写入规范作为地基处理一种成熟处理工艺[2]，该技术"适用于处理淤泥、淤泥质土、黏性土（流塑、软塑和可塑）、粉土、砂土[2]"，该技术具有加固效果好、止水防渗，能提高地基承载力优势。长螺旋钻孔灌注桩工艺因其工艺成熟、机械化程度高、对土质适用性强、施工速度快、场地污染小等一系列优势在中小吨位桩基中有着广泛的应用。

在大量工程实践和质量检测中，经过对施工工艺不断创新融合，使其能更好地适应新形势新变化，高压喷射注浆技术在长螺旋桩钻机上结合应用（专利名称为长螺旋钻孔高喷水泥土复合变截面混凝土桩（BTL桩[3]））就是其中一种很好的方法。通过长螺旋钻机装备的技术改造，使两种技术融合，形成一种新型桩基施工技术，希望能在实践中发挥两种工艺的优势。为探索高压喷射注浆技术在长螺旋桩基施工应用中技术参数，以便指导今后施工，采取普通长螺旋钻钻孔灌注桩和应用高压喷射注浆技术的长螺旋钻孔灌注桩的施工工艺，通过静载荷试验，比较两者承载力差异和不同喷射注浆压力下对承载力的影响。

1　工程信息和试验准备

1.1　地质条件

根据勘察单位提供的地质报告，本场地钻探揭露深度范围内，地层自上而下如表1所示。

场地地质情况　　　　　　　　　　　　　　　　　表1

地层	层厚 (m)	层底标高 (m)	桩侧第 i 层十的侧阻力特征值 q_{si} (kPa)	端阻力特征值 q_p (kPa)
②粉土	0.50～2.50	34.26～36.79	21	
②₁黏土	0.20～0.80	34.63～35.62	28	
②₂粉砂	0.40～1.70	35.17～36.16	10	
③粉砂	1.50～3.50	32.10～33.38	10	
④粉质黏土	1.90～3.50	29.50～31.00	28	
⑤黏土	0.50～4.20	26.33～30.29	37	550
⑥粉砂	0.80～5.40	24.40～26.65	21	300
⑦粉质黏土	1.50～14.20	11.71～23.60	40	600
⑦₁粉砂	1.10～5.80	14.92～19.61	25	350
⑧粉质黏土	未揭穿	未揭穿	41	650

1.2 对比试验基桩参数设置

1.2.1 各试验桩位置示意图，如图1所示。

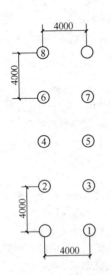

图1 桩位布置示意图

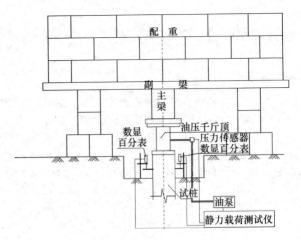

图2 试验设备布置示意图

1.2.2 试验桩参数

为更好地进行比较，普通长螺旋桩（1号桩（11m桩长）、6号桩（14m桩长））和采用高压喷射注浆技术的长螺旋桩（2号桩、3号桩、4号桩）采用与1号桩相同桩径、桩顶标高和桩长，混凝土强度和充盈系数也是相同的，不同的只是2～4号桩最大喷射压力不同（表2）。

部分试验桩参数　　表2

桩号	桩径（mm）	桩长（m）	桩端持力层	混凝土强度	充盈系数	水泥浆水灰比	喷浆压力（MPa）	喷气压力（MPa）
1	500	11	⑥层粉砂	C45	1.019	—	—	—
2	500	11	⑥层粉砂	C45	1.015	1∶1	15	0.7
3	500	11	⑥层粉砂	C45	1.019	1∶1	8	0.7
4	500	11	⑥层粉砂	C45	1.019	1∶1	4	0.7

2～4号桩高压喷射注浆技术其他参数，旋喷钻进25cm/min，转速20r/min。

1.2.3 试验桩施工主要机械设备

施工主要机械设备　　表3

桩号	机械设备名称	型号	额度工作量	功率（kW）	备注
1	螺旋钻切土多功能钻机	BTL-ZⅠ	＞40m	90～180	高喷自动控制
2	螺旋挤土多功能钻机	BTL-ZⅡ	＞30m	150～220	高喷自动控制
3	高压注浆泵	XPC-90	＞219L/min	75～110	变频控制
4	混凝土输送泵	HBT-60	60m³/h	75	
5	空压机	BX-1	＞3.2m³/min	15	稳压控制
6	水泥搅拌站	JS-2	＞2m³	15	
7	钢筋制作设备			150	
8	振动锤	ZD-5	5T	15	

1.3 各试验桩成桩流程说明

1.3.1 试桩1号为常规长螺旋成孔灌注桩，作对比试验参照桩。1号桩单桩竖向抗压设计承载力特征值为510kN。

1.3.2 试桩2号、3号在钻头钻至设计桩顶标高−9.5m时开始边钻边高压喷射水泥浆和空气混合液，至设计桩顶标高−11.0m停止钻进，旋转钻具维持高压喷射水泥浆和空气混合液1min后停喷，均匀上提钻杆20cm开始灌注混凝土至设计桩顶上0.5m，2号和3号桩区别是水泥浆喷射压力不同。

1.3.3 试桩4号在钻头钻至设计桩顶标高−11.0m后开始高压喷射水泥浆和空气混合液并灌注混凝土，均匀上提钻杆至桩顶。

1.4 静载试验

静载试验以混凝土配重压重平台作反力装置，如图 2 所示，采用 JCQ503 型静力载荷测试系统按照《建筑基桩检测技术规范》JGJ 106—2014 中 "4 单桩竖向抗压静载荷试验" 要求进行试验。利用分级加卸荷方法进行，应用慢速维持荷载法加卸载，每级荷载下达到相对稳定后加下一级荷载，用压力计控制加卸载量，用数显百分表测量各级荷载下的沉降量。

1.4.1 静载试验使用的设备

JCQ-503B 静力载荷测试仪、QF500 油压千斤顶、TYB-10s 油压传感器、0～50mm 容栅式位移传感器、400t 承力架和 400t 混凝土配重、80MPa 高压油泵。

1.4.2 静载试验加载情况

1 号试桩分级为 17 级，分级加载增量为 102kN，第一次加两级，以后逐级等量加载，加载至 1734kN 沉降未稳定，终止加载而卸载。

2 号试桩分级为 19 级，前 16 级分级加载增量为 150kN，第一次加两级，以后逐级等量加载，加载至 2400kN，分级加载增量变更为 100kN，逐级等量加载至 2700kN，沉降稳定，终止加载而卸载。

3 号试桩分级为 13 级，分级加载增量为 200kN，第一次加两级，以后逐级等量加载，加载至 2600kN，沉降未稳定，终止加载而卸载。

4 号试桩分级为 10 级，分级加载增量为 240kN，第一次加两级，以后逐级等量加载，加载至 2400kN，沉降未稳定，终止加载而卸载。

1.4.3 试验部分数据如表 4 所示。

1～4 号桩静载数据[4]　　　　表 4

级数	1 号桩			2 号桩			3 号桩			4 号桩		
	荷载 (kN)	累计位移 (mm)	累计历时 (min)	荷载 (kN)	累计位移 (mm)	累计历时 (min)	荷载 (kN)	累计位移 (mm)	累计历时 (min)	荷载 (kN)	累计位移 (mm)	累计历时 (min)
1	204	0.29	120	300	0.36	120	480	0.75	120	400	0.50	120
2	306	0.62	240	450	0.78	240	720	1.23	240	600	0.93	240
3	408	1.11	360	600	1.00	360	960	1.95	360	800	1.45	360
4	510	1.69	480	750	1.35	480	1200	3.01	480	1000	2.06	510
5	612	2.23	600	900	1.82	600	1440	5.04	630	1200	2.84	900
6	714	2.80	720	1050	2.31	720	1680	7.75	780	1400	3.74	1290
7	816	3.39	840	1200	3.02	870	1920	12.32	1110	1600	5.25	1800
8	918	4.06	990	1350	4.13	1110	2160	23.15	1320	1800	6.65	2790
9	1020	4.85	1170	1500	4.97	1290	2400	55.41	1680	2000	9.19	4230
10	1122	5.90	1380	1650	5.95	1470	1920	55.07	2220	2200	12.56	4290
11	1224	6.92	1560	1800	7.61	1800	1440	54.08	2970	2400	18.22	4350
12	1326	8.10	1770	1950	9.57	2160	960	52.75	4440	2600	30.84	4410
13	1428	9.63	2040	2100	12.68	2580	480	50.75	4500	2000	30.07	4470
14	1530	11.68	2430	2250	16.85	3120	0	47.31	4560	1600	29.21	4650
15	1632	14.41	2910	2400	23.12	3960			4620	1200	28.14	
16	1734	16.62	3090	2500	28.34	4830			4680	800	26.77	
17	1428	16.39	3150	2600	35.44	5880			4740	400	25.10	
18	1224	15.91	3210	2700	44.33	7050			4920	0	21.95	
19	1020	15.37	3270	2400	44.22	7110						
20	816	14.93	3330	2100	43.77	7170						
21	612	14.43	3390	1800	43.13	7230						
22	408	13.85	3450	1500	42.47	7290						
23	204	13.02	3510	1200	41.33	7350						
24	0	12.21	3690	900	40.47	7410						
25				600	39.19	7470						
26				300	37.91	7530						
27				0	35.31	7710						

2 试验分析

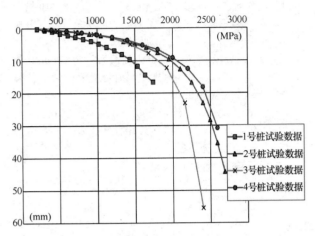

图 3　部分试桩成果 Qs 曲线

2.1 静载比较

2.2 通过静载数据对加固效果分析

2.2.1 1 号桩作为对比试验的参照桩,因其工程桩未能加载至破坏,实测承载力大于设计单位经勘察报告计算的承载力,说明该桩基施工良好,长螺旋桩工艺适宜该场地条件,作为参照,是正常受力状态良好的桩。

2.2.2 通过试验数据、图 3 和表 4 可以看到在桩径 500mm,桩长 11m 同规格桩中,采用高压水泥浆喷射后承载力提高明显。即使考虑到 1 号桩因为现场条件没有做到桩土破坏状态,以 1 号桩最大加载值 1734kN 对应的沉降值比较

	1 号桩	2 号桩	3 号桩	4 号桩
对应沉降值(mm)	16.62	6.88	8.78	5.52

可以看出同样荷载下,采用高压水泥浆喷射后的长螺旋桩可以有效控制桩顶沉降,改善桩基受力状态。

2.2.3 在同样采用高压水泥浆喷射加固中,2 号、3 号、4 号桩加固效果明显不同。4 号桩在 2160kN 荷载下,本级沉降已达 10.83mm,已出现明显沉降梯度扩大趋势,3 号桩在 2600kN 荷载下,沉降超过上一级 2 倍且 24h 未稳定,沉降出现陡降。2 号桩最终沉降 44.33mm,并且在每级荷载作用下沉降始终保持缓变性。3 号、4 号桩出现桩土间陡降破坏,2 号桩桩土缓变破坏,说明在追求使用到极限荷载情况,2 号桩加固方案更合理。

2.2.4 4 号桩采用相对 2 号、3 号桩低的高压喷射压力,但采用通长加固的方案,从图 3 中可以看到在中低荷载下,4 号桩出现比 2 号、3 号桩还低的沉降值。说明 4 号桩的加固方案在中低荷载下加固效果更明显,对一些中低荷载下需要加固的基桩有很好的指导意义。

造成桩基这种不同沉降变化原因是水泥浆喷射压力的不同。水泥浆(或混合低压空气)高压喷射形成的固结体加固范围(即直径)一般还与下列因素有关:土的性质、喷射方式、喷嘴大小、喷射压力、旋转速度和钻进速度,在其他因素相同情况下,喷射压力越大,喷射流的动能越大,破坏力越强,所形成的固结体尺寸就越大。

2.3 结论

通过本次对比静载试验可以得出以下结论。

(1)采用正确加固方案的高压喷射水泥浆技术的长螺旋灌注桩可以很好地改善桩基受力状态。

(2)高压喷射注浆加固的重点位置首先是桩端持力层。

(3)喷射水泥浆的压力是一个重要参数,这与国内文献[3]结论相符,喷射压力一般要在 20MPa,甚至 40MPa 以上。

(4)对于一些中低荷载破坏的桩基,通长桩身加固效果明显。

3 结束语

高压喷射注浆技术结合长螺旋钻孔灌注桩作为新型地基处理技术已开始在实践中应用,经济效益和社会效益明显,随着我们不断的应用和总结,水泥浆压力大小、钻速、钻进速度与在不同地质土层中的加固效果分析必将进一步指导施工的参数设置,提高工程质量,更好地为经济发展服务。

参考文献:

[1] 李相然,贺可强. 高压喷射注浆技术与应用[M]. 北京:中国建材工业出版社,2007.

[2] 建筑地基处理技术规范 JGJ 79—2012[S]. 北京:中国建筑工业出版社,2012.

[3] 李金良. 一种高喷水泥土螺旋钻挤、扩孔钢筋混凝土灌注桩组合桩:中国,201520935507.6[P]. 2016-03-23.

[4] 宋立玺. 山东省建筑工程质量监督检验检测中心检测报告 DJ16040073. 20160413.

高压旋喷桩在桩基加固工程中的应用

陈战江[1,2]，朱磊[1,3]，杨朋[1,4]

（1. 山东省建筑科学研究院有限公司，山东 济南 250031；2. 山东省建筑工程质量检验检测中心有限公司 山东 济南 250031；3. 山东建科特种建筑工程技术中心有限公司，山东 济南 250031；4. 济南市组合桩技术工程研究中心，山东 济南 250031）

摘 要： 本文结合高压旋喷桩在桩基加固工程中的具体应用实例，分析了桩基单桩承载力不足的原因，阐述了高压旋喷桩的加固机理，提出了高压旋喷注浆处理的方案，对施工过程中可能出现的问题进行了分析，提出了解决办法，取得了较好的加固效果，可以为类似工程提供借鉴。

关键词： 高压旋喷注浆；桩基加固；工艺参数

0 工程概况

某高层建筑位于黄河冲积平原，主要结构高度32.00m，建筑结构形式为框架-剪力墙结构体系，基础形式采用桩承台。设计桩长 30.0～35.0m，桩径 600mm，桩端后注浆钻孔灌注桩，桩端持力层为⑧层粉土，桩端进入该层 2.0m，单桩竖向抗压极限承载力值 4600kN。桩基施工完成后进行静载验收检测 11 棵，其中 3 棵不合格，不合格率 27.3%，不合格基桩静载检测单桩竖向抗压极限承载力值均为 3680kN。根据甲方提供的基桩低应变曲线，未见明显断桩、夹泥、缩颈等现象。桩身混凝土强度亦满足设计要求。局部桩基平面图见图 1。

1 地质概况

场区范围主要由黏性土及粉（砂）土组成，土层较单一，各土层其岩土工程特性分述如下：

①层素填土：以粉质黏土为主，伴有植物草根等。场区普遍分布，厚度：0.50～3.50m，平均 1.30m；层底标高：4.35～7.20m，平均 6.03m；层底埋深：0.50～3.50m，平均 1.30m。

②层粉土：黄褐色，含铁质氧化物，湿，稍密，摇振反应中等，无光泽反应，低干强度，低韧性，黏粒含量较高。场区普遍分布，厚度：0.80～3.60m，平均 1.85m；层底标高：2.68～5.32m，平均 4.21m；层底埋深：1.90～7.10m，平均 3.10m。标贯实测击数 4～7 击，平均 5.5 击。

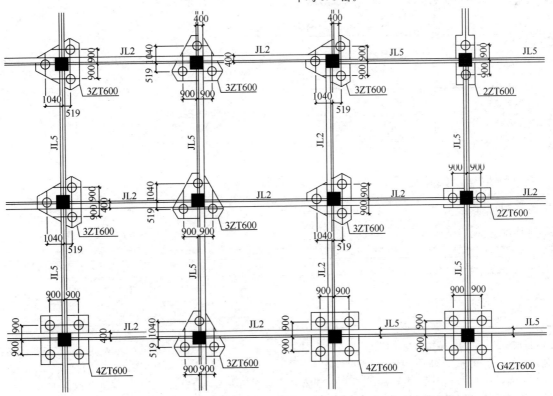

图 1 桩基平面图

③层粉质黏土：黄褐色，黄灰色，含铁锰质氧化物及云母，软塑—可塑，稍有光泽，中等干强度，中等韧性。场区普遍分布，厚度：7.20～13.00m，平均11.15m；层底标高：-9.28～-6.46m，平均-7.95m；层底埋深：14.20～17.00m，平均15.27m。标贯实测击数3～9击，平均5.4击。

③₁层粉土：黄褐色，含铁质氧化物，湿，稍密，摇振反应中等，无光泽反应，低干强度，低韧性，黏粒含量较高。场区普遍分布，厚度：0.40～3.00m，平均1.21m；层底标高：-8.35～-5.35m，平均-6.68m；层底埋深：12.90～16.10m，平均13.89m。标贯实测击数8～15击，平均12.6击。

④层粉土夹粉质黏土：粉土呈黄褐色，含铁锰质氧化物及云母，摇振反应中等，无光泽反应，低干强度，低韧性，黏粒含量较高，湿，中密；粉质黏土呈黄褐色，含铁锰质氧化物及云母，可塑，稍有光泽，中等干强度，中等韧性。场区普遍分布，厚度：4.90～7.40m，平均5.96m；层底标高：-15.08～-12.35m，平均-13.91m；层底埋深：19.40～24.00m，平均21.23m。标贯实测击数12～19击，平均16.3击。

⑤层粉质黏土：黄褐色，灰褐色，含铁锰质氧化物及云母，软塑—可塑，稍有光泽，中等干强度，中等韧性。场区普遍分布，厚度：4.70～8.30m，平均6.36m；层底标高：-21.65～-18.90m，平均-20.27m；层底埋深：25.60～30.80m，平均27.59m。标贯实测击数7～14击，平均10.1击。

⑥层粉土：黄褐色，含铁质氧化物，湿，中密—密实，摇振反应中等，无光泽反应，低干强度，低韧性，黏粒含量较高，局部区域该层土变相为粉砂。场区普遍分布，厚度：2.00～5.20m，平均3.03m；层底标高：-26.08～-21.90m，平均-23.30m；层底埋深：28.90～34.50m，平均30.62m。标贯实测击数18～27击，平均23.0击。

⑦层粉质黏土：黄褐色，灰褐色，含铁锰质氧化物及云母，可塑，稍有光泽，中等干强度，中等韧性。场区普遍分布，厚度：0.50～6.00m，平均3.60m；层底标高：-28.26～-23.00m，平均-26.90m；层底埋深：31.30～35.90m，平均34.22m。标贯实测击数11～19击，平均13.7击，静力触探锥尖阻力平均值2.856MPa。

⑧层粉土：黄褐色，灰褐色，含铁质氧化物及云母，湿，中密—密实，摇振反应中等，无光泽反应，低干强度，低韧性，黏粒含量较高。场区普遍分布，厚度：0.20～6.50m，平均2.47m；层底标高：-33.44～-24.70m，平均-29.27m；层底埋深：33.00～40.00m，平均36.47m。标贯实测击数25～35击，平均29.0击，静力触探锥尖阻力平均值15.658MPa。

场区地下水为第四系孔隙潜水。地下水位埋深平均值为3.82m；水位标高为3.50m，场区年水位变化幅度在2.50m左右。

2 桩基承载力不足原因分析

不合格基桩单桩竖向抗压极限承载力值与设计值相差920kN，根据勘察报告提供的桩基设计参数，所涉及参数取值均在合理范围内，桩基设计参数建议值见表1。

在查阅勘察报告、检测报告及施工资料等相关文件后，经分析，笔者认为造成本工程桩基承载力不足的原因主要有以下几个方面。

桩基设计参数建议值　　　　　　　　　　　　表1

地层	钻孔桩的极限侧阻力标准值（kPa）	钻孔桩的极限端阻力标准值（kPa）	侧阻力增强系数 β_{si}	端阻力增强系数取 β_p
①层素填土	—			
②层粉土	46			
③层粉质黏土	42			
③₁层粉土	48			
④层粉土夹粉质黏土	56		1.5	
⑤层粉质黏土	44		1.4	
⑥层粉土	66		1.7	
⑦层粉质黏土	64	650	1.6	2.4
⑧层粉土	70	1000	1.7	2.4

（1）设计单位提出的桩端持力层为岩土工程勘察报告中的第⑧层粉土，桩端进入该层2.0m，施工单位在实际操作中是以控制孔深为主要依据，普遍桩长35.0m，根据勘察报告，第⑦层土的层底标高：-28.26～-23.00m，施工后的桩底标高在-27.8m，部分桩基的桩端持力层可能在第⑦层土上，第⑦层土的工程性能弱于第⑧层土，标贯击数平均值相差2.1倍，静力触探的锥尖阻力相差5.5倍。

（2）根据提供的低应变曲线，C35 灌注桩波速普遍在 4200～5300m/s，高于 C35 混凝土的经验值 3600～4000m/s，推测可能桩长不足。

（3）施工单位在后注浆过程中管理混乱，未能严格按照设计要求进行注浆施工。

（4）其他因素：由于施工工艺和运输条件影响，造成成桩时间过长，导致桩侧泥皮过厚，桩底沉渣过厚，降低了桩侧和桩端承载力的发挥。

3 桩基加固方案

本着经济上合理，技术上可行，节约工期的考虑，采用双管高压旋喷注浆工艺对桩基进行加固。在灌注桩两侧对称进行高压旋喷注浆加固，加固深度 10m（自承台底面起算）。旋喷桩桩径 800mm，与原钻孔灌注桩搭接 200mm，水泥采用 42.5 级的普通硅酸盐水泥，加固体抗压强度值不小于 2.5MPa，加固示意见图 2。

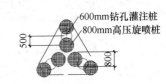

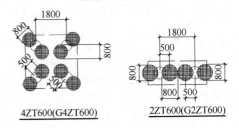

图 2 高压旋喷注浆加固示意图

3.1 高压旋喷注浆加固机理

高压旋喷注浆，就是利用钻机把带有特殊喷嘴的注浆管钻至土层的预定位置后，以高压设备使水泥浆液以高压流从喷嘴中喷射出来，冲击破坏土体，当能量大、速度快和呈脉动状的喷射流的动压超过土体结构强度时，土粒从土体剥离下来，除部分土粒随浆液冒出地面，其余土粒在喷射流的冲击力、离心力和重力等作用下，与注入的浆液掺搅混合，并按一定的浆土比例和质量大小有规律地重新排列，在土中形成固结体即旋喷桩。

高压喷射注浆法分为单管法、二重管法、三重管法。从施工过程来看，单管法施工时，是以水泥浆高速喷射冲击破坏土体，从单管喷射高压水泥浆作为喷射流；二重管法、三重管法施工时，是以水泥浆、水或压缩空气等介质高速喷射冲击破坏土体，形成喷射流。综合考虑本工程场地土层特性以及需要处理的灌注桩的排列形式、间距，决定采用双管高压旋喷注浆进行桩基加固处理。

浆液渗透作用可有效改善桩周土的力学性能，提高土的抗剪强度，旋喷桩与原桩紧密地结合在一起，扩大了桩径，提高桩周土的摩擦力，继而提高单桩的承载力。

3.2 高压旋喷注浆加固方案可行性分析

高压旋喷注浆加固桩基后与原桩搭接形成一个固结体，原桩基的单桩竖向抗压承载力标准值增量可按下式估算，并取其中的较小值，加固计算示意图见图 3。

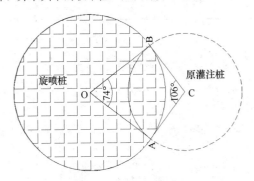

图 3 加固计算示意图

$$Q_{uk} = u \sum q_{sik} l_i + q_{pk} A_p \qquad (1)$$

$$Q_{uk} = u_p q_{sk} l \qquad q_{sk} = \eta f_{cu} \xi \qquad (2)$$

式中　u——旋喷桩的周长（既有桩基和旋喷桩搭接 200mm，旋喷桩周长实际为 BOA 对应弧长（蓝线段），经计算为 2.0m）；

　　q_{si}——旋喷桩桩周第 i 层土的侧阻力标准值（kPa），平均值取 44kPa；

　　l_i——旋喷桩桩长范围内第 i 层土的厚度（m），取 9.0m；

　　u_p——灌注桩与旋喷桩搭接弧长（ACB 对应弧长（蓝线段）），经计算为 0.55m；

　　q_{sk}——灌注桩-水泥土界面极限侧阻力标准值；

　　η——桩身水泥土强度折减系数，取 0.33；

　　ξ——灌注桩-水泥土界面极限侧阻力标准值与对应位置水泥土立方体抗压强度平均值之比，取 0.16；

　　f_{cu}——与桩身水泥土配比相同的室内水泥土试块（边长为 70.7mm 的立方体）在标准养护条件下 28d 龄期的立方体抗压强度平均值，取 2500kPa。

本次计算仅考虑桩侧阻力，桩端阻力忽略，经计算：式（1）为 792kN，式（2）为 726kN，原桩承载力增量应在该计算结果的基础上减去灌注桩和高压旋喷桩搭接部分与原地基土的侧摩阻力标准值，该值经计算为 218kN。故高压旋喷桩加固后原桩基承载力增量为 1016kN（原桩两侧对称加固）。原桩实测单桩竖向抗压承载力值与设计值相差 920kN，通过对比，采用高压旋喷注浆提高桩侧摩擦阻力，理论上可行。

4 高压旋喷桩工艺参数

选择合适的施工工艺参数是保证高压旋喷注浆加固成功的关键。结合以往的工程经验及本工程的地质情况，经过认真对比分析，提出双管高压旋喷注浆施工工艺参数见表 2。

双管高压旋喷注浆施工工艺参数 表2

压缩空气		浆液					喷嘴直径 (mm)	水泥用量 (kg/m)
压力 (MPa)	气量 (m³/min)	水灰比	压力 (MPa)	流量 (L/min)	提速 (cm/min)	转速 (r/min)		
0.5~0.7	2~3	1:1	25~30	80~90	10~15	15	2.5	≥270

5 高压旋喷试验桩

在加固施工正式开始前，在场地选择有代表性的桩基进行试验桩加固，加固施工参数严格按照表2执行，共完成试验桩加固4棵。施工完成后对加固桩基进行了开挖验证，经检查，旋喷桩与原桩搭接紧密，搭接满足预期要求，旋喷桩桩径大于800mm。成桩28d后对旋喷桩进行了钻孔取芯，经检查旋喷桩钻取的芯样均匀、连续，桩长满足设计要求。同时对芯样进行了室内抗压试验，试验结果表明：旋喷桩桩体抗压强度不小于2.5MPa，满足设计要求。对加固后的4棵原灌注桩进行了静载检测，其中包含前期检测中单桩承载力不足的原桩，经检测，单桩沉降量在5.50~10.92mm，单桩竖向抗压承载力满足设计要求。

6 施工过程控制

6.1 施工注意事项

喷射注浆前，先检查高压设备管路系统，设备的压力和排量满足设计要求，管路系统密封圈良好，各通道和喷嘴无杂物；喷射注浆时，注意开动注浆泵，待估算水泥浆的前锋流出喷头后，开始提升注浆管，喷射注浆的孔段与前段搭接0.1m，防止固结体脱节；喷射注浆作业后，由于水泥浆析水会出现收缩固结体、顶面出现凹穴，所以及时用水泥浆进行补灌，防止钻孔排出的泥浆杂物流入。

6.2 冒浆处理

在旋喷处理中，有一定数量的土粒，随着一部分水泥浆沿着注浆管管壁冒出地面。通过现场试验员观察，及时了解土层状况、喷射的大致效果和喷射参数的合理性等。冒浆量小于注浆量的20%为正常现象，超过20%或完全不冒浆，技术查明原因，并采取如下措施：

（1）若地基中空隙过大引起不冒浆，采用在水泥浆中添加速凝剂，缩短固结时间，使水泥浆在一定土层范围内凝固另外在空隙地段增加注浆量，填充完空隙后再继续正常施工。

（2）冒浆量过大时，一般为有效喷射范围与水泥浆不相适应，注浆量超过旋喷固结所需的浆量造成的。减少的方法根据现场的实际情况采用提高喷射压力、适当缩小喷嘴直径、控制固结体形状的措施。

7 检测方法及效果

加固施工完成后的基桩采用单桩竖向抗压静载试验验证单桩竖向抗压承载力是否满足设计要求，按加固桩基数量的1‰抽检。施工完成后，结合现场施工实际情况，选取了6棵基桩进行了静载试验，所测基桩单桩竖向抗压承载力均满足设计要求，加固效果达到了预期要求。

8 结语

本次高压旋喷注浆工艺在桩基加固施工中的成功实践，说明应用高压旋喷注浆技术加固桩基在技术上是可行的，为今后该区域桩基加固提供了借鉴案例。与补桩方案相比，高压旋喷桩施工工艺简单、速度快、造价低，为投资方节约了时间和成本。

参考文献：

[1] 建筑桩基技术规范 JGJ 94—2008[S]. 北京：中国建筑工业出版社，2008.

[2] 龚晓南. 地基处理手册[M]. 北京：中国建筑工业出版社，2008.

[3] 岳永福，鲜志双. 旋喷桩施工质量控制分析[J]. 石家庄铁道学院学报，2000(S1)：58-60.

[4] 周汉香，周越洲. 某高层建筑桩基加固设计[J]. 建筑结构，2019，49(20)：99-103.

[5] 张端良，陈国平. 高压旋喷注浆加固下沉桩基[J]. 湖南交通科技，2004(03)：72-73+106.

超长大直径后注浆灌注桩的自平衡试验研究

张 懿[1,3]， 鞠 泽[2]

(1. 山东省建筑科学研究院有限公司，山东 济南 250031；2. 济南中海城房地产开发有限公司 山东 济南 250000；3. 山东建科特种建筑工程技术中心有限公司，山东 济南 250031)

摘 要： 基于济宁火炬路跨日菏铁路跨线桥工程的粉质黏土和砂土中的 1 根超长大直径钻孔灌注桩，通过对桩端后注浆钻孔灌注桩进行自平衡试验，研究桩端后注浆对粉质黏土层超长大直径钻孔灌注桩的承载变形特性。试验表明，桩端压力浆液上返能有效地改善下段桩的桩土边界条件，并增大桩侧剪切界面阻力和粗糙度，使得下段桩桩侧摩阻力提高 68.75%，且对桩的荷载传递特性产生明显影响；在粉质黏土层中桩端后压浆钻孔灌注桩承载力随着桩顶沉降的增加而增加，在达到极限状态时，端阻力可提高幅度 116%，极限承载力可提高幅度 92%。自平衡试验很好地反映出未注浆及注浆后的桩侧摩阻力及桩端阻力变化，得到准确的极限承载力值。

关键词： 超长大直径钻孔灌注桩；粉质黏土层；桩端后注浆；自平衡法；桩侧摩阻力；桩端阻力

0 引言

钻孔灌注桩作为超高层建筑、大跨径桥梁及高速铁路等结构的基础形式而得到了广泛应用[1,2]。随着建筑荷载、桥梁跨径及铁路快速荷载的不断发展，对钻孔灌注桩承载力的要求越来越高，桩长、桩径也不断地增加。目前认为，桩径大于 0.8m，桩长大于 100m 或是长径比大于 50 的钻孔灌注桩称为超长大直径钻孔灌注桩[3,4]。然而，桩长、桩径越大，钻孔灌注桩施工带来的问题也就越来越多，且钻孔灌注桩施工过程中产生的问题更加凸显，而影响超长大直径钻孔灌注桩的使用和发展。为了解决钻孔灌注桩的施工带来的问题，在超长大直径桩的工程中开始应用后压浆技术[5,6]。但由于超长大直径钻孔灌注桩的研究还远跟不上工程实际的需求，本文基于济宁火炬路跨日菏铁路跨线桥工程的粉质黏土和砂土中的 1 根超长大直径桩进行桩端后注浆施工，并将注浆前后的自平衡试验结果进行对比，研究后注浆工艺对该地区超长大直径钻孔灌注桩承载变形特性。

1 场地地质和试桩概况

济宁火炬路跨日菏铁路跨线桥工程北起太白楼路以北，向南连续跨越太白楼路、电厂专用铁路线、日菏铁路、规划铁南路；在西河路前接地，跨线桥全线长约 829m，标准桥宽 16.5m，主路为双向四车道，拟建桥梁一般跨径为 35m，大跨径（跨铁路）为 50m。跨线桥位于城区内，为现状道路，地形平坦。本文选取 K1+180.000 超长大直径桩作为研究对象，研究该地区超长大直径后

压浆钻孔灌注桩的自平衡现场试验。

试桩采用正循环旋挖成孔，气举反循环清孔，水下灌注混凝土成桩，采用 C30 水下混凝土，桩径 D 为 1.2m，桩长 L 为 68m（$L/D=57$），桩端持力层为⑭粉质黏土。场地勘察深度范围内揭露地层主要为第四系全新统一上更新统冲积成因的黏性土及砂土组成，表层为约 2.0m 厚沥青混凝土路面及路基，局部分布人工填土。试桩试验场地桩长范围内各土层的物理力学参数见表 1。

2 现场自平衡静载荷试验及后注浆施工

2.1 自平衡静载荷试验

为了满足设计要求，采用桩端注浆技术提高桩基承载力，并通过试桩试验确定桩端后注浆对提高桩端承载力、下部桩侧摩阻力的作用，本次工程试桩采用单荷载箱自平衡测试法。因此，试桩 K1+180.000 的荷载箱设置在距离桩端 21.0m 的位置，试桩被荷载箱分为上、下两段桩，上段桩长为 47m，下段桩长为 21m。为分析压浆前后超长大直径灌注桩的承载变形规律，在试桩范围内布置钢筋应力计，并采用位移传感器安装在荷载箱及桩顶以获得荷载箱的上、下位移及桩顶位移。试验采用自平衡测试法及慢速维持荷载法，荷载加卸载方法的具体细则按照《基桩静载试验 自平衡法》JT/T 738—2009[7]。试验分为两个阶段：第一阶段，压浆前静载荷试验，试桩加载分为 11 级，卸载为 5 级；第二阶段，压浆后静载荷试验，试桩加载分为 16 级，卸载为 8 级，其中试桩压浆前、后的荷载箱分别按预估承载力 8800kN、12800kN 进行分级。

各土层物理力学参数 表 1

土层编号	土层名称	层厚 (m)	w (%)	Γ (kN·m⁻³)	e	I_P	I_L	c (kPa)	φ (°)	E_s (MPa)	f_{a0} (kPa)	q_{ik} (kPa)
②	粉质黏土	3.5	2.72	18.9	0.751	13.6	0.39	38.1	13.4	6.54		40
③	粉质黏土	2.7	2.72	19.3	0.733	13.2	0.46	39.9	14.2	5.90		45
③₁	细砂	1.0										50
④	粉质黏土	2.9	2.72	19.5	0.701	13.0	0.39	39.6	14.3	6.50		50
⑤	粉质黏土	2.3	2.72	19.5	0.689	12.6	0.41	34.2	13.1	6.10		55

续表

土层编号	土层名称	层厚(m)	w(%)	Γ(kN·m⁻³)	e	I_P	I_L	c(kPa)	φ(°)	E_s(MPa)	f_{a0}(kPa)	q_{ik}(kPa)
⑥	粉质黏土	5.9	2.72	19.5	0.696	13.7	0.33	39.4	13.3	6.00		60
⑦	粉质黏土	7.2	2.72	19.5	0.699	13.7	0.31	41.4	13.4	7.10	200	65
⑧	中砂	1.4									400	70
⑨	粉质黏土	9.0	2.73	19.5	0.715	13.8	0.36	41.4	14.4	8.20	220	50
⑩	粉质黏土	4.4	2.73	19.5	0.713	13.9	0.30	48.6	14.7	8.00	250	60
⑪	中砂	5.0									450	75
⑫	粉质黏土	7.6	2.72	19.4	0.715	13.8	0.35	49.6	15.0	8.71	280	65
⑬	中砂	4.0									450	70
⑭	粉质黏土	9.3/10.3	2.74	19.5	0.712	17.4	0.13	55.6	14.9	11.90	300	70

2.2 荷载箱埋设施工

依据预估承载力选用组合式荷载箱（15000kN），将荷载箱用吊车侧吊，将吊起后的荷载箱与钢筋笼进行焊接，并将灌注导管的导向结构焊接在钢筋笼上。位移杆采用内杆加外套护管的方式，两上位移杆焊接在荷载箱上盖板，两下位移焊接在预留好的下位移连接处，采用丝扣连接，呈90°分布，拧紧时需缠生料带，顺着钢筋笼连接至地面。油管应预先盘好在荷载箱处，待下钢筋笼时连续盘开，绑扎至地面，所用油管为高压软管。下笼过程中，需要对位移管线和油管进行绑扎；钢筋笼下放完毕要现场开始检测有差不多半个月以上的休止期，需要在桩头做好警示标记，保护油管及钢管封头，保证管线不受破坏。

2.3 桩端后注浆施工

试桩采用桩端注浆装置施工工艺，在第一次自平衡静载试验结束后进行桩端注浆。试桩采用 3 根 ϕ53mm×1.2mm 薄壁声测管作为压浆管，3 根压浆管均匀布置于桩周。压浆管底部超出钢筋笼底部 300mm，置于设计桩端持力层粉质黏土中。桩端压浆管制作：在压浆管的端部 500mm 范围内，压浆孔分布设 12 个直径为 6mm 的孔眼每个孔眼的间隔为 100mm。先将孔眼用胶带包裹住，完成压浆管的连接后固定在钢筋笼的两侧，与钢筋笼一起放入空中，做好压浆管的连接，采用丝扣连接并用防水胶带缠绕包裹。

试桩压浆记录 表2

桩号	注浆时间(min)	注浆压力(MPa)	注浆水灰比	压浆水泥用量(t)
K1+180.000	30	1.0~2.2	0.65	1.60
	30	2.0~4.1	0.60	1.60
	20	2.0~5.5	0.55	0.80

测力计埋设记录表 表3

埋设断面	土层名称	缆线长度(m)	数量	标高(m)
桩顶				35.50
截面一	粉质黏土	12	3只	33.75
截面二	粉质黏土	16	3只	30.25
截面三	细砂	19	3只	27.55
截面四	粉质黏土	20	3只	26.55
截面五	粉质黏土	22	3只	23.65
截面六	粉质黏土	25	3只	21.35
截面七	粉质黏土	31	3只	15.45
截面八	中砂	38	3只	8.25
截面九	粉质黏土	39	3只	6.85
截面十	粉质黏土	48	3只	-2.15
截面十一	中砂	53	3只	-6.55
截面十二	粉质黏土	58	3只	-11.55
荷载箱位置				-12.00
截面十三	粉质黏土	59	3只	-13.20
截面十四	中砂	65	3只	-19.15
截面十五	粉质黏土	69	3只	-23.15
截面十六	粉质黏土	77	3只	-31.30
桩底				-32.5
土压力盒	粉质黏土	79	3个	-32.5

续表

在浇筑混凝土后，桩身强度满足要求即刻进行压浆前静载荷试验，待压浆前静载荷试验结束后可立刻对桩底的粉质黏土层进行桩底压浆。浆液采用 P.O 42.5 级普通硅酸盐水泥配制，试验桩单独施工，故压浆次序与压浆量分配：（1）压浆量分 3 个水灰比压入桩端；（2）压浆量分配：水灰比 0.65，压浆量为 35%；水灰比 0.60，压浆量为 45%；水灰比 0.55，压浆量为 20%；（3）若发生管路堵塞，按每个水灰比比例重新分配压浆量。压浆量、时间及压力控制：（1）3 个水灰比 0.65、0.60、0.55 均匀分配 3 根压浆管注入桩端，间隔时间不大于 30min；（2）水灰比 0.65 与水灰比 0.6 主要考虑压浆量；（3）水灰比 0.55 以压力控制为主，压浆量控制为辅。若压力小于

0.75 倍控制压力，并适当增加压浆总量至 120％后封压；若压力达到控制压力，持荷 5min，然后封压。因此，在本次后压浆施工过程中，采用压浆压力为主控因素，压浆量为辅控因素，试桩压浆记录见表 2。

2.4 桩侧及桩端测力计安装

在各土层界面处分别安装 3 个振弦式钢筋测力计，埋设在不同性质土层的界面处，以测量桩在不同土层中的分层摩擦力。

在制作钢筋笼时，留出对称 3 个点位置的主筋，将钢筋两端的连接拉杆拧下，选配与钢筋计规格相同的钢筋与连接拉杆焊接在一起。将钢筋计（已接电缆）与已焊好钢筋的连接拉杆用管钳对旋拧紧，钢筋计与连接拉杆的螺纹拧紧时可附胶。焊接时，要在传感器的部位浇水或用湿布包裹冷却，以免温度过高损坏传感器。在桩底等边三角形埋设 3 个振弦式土压力计，以测量桩端阻力。测力计埋设见表 3。

采用振弦式传感器测量，将钢筋计实测频率通过率定系数换算成力，再计算成与钢筋计断面处的混凝土应变相等的钢筋应变量。在数据整理过程中，应将零点漂移大、变化无规律的测点删除，求出同一断面有效测点的应变平均值，并按下式计算该断面处桩身轴力[8]：

$$Q_i = \overline{\varepsilon}_i \cdot E_i \cdot A_i$$

$$q_{si} = \frac{Q_i - Q_{i+1}}{u \cdot l_i} \qquad q_p = \frac{Q_n}{A_0}$$

再由桩顶极限荷载下对应的各断面轴力值计算桩侧土的分层极限摩阻力和极限端阻力。

式中　Q_i——桩身第 i 断面处轴力（kN）；

　　　E_i——第 i 断面处桩身材料弹性模量（kPa）；

　　　$\overline{\varepsilon}_i$——第 i 断面处应变平均值；

　　　A_i——第 i 断面处桩身截面面积（m²）；

　　　q_p——桩的端阻力（kPa）；

　　　q_{si}——桩第 i 断面与 $i+1$ 断面间侧摩阻力（kPa）；

　　　u——桩身周长（m）；

　　　l_i——第 i 断面与第 $i+1$ 断面之间的桩长（m）。

3　自平衡静载荷试验结果分析

首先注浆前对试桩 K1＋180.000 进行静载荷试验，荷载箱加载至第 11 级（8800kN）的位移发生了陡降而终止加载，然后开始卸载。进行注浆后，待水泥浆液强度满足要求后对试桩进行注浆后静载荷试验，荷载箱加载至第 16 级（12800kN）时，位移发生陡降而终止加载，然后开始卸载。对注浆前后试桩的承载变形特性进行比较，结合桩身埋设的测试元件结果进行分析，得到桩身平均桩侧摩阻力与桩土相对位移关系，如图 1、图 2 所示。而桩端阻力通过埋设的土压力盒测量求得，则可得到试桩的桩端阻力-桩端位移关系曲线见图 3。

从图 1、图 2 看出，桩端注浆上返高度约 18m，注浆前桩土相对位移达到最大时，极限桩侧摩阻力为 80kPa；而注浆后桩土相对位移达到最大时，极限桩侧摩阻力为 135kPa，因此注浆后上返段桩桩侧摩阻力提高了

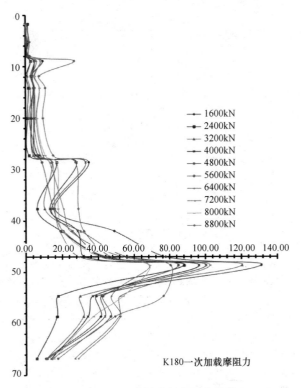

图 1　试桩注浆前桩侧摩阻力曲线

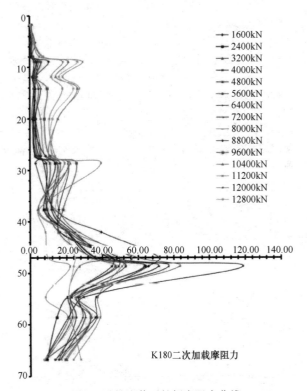

图 2　试桩注浆后桩侧摩阻力曲线

68.75％，而注浆未影响的上部桩侧摩阻力的变化较小。由此可见桩端压力浆液上返对上返段桩侧摩阻力影响显著，且对下部桩的荷载传递特性产生明显影响。侧摩阻力的变化对基桩承载力的影响显著，因而桩端后压浆增强侧摩阻力成为桩基承载力提高的主要原因之一。从图 3 可知，在较小荷载作用下，压浆前后端阻力呈线性变化趋势，随着荷载增大，压浆前桩端阻力-桩端沉降曲线呈非

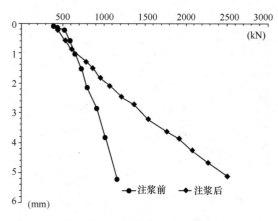

图 3　试桩注浆前后桩端阻力-桩端沉降关系曲线

线弹性增加，而压浆后由于桩端水泥压浆逐渐发挥作用使桩端阻力-桩端沉降曲线仍呈弹塑性变化。因此，压浆后端阻力要明显大于压浆前端阻力。在极限荷载作用下，压浆前的端阻力值为1162kN，而压浆后的端阻力值为2507kN，即采用桩端后压浆技术端阻力提高了116%，因而在粉质黏土层采用桩端后压浆技术能通过渗透、压密及劈裂等相互作用增强桩端土体的强度，提高桩基的端阻力，从而改善桩端承载特性。

将试桩自平衡测试得到的结果按照规范要求转换为传统静载荷试验的等效桩顶荷载-沉降曲线，得到试桩等效的桩顶荷载-沉降关系曲线如图4所示。从图4可以看出，注浆前试桩的等效桩顶荷载-沉降关系曲线呈陡降趋势，注浆后试桩的等效桩顶荷载-沉降关系曲线基本呈缓变状态。注浆后试桩的承载力远大于注浆前，且注浆效果较为显著。在较小荷载作用下呈线性，试桩注浆前后曲线基本重合，说明在该阶段竖向荷载作用下超长大直径桩大部分荷载由桩侧摩阻力来提供，桩顶荷载尚未传至桩端。随着逐级加载，试桩的等效桩顶荷载-沉降关系曲线

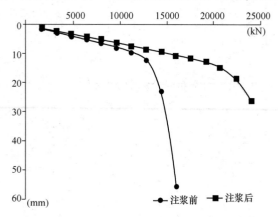

图 4　试桩注浆前后等效的桩顶荷载-沉降关系曲线

呈非线性，且曲线逐渐分开，之后在相同沉降量下，试桩注浆后的荷载值要明显大于注浆前。当荷载加载至极限时，注浆前的极限荷载值为16000kN，注浆后的极限荷载值为24000kN，因此注浆后基桩极限承载力提高幅度为92%。这个原因表现在桩端注浆改变了桩基荷载传递特性，也进一步表明，桩端持力层为粉质黏土层时采用桩端后注浆技术有显著提高作用。

4　结论

通过超长大直径后注浆钻孔灌注桩的自平衡试验，研究了桩端后注浆对粉质黏土层超长大直径钻孔灌注桩的承载变形特性，得到了以下结论：

（1）桩端后注浆通过增强桩端土体的强度而提高桩端阻力，在极限荷载作用下粉质黏土层中采用桩端后注浆技术端阻力可提高116%。

（2）桩端压力浆液上返有效地改善了下段桩的桩土边界条件，加固了下段桩的桩周土体，使得下段桩桩侧摩阻力提高了68.75%，且对桩的荷载传递特性产生明显影响。

（3）在粉质黏土层中采用桩端后注浆技术不仅可以通过增强端阻力来提升桩基极限承载力，还能提高桩侧摩阻力，且桩侧和桩端均显著提升桩基承载力。

（4）自平衡试验很好地反映出未注浆及注浆后的桩侧摩阻力及桩端阻力变化，得到准确的基桩极限承载力值。

参考文献：

[1] 建筑桩基技术规范 JGJ 94—2008[S]. 北京：中国建筑工业出版社，2008.
[2] 李敏. 后压浆灌注桩的工程特性研究[D]. 西安：长安大学，2006.
[3] 方鹏飞. 超长桩承载性状研究[D]. 杭州：浙江大学，2003.
[4] 赵春风，鲁嘉，孙其超等. 大直径深长钻孔灌注桩分层荷载传递特性试验研究[J]. 岩石力学与工程学报，2009，28（5）：1020-1026.
[5] 张忠苗. 桩基工程[M]. 北京：中国建筑工业出版社，2009.
[6] 戴国亮，龚维明，程晔等. 自平衡测试技术及桩端后压浆工艺在大直径超长桩的应用[J]. 岩土工程学报，2005，27（6）：690-694.
[7] 中华人民共和国交通行业标准编写组. 基桩静载试验 自平衡法 JT /T 738—2009[S]. 北京：人民交通出版社，2009.
[8] 房凯. 桩端后注浆过程中浆土相互作用及其对桩基性状影响研究[D]. 杭州：浙江大学，2013.

静压沉管灌注桩承载特性试验研究

李文洲[1,4]，魏进[1,2]，徐再修[3]

（1. 山东省建筑科学研究院有限公司，山东 济南 250031；2. 山东建科特种建筑工程技术中心有限公司，山东 济南 250031；3. 济南未来居置业有限公司，山东 济南 250013；4. 山东省组合桩基础工程技术研究中心，山东 济南 250031）

摘　要：本文对静压沉管灌注桩的承载性状进行了研究，对静压沉管灌注桩的内力进行了详细的研究分析，探讨了极限承载力、极限侧阻力和极限端阻力设计计算值和实测值之间存在的内在关系；通过对静压沉管灌注桩极限承载力设计计算值和静载试验结果的对比分析，提出了静压沉管灌注桩承载力计算的取值建议。

关键词：静压沉管灌注桩；极限承载力；静载试验；内力测试；桩身轴力；极限侧阻力

0　引言

传统意义上的沉管灌注桩主要是指锤击或振动沉管灌注桩，由于其地层适应性差且容易出现桩身质量问题，近年来工程应用数量不是很多。静压预应力混凝土管桩由于其自身的优点近年来工程应用越来越多，但是当存在硬土层或硬夹层时（中密或密实中粗砂地层中），它的应用受到一定的限制。静压沉管灌注桩吸取了静压预应力管桩和传统锤击（振动）沉管灌注桩的优点，采用改进后的液压静力压桩机进行抱压式施工，改进后的压桩机具有沉管和拔管的功能，适用于直径为400～800mm的管桩进行沉入和拔出，具有低噪声、无振动、无泥浆排放和环境污染、功效快、承载力直观且可预见、对孤石和硬土层穿透力强、绿色环保、经济节约、成桩质量优良，适合旧城改造和房屋密集住宅区的施工，有显著的技术、经济和社会效益等优点，逐渐得到社会的普遍认可和广泛应用[1]。但是目前国家和省内尚无该技术的设计标准，致使设计人员在对该种桩型进行承载力设计计算时只能参考类似标准，设计取值不统一，差异性较大，出现单桩极限承载力标准值过高或过低的现象，给业主造成浪费或给工程留下安全隐患。本文对静压沉管灌注桩的承载性状进行了研究，提出了静压沉管灌注桩承载力计算参数的取值建议，供设计人员参考使用。

1　静压沉管灌注桩的沉桩机理和施工工艺

1.1　沉桩机理

静压沉管灌注桩沉桩施工时，桩尖"刺入"土体中时原状土的初应力状态受到破坏，造成桩尖下土体的压缩变形，土体对桩尖产生相应阻力，随着桩贯入压力的增大，当桩尖处土体所受应力超过其抗剪强度时，土体发生急剧变形而达到极限破坏，土体产生塑性流动（黏性土）或挤压侧移和下拖（砂土），在地表处，黏性土体会向上隆起，砂性土则会被拖带下沉。在地面深处由于上覆土层的压力，土体主要向桩周水平方向挤开，使贴近桩周处土体结构完全破坏。由于较大的辐射向压力的作用也使邻近桩周处土体受到较大扰动影响，此时，桩身必然会受到土体的强大法向抗力所引起的桩周摩阻力和桩尖阻力的抵抗，当桩顶的静压力大于沉桩时的这些抵抗阻力，桩将继续"刺入"下沉。反之，则停止下沉[2]。

随着桩的沉入，桩与桩周土体之间将出现相对剪切位移，由于土体的抗剪强度和桩土之间的黏着力作用，土体对桩周表面产生摩阻力。当桩周土质较硬时，剪切面发生在桩与土的接触面上；当桩周土体较软时，剪切面一般发生在邻近于桩表面处的土体内，黏性土中随着桩的沉入，桩周土体的抗剪强度逐渐下降，直至降低到重塑强度。静压沉管灌注桩施工完成后，土体中孔隙水压力开始消散，土体发生固结，强度逐渐恢复，上部桩柱穴区被充满，中部桩滑移区消失，下部桩挤压区压力减小，这时桩才开始获得了工程意义上的极限承载力。

1.2　施工工艺步骤

场地平整及地上障碍物清理→桩机设备进场安装调试→测量放线定位→桩机设备就位→桩管和桩尖就位→静压沉管→终止压管→放置钢筋笼→浇灌混凝土→拔管→移机→单桩施工完毕，施工设备如图1所示。

图1　施工设备

2　工程地质情况和试验桩设计方案

2.1　工程地质情况

为探讨静压沉管灌注桩极限承载力设计计算值和静载试验值的关系，在德州市运河经济开发区航运路以西，运河滨河路以东某项目现场进行了静载试验和内力测试，该场地各土层物理力学指标推荐值及地基承载力特征值如表1所示。

场地的工程地质剖面图如图2所示。

各土层物理力学指标推荐值及地基承载力特征值 表1

层号 \ 指标 \ 岩性	含水率 w（%）	重度 γ（kN/m³）	孔隙比 e_0	塑性指数 I_p	液性指数 I_L	标贯试验		承载力特征值 f_{ak}（kPa）
						实测值 N 击	修正值 N' 击	
③ 粉质黏土	29.7	18.7	0.863	14.5	0.61	4.1	3.7	100
④ 粉土	25.7	19.1	0.740	8.1	1.02	8.6	7.3	120
⑤ 粉质黏土	28.0	19.1	0.796	14.2	0.53	6.2	4.8	130
⑥ 粉土	23.2	19.5	0.671	7.7	0.78	17.8	13.0	160
⑦ 粉质黏土	25.6	19.4	0.730	13.8	0.39	10.6	7.3	160
⑦₁ 粉土	22.2	19.8	0.636	7.9	0.64	21.2	14.6	180
⑧ 粉砂						47.9	29.2	240
⑨ 粉质黏土	22.9	20.0	0.649	13.5	0.23	18.9	10.5	180

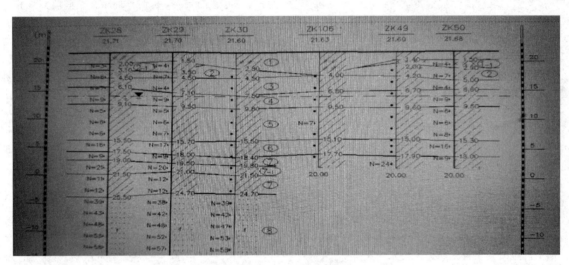

图2 场地典型工程地质剖面图

2.2 试验桩设计方案

试验方案中制作2种规格静压沉管灌注桩，直径分别为0.5m和0.6m。试验场地绝对标高17.67～18.2m，地面高差0.53m，桩顶绝对标高17.5m。钢筋保护层厚度60mm，混凝土C35。

初步设计时，单桩竖向极限承载力标准值可按式（1）估算：

$$Q_{uk} = \eta u \sum q_{sik} l_i + q_{pk} A_p \quad (1)$$

式中 Q_{uk}——单桩竖向极限承载力标准值（kN）；

η——与桩径相关的桩侧土挤密效应系数，可按《建筑桩基技术规范》JGJ 94—2008 表 5.3.5-1 混凝土预制桩取高值；

u——桩身周长（m）；

q_{sik}——桩侧第 i 层土的极限侧阻力标准值（kPa），可按《建筑桩基技术规范》JGJ 94—2008 表 5.3.5-2 混凝土预制桩取高值；

l_i——桩周第 i 层土的厚度（m）；

q_{pk}——极限端阻力标准值（kPa），可按表2取值；

A_p——桩端面积（m²）。

桩侧土挤密效应系数 表2

桩径（mm）	400	500	600
η	1.1	1.2	1.3

各种规格灌注桩设计参数和计算承载力如表3所示。

试验桩设计参数和计算承载力 表3

桩号	桩径（mm）	桩顶标高（m）	桩底标高（m）	桩长（m）	极限承载力（kN）	参考钻孔	桩端持力层
1	600	17.5	-3.2	20.7	5007.7	ZK30	⑦层粉质黏土
2	600	17.5	-4.25	21.75	5234.0	ZK30	⑧层粉砂
3	600	17.5	-5.7	23.2	5546.5	ZK30	⑧层粉砂
7	500	17.5	-7.1	24.6	4387.2	ZK51/ZK52	⑧层粉砂
8	500	17.5	-4.4	21.9	3977.7	ZK131	⑧层粉砂
9	500	17.5	-3.9	21.4	3928.4	ZK82	⑧层粉砂

3 静压沉管灌注桩内力测试方案

3.1 试验目的

通过试验记录施工过程中出现的各种问题，测试静压沉管灌注桩桩身轴力、桩侧摩阻力分布及桩端阻力，验证静压沉管灌注桩设计参数是否合适，为静压沉管灌注桩设计提供合理参数。

3.2 测试原理

首先根据预埋钢筋计计算出钢筋计轴力，即钢筋轴力，然后计算钢筋应变。根据桩身截面等应变假定，即假定桩身截面钢筋与周围混凝土在轴力作用下应相等，计算混凝土应力，即可计算出桩身轴力。根据静力平衡原理，可以计算桩侧摩阻力值。

3.3 钢筋计安装和埋设

振弦式钢筋计一般由连杆、钢套、线圈、钢弦及专用电缆组成，如图3所示。

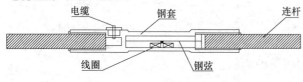

图3 振弦式钢筋计

按照设计要求制作钢筋笼，钢筋计采用焊接（接触对焊和电弧焊）法直接连接在灌注桩钢筋笼上，其中两根对称通长筋按照钢筋计埋设位置把钢筋截断，以备连接钢筋计。焊接时须采取风冷、水冷方法降温，传感体部分的温升不得超过70℃，如果过热，损坏环氧防潮层，破坏绝缘性能。

钢筋计埋设在两种不同性质土层的界面处及桩底处，以测量灌注桩在不同土层中的分层摩阻力。钢筋计埋设断面距离桩顶的距离不宜小于1倍桩径。同一断面处对称设置2个钢筋计。具体埋设位置如图4和表4所示。

图4 钢筋计安装图片

钢筋计埋设位置　　　　　　　　　　　　　表4

编号	绝对标高 (m)	线长 (m)	距钢筋笼顶距离 (m)	间距 (m)	土层	编号	绝对标高 (m)	线长 (m)	距钢筋笼顶距离 (m)	土层
1-1-1	14.1	8	3.4	3.4	③层底	1-1-2	14.1	8	3.4	③层底
1-2-1	11.8	10	5.7	2.3	④层底	1-2-2	11.8	10	5.7	④层底
1-3-1	6.1	15	11.4	5.7	⑤层底	1-3-2	6.1	15	11.4	⑤层底
1-4-1	3.2	18	14.3	2.9	⑥层底	1-4-2	3.2	18	14.3	⑥层底
1-6-1	−2.9	23	20.4	6.1	⑦层底	1-6-2	−2.9	23	20.4	⑦层底
2-1-1	14.1	8	3.4	3.4	③层底	2-1-2	14.1	8	3.4	③层底
2-2-1	11.8	10	5.7	2.3	④层底	2-2-2	11.8	10	5.7	④层底
2-3-1	6.1	15	11.4	5.7	⑤层底	2-3-2	6.1	15	11.4	⑤层底
2-4-1	3.2	18	14.3	2.9	⑥层底	2-4-2	3.2	18	14.3	⑥层底
2-6-1	−3.1	26	20.6	6.3	⑦层底	2-6-2	−3.1	23	20.6	⑦层底
2-7-1	−3.95	26	21.4	0.8	⑧层中	2-7-2	−3.9	26	21.45	⑧层中
3-1-1	14.1	8	3.4	3.4	③层底	3-1-2	14.1	8	3.4	③层底
3-2-1	11.8	10	5.7	2.3	④层底	3-2-2	11.8	10	5.7	④层底
3-3-1	6.1	15	11.4	5.7	⑤层底	3-3-2	6.1	15	11.4	⑤层底
3-4-1	3.2	18	14.3	2.9	⑥层底	3-4-2	3.2	18	14.3	⑥层底
3-6-1	−3.1	30	20.6	6.3	⑦层底	3-6-2	−3.1	30	20.6	⑦层底
3-7-1	−5.4	34	22.9	2.3	⑧层中	3-7-2	−5.4	34	22.9	⑧层中
7-1-1	14.22	8	3.28	3.2	③层底	7-1-2	14.22	6	3.28	③层底
7-2-1	12.22	10	5.28	2	④层底	7-2-2	12.22	10	5.28	④层底
7-3-1	6.22	15	11.2	6	⑤层底	7-3-2	6.22	15	11.28	⑤层底

续表

编号	绝对标高（m）	线长（m）	距钢筋笼顶距离（m）	间距（m）	土层	编号	绝对标高（m）	线长（m）	距钢筋笼顶距离（m）	土层
7-4-1	4.02	18	13.4	2.2	④层底	7-4-2	4.02	18	13.48	⑥层底
7-6-1	−3.33	23	20.8	7.3	⑦层底	7-6-2	−3.33	23	20.83	⑦层底
7-7-1	−6.8	30	24.3	3.4	⑧层中	7-7-2	−6.8	30	24.3	⑧层中
8-1-1	15.22	8	2.28	2.2	③层底	8-1-2	15.22	6	2.28	③层底
8-2-1	12.72	10	4.78	2.5	④层底	8-2-2	12.72	10	4.78	④层底
8-3-1	6.22	15	11.2	6.5	⑤层底	8-3-2	6.22	15	11.28	⑤层底
8-4-1	2.12	18	15.3	4.1	⑤层底	8-4-2	2.12	18	15.38	⑥层底
8-6-1	−2.78	23	20.2	4.9	⑦层底	8-6-2	−2.78	23	20.28	⑦层底
8-7-1	−4.1	26	21.6	1.3	⑧层中	8-7-2	−4.8	26	22.3	⑧层中
9-1-1	15.23	8	2.27	2.2	③层底	9-1-2	15.23	6	2.27	③层底
9-2-1	12.33	10	5.17	2.9	④层底	9-2-2	12.33	10	5.17	④层底
9-3-1	6.93	15	10.5	5.4	⑤层底	9-3-2	6.93	15	10.57	⑤层底
9-4-1	4.13	18	13.3	2.8	⑥层底	9-4-2	4.13	18	13.37	⑥层底
9-6-1	−1.67	23	19.1	5.8	⑦层底	9-6-2	−1.67	23	19.17	⑦层底
9-7-1	−3.6	26	21.1	1.9	⑧层中	9-7-2	−3.4	26	20.9	⑧层中

4 静载试验和内力分析

灌注桩试验主要包括静载荷试验和钢筋计应力测试及内力分析两部分内容。通过静载荷试验测试桩沉降-荷载曲线，得到极限承载力；通过钢筋计应力测试及分析，求得桩身轴力、桩侧摩阻力和桩端阻力分布。

4.1 静载试验

2号桩（桩径600mm）加载分级为12级，分级加载增量为500kN，第一次加两级以后逐级等量加载至5500kN后，分级加载增量为250kN，试验桩加载至5750kN时，桩顶总沉降量为54.04mm。9号桩（桩径500mm）加载分级为16级，分级加载增量为400kN，第一次加两级，以后逐级等量加载至4800kN后，分级加载增量为200kN，试验桩加载至5600kN时，桩顶总沉降量为46.33mm。依据《建筑基桩检测技术规范》JGJ 106—2014"单桩竖向抗压静载试验"的规定，经综合分析评定，2号桩单桩竖向抗压极限承载力检测值为5500kN，9号桩单桩竖向抗压极限承载力检测值为5200kN，2号试验桩的静载 Q-s 曲线如图5所示，9号试验桩的静载 Q-s 曲线如图6所示，各试验桩的静载试验值如表5所示。

通过比较，静压沉管灌注桩承载力静载试验值是计算值的1.0~1.31倍。

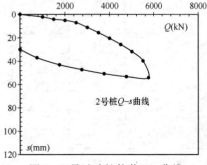

图5 2号试验桩静载 Q-s 曲线

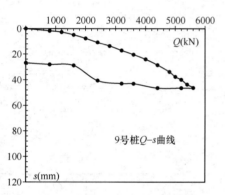

图6 9号试验桩静载 Q-s 曲线

各试验桩设计计算值和试验值比较表　表5

桩号	桩径（mm）	极限承载力		静载试验值/设计计算值
		设计计算值（kN）	静载试验值（kN）	
1	600	5007.7	5860	1.17
2	600	5234.0	5500	1.05
3	600	5546.5	5500	1.00
7	500	4387.2	5051	1.15
8	500	3977.7	4800	1.21
9	500	3928.4	5200	1.31

4.2 钢筋计应力测试和内力分析

首先计算出钢筋计轴力，即钢筋轴力，然后计算钢筋应变。根据桩身截面等应变假定，即假定桩身截面钢筋与周围混凝土在轴力作用下应变相等，计算混凝土应力，即可计算出桩身轴力。桩底处的桩身轴力即为极限端阻力。根据静力平衡原理，可以计算桩侧摩阻力值。

钢筋计应力测试图片如图7所示。

根据静载试验结果和内力测试数据，经数据整理和内力分析后得到2号桩和9号桩在各级荷载作用下桩身轴力分布如图8和图9所示。

图 7　钢筋计测试

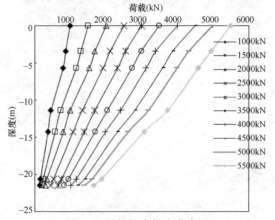

图 8　2 号桩桩身轴力分布图

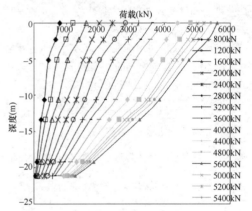

图 9　9 号桩桩身轴力分布图

桩侧极限摩阻力计算值和实测值如图 10 和图 11 所示。

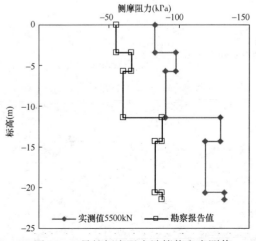

图 10　2 号桩侧摩阻力计算值和实测值

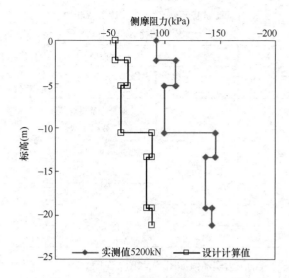

图 11　9 号桩侧摩阻力计算值和实测值

桩侧极限摩阻力发挥程度系数如图 12 和图 13 所示。

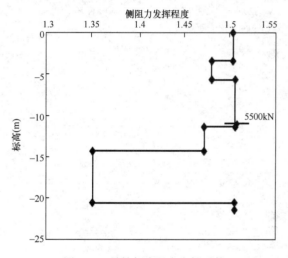

图 12　2 号桩侧摩阻力发挥系数

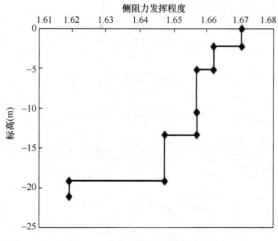

图 13　9 号桩侧摩阻力发挥系数

其他各试验桩的极限侧阻力设计计算值和内力分析值如表 6 所示。

各试验桩极限侧阻力设计计算值和内力
分析值比较表　　　　表6

桩号	桩径(mm)	极限侧阻力		
		设计计算值(kN)	内力分析值(kN)	内力分析值/设计计算值
1	600	2765.1	部分钢筋计导线不通,数据无法分析	
2	600	2939.2	3847.9	1.310
3	600	3179.6	4140.0	1.302
7	500	2838.3	3588.7	1.260
8	500	2497.0	3644.0	1.460
9	500	2455.9	3941.2	1.600

桩端阻力实测值如图14和图15所示。

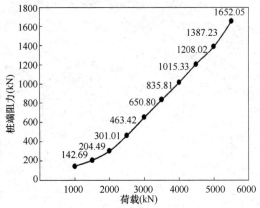

图14　2号桩端阻力实测值

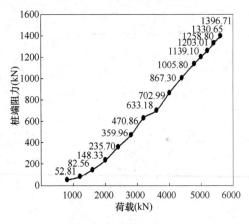

图15　9号桩端阻力实测值

其他各试验桩的极端阻力设计计算值和内力分析值如表7所示。

各试验桩端阻力设计计算值和内力
分析值比较表　　　　表7

桩号	桩径(mm)	极限端阻力		
		设计计算值(kN)	内力分析值(kN)	内力分析值/设计计算值
1	600	1415	部分钢筋计导线不通,数据无法分析	
2	600	1415	1652.0	1.17
3	600	1415	1360.0	0.96
7	500	980	1411.3	1.44
8	500	980	1155.9	1.18
9	500	980	1144.8	1.17

5　结语

（1）静压沉管灌注桩极限承载力初步设计计算式可按式（1）计算；

（2）桩端和桩侧的极限阻力，均按《建筑桩基技术规范》表5.3.5混凝土预制桩取高值；

（3）静压沉管灌注桩的实际承载力约为计算承载力的1.00～1.31倍，与桩径相关的挤密效应系数有关，小直径桩的挤密效应小，大直径桩的挤密效应大，$\phi500$、$\phi600$的桩挤密效应系数分别取1.2、1.3是偏于安全的。

参考文献：
[1]　吴佳温.静压沉管灌注桩技术应用[J].工程技术，2012(06)：195-196.
[2]　陈洁荣.建筑房建施工技术与质量管理的探析[J].技术探讨，2015(05).

某后压浆钻孔灌注桩桩身完整性及承载力异常的原因分析

陈明山[1]，徐勇[2,4]，朱磊[2,3]，杨朋[2]

(1. 招远市城乡建设事务服务中心，山东 招远 265400；2. 山东省建筑科学研究院有限公司，山东 济南 250031；3. 山东建科特种建筑工程技术中心有限公司，山东 济南 250031；4. 山东省组合桩基础工程技术研究中心，山东 济南 250031)

摘 要： 根据现行检测规范，对某住宅楼工程桩基进行静载荷检测和高应变动力检测，评价基桩的完整性和承载力，并通过对比试验综合分析软土地基中后压浆钻孔灌注桩桩侧阻力及桩端阻力的发挥状况。结果表明：施工机具的选择、成孔注浆时间以及注浆参数（水灰比、注浆量、注浆压力）、桩土间摩擦性质、桩周土体性质以及持力层土体性质等是后压浆灌注桩工艺造成桩身缺陷和承载力不足的主要原因。针对桩身缺陷和承载力异常提出合理的处理建议，取得较好的效果。

关键词： 后压浆；静载荷检测；高、低应变；承载力异常

0 前言

20 世纪 90 年代以来，随着对灌注桩缩颈补强、断桩面抽淤注浆等技术的进一步发展，后压浆灌注桩技术应运而生。近年来我国高层建筑迅猛发展，对地基承载力的要求越来越高，为了满足承载力要求，高层建筑地基多采用后压浆灌注桩处理。后压浆灌注桩技术，是利用在灌注桩成桩过程中预先设置在桩侧、桩端的压浆管路、压浆阀，高压注入配制好的水泥浆液，高压的水泥浆会在桩端及桩侧运动，产生一些挤入效应，渗入桩底沉渣、桩侧泥皮而产生较强的劈裂作用，以及劈裂时土体的挤密、孔隙的充填，从而使灌注桩桩侧面附近的扰动土体被更高强度的结石体所代替，同时也增大了桩侧土体对结石体的侧压力，增强了结石体与土体之间的黏结力，这三种因素的结合就形成了承载力提高的主要来源。通过处理加固桩侧的泥皮及薄弱土体、桩端的松散沉渣和桩端持力层以达到提高桩端阻力、桩侧阻力及桩的竖向承载力，减少了桩的沉降，使桩的承载性状更加合理，减少了工程投资。但由于后压浆施工工艺、承载变形机理较为复杂，施工队伍管理技术水平参差不齐等因素影响，近年有些工程的桩身完整性、承载力试验结果出现异常，以致同一个工程的单桩极限承载力试验结果与正常设计值相差较大。

1 岩土工程概况

拟建德州某住宅小区高层（26F）拟采用桩基础，根据场地拟建建筑物特点及场地工程地质条件，设计采用后注浆钻孔灌注桩基础。桩径为 600mm，桩端进入持力层的深度不宜小于 1.50m。桩端持力层可选⑩层粉砂。①层杂填土；②层粉土；③层粉质黏土；④层粉土，属中压缩性土；⑤层黏土；⑥层粉砂，属低压缩性土，物理力学性质较好；⑦层黏土，分布有⑦₁亚层粉土，属中压缩性土，物理力学性质一般；⑧层粉土，属中—低压缩性土，物理力学性质较好；⑨层黏土，属中压缩性土，物理力学性质较好；⑩层粉砂，密实，饱和，以石英、长石、云母矿物为主，级配差，分选性好，磨圆度高，土质均匀。该层在场区普遍分布，厚度 9.60～13.10m；层底标高－14.30～－12.30m；层底埋深 35.00～36.70m；属低压缩

性土，物理力学性质好。第 11 工程地质层粉质黏土，褐黄色，中密—密实，湿，含云母碎片，摇振反应迅速，低干强度，低韧性，砂粒含量高。场区大部分地段分布，厚度 1.20～3.50m；层底标高－34.70～－33.30m；层底埋深 55.80～57.10m；属中压缩性土，物理力学性质较好。

2 基桩检测试验结果综述

该住宅楼地上 26 层，地下 2 层，建筑面积为 13015m²，采用框架剪力墙结构，该工程共施工桩径 600mm，桩长 25m 的后压浆灌注桩 156 棵。设计单桩竖向抗压承载力特征值为 2400kN，按照设计要求共进行 3 棵堆载法静载和 48 棵低应变试验，试用结果如下：Ⅰ类桩 39 棵，Ⅱ类桩 6 棵，Ⅲ类桩 3 棵。低应变检测曲线见图 1，合格桩占比达 91%。后压浆钻孔灌注桩设计要求最大极限加载量为 4800kN，经静载荷试验分析确定 3 棵试桩极限承载力分别为 3840kN、2880kN、4800kN，试验结果差别较大，且有 2 棵试桩未达到承载力设计要求。为谨慎起见，加测 3 棵试桩和补充高应变试验，前后两次静荷载试验 Q-s 曲线见图 2、图 3，高应变试验曲线见图 4、图 5。

根据低应变曲线、静载荷试验及高应变试验曲线，汇总得到的各组试桩极限承载力如表 1、表 2 所示。

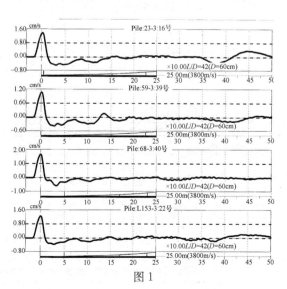

图 1

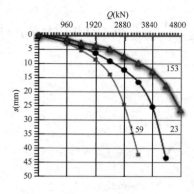

图 2　Q-s 曲线

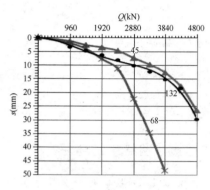

图 3　Q-s 曲线

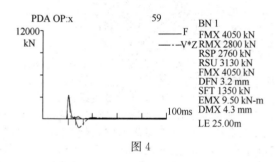

图 4

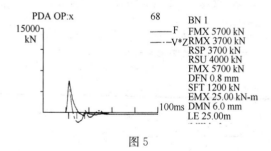

图 5

静载荷检测　表 1

桩号	桩径（mm）	最大加载值（kN）	极限承载力（kN）	最大沉降（mm）	残余沉降（mm）
23 号	600	4320	3840	46.37	
59 号	600	3360	2880	42.24	
153 号	600	4800	4800	26.5	7.56
45 号	600	4800	4800	26.5	8.63
68 号	600	4320	3360	48.5	
132 号	600	4800	4800	29.8	11.21

高应变检测　表 2

桩号	桩径（mm）	最大打击力（kN）	极限承载力（kN）	侧阻力（kN）	端阻力（kN）
59 号	600	4050	2760	1983	777
68 号	600	5700	3700	3146	554

从表 1 中可以看出，前期进行的 3 组试桩的极限承载力差别较大，有 2 根试桩未达到设计要求，其极限承载力只达到设计值的 60%～80%，且单桩的沉降量过大。后期加测 3 根静载试桩和补充 10 根高应变试验效果差别不大，结合现场实地考察，发现承载力满足设计要求的试桩桩侧浆液饱满和桩体粘结牢固，认真分析低应变、静载试桩及高应变曲线，发现正常试桩压浆效果明显，桩侧、桩端后压浆后，桩周及桩端土体的摩阻力性状得以充分改善，摩阻力得以充分发挥，各土层的摩阻力大幅度地提高，尤其是桩端附近的土层，桩基承载性能得以明显改善，承载力满足设计要求。异常试桩上部桩侧摩阻力及端阻力测试结果均比与正常值相差较大，桩侧、桩端后压浆效果不是很明显，单桩极限承载力相对普通灌注桩几乎没有改善。59 号试桩高应变测试分析发现，该桩上部侧阻力明显偏低，且桩身在 15m 左右存在缺陷，也未能发挥明显的端阻力。68 号试桩高应变测试分析发现桩侧阻力发挥明显，端阻力未能明显发挥，同理静荷载试验曲线也能体现出来，试验加载至第 6、7 级荷载时单桩竖向位移也有所加大。这可能与目前注浆工艺有关，在桩端存在较厚沉渣的情况下，桩侧泥皮的改善并不能起主导作用。这些桩基的桩侧、桩端摩阻力发挥水平远低于设计要求，桩侧、桩端注浆效果不好及桩底沉渣应是上述试桩极限承载力大大降低的直接诱因。

3　加固机理

后压浆灌注桩技术与现行的施工技术与工艺有着密切的关系，因而通过对施工技术与工艺的改进，可以较好地提高钻孔灌注桩的承载力，后压浆分为桩端后压浆和桩侧后压浆两种，通过压浆导管向桩侧、桩底高压注入一定量的水泥浆，提高桩的承载能力。后压浆技术的作用机理大体可概括为以下几种。

3.1　渗透固结作用

因为浆液的扩散渗透，在渗透性比较强、可灌性较好的砂土和碎石土中，水泥浆液在较小的压力下就可以渗入桩底或桩侧土体中一定范围，形成一个结构性强、强度高的胶结囊体，增大了桩端的承载面积和桩侧的摩阻力，从而可提高桩的承载力。

3.2　胶结泥皮作用

由于施工工艺的影响，钻孔灌注桩灌注成桩后，在桩土界面形成一层结构松散、强度较低的泥皮，使桩侧摩阻力不同程度降低，影响单桩承载力的充分发挥。后压浆时水泥浆在外部压力的作用下，部分浆液沿桩土界面上浸，破坏泥皮结构并与其混合在一起，使桩体混凝土与泥皮及土体胶结成整体，大大提高桩侧、桩端摩阻力。

3.3 劈裂加筋作用

当注浆压力较高，水泥浆液能克服土体阻力时，则会产生一定的劈裂效应，使水泥浆液在土中形成网状结石，对土体起到加筋作用。在不同的施工工艺条件下，后压浆的加固机理会表现出不同的形式。

3.4 预压作用

在水泥浆液中掺入膨胀剂或采用膨胀水泥，桩侧、桩底的胶结体在固结过程中会产生一定的膨胀，则会对桩端产生一定的预压力，特别是在高压作用下，桩端土体的压缩变形提前完成，减少了桩在荷载作用下的桩顶竖向沉降，因此可以达到提高单桩承载力的目的。

4 原因分析

4.1 桩侧泥皮和桩底沉淤过厚的影响

该工程所有工程桩均采用回旋钻机，由于本工程地质含有较厚的粉砂层，施工过程中容易造成塌孔现象，因此施工单位成孔过程中为预防塌孔经常把泥浆调到 1.20 以上甚至 1.25，造成泥浆比重过大，这可以维持钻孔和地层间力的平衡，维护孔壁的稳定，加大悬浮钻渣的能力，但同时导致了桩侧泥皮过厚，且桩端存在软弱的沉淤。从现场开挖后的试桩桩侧也发现桩身比较规则光滑，存在较厚的泥皮，从低应变桩身完整性检测也能说明一定的问题，泥皮较厚桩成孔完整性较好，桩侧光滑较厚的泥皮直接导致桩侧摩阻力的降低。大量工程经验及静载试验数据和沉降观测资料均已证实，砂性土层是所有土层中压缩性能与强度性能均较优的土层。但是，由于砂土层钻进过程中容易塌孔造成使用的泥浆比重较大，泥皮较厚，这就造成砂性土层往往是所有土层钻孔桩摩阻力值中出现最低值的土层。这一相互矛盾的现象说明采用原土造浆的正循环钻进施工方法，不仅发挥不了深埋砂性土层内在优势，反而造成该砂性土层的钻孔桩摩阻力较大的折减，这说明该施工工艺存在不可克服的固有缺陷。

4.2 清孔方式

二次清孔效果不好造成桩底沉渣过厚及桩底附近附加泥皮的现象。目前我国最常采用的是导管法灌注混凝土，为了保障不出现断桩要求首灌混凝土方量较大，导管中混凝土连同隔水栓向孔底自由下落，混凝土从导管下落至孔底冲击桩底沉渣，如果二次清孔不好孔底有较厚的沉渣，甚至夹杂较多的浮泥，在混凝土下泄时产生的冲击力作用下，仅有一部分沉渣被浮托到混凝土顶面，一部分沉渣（含浮泥）被挤到边角与孔壁处，还有部分沉渣（含浮泥）仍然留在桩端并形成一个软垫。随后灌入的混凝土对首罐混凝土的冲击作用明显减弱，但隔在孔壁与混凝土之间的沉渣（含浮泥）仍有部分会随着混凝土的灌注而沿着孔壁上移，另有部分可能与混凝土形成混合物。

由此造成靠近桩端附近的孔壁上的泥皮厚度要大于上面的泥皮厚度，并且离桩端的距离越近泥皮的厚度显然就越大。上述后压浆灌注桩的静载试验破坏为桩端持力层的破坏，即是桩底沉淤过厚所致，符合桩侧泥皮和桩端沉淤过厚导致承载力偏低的特点。这种情况桩底取芯则可以加以佐证见图 6。桩端存在软弱的沉淤不仅影响桩端阻力的发挥，而且制约着桩端附近桩侧摩阻力的正常发挥。

图 6

4.3 成孔时间

由于本工程存在较厚的砂土层，当成孔时间较长时，天然状态下为中密、密实的砂层在钻孔过程中会引起应力释放，以至出现应力松弛的现象。正常的钻孔灌注桩施工时应尽快完成该桩的成孔工作，成孔后应尽快浇灌桩身混凝土，施工过程中发生人为或意外故障或停顿，均会使钻孔灌注桩的承载力发生损失。另一方面，当桩侧土体长时间浸泡在原土造浆的泥浆水内，会产生土体泡水软化现象，直接影响桩土界面的结合质量，使得在浇灌混凝土后桩土界面存在软弱的夹层，从而影响桩侧摩阻力的正常发挥。

5 结语

通过本工程后压浆钻孔灌注桩桩身完整性及承载力异常问题的分析，可以看出桩身完整性并不是导致承载力降低的关键因素，导致工程桩试桩承载力异常的诱因较多，桩侧泥皮偏厚将引起桩侧摩阻力的大幅度降低，桩端沉渣过厚将使单桩竖向沉降过大，桩端阻力难以充分发挥，而且与工程采取的循环施工工艺是密不可分的。为了提高后压浆钻孔灌注桩承载性能，根据其荷载传递性状，应该考虑根据不同的土层选择适合的施工工艺，缩短成孔的时间，成孔后及时浇灌混凝土，降低护壁泥浆比重，提高泥浆质量，重视二次清孔的质量，确保桩底沉渣满足要求。由于影响因素较多，相互交错作用，使得后压浆钻孔灌注桩的承载机理比较复杂，加之收集资料的局限性，本文的分析有待于进一步丰富深化。

参考文献：

[1] 刘金砺. 桩基工程手册[M]. 北京：中国建筑工业出版社，1995.

[2] 李丹，汤斌. 后压浆灌注桩承载力影响因素分析[J]. 土工基础，2004(03)：49-51.

[3] 中国建筑科学研究院. 建筑桩基技术规范 JGJ 94—2018 [S]. 北京：中国建筑工业出版社，2008.

[4] 楼晓明，陈强华等. 钻孔灌注桩承载力异常现象分析[J]. 岩土工程学报，2001(05)：547-551.

[5] 黄生根，张晓炜，曹辉. 后压浆钻孔灌注桩的荷载传递机理研究[J].2004(02)：251-254.

浅谈嵌岩桩桩端注浆加固在工程中的应用

付　军[1,3]，贾克俭[1,4]，朱　磊[1,2]

（1. 山东省建筑科学研究院有限公司，山东 济南 250031；2. 山东建科特种建筑工程技术中心有限公司，山东 济南 250031；3. 山东省组合桩基础工程技术研究中心，山东 济南 250031；4. 济南市组合桩技术工程研究中心，山东 济南 250031）

摘　要： 在对某项目进行检测时发现该项目建筑基桩存在承载力不满足设计要求的情况，通过低应变及钻芯法检测，进一步验证出该问题部分是由施工质量控制差，桩基施工过程中清孔效果不好，桩底沉渣过厚引起；另一部分是由于桩端未入岩造成的。根据工程现状，采用了桩端高压旋喷注浆加固的方法，后经过验证，取得了预期的效果。

关键词： 嵌岩桩；高压注浆；检测；加固

0 引言

随着近年来高层建筑的广泛应用，对基桩承载力的要求越来越高。嵌岩桩作为在岩石埋深较浅的地区比较主要的桩型，它本身具有施工质量可靠、承载力大等优点。嵌岩桩属于端承桩，它的主要承载力来自于桩端阻力，嵌岩效果直接影响承载力大小。一般设计单位要求嵌岩桩在施工过程中采用"一桩一勘"，但即便这样，地质勘探得到的地下土层分布情况也是由有限个钻孔位置的资料外推得到，如果地下情况复杂，地质报告有可能不能准确反映地质情况。这就要求施工单位在施工过程中应严格控制桩长与入岩深度，在桩底位置取到完好的岩芯才可进行灌注。但在实际工程中，往往由于工期要求等因素，有的施工单位未能严格控制质量，导致桩端未入岩，或桩端虽入岩但桩端沉渣厚度大于 5cm，桩端阻力不够，承载力不足。目前对于这种情况一般采用补桩的办法，但这种方法施工工期长、造价高。若能直接加固桩端就可提高桩承载力，为此可将灌注桩后压浆技术引入桩基加固，首先根据桩中心钻孔（直径 100 mm）取芯结果，了解桩端是否入岩及桩端沉渣厚度，利用钻孔再进行桩端压力注浆，对桩端进入中风化岩石但桩端沉渣厚度大于 5 cm 的桩直接进行高压注浆加固。本文介绍了利用桩端注浆加固对此类问题的处理。

1 工程概况

1.1 设计参数

济南某项目 A-7 地块 3 号楼位于济南市历城区，建筑面积为 11851.5m²，层数为地上 26 层，地下 1 层，结构形式为剪力墙结构，基础形式为桩筏基础。该工程桩基采用钻孔灌注桩，旋挖钻机干成孔作业，基桩总数为 84 根，设计桩径为 700mm，桩长约为 8～12m，设计单桩竖向抗压承载力特征值为 4000kN，要求最大加载量为 8800kN。

1.2 地质情况

场区内揭露地层主要为第四系人工填土、黄土、粉质黏土，下伏基岩为奥陶系石灰岩。经钻探揭露，场区地层可分为 4 大层，分述如下：

① 层素填土：灰褐—黄褐色，稍湿，松散，以可塑状黏性土为主，局部含少量砖块、砾石。

② 层黄土：褐黄色，可塑—硬塑，局部坚硬，以粉质黏土为主，针状孔隙及钙质网膜发育，虫孔发育，干强度及韧性中等，稍有光泽反应，无摇振反应。

③ 层粉质黏土：黄褐色—棕褐色，可塑—硬塑，含少量铁锰质氧化物，含少量姜石，干强度及韧性高，有光泽反应，无摇振反应。

④ 层中风化石灰岩：青灰色，隐晶质结构，层状构造，节理裂隙发育，岩芯呈柱状、短柱状、碎块状，柱长 5～30cm，采取率 75%～90%，$RQD=25～60$。

④₁ 层溶蚀破碎石灰岩：青灰色，隐晶质结构，层状构造，节理裂隙及溶孔溶蚀发育强烈，黏性土充填，岩芯多呈碎块状，直径 3～10cm，采取率 65%～80%，$RQD=0～10$。

1.3 检测结果

通过对该工程单桩进行单桩竖向抗压静载荷试验检测和低应变完整性检测，3 根试桩静载检测结果不满足设计要求，试验结果见表 1，静载荷曲线见图 1、图 2。

静载试验检测结果

表 1

试验桩号	设计单桩竖向抗压极限承载力（kN）	最大加载量（kN）	累计沉降（mm）	试验简要描述	确定单桩竖向抗压极限承载力（kN）
5	8800	8800	45.22	第 10 级沉降稳定，取 $s=40$mm 对应的荷载值	8108
35	8800	7920	81.22	第 9 级陡降破坏，第 8 级沉降稳定	7040
80	8800	6160	80.23	第 7 级陡降破坏，第 6 级沉降稳定	5280

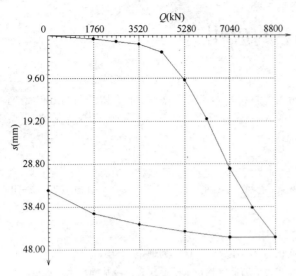

图1　5号桩单桩静载荷试验 Q-s 曲线图

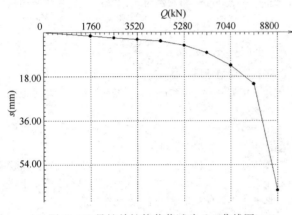

图2　35号桩单桩静载荷试验 Q-s 曲线图

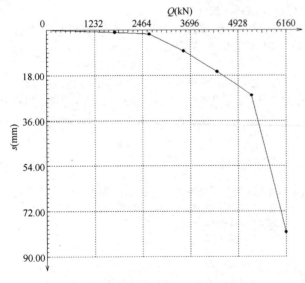

图3　80号桩单桩静载荷试验 Q-s 曲线图

根据单桩静载荷试验的破坏形式，5号桩 Q-s 曲线为缓变型，初步判断为桩底沉渣过厚，而35号、80号桩 Q-s 曲线都出现较为明显的陡降段，初步判断为桩底入岩效果差或者未入岩。在随后的试验中，通过对全部

84棵基桩进行低应变检测，约40个基桩信号也反映出桩底与岩层胶结差的情况。其中信号较明显的典型曲线见图4。

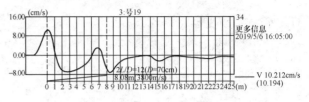

图4　低应变曲线

1.4　结果分析

通过与建设单位和设计单位沟通，建设单位要求对3号楼84个基桩100%进行钻芯法验证，通过钻芯法并根据桩勘资料中岩层顶部标高与桩长推算，将基桩分为三类，A类是桩端已入岩且与岩石胶结效果良好，桩身无明显缺陷；B类是入岩深度不够；C类是桩端未进入持力层即未入岩。分类具体数量见表2，A类基桩典型芯样见图5，B类基桩典型芯样见图6，C类基桩典型芯样见图7。

根据专家论证结果及意见，采用"高压旋喷＋注浆"的方案对该桩基工程进行加固处理。

钻芯法分类　　　　　　　　　　表2

类别	芯样描述	数量
A	已入岩，桩端与岩石胶结良好	30
B	入岩深度不够	36
C	未入岩	18

图5　入岩情况良好的基桩芯样

图6　入岩深度不够的基桩芯样

图7 未入岩基桩芯样

2 注浆加固

2.1 施工流程

钻芯法成孔——高压清水旋喷切割清洗——清渣——浆液配置——高压水泥浆旋喷——设置注浆管——高压注浆。

2.2 主要施工步骤

（1）钻芯法成孔

考虑到桩径为700mm及工程实际情况，采用单孔注浆。采用钻芯法在中心钻取直径为110～130mm的注浆孔，钻取深度进入桩端持力层不少于1m，钻孔垂直度保证<0.5%。同时对钻取的桩身混凝土芯样、桩底情况、桩端持力层岩芯情况进行判别。

（2）高压清水旋喷切割清洗

利用二重管高压旋喷桩设备先用高压水对桩底段反复进行旋喷切割，该过程按规定参数进行喷射，旋喷切割段为桩底断面上0.5m，至风化岩面下0.5m。清洗至孔口返出清水为止，高压清水压力不小于30MPa，清水排量不小于70L/min。

（3）清渣

高压清水旋喷切割同时进行气举清渣，风压不小于0.5MPa。

（4）浆液配置

施工浆液配制采用P.O42.5R普通硅酸盐水泥，浆液水灰比为1.0及0.75。

（5）高压水泥浆旋喷

清洗完成后，采用浆液水灰比为1.0的水泥浆对孔内粗颗粒进行喷射切割，旋喷注浆压力不小于30MPa。

（6）设置注浆管

插入ϕ25注浆管，用封孔阀进行封孔。

（7）高压注浆

利用注浆装置连接注浆管进行高压注浆，浆液水灰比为0.75，压力不超过3MPa，稳压5min时，停止注浆。

3 加固效果检验

在桩基注浆加固完成并达到龄期后，根据《建筑基桩检测技术规范》JGJ 106—2014及专家论证意见应进行扩大检测。抽取6根基桩进行单桩竖向抗压承载力检测，基桩验证检测选择类别见表3。

由于建设单位要求，最后仅在B类基桩中抽取了2根进行单桩竖向抗压静载荷检测，检测结果见图8、图9。而对于C类基桩，建设单位保守起见选择补桩，因此无法对其效果进行验证。

经过单桩竖向抗压静载荷检测，B类基桩中49号、54号桩均满足设计单桩竖向抗压承载力极限值8800kN的要求，说明注浆效果符合预期。

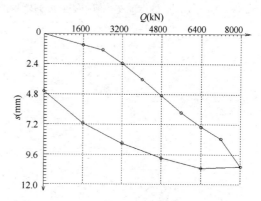

图8 B类基桩中49号静载荷检测Q-s曲线

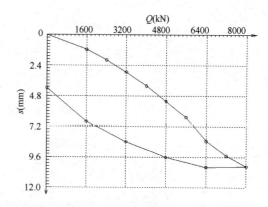

图9 B类基桩中54号静载荷检测Q-s曲线

验证检测类别   表3

类别	入岩情况	基桩数量	备注	抽检数量及范围
A	入岩，满足入岩深度要求	30	—	1根
B	入岩，不满足入岩深度要求	36	① 与勘查不符情况：13号、54号桩存在溶洞	2根，其中13号、54号抽取1根

续表

类别	入岩情况	基桩数量	备注	抽检数量及范围
C	不入岩	18	① 与勘查不符情况：19 号桩存在溶洞 ② 桩基施工桩长不满足设计要求的情况：14 号、32 号、64 号桩桩底存在溶蚀破碎石灰岩，37 号、40 号、63 号桩桩底存在溶洞	3 根，其中 14 号、19 号、32 号、37 号、40 号、63 号、64 号抽取 2 根，其余抽取 1 根
合计		84		6 根

4　结论

通过对某项目嵌岩桩承载力严重不足的工程事故的分析，指出基桩施工时施工手段不利使得沉渣过厚和桩端入岩效果差是导致嵌岩桩失效的主要原因。在桩中心采用钻孔后压浆加固桩基可了解桩身的施工情况及桩端入岩情况，利用高压清水将桩端沉渣或破碎层洗净，并进行注浆加固，后进行检测验证，承载力基本能达到预期，这样能大大缩短工期并降低成本，取得了较好的效果。

参考文献：

[1] 建筑地基基础工程施工质量验收标准 GB 50202—2018[S]. 北京：中国计划出版社，2018.
[2] 建筑基桩检测技术规范 JGJ 106—2014[S]. 北京：中国建筑工业出版社，2014.
[3] 范涛，胡安春. 嵌岩桩承载力不足原因分析及综合加固处理[J]. 工业建筑，2017，47(03)：188-191.
[4] 耿庆和，张波，董磊磊，陈景山等. 某住宅楼桩基加固设计及研究[J]. 结构工程师，2015，31(6)：185-189.

复杂工况条件下地下连续墙施工技术

宋效忠

（中铁十四局集团第四工程有限公司，山东 济南 250000）

摘　要：伴随着我国城市化进程的快速推进，城市人流量逐步增多，为解决城市空间利用问题，目前我国各大城市正大力开发地下空间，地铁车站、商业街、地下车库等大规模地下工程逐步兴起。地下连续墙作为地下工程基坑围护的一种形式，其施工速度快、支护能力强、止水效果好，多用于深度较大、地质条件恶劣、周边环境要求较高等条件下的基坑支护。本文通过在地下水位高、浅层地质恶劣、周边紧邻车道和老旧房屋等复杂工况下进行地下连续墙施工，总结了一系列确保地下连续墙施工质量的技术经验。

关键词：复杂工况；地下连续墙；施工技术

0　工程概况

济南黄河隧道工程南岸明挖段位于济南市天桥区济泺路北段，包含大盾构接收井、明挖合建段、汽修厂站段，施工区域全长874m，位于城市道路中央，采用明挖顺作法施工，先进行围护结构、止水结构施工，然后开挖架撑，基坑见底后逐层进行主体结构回筑和支撑拆除，封顶后回填隧道顶覆土，然后恢复地面道路。南岸明挖合建段北区匝道段长200m，因两侧增设变速车道而基坑加宽至39～47.6m。该段基坑深26～32.5m，采用1.2m厚地下连续墙围护，深44.4～48.5m，标准幅长6m，采用H型钢接头。基坑内设4～8层混凝土支撑和钢支撑。

1　周边环境

施工区域位于济南市济泺路北段，北接泺口浮桥至G309国道，为济南市主干道。施工区域围挡在地下连续墙外侧1.5m，围挡外导改道路宽4～8m。导改道路下方有已迁改的综合通信管道2组、给水管道等。地下连续墙距离既有房屋最近处10.9m，该区段道路两侧房屋均为一层或两层砖混结构。

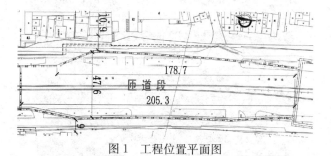

图1　工程位置平面图

2　水文地质情况

施工区域位于黄河下游沉积区，紧邻黄河南岸大堤，地下水位在地面以下1.3m。根据地质勘探报告及施工单位地质复勘显示，地下约15m深处黄河改道区河床黑淤泥沉积层，表层为沥青道路路面及路基，2.9m深以上为杂填土，地下2.9～11.3m范围为黏质粉土层，11.3～13.1m深范围为粉砂层，13.1～16.5m深范围为粉质黏土层。

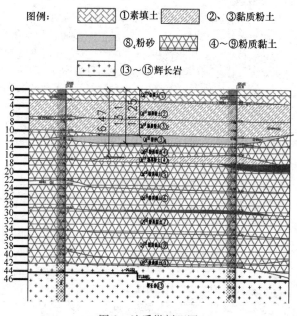

图2　地质纵剖面图

3　施工影响分析及针对性措施

（1）施工区段导改道路距离地下连续墙槽壁边缘最近处仅1.5m，道路车流量大，且夜间渣土车较多，地面振动影响较大。

针对性措施：在道路入口设置减速带及减速慢行提示，同时在成槽区段外侧路面铺设钢板，减少车轮荷载集中。

（2）地下连续墙槽壁距离既有房屋最近处仅11m，该区段道路两侧房屋均为一层或两层砖混结构，无深基础，极易因槽壁坍塌，地表下陷，引起房屋不均匀沉降而开裂。

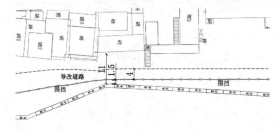

图3　西侧较窄段平面图

针对性措施：施工前对周边房屋进行沉降及倾斜监测，并准备袖阀管注浆设备及材料作为应急措施。

（3）槽壁与迁改后地下通信管道距离最近处 3.1m，距离给水管道最近处 4.5m，若地下发生坍塌扩大，将导致管道损坏。

针对性措施：地下连续墙导墙开挖时应尽量控制开挖尺寸，避免超挖破坏周边土体，对已超挖区段利用水泥土回填压实，同时导墙本身对上部土体也有一定保护作用，可以尽量避免对管线周边土体的扰动。

（4）该区域地下水位在地下 1.3m，地下水位高，影响成槽后泥浆护壁效果。

针对性措施：打设浅层降水井，将地下水位降低至导墙面以下 2～3m。

（5）结合其他段成槽效果和济南当地地质勘查专家经验，临近黄河南岸地区地下 15m 深范围地质条件恶劣，均为黄河改道区河床顶沉积层。其中 12～15m 散布老河床黑淤泥，以上均为后期沉积层，土质极为松散。

针对性措施：导墙施工前，对地下连续墙槽壁两侧 15m 深范围利用水泥搅拌桩进行土体加固，确保槽壁稳固。

（6）根据地勘报告，地下 11.3～13.1m 深有 1.8m 厚粉砂层，通过已开槽段发现上部粉土层也夹杂细砂，根据施工经验，含砂层泥浆护壁尤为困难。

针对性措施：施工前检测槽壁加固效果，特别注意砂层段槽壁加固质量，同时成槽至砂层时，注意调大泥浆比重，减慢成槽速度，确保护壁效果。

4 地下连续墙情况介绍

合建段西侧匝道口处 9 幅地下连续墙距离交通道路较近，受影响最大，槽深 44.232m 和 45.844m，采用 H 型钢接头。其中地面以下 15m 深范围地质较差，且存在约 1.84m 厚粉砂层。

图 4 地下连续墙横断面

5 地下连续墙施工流程

地下连续墙施工工艺：施工准备→测量放线→导墙施工→地下墙成槽→清槽验槽→下节钢筋笼吊放→上节钢筋笼吊放对接，整体下放→再清槽→水下混凝土浇筑→28d 后注浆→检验。

图 5 沟槽开挖

图 6 下放钢筋笼

图 7 接头填土袋压实

地下连续墙成槽时采用优质膨润土拌制泥浆护壁，

图8 安放导管及浇筑平台

图9 浇筑水下混凝土

泥浆拌制后储放24h以上或加分散剂使膨润土（或黏土）充分水化后方可使用。地下连续墙开挖前先做导墙，导墙混凝土达到强度后进行成槽作业。

地下连续墙采用跳段施工方式，相邻槽段浇筑24h以上方可进行下期槽段开挖。成槽后混凝土必须在8h内浇筑完毕，避免槽壁暴露时间过长，混凝土从底到顶一次浇筑完成。

钢筋笼整体吊放，入槽后至混凝土浇筑时总停置时间不超过4h。

5.1 导墙施工

在地下连续墙成槽施工前，应浇筑导墙，导墙制作要做到精细施工。导墙质量的好坏直接影响地下连续墙的边线、标高等，是成槽设备施工地下连续墙的导向，是存储泥浆稳定液位、维护上部土体稳定、防止土体坍落的重要措施，导墙为通长整体的钢筋混凝土墙，每侧边缘外放2.5cm，侧墙及翼缘厚0.2m，深度1.7m。

5.2 泥浆制备

泥浆制备设备包括储料斗螺旋输送机、磅称、定量水

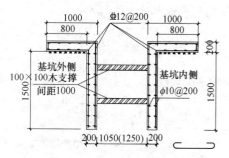

图10 导墙断面图

箱、泥浆搅拌机、药剂贮液桶等。采用专用泥浆膨润土加入水中制作，同时采用CMC、纯碱等辅助调整泥浆参数。搅拌前先做好药剂配制，纯碱液配制浓度为1∶10～1∶5，CMC液对高黏度泥浆的配制浓度为1.5%。搅拌时先将水加至1/3，再把CMC粉缓慢撒入，用软轴搅拌器将大块CMC搅拌成小颗粒，继续加水搅拌。配制好的CMC液静置6h后方可使用。泥浆搅拌前先将水加至搅拌筒1/3后开动搅拌机，在定量水箱不断加水同时，加入膨润土、纯碱液，搅拌3min后，加入CMC液继续搅拌。搅拌好的泥浆应静置24h后使用。

泥浆检测和控制要求：在搅拌机中取样，经水化溶胀24h后测定比重、黏度；在新浆贮浆池内取样进行检测的项目有比重、黏度；在主孔正常抓进时，对循环浆进行的检测项目有比重、黏度和含砂量。在成槽过程中，每进尺1～5m或者每4h应测定一次泥浆的相对密度和黏度。

挖槽结束及刷壁完成后分别取槽内上、中、下三段泥浆进行泥浆比重、黏度、含砂率测定，以该测定值作为控制指标。

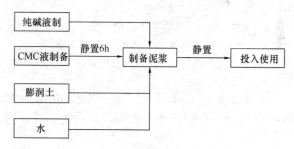

图11 泥浆制备流程图

5.3 成槽施工

（1）槽段定位

先测量导墙顶标高，根据导墙顶标高计算出钢筋笼吊筋的长度。然后用红漆标出单元槽段位置、每抓宽度位置、钢筋笼搁置位置，并标出槽段编号。成槽机、自卸车就位。注入合格泥浆至规定标高。

（2）成槽施工

1）按槽段划分，分幅跳槽施工，标准槽段（6.0m）采用"三抓法"开挖成槽，即每幅地下连续墙施工时，先抓两侧土体，后抓中心土体，如此反复开挖直至设计槽底标高为止。

2）挖槽期间，泥浆面必须保持不低于导墙面下30cm，泥浆应随着出土量补入，以保证泥浆液面在规定

的高度，在抓斗掘进时，不宜补入泥浆。

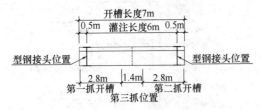

图 12　地下连续墙开槽顺序图

图 13　地下连续墙成槽作业

3）成槽机掘进速度应控制在 15m/h 左右，成槽时不宜快速掘进，以防槽壁失稳。当挖至槽底 2～3m 时，应用测绳测深，防止超挖或少挖。

4）成槽至标高后，应先进行铲壁后一次扫孔，扫孔时抓斗每次移开 50cm 左右，确保槽底沉渣厚度不大于5cm，误差控制在规范要求内。扫孔结束后，用泵吸反循环法进行二次清孔。

5）清槽结束后，对孔底泥浆及槽深进行检测，如果测试指标及槽深达不到要求，必须再次进行清底置换，直至符合要求为止。如发现泥浆突然变稀、翻泡、大量流失或地面有下陷现象时，不准盲目掘进，待研究后再行施工。

（3）清槽换浆

槽段开挖至设计标高并经检查合格后，即可进行清槽换浆工作。

清槽：采用沉淀法清槽，即用抓斗直接挖除槽底沉渣。

换浆：换浆是沉淀法清槽作业的延续，当空气升液器在槽底部往复移动不再吸出土渣，实测槽底沉渣厚度小于 5cm 时，即可停止移动空气升液器，开始置换槽底部不符合质量要求的泥浆。下钢筋笼后，若槽底泥浆不合格则采用置换法清槽。

（4）接头刷壁

接头连接施工质量直接关系到地下连续墙防水效果。首开幅施工完成，相邻幅成槽后对型钢接头进行清刷。用刷壁器进行刷壁，刷壁往复次数应不少于 20 次，保证接

头质量，刷壁先用钢板面进行粗刷，再用钢丝面进行细刷，刷壁往复次数不少于 20 次，个别不易刷除干净的根据实际情况增加刷壁次数，直到刷壁刷至没有泥皮为止。

图 14　地下连续墙刷壁器

5.4　钢筋笼吊装入槽

钢筋笼吊放采用双机抬吊，空中回直，主吊、副吊配合起吊，主吊移动下放入槽。起吊时必须使吊钩中心与钢筋笼重心相重合，保证钢筋笼垂直下放，避免碰撞槽壁，造成槽壁坍塌。

5.5　混凝土灌注

地下连续墙混凝土采用两根导管沿幅长方向对称放置，水下灌注混凝土。灌注必须在钢筋笼吊装完毕后 4 个小时内进行，不得搁置时间过长。灌注前要进行二次清槽，完成后测量泥浆比重和沉渣厚度，符合要求后半小时内必须灌注混凝土。

6　施工经验总结

（1）合理组织地下连续墙成槽时间，缩短地下连续墙成槽时间和成槽后晾置时间；

（2）增大泥浆比重至 1.1，并随时测试槽中间段泥浆比重，调整泥浆参数；

（3）施工前提前造浆做好准备，新拌制泥浆要在泥浆箱中静置 1 天充分发酵后再投入使用；

（4）随时观察泥浆面高度，及时补浆，保持浆液面在导墙面下 30cm 处；

（5）成槽过程中遇到地质状况较差的地面以下 15m 范围时，减慢抓斗下放速度，减小单爪挖深，避免槽内泥浆形成湍流旋涡，冲击槽壁土皮失稳；

（6）成槽过程中要注意机械站位准确，开槽时校核对正位置，避免抓斗跑偏再调整，抓斗挤压槽壁造成坍塌，必须在地质较差地段调整时，在槽壁两侧下钢板贴住保护槽壁后再调整纠偏；

（7）停止地下连续墙成槽区段附近高压旋喷桩等其他

地下施工作业，减少喷射水、气压力及搅拌土体对土质的影响。

7　结束语

济南黄河隧道南岸明挖段共 145 幅地下连续墙，通过前期施工经验总结，在西侧匝道口临近道路及房屋处得以实践利用，取得了良好效果。确保了槽壁稳固，控制了混凝土超方，同时也保证了周边道路和房屋的安全。

参考文献：

[1] 中华人民共和国住房和城乡建设部. GB/T 51310—2018 地下铁道工程施工标准[S]. 北京：中国建筑工业出版社，2018.

[2] 上海市住房和城乡建设管理委员会. DG/TJ 08—2073—2016 地下连续墙施工规程[S]. 上海：同济大学出版社，2017.

[3] 中华人民共和国住房和城乡建设部，中华人民共和国国家质量监督检验检疫总局. GB 50202—2018 建筑地基基础工程施工质量验收标准[S]. 北京：中国计划出版社，2018.

[4] 中华人民共和国住房和城乡建设部. JGJ 120—2012 建筑基坑支护技术规程[S]. 北京：中国标准出版社，2012.

地下连续墙一副两笼施工关键技术分析与应用

李军辉，　方　明，　孟凡市

（中铁十四局集团第四工程有限公司，山东 济南 250000）

摘　要： 地铁车站施工一般处于市区之内，地下管线分布较多，在施工过程中对地下管线的保护成为重中之重。如何保证正在使用的各种管线在施工中不受影响是我们的第一目标，同时还需要保证工程质量并满足工程进度要求。本文通过对宁波市轨道交通 4 号线丽江路站附属围护地墙施工过程中对 10kV 电力管线保护的施工方法及措施分析探讨，提出了施工过程的控制方法、管线保护方案。

关键词： 地下连续墙；一幅两笼；管线保护

0　工程概况

宁波市轨道交通 4 号线丽江路站位于康庄南路，南北向布置，跨天合南路和丽江东/西路两个十字路口，车站两侧商户、居民区及管线比较集中，本站包括 3 个出入口及 3 个风亭，均为地下一层结构。A 号出入口位于丽江路站 C 基坑东侧，围护结构为 600mm 地下连续墙，基坑宽度为 7.7m，长度 29.7m，基坑开挖最深深度 13.34m，内支撑形式为第一道混凝土支撑＋第二、三道采用 ϕ609 钢支撑，基坑采用明挖顺作法施工。

根据地质勘察报告，A 号出入口基坑开挖范围地层自上而下依次为：①$_{1b}$素填土、①$_{3d}$粉质黏土、②$_{2T}$黏质粉土、②$_{2d}$粉质黏土、③$_2$粉质黏土、④$_{1b}$淤泥质粉质黏土，A 号出入口基底位于②$_{2d}$粉质黏土，围护地墙墙址位于④$_{1b}$淤泥质粉质黏土层。

（1）地下水孔隙潜水：该类型水主要赋存于场区表部的填土和浅部黏性土层，淤泥质土层中，主要补给来源为大气降水、地表径流，水位气候环境等影响。潜水位变幅一般在 1.0～2.0m，勘察期间潜水位埋深为 1.1～3.1m，高程 0.10～1.84m。

（2）浅层承压水：场地浅层承压水主要赋存于②$_{2T}$黏质粉土中，水量较小，测压水位标高＋1.686m，基本不流动。

（3）I1 层孔隙承压水：第 I1 层孔隙承压水主要赋存于⑤$_{4b}$层砂质粉土、⑥$_{2T}$层砂中，其中⑤$_{4b}$层厚 0.3～5.9m，顶板埋深 37.3～44.8m，层间夹黏性土，透水性一般，水量相对较小，水位埋深 3.743～4.173m；⑥$_{2T}$层厚 0.4～10.1m，顶板埋深介于 45.0～50.3m 之间，透水性较好，水量相对较大，测压水位埋深 2.625～2.898m[1]。

1　施工准备

由于本工程地质情况复杂，场地区域狭小，施工工艺繁多，只有合理安排各工艺工序穿插施工、科学管理，优化劳动组织才能保证施工顺利进行。

1.1　人员与机械

现场管理人员 3 人，地墙施工队伍 15 人，吊车司机 4 人，钢筋班组 2 班共 30 人，电工 2 人；成槽设备 1 台，250t 履带吊 1 台，130t 履带吊 1 台，挖掘机 1 台，锁口管引拔机 2 台，刷壁器 1 台，泥浆分离器 1 台。钢筋切割机

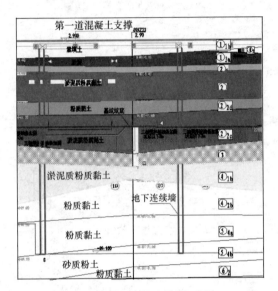

图 1　丽江路站地质剖面图

2 台，电焊机 7 台，套丝机 2 台，弯曲机 2 台，混凝土灌筑架（带漏斗）2 套，锁口管 60m。

1.2　材料准备

墙身混凝土：采用商品混凝土，强度等级为水下 C35P8。

钢筋笼：钢筋的品种、级别、规格必须符合设计要求，有产品合格证，表面清洁无老锈和油污。并按要求进行取样做机械性能试验，合格后方可使用[8]。

2　总体施工方案

A 号出入口有斜向横穿基坑 10kV 电力管线，标高为 1.4m，埋深 0.5m。该电力管线导致 CA-02 地下连续墙不能正常施工，按照管线改迁路由该 10kV 电力线需要改迁至丽江路站主体基坑顶板完成后的上方，受工期与 A 号出入口围护工程地下连续墙施工场地有限需与主体基坑地下连续墙同步施工制约，现阶段该电力管线无改迁路由，因此结合现场实际情况，建议管线影响范围内地下连续墙采取以下方案实施：

（1）现场实际开挖探沟，确定 10kV 电力管线位置及宽度，保证施工时对该管线进行有效保护。考虑现场实际情况，对 10kV 电力管线采用悬吊保护，避免施工时管线

出现沉降或位移现象。

（2）10kV 电力管线横穿 CA-02 地下连续墙，施工考虑"一幅两笼"的施工方法施工（图1），地下连续墙西侧分幅线距离 10kV 电力线最近处为 1.2m，锁口管下放后距离弱电管线最近处仍有 0.6m 间距，施工可行性满足要求（图2）。

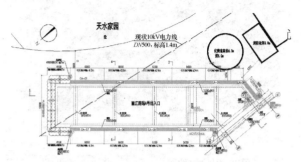

图 2 丽江路站地墙与管线平面位置示意图

3 施工工艺

首先在拟施工地下连续墙的位置将电力管线采用小型挖机配合人工进行探挖管线实际位置，距离管线埋深约 20cm 处时采用人工清理，避免挖机对管线造成破坏[6]。管线位置明确后，采用 I16 槽钢及 2cm 厚钢板对管线进行外包悬吊保护，避免成槽过程中对管线造成破坏或出现沉降位移现象。悬吊设施完善后同步完成地下连续墙导墙施工，并根据管线的平面位置设置管线保护区，避免大型设备进入造成破坏。

地下连续墙成槽采用改进成槽机抓斗斗齿，沿导墙中心线分三孔成槽取土，同时补入相同体积的人造泥浆护壁，根据线缆和地墙分幅的平面位置关系，按照"一幅两笼"的模式在校正好的平台上制作钢筋笼，并采用双机抬吊、两次下笼的方法入槽，最后灌注水下混凝土，形成地下连续墙。

3.1 10kV 电力管线横穿地下连续墙处施工技术

通过局部开挖已探明 10kV 电力管线埋深为 0.5m，为双排共 8 孔 DN200 塑性管外包混凝土排管，在 CA-02 地下连续墙部位塑性管四周采用 I16 型钢和 [16 槽钢形成"井"字形保护框架结构，另外采用 C30 混凝土浇筑，形成 1m× 0.6m 混凝土整体，外侧包裹 2cm 厚钢板保护，以避免施工时设备碰撞产生位移而破坏管线，管线保护装置的两端应锚固于两侧导墙内 30cm，导墙采用 C30 现浇钢筋混凝土结构，厚度 30cm，埋深 2.0m。管线保护装置见图3。

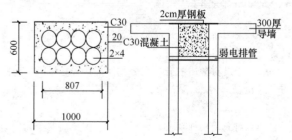

图 3 弱电管线保护装置构造图

3.2 "一幅两笼"地下连续墙施工原则

为了便于施工，保证施工质量及以后基坑开挖的安全性，对于横跨管线施工的地下连续墙分幅必须满足以下原则：

（1）为加强地下连续墙的整体刚度及保证接头的止水效果，该部分地下连续墙采用一幅两笼的模式施工，两幅之间采用雌雄头镶嵌连接，在钢筋笼迎土面预埋 70cm 宽，1cm 厚钢板加强接缝的止水效果[12]如图 4 所示；

图 4 一幅两笼钢筋笼制作

（2）为保证特殊段地下连续墙成槽时间和成槽质量，槽段长度按照设计要求控制在 6m；

（3）临近槽段分幅要相对一致，以便于施工和保证施工安全；

（4）线缆距离地下连续墙分幅线能满足锁口管及施工要求，但应考虑成槽机抓斗尺寸，确保最近距离满足一抓宽度要求。

地下连续墙采用一槽三孔的开挖方案，即线缆两侧分别开挖一孔，线缆下方为第三孔，开挖的先后顺序是先开挖线缆两侧的槽段，最后开除线缆下方的土体，从而形成整个槽段，挖槽完成后先下放钢筋笼，再下放锁扣管就位，开挖顺序见图5。

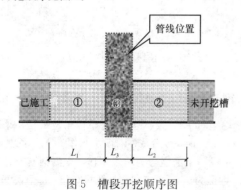

图 5 槽段开挖顺序图

待管线两侧土体挖除后，在成槽机抓斗上加装自制侧向斗齿，以增加斗齿挖掘宽度（增加约 140cm），抓斗将管线下方土体上端部分挖出，挖深约 3~4m。抓斗斗齿改造见图6，使斗体竖直入槽时可以挖除斗体外侧土体，即在斗体上部紧靠管线侧壁，安装在抓斗一侧侧向斗齿可以挖除管线正下方土体。特制抓斗斗体完全入槽下放至管线下方后，移动斗体撞击管线下方土体，并配合使用侧向斗齿挖除管线下方土体。使用上述方法将管线下方土体挖除至管线正下方空挡大于 10m 后（可以使整个斗体进入管线下方），移动成槽机使斗体靠近管线下方约 80cm，然后向下挖除该处土体，在提升斗体前，先移动成槽机使斗体离开管线外边缘，防止斗体出槽时碰撞管线，反复挖掘至设计深度。开挖前对现场成槽机司机及现场看护槽段施工人员进行施工交底，确保对线缆的保护万无一失。开挖示意图见图 7。

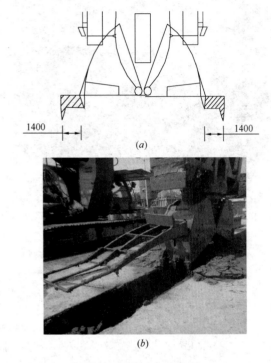

图 6　抓斗斗齿改造图

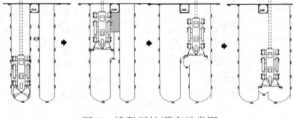

图 7　槽段开挖顺序示意图

3.3　钢筋笼制作与吊装

地墙钢筋笼受管线影响无法整体吊放入槽，采取一槽两笼施工。钢筋笼分成左右两半制作、依次吊装入槽。该两幅槽段的钢筋笼分为两幅制作，东侧钢筋笼笼宽为 2.7m，西侧为 2.7m，考虑到起吊的安全，每幅钢筋笼设置 3 榀桁架，以增加钢筋笼的刚性，两幅钢筋笼之间采用雌雄头镶嵌连接。为满足钢筋笼水平移动拼装的要求，钢筋笼笼顶标高做到线缆底部标高下 0.1m，以保证钢筋笼水平移动后能够合拢。

考虑 CA-02 地下连续墙西侧钢筋笼距离管线较近，西侧第一幅钢筋笼首先沿管线保护装置垂直下放，待钢筋笼顶标高略低于管线保护装置底部标高时适当摆动吊车大臂，向线缆方向水平移动钢筋笼，边移边放，直至钢筋笼下至设计标高位置。右侧第二幅钢筋笼，按照正常施

图 8　钢筋笼入槽

工垂直安放，同样向线缆方向水平移动钢筋笼，钢筋笼下方完成对接后再下放南侧锁口管就位。

图 9　一幅两笼入槽

3.4　灌注混凝土

浇灌混凝土在钢筋笼入槽后的 4h 之内开始。混凝土下料用经过耐压试验的 $\phi250$ 混凝土导管。冷拔拆卸导管使用混凝土浇捣架。

浇灌混凝土过程中，埋管深度保持在 1.5～4.0m，混凝土面高差控制在 0.5m 以下，墙顶面混凝土面高于设计标高 0.3～0.5m。

按规定要求在现场采样捣制和养护混凝土试块，及时将达到养护龄期的试块送交试验站作抗压与抗渗试验[2,3]。

4　施工工艺特点

（1）采用特制的线缆防护装置，可有效防护施工过程设备对线缆的直接碰撞；

（2）通过对槽段的合理划分，使其线缆尽量处于槽段的中部位置，从而提高成槽的效率和线缆保护的可靠度[5]；

（3）对成槽机抓斗进行针对性改进，从而安全高效地完成线缆下方槽段开挖施工；

（4）再采用"一幅两笼"的模式完成钢筋笼制作、吊

装、入槽，可提高钢筋笼下槽拼装的质量。

5 施工安全与劳动保护

（1）钢筋笼吊装之前，由项目经理牵头组织施工班组进行技术、安全交底，并有书面资料。

（2）全体现场施工人员必须严格遵守安全生产六大纪律，遵守国家规定的条例和企业规定的有关规章制度。

（3）吊车作业时，必须在司索工等专人指挥下进行，做到定机、定人、定指挥。严格控制吊车回转半径，严禁高空抛物，以免伤人。

（4）钢筋笼吊放前，对钢筋笼制作实行三检制：班组自检，项目部人员复查，专职人员专检确保起吊安全，方可起吊。

（5）钢筋笼吊放过程中，密切观察周边环境及人员、设备情况，防止机械碰撞、坠物等情况，并及时警戒。

（6）吊装前严格落实吊装令签订制度。

6 结束语

采用此方案，电缆线可原位保护，减少管线改迁周期长所带来的施工压力，对施工场地无破坏，利于电缆保护。完成后的地墙墙面平整，接缝咬合良好，无渗漏情况，并满足工程进度要求，保证所有后续工程的施工有序进行。

参考文献：

[1] 宁波市轨道交通4号线工程勘察KC4001标段丽江路站岩土工程勘察报告.

[2] 建筑地基基础设计规范GB 50007—2011[S]. 北京：中国建筑工业出版社，2012.

[3] 混凝土结构设计规范GB 50010—2010[S]. 北京：中国建筑工业出版社，2011.

[4] 周江. 软土条件下昆明地铁5号线工程风险分析及控制[J]. 铁道建筑技术，2017(06)：115-119.

[5] 谢树成. 地下连续墙在深基坑支护工程的应用[J]. 广东建材，2009，25(07)：102-104.

[6] 杨有海，武进广. 杭州地铁秋涛路车站深基坑支护结构性状分析[J]. 岩石力学与工程学报，2008(S2)：3386-3392.

[7] 蒙宏旺. 地下连续墙施工要点分析[J]. 山西建筑，2015，31(7)：117-118.

[8] 天津市城乡建设和交通委员会. 钢筋混凝土地下连续墙施工技术规程[S]. 天津：天津市建设科技信息中心，2010.

[9] 江恒军. 浅谈地下连续墙质量控制的要点[J]. 科技咨询，2009(21)：58.

[10] 曹国熙，卢肇钧. 地基处理手册[M]. 北京：中国建筑工业出版社，1988.

[11] 张加俭，马丹. 地下连续墙的设计与施工[J]. 长春工程学院报，2002，3：47-49.

[12] 蔡文盛. 基坑围护结构渗漏的堵漏措施[J]. 探矿工程(岩土钻掘工程)，2008，35(3)：47-48.

[13] 荣跃，曹茵茵，刘干斌，等. 深基坑变形控制研究进展及在宁波地区的实践[J]. 工程力学，2011(S2)：38-53.

静压 PHC 桩在浅水位中密土地区的施工质量控制研究

刘海宁， 张 涛， 宋元超，韩宝龙

（山东道远建设工程集团有限公司，山东 潍坊 261061）

摘 要：静压预应力高强混凝土管桩具有施工工期短、质量稳定、承载力高、能比较直观地观察整个沉桩过程，施工文明，场地清洁，适应能力强等优点，得到广泛应用。但在浅水位中密土地质中的应用缺少相关研究资料，本文结合实际工程对浅水位中密土地区静压 PHC 管桩的施工质量控制进行探讨。

关键词：PHC 桩；静压预应力；高强混凝土管桩；质量控制

0 引言

PHC 桩静压沉桩属于地下施工，隐蔽性和技术性较强，在一般土质施工中经验较为丰富，但在浅水位中密土地区，如受河流影响的周边地区，其相关施工参考资料较为匮乏，给质量控制和过程管理带来诸多不确定性，影响了成桩质量。项目组根据在浅水位中密土地区 PHC 桩静压沉桩的施工经验，结合工程实例，对施工过程的特殊要求进行重点探讨和论述，对于如何确定地基处理方案、把握施工要点和有效解决常见质量问题，保证成桩质量，提供相应参考。

1 工程概况

某小区包括 14 栋住宅楼及地下车库，场区属黄河冲洪积平面地貌单元，场地地形较平坦，地面相对高差 2.03m。场区地下水埋深较浅，为 3.10～5.00m，水量丰富，需采取基坑降水措施。场地地层有素填土、粉质黏土、粉土、黏性土及粉砂等。场地属基本稳定场地。经土工试验指标及原位试验综合分析，结合当地的建筑经验，拟建建筑物经过地基处理后，场地建筑物地基可基本稳定。

拟建场地属黄河冲洪积平原地貌单元，以某单一楼栋为例，地上 17 层，地下 2 层，总建筑面积为 14796.67m²，剪力墙结构，基础埋深 6.4m，基础持力层位于③层粉土上，为中密土。地基土对混凝土结构腐蚀性等级为：微腐蚀性；对混凝土结构中的钢筋腐蚀等级为：微腐蚀性。

由于上部荷载较大，修正后天然地基承载力不能满足设计要求，需进行地基处理。根据当地实际，地基处理备选方案为：（1）采用预应力管桩，有效桩长 20.0m，桩径 φ500mm，以⑧层粉土为桩端持力层；（2）采用钻孔灌注桩，有效桩长 20.0m，桩径 φ600mm，以⑧层粉土为桩端持力层。

预应力管桩桩身质量易于控制，施工方便快捷，承载力高，对周边环境影响较小，且不受地下水影响。经土工试验指标及原位试验综合分析，结合当地的建筑经验，预应力混凝土管桩的极限侧阻力标准值 58kPa，桩的极限端阻力标准值 2800kPa。

由于该工程的特殊地质条件，降水和基坑支护等施工致使地基基础施工阶段工期较长，故在选择地基处理方案时，施工周期对工期的影响成为一大重要因素，结合施工成本、受地下水影响程度和单桩承载力等方面综合考虑和比较，采用静压 PHC 桩优势较为明显，故最终选用了静压 PHC 桩作为地基处理方案，该方案为缩短施工周期、保障施工进度、控制施工成本、保证成桩质量起到了关键作用。

最终地基基础设计采用 PHC 桩—筏板基础，基础埋深 6.55m。PHC 桩选用外径 500mm，壁厚 100mm，型号为 AB 型，混凝土强度等级为 C80，桩长为 23m，桩数为 323 根。

由于⑤层粉砂呈稍密—中密状态，对成桩有影响，因此采取增加桩靴和引孔措施。

由于本工程地下水位较浅，采用静压桩有一定挤土效应，故为保证基坑和周边环境的安全，工程进行了施工监测，包括基坑坡顶水平位移、竖向位移、地下水位、道路竖向位移、地表竖向位移和建筑物沉降，且由设计单位进行了建筑物抗浮验算。

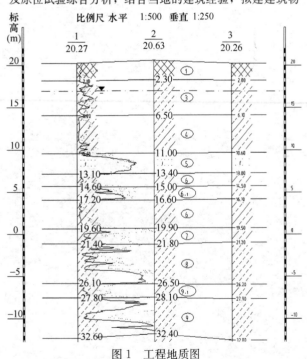

图 1 工程地质图

2 施工质量控制要点

2.1 压桩前的准备工作

由于在浅水位地区进行静压桩施工，因此准备工作中掌握建筑物场地工程地质资料和必要的水文地质资料，包括建筑场地和邻近区域内的地下管线（管道、电缆）等的调查资料，合理选择压桩机械，确保场地平整、场区地基土承载力满足桩机作业要求，以保证施工机械正常作业，应为准备工作的重点。

2.2 施工策划

由于 PHC 管桩对土体的挤密作用，加之中密土的土体特性，土体内部应力作用会导致土体隆起和侧向位移，可能出现部分管桩达不到设计深度的情形，随着土体内部应力的逐渐减小，可能导致此部分管桩不满足设计要求，因此在施工前应根据场地情况提前考虑土体内部应力变化情况，从而策划管桩施工次序。在工程桩施工前，应进行试桩。将试桩检测结果及沉桩时记录的压力数据一并提交桩基设计单位，进行数据核算确认后，用于指导工程桩施工。

压桩次序应尽量按照先中心后四周的顺序，以此减少土体应力对送桩的影响。要求测量人员高度负责地记录各个桩位中心点坐标以及标高，确保桩位准确和桩顶标高符合要求。施工过程中测量人员也要经常对桩位进行复核，以免桩位发生偏差。

2.3 压桩机就位

由于浅水位地区表层素土土质较为疏松，因此要特别注意场地土对桩机机械压桩过程的影响，确保桩机施工过程中的稳定。对桩机设备进场并安装就位，按需要的总重量配置压重，调整桩机平台得到水平状态，并检查桩机安装状况和起重工具。

2.4 桩垂直度控制

第一节桩插入地下时，必须保证位置和垂直度准确，对于偏差要及时纠正，必要时要重新拔出重新就位。垂直度的质量控制当管桩插入地面和接桩时，施工人员要用两台经纬仪或线锤在两个成 90°的侧面观察，调整好桩的垂直度，然后开始压桩，垂直度偏差不宜大于 0.5%。在施压过程中，决不允许用桩机拖桩，以免桩倾斜而影响桩的质量。

利用桩机的重量由液压系统夹持将管桩垂直后压入土中，采用两台经纬仪随时监控管桩压入过程中的垂直度。初压下沉量较大，宜采用轻压；随着沉桩加深，沉速减慢，压力逐渐增加，并随时观察压桩的压力和深度。每一次下压，桩的入土深度约为 1.50～2.00m，然后松夹→上升→再夹→再压，如此反复进行，直至将管桩下压至控制深度。压桩过程中，要使压杆、桩帽和桩身保持在同一轴线上，避免管桩受到偏心压力而受弯变形。随压桩进行观测，发现偏差及时纠正；必要时应将桩架导杆方向按桩身方向调整。按设计桩位平面图绘制桩编号图，将压桩过程观测的结果进行详细记录。

2.5 送桩质量控制

当桩顶压至接近地面时，检查桩的垂直度和桩头质量，合格后即可进行送桩，压桩送桩作业连续进行。静压管桩的送桩作业采用钢制送桩器进行送桩，送桩深度根据现场情况和设计标高进行，送桩的最大压桩力不宜超过桩身允许压桩力的 1.1 倍。

2.6 压桩终止条件

由于中密土对挤压作用的反馈较为明显，施工中以桩长和油压值双控制，施工人员要特别关注送桩时的压力变化。根据设计单桩极限承载力和桩端进入持力层的深度，结合桩顶压力标定值来控制。当油压值达到设计要求，而桩长小于设计桩长时，将终压值提高 1 级后再压，方可终止施工；当桩长已满足设计要求，而油压值未达到控制时，须继续送桩，直到满足设计要求为止（若送桩深度超过 1.5m 还未能达到终压值时，则应及时通知设计人员，以便做出相应的调整）。

2.7 桩头防水

对于浅水位地区，桩头防水质量至关重要，桩头防水细部质量对整个地下防水系统的效果影响较大。对桩头防水薄弱点，如桩头钢筋与混凝土间、底板与桩头间的施工缝、混凝土桩身与地基之间，桩头防水构造要保证桩头与结构底板形成整体的防水系统。由于桩头应按设计要求将桩顶剔凿到混凝土密实处，造成桩顶不平整，给防水层施工带来困难。因此在桩头防水施工前，应对桩头清洗干净并用聚合物水泥砂浆进行补平。在目前的各种防水材料中，比较合适的是水泥基渗透结晶型防水涂料，使桩头与结构底板混凝土形成整体。涂刷水泥基渗透结晶型防水涂料时，应连续、均匀，不得少涂或漏涂，并应及时进行养护。

桩头顶面和侧面裸露处应涂刷水泥基渗透结晶型防水涂料，并延伸到结构底板垫层 150mm 处；桩头四周 300mm 范围内应抹聚合物水泥防水砂浆过渡层。结构底板防水层应做在聚合物水泥防水砂浆过渡层上并延伸至桩头侧壁，其与桩头侧壁接缝处应采用密封材料嵌填。桩头的受力钢筋根部应采用遇水膨胀止水条或止水胶进行包绕。密封材料嵌填应密实、连续、饱满，粘结牢固。

3 施工管理

3.1 桩基验收管理

施工完成后，应对桩进行单桩承载力及桩身完整性检验。检验的方法有很多，用得最多的是单桩竖向抗压静载试验和低应变检验。（1）桩完整性检测，采用反射波的低应变检测法是在桩顶瞬时激振的情况下，通过精密仪器以一维波动理论为基础，分析桩体中弹性传播的波形特征，判定桩体质量，属于桩身完整性的检验。（2）检测桩的承载力，一般通过桩的静载试验检测，也可采用高应变法进行检测。在预应力管桩建筑基础时，如果用高应变代替静载试验是不可行的，因为对桩基采取静载试验，是最接近实际载荷状况的，而大应变是一种动载荷，其检测数据的误差较大，更受检测人员的经验、设备精度等影响较大。在工程中，采用高应变来检测桩的完整性、估算其承载力是可行的，但不能取代用静载试验对工程桩进行的验收检测。

3.2 桩头填芯的质量管理

桩与上部结构的连接主要通过桩的承台，如何保证桩与承台的连接达到要求，是保证工程质量的关键，因此桩头嵌入承台的长度不宜太短，有关管桩技术规范规定不宜小于 10cm。为有效防止浅水位地区基础上浮并保证基础和桩基的整体协同工作，土方开挖至设计标高露出管桩后，清理管桩孔内的垃圾及污物，在桩头的桩管内应填充一定高度的混凝土。用钢板作底模，并用一定数量的竖向钢筋焊于钢板上，钢筋按要求绑扎，并伸入承台一定长度。混凝土中微掺 UEA 膨胀剂（掺量 10％）。待基础底板钢筋绑扎时，管桩锚筋与基础底板钢筋要焊牢，基础底板钢筋与管桩桩头也要焊牢。桩头填芯混凝土的强度等级应满足规范要求和设计要求。

3.3 压桩过程的资料管理

认真观察压力表的读数并做好记录，以判断桩的质量和承载力。桩位要随打随记录，预防错打、漏打，同时应对周围建筑物、地下管线等进行观测、监护，并及时做好记录。要认真做好原始资料的汇总工作，遇到异常现象及时通知监理、建设方、设计院，大家共同协商解决施工现场问题。

4 结语

中密土地质情况下的静压高强度预应力混凝土管桩施工时，应根据工程具体情况合理选择压桩顺序并采取有效措施来消除挤土效应的影响。施工质量控制应采取符合工程实际的，有针对性的预案和措施，严格执行相关规范（规程）、标准，确保桩基础质量及周围环境的安全。

随着静压预应力高强混凝土管桩施工技术的广泛应用和发展，以及静压预应力高强混凝土管桩理论研究的进步和工程实践的不断积累，静压预应力高强混凝土管桩技术应用水平必将有更大的提高。

本论文部分内容笔者已以题为《静压预应力高强混凝土管桩施工质量控制》发表在《工程技术》。

参考文献：

[1] 张京亮，刘洪军，武雪强．PHC 高强预应力混凝土管桩施工[J]．云南水力发电，2017，33(04)：37-40．

[2] 高飞．PHC 高强预应力混凝土管桩的应用优势[J]．城市建设理论研究(电子版)，2017(22)：159．

[3] 鄢维峰．高强预应力混凝土管桩(PHC)施工技术及质量控制[J]．山西建筑，2013，39(24)：90-91．

五轴搅拌桩在严重液化地段的支护应用技术

纪　省

（中建八局第一建设有限公司，山东 济南 250100）

摘　要： 市政道路工程施工中，多数涉及地下管道施工，尤其涉及新修主要交通道路多数设置较大管径钢筋混凝土圆管以及混凝土结构方涵，对于大断面的方涵则多数采用明挖法进行施工，在地质较差地段则需要进行支护。本文所述工程管道最深处位于现状路面以下达8.519m，由于地下水位较高，地层间的饱和砂类土、饱和粉土存在严重液化，普通的钢板桩支护难以满足施工需要，采用 SMW 工法桩支护更适合于现场施工，本文通过对设计进行优化，采用五轴搅拌桩进行施工，施工过程中取得了较好的质量及经济效益，本文结合实例对五轴搅拌桩施工技术进行探讨，为类似项目提供一定的施工依据。

关键词： 五轴搅拌桩；严重液化地段；支护；施工技术

0 前言

SMW 工法桩在基坑支护方面具有止水效果好、桩体支撑强度高、施工支撑深度大、施工对周围地层影响小等优点，广泛应用于基坑围护结构施工中。

本文所述工程管道最深处位于现状路面以下达8.519m，由于地下水位较高，地层间的饱和砂类土、饱和粉土存在严重液化，普通的钢板桩支护难以满足施工需要，采用 SMW 工法桩支护更适合于现场施工，由于目前多以三轴搅拌桩为主，本项目变更设计仍为三轴搅拌桩，为达到质量与效益最佳化，对设计进行优化，采用五轴搅拌桩进行施工，施工过程中取得了较好的质量及经济效益。

1 应用工程概况

应用工程为市政道路工程，道路性质为城市主干路，道路红线宽度 60m，雨污水双线敷设，沟槽最大开挖深度8.519m，基坑安全等级一级。

场地在勘探深度范围内主要由第四系全新统沉积的杂填土，素填土，粉土、粉质黏土、粉砂等构成，地层间的饱和砂类土、饱和粉土存在严重液化，场地内多为软弱土层，地下水位高，土体天然含水量高、孔隙比大，土质软弱高压缩性，具有高灵敏度、低强度的特点。

③₁层、④₁层含砂量大，渗透系数大，颗粒级配较差，磨圆度较差。水量丰富、土质松散，在动荷载作用下产生液化，易发生流砂现象。

地震液化情况表 表1

液化指数	液化等级
17.53～24.68	严重

地层地质情况表 表2

层号	岩土名称	黏聚力 c（kPa）	内摩擦角 φ（°）	渗透系数 k（m/d）
②	粉土	16.0	14.3	0.3
②₁	粉质黏土	15.0	16.0	0.06
③₁	粉砂	0	22	2
③	粉土	15	18	0.3

各岩土层基槽工程设计参数表 表3

层号	岩土名称	黏聚力 c（kPa）	内摩擦角 φ（°）	渗透系数 k（m/d）	土石分级
②	粉土	16.0	14.3	0.3	1
②₁	粉质黏土	15.0	16.0	0.06	1
③₁	粉砂	0	22	2	1
③	粉土	15	18	0.3	1

2 五轴搅拌桩机选用

K5＋569～K7＋140 约 1.571km 开挖深度超过 7.0m，图纸支护设计为 12m 拉森钢板桩＋型钢支撑，未提供设计图。

根据勘察报告数据显示，场地土类型（20m 内）为中软土，工程场地类别均为Ⅲ类，液化等级为严重，路基作用深度范围内（路槽下 80cm）土质所处的干湿状态为过湿，土层承载力较低，且均匀性差，故在管基底部应进行适当换填，换填材料可选择级配碎石或砂卵石，换填厚度暂定为 50cm。

由于施工段落开挖较深且地层液化严重，土层含水量大，对支护结构要求较高，原设计 12m 钢板桩在开挖基础面以下入土深度仅 3.481m，右侧如图 1 所示，方涵及污水管所处范围为粉砂层，中间夹杂着约 4.2m 的粉土层，其下又为粉砂层，从附近工地看，超过 7.0m 的管廊基坑设计支护结构均为 SMW 工法桩，在围护结构内降水良好的情况下换填 50cm 可以满足要求。

在此地质条件下，使用 12m 钢板桩进行支护，钢板桩入土嵌固深度不足，钢板桩的稳定性、基底抗隆起等计算已没有价值，基坑根本无法满足支护结构安全要求。

为确保支护结构安全，同时保证在富水地区支护结构的止水效果以及支护结构的强度要求，故沟通设计、监理、业主等单位进行设计变更为 SMW 工法桩，设计单位变更设计为三轴搅拌桩，采用套接一孔法施工。

三轴搅拌桩：桩径 850mm，间距 600mm，桩长14.7m，搭接长度 250mm，水泥采用 P.O42.5 级普通硅酸盐水泥，水泥用量不小于 360kg/m³，水灰比采用 1.0～1.5，桩体无侧限抗压强度要求不小于 1.0MPa，内插

HN700mm×300mm×13mm 型钢，插入长度 15.0m。

图 1　支护设计及地质情况

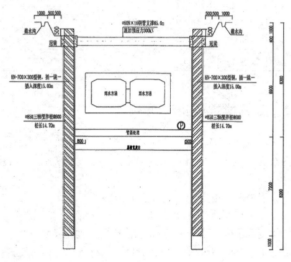

图 2　SMW 工法桩设计

由于地方雾霾天气预警较多，导致经常性的施工停滞，不可避免地存在较多的施工冷缝，形成一定的质量、安全隐患，同时由于三轴搅拌桩套打数量较多，工期及经济效益低下，经综合考虑协调业主及监理单位采用了五轴搅拌桩进行施工。

施工用五轴搅拌桩为 ST180/85/5 型五轴连续墙钻孔机，采用 ST168 型全液压步履式打桩架，桩机设 5 根钻杆，钻杆搅拌头部上下错位设置，运转过程中搅拌头设梳状搅拌叶片，动力装置驱动搅拌头旋转，高压水泥浆经每个钻杆下端的搅拌头喷出，由叶片在旋转中将土与水泥浆搅拌成水泥土。

ST180/85/5 型桩机技术参数　表 4

序号	技术指标名称	单位	技术参数
1	钻孔直径	mm	850×850×850×850×850
2	钻杆中心间距	mm	600×600×600
3	最大钻孔深度	m	25
4	钻杆转速	r/m	13.5

续表

序号	技术指标名称	单位	技术参数
5	钻杆直径	mm	273
6	钻杆基本长度	m	9、9.3、6.3、6
7	电机额定功率	kW	270（90×3）
8	配套浆、所管内径	mm	38
9	配套桩架		168A 以上打桩架
10	总重量	t	45
11	打桩架立柱导轨中心距	mm	600×102
12	打桩架立柱筒体直径	mm	920
13	水泥浆系统		ST50
14	每小时出浆量	m³	50

图 3　ST180/85/5 型五轴搅拌桩机钻头

3　五轴搅拌桩施工工艺要点

3.1　施工工艺参数确定

（1）水灰比选取

正式施工前进行试桩作业，成桩 7d、14d 后采用轻型触探进行测试，同时对于相应的水泥浆液强度进行检测，根据试验结果，水泥用量 360kg/m³，水灰比采用 1.2，水泥浆采用集中拌和自动计量设备拌制。

水泥浆配比及用量表　　　表5

桩径	850	桩长	14.2
S5轴大幅	2.422	水泥比重	3.0
水灰比	1.20	水泥掺量	20%
每方水泥用量 kg	360.0	水泥浆比重 kg/L	1.43
每米桩长水泥用量 kg	872.05	每米桩长用浆量 L	1337.1
每幅桩水泥用量 kg	12383.06	每幅桩总浆液量 L	18987.1

机器施工参数表　　　表6

桩长	下沉时间	提升时间	施工总时间
14.2	28.4	20.3	53
下沉注浆量	提升注浆量	下沉喷浆速率	提升喷浆速率
13291	5696	401.1	374.4

（2）水泥浆配制

五轴搅拌桩计算面积：2.422m²，桩长：14.2m。

（3）机器施工参数

14.2m桩长泥浆量为18987L

钻进及提升搅拌时间计算：

时间（min）＝孔深（m）/速度（m/min）

下沉速度取0.6m/min，喷浆量为每幅桩总量的70%，提升速度取0.8m/min，喷浆量为每幅桩总量的30%。

配套喷浆泵压浆速率：50m³/h＝833L/min＞施工最大速率401.1L/min，满足施工需要。

3.2　施工工艺要点

（1）场地平整：设备进场前，清除施工区域内的地表及地下障碍物，桩机行走活动范围内地面进行回填压实，必要时桩机作业区域铺设钢板以增加地基的承载能力以及增强安全性。

（2）放样、开挖导槽：搅拌机桩径为850mm，轴心距为600mm，搅拌桩搭接250mm，采用套打成孔工艺，因此桩心距为1200mm。

用挖机沿轴线开挖宽1.2m、深0.8m的导槽，并在导槽外设置定位钢丝绳，以1200mm为间距，做好标记，保证搅拌桩定位准确，保证桩机垂直偏差个大于2‰。

（3）水泥浆制备：水泥采用P.O42.5级普通硅酸盐水泥，水泥用量360kg/m³，水灰比采用1.2，水泥浆采用集中拌和自动计量设备拌制，严格控制水灰比，水泥浆的制备须有充分的时间，要求大于3min，保证搅拌均匀性，确保压浆连续进行。

正式施工前要全面检查水泥浆拌和设备、供浆管路等，调试好自动控制系统，桩机试机正常后方可正式施工。

（4）搅拌及喷浆

搅拌桩施工采用套接一孔法施工，要求在前桩水泥土尚未固化时进行后序桩搭接施工。

搅拌桩采用两搅两喷工艺进行，搅拌机运转正常后，启动搅拌机电机，放松起重机钢丝绳，使搅拌机沿导向架搅拌切土下沉，五个钻杆分别驱动其下的螺旋搅拌头转

图4　水泥浆自动拌和系统

动钻进搅拌，下沉速度控制在0.6m/min左右，工作时，高压水泥浆由五个钻杆下端的螺旋搅拌头喷出，五个螺旋搅拌头在旋转中将五个螺旋搅拌头覆盖的土体切割并与高压水搅拌成泥浆。

搅拌桩机运行时首先进行送风，钻头旋转钻进入土，然后边送风边喷水泥浆下沉，施工过程中，严格控制下沉与提升速度，且保证水泥浆泵送量与速度相匹配，严禁提升过快，形成孔内负压，造成桩体缩径等质量问题。

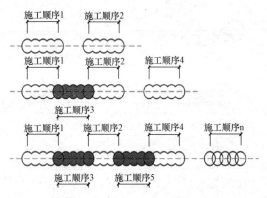

图5　搅拌桩套打示意图

为保证桩底质量，在桩底位置1～2m范围内重复搅拌2min，以确保水泥浆液通过输浆管和钻杆压入加固体底部，然后边喷浆边提升搅拌头，此后边喷浆边旋转，搅拌提升速度控制在0.8m/min。

（5）型钢插入：型钢进场后按设计长度进行坡口焊接加长，并在起吊端150mm处开100mm的吊装孔，然

图 6 搅拌桩施工图

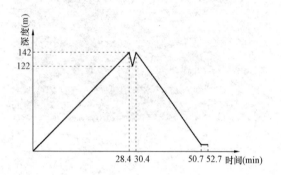

图 7 钻进与喷浆时间关系图

后表面应涂刷减摩剂，涂刷次数不少于两遍，控制在 $1kg/m^2$。

型钢在搅拌桩施工结束后 30min 内插入，插入方式为插一跳一，插入时设置型钢定位架，型钢依靠自重插入，当插入困难时可采用辅助措施下沉，不得多次重复起吊、重复插入。

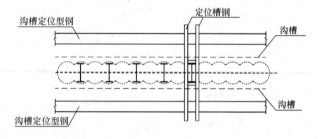

图 8 型钢定位架

（6）冠梁施工：冠梁混凝土强度等级为 C30，保护层厚度 5cm，平面尺寸 1200mm×800mm，施工过程中控制好沟槽开挖尺寸及标高，在型钢上包裹塑料等材料，保证冠梁内型钢处于分离失效状态，冠梁的模板支立要保证表面平整，以方便支撑搭设。

（7）型钢拔出：地下方涵等管道施工回填完成后，采用专用夹具及千斤顶以冠梁为基础，起拔回收 H 型钢，起拔过程中始终用吊车吊住 H 型钢，配合千斤顶逐段顶升直至将型钢拔出桩体。

图 9 型钢拔出用千斤顶

4 五轴搅拌桩效益分析

4.1 功效分析

本项目搅拌桩采用套接一孔法施工，五轴搅拌桩一幅施工长度为 2.4m，而三轴搅拌桩一幅施工长度为 1.2m，五轴搅拌桩套接一孔后三幅总长度为 7.2m，而采用三轴搅拌桩施工时，则需 6 幅桩，套打分析见图 10、图 11。

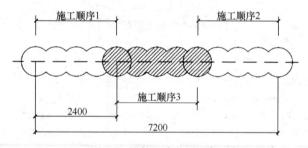

图 10 搅拌桩套打示意图

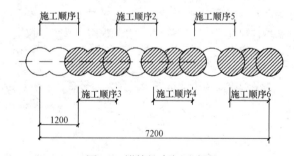

图 11 搅拌桩套打示意图

经过对比分析，采用五轴搅拌桩施工时，具有明显的优势，一次施工面积比三轴搅拌桩提高 61%，比三轴搅拌桩减少一半的套打数量、节省一倍工期、降低产生冷缝的概率。

4.2 经济效益分析

三轴搅拌桩每幅面积 1.495m²，五轴搅拌桩每幅面积 2.422m²，对比分析以 7.2m 为基本单位，则三轴为 6 幅，五轴为 3 幅。

水泥用量对比表　　　　表 7

$S_{三轴}$	1.495	每幅桩水泥用量	7005.1	总水泥用量	42030.6	节省水泥
$S_{五轴}$	2.422	每幅桩水泥用量	12383.06	总水泥用量	37149.18	4881.42

本项目工法桩全长 3060m，共 1275 幅（五轴），比三轴搅拌桩共计节省水泥用量 2074.5t，经济效益较为可观。

5　结语

（1）五轴水泥土搅拌桩喷浆头错位布置，采用梳状叶片，将水泥与土体原位强制搅拌，提高搅拌的均匀性，避免加固土体上下流动，增加成桩质量。

（2）五轴搅拌桩机采用 5 根并排钻杆的布置形式，一次施工长度较三轴搅拌桩机成倍增加，提升了一次作业功效，减少套打数量 50%，有效减少搭接冷缝的出现。

（3）五轴搅拌桩成桩面积比三轴增加 1 倍，减少 50% 套打次数，节省较多的水泥用量，五轴搅拌桩比三轴搅拌桩在工期、质量、效益上具有明显的优势。

本文结合实例对五轴搅拌桩施工技术进行探讨，总结形成一套完整的施工技术及对比分析，可以为类似项目提供一定的施工依据。

参考文献：

[1] 五轴水泥土搅拌桩（墙）技术标准 DG/TJ 08—2277—2018 [S].上海：同济大学出版社，2018.
[2] 建筑基坑支护技术规程 JGJ 120—2012[S].北京：中国建筑工业出版社，2012.
[3] 型钢水泥土搅拌墙技术规程 JGJ/T 199—2010[S].北京：中国建筑工业出版社，2010.
[4] 刘国彬，王卫东.基坑工程手册（第二版）[M].北京：中国建筑工业出版社，2009.

盾构侧穿桥桩施工控制技术

杜洪亮

（济南城建集团有限公司，山东 济南 250000）

摘　要：通过对济南轨道交通 3 号线王舍人站—裴家营站区间盾构长距离侧穿高架桥桩施工控制情况进行总结分析，重点论述了辅助措施的重要性，分析了粉质黏土地层中盾构长距离侧穿构筑物不可避免的施工风险，并探讨了盾构穿越该段掘进施工的控制措施，为同类工程项目的地铁施工积累了施工经验。

关键词：盾构；桥桩；风险；控制措施

0　工程概况

济南市轨道交通 R3 线王舍人站—裴家营站区间为双单洞隧道，该区间采用两台土压平衡盾构机施工，隧道右线起讫里程为右 SK14＋621.003～右 SK17＋443.207，全长 2822.204m；隧道左线起讫里程为左 XK14＋621.003～左 XK17＋443.205，短链 21.698m，全长 2800.504m。盾构自王舍人站始发后向东沿工业北路方向掘进共侧穿 48 处高架桥桥桩，其中匝道 I6 桥桩与隧道结构间距最小，与隧道埋深基本持平，与右线最小水平净距 1.3m，与左线隧道最小水平净距 1.9m。

1　地质水文

区间盾构侧穿工业北路匝道 I6 桥桩主要穿越地层为⑩₁ 粉质黏土、⑭₁ 粉质黏土，隧道上部覆土为杂填土、⑨₁ 粉质黏土。

⑩₁ 层粉质黏土：黄褐—棕黄色，可塑—硬塑，局部坚硬，可见铁锰质氧化物，含有小径姜石，直径 2～4cm，大者 6cm，分布不均，约含 3%～5%，粉粒含量高。该层层厚 1.1～11.2m，层底埋深 15.0～23.8m。

⑭₁ 层粉质黏土：褐黄—棕黄色，可塑—硬塑，见较多铁锰质氧化物，含有小径碎石，直径 2～5cm，大者 8cm，分布不均，约含 5%～8%，粉粒含量高。该层层厚 2.0～12.3m，层底埋深 18.7～31.5m。

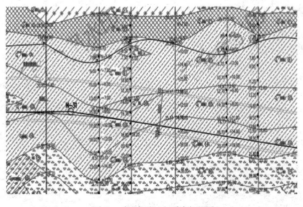

图 1　侧穿段地质剖面图

⑨₁ 层粉质黏土：黄褐—褐黄色，可塑—硬塑，土质

较均匀，可见铁锰质氧化物，含有少量小径姜石，直径 1～4cm，分布不均，约含 5%，粉粒含量较高。

2　隧道与 I6 桥桩的位置关系

工业北路匝道桥 I6 桥桩桩径 1.2m，摩擦桩；桥桩距离区间隧道的水平距离为 1.3～1.9m。桩长 25m，桩底标高 4.155m。与区间隧道位置关系如图 2 所示，桥桩地面情况如图 3 所示。

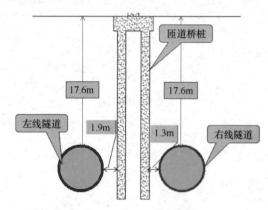

图 2　匝道桥桩与区间隧道的位置关系

图 3　桥桩地面情况

3　施工重难点

本区间线路在平纵断面上存在大部分曲线掘进施工，沿新建高架快速道路掘进，且近距离穿越桥桩，稍有不慎

便会造成巨大的经济损失和严重的社会影响。因此，本工程施工重点就是保证沿线既有桥桩基础安全；区间施工的难点即主要任务是对施工过程进行控制，最大限度地减小隧道掘进过程中土体变形与地面构筑物的沉降，从而保证既有构筑物的安全。

4 施工控制

考虑到工业北路为新建道路，路基下部专业管线较多，各管线间距紧密，无法对其周围土体加固，利用盾构施工自身的安全措施侧穿桥桩基础。

4.1 盾构参数设定

盾构施工过程中，掘进参数的设定是盾构掘进施工进度和地面沉降控制得以保证的前提。为确保掘进参数的准确，我部结合国内外盾构施工经验和自身施工实例，对盾构掘进参数进行了计算和选取，具体如下：

（1）土仓压力设定

土仓压力我们选取常用的土力学公式按水土合算计算静止土压力，计算深度选取盾构中心位置。

$$P = P_1 + P_2 = K_0(\sum \gamma \cdot h + 20)$$

式中　P——隧道中心水土压力值；

P_1, P_2——分别指水土压力、变动荷载（选取为20kPa）；

K_0——静止土压力系数；

h——在盾构中心上方的各土层厚度（m）；

γ——在盾构中心上方的各土层容重（kN/m³）。

由水土压力计算公式可以看出，水土压力与隧道埋深密切相关，盾构侧穿桥桩区域恰好位于隧道下坡，根据地勘地层的各项参数计算，考虑到隧道上方地表情况，防止地面隆起，设定土压为1.55bar。

（2）总推力

掘进总推力是掘进参数的重要指标，总推力取值是否合适，关系着盾构机能否正常掘进，匹配的总推力还有利于刀盘的保护。分析总结国内外盾构施工的掘进参数，可发现掘进总推力与土仓压力有着密切的关系。我部选取的总推力计算公式为：

总推力＝土仓压力×盾构面积＋土仓压力×盾体长度×盾体周长×摩擦系数＋盾尾与管片的摩擦力＋后配套牵引力±重力沿坡度方向的分力

$$F = \pi r^2 \cdot P + P \cdot L \cdot \pi D \cdot \mu + f_1 + f_2 \pm G \cdot \gamma$$

其中 $r = 3.34m$，$L = 9m$，$D = 6.65m$，$f_1 = 200kN$，$f_2 = 750kN$，$G = 4000kN$，以上数据从盾构机技术手册中查得，摩擦系数 μ 暂取 0.1，并在试掘进阶段根据实际掘进情况对摩擦系数 μ 进行反算，确定摩擦系数 μ 的最终取值。设定推力不大于1500t。

（3）扭矩

盾构掘进扭矩是盾构掘进的另一重要指标，扭矩数据能直接反应开挖面和土仓内土体的物理性质变化。

结合国内外盾构工程施工经验和盾构机制造商制造经验，我部认为影响盾构机扭矩主要由以下几方面因素构成。

盾构机扭矩＝刀盘面积×开挖面黏滞力系数＋刮刀切削扭矩×刮刀数量＋支撑臂扭矩＋搅拌柱扭矩

$$T = \pi r^2 \cdot 60\% \cdot C_u + T_1 \cdot n + T_2 + T_3$$

其中 $r = 3.34m$，60%为刀盘封闭部分面积（开口率为40%），T_1、T_2、T_3、n 均从盾构机技术手册中查得。考虑侧穿段地层为粉质黏土和卵石层，设定扭矩不大于4000kN·m，减小对土体的扰动。

（4）掘进速度的设定

为保证盾构顺利侧穿，侧穿时盾构应确保连续均衡施工。推进速度过快或过慢都会对土体产生较大的扰动，根据盾构机整体性能使推进速度满足掘进土压力以及同步注浆速度的同时尽量提高掘进速度会减小对桥桩基的影响。根据盾构机在试掘进过程中积累的地层掘进经验，初步设定侧穿 I6 桥桩时的推进速度为 40～50mm/min，同时保证推进速度的匀速性。

（5）刀盘转速

刀盘转速当掘进速度确定后，主要受刀具贯入度影响，刀具贯入度 P_e＝掘进速度 V/刀盘转速 N，即刀盘转速 N＝掘进速度 V/刀具贯入度 P_e。

刀具贯入度过大，将导致刀具线速度过快和更高的温度，引起额外的磨损；贯入度过小，又易产生刮擦而无法顺利切削土体，并导致刀具背部磨损增加。因此，我们考虑设定刀具贯入度在40～50mm/r，由此得刀盘转速为0.8～1rpm，现场选用0.9±0.1rpm并根据试掘进情况进行调整。

（6）同步注浆

本工程所采用盾构机共设有4个同步注浆点，每个注浆点都有注浆压力和注浆量显示。注浆压力应与该位置的水土压力相匹配，做到充分充填而不劈裂，考虑到注浆管头到盾尾的压力损失，需对注浆压力进行补偿，即注浆压力为该位置水土压力与盾构机注浆管压力损失之和。根据以往经验盾构机注浆管压力损失为1.2～1.5bar，本工程暂取 1.2bar，待盾构机进场后再根据现场实测数据进行修正。注浆量一般为理论建筑空隙的130%～250%，本工程理论间隙为 1.2π（$6.68^2 - 6.4^2$）/4－$3.45m^3$，按照 1.5 倍充填系数考虑，计 $5.2m^3$。注浆量按2：1：1：2进行分配。注浆速度需与掘进速度相结合。

侧穿施工选用水泥砂浆作为同步注浆浆液，主要由水泥、消石灰、粉煤灰、膨润土、砂、水拌合而成，水泥砂浆相对于前期使用的惰性砂浆，凝结时间短，早期和后期强度高，根据地层条件和掘进速度，通过现场试验加入促凝剂及变更配比来调整胶凝时间，对于强透水地层和要求注浆具有较高早期强度的地段，可通过现场试验进一步调整配比和加入早强剂，进一步缩短胶凝时间，保证良好的注浆效果。

根据相关施工经验，同步注浆拟采用如表1所示同步注浆配比表所示的配比。在施工中，根据地层条件、地下水情况及周边条件等，通过现场试验优化确定。

同步注浆材料配比表（1m³） 表1

材料	配比	备注
水泥	150kg	
消石灰	50kg	
粉煤灰	336kg	
砂	850kg	
膨润土	50kg	
水	460kg	加水调整浆液稠度至10～12s之间

图4　注浆浆液试块制作

（7）泡沫和水注入

为使进入土仓的渣土具有较好的流动性，并适当地降低渣土的黏度和土仓内的温度，需及时向土仓内注入一定量的水。水量根据掘进掌子面地质情况来确定，添加水量以土体达到液性指数 $I_L=0.5$ 为标准，即 $I_L=(w-w_p)/(w_L-w_p)$，$w=I_L\cdot(w_L-w_p)+w_p$，$\Delta w=w-w_1$。（式中 w_L 为掌子面土体液限，w_p 为掌子面土体塑限，w_1 为掌子面土体实测含水率）

因土体随着含水量的增加，稳定性有一定的降低，且可能存在搅拌不均匀的现象，所以不能单纯依赖加水对渣土进行调节，必须注入一定量的发泡剂作为有益补充。泡沫剂在盾构施工中的应用是通过无数小气泡组成的泡沫混入到渣土中来实现的。通常我们所称的注入泡沫实际上是注入气泡。泡沫是典型的气-液二相系，其90％以上为空气，10％为泡沫剂溶液；而泡沫剂溶液90％～99％为水，其余为泡沫剂原液。

本工程采用知名品牌泡沫，泡沫原液掺量3％，发泡率在4～6倍，流量100～400L/min，该泡沫参数在本工程试验段效果较好，达到了出土呈现蓬松牙膏状的效果。

4.2 施工监测

盾构侧穿桥桩施工期间采取人工测量与全自动监测仪器相结合的方式进行监测，人工监测建筑物监测点共布置125个，全自动监测点布置20个。

通过盾构掘进施工中监测数据及时传达给盾构司机，盾构司机根据地表变化情况调整掘进参数，盾构侧穿I6桥桩顺利完成，盾构切削土体对桩的水平位移和垂直位移影响较小，水平位移在0.2mm以内，穿越完成后建筑物沉降变化速率正常，最大沉降点累计沉降值0.53m，未超设计控制值要求。

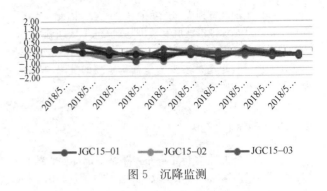

—●— JGC15－01　　—●— JGC15－02　　—●— JGC15－03

图5　沉降监测

5　施工总结

根据监测结果分析，侧穿工业北路桥桩基础盾构施工参数的选择是可以满足对桥桩基位移变化的控制。

具体施工参数如下：

序号	参数名称	设定值	实际值
1	土仓压力（bar）	1.55	1.58
2	刀盘转速（rpm/min）	0.9±0.1	1.1
3	刀盘扭矩（kN·m）	≤4000	2500～3000
4	注浆量（m³）	5.2	5.5
5	注浆压力（bar）	≤3	2.5～3
6	推进速度（mm/min）	≤50	40～50

侧穿期间选用的水泥厚浆初凝时间控制在4h左右，从高架桥桩基础工后监测情况分析，水泥厚浆有效地控制了后期沉降，验证了浆液的选择是适合风险源施工；选择合理的盾构掘进参数，保持连续平稳的掘进施工，对沉降控制有利；盾构长距离侧穿建筑物依靠盾构自身施工工艺及施工控制措施在济南地区粉质黏土地层中施工可满足施工沉降控制要求。

参考文献：

[1] 张凤祥，傅德明，杨国祥，等. 盾构隧道施工手册[M]. 北京：人民交通出版社，2005.

[2] 陈馈，洪开荣，吴学松，等. 盾构施工技术[M]. 北京：人民交通出版社，2009.

[3] 地下铁道工程施工及验收标准 GB 50299—2018（2003 年版）[S]. 北京：中国建筑工业出版社，2018.

[4] 竺维彬，鞠世健. 复合地层中的盾构施工技术[M]. 北京：中国科学技术出版社，2011.

[5] 北京交通大学. 地铁工程施工安全管理与技术[M]. 北京：中国建筑工业出版社，2012.

[6] 盾构法隧道施工及验收规范 GB 50446—2017[S]. 北京：中国建筑工业出版社，2017.

信息化施工技术在水泥土复合管桩中的应用

朱锋[1,3]，　程海涛[1,3]，　刘彬[2,3]

(1. 山东省建筑科学研究院有限公司，山东 济南 250031；2. 山东建科特种建筑工程技术中心有限公司，山东 济南 250031；3. 山东省组合桩基础工程技术研究中心，山东 济南 250031)

摘　要： 水泥土复合管桩是一种适用于软弱土地区的新型组合桩，岩土工程信息化施工已经成为工程建设过程中不可或缺的方法并取得了显著成效。本文通过水泥土桩施工中数据监测系统的应用、芯桩植桩中智能打桩系统的应用及 BIM 技术的应用，对水泥土复合管桩的信息化施工进行了探索和实践。

关键词： 水泥土复合管桩；信息化施工；数据监测系统；智能打桩系统；BIM 技术

0　引言

水泥土复合管桩是一种适用于软弱土地区的新型组合桩，能够作为桩基或复合地基使用，适用于高层、多层的工业民用建（构）筑物的地基基础。水泥土复合管桩能充分发挥水泥土桩桩侧阻力大和管桩（芯桩）桩身材料强度高的特点，克服了柔性桩和刚性桩各自的缺点，具有取材方便、造价低廉、施工工艺简单、质量可靠、节约资源、绿色环保等特点，应用前景广阔。

信息化施工就是在施工过程中通过实时收集现场数据信息并加以分析，根据分析结果对原设计和施工方案进行必要的调整，并反馈到下一施工过程；对下一阶段的施工过程进行分析和预测，对工程实施过程中所面临的风险程度进行适当估计，动态调整并采取合理的风险处置预案或措施，从而保证工程施工安全。信息化施工技术是在现场测量技术、计算机技术以及管理技术的基础上发展起来的。

由于地下土体性质、荷载条件、施工环境的复杂性以及施工工艺质量掌握的不确定性，仅根据岩土勘察资料来确定岩土工程设计和施工方案，往往有许多不确定因素。

随着信息化施工技术的迅速发展及其在岩土工程领域的应用，岩土工程信息化施工已经成为工程建设过程中不可或缺的方法并取得了显著成效。信息化施工技术通过将定量分析、工程经验、监测数据等多种资源结合起来，对于解决复杂环境条件下高度非线性、信息不完整和受时间空间影响显著的岩土工程问题具有很好的适用性。

1　数据监测系统在钻机中的应用

1.1　数据监测系统

LGZ-40 全液压钻机主要用于水泥土复合管桩的施工。钻机配备水泥土复合管桩施工数据记录仪，是一种自动记录和储存水泥土复合管桩施工过程中信息和设备自身参数的仪器。它是一款多功能智能型仪器，能够进行多传感器的无人自动数据采集。通过设置它能直接显示出所测的参数，通过 USB 数据接口，能将数据导到计算机，以便对数据进行进一步处理。它安装在钻机的操作室内，

如图 1 所示，可以记录桩机的基础信息和施工过程中数据信息。该系统可针对施工情况适当调整机械的动力参数，并将施工实时监控的数据等进行记录，它能将桩基的施工日期、时间、动力头转速、钻进深度、钻进速度、主泵压力、辅泵压力、副泵压力、主泵电流、电压、油温、钻杆倾角等参数都记录下来，能够为事中记录数据和事后分析数据提供方便。系统组成包括信息采集（实时岩土工程监测、数据采集）、信息存储（数据存储技术）与信息管理（数据库管理系统）等三个子系统，能够实现数据采集、显示、存储、传输功能。

1.2　数据监控技术应用

监控参数：桩基的施工日期、时间、动力头转速、钻进深度、钻进速度、主泵压力、辅泵压力、副泵压力、主泵电流、电压、油温、钻杆倾角等，如图 1 所示。

设置选项：参数设置和系统设置，如图 2 所示。

(a)　　　　　　　　　(b)

图 1　监测系统显示界面
(a) 监控系统操作界面；(b) 监控数据显示

图 2　监测参数设置

数据传输方式：本仪器配有 4 个 USB 接口，能够实现数据的传输。数据显示如图 3 所示。

动力头转速、钻进深度曲线如图 4、图 5 所示。

	A	B	C	D	E	F	G	H	I	J	K	L	M	N	O	P	Q
MCGS_Time	MCGS_TIME	通道01	通道02	通道03	通道04	通道05	通道06	通道07	通道08	通道09	通道10	通道11	通道12	通道13	通道14	通道15	
2016-3-1 14:33	880	0.103594	2537.06	0	1.6825	3.4325	4.25937	44.3906	47.7656	27.6375	216.359	214.781	216.875	21	0	0	1
2016-3-1 14:33	926	0.037781	2536.88	0	1.71	3.4375	4.25781	42.875	46.8438	28.15	215.938	214.125	217.047	21.1	0	0	1
2016-3-1 14:33	971	0.002437	2536.5	0	1.67	5.0825	4.25781	44.2813	48.7969	38.4562	214.734	216.213	216.078	21.3	0	0	1
2016-3-1 14:33	16	0	2535.94	0	1.6775	6.585	4.21094	44.9844	47.625	38.125	214.531	214.594	215.094	21.5	0	0	1
2016-3-1 14:34	62	0	2238	2520.94	1.705	10.1725	4.2688	48.8906	48.4563	214.641	213.688	216.469	20.5	0	0	1	
2016-3-1 14:34	110	0	1551.19	2539.69	1.695	10.015	4.27188	45.0781	46.9531	48.525	214.188	214	215.844	21.3	0	0	1
2016-3-1 14:34	159	0	55.875	1913.81	1.7	4.4825	4.26719	46.5469	47.3281	48.6375	215.797	214.031	218.828	20.3	0	0	1
2016-3-1 14:34	206	0	0	2.06253	1.7	6.515	4.26875	44.2344	46.875	35.8	215.266	213.969	215.703	20.8	0	0	1
2016-3-1 14:34	254	0	0	0	5.7925	3.44	4.27031	46.7031	27.8875	215.313	214.781	216.359	20.3	0	0	1	
2016-3-1 14:35	298	0	0	0	1.665	4.2375	4.27969	44.5	48.0938	30.125	215.375	214.547	215.578	24.9	0	0	1
2016-3-1 14:35	343	0	0	0	1.6775	4.225	4.26406	45.9375	45.9063	30.225	214.563	216.203	215.984	23.8	0	0	1
2016-3-1 14:35	388	0	0	0	1.6775	3.4125	4.2625	46.5313	45.9063	27.4375	215.875	214.641	216.078	20.8	0	0	1
2016-3-1 14:35	434	0	0	0	1.9425	3.435	4.26406	45.9531	48.2344	27.5625	215.125	215.391	215.563	25.4	0	0	1
2016-3-1 14:35	480	3.67331	0	0	2.4975	6.58	4.27031	43.6875	50.0937	41.0438	214.672	212.938	215.875	22.3	0	0	1
2016-3-1 14:35	526	3.46003	0	11.25	2.505	3.465	4.26875	43.8281	50.9688	28.8063	215.734	214.75	216.203	21.4	0	0	1
2016-3-1 14:36	572	3.52584	892.125	308.812	2.565	7.8275	4.27188	46	50.75	39.6937	214.531	213.672	215.594	21.8	0	0	1
2016-3-1 14:36	618	3.53925	395.625	303.563	2.6625	7.665	4.275	45.2656	49.8281	40.5062	214.922	213.813	215.906	22.4	0	0	1
2016-3-1 14:36	663	3.53925	395.625	319.313	2.665	7.665	4.27344	44.8438	50.6094	40.2625	215.078	213.922	214.922	25.7	0	0	1
2016-3-1 14:36	708	3.54169	869.813	326.062	2.7075	7.665	4.26875	45.75	49.3281	40.3562	214.625	214.219	215.563	23.7	0	0	1
2016-3-1 14:36	756	3.53194	0	361.313	2.7	7.995	4.26563	44.6844	49.5	40.775	215.203	214.172	215.438	24.5	0	0	1
2016-3-1 14:36	803	3.52219	41.25	504.937	2.79	7.9475	4.27031	44.8906	49.1875	41.1313	214.484	213.906	215.313	24	0	0	1
2016-3-1 14:37	856	3.53072	29.4375	545.438	2.8075	8.07	4.26563	48.0156	41.55	214.734	214.219	215.625	20.4	0	0	1	
2016-3-1 14:37	903	3.52341	393.75	627.375	3.0625	7.9675	4.27188	45.9063	49.1875	41.55	214.625	213.422	216.641	20.8	0	0	1
2016-3-1 14:37	951	3.52706	353.813	613.125	3.0875	8.04	4.27344	46.7969	49.9062	41.5187	214.531	214.594	215.063	22.8	0	0	1
2016-3-1 14:37	3	3.5295	0	579	3.145	7.8475	4.27344	46.7344	49.6563	40.875	214.641	214.781	216.188	24.2	0	0	1
2016-3-1 14:37	50	3.51975	240.937	666.938	3.19	8.0625	4.27031	50.0625	50.6563	41.1188	215.125	214.234	215.203	24.4	0	0	1
2016-3-1 14:37	103	3.51975	258	666.188	3.445	8.04	4.27969	45.7	50.7031	41.4563	214.844	215.313	215.063	24.9	0	0	1
2016-3-1 14:37	157	3.52097	0	605.063	3.5475	8.075	4.28281	46.3906	49.9844	41.625	215.109	213.781	215.344	20.5	0	0	1

图 3 数据传输

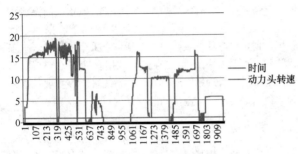

图 4 转速曲线

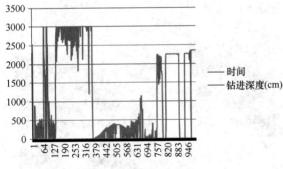

图 5 钻进深度曲线

2 智能打桩系统在芯桩植桩中的应用

2.1 智能打桩系统介绍

为提高芯桩植桩的准确度，提高施工效率，减少人为因素的干扰，在植桩施工的静力压桩机上创新性的采用了高精度打桩系统。该系统采用 SM39 系列北斗高精度定位主机作为主要定位与动态监测的基本设备，配合打桩导航控制软件，对桩中心点的测量和控制能达到小于 3cm 的精度，实现了打桩工程的可视定位、导航功能与智能化。

2.2 基准站技术指标

SM39 系列北斗高精度定位主机，是针对静力压桩机定位的特点研发而成的基准站专用主机。主机采用嵌入式 Linux 系统，集数据采集存储、数据通信传输、智能供电及防雷功能于一体，其高度的稳定性适用于作为基准站，其技术参数如下：

接收机精度指标

水平精度：±1cm＋1ppm；

垂直精度：±2cm＋1ppm；

码差分定位精度：0.45m（CEP）；

单机定位精度：1.5m（CEP）。

接收机部分

220 通道

BDS：B1、B2、B3；

SBAS：L1C/A、L5；

GPS：L1C/A、L1C、L2C、L2E、L5；

GLONASS：支持 L1C/A、L1P、L2C/A、L2P、L3；

Galileo：GIOVE－A 和 GIOVE－B、E1、E5A、E5B。

处理器：Intel PXA270 520MHZ 32BIT RISC CPU。

2.3 移动端技术指标

G18 北斗高精度定向定位主机基于惯导技术，内置高精度卫星定位模块，双天线设计，大大提高了空间利用率。结合陀螺仪、加速计等传感器，装于静力压桩机上时，可通过融合算法，准确输出待植入的芯桩的位置、航向角、度仰角、横滚角等姿态信息，在净空条件恶劣的 GNSS 信号受到遮挡时，可以由惯性导航模块继续推导出准确的位置信息。

2.4 工作流程

该系统简单易用，第一次工作时，设置并保存参数，后面可直接调用，初次打桩的工作流程如图 6 所示。

初次校准之后，基准站如果没有移动，那么后续工作可以直接由打桩作业开始，不用进行校准，植桩机械打桩系统及操作界面如图 7 所示。

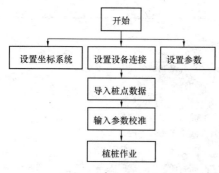

图 6　植桩施工流程图

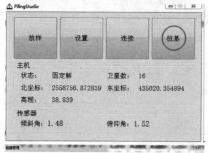

图 7　植桩机械打桩系统及操作界面

3　BIM 技术在施工中的应用

3.1　施工管理信息化

（1）开工前

开工前记录并上传的数据包括以下内容：项目图纸、施工组织设计、安全交底、技术交底；桩基设计参数，包括水泥、管桩等材料参数；施工参数包括地面标高、桩顶标高、下沉速度、提升速度、喷浆压力、喷浆流量、钻杆旋转速度。该工程使用的设备参数、规格和数量，包括水泥土桩机、钻杆、钻头、静压机、泥浆泵、搅拌罐、电缆等现场物资。各种物资应有独立编号，便于管理。

（2）施工中

工程开工后的水泥土桩施工、管桩植桩流程如表1、表2所示，项目部人员每日总结如表3所示。

3.2　施工重点监控数据

（1）钻杆垂直度实时预警，超过偏差允许值及时调整。

（2）泥浆比重，超出设计要求及时调整。

（3）钻进深度数据。

（4）随深度的流量数据，如在某一深度时喷嘴堵塞。

（5）随深度的钻进速度，如遇到较硬地层钻进速度降低较多。

（6）随深度的钻杆转速，如为提高扭矩降低转速。

（7）在下沉过程中结合深度、随深度的流量数据、钻进速度、钻杆转速可以判断某一深度的水泥掺入量及搅拌次数是否满足要求，可以在钻杆提升过程中对流量、转速、提升速度进行调整。

	水泥土桩施工流程　　　　　　　　　　　　　　　　　　　表 1
水泥土桩开钻前	（1）技术员进行测量放线，下发开孔通知单； （2）水泥土桩机班组长："桩机就位，后台就位，搅拌站就位，请技术员检查。" （3）技术员："检查合格，请开钻。" 技术员上传数据： 桩号，孔口标高，桩顶标高，桩机编号，开工时间，垂直度检查，注浆泵压力，泥浆比重
阶段 1 下沉	水泥土桩班组长： "桩机垂直度无异常，注浆压力无异常，搅拌站无异常。" 施工过程中若有异常应及时将异常情况上报技术组，做出相应调整。 技术员： 检查桩机垂直度，注浆压力，泥浆比重。阶段1完成时需询问用浆量。施工过程中若发生异常应询问水泥土桩班组异常发生原因，发生时现场状况，最后根据技术要求对后续施工参数及时做出调整。 技术员上传数据： 桩机垂直度、注浆压力、泥浆比重检查结果，阶段1完成时间，阶段1完成时水泥浆用量。异常情况记录及处理方式。 需实时上传数据： 钻机垂直度、钻进速度、注浆压力、注浆流量、已用浆量、钻杆转速、旋转阻力、空压机气压（三管施工时应加入水压）

阶段2 提升	水泥土桩班组长： "桩机垂直度无异常，注浆压力无异常，搅拌站无异常。" 施工参数较阶段1有变化时，调整完成后应及时通知技术员参数已调整完成。 施工过程中若有异常及时将异常情况上报技术组，做出相应调整。 技术员： 检查桩机垂直度，注浆压力，泥浆比重。阶段2完成时需询问用浆量。施工过程中若发生异常应询问水泥土桩班组异常发生原因，发生时现场状况，最后根据技术要求对后续施工参数及时做出调整。 技术员上传数据： 桩机垂直度、注浆压力、泥浆比重检查结果，阶段2完成时间，阶段2完成时水泥浆用量。异常情况记录及处理方式。 需实时上传数据： 钻机垂直度、提升速度、注浆压力、注浆流量、已用浆量、钻杆转速、旋转阻力、空压机气压（三管施工时应加入水压）
阶段3 复喷 水泥土桩 施工完成	水泥土桩班组长： "桩机垂直度无异常，注浆压力无异常，搅拌站无异常。" 施工过程中若有异常及时将异常情况上报技术组，做出相应调整。 技术员： 检查桩机垂直度，注浆压力，泥浆比重。阶段4完成时需询问用浆量。施工过程中若发生异常应询问水泥土桩班组异常发生原因，发生时现场状况，最后根据技术要求对后续施工参数及时做出调整。 完成施工记录。 技术员上传数据： 桩机垂直度、注浆压力、泥浆比重检查结果，阶段4完成时间，阶段4完成时水泥浆用量。异常情况记录及处理方式。施工记录。 需实时上传数据： 钻机垂直度、钻进及提升速度、注浆压力、注浆流量、已用浆量、钻杆转速、旋转阻力、空压机气压（三管施工时应加入水压）

管桩植入施工流程		表2
阶段1	（1）技术员进行测量放线，下发开孔通知单； （2）静压机班组长："桩机就位，管桩就位，请技术员检查。" （3）技术员应做以下检查：管桩封底、桩位、垂直度、送桩器标高计算、配桩。 技术员："检查合格，开始施工。" 技术员上传数据： 作业面标高、桩号、桩顶标高、基准点标高、桩机编号、开工时间、垂直度检查，配桩，管桩封底、桩位、垂直度、送桩器标高计算	
阶段2 管桩植入	静压机班组长： "送至标高，终压力……" 施工过程中若有异常及时将异常情况上报技术组，做出相应调整。 技术员： 检查标高、终压力。完成施工记录。 技术员上传数据： 终压力、施工记录	

项目部人员每日工作总结		表3
技术员	施工记录，施工日志，交接班记录	
材料员	每日材料用量、材料进场数量、材料剩余量、进料计划、材料复检	
资料员	誊录施工记录，相关资料报审报验	
质检员	现场质量检查记录	
安全员	现场安全检查记录	

技术员	施工记录，施工日志，交接班记录
预算员	当日账目，资金计划
技术负责人	现场施工异常情况处理记录
项目副经理	现场人员、设备总体安排，安全文明施工工作落实情况，配件物资情况
项目经理	与政府主管部门、建设单位、设计单位、监理单位、总分包单位等保持良好的协调关系，负责项目总体运转

3.3 施工信息化管理平台

为便于对整个施工过程的信息化管理，基于微信公众号开发了相应的施工信息化管理平台，如图 8 所示。该平台包括了施工设备管理、招投标信息管理、项目管理、系统管理四部分，施工全过程各要素能够被科学、合理的安排。

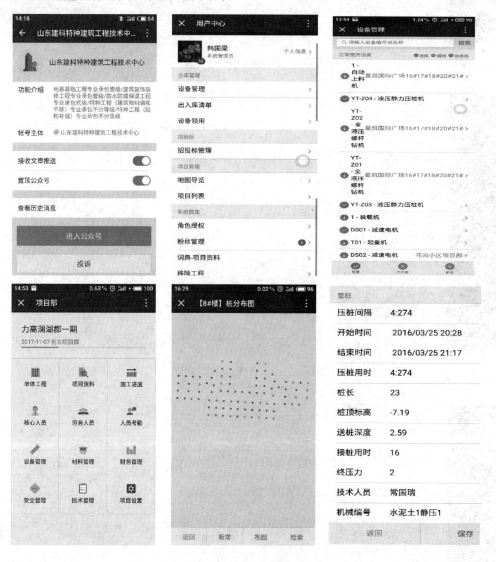

图 8　平台各界面

3.4 数据导出

基于 APP 移动终端开发了 PC 版操作平台（图 9），该平台可以通过手机录入的信息进行导出，方便管理人员进行查看整理数据。该平台主要包含了项目管理、财务管理、系统管理三部分内容。

（1）项目管理

该部分可以导出通过 APP 终端录入的施工记录，施工现场人员考勤，如图 10 所示。

（2）财务管理

该部分可以对工程收支进行管理（图 11）。

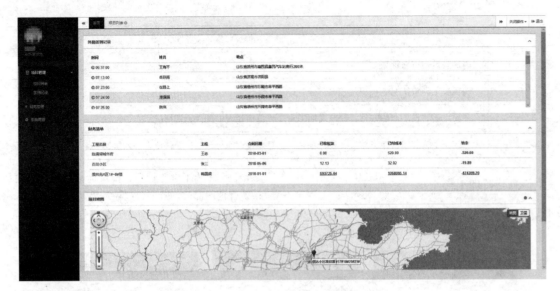

图 9　PC 版操作平台首页

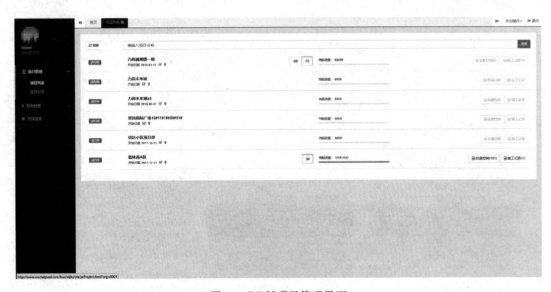

图 10　PC 版项目管理界面

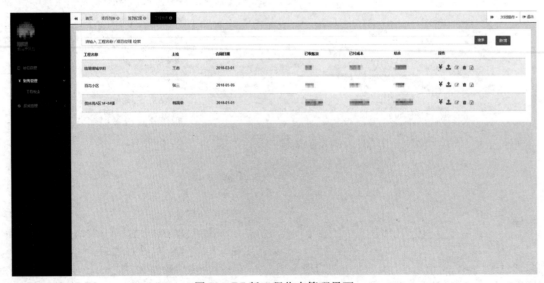

图 11　PC 版工程收支管理界面

4 结束语

在水泥土复合管桩施工过程中所涉及的各施工阶段广泛应用计算机信息技术，对工期、人力、材料、机械、资金、进度等信息进行收集、存储、处理和交流，并加以科学地综合利用，为施工管理及时、准确地提供决策依据，得到如下主要结论：

（1）全液压钻机实现了数据采集、显示、存储和管理功能，施工过程中可针对实际情况适当调整机械的动力参数，并将施工实时监控的数据等进行记录，能够为施工前了解地层情况、施工时记录数据和施工后分析数据提供方便，用以指导施工。

（2）创新性的采用了高精度智能打桩系统，该系统对桩中心点的测量和控制精度高，提高植桩施工效率，减少人为因素的干扰，实现了打桩工程的可视定位、导航功能与智能化。

（3）借助 BIM 数据库中的数据具有可计量的特点，大量工程的信息将成为施工管理的支撑。工程结构信息、成本数据、进度数据、合同信息、产品信息紧密联系，施工步骤变得具体、清晰，人力、资金、材料、机械、施工方法等要素能够被安排的科学、合理。

微型钢管桩在基坑支护中的应用

刘文峰[1, 2]

(1. 山东省物化探勘查院，山东 济南 250013；2. 山东省深基建设工程总公司，山东 济南 250013)

摘 要：本文阐述了微型钢管桩在基坑支护中的作用原理、受力变形特征，根据微型钢管桩的施工工艺以及工程实践，总结了微型钢管桩的主要特点，结合工程实例分析微型钢管桩在基坑支护工程中的作用及应用效果。认为：微型钢管桩在基坑支护工程设计中应主要用来作为预支护结构考虑，同时施工中，通过压力注浆，提高钢管周围土体的强度指标，改善初始应力场，增强土体的自稳性，降低开挖瞬时土体次生力的变化，减小边坡变形量，钢管桩与其他结构构件共同作用稳固边坡；在基坑支护工程中微型钢管桩具有诸多优点，可广泛地应用于基坑周边环境条件受限和抢险加固等基坑工程。

关键词：微型钢管桩；基坑支护；变形；超前支护；应用实例

0 引言

随着社会经济的飞速发展，城市化进程加快，土地资源越来越宝贵，导致建（构）筑物上部结构越来越高，下部基坑越来越深，建筑基坑越来越靠近原有周边建筑物和建筑红线，在密集建筑群与管线纵横交错的复杂环境中进行高层建筑地下室、地铁、人防等地下工程施工的情形越来越普遍，这些都给建筑基坑支护工作带来了许多新的挑战。目前已有的工程实践表明，单一的土钉墙、锚喷支护或桩锚支护形式已经不能满足工程需要，况且在施工场地及周边环境受限，不具备大型施工机械作业的施工面，也无法施工大直径灌注（管）桩或连续墙，在这种情形下需要一种环境条件适应性强、设置灵活、施工作业面小、强度高、经济实用的支护结构，恰好微型钢管桩能达到上述要求，解决实际难题。在工程需要和广大工程技术人员的努力下，比较经济适用的微型钢管桩和微型钢管桩与其他支护结构联合支护应运而生，并且应用越来越广泛。

1 微型钢管桩的发展及现状

微型钢管桩是在微型桩和钢管桩的基础上发展而来的。

微型桩最初是在 20 世纪 50 年代由意大利 Fernando Lizzi[1]提出，由 Fondedile[2]公司首先开发利用，在意大利语中称为 Pali Radice，在英语中称为 Root pile（树根桩）。微型桩和常规钻孔灌注桩相比，微型桩是一种边坡快速加固技术，具有承载力较高、施工场地小、对土层适应性强、布置形式灵活等特点，广泛应用于建（构）筑物加固防震、古建筑加固纠偏、防洪堤坝加固、滑坡治理、基坑支护等工程中。微型桩的直径一般小于 300mm，长细比较大（一般大于 50），钻机成孔后采用压力注浆成桩。钢桩的出现较早，美国在 1908 年兴建伯子南钢厂（Blthlehem steel）和卡尼基钢厂（Carnegie steel）后，经过认真的研究和总结[3]，开始扎制专用厚壁 H 钢材，从而进一步促进了钢桩的使用。日本在 50 年代中期开始使用微型钢管桩[4]。由于钢材抗压、抗拉强度高，材质的离散性小，富于延性，是优质的建筑材料，同时能够取得可靠的承载力，另外钢桩还具有机械化施工快的优点，因此使用量不断扩大，其用途也逐渐多样化。

我国自 20 世纪 70 年代中期开始在我国金山石化码头使用微型钢管桩，接着又在浦口桥墩上得到了成功应用。大规模使用还是从 70 年代末期上海宝钢一、二期工程建设开始，据不完全统计，共计打入 6 万余根、30 余万延米，计 39 万 t 各种规格的钢管桩。20 世纪 80 年代后期，随着钻孔设备的改进以及钻孔工艺的提高，微型桩群在边坡加固工程中得到了较为广泛的应用[5,6]，钢管桩加固边坡的效果显著[7]。鉴于微型钢管桩具有布置灵活、施工面小、施工效率高、地层适应性强等诸多优点，近年来其在基坑支护中的应用[8-14]越来越多，特别是与其他支护结构联合使用，已经成为一种应用广泛的新型支护形式。

2 微型钢管桩在基坑支护中的作用原理

微型钢管桩应用于基坑支护工程中时，其作用方式主要可分为两种类型，一种类型用来作为主要的受力构件，抵抗基坑开挖过程中产生的水土压力；另一种类型则主要用来作为预支护结构。

第一种类型的微型桩支护作用机理与基坑工程中的普通支护桩的作用机理相同，即在深基坑周围土压力、地下水压力及深基坑周边附加荷载作用下，深基坑底面排桩嵌固深度范围内的土体由于受到桩体侧向位移的影响而产生被动土压力来抵抗桩体承受的部分主动土压力[15]。

第二种类型的微型桩支护作用机理是微型桩作为超前支护结构的作用机理，目前关于微型桩在此类基坑支护结构中的作用机理主要有以下认识：（1）提高周围土体的强度指标，改善初始应力场；（2）降低开挖瞬时土体次生力的变化；（3）调动并协调土钉锚杆等的支护作用；（4）减少边坡变形量，从而保证了基坑的安全。

微型桩通过在桩内外一定范围进行压力注浆，使得桩体范围内外的土体得以加固，土体与微型桩、混凝土面层等共同作用成为一个整体来抵抗土压力，而不是作为外荷载，因此减小了作用在支护结构上的主动土压力，增加了支护结构抵抗荷载的能力。

3 微型钢管桩在基坑支护中的主要特点

微型钢管桩在基坑支护工程应用中通常采用锚杆钻机或地质钻机预成孔，以直径48～273mm钢管作为桩体材料，放入钻孔内居中，预先在钢管口与地面接触处做好止浆措施，然后通过注浆管向钢管内压力灌入水泥（砂）浆，浆液通过钢管上预留的溢浆孔向管外压浆。在压力的作用下，浆液将向桩侧周边土（岩）体的孔隙、裂隙进行渗透，还可通过二次压力注浆来增大渗透范围，改善岩土体的力学性能，在增强桩体强度的同时，对土体进行了加固处理，提高了微型钢管桩周边土体的整体稳定性。根据钢管桩的施工工艺结合众多成功的工程实践资料，总结微型钢管桩在基坑支护中的主要特点如下：

（1）水平阻力大，抗横向力强。由于钢管桩的断面强度大，对抵抗弯距作用的抵抗距也大，所以能承受很大的水平力。另外若加大成孔直径后还可以采用大直径厚壁管，因此可广泛地用于承受横向力的抗滑桩、基坑支护上。

（2）承载力大。由于作为桩母材的钢材，其屈服强度高，所以只要将桩沉设到坚实支承层上，便可获得很大的承载力，可用来抵抗土体沉降的负摩阻力及桩侧轴向压力。

（3）设计的灵活性大。可根据需要，变更桩的壁厚；可根据需要选定适应设计承载要求的外径；也可根据场地需要灵活布置桩位或布置多排。

（4）桩长容易调节。当作为桩端支承层的层面起伏不平时，已准备好的桩会出现或长或短的情况。由于微型钢管桩可以自由的进行焊接接长或气割切短，所以很容易调节桩的长度，这样便可以顺利地进行施工，尤其适用于基岩面起伏大的场地。

（5）所需施工场地小、施工机械轻便，施工迅速安全。一般平面尺寸为0.5m×1.8m，净高为2.0～2.8m即可施工，实践证明，钢管微桩＋锚杆联合支护体系是一种解决狭窄场地基坑支护的有效方法，具有技术可行、安全可靠、施工快速、经济合理的特点。

（6）孔径小，施工时噪声和振动小。对基础和地基土产生的附加应力可以忽略不计，施工对原有建筑物结构影响甚微，对邻近建（构）筑物没有不利影响，可在小面积现场进行非常密集的打桩施工，尤其适用于临近建（构）筑物或市政管线的基坑支护工程；施工时噪声小，适合在对噪声有严格要求的城区施工。

（7）能穿透各种障碍物，适用于各种不同的土质条件。譬如在某些不利于传统桩施工的地层（碎石和卵石地层、软土地层、风化基岩），在这种地质条件的场地上施工微型钢管桩能发挥其独有的优势。

（8）搬运、堆放操作容易。微型钢管桩自重较轻，刚度大，不必担心破损，容易搬运放操作。

（9）缩短工期、节省工程费用。微型钢管桩是最适合于快速施工的，因此其施工进度快，工期短，相对而言可节省工程费用。

由于微型钢管桩具有上述特点，若在实际工程中能充分利用这些特点，就可以提高工程项目的经济效益和社会效益。

4 微型钢管桩的应用实例

4.1 基坑周边环境受限条件下的应用

在实际的基坑支护工程中，常常受基坑周边环境的限制，基坑紧邻已有建（构）筑物，没有放坡空间且不具备大型设备的施工条件，在这种情况下选择采用微型钢管桩或微型钢管桩联合支护形式可以解决难题。在这种支护形式里，微型钢管桩作为超前支护，提高土层的自立稳定性，预应力锚杆（索）有效控制基坑坡面的位移，既保证了基坑安全，又最大限度地减小了对周边环境的影响。

某基坑工程位于济南市华信路东侧，拟建工程为框架结构，地上30层，地下1层。基坑深度6.3～7.9m。基坑南侧距离4层沿街楼1.6～7.0m，距离工业南路约20m，具体尺寸见图1。

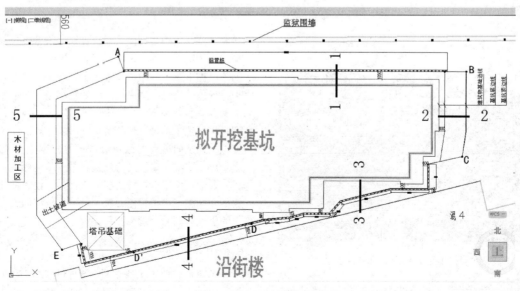

图1 基坑周边环境图

场地的工程地质条件：根据钻探揭露，场区地层主要由第四系填土、黄土、粉质黏土、黏土及奥陶系大理岩组成。各岩土层特征及主要性质分述如下：①层填土：黄褐色，松散，主要以粉质黏土为主，含植物根、砖屑等，表层 5cm 为水泥路面。场区内均有分布，层厚 0.60～1.70m。②层黄土：黄褐色，可塑，局部硬塑，韧性及干强度中等，湿，无摇振反应，含铁锰氧化物、白色钙质网膜；局部含卵石夹层；层厚 0.8～3.50m，层底埋深 2.50～5.0m。③层粉质黏土：微棕黄色，可塑，湿，切面稍光滑，无摇振反应，含铁锰氧化物及少量姜石。局部含卵石夹层，稍密—中密，亚圆状，含量 60%～70%。该层在场区内均有分布，层厚 1.20～4.40m。④层黏土：棕黄色，硬塑，韧性及干强度中等，切面光滑，无摇振反应，含铁锰质结核。局部含卵石夹层，稍密—中密。该层在场区内均有分布，层厚 0.5～4.8m，层底埋深 6.0～10.8m。⑤层中风化大理岩：深灰色，坚硬，致密，变晶结构，层状构造，取芯呈柱状，柱长 5～45cm，不易击碎，岩芯采取率 50%～100%，RQD 为 40～90，该层未揭穿。

该基坑南侧和北侧距离已有重要建筑物都较近，施工中基坑坡底线距地下室基础外边线需留 0.6～1.0m 施工操作面，这样支护结构距离南侧沿街楼最近处为 0.7m，在这样狭小的场地内，大型桩基设备无法施工，况且大型设备施工扰动大会造成沿街楼地基基础变形，影响建筑物的安全，在这种情况下采用微型钢管桩成为最优方案。其主要支护参数如下：钢管桩桩径 200mm，桩长 10.0m，桩间距 0.5m，钢管 ϕ127，壁厚 5.0mm；孔中压力灌入 42.5 级普通硅酸盐水泥配制的水泥浆（水灰比 0.5），强度等级 C20；冠梁采用 2 根 20A 槽钢焊接固定后浇筑混凝土成型。锚索采用 ϕ^s15.2—1×7 钢绞线，水平间距 2.0m；采用 2 根 20A 槽钢作为腰梁，锚索端部采用锚具施加预应力，预应力 100kN。典型断面微型钢管桩垂直支护结构设计见图 2，施工完成后见图 3。

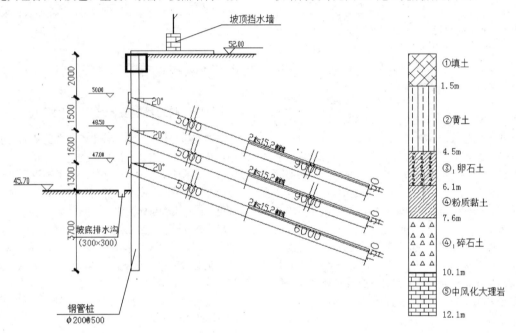

图 2 微型钢管桩垂直支护结构布置图

图 3 钢管桩施工完成后的现场情况

该工程的基坑设计方案经过专家论证后付诸实施，施工中严格按照设计图纸分步实施，施工中未出现质量安全问题，支护结构体系运行良好。该基坑顶部冠梁采用槽钢代替钢筋混凝土，提高了施工速度，基坑回填后，槽钢还可拆下重复利用，节省了工程造价，也有利于环境保护。现该基坑已回填完毕，监测数据显示，南侧沿街楼各监测点累计沉降量为 0.23～11.84mm（报警值 20mm），钢管桩桩顶水平最大位移 8.14mm（报警值为 35mm），钢管桩桩顶竖向最大位移 10.85mm（报警值为 25mm），地表未出现裂缝，未给周边建筑物带来不良影响。在这个工程实践中，微型钢管桩地层适应性强、设置灵活、施工作业面小、施工机械轻便、施工迅速、抗横向力强、经济实用的优点得到充分发挥。

4.2 抢险加固应用

某污水处理改扩建基坑工程位于济南西部。基坑东西长约 40m，南北长约 30m，基坑大致呈矩形，基坑深度 7.0m。基坑西侧基坑上边线距离已建建筑物约 2.0m，该建筑物 3 层，条形基础，基础埋深约 1.5m。基坑西侧原设计为复合土钉墙，设置 2 道土钉，2 道预应力锚杆。

在基坑工程施工过程中，西侧挖至坑深 7.0m 时，因附近管道严重漏水，总包方未严格按设计要求在坡顶设置挡水墙和坡底排水系统，同时又遭遇短时强降雨，导致西侧边坡局部地段下部土体软化引发边坡坍塌，严重影响基坑及附近建筑物的安全，需要进行抢险加固处理。

加固处理措施：在基坑西侧出现土体坍塌部位堆填高 7.0m，宽 4.0m 的土进行反压，在反压土体上方进行钢管桩施工。钢管桩桩径 150mm，桩长 9.0m，桩间距 0.5m，钢管 $\phi127mm$，壁厚 5.0mm；设置两道预应力锚索，锚索水平间距 2m，锚索长 12m（锚固段 9m），杆体采用一束 $\phi^s15.2$ 钢绞线。锚索端部施加 80kN 的预应力，采用 2 根 20A 槽钢作为腰梁。进行土体反压和钢管桩施工处理后（钢管桩加固情况见图 4），坍塌部位得到有效加固，保证了基坑和邻近建筑物的安全。

图 4 钢管桩抢险加固后

应用微型钢管桩也可在深基坑支护中处理流砂等不良地质作用[16]，是一种经济实用的方法。

微型钢管桩处理深基坑支护过程中的各种险情具有以下几个特点：（1）施工设备较小，施工工作面小，施工速度快；（2）钢管桩施工时无需挖除用于反压的土体；（3）通过钢管桩中的钢管进行注浆，在增强钢管刚度的同时，也加固了坍塌部位的岩土体，提高了岩土的物理力学指标；（4）钢管桩可以与其他支护结构灵活组合发挥作用；（5）经济实用。

5 结论

（1）在基坑支护工程中微型钢管桩具有诸多优点，可广泛地应用于基坑周边环境条件受限和抢险加固等工程中，在实际工程中充分利用这些特点，其经济效益、社会效益和环境效益将显著提高。

（2）微型钢管桩在基坑支护工程设计中应主要用来作为预支护结构考虑。施工中，通过压力注浆，提高钢管周围土体的强度指标，改善初始应力场，增强土体的自稳性，降低开挖瞬时土体次生力的变化，减小边坡变形量，钢管桩与其他结构构件共同作用稳固边坡。

（3）建议研发从设计到施工的微型钢管桩支护成套技术，制定标准化图集，钢管、顶部冠梁、腰梁可以在施工现场模块化组装使用，并且可以回收重复利用，这样既能避免在施工场地内埋下地下障碍，还能减小对地下水、土环境的污染，从而达到提高资源利用率和保护环境的双重目的。

参考文献：

[1] Lizzi L M, Ray R P, Kayawa T. Theoretical t-z curves[J]. J. Geotech. Engrg. Div. ASCE, 1981, 107（11）: 1543-1561.

[2] MeyerhofG G, Sastry V V RN, Yalcin A S, et a1. Lateral deflection of flexible piles[J]. Canadian Geotechnical Journal, 1988, 25(3): 511-522.

[3] Cantoni R. A design method for reticulated micropi le structures in sliding slopes [J]. GROUND ENGINEERING, 1989. 41-45.

[4] 冈本忠夫，福层智垣. 钢管桩基础中的新技术，V01. 11，NO. I: 73-92.

[5] 李征. 微型钢管桩边坡加固技术及其应用的研究[D]. 长沙：湖南大学，2011.

[6] 刘敬. 微型集群钢管桩在滑坡体基坑支护工程中的应用[J]. 沈阳建筑大学学报（自然科技版），2015，31(6): 1031-1040.

[7] 秦宿钧，付传飞. 钢管桩加固非均质边坡稳定性有限元强调折减法分析[J]. 公路与汽运，2015(5): 107-109.

[8] Tan Y C, Chow C M. Foundation Design and Construction Practice in Limestone Areas in Malaysia[J]. Proceedings of Seminar on Geotechnical Works in Karst in South-East Asia, 2006: 21-43.

[9] 任望东. 微型钢管桩支护结构在北京某基坑工程中的应用[J]. 国防交通工程与技术，2007，5(1): 74-76.

[10] 吴学锋，寇海磊. 土岩复合地层注浆微型钢管桩-锚杆联合支护研究[J]. 地下空间与工程学报，2012，8(4): 836-841.

[11] 刘小丽，李白. 微型钢管桩用于岩石基坑支护的作用机制分析[J]. 岩土力学，2012，33(增刊1): 217-222.

[12] 张宗强，张明义，贺晓明. 微型钢管桩在青岛地区基坑支护中的应用研究[J]. 青岛理工大学学报，2012，33(3): 22-25.

[13] 李贤军，张晓明，曾海柏. 微型钢管桩在二次开挖厚层填土基坑中的应用[J]. 工中国煤炭地质，2016，28(6): 65-82.

[14] 刘卫斌. 微型钢管桩在黄土地区基坑支护中的应用及计算方法[J]. 铁道建筑，2016(9): 104-107.

[15] 李轶. 桩—锚支护结构在深基坑工程中的应用研究[D]. 南宁：广西大学，2008.

[16] 汪仕旭，杨雪强. 土钉与钢管桩在深基坑处理流砂中的应用[J]. 土工基础，2011，25(5): 4-7.

CSM 工法在嵌岩防渗墙施工中的应用

邱红臣，马云龙，苏　陈，贾学强，丁洪亮

(徐州徐工基础工程机械有限公司，江苏 徐州 221004)

摘　要：以长沙某建设项目的 CSM 等厚度水泥土搅拌墙施工为例，介绍了 CSM 工法的工艺特点和优势，以及徐工双轮搅设备在嵌岩防渗墙施工中的应用，供业内同仁参考。

关键词：基坑支护；防渗墙；双轮搅工法；深层搅拌

0　概述

双轮搅工法（简称 CSM），是一种结合了双轮铣成槽和原状土搅拌的施工技术，通过双轮铣头铣削搅拌土壤，同时注入水泥浆液进行搅拌，从而形成防渗墙、挡土墙或对地层进行改良，可以广泛应用于各类地下防渗墙和挡土墙的施工，具有地层适应性广、防渗效果好、成墙质量高等显著优势。与常规的多轴搅拌成墙工艺相比，该工艺最为突出的特点是能够铣削坚硬地层并且具有较为理想的施工效率，同时还可以实现更大的施工深度，在未来的地下防渗墙、挡土墙等施工领域发展前景广阔。

1　工艺特点和优势分析

CSM 工法与目前水泥土搅拌墙施工中应用最多的 SMW 多轴搅拌工法相比，在地层适应性、施工深度、成墙外形、施工质量等方面都具有显著优势。

1.1　工况适应性强

双轮搅设备的工作装置与双轮铣槽机的铣轮极为相似（图1），该设备通过液压系统直接驱动地下的铣轮旋转切削地层，液压系统可以为铣轮提供强大的铣削动力，从而可以有效地切削硬地层，因而使用双轮搅施工可以将止水帷幕防渗墙嵌入岩层底板，实现良好的封闭止水效果。该工艺切削岩层的强度和施工效率都远远大于传统的多轴搅拌设备，极大地提高了水泥土搅拌墙的地层适用范围。

常规的多轴搅拌钻机通过顶驱动力头直接驱动钻杆旋转实现切削搅拌，施工受到设备的结构限制，多在45m以内。而双轮搅设备借助液压驱动的优势，可以通过导杆或钢丝绳悬吊工作装置，液压管路提供动力的方式，实现更大深度的墙体施工。目前导杆式施工深度最大可达50m，悬吊式施工深度最大可达80m。

1.2　质量控制好

CSM 的质量控制提升主要体现在墙体的垂直度控制方面。通过在双轮搅上安装垂直度检测装置，可以实时采集数据，监控 XY 方向垂直度，操作手在驾驶室内实时修正设备运行参数，从而有效保证施工墙体的垂直度。目前成墙垂直度普遍能控制在 1/300 左右，部分墙体能达到

图1　XCM40 的铣轮

1/1000。而传统的多轴搅拌钻机往往只能通过严格控制桅杆垂直度来保证墙体的施工垂直度，无法直接监测，同时也不具备纠偏功能。

1.3　施工损耗少

双轮搅是通过两个铣轮绕水平轴旋转切削搅拌，形成的墙体截面为规则的长方形，而多轴搅拌设备则采用绕竖向轴旋转搅拌的原理，形成的墙体截面为多个相互咬合的圆形，详见图2。前者的主要优点有以下两方面：

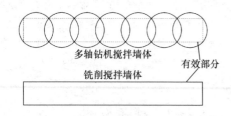

图2　墙形对比

（1）消除了墙体的无效部分。墙体的防渗能力往往取决于墙体厚度最小的部分，因此多轴搅拌形成的墙体的有效厚度往往需要按咬合部分的厚度计算，而多余的无效部分就造成了材料的浪费。以形成有效厚度 600mm 的墙体为例，常见多轴搅拌工艺施工的墙体面积约是有效面积的 128%。

（2）减少了施工的搭接长度。CSM 和多轴搅拌工法的相邻墙幅之间都需要相互咬合搭接，双轮搅两幅墙体的搭接长度通常为 30～40cm，搭接比例通常小于 20%。而最为常见的三轴搅拌钻机施工搭接比例高达 33.3%（搭接一个圆形钻孔），远大于双轮搅的咬合比例。

综合以上两点，双轮搅可以有效降低施工损耗，同时也提高了施工效率。

1.4 芯材布置方便

为增强水泥土墙体的支护强度，可以在水泥土搅拌墙体内插装芯材，如常见的 H 型钢。传统的多轴搅拌钻机施工形成的墙形截面是连续咬合的圆柱形，因此往往只能在圆柱中心位置插装芯材，芯材的间隔和数量都会受到一定的限制。而双轮搅形成的墙体截面为规则的长方形，可以根据实际需求合理设计芯材数量和间隔，不受墙形的限制，因而更加方便施工。

2 双轮搅设备在嵌岩防渗墙施工中的应用

2.1 工程简介

位于湖南长沙市中心的某建设项目，基坑的围护结构设计为钻孔排桩＋CSM 等厚水泥土搅拌墙止水帷幕＋预应力锚索的支护方案，其中等厚度水泥土搅拌墙底需嵌入中风化板岩有效深度不少于 1m（需结合现场试成墙结果最终确定嵌岩深度），墙体厚度 700mm，总深度约 15m，墙体搭接宽度不小于 400mm，现场使用徐工双轮搅 XCM40 进行施工（图 3）。

图 3 XCM40 施工现场

2.2 地质条件

施工区域地质情况自上而下依次为：0～1.3m 为杂填土；1.3～8.6m 为粉质黏土；8.6～9m 为中砂；9～9.7m 为圆砾；9.7～14.2m 为强风化板岩；14.2m 以下为中风化板岩，中风化板岩平均强度约为 17MPa。勘探期间，地下水位埋深 4～5m，水位及水量受临近浏阳河河水的影响呈季节性变化。

该项目的工程地质条件较复杂，其中圆砾层、强风化板岩以及中风化板岩地层若采用传统的 SMW 多轴搅拌工法施工困难极大，因此采用 CSM 进行施工。

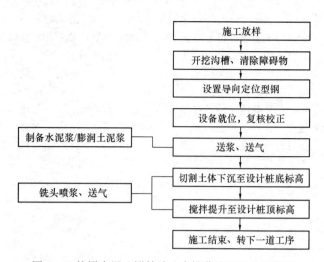

图 4 双轮搅水泥土搅拌墙止水帷幕施工工艺流程图

2.3 施工工艺流程

2.4 施工工艺技术参数

（1）双轮搅墙体幅间咬合搭接不小于 0.4m，跳幅施工。

（2）等厚度水泥土搅拌墙采用 P.O42.5 级普通硅酸盐水泥，水灰比 1.2～1.5，浆液不得离析，泵送必须连续，不得中断。

（3）施工过程中泵送压力 0.5～3.0MPa，空压机送风 0.7～1.0MPa 且泵送流量要求恒定。

（4）成墙施工过程中，下沉速度建议 50～80cm/min，提升速度≤30cm/min，具体提升速度需结合成墙试验最终确定。

（5）铣轮首次下沉至墙底时，应停留在墙底搅拌喷浆不少于 5min 后再进行提升，并对墙底以上不小于 5m 范围进行复搅，即当首次喷浆搅拌提升至墙底以上不小于 5m 后，再喷浆搅拌下沉至墙底，然后再喷浆搅拌提升，直至墙顶，以确保等厚度水泥土搅拌墙底部的成墙质量。

2.5 施工效率

此次 CSM 施工效率统计如下：

上部软土层钻进速度约 30cm/min；强风化板岩约 7.5cm/min；中风化板岩约 1.7cm/min；提钻搅拌 45cm/min，平均成槽时间约 2.5h。

经过试桩数据统计分析，采用双轮搅施工，每天可施工 4～5 幅墙，推进约 12m 长度。

3 结语

（1）从地层适应性和施工深度方面考虑，CSM 不仅可以满足国内各类常规防渗墙、挡土墙施工需求，同时对于部分施工深度大、地层复杂性高的工程，就如同案例中需要嵌入岩层的防渗墙工程，CSM 同样可以有效施工，从而极大地拓展了水泥土搅拌墙工艺的应用领域。

（2）CSM 的搅拌形式，提高了水泥土搅拌墙体的规则性和整体性。与传统多轴搅拌相比，CSM 施工的防渗墙、挡土墙即节省了施工材料，同时也有利于合理的布置芯材，提高了水泥土墙设计的灵活性。通过铣削咬合的方式也可以实现相邻墙幅之间良好的结合，防止施工接缝的产生。

（3）对比传统的多轴搅拌工艺，CSM 施工往往使用更先进的主机设备和控制系统，能够监测各项施工参数并且部分设备还具有纠偏的能力，可以有效提高墙体施工垂直度，是施工质量控制的有力保障。

参考文献：

[1] 毕元顺. 双轮铣深搅（CSM）工艺在基础工程中的应用[C]. 中国水利学会地基与基础工程专业委员会第十一次全国学术技术研讨会论文集，2011.

[2] 张璞，柳荣华. SMW 工法在深基坑工程中的应用[J]. 岩石力学与工程学报，2000（S1）：1104-1107.

[3] 卢晓明，胡光云. SMW 工法在软土基坑工程中的应用[J]. 岩土工程界，2008，12（2）：75-77.

[4] 吴海艳，林森斌. CSM 工法在深基坑支护工程中的应用[J]. 路基工程，2013(2)：168-173.

[5] 霍镜，朱进，胡正亮，等. 双轮铣深层搅拌水泥土地下连续墙（CSM 工法）应用探讨[J]. 岩土工程学报，2012，34（S1）：666-670.

水泥土复合管桩设计实例分析

尹书辉， 王良超， 杨建兴， 滕新军， 高娜娜

（中建八局第一建设有限公司，山东 济南 250000）

摘　要：本文介绍了一种新型桩基形式——水泥土复合管桩，并通过工程实例重点在施工可行性、工程造价方面与预应力混凝土管桩及钻孔灌注桩进行对比，证明该桩型具有较大的综合优势，应用前景广阔。

关键词：水泥土复合管桩；新型桩基；成桩可行性；集中布桩

0 工程概况

某安置房项目位于济南市，含 15～18F 高层住宅楼及配套公建，主楼地下两层与地下车库整体相连。主楼 ±0.000 对应的高程为 24.450m，地下室底板顶标高为 18.600m。场地类别为Ⅲ类，按照 7 度 0.10g 进行抗震设防，楼座平面布置及剖面图见图 1。

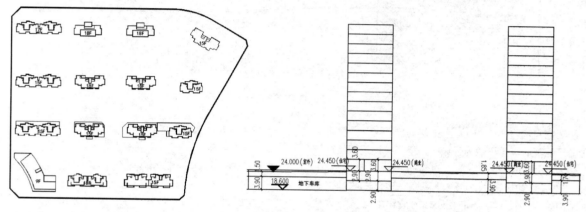

图 1　楼座平面布置及剖面图

在钻探深度范围内地层分布情况及土性指标详见表 1。　典型地质剖面图见图 2。

岩土层地基承载力特征值、变形指标及桩基建议参数

表 1

土层名称	f_{ak} (kPa)	E_s (MPa)	预制桩		钻孔灌注桩		后注浆增强系数	
			q_{sik} (kPa)	q_{pk} (kPa)	q_{sik} (kPa)	q_{pk} (kPa)	β_{si}	β_p
②粉土	100	5.5	34		32		1.4	
②₁黏土	100	5.3	34		32		1.4	
③黏土	100	5.0	34		32		1.4	
③₁粉土	100	6.3	34		32		1.4	
④粉质黏土	110	5.4	40		38		1.4	
④₁粉土	120	7.5	42		40		1.4	
⑤粉质黏土	120	6.2	46		44		1.4	
⑤₁粉土	130	6.8	48		46		1.4	
⑥粉质黏土	160	7.7	58	2600	56	1000	1.4	
⑥₁粉细砂	170	12.6	62	2600	60	1000	1.4	
⑦粉土	170	10.4	72	2800	70	1100	1.4	2.2
⑦₁粉质黏土	180	9.0	72	2800	70	1100	1.4	2.2
⑧粉质黏土	190	10.5	78	3600	76	1200	1.4	2.2

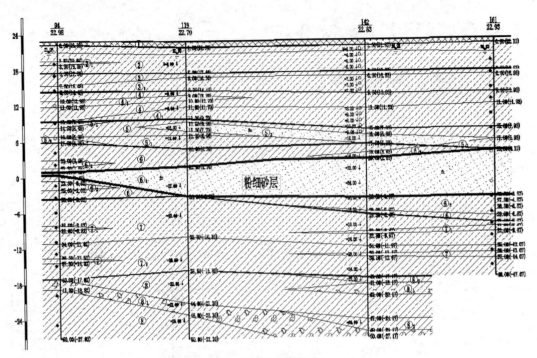

图2 典型地质剖面图

经液化判定，②层粉土、③₁层粉土、④₁层粉土为液化土，地基的液化等级为轻微—中等。拟建建筑抗震设防类别为标准设防类，根据《建筑抗震设计规范》GB 50011—2010（2016年版）第4.3.6条，建议采取基础和上部结构处理，且不宜将未经处理的液化土层作为天然地基持力层。

勘探期间在钻孔中测得地下水静止水位埋深1.60～2.60m，相应标高20.05～21.17m。水位季节性变化幅度约2.0m，历史最高水位约22.00m，近3～5年最高地下水位标高约21.50m，建议抗浮设防水位标高为22.50m。场地内地下水对混凝土结构在有干湿交替和无干湿交替环境中均具有微腐蚀性；对钢筋混凝土结构中的钢筋在干湿交替环境中具有弱腐蚀性，在长期浸水环境中具有微腐蚀性。场地土对混凝土结构、钢筋混凝土结构中的钢筋具有微腐蚀性。

根据地质勘察报告，本工程拟建15～18F高层住宅楼采用天然地基无法满足地基承载力要求，建议采用预应力混凝土管桩或钻孔灌注桩，同时指出预应力混凝土管桩在压入⑤₂层粉细砂、⑥₁层粉细砂时可能会遇到一定困难。根据各勘察孔点剖面图，桩身范围存在3～8m厚度不等的粉细砂，结合以往工程经验判断管桩施工存在一定成桩风险，同时因楼座数量较多且布置分散，粉细砂层起伏较明显，即使在施工前沉桩试验证明可行，也无法保证局部楼座或同一楼座的不同部位都能达到设计标高。

考虑到如采用后压浆钻孔灌注桩对于该层数的住宅楼单桩承载力高的优势不易充分发挥，且造价较高、工期长，势必造成较大浪费；若采用CFG桩因深厚砂层处于地下水位线以下，施工过程容易出现缩颈现象，成桩可靠性差，以往工程出现过Ⅲ、Ⅳ类桩情况，继而补桩造成工期拖延和成本增加，因此亟待一种成桩适应性强、性价比

高的桩型以满足工程需要。

1 水泥土复合管桩简介

水泥土复合管桩是基于水泥土桩和预应力混凝土管桩两种桩型特点提出的一种新桩型，由作为芯桩使用的预应力混凝土管桩、包裹在芯桩周围的水泥土桩和填芯混凝土复合而成，其中水泥土桩由高喷搅拌法施工，水泥土初凝前同心植入预应力混凝土管桩。高喷搅拌法采用高压水或高压浆液形成高速喷射流束，冲击、切割、破碎地层土体，由搅拌机具将水泥浆等材料与地基土强制搅拌。水泥土复合管桩示例见图3。

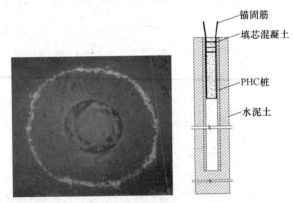

图3 水泥土复合管桩示例

水泥土复合管桩可用于素填土、粉土、黏性土、松散砂土、稍密砂土、中密砂土等土层，尤其适用于软弱土层。施工过程宜选用普通硅酸盐水泥，对于地下水有腐蚀性环境宜选用抗腐蚀性水泥，水泥掺量不宜小于被加固土质量的20%，水泥浆的水灰比按工程要求确定，可取0.8～1.5，通常取1.0；外掺剂可根据工程需要和地质条

件选用具有早强、缓凝及节省水泥等作用的材料。

单纯的水泥土桩常作为地基处理采用,桩长较长时,单桩承载力往往由桩身强度控制,侧摩阻力无法充分发挥;而预应力混凝土管桩单桩承载力基本由侧摩阻力控制,桩身强度得不到充分利用。水泥土复合管桩则兼具二者的综合优势,可充分发挥水泥土桩桩侧摩阻力和预应力混凝土管桩桩身材料强度,具有单桩承载力高、成桩可行性好、施工速度快的特点,且无噪声、无挤土效应、无泥浆污染,绿色环保,尤其适用于桩身范围存在硬土层,管桩成桩困难而钻孔灌注桩又偏于浪费的工程情况。

水泥土复合管桩在竖向荷载作用下,管桩承担的大部分荷载通过管桩-水泥土界面传递至水泥土桩,然后再通过水泥土-土界面传递至桩侧土,管桩、水泥土桩、桩侧土构成了由刚性向柔性过渡的结构。管桩与桩侧土之间的水泥土既起到传力过渡的作用,又可充当保护层,改善管桩的耐久性,一般水泥土桩直径与管桩直径之差不小于300mm。

在水平荷载作用下由于芯桩周围水泥土的包裹,使桩侧土水平抗力系数有明显提高,一般在水平临界荷载对应水平位移为4~9mm时,地基土水平抗力系数的比例系数可达40~80MN/m⁴,而预应力混凝土管桩此值多在20MN/m⁴以内,因此单桩水平承载力较管桩会有较大提高。在高烈度区无地下室情况下的桩承台基础,基桩需要承受较大水平地震作用,管桩有时难以满足水平承载力要求,此时可考虑采用该桩型代替管桩。

根据《水泥土复合管桩基础技术规程》JGJ/T 330—2014规定,单桩竖向抗压极限承载力标准值应通过单桩竖向抗压静载试验确定,初步设计时单桩竖向抗压极限承载力标准值可按下列公式估算,并取其中的较小值:

$$Q_{uk} = U \sum q_{sik} L_i + q_{pk} A_L \tag{1.1-1}$$

$$Q_{uk} = u_p q_{sk} l \tag{1.1-2}$$

$$q_{sk} = \eta f_{cu} \xi \tag{1.1-3}$$

式中 U——水泥土复合管桩周长(m);

q_{sik}——第 i 层土的极限侧阻力标准值(kPa),无当地经验时,可取现行行业标准《建筑桩基技术规范》JGJ 94规定的泥浆护壁钻孔桩极限侧阻力标准值的1.5~1.6倍;

L_i——水泥土复合管桩长度范围内第 i 层土的厚度(m);

q_{pk}——极限端阻力标准值(kPa),无当地经验时,可取现行行业标准《建筑桩基技术规范》JGJ 94规定的泥浆护壁钻孔桩极限端阻力标准值;

A_L——水泥土复合管桩桩端面积(m²);

u_p——管桩周长(m);

q_{sk}——管桩-水泥土界面极限侧阻力标准值(kPa);

l——管桩长度(m);

η——桩身水泥土强度折减系数,可取0.33;

f_{cu}——与桩身水泥土配比相同的室内水泥土试块(边长为70.7mm的立方体)在标准养护条件下28d龄期的立方体抗压强度平均值(kPa);

ξ——管桩-水泥土界面极限侧阻力标准值与对应位置水泥土立方体抗压强度平均值之比,可取0.16。

此外尚需验算桩身竖向承载力,分有管桩段和无管桩段。

有管桩段:

$$Q_c \leqslant \psi_c f_c \left(A_p + \frac{A_l}{n_0} \right) \tag{1.2-1}$$

无管桩段:

$$Q_c - 1.35 \frac{Q_{sl}}{K} \leqslant \frac{\eta f_{cu} A_l}{1.6} \tag{1.2-2}$$

$$Q_{sl} = U \sum q_{sik} l_i \tag{1.2-3}$$

式中 Q_c——荷载效应基本组合下的桩顶轴向压力设计值(kN);

ψ_c——管桩施工工艺系数,取0.85;

f_c——管桩混凝土轴心抗压强度设计值(kPa),应按现行国家标准《混凝土结构设计规范》GB 50010的有关规定取值;

A_p——管桩截面面积(m²);

A_l——有管桩段水泥土净截面面积(m²);

n_0——管桩与水泥土的应力比,宜由现场试验确定;

Q_{sl}——有管桩段水泥土复合管桩总极限侧阻力标准值(kN)。

由上述公式可以看出,水泥土复合管桩极限端阻力取值与泥浆护壁钻孔灌注桩相同,而极限侧阻力可提高至1.5~1.6倍,因此相同直径水泥土复合管桩单桩承载力高于泥浆护壁钻孔灌注桩;对抗压桩,芯桩可视为桩内加筋,一般可不通长布置,但不宜小于水泥土桩总长度的2/3,桩身下部1/3区段应验算无管桩段的水泥土抗压承载力。对变形控制要求较高的工程、桩底端土质较差或承受拔力时,管桩可与水泥土桩等长。

2 工程设计及桩型比选

结合本工程实际情况,以某栋15F住宅楼为例,进行水泥土复合管桩桩基和基础设计,并与预应力混凝土管桩(PHC桩)及后压浆钻孔灌注桩方案进行对比分析。分别按本节式(1.1-1)~式(1.1-3)及式(1.2-1)~式(1.2-3)和《建筑桩基技术规范》JGJ 94—2008第5.3.8条、第5.3.10条进行水泥土复合管桩和PHC桩、后压浆钻孔灌注桩单桩承载力特征值计算,桩基计算参数按前述表1中地勘报告中提供的数据取值,计算中扣除桩身范围液化土层的侧摩阻力影响,然后进行基础筏板设计。水泥土复合管桩选用外径800mm+芯桩400mm组合形式,PHC桩及后压浆钻孔灌注桩分别选用500mm和600mm直径。桩长根据楼座荷载和试算的单桩承载力特征值综合确定,其中水泥土复合管桩及后压浆钻孔灌注桩均以实现墙下集中布置为原则确定桩长,二者取相同单桩承载力特征值,PHC桩则根据经验取至较好的桩端持力层并控制桩长不宜过长,据此桩端持力层除后压浆钻孔灌注桩为⑦₁粉质黏土层外，其余均为⑦层粉土，桩端全断面进入持力层的长度均不小于 $2d$，典型桩基剖面图见图4，图中粗线、中粗线、细线分别表示水泥土复合管桩、PCH桩、后压浆钻孔灌注桩。由剖面可见桩身范围存在约8m厚的⑥₁粉细砂。按实际情况建立主楼计算模型并考虑上部结构与桩筏共同作用，不考虑土分担荷载，对桩基进行验算。主楼桩基计算模型见图5（此处仅示意水泥土复合管桩），三种桩型平面布置图及桩基承载力验算结果见图6~图8，不同桩型对比结果见表2、表3。

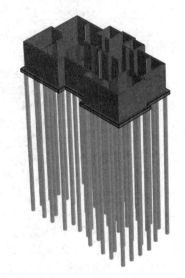

图5　桩基计算模型

通过以上图表可以看出，水泥土复合管桩和后压浆钻孔灌注桩单桩承载力特征值、桩数相同，只是桩长、桩径不同，桩基布置基本一致，均可实现墙下集中布桩，传力效率高，筏板中部弯曲变形小，基本无附加钢筋，因此可明显减小筏板厚度和配筋，而PCH桩单桩承载力低，接近满堂布置，挤土效应明显，附加钢筋部位较多，同时桩身范围存在深厚硬土层，压桩存在一定风险，成桩适应性较差。

根据上述工程量数据进行造价测算，进一步判断桩基选型的合理性和经济性，造价及经济性对比见表3。

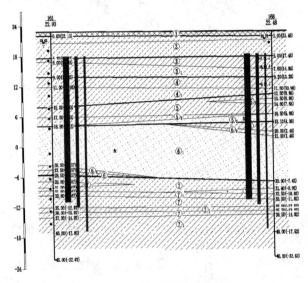

图4　典型桩基勘探孔剖面图

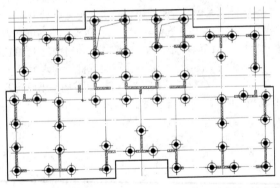

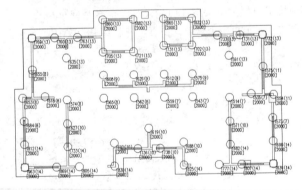

图6　水泥土复合管桩布置图及承载力验算

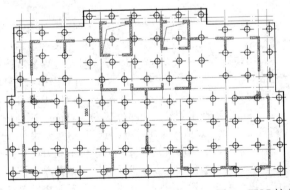

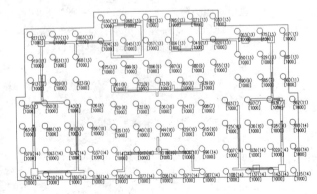

图7　PHC桩布置图及承载力验算

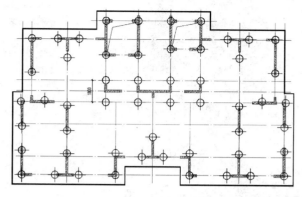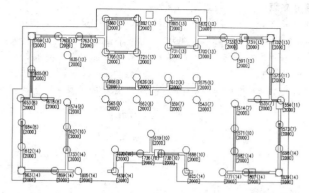

图 8　后压浆钻孔灌注桩布置图及承载力验算

桩基础参数对比　　　　　　　　　　　　　　　　　　　　　表 2

类别	基础形式	筏板厚度/通筋	桩径	桩长	单桩承载力特征值	桩间距	基桩数目
水泥土复合管桩	桩筏基础墙下布桩	700mm 14@140	水泥土桩 800mm，芯桩 400mm（PHC400AB95）	28m 芯桩：25m	2000kN	2.0m（2.5d）	53 颗
PHC 桩（带桩尖）	桩筏基础满堂布桩	900mm 16@140	500mm（PHC500AB125）	30m	1000kN	2.0m（4d）	93 颗
后压浆钻孔灌注桩	桩筏基础墙下布桩	700mm 14@140	600mm	35m	2000kN	1.8m（3d）	53 颗

基础造价及经济性对比　　　　　　　　　　　　　　　　　　表 3

类别	筏板面积（m²）	筏板混凝土用量 A（m³）	筏板钢筋用量 B（t）	筏板造价 C（万元）	桩基造价 D（万元）	基础造价（C+D）（万元）
水泥土复合管桩	301	210.7	10.40	14.68	74.20	88.88
PHC 桩	333	299.7	15.02	21.00	83.70	104.70
后压浆钻孔灌注桩	301	210.7	10.40	14.68	83.48	93.88

　　由表 3 可以看出，本案例无论是从筏板工程造价还是桩基工程造价，水泥土复合管桩基础造价均明显低于 PHC 桩基础形式，此外尚未计入筏板厚度不同造成的土方开挖量和降水产生的费用；与后压浆钻孔灌注桩相比，筏板工程量一致，而桩基工程量方面有显著经济效益，此外钻孔灌注桩在地下水位较高的深厚粉细砂层中施工时容易塌孔，桩身后压浆质量也难以保证，而水泥土复合管桩可原位搅拌，不存在排土问题，成桩质量可靠，且施工速度约为后压浆钻孔灌注桩的 3 倍，可明显节约工期。因此综合考虑施工可行性、工程造价和工期，水泥土复合管桩均为优选桩型。此外作为新型桩基，应用范围尚有限，工程桩施工前应先行试桩确定其施工可行性及承载力可靠性，为后续大范围开展提供技术依据。

3　结论与展望

　　（1）水泥土复合管桩兼具水泥土桩和预应力混凝土管

桩二者综合优势，可充分发挥水泥土桩桩侧摩阻力和预应力混凝土管桩桩身材料强度，具有单桩承载力高、成桩可行性好、施工速度快的特点，尤其适用于桩身范围存在硬土层，管桩成桩困难而采用钻孔灌注桩又偏于浪费的工程情况。

　　（2）通过实际工程并在设计层面与预应力混凝土管桩和后压浆钻孔灌注桩进行对比分析，说明水泥土复合管桩单桩承载力高，与预应力混凝土管桩相比可实现墙下集中布桩，明显减小筏板厚度和配筋，同时桩与基础综合造价最省，具有显著经济效益。

　　（3）水泥土复合管桩作为一种新型桩基，在周边地区已有成功应用案例，在一定程度上推动了行业技术进步。后续将结合本工程实际开展情况，积累相关施工及检测数据，并加以完善，为今后该桩型在本地区此类地层中的推广应用提供技术及实践支撑。

参考文献：

[1] 建筑抗震设计规范 GB 50011—2010(2016 年版)[S]. 北京：中国建筑工业出版社，2016.

[2] 建筑地基处理技术规范 JGJ 79—2012[S]. 北京：中国建筑工业出版社，2013.

[3] 建筑桩基技术规范 JGJ 94—2008[S]. 北京：中国建筑工业出版社，2008.

[4] 水泥土复合管桩基础技术规程 JGJ/T 330—2014[S]. 北京：中国建筑工业出版社，2014.

[5] 宋义仲，卜发东，程海涛. 新型组合桩—水泥土复合管桩理论与实践[M]. 北京：中国建筑工业出版社，2017.

基于双排桩在紧邻地铁基坑支护中的应用研究

李四维， 冯科明

（北京城建勘测设计研究院有限责任公司，北京 100101）

摘 要：本文介绍了某邻近地铁的深基坑工程为了确保地铁的正常运营，基坑支护设计以变形控制为设计理念，采用双排桩支护形式。现场经过精细化施工组织管理，既缩短了施工工期，又节约了成本。另外，利用外排护坡桩作为雨污水管线改移过程中基槽开挖的临时支护，确保了基槽开挖过程的安全和临近市政道路的正常使用。通过对支护体系的监测数据进行整合与分析，找出基坑在施工过程中的变形规律，以此施工。可为今后类似工程提供参考。

关键词：双排桩；临近地铁；深基坑；施工管理

0 前言

双排桩支护体系是一种较为新型的支护体系，介于悬臂与锚定支护结构之间的一种支护形式，其具有较大的侧向刚度，可以有效控制基坑的侧向变形，可节约工期。因此，在深基坑工程中，特别是在对基坑变形有严格要求，且无法施工锚杆的工程中，双排桩支护越来越受到工程技术人员的青睐。本文针对邻近地铁一侧的深基坑采用双排桩支护体系的实际工程，探讨双排桩设计理念，通过现场科学施工组织管理，将不同的支护桩施工工艺和施工特点相结合，并通过第三方监测等信息化反馈，进一步研究双排桩的变形特点和规律，为类似工程提供一定的参考依据。

1 工程概况

1.1 项目概况

本工程位于北京市丰台区，为住宅办公商业综合开发项目。本工程由 8 栋楼和 2～4 层纯地下车库及下沉庭院组成。工程自然地面标高 38.09m，基坑开挖深度为 3.13～18.90m。基坑周长约 605m。

本基坑主要采用桩锚支护体系，邻近地铁一侧采用双排桩支护，坑内局部高低台采用土钉墙支护。

本场地周边环境条件复杂，其中不仅包括周边地下管线，而且在场地西侧地下存在已运营的地铁站后区间结构和场地内的雨污水、通信等管线。为节约篇幅，本文仅针对邻近地铁的基坑西侧进行环境介绍，具体如下。

本工程西侧为地铁既有线，既有线分为站后区间左右线和车辆段出入段线左右线，线路沿宋家庄路南北向地下敷设。区间段和出入段线均采用明挖＋盾构结合的工法施工，四条线自站后引出后（出入段线左右线分列正线左右线东西两侧），出入段线右线自里程 YCHK0＋158.800 明挖法与盾构法分界，区间正线与出入段线左线自里程 YK0＋510.700 明挖法与盾构法分界。地铁明挖段围护结构主要采用桩锚支护体系，临近本侧基坑既有支护桩为 $\phi1200@1800$，桩间竖向 3 道锚索，一桩一锚。明挖段完成结构施工后顶板回填土至现状地表。

本工程基坑距离地铁区间正线结构为 6.43～10.79m，其平面相对位置关系如图 1 所示。

其剖面与地铁相对位置关系如图 2 所示。

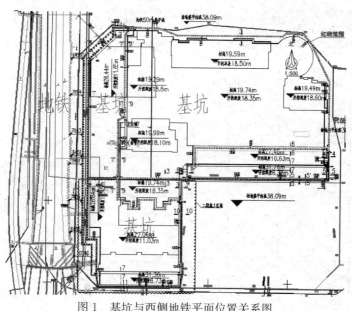

图 1 基坑与西侧地铁平面位置关系图

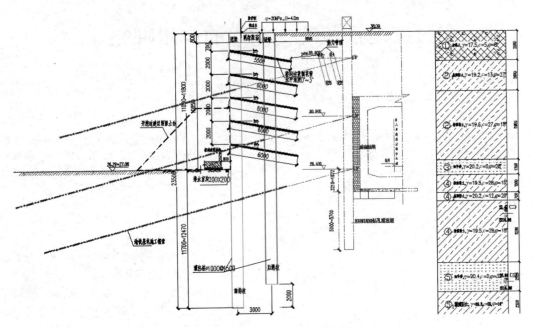

图 2　基坑西侧与地铁的相对位置关系

1.2　工程地质情况

根据岩土工程勘察阶段性资料，场地（45m）范围内的地层划分为人工填土层（Q^{ml}）、新近沉积层（$Q_4^{2+3al+pl}$）、第四纪全新世冲洪积层（Q_4^{al+pl}）、第四纪晚更新世冲洪积层（Q_3^{al+pl}）4 大类，进一步分为 9 个大层。

1.3　水文地质情况

根据工程勘察资料实测到 3 层地下水，地下水类型为潜水（二）、层间水（三）、层间水（四）。拟建场地内的地下水详细情况见表 1。

根据勘察报告，选取本工程典型的地质纵断面图，具体如图 3 所示。

比例尺：　水平　1：500　垂直　1：200

（660地块）

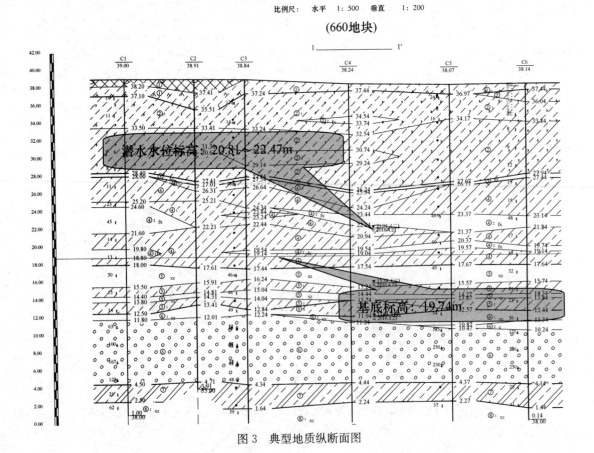

图 3　典型地质纵断面图

基坑地下水特征表　　　　　　　　　　　　　　　　　　　　　　表1

地下水类型	稳定水位/位埋深(m)	稳定水位/位标高(m)	观测时间	含水层
潜水（二）	15.62～17.27	20.81～22.47	2016.4.22～4.24	黏质粉土砂质粉土④₁层、粉细砂④₂层
层间水（三）	20.88～22.50	15.74～17.17	2016.4.13～4.19	细中砂⑤层、粗砂、砾砂⑤₂层
层间水（四）	24.16～26.30	11.94～13.89	2016.4.13～4.19	卵石、圆砾⑥层、细中砂⑥₁层

2 临近地铁一侧的设计与评估

本基坑工程结合地铁的相对位置关系，采用双排桩支护体系。为了满足邻近地铁区间结构的变形要求，在基坑支护设计上对支护体系进行了一定的加强，主要体现在桩径、桩长、桩间距、桩间支护和冠梁，具体表述如下。

2.1 双排桩支护体系

（1）采用双排桩支护形式

由于本基坑与邻近地铁支护结构净距仅6～10m，锚杆施工受到空间限制无法施工；该侧基坑深度11m左右，局部加深区12m，考虑到控制邻近地铁一侧变形，故采用抗侧移刚度远大于单排悬臂桩的双排桩刚架结构。其中前排桩桩长23.5m，后排桩桩长21.5m，前后排间距为3m；桩间距均为1.5m。

（2）增大护坡桩桩径为1000mm。

（3）适当提高护坡桩嵌固深度。

（4）加固桩间土

在桩间土范围内加设了钢花管注浆，改善了桩间土的特性，增加了桩间土的强度。

（5）调整冠梁尺寸

将邻近地铁一侧的冠梁截面尺寸调整为800mm×1000mm，对每根前后排桩采用钢架梁连接，增加了桩顶整体刚度，有效地控制位移。

（6）桩间支护加强

本工程将桩间支护采用钢筋编网支护，并竖向间隔1.0m设置横向水平压筋，喷护厚度8cm，从而确保邻近地铁的桩间土不发生坍塌和水土流失。

2.2 邻近地铁一侧基坑安全评估

对于北京地区受紧邻深大基坑开挖影响的既有地铁设施而言，在进行既有地铁结构变形控制分析时应以轨道结构安全控制值作为控制指标[1,2]。

（1）地铁隧道变形预测与要求

新建基坑开挖对既有地铁结构而言，地铁结构（包含轨道及附属设施）对变形控制的要求应满足《北京市地铁运营有限公司企业标准技术标准工务维修规则》QB（J）/BDY（A）XL003—2009中的标准[3]。

本次安全评估模拟结果满足上述规范要求，并按照2mm的控制值进行控制。

（2）基坑支护结构变形预测与要求

按照上述地铁的变形控制，在基坑开挖完成之后，地

铁对应处支护结构的最大侧向位移为14.75mm，方向为倾向基坑开挖侧。

考虑施工现场实际情况，安全评估单位将该侧桩身允许最大变形控制值定为15mm。

3 施工组织与管理

深基坑工程的施工设计与管理是一个系统化的整体，施工管理与施工技术是同时存在的，不管哪方面有缺陷，均存在造成工程失败的可能[4]。

3.1 护坡桩施工

针对复杂的周边环境、难缠的地下障碍物和受限的施工场地，为了保证施工质量，不影响邻近地铁的结构安全，并且在保证一定的施工功效的前提下，我方结合了旋挖钻机和长螺旋钻机中心压灌反插钢筋笼的施工特点和适用性，制定详细的施工方案，具体如下。

（1）施工顺序及施工工法选择

1）施工外排护坡桩

针对雨污水管线埋深较深，其走向与内排桩相同且重合的特点，为了防止雨污水管线开挖对周边道路和管线造成沉降或较大变形，我方先施工外排护坡桩，将雨污水管线开挖与场外市政道路隔离，利用外排桩作为基坑支护，如图4所示。

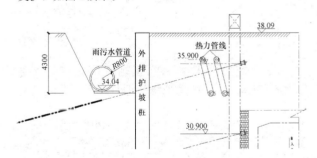

图4　外排桩与雨污水管线位置关系

考虑到打桩区域地下有钢绞线的存在，采用旋挖钻机干成孔钻进，可以较快地切断地下障碍物，之后采用长螺旋钻机跟进成孔灌注混凝土反插钢筋笼，在保证施工质量的同时，施工速度也同样得以保证。

2）雨污水管线开挖及回填

3）施工内排桩

内排桩的施工同样先用旋挖钻机进行成孔，切除打桩范围内剩余的钢绞线，再采用长螺旋钻机成孔中心压灌混凝土，采用振锤反插钢筋笼。采用旋挖钻机引孔，平均每天引孔10根桩，约200m；长螺旋后续跟进施工效率

也提高，平均每天施工 6 根桩，最高峰时施工完成 8 根护坡桩，施工工期得以充分保证。

（2）成孔顺序

旋挖钻机成孔过程中，采用隔二打一的跳打方式，邻孔施工间隔时间为 24h。

3.2 土方开挖

为了减少基坑开挖对地铁隧道和区间正线的影响，

土方开挖阶段将按"竖向分层、严禁超挖，平面分段开挖"的原则，利用"时空效应"进行施工。

3.3 基坑监测

本文仅在东侧邻近地铁侧选取具有代表性的基坑支护桩体深部水平位移监测点进行叙述。ZQT-11 号点所属剖面为 1-1 剖面，距离地铁 6.5m；基坑开挖深度 12m，其护坡桩桩长为 23.5m。其剖面位置关系详见图 5。

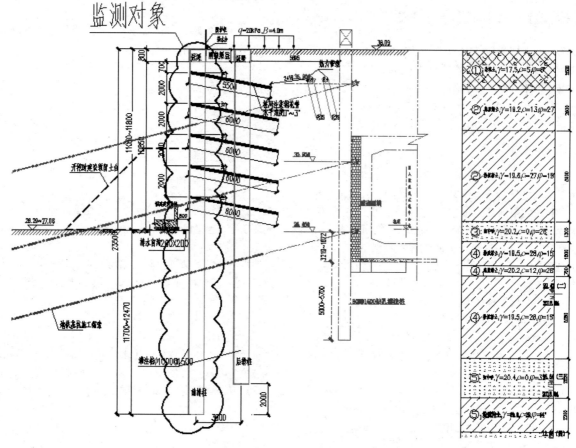

图 5　ZTQ-11 号点剖面图

监测成果汇总与数据处理后得到的桩体水平位移变化情况详见图 6。通过位移曲线图可以得出以下结论：

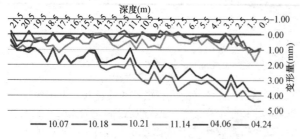

图 6　ZTQ-11 号点桩体水平位移变化曲线图

（1）当基坑开挖至接近基底时，邻近地铁一侧的基坑深层水平位移量不大，最大位移仅 4.380mm，施工工法满足设计和地铁保护评估要求；

（2）护坡桩整体最大位移点出现在桩顶的位置，变形特点类似于悬臂桩；

（3）护坡桩变形受雨污水管线改移部位回填土影响，在其交接处出现变形突变现象；

（4）二步台预留土体对控制护坡桩变形作用明显，预留土台刚开挖时，护坡桩变形明显加大，然后趋于稳定。

4　结论

本文主要探讨邻近地铁深基坑双排桩的应用，通过基坑设计、基坑安全评估、施工组织与管理、基坑监测等工作，并根据邻近地铁基坑支护设计与施工的成功实践，我们加深了对双排桩支护体系的认识，得出以下结论：

（1）在邻近地铁一侧的基坑支护设计，在坑深不超过 12m 时，可以采用双排桩的支护形式。

前提是必须遵照强化护坡桩和冠梁的抗弯刚度，加大护坡桩桩径、嵌固深度、增大冠梁截面尺寸的原则，同时加强桩间支护，预防桩间土流失造成对地铁结构的不利影响。

（2）施工组织与管理是控制对地铁造成不利影响的重要因素。

通过旋挖切断原有支护中的锚杆杆体，保质保量的回填管线改移过程中开挖的沟槽土，以及长螺旋中心压灌混凝土反插钢筋笼的施工工法相结合的方式，克服了场地周边复杂环境和地下障碍物密布的施工困难，提高了护坡桩的成桩质量，保证了施工安全，确保了工期。

（3）主体结构设计与施工时，针对不同的周边环境应有一定的差异性。

如在邻近地铁一侧的主体结构设计时可在邻近地铁一侧设计浅基坑，或施工时通过在该侧预留土台，利用"时空效应"以减少基坑开挖对邻近地铁一侧支护结构的变形量，从而确保相邻地铁的正常营运。

（4）邻近地铁等复杂环境下的基坑开挖，更要重视信息化施工和动态设计。

通过基坑监测数据的反馈与整理，可以"定量"去掌握基坑变形的规律；本工程监测数据显示基坑支护采用双排桩支护体系，有效地控制了基坑的变形，满足了设计和地铁保护安全评估提出的控制标准。

参考文献：

[1] 杨广武. 地铁工程下穿既有地铁线路变形控制标准和技术研究[D]. 北京：北京交通大学，2010.

[2] 吴海洋. 北京地铁新线车站穿越既有地铁车站影响及安全控制措施研究[D]. 北京：北京交通大学，2012.

[3] 任贵生. 北京地区与地铁临近深大基坑支护设计的优化分析[D]. 长春：吉林大学，2012.

[4] 陈朝阳. 刍议建筑深基坑支护工程施工安全管理措施[J]. 中国科技博览，2013，31：142.

地面锚拉钢管桩支护技术在深基坑中的应用

赵春亭， 张启军， 张岳峰

（青岛业高建设工程有限公司，山东 青岛 266001）

摘　要：以青岛某深基坑工程为例，介绍了在紧邻既有地下室条件下，回填土地层的深基坑采用钢管桩＋桩顶锚拉技术的设计和施工方法，利用既有结构为支护结构提供锚拉条件，不失为该条件下基坑支护的一种好方法。

关键词：桩顶锚拉；钢管桩；应力监测

0　前言

由于城区地皮过于紧张昂贵，开发商通常要充分利用红线范围进行建设，往往周边均为已建建筑物、地下管线，这就造成基坑只能直立开挖，空间小的部位大直径灌注桩及锚杆的施工空间不足。该类条件下可以采用内支撑方案，但该方案造价很高，对土方开挖及土建施工制约很大，工期很长。

该项目地下室距离北侧华侨商住楼地下室仅 2.3m，距离拟保护管线仅 1.3m，施工大直径灌注桩的空间都没有，在该工程中采用了钢管桩＋桩顶锚拉技术[1]，经过与华侨商住楼协商，钢管桩桩顶与其楼房承重柱拉结固定进行支护。该基坑施工完毕后，侧壁安全稳定，坡顶管线正常运行，与内支撑方案相比，工期大大缩短，造价大大降低，取得了很好的经济效益及社会效益。

1　工程概况

该工程拟建场区位于青岛市市南区香港路与海门路交口，设计室内坪±0.000＝20.20m，地下 3 层底板相对标高−13.2m，原地面绝对标高 17.38～17.99m，基础埋深考虑 1.5m，基坑北侧开挖深度 13.2m，错台开挖，第一坡段直立开挖深度 9m。

基坑北侧紧靠商住 2 号楼，该楼地下室与本工程拟建地下室相距仅 2.3m，其基底标高较本场区基底标高低 5m，北侧地下室上部管线密布（污水、雨水、自来水等），需要保护，最近的污水管仅相距 1.5m。

地层情况：

①层 杂填土

该部位主要是北侧地下室肥槽的回填物，松散—稍密，稍湿，以建筑垃圾为主，含砖块、混凝土块、块石、风化砂等。该层回填年限小于 5 年，成分差异性较大，均匀性差，未经处理不宜作为基础持力层。

⑯层 花岗岩强风化带

该部位层厚 2.0～3.0m，黄褐色，粗粒结构，块状构造，长石、石英为主要矿物成分；岩石风化强烈，岩芯呈粗砂、小碎块状，小碎块手搓易碎呈粗砂状。地基承载力特征值 f_{ak}＝800kPa，变形模量 E_0＝35MPa。岩石坚硬程度为软岩，岩体极易破碎，岩体基本质量等级分类为Ⅴ级，为散体状结构岩体。

⑰层 花岗岩中等风化带

埋深约 8.0m 以下，肉红色，结构、构造同上。长石部分蚀变、褪色，岩样表面较粗糙，岩芯呈碎块状，裂隙较发育，节理面见挤压痕迹，锤击易沿节理面裂开。地基承载力特征值 f_a＝1800kPa，弹性模量 E＝8×103MPa。该带岩石坚硬程度为软岩，岩体较破碎，岩体基本质量等级Ⅴ级，属碎裂状块状结构岩体。

场区地下水类型为第四系上层滞水和基岩裂隙水。第四系上层滞水主要分布于①层杂填土，基岩裂隙水主要分布于基岩各风化带，在场区主要以层状、带状赋存于基岩中。

勘察期间通过钻孔观测的地下水稳定水位埋深：3.00～4.10m。地下水主要补给源为大气降水补给，受季节影响地下水位年变幅可达 2.0m，雨季肥槽内地下水丰富。

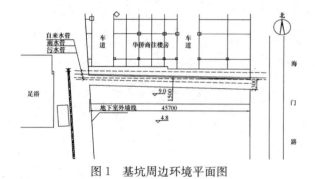

图 1　基坑周边环境平面图

2　支护设计

本工程拟建地下室靠近华侨商住楼部位由 3 层变更为 2 层，距离用地红线仅 0.5m，坡顶管线密布。经建设单位组织与华侨商住楼协商确定，该侧基坑侧壁必须直立开挖，必须保护好上部场地的使用及各类管线的正常使用。

由于该部位正好是华侨商住楼基坑回填部分，两地下室相距仅 2.3m，锚杆无法实施，给支护方案的确定带来极大难度。后经技术人员多次研究确定采用钢管桩＋桩顶锚拉方案，锚拉固定点利用华侨楼房承重柱。

2.1　设计计算

2.1.1　计算模式

按桩锚支护模式进行设计计算，因回填土宽度只有 1m，主动土压力按 50％考虑。

2.1.2 计算基本信息

（1）内力计算方法：增量法；（2）计算依据的规范：《建筑基坑支护技术规程》JGJ 120—2012；

（3）基坑侧壁重要性系数 γ_0：1.1；（4）嵌固深度：1.5m；（5）桩顶标高：0.0m；（6）桩径：300mm；

（7）桩间距：450mm；（8）冠梁截面：700mm×300mm；（9）混凝土强度等级：C30；（10）坡顶使用荷载：10kPa；

（11）桩顶锚拉间距：6.5m；（12）桩下部锚杆间距：1.5m。

2.1.3 岩土层物理力学参数选取

岩土层物理力学参数表　　　表1

层号	土层名称	层厚 (m)	黏聚力 (kPa)	内摩擦角 (°)	与锚固体摩擦阻力 (kPa)
1	杂填土	7.50	0.00	30.00	18.0
2	强风化岩	1.00	20.00	30.00	150.0
3	中风化岩	3.00	90.00	35.00	300.0

2.1.4 土压力模型

采用矩形分布的土压力模型（图2），素填土水土分算，风化岩石水土合算。

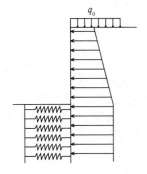

图2　矩形分布土压力模型

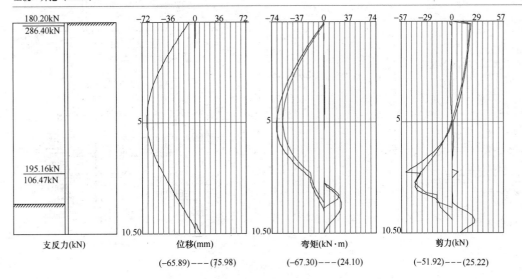

工况5-开挖（9.00m）

180.20kN
286.40kN

195.16kN
106.47kN

支反力(kN)

位移(mm)
(-65.89)---(75.98)

弯矩(kN·m)
(-67.30)---(24.10)

剪力(kN)
(-51.92)---(25.22)

图3　内力包络图

2.1.5 计算结果

（1）内力计算结果

计算基坑内侧最大弯矩46.27kN·m，基坑外侧最大弯矩16.57kN·m，最大剪力71.38kN。计算结果详见图3。

（2）钢管桩型号计算

钢管桩计算配筋面积2331mm²，选用18号工字钢，配筋面积3075.6mm²。构件承受最大剪力815kN，抗剪强度符合要求。

2.2 施工工艺程序

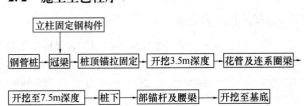

（1）沿用地红线部位设密排钢管桩，桩径300mm，间距400～450mm，桩芯采用18号工字钢，孔内灌注纯水泥浆。

（2）钢管桩桩顶现浇钢筋混凝土冠梁将钢管桩联成整体，冠梁尺寸700mm×300mm，锚拉点位于冠梁中间，浇筑混凝土前预埋PVC管孔。

（3）根据华侨商住楼承重立柱位置共设6处锚拉，锚拉筋采用钢丝绳1φ17.5，强度等级1670N/mm²。

（4）开挖后，在钢管桩深3.5m处打设1m长度的花冠，加设1条连系圈梁，增加钢管桩的整体性。

（5）承重立柱采用植筋固定钢构件作为锚拉固定点，钢丝绳绕过钢构件拉结，施加预应力100kN。

（6）桩深3.5m处打设注浆花管一排，喷射钢筋混凝土圈梁一道。

（7）桩深7.5m处施工预应力锚杆一排，喷射钢筋混凝土腰梁一道，锚杆设计预应力100kN。详见图4、图5、图6。

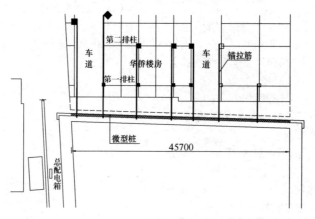

图 4　支护平面布置图

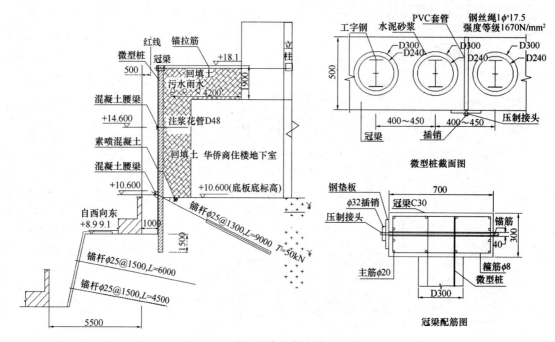

图 5　支护剖面图

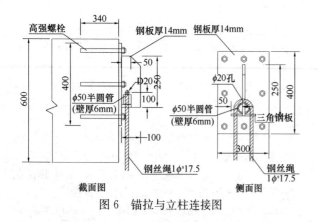

图 6　锚拉与立柱连接图

3　施工时遇到的问题及解决办法

3.1　钢管桩施工

钢管桩的施工是本工程的难点之一，由于钢管桩上部为基坑回填土，成分主要为建筑垃圾，松散，孔隙率大，下部为基岩，成孔异常困难。施工中采用普通地质钻机 150 型，钻具直径 $\phi230$，开始时成孔后泥浆渗漏严重，拔出套管后塌孔严重，工字钢无法下至设计深度。后经分析确定应加大泥浆相对密度护壁，现场采购足量膨润土，将泥浆调稠后开钻，塌孔现象大大减少。

3.2　回填土泄水

基坑北侧紧邻华侨商住楼回填基坑，回填土厚度达到 7.5m，松散，渗透系数很大，华侨商住楼原基坑四周回填土内富水量大。为此，我们在回填土根部埋设 $\phi75@2000$ 泄水管，雨季来临时，泄水管水流如注，有效地进行了泄压，保证了基坑的安全。

3.3　锚拉预应力施加

桩顶钢丝绳预应力施加采用手拉葫芦超张拉 1.1 倍收紧后，用钢丝绳夹固定，根据测定，施加的预应力损失加大，开挖前的两个监测点预应力分别为 55kN、60kN。

4 基坑监测情况

基坑监测内容包括坡顶水平位移和垂直位移监测、地表裂缝观测、周边建筑物变形监测、锚拉轴力监测等。位移监测点沿基坑周边布置，监测点布置详见图 7。

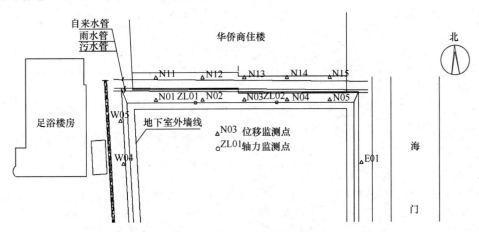

图 7　基坑监测点平面布置图

基坑支护完毕 3 个月后，统计的监测结果表明，基坑北侧中间部位桩顶水平位移达到了 69mm，超过了设计考虑的警戒值，分析原因其一由于未张拉前就进行了开挖，造成了约 25mm 的位移量；其二锚拉预应力张拉不到位，静止土压力远大于预应力，造成钢丝绳伸长量加大。冠梁以外部分地面位移不是很大，靠近楼房处最大位移仅 3mm，通过锚拉测力计监测锚拉力最大 115kN，远未达到钢丝绳抗拉强度，且基坑开挖完毕后趋于稳定，因此分析该基坑是安全、可靠的。

5 总结与体会

（1）该基坑经过一个雨季的考验，安全运行，已经于 2007 年回填完毕。该基坑创造性的采用了钢管桩＋桩顶与已建建筑物锚拉的方案，获得了成功，该案例的成功实施为处理该类基坑提供了一种经济有效的方法，积累了一定的设计与施工经验。

（2）本工程在实践过程中尚存在对变形控制不力的现象，分析其一应在施工程序上严格控制，未施加预应力前，严禁开挖；其二在预应力施加上应严格按照设计进行，预应力施加不足也是造成变形过大的直接原因。

（3）在十分松散回填土中埋设有效泄水的排水管是极其重要的，有效泄水大大降低了基坑侧压力。

参考文献：

[1] 杨柳. 新型支挡结构桩顶竖向锚拉桩挡土墙的提出及其设计方法[D]. 重庆：重庆大学，2015.

[2] 刘静香等. 钢管桩在深基坑支护中的应用[J]. 科技信息，2010(22)：288.

深基坑异形幅地下连续墙施工质量控制技术研究

侯世磊

（中铁十四局集团第四工程有限公司，山东　济南 250000）

摘　要： 本文结合工程实例，介绍了地铁车站深基坑地下连续墙异形幅施工质量控制技术，并从成槽质量控制、钢筋笼加工、桁架筋设置、吊装、入槽等几个工序进行了研究和技术应用，从而为本站及类似工程深基坑异形幅施工提供可行性技术参考。

关键词： 地下连续墙；异形幅；钢筋笼

0　引言

地下连续墙作为地铁车站深基坑的围护结构，对基坑安全及成型至关重要。如何控制地下连续墙成槽和钢筋笼质量，并确保施工过程中安全质量可控是技术管理的重点，尤其异形幅地下连续墙更是地下连续墙施工最难控制的关键点。本文以宁波市轨道交通 4 号线庄桥火车站为例，通过异形幅地下连续墙成槽质量控制、钢筋笼制作与安装施工技术的研究分析，论证其中一种施工工艺及方法，为本站及类似工况下深基坑工程提供借鉴。

1　工程概况

1.1　总体工程概况

庄桥火车站及明挖区间位于宁波市轨道交通 4 号线土建工程的第 8 站。车站为地下二层岛式站台，车站采用明挖顺作法施工，车站基坑长 402.8m，标准段基坑宽 21.4m，车站标准段开挖深度 17.7～18.9m。

图 1　庄桥火车站平面布置图

1.2　地下连续墙情况

庄桥火车站主体围护结构采用地下连续墙＋钢筋混凝土支撑和钢支撑体系。地下连续墙墙段之间的接头采用柔性接头，地下连续墙厚 800mm，标准段采用"一"字幅 6m 长度，端头井及连接段有异形幅，如"L""T"等形式。本站共设置 15 幅"T"槽段，其中最深幅为 45m，单幅重 41.2t，幅宽 5.5m，"T"槽段的 T 头肋板伸出长度为 2.2m。

基金项目：山东省技术创新项目；项目编号：201621901101。

2　异形幅地下连续墙施工质量控制技术研究

异形幅钢筋笼尤其是 T 形幅，为保证吊装安全，一般钢筋笼加工和吊装采用双节拼装，两次起吊方案[5]，但是方案存在的弊端比较明显：

（1）地下连续墙钢筋笼之间无法有效连接，降低了整体性；

（2）双节拼装工期长、功效低；

（3）双节起吊周期长，导致地下连续墙成槽后静止时间长，容易出现塌孔等现象。

因此，如何在保证起重安全的前提下，有效缩短周期，提高槽口安全系数和地下连续墙质量是本次异形幅地下连续墙施工研究的重点。

2.1　T 形幅地下连续墙成槽质量控制技术研究

T 形幅地下连续墙中 T 头肋板与横墙之间形成的 90°夹角区域，是成槽过程当中薄弱的位置；由于宁波地区地质原因，该区域一般容易出现大面积或成 45°夹角塌方，导致地下连续墙质量差、混凝土出现严重超量等现象[3]。因此，为加强 T 形幅地下连续墙成槽质量控制，控制薄弱区域，通过现场多次实践，采取了几种措施，现场效果反应良好。

（1）成槽机的选用

为保证地下连续墙成槽质量，选用了 T-60 成槽机，摒弃了传统 T-40 或 T-46 型号机械，主要是因为成槽机的原理是依靠抓斗自重自上而下抓土成型；而 T-60 成槽机，其抓斗重量一般为普通抓斗重量的 1.4 倍，成槽时速度稳定、墙体垂直度好、对周边扰动较小，薄弱区域可得到最大程度的保护。

（2）成槽工艺控制

异型槽段严格按规定型式开挖，不足两抓宽度的槽段，则采用交替互相搭接工艺直挖成槽施工[1,2]。成槽机起重臂倾斜度控制在 65°～75°，挖槽过程中起重臂只作回转动作不做俯仰动作。挖槽施工中随时注意液压抓斗的垂直度，注意保持抓斗中心平面和导墙中轴平面重合，抓斗入槽、出槽应慢速、稳当，根据成槽机仪表及垂直度情况及时纠偏，确保开挖槽壁面的垂直度和水平位置精度。

（3）加强超声波检测

采用超声波动态控制成槽质量，槽深、垂直度按100%检测，每幅槽段检测不少于 3 个。

（4）泥浆护壁工艺控制

泥浆护壁技术是地下连续墙工程基础技术之一，其质量好坏直接影响到地下连续墙的质量与安全[4]。根据本工程特点及地质条件，采用优质泥浆护壁，泥浆组成采用膨润土泥浆，加入 CMC 增粘剂（羧甲基纳纤维素，又称人造浆糊）、纯碱、镁铬木质磺酸钙等辅助材料，严格控制成槽清槽、混凝土灌注时不同阶段的泥浆指标[6]。

1）泥浆搅拌严格按照操作规程和配合比要求进行，泥浆拌制后应静置 24h 后方可使用。

2）在成槽施工中，泥浆会受到各种因素的影响而降低质量，为确保护壁效果及混凝土质量，应对槽段被置换后的泥浆进行测试，对不符合要求的泥浆进行处理，直至各项指标符合要求后方可使用。

3）对严重水泥污染及超比重的泥浆（泥浆比重大于1.3，pH 值大于 14 时）作废浆处理，废弃泥浆应根据城市环卫要求用全封闭运浆车运到指定地点，保证城市环境清洁。

4）严格控制泥浆的液位，保证泥浆液位在地下水位0.5m 以上，并不低于导墙顶面以下 0.3m，液位下落及时补浆，以防塌方。

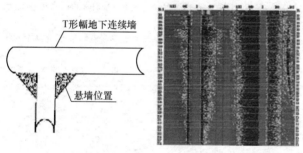

图 2　T 型幅地下连续墙易塌区域及现场实际控制质量

2.2　T 形幅地下连续墙钢筋笼质量控制技术研究

在确保 T 形幅地下连续墙钢筋笼起重吊装安全的前提下，研究其加工工艺，一次整体起吊工艺是质量控制的难点。本次以 45mT 形幅钢筋笼为例，其 T 头肋板为2.2m，经过计算，整体起吊状态下，钢筋笼重心水平位置由主钢筋笼部分向 T 头肋板偏移约 50cm，并位于 T 头肋板中下部分；另外，由于 T 头肋板两侧横笼部分宽度不等，横向重心位置由原横宽 1/3 处偏位 30cm 左右[7]。

（1）采取新型"人字桁架"和斜撑杆钢筋笼工艺

为保证起重吊装安全，根据现场实践效果，T 形幅钢筋笼在"平行桁架"的基础上增设"人字桁架"和斜撑杆，以加强钢筋笼的抗弯与抗扭刚度，防止钢筋笼在空中翻转角度时发生变形。

（2）吊筋设置工艺

作为吊装的受力点，该处为集中荷载，因此最大程度的保证吊点安全及吊点受力性能是钢筋笼起重吊装的关键方面。

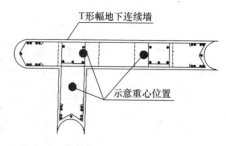

图 3　T 形幅地下连续墙钢筋笼布置及重心位置示意图

图 4　T 形幅地下连续墙钢筋笼 T 头肋板桁架筋设置(左图)，斜撑杆设置及吊装点位置（右图）

在吊点位置处，在幅宽方向上增加一根 $\phi32$ 的钢筋与纵向钢筋焊接，作为吊点加强。

吊筋焊接如图 5 所示。

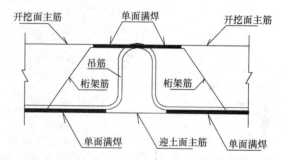

图 5　T 形幅地下连续墙钢筋笼吊筋设置平面图

（3）吊点控制技术

T 形幅钢筋笼由于其结构的特殊性，在起吊时钢筋笼容易旋转变形，结合起吊过程及力学平衡，弯矩最小原理，在吊点计算时应首先求出钢筋笼重心位置，再求出形心主轴方向，使其在起吊过程中的扭转角度与主轴惯性轴和原坐标轴之间的夹角相等。主惯性轴横坐标与钢筋笼两侧的角点即为吊点位置。

T 字形可划分为一个"L"形，一个"一"形钢筋笼，以水平笼边作为 X 轴，转角顶点作为原点，建立X—Y 坐标系，假设两翼钢筋笼的厚度分别为 d 和 h，对异形幅横截面求形心。

以"T"形钢筋笼计算为例，在重心计算时将其分为两部分，简化后的钢筋笼尺寸如图 6 所示。

（4）钢筋笼重心位置计算

按照组合截面形心位置计算原则，"T"形幅最大受力处为横幅较宽及 T 头肋板区域，因此就单侧"L"区域钢筋笼断面的重心点 C 处的坐标 x_c、y_c 为：

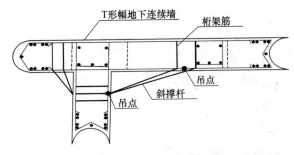

图6　T形幅地下连续墙钢筋笼吊点设置示意图

$$X_c = \frac{\sum A_i \cdot X_i}{A}$$

$$y_c = \frac{\sum A_i \cdot y_i}{A}$$

（5）吊点布置

为了保证钢筋笼回直且副吊卸下后，保持两面四点平衡受力，笼头吊点（A、B、C吊点）位置应位于迎土面，其余吊点（D、E、F吊点）均位于开挖面。即d_2、d_3为笼头吊点，d_1、d_4为其余吊点位置。

根据计算所得形心主轴确定吊点位置如图7所示。

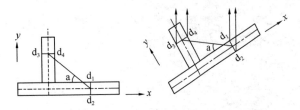

图7　T形幅地下连续墙钢筋笼吊点设置示意图

3　结束语

（1）以本站为例，重点对深基坑T形幅地下连续墙成槽、钢筋笼加工、起重吊装等工艺进行了重点分析和研究[12]，从而针对性的采取相应质量控制措施，通过现场实践效果反应良好。

（2）地下连续墙围护工程作为地铁车站主要的工序，对整个车站的建设安全、运营安全至关重要，因此如何重点突破，攻关克难，是实现地铁车站建设的关键，本文通过以上分析与研究，有着切实有效的实践效果，也对其他类似工程有深刻的借鉴意义。

参考文献：

[1] 刘俊乐，赵东浩．建筑施工中防水防渗施工技术分析[J]．中国高新技术企业，2015(02)：122-123.

[2] 高琪．深基坑渗漏水防治施工技术[J]．铁道建筑技术，2017(08)：97-100＋110.

[3] 周江．软土条件下昆明地铁5号线工程风险分析及控制[J]．铁道建筑技术，2017(06)：115-119.

[4] 张鑫．地铁深基坑监测理论计算与实测数据比较分析[J]．科学促进发展，2010(8)：205.

[5] 杨有海，武进广．杭州地铁秋涛路车站深基坑支护结构性状分析[J]．岩石力学与工程学报，2008(S2)：3386-3392.

[6] 李征，杨罗沙，炊鹏飞，等．西安某地铁车站超深基坑支护变形监测与分析[J]．西部探矿工程，2011(10)：182-184.

[7] 天津市城乡建设和交通委员会．钢筋混凝土地下连续墙施工技术规程[S]．天津：天津市建设科技信息中心，2010.

[8] 张正禄，孔宁，沈飞飞，等．地铁变形监测方案设计与变形分析[J]．测绘信息与工程，2010(6)：25-27.

[9] 曹国熙，卢肇钧．地基处理手册[M]．北京：中国建筑工业出版社，1988.

[10] 严新，李彬．变形监测技术在深基坑施工中的应用[J]．青海大学学报：自然科学版，2014，32(2)：60-63.

[11] 蔡文盛．基坑围护结构渗漏的堵漏措施[J]．探矿工程（岩土钻掘工程），2008，35(3)：47-48.

[12] 荣跃，曹茜茜，刘干斌，等．深基坑变形控制研究进展及在宁波地区的实践[J]．工程力学，2011(S2)：38-53.

第三部分

工程勘察、复合地基与地基处理

弥补振冲碎石桩地基处理承载力不足的方法

孟宪中[1, 2]

(1. 江苏省地质矿产局第五地质大队，江苏 徐州 221004；2. 南京大学地球科学与工程学院，江苏 南京 210093)

摘　要：以曹妃甸原油商业储备基地工程项目为依托，根据工程特点，选用振冲碎石桩加固储罐地基。由于水压振冲扰动等原因，部分桩土复合地基检测沉降较大，无法满足设计要求，采用了沉管碎石桩加密处理的加固措施。实践证明，采用沉管碎石桩补强加固地基的处理方法，能消除原地基固结承载力不足，是一种经济合理的地基补强加固方法。

关键词：振冲碎石桩；复合地基；填海地层；地基处理；沉管碎石桩

0　引言

为了提高中国石化企业的国际竞争力，更好地利用国际进口原油资源，提高企业的抗风险能力，中国石化正逐步建设原油商业储备基地。曹妃甸原油商业储备库项目是中国石化在华北地区建设的企业原油商业储备基地之一，其建设有利于国家石油资源的合理配置，是保障国家原油储备安全的重要战略举措，同时也将对把曹妃甸工业区建成我国新兴的战略性石化产业基地起到直接推动作用。

随着储罐设计和施工工艺的日趋完善和成熟，各种地基处理方法可以成功地解决储罐基础的不均匀沉降问题[1]。采用振冲碎石桩加固油罐地基是一种经济合理的油罐地基加固方法，但是基础处理不好，储罐储油后会发生不均匀下沉或地基局部塌陷[2]，造成罐壁撕裂或罐底板断裂。弥补振冲碎石桩加固油罐地基的承载力不足，在不同工程地质条件下采用不同的改良方法，是值得讨论的问题。

1　工程概况

曹妃甸地处唐山南部的渤海湾西岸，位于天津港和京唐港之间，南面略高于北面，四周略高于中间，总面积为 16km²，距大陆最近点（林雀）17km。至今已有 5500多年的历史，因岛上原有曹妃庙而得名。

"面向大海有深槽，背靠陆地有滩涂"是曹妃甸最明显的特征和优势，为大型深水港口和临港工业的开发建设，提供了得天独厚的条件。拟建曹妃甸原油商业储备基地工程项目位于曹妃甸岛的东南角，迁曹线（公路）16km+000 处东北侧，距曹妃甸原油码头约 7km，库区建设为 320 万 m³ 原油储罐（单罐容量 10 万 m³），占地1243m×538m。为达到工程项目主体方提出的单桩复合地基承载力≥260kPa 的要求，考虑到工程情况、加固面积、土石方运输以及工程造价等条件，决定采用振冲碎石桩复合地基施工。

2　地质概况

本项目总共 32 个罐，每 4 个罐分为一区，共计 8 个罐区。根据野外钻探现场鉴别和原位测试结果，结合土工试验成果，对其中拟建罐区八场地内各主要地基土层的工程特性评述如下。

强夯加固层：由冲填土和海相沉积粉细砂组成，经强夯处理，加固效果较明显，水平向地层分布较稳定，土质较均匀，强度较高，仅表层及冲填土与原地面接触部位土质较差。

①₁ 冲填土：冲填后受强夯影响较小，分布不稳定，厚度小，强度较低。

②₁ 粉细砂：分布不稳定，不连续，厚度较小，且土质不均，底部土质较弱，强度相对较低。

② 粉细砂：分布较稳定，层厚较大，工程力学性质较好。

②₂ 粉砂夹粉质黏土：分布较稳定，但土质不均，局部较软弱，工程性质相对较差。

③ 粉质黏土夹粉砂：分布较稳定，但土质软，且不均匀，夹薄层粉砂或砂团，埋深较大，是本场地的软弱地基土层。

③₁ 粉砂：分布不稳定，不连续，土质较好，强度较高。

④ 粉质黏土及粉土：分布较稳定，土质不均，局部夹粉砂层，埋深较大，强度一般，可作为复合地基桩端持力层。

⑤ 粉质黏土及黏土：分布稳定，层厚较大，埋深较大，土质较好，可作为预制桩桩端持力层。

⑤₁ 粉土：分布不稳定，且层厚不大，但埋深较大，土质较好，可作为预制桩桩端持力层。

⑥ 粉细砂：分布稳定，层厚大，埋深大，土质好，是本场地良好的桩端持力层。

⑦ 粉质黏土、⑧ 粉砂及粉土、⑨ 粉质黏土、⑩ 粉细砂、⑪ 粉质黏土、⑫ 粉细砂、⑬ 粉质黏土均属于分布稳定，土质好，但埋深很大，均为良好的地基土压缩层，亦可作为桩端持力层。

工程地质剖面图如图 1 所示。

场地地下水主要为赋存于上部第四系土层中的孔隙潜水和下部砂层中的微承压水，由于场地为原海域吹填造地形成，吹填用水和砂均取自大海，周边陆地也是吹填造地形成，故目前场地浅层地下水主要为海水，水位近地表。地下水主要接受大气降水及周边区域地表水或地下水补给，大气蒸发及人工汲水为其主要排泄途径。

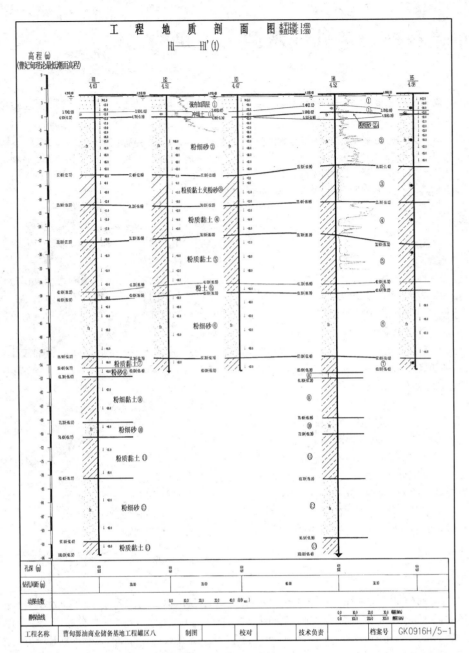

图 1　工程地质剖面

水对混凝土结构具中等腐蚀性；在长期浸水条件下，水对钢筋混凝土结构中钢筋具弱腐蚀性，在干湿交替条件下，水对钢筋混凝土结构中钢筋具强腐蚀性，水对钢结构具中等腐蚀性。

3　振冲碎石桩设计要求

3.1　密实电流与留振时间

对振冲碎石桩而言，密实电流和留振时间并不是单一控制指标，密实电流与留振时间是息息相关，尤其是在软黏土地基中设计振冲碎石桩，要把密实电流和留振时间统一考虑[3]。本工程采用振冲器功率 130kW。其中加密电流－空载电流＞50A，如图 2 所示桩身结构上部 10m 桩径 1.3m 段留振时间＞10s，下部 20m 桩径 1.2m 段留

振时间＞8s，加密段长度 300～500mm，造孔水压 0.4～0.6MPa，加密水压 0.3～0.5MPa。

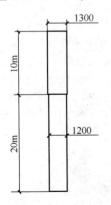

图 2　振冲碎石桩桩身结构

3.2 填料量

填料量是指桩长方向每米需要的碎石量，只有当填料量满足设计要求时才能达到要求的置换率，从而起到提高地基承载力的作用[4]。在碎石桩的振制过程中，每批填料不宜过多，并应按照设计要求均匀控制，采取"少吃多餐"的原则。

振冲碎石桩的填料量在桩长确定的条件下由桩径决定，桩径由造孔孔径和填料加密向外挤扩程度决定（造孔孔径和填料加密向外挤扩程度与原地层的软硬、松散密实有着很大的关系），桩径控制由加密电流、留振时间和水压调节来实现。

单桩填料量的计算不能仅依据松散石料的体积进行，实际上石料在松散堆积和密实状态下的差别较大，本文认为使用松散石料计量时单桩最小填料量按下式[5]计算：

$$Q = (1/4)k\pi d^2 L \tag{1}$$

式中 d——设计桩径；

L——设计桩长；

k——密实系数，取 $1.1 \sim 1.2$。

3.3 桩距设计计算

振冲碎石桩复合地基桩间距的设计是整个设计的关键部分，在初步设计时复合地基的承载力特征值可按下式[6]计算：

$$f_{spk} = [1 + m(n-1)]f_{sk} \tag{2}$$

式中 f_{spk}——碎石桩复合地基承载力特征值，kPa；

f_{sk}——处理后桩间土承载力特征值，kPa；

m——面积置换率；

n——桩土应力比，无实测资料时可取 $2 \sim 4$。

在本项目中，按照主体方提出的设计要求，碎石桩单桩复合地基承载力设计值 ≥ 260kPa，即此处取值为 260kPa。

3.4 桩长、桩径及处理范围确定

根据振冲碎石桩复合地基桩长及处理范围设计原则，结合曹妃甸原油商业储备基地工程状况对桩长和加固范围进行设计，且对于场地内被评价为易液化土层的地基土，桩长的设计应考虑穿透易液化土层。但液化土层埋置较深时，可参照国家标准《建筑抗震设计规范》GB 50011—2010[7]有关规定确定。建筑物建成后，地基在荷载作用下会产生不均匀沉降[8]，当不均匀沉降过大时，会导致建筑物发生破坏，为减小不均匀沉降可考虑不同分区采用不同桩长设计的方法。

根据储油罐建设工程的经验，沉降量一般为由储油罐中心向外逐渐减小。由于储罐半径 40m，考虑到施工技术、经济条件等各项因素，碎石桩处理范围应大于基底范围，处理宽度在基础外缘扩大 4 排。对可液化地基[9]，基础外缘扩大宽度不应小于可液化土层厚度的 1/2，并不小于 5m。

3.5 振冲碎石桩复合地基平面布置及要求

以原油罐区八 T-29 号罐为例，振冲碎石桩布置见图 3，该罐桩数为 1519 根；具体桩长应按现场的实际地质情况确定，但不得小于 30m。

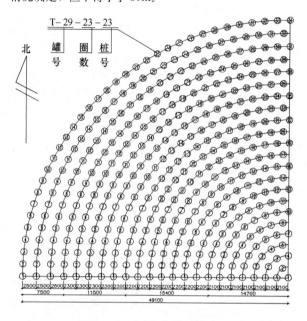

图 3 振冲碎石桩桩位布置

桩的施工及工程质量验收按《建筑地基处理技术规范》JGJ 79—2012、《石油化工钢储罐地基处理技术规范》SH/T 3083—1997 及《水电水利工程振冲法地基处理规范》DL/T 5214—2016 中的相关要求。

桩体材料采用含泥量 ≤5% 的碎石，粒径为 20～150mm，振冲碎石桩施工完毕后将顶部的松散桩体挖除，随后分层夯实铺设 500mm 厚的碎石垫层，压实系数 ≥0.95，单桩复合地基承载力特征值 >260kPa。

4 质量检验与效果分析

4.1 检测工作布置

按照要求，在所有各罐碎石桩施工完成 15 天后，采用单桩复合地基静载试验，单桩静载试验，桩间土静载试验，桩间土钻孔取土、标准贯入试验，静力触探试验，桩体及桩周边超重型动力触探试验，桩间土压力盒测试等方法进行综合对比检测[10-14]。结合实际情况，本文主要对 T-29 号罐进行描述，详见表 1。

T-29 号罐碎石桩施工后检测工作布置 表 1

检测项目		检测数量	检测目的	备注
静载试验	单桩复合地基	8 个点	确定处理后单桩复合地基承载力	压板采用边长 2.3m，2.2m、2.1m 方板
	单桩	8 个点	确定打桩后单桩浅层承载力	压板采用直径 1.3m 圆板
	桩间土	5 个点	确定打桩后桩间土浅层的承载力	压板采用边长 0.5m 方板

检测项目		检测数量	检测目的	备注
桩间土测试	钻孔取土、标准贯入试验	9个点	确定打桩后地基各土层各项物理力学指标	每1.0～2.0m取1个土样或标贯1次，土样试验为筛分、常规、压缩、剪切，检测深度为30m
	静力触探	9个点		检测深度为30m
桩体测试	桩体超重型动力触探	20根桩，20个点	确定碎石桩体密实程度、各层土碎石桩桩径	位置为桩中心，检测深度为30m
	桩周边超重型动力触探	4根桩，28个点		每根桩按圆3等分，每等分按直径1.2m、1.3m位置检测6个孔，桩间土1个，共7个孔，深度30m
桩土应力比测试	土压力盒测试	6个单复试验点	确定打桩后的桩土应力比	每个单桩复合点埋设5个压力计

4.2 检测结果与效果分析

4.2.1 单桩复合地基静载实验

T-29号罐单桩复合地基静载试验结果汇总　表2

序号	试验点	最大加载量		承载力特征值	
		荷载(kPa)	对应沉降量(mm)	荷载(kPa)	对应沉降量(mm)
1	Pc29-1-1	520	91.04	227.5	19.67
2	Pc29-7-10	520	51.59	260	21.75
3	Pc29-7-34	520	44.63	260	15.33
4	Pc29-13-13	520	44.50	260	15.31
5	Pc29-13-37	520	36.92	260	13.14
6	Pc29-13-61	520	108.71	227.5	23.63
7	Pc29-19-7	520	31.53	260	14.52
8	Pc29-19-69	520	94.12	227.5	22.81

单桩复合地基静载试验结果见表2。由表2可见，Pc29-1-1、Pc29-13-61、Pc29-19-69号3个试验点复合地基承载力特征值为227.5kPa，达不到设计要求，其余5个试验点复合地基承载力特征值≥260kPa，满足设计要求。

4.2.2 单桩静载实验

单桩静载试验结果见表3，该罐碎石桩单桩浅层承载力特征值431～633kPa，离散性较大，平均为547.4kPa。

T-29号罐单桩静载试验结果汇总　表3

序号	试验点	最大加载量		承载力特征值	
		荷载(kPa)	对应沉降量(mm)	荷载(kPa)	对应沉降量(mm)
1	Pp29-7-4	1300	89.02	547	19.50
2	Pp29-7-16	1300	63.83	610	19.50
3	Pp29-7-22	1300	88.68	486	19.50
4	Pp29-13-7	1300	97.92	496	19.50

序号	试验点	最大加载量		承载力特征值	
		荷载(kPa)	对应沉降量(mm)	荷载(kPa)	对应沉降量(mm)
5	Pp29-13-25	1300	66.77	633	19.50
6	Pp29-13-53	1300	100.56	569	20.98
7	Pp29-19-39	1300	80.43	607	19.50
8	Pp29-19-104	1300	118.44	431	19.50
平均值		—	91.43	547.4	—
极差/平均值		—	69.5%	36.9%	—

4.2.3 桩间土静载实验

桩间土静载试验结果见表4，该罐区场地持力层的桩间土承载力特征值建议取185.6kPa。

T-29号罐桩间土静载试验结果汇总　表4

序号	试验点	最大加载量		承载力特征值	
		荷载(kPa)	对应沉降量(mm)	荷载(kPa)	对应沉降量(mm)
1	Pp29-1	520	35.59	162	7.50
2	Pp29-2	520	28.44	196	7.50
3	Pp29-3	520	32.11	176	7.50
4	Pp29-4	520	31.15	187	7.50
5	Pp29-5	520	28.32	207	7.50
平均值		—		185.6	
极差/平均值		—		24.2%	

5 补强处理方案

针对T-29号罐局部桩基检测结果不能满足设计要求的主要原因分析：由于制桩过程中振动、挤压和扰动等因素的影响，使桩间土中出现了较大的超静孔隙水压力，桩间土的强度相应降低，而造地时此区域为排水口，为整个场地的最低点，土层含水率始终处于饱和状态[15]，地质条件相对其他区域较差；此区域在桩基施工期间，商储库场地周围造地同时进行，目前商储库场地周围造地约高出近1m左右，致使地下水位一直处于高水位状态；施工期间平均降水量远大于试桩施工时的降水量。以上原因造成原地基土层对桩的束缚力较差[16]，振冲碎石桩施工时对此类地质条件无针对性施工，施工后桩体对桩间土的挤密作用较小[17]，只达到了置换的作用，承载力提高约30%，不能满足设计要求。

针对以上情况，为了避免水压振冲扰动，提出采用干法振冲碎石桩补强处理方案，即沉管碎石桩方案[15]：桩身长6m，能够穿入松散层；桩径0.5m，对原桩体不会产生破坏作用[18]，对桩间土的二次挤密作用能够达到预期目标。沉管碎石桩复合地基平面布置如图4所示。

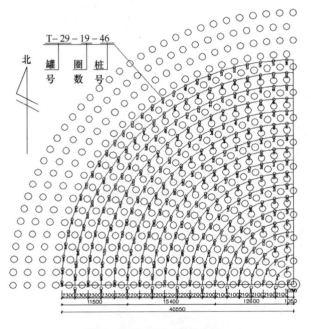

图4　沉管碎石桩桩位布置

该罐共完成振冲碎石桩1519根，其中罐基础范围内为1141根，罐基础外为378根。

共完成沉管碎石桩1083根，均位于罐基础范围内，桩长为6m，桩径为0.5m。

6　补强后质量检验与效果分析

按照要求，在本罐沉管碎石桩施工完成7天后，采用单桩复合地基静载试验对复合地基承载力进行检测，相关检测要求见表5，静载试验结果见表6。

T-29号罐沉管碎石桩施工后检测工作布置

表5

检测项目	检测数量	检测目的	备注
单桩（振冲碎石桩）复合地基静载试验	6个点	确定补强后单桩复合地基承载力	压板采用边长2.3m、2.2m、2.1m方板

在本罐沉管碎石桩施工完成后，共进行了6个点单桩（振冲碎石桩）复合地基静载实验，在2.1m、2.2m、2.3m桩间距进行了2个点。压板边长对应桩间距长度，面积分别为4.41m²、4.84m²、5.29m²，最大加载量为复合地基承载力特征值的2倍即520kPa，单级荷载按照65kPa进行加载。表6中6个点的单桩复合地基静载试验结果显示，各检测点加载至最大荷载（520kPa）时，均未出现沉降急剧增大、土挤压、层压板周围明显隆起等现象，最终沉降量为26.16～55.68mm，均小于压板宽度的10%。

T-29号罐补强后单桩复合地基静载试验结果汇总　　　表6

序号	试验点	最大加载量		承载力特征值	
		荷载(kPa)	对应沉降量(mm)	荷载(kPa)	对应沉降量(mm)
1	Pc29-1-1	520	39.10	260	18.10
2	Pc29-7-19	520	44.17	260	19.86
3	Pc29-13-61	520	55.68	260	20.05
4	Pc29-14-26	520	26.16	260	10.64
5	Pc29-18-8	520	38.32	260	16.64
6	Pc29-19-69	520	41.21	260	15.68

根据相关规范及设计要求，复合地基承载力特征值取最大加载量的一半和$s/b=0.02$（即40mm）所对应的压力两者小值作为复合地基承载力特征值，结果显示各检测点复合地基承载力特征值≥260kPa。

7　结语

振冲碎石桩在软土中成桩与土层的约束力有密切的关系，特别是抗剪强度过低的软土，不易成桩，存在桩身不密实或者充盈率过大的现象。因此对超软土进行振冲碎石桩施工时，对桩径、桩间距、密实电流、留振时间、加密段长度等参数的确定宜慎重，应通过现场设置试验区验证给设计及施工人员提供参数，根据不同的地质条件因地制宜地设计和选择施工方法。鉴于振冲碎石桩在曹妃甸原油商业储备基地工程中的应用，采取沉管碎石桩进行再次处理后，其形成的碎石桩复合地基既发挥原土的负载能力，又加入了强度高的桩体承担更大的荷载，很大程度地提高了地基的承载力和稳定性，减少了地基在荷载下的沉降量，加固效果较明显。不同的方法不同的工艺在施工中的改进有待探讨和验证，也值得今后在类似的工程建设中有选择性地应用和推广。

参考文献：

[1] 丁浩. 地质复杂场地软弱地基处理方法的选用[J]. 安徽建筑，2008，15(4)：115-116.

[2] 尹延鸿. 对河北唐山曹妃甸浅滩大面积填海的思考[J]. 海洋地质动态，2007，23(3)：1-10.

[3] 孟宪中. 振冲碎石桩在曹妃甸储油罐地基处理中的应用研究[D]. 南京：南京大学，2014.

[4] 孙玺. 大型储油罐振冲碎石桩地基处理设计研究[D]. 青

岛：中国海洋大学，2012.

[5] 房屋建筑与装饰工程工程量计算规范 GB 50854—2013[S]. 北京：中国计划出版社，2013.

[6] 高大钊. 土力学与基础工程[M]. 北京：中国建筑工业出版社，1998.

[7] 建筑抗震设计规范 GB 50011—2010[S]. 北京：中国建筑工业出版社，2010.

[8] 林宗元. 岩土工程治理手册[M]. 北京：中国建筑工业出版社，2005.

[9] 黄继义. 振冲密实法在砂性地基处理中的应用[J]. 中国水运(下半月). 2009，9(7)：255-256+262.

[10] 基桩静载试验 自平衡法 JT/T 738—2009[S]. 北京：人民交通出版社，2009.

[11] 张定. 碎石桩复合地基的作用机理分析及沉降计算[J]. 岩土力学，1999，20(2)：81.

[12] 徐少曼，陆国云. 袋装碎石桩复合地基的沉降计算[J]. 岩土工程师，1991，3(3)：21-25.

[13] 邢皓枫，龚晓南，杨晓军. 碎石桩复合地基固结简化分析[J]. 岩土工程学报，2005，27(5)：521-524.

[14] 林耘生，林鲁生，刘祖德. 复合模量法计算碎石桩复合地基沉降[J]. 土工基础，2007，21(3)：57-59.

[15] 李远坪. 按桩土一体化确定单桩极限承载力[J]. 石油建设工程，1998(6)：14-16.

[16] 王升栋，庞京春，郭来耀. 振冲法加固处理杂填土地基的机理与应用[J]. 岩土工程界，2001(3)：46-47.

[17] 牛国生. 振冲碎石桩在水库坝基处理工程中的应用[J]. 探矿工程(岩土钻掘工程)，2016，43(1)：75-80.

[18] 赵忠伟，李勤厚，赵军. 振冲碎石桩在杂填土地基中的应用[J]. 探矿工程(岩土钻掘工程)，2010，37(11)：55-57，72.

真空预压法地基处理影响范围分析

宇　珂[2]，张兴明[1,2]，王　栋[2]，黄志滨[2]

(1. 中交第四航务工程勘察设计院有限公司，广东 广州 510230；2. 中国港湾工程有限责任公司，北京 100027)

摘　要：针对真空预压软土地基处理施工过程中，由于场地沉降造成周边建筑物、构筑物开裂等常见问题，结合工程实例，对比实测数据和有限元软件计算结果，分析计算软土地基中沉降、位移、孔隙水压力的变化规律及其对周围环境的影响情况。结果表明，在真空预压法中采取防护措施可以明显减轻对周围环境的影响，且单排直径 1.2m 高压旋喷桩的围护作用比直径 0.6m 格栅状水泥土搅拌桩防护效果更为明显，为真空预压法在软土地区的进一步推广应用提供了实践及理论依据。

关键词：真空预压；有限元；加固；软基；周围环境

0　引言

真空预压法加固深厚层软土地基的方法是国内优势明显的一种地基处理方法[1-3]，该法快速、经济、效果好，并且无堆载预压引起的边坡失稳等问题。但是目前对于真空预压施工时对其周边建筑物、构筑物等环境影响程度怎样及其规律如何等问题尚没有成熟、明确的结论。陈远洪[4,5]等在现场试验的基础上，结合有限元计算，得出真空预压加固区外没有防护措施时，沉降大于 5cm 的范围约为 40m；打设搅拌桩防护时沉降大于 5cm 的范围约为 20m。董志良[6]等通过理论计算和现场试验，得出真空预压对周边环境的影响范围可达 40m 以上，距加固区边缘 8m 处的位移量可达 33.5cm，影响深度超过 14m，在加固区边缘 14m 处的位移量可达 23.2cm，影响深度超过 12m。但是这些理论，只能作为特定场地条件和搅拌桩支护条件下的研究结论，都不能为广州南沙港区的深厚软土地基加固提供技术支持。本文在已有研究的基础上，对广州南沙港区真空预压法地基处理沉降影响范围进行新的分析和探讨。

1　真空预压理论分析

真空预压技术主要机理就是通过真空射流泵和软土中预埋真空管路的联合作用，使加固区的土体内部形成负压，从而边界的孔隙水压力降低，土体中的初始孔隙水压力便与该边界的孔隙水压力形成一定的压力差，进而发生不稳定渗流现象，随着抽真空作业不断进行，土体的孔隙水压力逐渐降低。

由 $\sigma = \sigma' + u$ 可知，土体中总应力保持不变的情况下，孔隙水压力降低的同时，土体的有效应力不断增加。由于孔隙水压力是球状应力，所以因孔隙水压力降低而增大的土体的有效应力是各向相等的。所以地基土体单元的应力莫尔圆的大小不变，只是向右侧平移了，当"荷载"卸除后，被加固土体由欠固结状态变为正常固结状态，或正常固结状态变为超固结状态。因为真空荷载的特殊机理，土体不会发生剪切破坏。周围土体的变形主要是由于真空负压产生收缩变形而开裂，裂缝一般表现为平行于加固区的边线。随着时间的增长，土体固结度的提高，裂缝也出现发展态势，逐渐加宽加深，数量随之越来

越多[7]。

天然地基土在施加真空荷载下，土中的水将产生渗流。真空泵开启时，首先通过真空管路抽走砂垫层中的空气，真空膜与砂垫层间形成一个真空区域。由于真空压力的作用，土体中存在的网孔形成真空流场，气体和水是该流场的主要流动介质，也就是"真空流体"。真空渗流场的形成与不混溶流体在多孔介质中的驱替现象相似："真空流体"作为驱动相，在被驱动流体——水中通过"指进"作用打开一条通道，"指进"以后逐渐分枝，最后形成连通的网络。土体排出的水主要是储存于较大网孔的重力水，地下水位下降，改变了土层的自重应力，使其下土层的上覆自重应力增加，土体中更为细小孔网中的水承受了超孔隙水压力，然后逐渐排出，从而土层产生固结。由于抽真空不断进行，真空渗流现象得以持续，地下水位也随着时间的延续而渐渐下降[8]，此过程如图 1 所示。

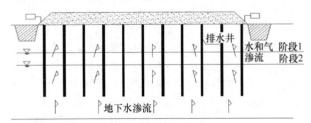

图 1　真空预压机理图

真空预压加固软土地基的过程实际上应属于三维空间渗流问题，三维固结理论中最出名是比奥理论[7]，它是一种真三向固结理论。该理论的基本假设是把土体视为一种均质、各向同性的饱和土单元体 dx、dy、dz，受外力作用，满足平衡方程。当以整个土体为隔离体（土骨架＋孔隙水），则平衡方程为：

$$\begin{cases} \dfrac{\partial \sigma_x}{\partial x} + \dfrac{\partial \tau_{yx}}{\partial y} + \dfrac{\partial \tau_{zx}}{\partial z} = 0 \\[2mm] \dfrac{\partial \tau_{xy}}{\partial x} + \dfrac{\partial \sigma_y}{\partial y} + \dfrac{\partial \tau_{zy}}{\partial z} = 0 \\[2mm] \dfrac{\partial \tau_{xz}}{\partial x} + \dfrac{\partial \tau_{yz}}{\partial y} + \dfrac{\partial \sigma_z}{\partial z} + \gamma_{sat} = 0 \end{cases} \tag{1}$$

如果以土骨架为隔离体，以有效应力表示平衡条件，根据有效应力原理，则有：

$$\sigma' = \sigma - p_w \tag{2}$$

式中，$p_w = (z_0 - z)\gamma_w + u$，为超孔隙水压力与该点静水压力之和。

这样，式（1）可用有效应力表达为：

$$\begin{cases} \dfrac{\partial \sigma'_x}{\partial x} + \dfrac{\partial \tau_{yx}}{\partial y} + \dfrac{\partial \tau_{zx}}{\partial z} + \dfrac{\partial p_w}{\partial x} = 0 \\[2mm] \dfrac{\partial \tau_{xy}}{\partial x} + \dfrac{\partial \sigma_y}{\partial y} + \dfrac{\partial \tau_{zy}}{\partial z} + \dfrac{\partial p_w}{\partial y} = 0 \\[2mm] \dfrac{\partial \tau_{xz}}{\partial x} + \dfrac{\partial \tau_{yz}}{\partial y} + \dfrac{\partial \sigma_z}{\partial z} + \dfrac{\partial p_w}{\partial z} + \gamma_{sat} = 0 \end{cases} \quad (3)$$

在式（3）中，$\dfrac{\partial u}{\partial x}$、$\dfrac{\partial u}{\partial y}$、$\dfrac{\partial u}{\partial z}$ 实际上为作用在骨架上的渗透力在三个方向的分量，与 γ' 一样为体积力。

对于二向平面（平面应变）问题，比奥方程为下式：

$$\begin{aligned} C_{v2} \nabla^2 u &= \dfrac{\partial u}{\partial t} - \dfrac{1}{2} \dfrac{\partial \Theta_2}{\partial t} \\[2mm] C_{v2} &= \dfrac{kE'}{2\gamma_w(1+\nu')(1-2\nu')} \end{aligned} \quad (4)$$

式中，C_{v2} 为二向固结时的固结系数；∇^2 为拉普拉斯因子，$\nabla^2 = \dfrac{\partial^2}{\partial x^2} + \dfrac{\partial^2}{\partial z^2}$；$\Theta = \sigma_x + \sigma_z$。

当单向固结时，由弹性应力－应变关系可得到单向固结系数 C_{v1}：

$$C_{v1} = \dfrac{kE'(1-\nu')}{\gamma_w(1+\nu')(1-2\nu')} \quad (5)$$

式（5）是比奥固结理论的主要结论，是进行有限元计算的常用理论基础[9,10]。

2 工程概况

该工程位于广州南沙港区，软基处理面积约 30 万 m^2，吹填疏浚土成陆后采用真空预压法加固处理。场区的主要软土层自上往下分布情况如下。

淤泥质粉质黏土：灰色，流塑，局部软塑，含少量细砂及腐植物，局部夹薄层细砂。为吹填淤泥。

淤泥—淤泥质黏土：灰色，局部灰黑色，流塑—软塑，含腐殖质，含少量粉细砂及碎贝壳，局部夹薄层粉细砂。该层遍布全探区，厚度 2.6～17.50 m，平均厚约 10.9m。

淤泥质土：灰色，软塑，含少量粉细砂及腐植物。局部分布，厚度 2.4～7.3m。

主要土层物理力学性质指标，见表 1。

主要软土层物理力学指标表　　　　　　　　　　　　　　　　表 1

土层名称	w（%）	ρ（g/cm³）	e	$c_{快剪}$（kPa）	$\varphi_{快剪}$（°）	$c_{固结}$（kPa）	$\varphi_{固结}$（°）	$C_v \times 10^{-3}$（cm²/s）	$C_h \times 10^{-3}$（cm²/s）
淤泥质粉质黏土	63.9	1.6	1.725	6.0	1.0	2.2	16.2	0.8	0.8
淤泥—淤泥质黏土	57.2	1.64	1.557	6.0	2.2	7	19.0	1.2	1.52
淤泥质土	47.5	1.72	1.293	14.7	5.5	10.8	16.8	1.60	2.44

结合现场地层分布和周边建筑情况，将整个地基处理场地细分成 14 个区块，分别为 N1～N14。其中，因 N10 区与变电站围墙距离约 18m，考虑到真空预压过程中沉降会对已有结构物产生不利影响，故将 N10 区沉降进行重点监控和研究。依据规范，计算得到 N10 区在真空预压达到 70d 时，土层固结度达到 85%，加固期沉降为 1.41m，使用期最终沉降达到 1.48m，现场情况如图 2 所示。

图 2　施工现场图

3 现场施工及监测情况

施工初期，未对 N10 区与变电站围墙之间设置防护措施。依据规范要求，布设了多处地表沉降、深层水平位移、孔隙水压力、地下水位等监测点。在抽真空 40d 后，发现 N10 区与变电站之间地面出现 10～35cm 宽的裂缝，且变电站围墙出现一处 35cm 裂缝，测得地表最大沉降为

30cm 左右。为保证周边建筑施工安全，立即停止抽真空作业，补设防护措施。确定采取高压旋喷桩结构体进行加固围护，采用直径 1200mm，桩间搭接为 400mm，打设深度 18m，共布设 183 根，现场布置情况详见图 3。

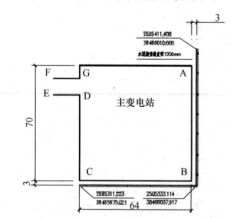

N10区变电站旋喷桩平面大样图

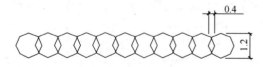

图 3　变电站围墙旋喷桩布置图

3.1 地表沉降

现场施工旋喷桩实际工期为 33d，施工完成 28d 后，恢复抽真空。待抽真空作业进行 50d 后，真空预压区沉降趋于平稳，结束抽真空作业。

整个真空预压施工期，沉降监测数据如图 4 所示。

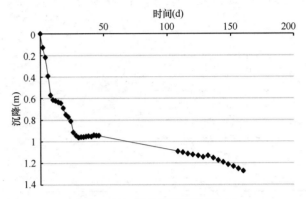

图 4　N10 区地表沉降曲线图

由图 4 可知，施工期总沉降量约为 1.2m，主要沉降发生在前 1 个月时间内，约占施工期沉降总量的 80%，之后约 2 个月时间仅完成总沉降量的 20%。

3.2 孔隙水压力

根据孔隙水压力实测数据绘制得到 N10 区的孔压-时间曲线关系图如图 5 所示。从图中所示的孔压-时间曲线反映，抽真空 15d 内孔隙水压力得以迅速消散，消散值一般在 55～65kPa 之间，抽真空 30d 以后孔隙水压力基本趋于稳定，一般稳定在 82～86kPa 之间，说明真空度得到有效传递。经实测数据分析可知，真空预压区场地内 20m 范围沿深度上传递的效果衰减不大。

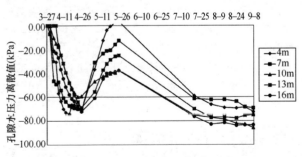

图 5　N10 区孔隙水压力-时间关系曲线图

3.3 地下水位

根据地下水位实测数据绘制得到 N10 区的地下水-时间曲线关系图如图 6 所示。如图中所示，N10 区的地下水-时间关系能较真实地反映真空预压加固过程的地下水位变化情况，即抽真空约 1 个月时间内，地下水位降深基本稳定在 5～6m，有时会受珠江潮差变化产生小幅波动。这个降深规律与真空压力降水的有效深度在 7m 左右的理论值基本吻合。

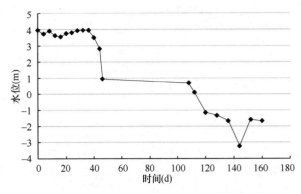

图 6　N10 区地下水位-时间关系曲线图

3.4 深层水平位移

根据深层水平位移实测数据绘制得到 N10 区的水平位移-时间曲线关系图如图 7 所示。

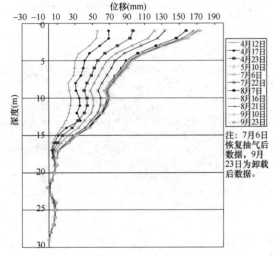

图 7　N10 区变电站测斜管位移-深度图
（旋喷桩前土体中）

从图中所示的深层水平位移-深度和深层水平位移-时间关系曲线反映：

首先，从空间上来说，沿深度方向的影响程度表现为随深度越深，影响越小，这个趋势与真空度的传递效果基本一致，而沿水平方向的影响则表现为在加固边界处最大，离加固边界越远影响越小。在距离加固边界 20m 内的位移监测数据反映，深度 15m 以内土体的位移量介于 10～230mm 之间（位移量大于 10mm 时我们认为可能对建构筑物产生有害作用，须引起注意），最大位移量位于地面，最小位移量位于约 20m 处，该点基本为正负位移的平衡点，该点之下会出现反向位移。

其次，从时间上来说，抽真空 30d 时对于未进行加固的土体位移量一般达 150～190mm 之间，抽真空 60d 时位移量达到或是接近最大值约 230mm，抽真空 60d 以后至卸载这段时间位移量基本趋于稳定，介于 210～230mm 之间微幅波动。上述数据说明真空负压对周围环境影响主要作用体现在抽真空 60d 以内，此时真空预压作用下的地基土得到有效固结，固结度达到 70%～80% 之间，加固区之外的土体也随着地下水位下降，孔隙水压力随之消散，得到一定的固结，所以，抽真空 60d 以后真空的影响也基本趋于稳定。

4 有限元模型分析

4.1 模型建立

结合南沙二期软基处理工程 N10 区的真空预压实况，采用 PLAXIS 2D 有限元计算程序对真空预压对周边环境的影响进行了数值分析。以 HS 模型作为土体本构模型。模型建立的基本假设：土体在负压条件下的排水和固结变形过程同正压下的固结过程是相似的，都是通过孔隙水压力的变化将荷载传递给土体骨架的过程。有限元程序计算参数见表 2，采用平面应变 15 节点的三角形单元划分网格。考虑对称性，取加固区一半进行模拟，并考虑边界效应，取加固区周边 100m 的足够宽度来分析研究真空预压加固对周边环境的影响。得到疏密过渡的模型网格划分如图 8 所示。

计算断面岩土参数表　　　　表 2

土层名称	天然重度 (kN/m³)	饱和重度 (kN/m³)	E_{oed} (MPa)	E_{50} (MPa)	E_{ur} (MPa)	CD试验 c'	CD试验 f_i'	垂直渗透系数 (m/d)	水平渗透系数 (m/d)
淤泥（HS）	15.0	15.9	2.199	0.503	6.590	5	49.9	6E−05	3.5E−05
砂土（线弹性）	20		16.45	16.45	16.45			4.32	4.32

注：刚度幂指数取 1，卸荷-回弹的泊松比取 0.2，参考压力值为 100kPa，K_0^{nc} 采用默认的 $K_0^{nc} = 1 - \sin\varphi'$。

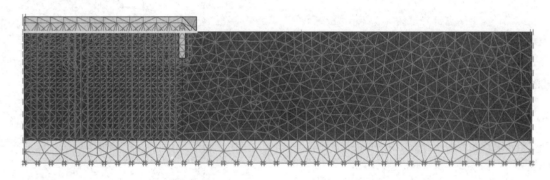

图 8　模型建立与网格划分

4.2 竖向位移计算

如图 9 所示，计算得到真空预压固结 30d 后，加固区最大竖向位移 2.09m，距离加固边界 6m 处的地表竖向位移为 268.7mm，距离加固边界 16m 处的地表竖向位移为 75.6mm。

4.3 水平位移计算结果

图 10 为真空预压 30d 水平位移分布图。由图 10 可知，再固结 30d，加固区土体向加固区中间产生侧限位移，周边土体向加固区移动。取距离边界 6m 处水平位移，与对应位置处的测斜管实测水平位移数据进行对比，如图 11 所示。

由图 11 可知，采用有限元计算得到的 N10 区，抽真空 30d，距离加固边界 6m 处的水平位移与实测数据比较，计算得到的水平位移差异较小。计算值地表处最大水平位移为 307mm，实测最大值 310mm，可知计算结果与实测值较为接近，建立的计算模型是合理的。

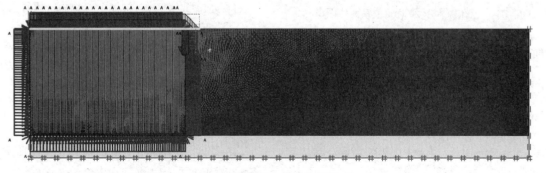

图 9　模型竖向位移分布图

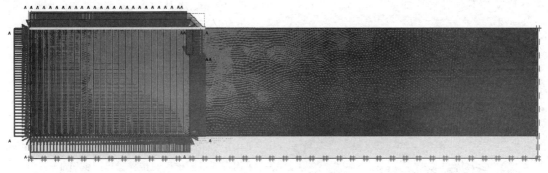

图 10　模型水平位移分布图

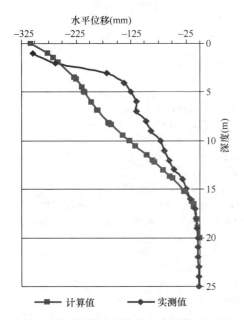

图 11　模型计算水平位移与实测值对比图

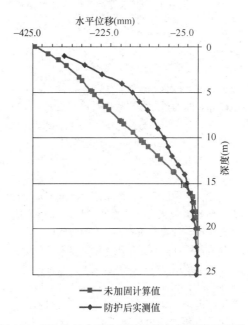

图 12　未防护的水平位移计算值与实测值对比图

4.4　边界加固效果分析

实际施工过程中，抽真空 30d 后停真空泵，在边界打设单排直径 1.2m 旋喷桩，之后再重新抽真空，现场监测结果表明，继续满载 73d 后，实测总水平位移为 342mm。

4.4.1　无防护措施模型

模型中，在不采取任何措施的条件下，抽真空固结 30d 后，再继续固结 73d，距离边界 6m 处，计算得位移为 419mm。

可见，实际采取的施打旋喷桩的方法，对预防真空预压对周边环境的影响是有效的。施打水泥搅拌桩后，继续满载 73d，距离加固边界 6m 处的地表最大水平位移仅增加了 32mm，比不施打水泥搅拌桩进行防护的 73d 增加 113mm 的水平位移，减小了约 72%。如图 12 所示。

4.4.2　单排直径 1.2m 旋喷桩防护

如图 13 所示，在模型中加设单排旋喷桩，抽真空固结 30d 后，再继续固结 73d，距离边界 6m 处，计算得位移为 337mm。与实际发生的 342mm 十分接近，与没有任何防护情况下计算得到的 419mm 相比，加固效果改善很多。

4.4.3　格栅状直径 0.6m 水泥土搅拌桩防护

格栅状水泥搅拌桩布置形式如图 14 所示。

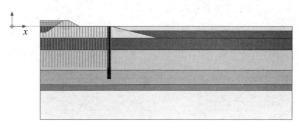

图 13　加设单排旋喷桩后计算模型

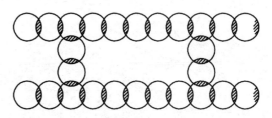

图 14　格栅状水泥搅拌桩布置形式

在模型中加设格栅状水泥搅拌桩，计算结果如图 15 所示，抽真空固结 30d 后，再继续固结 73d，距离边界 6m 处，计算得位移为 385mm。与没有任何防护情况下计算得到的 419mm 相比，加固效果较为明显。但是与加设单排旋喷桩时计算得到的 337mm 相比，相差 48mm。

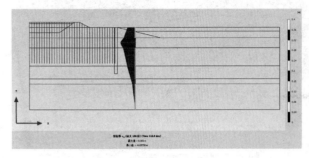

图15　加设格栅状水泥搅拌桩后计算模型

5　结论

通过有限元软件对真空预压固结时的各个工况进行了模拟计算，并通过与实测数据对比，验证了计算模型的合理性。在此基础上，分析预测了不同防护措施下，地基处理完成时真空预压对周边土体的影响。通过对加固试验区内外土体竖向和水平位移分布进行分析，得到以下结论。

（1）结合地表沉降、孔隙水压力、地下水及深层水平位移等实测资料成果可知，真空预压对周边环境的影响作用主要体现在抽真空前 60d 左右的时间内，这段时间也是真空预压对被加固软土预压作用最显著的阶段。

（2）真空预压 15d 内孔隙水压力得以迅速消散，消散值一般在 55～65kPa 之间，真空预压 30d 以后孔隙水压力基本趋于稳定，一般稳定在 82～86 kPa 之间，在 20m 范围内沿深度上传递的效果衰减不大，加固区外一定范围内随着加固区地下水位下降，孔隙水压力消散，其水位与孔压也随之逐渐相应变化，只是降幅小得多。

（3）真空预压 30d 以后地下水位降深基本稳定在 5～6m，这个降深规律与真空压力降水的有效深度在 7m 左右的理论值基本吻合。

（4）综合有限元理论和实测分析，真空预压对周边环境的影响范围最大可到 40～50m，影响深度主要表现在 15m 以内，15m 之下影响甚小，甚至出现反向位移。从距离加固区外的位移观测资料得出，真空预压期对周边土体产生的位移最大值发生在地表附近，达 230mm 左右，采用水泥土搅拌桩围护后，位移量可降低至约 130mm，采用旋喷桩围护后，位移量可降低至 40～50mm。

（5）从边界防护措施来说，水泥土旋喷桩的效果比格栅状水泥搅拌桩更加有效，可有效减少约 60％的水平位移。

参考文献：

[1] Vanmarcke E H. Probabilistic modeling of soil profiles[J]. Journal of the Geotechnical Engineering Division，ASCE，1977，103(11)：1227-1246.

[2] Vanmarcke E H. Random fields：analysis and synthesis[M]. Cambridge，Mass：MIT Press，1983.

[3] 地基处理手册编写委员会. 地基处理手册(第二版)[M]. 北京：中国建筑工业出版社，2000.

[4] 陈远洪，洪宝宁，龚道勇. 真空预压法对周围环境影响的数值分析[J]. 岩土力学，2002，23（3）：382-386.

[5] 余湘娟，吴跃东，赵维炳. 真空预压法对加固区边界影响的研究[J]. 水利学报，2002，39(4)：123-128.

[6] 董志良，胡利文，赵维军等. 真空预压对周围环境的影响及其防护措施[J]. 水运工程，2005，380(9)：96-100.

[7] 朱燕，陈佳佳，余湘娟. 真空预压条件下地下水位现场试验研究[J]. 中国港湾建设，2016，36 (10)：26-30.

[8] 李牧野，张立明. 真空预压地基处理对邻近桩基的应力影响分析[J]. 中国水运，2018，18 (1)：216-218.

[9] 王劲，陈晓平. 真空预压法对周边地基变形影响的研究[J]. 岩石力学与工程学报，2005，24 (2)：5490-5494.

[10] 姜海清. 真空预压法加固大面积软基的影响范围[J]. 水运工程，2013，477 (3)：195-203.

水泥土插芯组合桩复合地基工作性状影响因子研究

程海涛[1,2,3]，　卜发东[1,2,3]，　侯玉明[4]，　李建明[1,2,3]

(1. 山东省建筑科学研究院有限公司，山东 济南 250031；2. 山东建科特种建筑工程技术中心有限公司，山东 济南 250031；3. 山东省组合桩基础工程技术研究中心，山东 济南 250031；4. 聊城市技师学院，山东 聊城 252000)

摘　要： 水泥土插芯组合桩是由水泥土桩与同心植入刚性桩组成的复合材料桩，其承载机理、设计方法与常用桩体复合地基存在较大差异。采用数值分析方法研究了水泥土插芯组合桩复合地基工作性状影响因子，提出了影响因子敏感度排序，揭示了桩身质量缺陷对复合地基承载特性的影响规律。桩身结构尺寸、水泥土强度、面积置换率是对水泥土插芯组合桩复合地基工作性状影响较大的敏感因子；芯桩和水泥土桩长度比不宜小于 0.67，水泥土桩与芯桩直径比不宜大于 2.50、直径差不宜小于 200mm；水泥土断桩对水泥土插芯组合桩复合地基工作性状的影响程度大于芯桩与水泥土桩同心度偏差的影响，施工中应采取措施避免水泥土桩桩顶、桩底处的质量缺陷。

关键词： 水泥土插芯组合桩；复合地基；影响因子；刚度系数

0　引言

水泥土插芯组合桩是由水泥土桩与同心植入刚性桩（混凝土桩、钢桩）组成的复合材料桩，能充分发挥水泥土桩桩侧阻力和芯桩桩身材料强度，克服了柔性桩和刚性桩各自的缺点[1,2]，具有取材方便、造价低廉、施工工艺简便、质量可靠、节约资源、绿色环保等特点。相比常用的水泥土桩复合地基、CFG 桩复合地基，水泥土插芯组合桩复合地基材料组成与承载机理复杂、影响因素多，其承载机理、设计方法与常用桩体复合地基存在较大差异。

本文采用数值分析方法研究了桩身结构尺寸、芯桩填芯、水泥土强度、面积置换率、桩身质量缺陷等 5 种因素对水泥土插芯组合桩复合地基工作性状的影响，提出了桩身结构匹配关系、影响因子敏感度排序，揭示了桩身质量缺陷对复合地基承载特性的影响规律，为完善水泥土插芯组合桩复合地基理论提供了支撑。

1　数值计算方案

1.1　模型参数

以水泥土插芯组合桩单桩复合地基静载荷试验为原型进行建模分析，基准模型如图 1 所示。土体模型为圆柱形，直径 8.0m，高度为 25.0m；水泥土桩直径 0.8m，长度 15.0m，芯桩采用 PHC 400 AB 95-10；芯桩内部无填芯；桩顶设置厚度 100m 的中粗砂垫层；正方形承压板，边长 2.4m（面积置换率 8.7%）。以单桩复合地基实测荷载-沉降曲线为依据，采用单目标反演分析法[3,4]确定基准模型参数取值如表 1、表 2 所示，数值计算结果与实测值对比如图 2 所示，荷载-沉降曲线趋势一致、数值接近。

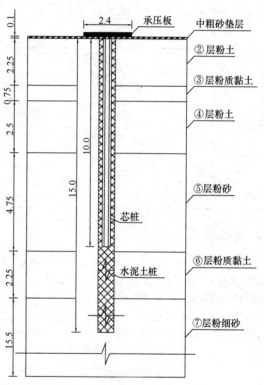

图 1　基准模型（GK0）

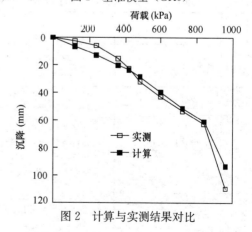

图 2　计算与实测结果对比

基金项目：泉城产业领军人才（2018015）；济南市高校 20 条资助项目（2018GXRC008）。

桩周土参数取值　　　表1

参数	②层粉土	③层粉质黏土	④层粉土	⑤层粉砂	⑥层粉质黏土	⑦层粉细砂
γ(kN/m³)	18.5	17.9	18.8	20.0	18.2	20.0
ν	0.3	0.3	0.3	0.3	0.3	0.3
c(kPa)	7	25	7	0	25	0
φ(°)	31.8	13.3	31.8	32.6	13.2	37.7
E(MPa)	26.46	16.59	26.88	77.00	16.77	77.00

承压板、垫层及桩身材料参数取值　　表2

参数	承压板	垫层	管桩	水泥土 ②、③、④、⑥层	水泥土 ⑤、⑦层
γ(kN/m³)	78.5	18.4	26.0	18.5	19.4
ν	0.3	0.35	0.20	0.25	0.25
c(kPa)	—	0	—	420	2520
φ(°)	—	32	—	25	35
E(MPa)	210000	69	38000	210	1000
强度(MPa)	—	—	—	1.26	7.56

1.2 影响因子

水泥土插芯组合桩复合地基由增强体、桩周土、垫层三部分构成，而且其增强体由水泥土桩与同心植入的芯桩按照特定匹配关系复合而成，影响其工作性状的因素众多，本文研究桩身结构尺寸、芯桩填芯、水泥土强度、面积置换率、桩身质量缺陷等5种影响因子，如表3所示。

影响因子　　　表3

序号	影响因子		因子参数
1	桩身结构尺寸	水泥土桩长度 L(m)	10、12、15、18、20、22
		水泥土桩直径 D(mm)	500、600、800、1000、1200、1500
		芯桩长度 l(m)	5、7、10、12、15
		芯桩直径 d(壁厚 t)(mm)	300(70)、400(95)、500(100)、500(125)、600(110)、600(130)、700(110)、700(130)
2	芯桩填芯	填芯材料	水泥土、混凝土(C10、C15、C20、C25、C30)
		填芯长度	0、0.25l、0.50l、0.80l、1.00l

续表

序号	影响因子		因子参数
3	水泥土强度		分别取基准工况中水泥土参数的0.5、0.8、1.0、1.2、1.5、2.0倍
4	面积置换率(%)		3.1、4.9、8.7、12.6、19.6、34.9
5	桩身质量缺陷	偏心(m)	0、0.05、0.10、0.15、0.20
		水泥土桩不连续(缺陷长度0.1m)	缺陷至桩顶距离0.10L、0.30L、0.50L、0.67L、0.90L

2 工作性状

2.1 桩身结构尺寸

复合地基承载力特征值随水泥土桩长度变化可分为两个阶段，如图3(a)所示。当水泥土桩长度小于15m时，即长度比(l/L)介于0.67～1.00之间，承载力随水泥土桩长度的增加而迅速增大；当水泥土桩长度超过15m后，即长度比小于0.67，承载力随水泥土桩长度增加而增大的速率放缓；当水泥土桩长度超过20m后，即长度比小于0.50，承载力基本趋于定值。芯桩长度对复合地基承载力的影响也呈现出类似规律，如图3(b)所示：当芯桩长度大于10m时，即长度比介于0.67～1.00之间，承载力随芯桩长度的增加而迅速增大；当芯桩长度小于10m时，即长度比小于0.67，承载力受芯桩长度影响较小。

复合地基承载力随着水泥土桩直径的增加而增大，当水泥土桩直径超过1000mm时，增大速率减缓，性价比降低，如图3(c)所示，对应的直径比(D/d)为2.50、直径差($D-d$)为600mm。芯桩直径对复合地基承载力的影响也呈现出类似规律，如图3(d)所示：当芯桩直径超过500mm后，承载力增加速率减小，对应的直径比为1.60、直径差为300mm；当芯桩直径超过600mm后，承载力反而减小，对应的直径比为1.33、直径差为200mm。

承载力特征值对应荷载作用下的荷载分担比、应力比随长度比变化规律如图4、图5所示：当长度比介于0.67～1.00之间时，荷载分担比例和应力比受芯桩和水泥土桩长度影响较敏感，随着长度比的增加，荷载向增强体集中；当长度比小于0.67时，荷载分担比例和应力比受芯桩和水泥土桩长度影响较小，基本保持定值，增强体承担约42%～45%的荷载，增强体与桩间土应力比约8～9，芯桩与水泥土应力比约为6～7。

芯桩和水泥土桩之间存在最佳匹配尺寸，最佳长度比(l/L)为0.67～1.00，直径比(D/d)不宜大于2.50，直径差($D-d$)不宜小于200mm。当芯桩和水泥土桩尺寸处于该范围时，尺寸变化对复合地基工作性状的影响较为敏感，性价比较高。

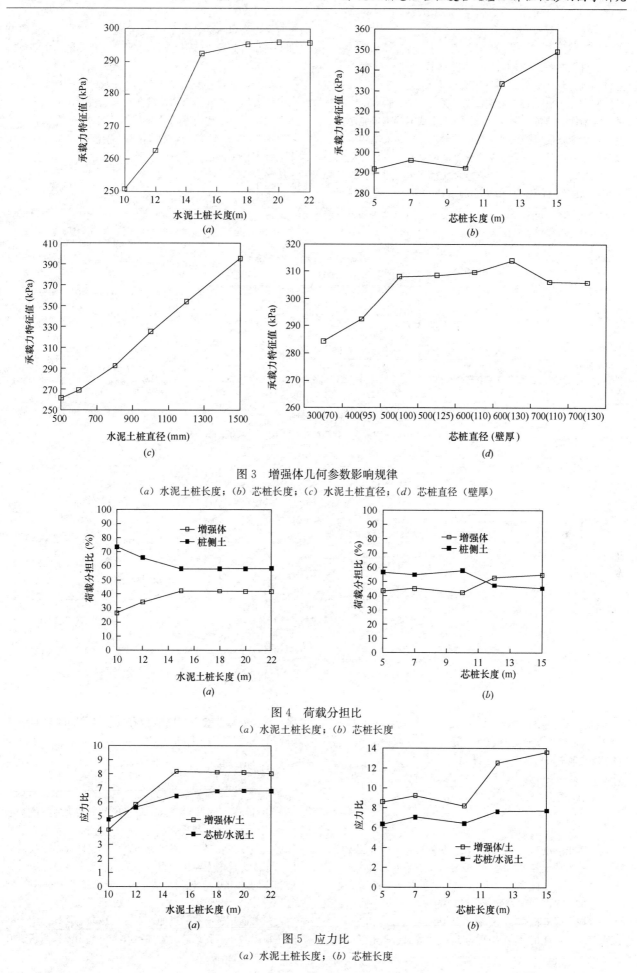

图 3　增强体几何参数影响规律
（a）水泥土桩长度；（b）芯桩长度；（c）水泥土桩直径；（d）芯桩直径（壁厚）

图 4　荷载分担比
（a）水泥土桩长度；（b）芯桩长度

图 5　应力比
（a）水泥土桩长度；（b）芯桩长度

2.2 芯桩填芯

芯桩填芯可采用两种方式进行施工，第一种方式为芯桩两端不封闭，芯桩植入时稀浆状水泥土自行灌入芯桩空腔中，芯桩空腔内全长填充水泥土；第二种方式为芯桩两端封闭，待桩头开挖后，用水泥土或混凝土填充芯桩空腔，填芯长度可控。下文从填芯材料、填芯长度两个方面分析芯桩填芯对复合地基工作性状的影响。

图6为芯桩内腔全长填入水泥土或混凝土对复合地基工作性状的影响规律。当填芯材料由水泥土变更为混凝土时（提高填芯材料强度），复合地基承载力特征值略有增大，荷载分担比、应力比基本没有变化。说明填芯材料强度对复合地基工作性状的影响不敏感。

填芯长度对复合地基工作性状的影响规律如图7所示。随着填芯长度的增加，复合地基承载力、增强体分担荷载比例、应力比均逐渐增大。填芯长度小于芯桩长度的0.8倍时，填芯对复合地基承载力、荷载分担比、应力比影响程度较小；当填芯长度接近芯桩长度时，填芯影响较为明显。

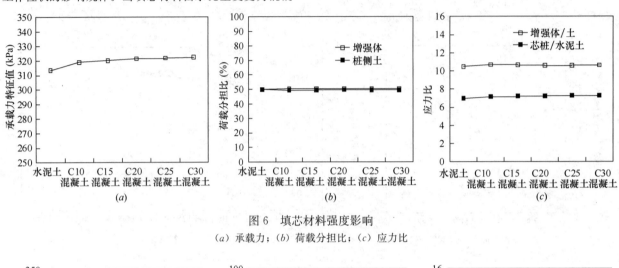

图6 填芯材料强度影响
(a) 承载力；(b) 荷载分担比；(c) 应力比

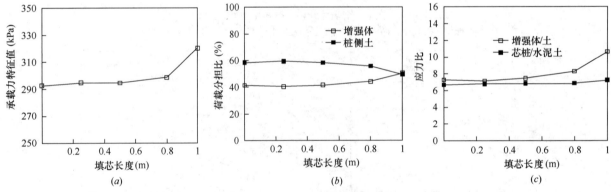

图7 填芯长度影响
(a) 承载力；(b) 荷载分担比；(c) 应力比

综上分析，填芯材料强度对复合地基工作性状的影响不明显，填芯长度接近芯桩长度时复合地基承载力有较大提高。复合地基增强体施工时宜采用第一种方式对空心芯桩进行填芯，即芯桩两端不封闭，芯桩植入时稀浆状水泥土自行灌入芯桩空腔中，芯桩空腔内全长填充水泥土。

2.3 水泥土强度

水泥土强度对复合地基工作性状的影响规律如图8所示。随着水泥土强度的提高，复合地基承载力、增强体承担荷载比例、增强体与桩间土应力比基本呈线性增大趋势，芯桩与水泥土应力呈减速衰减趋势。

水泥土强度提高3倍，复合地基承载力提高约25%，桩土荷载分担比由3：7提高为1：1。增加水泥土强度是提高复合地基承载力和刚度的有效途径，同时可有效调节桩土荷载分担比例、应力比。

2.4 面积置换率

面积置换率对复合地基工作性状的影响规律如图9所示。随着面积置换率的增加，复合地基承载力特征值基本呈线性增大趋势。荷载分担比、应力比随面积置换率增加呈折线型变化趋势，增强体分担荷载比例增大，增强体与桩间土应力比增大，折线拐点对应面积置换率为12.6%，桩间距为2.5D。芯桩和水泥土应力比受面积置换率影响较小。

随着面积置换率的增加，上部荷载向增强体集中，桩间土应力减小，其承载力发挥系数迅速减小。当面积置换率超过 12.6% 时，桩间土承载力发挥系数小于 1.00；当面积置换率小于 4.9% 时，桩间土承载力发挥系数超过 2.00。为了充分发挥桩间土承载潜力，并避免桩间土应力过大而破坏，面积置换率存在上、下限值，推荐桩间距取值为 $(2.0 \sim 4.0)D$。

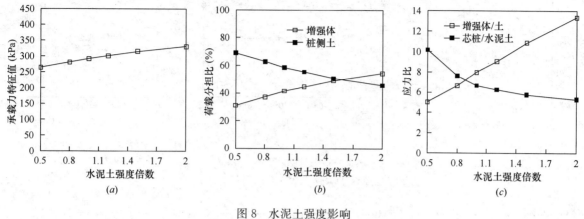

图 8 水泥土强度影响

(a) 承载力；(b) 荷载分担比；(c) 应力比

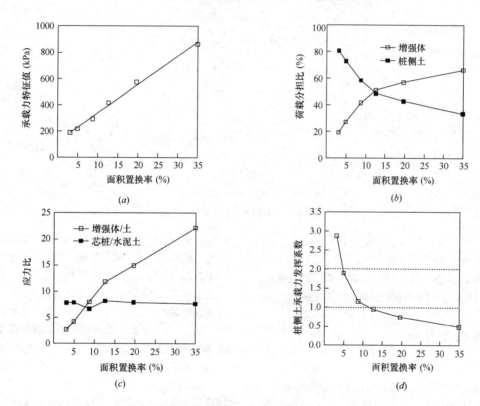

图 9 面积置换率影响

(a) 承载力；(b) 荷载分担比；(c) 应力比；(d) 桩间土承载力发挥系数

综上分析，面积置换率是影响水泥土插芯组合桩复合地基工作性状的敏感因素，为了充分发挥桩间土承载力潜力，桩间距可取 $(2.0 \sim 4.0)D$。

2.5 桩身质量缺陷

芯桩与水泥土桩不同心时，复合地基承载力随偏心距离增大略有减小，当芯桩偏至水泥土桩边缘时（偏心距离 0.2m），复合地基承载力降低约 5%，荷载分担比、应力比受偏心距离的影响较小，如图 10 所示。随着偏心距

离的增大，水泥土承担的荷载向芯桩转移，导致芯桩与水泥土应力比略有增大。总的来说，增强体中芯桩与水泥土桩的偏心距离对复合地基工作性状的影响较小。

当水泥土桩桩身不连续时，复合地基承载力均小于桩身连续工况下的相应值，如图 11 所示。质量缺陷深度对复合地基工作性状有一定影响：质量缺陷位于水泥土桩两端时（0.10L、0.90L）的承载力、增强体分担荷载比例、应力比小于质量缺陷位于中间部位时（0.30L、0.50L、0.67L）的相应值。

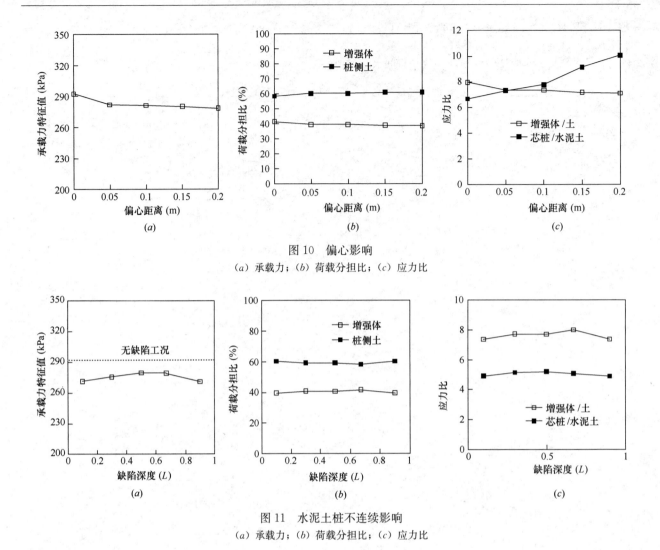

图 10　偏心影响
(*a*) 承载力；(*b*) 荷载分担比；(*c*) 应力比

图 11　水泥土桩不连续影响
(*a*) 承载力；(*b*) 荷载分担比；(*c*) 应力比

综上分析，水泥土桩桩身不连续对水泥土插芯组合桩复合地基工作性状的影响程度大于芯桩与水泥土桩不同心的影响。施工中应采用复喷复搅等施工措施，避免水泥土桩桩身不连续，特别是桩顶、桩底处的质量缺陷。

3　复合地基刚度分析

采用等刚度设计方法（等桩长、等桩径、等桩距）设计的地基基础常常出现蝶形沉降、马鞍形反力分布形态，导致基础内力和上部结构次生内力增大[5]。为了减小不均匀沉降、降低基础内力与上部结构次生内力，基于变形控制原则的复合地基变刚度调平设计方法得到重视与快速发展[6-8]。通过变化桩长、桩径、桩间距等方式调整地基支承刚度及分布是变刚度调平设计的核心[9]。前述分析易知，影响水泥土插芯组合桩复合地基工作性状的因素较多，对这些影响因子进行敏感度排序，以便在设计时快速找出与上部结构形式、荷载、地层分布及相互作用效应匹配的复合地基刚度最优组合，是复合地基变刚度设计的关键。

复合地基刚度可以用变形模量[6]、复合地基承载力特征值、刚度系数等参数来表达，在本文研究中采用刚度系数来表达。由前述分析易知，增强体几何参数、水泥土

强度、面积置换率等因素对水泥土插芯组合桩复合地基刚度系数影响较大，属于敏感因子；芯桩填芯因素的影响较小，属于非敏感因子。在承载力和变形满足上部荷载要求的前提下，性价比是影响设计选型的关键，下文通过性价比分析前述敏感因子对复合地基刚度系数的影响。

图 12 给出了各工况下刚度系数随造价变化规律，并对其变化规律进行了线性拟合，复合地基刚度系数均随着造价的增加而增大。拟合曲线斜率值反映了各影响因子性价比的高低，斜率绝对值越大，其性价比越高，反之性价比越低。按照性价比由高到低的顺序将各影响因子依次排列，如表 4 所示，同时给出了计算工况下刚度影响因子对复合地基刚度系数的影响幅度。

影响因子性价比　　　　表 4

序号	影响因子	斜率	刚度系数变化幅度（MPa/m）
1	芯桩长度	0.0047	3.6
2	水泥土桩长度	0.0038	2.8
3	水泥土强度	0.0037	4.2
4	面积置换率	0.0033	42.2
5	水泥土桩直径	0.0013	8.4
6	芯桩直径	0.0004	1.3

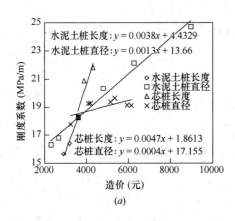 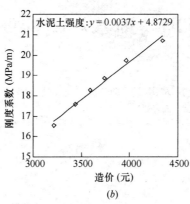 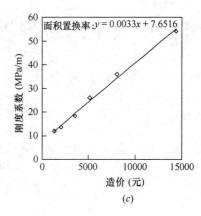

(a) (b) (c)

图12　造价影响

(a) 增强体几何参数；(b) 水泥土强度；(c) 面积置换率

从表4易知，性价比较高的芯桩长度、水泥土桩长度等影响因子对应的刚度系数变化幅度较小，一般为2.8～3.6MPa/m；而性价比较低的面积置换率、水泥土桩直径等影响因子对应的刚度系数变化幅度较大，为8.4～42.2MPa/m；换言之面积置换率、水泥土桩直径等影响因子对复合地基刚度的调节范围大于前者。

水泥土插芯组合桩复合地基变刚度设计时，为了快速调节复合地基刚度，以便与上部结构形式、荷载、地层分布及相互作用效应相匹配，应综合考虑各刚度影响因子的性价比及其对复合地基刚度的调节范围，可按表5所列敏感度顺序进行选择。

影响因子敏感度　　　　　　表5

敏感度排序	1	2	3	4	5	6
影响因子	面积置换率	芯桩长度	水泥土强度	水泥土桩直径	水泥土桩长度	芯桩直径

4　结语

本文研究了水泥土插芯组合桩复合地基工作性状影响因子，提出了影响因子敏感度排序，揭示了桩身质量缺陷对复合地基承载特性的影响规律，得到如下主要结论：

(1) 桩身结构几何尺寸、水泥土强度、面积置换率是对水泥土插芯组合桩复合地基工作性状影响较大的敏感因子，其敏感度由大到小依次为面积置换率、芯桩长度、水泥土强度、水泥土桩直径、水泥土桩长度、芯桩直径。

(2) 桩身结构几何尺寸存在合理的范围区间，芯桩和水泥土桩长度比不宜小于0.67，水泥土桩与芯桩直径比不宜大于2.50、直径差不宜小于200mm。

(3) 水泥土断桩对水泥土插芯组合桩复合地基工作性状的影响程度大于芯桩与水泥土桩同心率偏差的影响，施工中应采取措施避免水泥土桩桩顶、桩底处的质量缺陷。

参考文献：

[1] 宋义仲，程海涛，卜发东，等．管桩水泥土复合基桩工程应用研究[J]．施工技术，2012，41(360)：89-91＋99.

[2] 宋义仲，卜发东，程海涛．新型组合桩-水泥土复合管桩理论与实践[M]．北京：中国建筑工业出版社，2017.

[3] 赵香山，陈锦剑，黄忠辉，等．基坑变形数值分析中土体力学参数的确定方法[J]．上海交通大学学报，2016，50(1)：1-7.

[4] 郑亚飞，张璐璐，于永堂，等．基于Pareto最优的地基沉降多目标反分析[J]．土木工程学报，2015，48(S2)：214-219.

[5] JGJ 94—2008建筑桩基技术规范[S]．北京：中国建筑工业出版社，2008.

[6] 陈龙珠，梁发云，丁屹．变刚度复合地基处理的有限元分析[J]．工业建筑，2003，33(11)：1-4.

[7] 刘冬林，郑刚，刘砺，等．基于减小筏板差异沉降的刚性桩复合地基试验研究[J]．岩土工程学报，2007，29(4)：517-523.

[8] 张武，高文生．变刚度布桩复合地基模型试验研究[J]．岩土工程学报，2009，31(6)：905-910.

[9] 刘金砺，迟铃泉．桩土变形计算模型和变刚度调平设计[J]．岩土工程学报，2000，22(2)：151-157.

济南市黄土的湿陷机理与地基湿陷性评价

王　霞[1]，　谢一鸣[2]，　谢孔金[3]

（1. 山东正元建设工程有限责任公司，山东 济南 250101；2. 山东建筑大学 土木工程学院，山东 济南 250101；3. 山东正元地质资源勘查有限责任公司，山东 济南 250101）

摘　要： 文章简要分析济南市黄土的分布特征及其湿陷机理和危害，阐述了黄土的湿陷性试验方法，明确了黄土场地的地基湿陷性评价方法和湿陷等级划分，总结了济南地区黄土的湿陷类型和湿陷等级。

关键词： 黄土；湿陷性；湿陷系数；湿陷等级

0　前言

黄土是一种特殊的第四纪大陆疏松堆积物。黄土按成因分为原生黄土（黄土）和次生黄土（黄土状土）。我国黄土堆积时代包括整个第四纪，面积达 64 万 km^2。目前，危害较大、研究较多的为湿陷性黄土，分布面积约 27 万 km^2。

山东省济南市南部山麓广泛分布黄土，且多为湿陷性黄土，厚度几米至十几米，一般工业与民用建筑经常以处理过的该层黄土作为基础持力层。所以查明黄土地层的时代、成因、厚度、范围、湿陷性、湿陷类型及湿陷等级，并据此建议合理的地基处理方法和基础方案及设计施工时应采取的防护措施，是黄土分布区岩土工程勘察中的首要任务之一。

1　黄土的分布及特征

济南市位于山东省中部，是全省政治、经济、文化、科教中心。从大地构造来说，济南市地处华北地台（Ⅰ）、鲁西台背斜（Ⅱ）、鲁西隆断区（Ⅲ）、泰沂隆断束（Ⅳ）、泰山断块凸起（Ⅴ）北缘的下古生界盆地内，济南市北部是平坦的黄河冲积平原，属我国华北平原的东南边缘。由于南高北低的地势，从而形成了以兴济河为主的多条河流途径市区流入小清河。

济南市属暖温带半干旱半湿润大陆性季风气候，黄土主要分在南部群山周围，即各个山谷、冲沟两侧及沟谷处的冲洪积扇和山前坡积地带，主要为经七路以南的广大地区及山前冲洪积扇地带，成因以坡积、冲积及洪积为主，其主要特征是：颜色呈褐黄—黄褐色；土质不甚均匀；粉粒含量较高；结构疏松，大孔隙；垂直节理发育；富含钙质粉末；一般具有湿陷性和高压缩性等。

2　黄土的湿陷机理及其危害

2.1　黄土湿陷机理

对于黄土的湿陷机理国内外学者众说纷纭，如毛细管假说、盐溶假说、胶体不足说、水膜楔入说、欠压密理论和结构学说等，其中欠压密理论有较多的支持者。该假说认为黄土是在干旱和半干旱条件下形成的，在干燥、少雨的条件下，由于蒸发量大，水分不断减少，盐类析出，胶体凝结，产生了加固黏聚力，在土湿度不很大的情况下，上覆土层不足以克服土中形成的加固黏聚力，因而形成欠压密状态，一旦受水浸湿加固黏聚力消失，于是产生湿陷。

2.2　黄土湿陷危害

黄土的湿陷性指黄土浸水后在外荷载或自重作用下发生下沉的现象。通常在自重压力和附加压力共同作用下产生湿陷的黄土称非自重湿陷性黄土，而仅在自重压力下就产生湿陷的黄土称自重湿陷性黄土。黄土的湿陷性与黄土的结构特征及胶体物质的水理特征等密切相关。黄土的湿陷性对工程建筑的危害极大，黄土的湿陷变形是由于地基被水浸湿所引起的一种附加变形，这种变形往往是随机的，任何时间任何地段都可能发生，而且变形的速率很大并且不均匀，易造成地面塌陷，从而导致建筑物倾斜甚至产生裂缝等工程事故。因此，岩土工程勘察过程中，应对黄土的湿陷性及地基湿陷等级做出正确评价，以减少工程隐患。

3　黄土湿陷性试验

3.1　试验指标

为了判定黄土的湿陷性，根据《湿陷性黄土地区建筑规范》和《土工试验方法标准》，并通过计算湿陷量和自重湿陷量最终确定地基湿陷等级。目前常用的试验指标主要有：湿陷系数、自重湿陷系数、湿陷起始压力及溶滤变形系数等。

湿陷系数（δ_s）指单位厚度土体在一定压力作用下变形稳定后饱和浸水所产生的附加湿陷下沉量。

自重湿陷系数（δ_{zs}）指对应于土的饱和自重压力作用下的湿陷系数。

湿陷起始压力（P_{sh}）指黄土浸水发生湿陷所需要的最小压力。

溶滤变形系数（δ_{wt}）指黄土在一定压力下及渗透水长期作用下，由于盐类溶滤及土体中孔隙继续被压密而产生的垂直变形。

3.2 试验方法

黄土湿陷性指标的确定，目前国内外都采用单线法和双线法两种。

单线法指切取 5 个环刀土样，分别对每个土样在天然湿度下分级加至不同的规定压力，等压缩稳定后测试土样高度，然后再加水浸湿，测下沉稳定后的高度，再利用公式计算各级压力下的湿陷系数，并绘制湿陷系数与压力关系曲线（图 1）。

双线法指切取 2 个环刀土样，一个土样在天然湿度下分级加压至压缩稳定，并绘制压缩曲线。另一个土样在天然湿度下施加第一级压力后浸水，直至在第一级压力下湿陷稳定后，再分级加压至试样在各级压力下浸水变形稳定为止，并绘制出压缩曲线，然后根据两线的差值求出湿陷系数与压力关系曲线（图 2）。

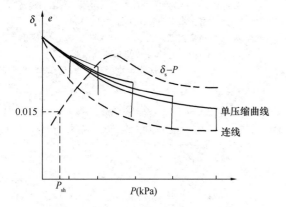

图 1 单线法湿陷系数与压力关系曲线

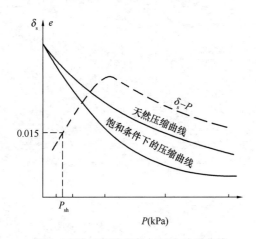

图 2 双线法湿陷系数与压力关系曲线

4 地基湿陷性评价

4.1 定性评价

根据《湿陷性黄土地区建筑规范》，当湿陷系数 δ_s 小于 0.015 时，应定为非湿陷性黄土，当湿陷系数 δ_s 大于 0.015 时，应定为湿陷性黄土。测定湿陷系数的压力应自基础底面（如基础标高不确定时，自地面下 1.5m）算起，10m 以内的土层应用 200kPa，10m 以下至非湿陷性土层顶面应用其上覆土的饱和自重压力（当大于 300kPa 时，仍用 300kPa），当基底压力大于 300kPa 时，宜用实际压力。对压缩性较高的新近堆积黄土，基底下 5m 以内的土层宜用 100～150kPa 压力，5～10m 和 10m 以下至非湿陷性黄土层顶面，应分别用 200kPa 和上覆土的饱和自重压力。

4.2 湿陷类型划分

湿陷性分为自重湿陷性和非自重湿陷性，当湿陷系数 δ_s 大于 0.015 时，应定为湿陷性黄土。当自重湿陷系数 δ_{zs} 大于 0.015 时，可以说黄土具有自重湿陷性，但并不能说是自重湿陷性黄土场地，其划分应根据计算的自重湿陷量 Δ_{zs} 大小确定。当计算的自重湿陷量 Δ_{zs} 大于 70mm 时，判定为自重湿陷性黄土场地，当计算的自重湿陷量 Δ_{zs} 小于 70mm 时，判定为非自重湿陷性黄土场地。

自重湿陷量 Δ_{zs} 按下式计算：

$$\Delta_{zs} = \beta_0 \sum \delta_{zsi} h_i$$

式中　δ_{zsi}——第 i 层土的自重湿陷系数；

h_i——第 i 层土的厚度

β_0——因土质地区而异的修正系数。

自重湿陷量 Δ_{zs} 的累计可自天然地面（当挖、填方的厚度和面积较大时，自设计地面）算起，至其下部全部湿陷性黄土层的底面为止，其中自重湿陷系数 δ_{zs} 小于 0.015 的土层不应累计。一般以探井数据为准，且取样间距宜为 1.00m。

4.3 湿陷等级确定

根据《湿陷性黄土地区建筑规范》，湿陷性黄土地基湿陷等级有四级，分级标准不仅考虑了黄土的自重湿陷量 Δ_{zs}，而且利用了黄土的总湿陷量 Δ_s，根据计算出的自重湿陷量 Δ_{zs} 和总湿陷量 Δ_s，按表 1 确定湿陷等级。

湿陷性黄土地基的湿陷等级　　表 1

总湿陷量 Δ_s（mm）	自重湿陷量 Δ_{zs}（mm）	湿陷类型
$\Delta_s \leqslant 300$	$\Delta_{zs} \leqslant 70$	Ⅰ（轻微）
	$70 < \Delta_{zs} \leqslant 350$	Ⅱ（中等）
	$\Delta_{zs} > 350$	—
$300 < \Delta_s \leqslant 700$	$\Delta_{zs} \leqslant 70$	Ⅱ（中等）
	$70 < \Delta_{zs} \leqslant 350$	*Ⅱ（中等）或Ⅲ（严重）
	$\Delta_{zs} > 350$	Ⅲ（严重）
$\Delta_s > 700$	$\Delta_{zs} \leqslant 70$	Ⅱ（中等）
	$70 < \Delta_{zs} \leqslant 350$	Ⅲ（严重）
	$\Delta_{zs} > 350$	Ⅳ（很严重）

* 注：当湿陷量的计算值 $\Delta_s > 600$mm、自重湿陷量的计算值 $\Delta_{zs} > 300$mm 时，可判为Ⅲ级，其他情况可判为Ⅱ级。

总湿陷量 Δ_s 按下式计算：

$$\Delta_s = \sum \beta \delta_{si} h_i$$

式中 δ_{si}——第 i 层土的湿陷系数；

h_i——第 i 层土的厚度；

β——考虑基底下地基土的受水浸湿可能性和侧向挤出等因素的修正系数，在缺乏实测资料时，可按下列规定取值：基底下 $0\sim5\text{m}$ 深度内，取 1.5；基底下 $5\sim10\text{m}$ 深度内，取 1；基底下 10m 以下至非湿陷性黄土层顶面，在自重湿陷性黄土场地，取工程所在地区的 β_0 值。

总湿陷量应自基础底面(如基底标高不确定时，自地面下 1.5m)算起；在非自重湿陷性黄土场地，累计至基底下 10m(或地基压缩层)深度止；在自重湿陷性黄土场地，累计至非湿陷性土层顶面止。其中湿陷系数 δ_s (10m 以下为 δ_{zs})小于 0.015 的土层不累计。一般以探井数据为准，且取样间距宜为 1.00m。

4.4 湿陷起始压力的应用

湿陷起始压力对判定黄土是否具有自重湿陷性有重要参考作用。一般情况下，在自重湿陷性黄土场地，其湿陷起始压力总是低于该土的饱和自重压力；在非自重湿陷性黄土场地，其湿陷起始压力通常不小于该土的饱和自重压力。对湿陷性黄土场地来说，湿陷起始压力大小对基础设计及地基处理也有一定的指导作用。

5 结束语

湿陷性黄土属特殊性岩土，不经处理一般不能直接作基础持力层，以免造成工程事故。黄土分布区的岩土工程勘察工作，应严格按照《湿陷性黄土地区建筑规范》有关规定执行，并宜布设适量探井，以探井数据评价场地的地基湿陷等级。

济南市南部山麓广泛分布黄土。一般情况下，场地的地基湿陷等级为Ⅰ级(轻微)，属非自重湿陷性黄土场地。

参考文献：

[1] 中华人民共和国建设部. 湿陷性黄土地区建筑规范 GB 50025—2004[S]. 北京：中国建筑工业出版社，2004.
[2] 中华人民共和国建设部. 土工试验方法标准 GB/T 50123—1999[S]. 北京：中国建筑工业出版社，1999.
[3] 中华人民共和国建设部. 岩土工程勘察规范 GB 50021—2001(2009 年版)[S]. 北京：中国建筑工业出版社，2009.
[4] 王汝秀. 济南市区湿陷性黄土的分布及特征//2002 年全国岩土工程测试技术交流会论文集[C]. 2002.

湿陷性黄土地基处理方法及工程应用探讨

张　凯，冯科明

（北京城建勘测设计研究院有限责任公司，北京 100101）

摘　要：湿陷性黄土在一定压力下受水浸湿后土的结构迅速破坏并产生显著附加沉降，其强度也随之降低。湿陷性黄土场地由于大气降水入渗、生活管道渗漏等原因造成地基不均匀湿陷变形，给工程建设带来了极大的危害。规范明确"针对湿陷性黄土的特点、工程要求和工程所处水环境，因地制宜，采取以地基处理为主的综合措施"设计原则。本文结合具体的工程案例对湿陷性黄土地基处理方法从设计角度进行分析和探讨，总结一些设计经验为相似其他工程建设作参考。

关键词：湿陷性黄土；地基处理设计；地基处理方法；工程应用

0　引言

湿陷性黄土是指在一定压力下受水浸湿，土层结构迅速被破坏并产生显著附加下沉，强度随之降低的黄土。它主要分布于我国甘肃、陕西和山西等黄土高原地区。黄土地层的划分一般分为新黄土（全新世 Q_4 时代）和老黄土（更新世 Q_3 时代），新黄土一般具有湿陷性，老黄土仅部分具有湿陷性。地基处理主要解决新黄土湿陷性的问题，湿陷性黄土场地分为自重湿陷性黄土和非自重湿陷性黄土场地，场地类型不同，对应的地基处理方法不同。

湿陷性黄土场地由于大气降水入渗、生活管道渗漏等原因造成地基不均匀湿陷变形，给工程建设带来了极大的危害。针对湿陷性黄土地基的特点、工程要求和工程所处水环境等，因地制宜地选择地基处理方法有重大意义。

本文结合几个典型的工程案例，阐述地基处理设计思路，制定地基处理设计方案，为其他同类工程建设提供参考。

1　湿陷机理

黄土的结构特性和胶结物质的水理特性决定了黄土湿陷的机理[1]。黄土中的粉粒与集粒组成了支撑结构的骨架，其中砂粒附在支撑结构中。由于结构疏松排列，接触连接点少，因而架空空隙多。加之，黄土主要在干旱和半干旱条件下形成，由于雨量过少，而蒸发量过大，导致土层水分不断缩减，盐类析出，胶体凝结，从而产生了加固黏聚力。在土层湿度不高的情况下，由于上覆土层无法克服土层中形成的加固黏聚力，因而形成了欠压密状态土层，这种土层受水浸湿后就会溶解加固黏聚力，从而引发湿陷的产生。

湿陷性黄土除具备黄土的一般特征外，粒度成分以粉土颗粒为主，约占 50％以上，具有肉眼可见的空隙，它呈松散、多孔结构状态，孔隙比很大，含可溶盐（碳酸盐，硫酸盐类等）较多。垂直大孔隙、松散多孔结构和遇水即降低或消失的土颗粒间的加固黏聚力，是它发生湿陷的内部因素，而压力和水是外部条件。

2　地基处理方案

根据《湿陷性黄土地区建筑标准》GB 50025—2018[2]总则 1.0.3 规定"在湿陷性黄土地区进行建筑，应根据湿陷性黄土的特点、工程要求和工程所处水环境，因地制宜，采取以地基处理为主的综合措施，防止地基湿陷对建筑物产生危害"。

当地基的湿陷变形、压缩变形或承载力不能满足设计要求时，应针对不同土质条件和建筑物的类别，在地基压缩层或湿陷性黄土层内采取措施。甲类建筑采用地基处理措施时，在非自重湿陷性黄土场地，应将基础底面以下附加压力与上覆土的饱和自重压力之和大于湿陷起始压力的所有土层进行处理，或处理至地基压缩层的深度；在自重湿陷性黄土场地，对一般湿陷性黄土地基，应将基础底面以下湿陷性黄土层全部处理。

常见的地基处理方法有垫层法、强夯法、挤密法、预浸水法、组合处理等方法。地基处理方法的选择根据建筑物类别、结构处理要求及技术经济比选等综合因素因地制宜选择一种或组合处理。

2.1　垫层法

垫层法适用于地下水位以上，可处理的湿陷性黄土层厚度 1～3m。超过 3m 换填基坑开挖过深，土方量较大且对周边环境造成沉降变形等因素不建议。湿陷性黄土地基，垫层材料一般选用土、灰土和水泥土等材料，不应采用砂石、建筑垃圾、矿渣等透水性强的材料。当仅要求消除基底下 1～3m 湿陷性黄土的湿陷量时，宜采用灰土垫层或水泥土垫层。

选用垫层法换填的厚度除了参考规范 1～3m 厚之外，具体的换填厚度，需要进一步分析。根据建筑物类别甲类、乙类和丙类及场地的地勘报告提供的湿陷性黄土场地是自重还是非自重场地进行全部湿陷量处理或部分湿陷量处理。若湿陷性土层较薄一般在 3m 以内，一般情况下可选用直接换填，换填后的地基按照一般地基去考虑设计满足结构的承载力和变形的要求。若垫层法不能满足设计要求，需要进行组合处理。

2.2　强夯法

强夯法适用于饱和度 $S_r \leqslant 60％$ 的湿陷性黄土，可处理的湿陷性黄土层厚度 3～12m。当强夯施工产生的振动和噪声对周边环境可能产生有害影响时，应评估强夯法的适宜性。

选用强夯法缺点是施工噪声大，公害显著，单位面积夯击能量小，夯击时仅是动力压密，由于存在有效区和影响区的差别，深层难以达到压密的效果，加固深度受到限制。对于有深层软弱下卧层的地基，只有增大吊车起重能力和增大吊锤重，才可奏效。由于上述各种原因，强夯法的推广使用在工程上受到限制。

DDC[3]（孔内深层强夯法）是以强夯重锤对孔内深层填料，分层强夯或边填料边强夯的孔内深层作业。其噪声小、公害小，在重量小、压强高的特制重锤作用下，能产生高压强的动能。由于桩锤直径小，在具有相同夯锤重和落距条件下，DDC桩的单位面积夯击能量比强夯法大很多。本法具有高动能、高压强、强挤密作用。DDC桩的工程实例中处理深度最深已达60m。缺点是造价较高。

DDC法在处理湿陷性黄土较深超过20m时比较有优势，设计采用此法较多。

2.3 挤密法

挤密法适用于饱和度 $S_r \leqslant 60\%$，含水率 $w \leqslant 22\%$ 的湿陷性黄土，可处理的湿陷性黄土层厚度为5～25m。挤密法根据成孔的工艺，分为挤土成孔挤密法和预钻孔夯扩挤密法。宜选择振动沉管法、锤击沉管法、静压沉管法、冲击夯扩法等挤土成孔挤密法。

挤密法在工程中是常见的湿陷性黄土地基处理方法，挤密法孔内填料宜用素土、灰土或水泥土，也可采用混凝土或水泥粉煤灰碎石水拌制料等强度高的填料，不应使用粗颗粒填料。

地基处理设计时注意：当仅要求消除湿陷性预处理时，宜用素土挤密法；当提高承载力或减少地基沉降量时，宜用灰土或者水泥土。

2.4 预浸水法

预浸水法适用于湿陷性中等—强烈的自重湿陷性黄土场地，可处理的湿陷性黄土层厚度为地表6m以下的湿陷性土层。浸水前宜通过现场试坑浸水试验确定浸水时间、耗水量和湿陷量等。

预浸水法是利用黄土浸水产生湿陷的特点，在施工前进行大面积浸水，使土体产生自重湿陷，达到消除深层黄土湿陷的目的，再配合上部土层处理措施，来达到消除全部土层湿陷性的一种处理方法。预浸水法处理湿陷性黄土坝基有操作简便，处理范围广、深度大，可消除湿陷危害，费省效宏等优点。同时对陷穴、鼠洞、墓坑、暗缝等隐患可及时发现及早处理。预浸水法缺点是工期长、耗水量大，浸水后地基土的强度降低以及上部一定厚度的土层具有二次和外荷湿陷性等。

2.5 组合处理法

当采用一种地基处理方法不能有效或者经济解决湿陷性黄土地基问题时，往往需要进行组合地基处理。常见

的组合形式是采用一种地基处理方法对湿陷性进行全部处理，然后再采用刚性桩复合地基或桩基处理。

具体设计时，根据结构基底附加压力情况，采用挤密法消除湿陷＋CFG或者挤密法消除湿陷＋桩基组合处理形式。尤其是桩基设计时，由于桩周土层在自重湿陷性场地饱和自重作用下会对桩产生向下的摩阻力，此时桩设计时需要考虑桩基负摩阻力，若先对湿陷进行处理，再进行桩基设计时，不再计算已消除湿陷的土层中桩的负摩阻力，桩侧正摩阻力宜通过试验确定。

组合地基处理的计算可参考《建筑地基处理技术规范》JGJ 79—2012对多桩型复合地基进行设计[4]。变形验算时，沉降经验系数需要参考《湿陷性黄土地区建筑标准》GB 50025—2018计算取值。

3 工程案例一

3.1 工程概况

西安某地铁车辆段上盖开发设计，运用库、联检库、咽喉区等生产区上盖开发。车辆段总建筑面积14.7万 m^2，盖板面积21.8万 m^2。

依据勘察报告：场地内①$_2$层素填土、②$_1$层黄土状土、③$_1$层新黄土和③$_2$层古土壤具湿有陷性。

湿陷性土层下限深度11.5m。自重湿陷量计算值 Δ_{zs} 为91～270mm之间，依据GB 50025—2018规范第4.4.3条，并结合场地开挖情况综合判定：拟建场地为自重湿陷性黄土场地，自孔口高程算起的地基湿陷等级为Ⅱ级（中等）。

房建区开发区柱网上部荷载均较大，设计采用承台桩基础设计。建筑类别为丙类建筑。现要求对地基进行处理，以优化桩基方案。

3.2 地基处理方案

由于场地是自重湿陷性场地，桩基设计时必然会遇到桩周土对桩产生向下的摩阻力，桩基设计需要考虑下拉荷载，桩基造价太高。若要优化桩基方案，需要对土层的湿陷性进行预处理，然后再进行桩基优化设计，减少经济投入。

此工程地基处理以"消除黄土湿陷性为主导，而不是根据建筑类别去部分处理湿陷性"。先地基处理湿陷后进行桩基处理属于组合设计方案。根据地勘报告分析，湿陷性最大深度11.5m。根据《湿陷性黄土地区建筑标准》GB 50025—2018对地基处理平面范围整片处理时，平面处理范围应大于建筑物外墙基础底面。超出建筑物外墙基础外缘的宽度，不宜小于处理土层厚度的1/2并不应小于2.0m。自重湿陷性场地，大于5m时，可采用5m。

综合分析：此工程采用"挤密法地基处理消除全部湿陷性＋桩基处理"。挤密桩采用孔径400mm，夯后500mm，正三角形布置间距1.0m，孔内填料采用素土，平面处理范围为桩基承台外扩5m范围内。挤密桩处理完后，经过地基处理效果评价合格后，采用桩基处理。

4 工程案例二

4.1 工程概况

西安某地铁停车场，设置运用检修库、洗车库、综合楼、材料库、杂品库、蓄电池间、垃圾站和门卫等 9 个建筑单体。其中只有综合楼有地下室，采用筏板基础；其他单体均采用浅基础如独立柱基和条形基础。

依据勘察报告：本次勘察对自然地面以下、水位以上的地基土取土样进行了湿陷性试验，试验结果表明场地内①$_2$层素填土和②$_1$黄土状土具湿陷性，湿陷性土层分布最大深度为 6.5m。

地基土的自重湿陷量 Δ_{zs} 为 14～53mm，拟建工程场地为非自重湿陷性黄土场地。地基湿陷量计算自天然地面算起，累计至湿陷性土层底面，湿陷量计算值为 51～288mm。拟建建筑地基湿陷等级 I 级（轻微）。

停车场采用荷载均较小，设计采用独立基础设计，其中综合楼有地下室采用筏形基础。建筑类别均为丙类建筑。现要求对地基进行处理，处理后复合地基承载力特征值不小于 180kPa 且满足柱基沉降差 2‰L（L 为柱跨距离，单位 mm）的要求。

4.2 地基处理方案

由于场地为非自重湿陷性场地，建筑类别为丙类建筑，根据《湿陷性黄土地区建筑标准》丙类建筑需要消除部分湿陷量。当湿陷等级为 I 级时，在非自重湿陷性场地，地基处理厚度不小于 1m，且下部未处理的湿陷性黄土的湿陷起始压力不宜小于 100kPa。

经分析：综合楼有地下室，结构采用筏形基础，基底以上尚有 2.5m 厚湿陷黄土层；其他单体基础采用独立基础，基底以下湿陷厚度 6m 左右。由于独立基础相邻柱基沉降差较严格，柱距较小，不同柱基下湿陷土层的湿陷量不同，仅靠换填垫层法无法保证沉降差的要求，因此选用灰土挤密桩的地基处理。综合楼筏板基础，直接采用 3：7 灰土整片换填的处理。经过计算，均能满足设计要求。此时规范规定的处理厚度和湿陷压力已不是决定因素了。

5 工程案例三

5.1 工程概况

某地铁车辆段工程带上盖开发，结构设计桩基础。地面高程为 445.6～446.6m，土层从上到下依次为素填土、新黄土、古土壤、老黄土、粉质黏土、卵石等。其中新黄土、古土壤、老黄土具有自重湿陷性，II（中等）～IV 级（很严重）。湿陷厚度 27m 左右。

房建区开发区柱网上部荷载均较大，设计采用承台桩基础设计。建筑类别为丙类建筑。现要求对地基进行处理，以优化桩基方案。

5.2 地基处理方案

由于湿陷厚度 27m 较深，为优化桩基方案，消除负摩阻的影响，地基处理设计采用孔内深层强夯法（DDC）处理，成孔直径 400mm，夯后桩径 550mm，采用等边三角形布置，桩间距 1.0m，有效桩长 28.0m，桩体填料为石灰、土，比例 3：7，压实系数 ≥0.97，桩顶设置 500mm 灰土垫层，压实系数≥0.97。

6 结论

（1）湿陷性黄土地基处理需要结合建筑类别、土层地质及周边环境因地制宜地选择地基处理设计方案；

（2）按照《湿陷性黄土地区建筑标准》进行地基处理设计，有时候不是决定因素，需要根据结构的特殊处理要求，如不均匀沉降、消除负摩阻力等针对性地进行地基处理设计。此时组合地基处理的形式较多，如消除湿陷＋刚性桩/桩基组合形式；

（3）本文从几个工程案例分析地基处理设计方案，为其他类似工程设计作参考。具体设计要做到技术经济可行。

参考文献：

[1] 李谦. 湿陷性黄土湿陷特性及地基处理方法[J]. 四川建材, 2018(44): 91-92.

[2] 湿陷性黄土地区建筑标准 GB 50025—2018[S]. 北京：中国建筑工业出版社, 2019.

[3] 孔内深层强夯法技术规程 CECS 197—2006[S]. 北京：中国计划出版社, 2006.

[4] 建筑地基处理技术规范 JGJ 79—2012[S]. 北京：中国建筑工业出版社, 2012.

基于 CFG 桩复合地基沉降计算与参数选取的分析

梁冰冰[1]，乔胜利[2]，冯科明[1]，张　凯[1]

(1. 北京城建勘测设计研究院有限责任公司，北京 100101；2. 中设设计集团北京民航设计研究院有限公司，北京 101312)

摘　要： 在对基底标高不同、上部荷载差异大的复杂的复合地基沉降计算时，对相关参数的选取问题，结合某图书馆地基处理设计项目进行讨论。在设计初期进行基础选型时，由于筏板基础标高和上部荷载类型差异较大，故按照标高和荷载类型进行了分区域计算，发现复合地基的沉降虽然满足了结构设计的要求，但根据地区类似工程经验发现桩长明显偏短，故重新进行区域划分，并结合 Midas-GTS NX 进行数值模拟分析与对比，发现按照整个筏板基础综合考虑进行计算比较合理。

关键词： 复合地基；计算参数；数值模拟；整体考虑

0　引言

CFG 桩是 Cement Fly-ash Gravel pile 的缩写[1]，意为水泥粉煤灰碎石桩，由碎石、石屑、粉煤灰掺水泥加水拌和，用各种成桩机械制成的具有一定强度的增强体，并充分利用桩间土的承载力进行共同作用，形成复合地基，具有较好的技术性能和经济效益。CFG 桩复合地基由于其承载力高、地基变形小、成桩工艺较成熟、工程造价低等特性，在高层建筑中得到广泛应用。但在 CFG 桩复合地基的设计中，由于对基本概念不清楚，或者对勘察资料分析不到位等，给地基处理设计带来很多困难；或在设计过程中对一些参数的取值范围不明确，造成设计失误，从而给工程造成安全隐患或经济损失，也常见报道[2]。本文就 CFG 桩复合地基设计中的复杂类型的基础沉降计算的参数选取问题进行分析和探讨，欢迎同行批评指正。

1　CFG 桩复合地基沉降计算原理

1.1　复合地基承载力计算

（1）单桩竖向承载力标准值计算

由《北京地区建筑地基基础勘察设计规范》DBJ 11—501—2009 式（11.5.4-2）计算。

（2）面积置换率计算

由《建筑地基处理技术规范》式（7.2.8-2）计算。

（3）复合地基承载力计算

由《北京地区建筑地基基础勘察设计规范》DBJ 11—501—2009 式（11.5.4-1）计算。

（4）桩身强度验算

由《建筑地基处理技术规范》式（7.1.6-1）计算。

1.2　变形计算

（1）计算基础底面的附加压力 p_0；

（2）确定沉降计算深度 D_p；

（3）计算中心沉降量；

（4）计算差异沉降。

2　案例

2.1　工程概况

某图书馆地基处理工程，地上 6 层，地下 2 层，框架-剪力墙结构，总用地面积约 0.8 万 m^2，结构设计要求地基处理后最终沉降量绝对值不大于 50mm，差异沉降不大于 0.002L。本工程 ±0.000 标高为 43.900m，场平标高 42.500m。筏板形状为不规则的异形体，且犬牙交错，各条块上部荷载也不尽相同，甚至差异较大。具体情况详见表 1。

CFG 桩设计主要参数表　　　　表 1

图书信息与教育中心	有效桩长（m）	桩身混凝土强度等级（MPa）	桩径（mm）	布桩形式	复合地基承载力特征值（kPa）	单桩承载力特征值（kN）	置换率
A 区							0.0557
B-1 区							0.0434
B-2 区	16.0	20.0	400	1.5m×1.5m	330	550	
B-3 区							0.0557
B-4 区							
C-1 区	11.0				260	360	

图书信息与教育中心	有效桩长（m）	桩身混凝土强度等级（MPa）	桩径（mm）	布桩形式	复合地基承载力特征值（kPa）	单桩承载力特征值（kN）	置换率
C-2 区	16.0	20.0	400	1.5m×1.5m	330	550	0.0557
D 区							
E 区				1.2m×1.2m			0.0831
F 区	21.0	25.0		1.7m×1.7m	310	750	0.0434
G 区	16.0			1.5m×1.5m	330	550	0.0557
H 区	12.0	20.0		2.0m×2.0m	210	420	0.0313
I 区	16.0			1.5m×1.5m	330	550	0.0557

地基处理 CFG 桩平面分区图如图 1 所示。

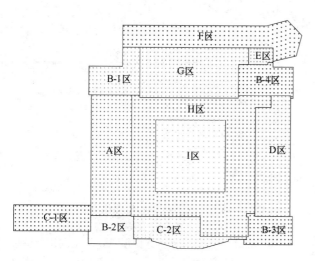

图 1　地基处理 CFG 桩平面分区图

2.2　工程地质、水文地质条件

根据岩土工程勘察报告得知勘探深度范围内（最深 35.000m）的地层，划分为人工堆积层、新近沉积层和一般第四纪沉积层三大类，并按地层岩性及其物理力学性质指标，进一步划分为 5 个大层，分述如下。

人工堆积层：①层黏质粉土填土、①₁层杂填土；

新近沉积层：②层粉质黏土—重粉质黏土，②₁层砂质粉土—黏质粉土，②₂层粉细砂，②₃层中粗砂；

一般第四纪冲洪积层：③层粉质黏土—重粉质黏土，③₁层砂质粉土—黏质粉土，③₂层粉细砂，④层粉质黏土—重粉质黏土，④₁层砂质粉土—黏质粉土，④₂层粉细砂，④₃层中粗砂，⑤层粉质黏土—重粉质黏土，⑤₁层砂质粉土—黏质粉土，⑤₂层粉细砂，⑤₃层中粗砂。

本次勘察深度范围内观测到三层地下水，分别为潜水（二）、承压水（三）及承压水（四），地下水详情参见表 2，典型的地质剖面图如图 2 所示。

地下水统计表　　表 2

地下水类型	稳定水头/水头埋深(m)	稳定水头/水位埋深(m)	含水层岩性
潜水（二）	2.70～5.45	36.25～39.87	②层粉质黏土—重粉质黏土，②₁层砂质粉土—黏质粉土，②₂层粉细砂，②₃层中粗砂
承压水（三）	5.67～8.25	33.49～37.00	③₁层砂质粉土—黏质粉土，③₂层粉细砂
承压水（四）	20.15～27.01	15.22～22.70	④₁层砂质粉土—黏质粉土，④₂层粉细砂，④₃层中粗砂

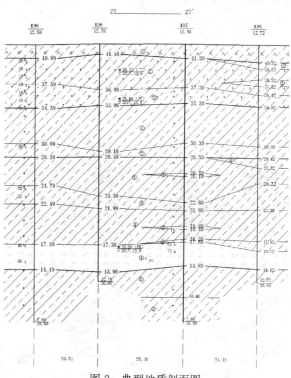

图 2　典型地质剖面图

2.3 理正岩土（6.5PB2 版）沉降计算

本文采用理正岩土计算 6.5PB2 版软件进行计算，结果如表 3 所示。

理正岩土沉降计算结果					表 3
区名	A 区	B-1 区	B-2 区	B-3 区	B-4 区	C-1 区
沉降量（mm）	27.1	25.2	22.3	25.5	26.1	26.8
区名	C-2 区	D 区	E 区	F 区	G 区	H 区	I 区
沉降量（mm）	27.0	30.3	31.4	35.4	33.2	31.5	33.5

2.4 CFG 桩复合地基计算模型

Midas/GTS NX 是为能够迅速完成对岩土及隧道结构的分析与设计而开发的"岩土隧道结构专用有限元分析软件"，是一款采用 Windows 风格操作界面的完全中文化软件，能够提供完全的三维动态模拟功能[3]。该程序提供应力分析、动力分析、渗流分析、应力渗流耦合分析、边坡稳定分析、衬砌分析和设计功能，并提供莫尔-库仑、修正莫尔-库仑、邓肯-张、修正剑桥等 14 种本构及用户自定义本构模型。根据现有结构设计资料及地质勘查资料，利用 MIDAS/GTS NX 软件，建立 CFG 桩桩体复合地基的三维有限元模型，计算桩体复合地基最终沉降量，验证用理正岩土计算复杂条件下地基处理的可靠性[4]。

2.5 Midas/GTS NX 模拟结果与分析

在数值模拟中，假定模型中同一种材料为均质各向同性，褥垫层、桩间土体为理想弹塑性体，筏板基础及桩体为均质弹性体，在竖向荷载作用下，桩与桩间土之间没有相对滑移，并且接触面上的结点在受力过程中保持接触状态[5]。

模拟结果与分析如图 3 所示。

结果分析：该计算模型共有 177502 个单元，80289

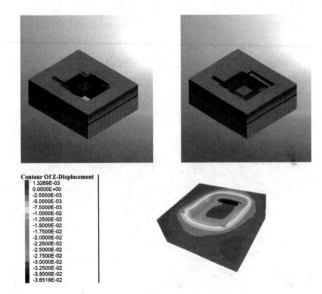

图 3 Midas 模拟效果图

个节点。

模型边界条件：底面固定 x、y、z，左右边界固定 x 方向；前后边界固定 y 方向。

由图 3 可知，图书馆筏板基础沉降最大值为 36.5mm，位于基础高跨区，基础埋深 6.43m，荷载为 300kPa 该位置为荷载最大处，低跨沉降最大位置大致位于其中心，沉降为 32.5mm，基础埋深 10.8～12.15m，荷载为 160～260kPa。基础高跨及低跨区域沉降变形由中心向四周均匀变化，差异沉降满足规范要求，整体与设计基本吻合。

3 现场实测

将整理后的建筑物沉降监测数据绘制成如图 4 所示的沉降监测折线图。

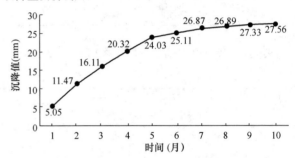

图 4 建筑物沉降监测数据折线图

对比建筑物实际沉降监测记录亦基本吻合。

4 结论

在复杂条件下，包括基础底板埋深不一致存在高差，不同条块上上部荷载相差较大等情况，采用理正岩土 6.5PB2 版计算复合地基的沉降时所选用的基础尺寸应按照筏板基础的整体尺寸予以考虑，且基底压力平均值可按各个分区上部荷载与本区面积的加权平均值考虑，这样计算就会比较符合实际；同时，可以利用 Midas/GTS NX 分析基础标高和上部荷载大小类型较为复杂的复合地基的沉降计算，给予验证[6]。在满足复合地基承载力要求的前提下，对于个别区块上部荷载和要求达到的复合地基承载力的值较小时，可对该区的桩长或者桩间距进行适当优化，且在进行优化时应综合考虑周围区块的沉降对该区的影响。当然，在实际施工过程中，加强对建筑物变形监测是十分必要的，它可以验证设计成果，并指导今后类似工程的优化设计。

参考文献：

[1] 王呈志，陈晶晶. CFG 桩复合地基沉降计算方法分析[J]. 建材与装饰，2018，541(32)：174-175.

[2] 赵刚，赵俊兰，武君磊. CFG 桩复合地基模拟分析[J]. 建材与装饰，2019(22)：7-8.

[3] 王文静，许念勇. CFG 桩复合地基设计常见问题分析[J]. 工程建设与设计，2018，398(24)：77-78.

[4] 李国胜. CFG 桩复合地基设计方法深入探讨[J]. 建筑结

构，2019，49(14)：107-112.

[5] 马骥，张东刚，张震，等．CFG 桩复合地基设计有关问题的探讨[J].工程勘察，2001(03)：47-48＋71.

[6] 薛慧萍．CFG 桩复合地基设计中的常见问题探析[J].信息记录材料，2017，18(51)：95-97.

[7] 王珂，李顺群，李珊珊．Midas/GTS 在边坡稳定性与地基沉降分析中的应用[J].辽宁工程技术大学学报(自然科学版)，2012(03)：76-79.

[8] 刘熙媛，胡世飞，付士峰，等．部分开挖基坑内施工 CFG 桩的稳定性分析[J].辽宁工程技术大学学报(自然科学版)，2013，32(11)：1470-1475.

[9] 罗兰英，陈丹．关于 CFG 桩复合地基设计一些问题的探讨[J].勘察科学技术，2017(s1)：51-54.

[10] 代晗．基于 PLAXIS 的 CFG 桩复合地基参数优化研究[J].科学技术创新，2019(04)：126-127.

刚柔复合厚壳层技术及工程应用

常　雷[1]，林志军[2]

（1. 深圳厚坤软岩科技有限公司，深圳 518031；2. 福建泉城勘察有限公司，福建 泉州 362000）

摘　要："刚柔复合厚壳层"技术及工法，是团队经过设计、施工、试验、科研，总结近20年的工程应用验证创立的一种可行、可靠的技术及工法，其就是在深厚软基及高路堤地基处理后，能使地基工后沉降小（可控）、差异沉降小（可控稳定），整体承载力高、整体抗水平推力大、单桩多发挥出30%～50%的承载力、桩间土与桩协同后再发挥出10%～20%的地基承载力的技术及工法。此工法是按照不同设计要求将不同类型的刚性桩快速植入到深厚软基设计标高处，使不同类型的刚性复合桩在施工后变成大直径刚性复合桩（直径≥1000mm），同时很好地与桩间土协同作用，共同完成形成"刚柔复合厚壳层"。其刚性复合桩具有直径大、复合、单桩承载力高、桩身质量可靠的特点。"刚柔复合厚壳层"具有高的复合地基承载能力，可传递上部不同的复杂的垂直及水平荷载，整体抗水平推力及抗侧滑能力强，可为投资方节约综合成本20%以上、减少软基施工出土量50%，软淤泥"变废为宝"，是典型的绿色环保技术及施工方法。

关键词：深厚的刚柔复合厚壳层；大直径刚性复合桩；深厚软基处理；刚性复合桩与桩间土的协同作用

0　引言

当前我国基础建设及软地基处理项目仍处持续发展时期，在对待10m以上深厚软弱地基处理时，现今社会上出现了两种声音：（1）第一种是纯岩土理论派，绝对以《复合地基技术规范》GB/T 50783—2012、《建筑地基基础设计规范》GB 50007—2011、《建筑桩基技术规范》JGJ 94—2008设计为中心，不以实际地质动态变化条件为依据，静态地照搬所谓的《规范》内容去操作软件设计出图，施工单位"均能"按图施工，但现实反映的结果是质量不达标、工期一延再延、成本一增再增，工程"均能验收通过"。当工程项目验收后开始使用、设计荷载反复增减作用一段时间后，地基工后下沉逐渐变大、差异沉降变大（超标），严重影响了使用功能，甚至大修补或报废。本人经过近20年现场的施工及管理、试验、科研、工程应用、细致观察发现影响此现状有两大因素：①政绩形象工程，需赶工期、轻质量、偷工减料；②重视各类桩的使用，轻视桩间土及下卧层的协同作用，采用的设计、施工处理方法不到位。（2）第二种是理论实践派，在设计、施工时，依据现场实际地质条件变化，动态的依据现有《规范》去创新设计和施工，把《规范》、设计、施工有机地结合起来，去实现完成工程目标，做到省工期、省造价、质量好达标"废物利用"又环保的工程。

1　深厚软基工程失败的主因

深厚软基工程中往往单独采用真空预压或联合堆载预压法，处理后真正的地基承载力特征值≤40kPa，达不到桩间土与刚性复合桩协同匹配的地基承载力特征值≥70kPa，即使在深厚软基工程设计施工图中植入了桩体，最终因桩周土提供的摩擦力不够不能支撑到植入桩承载力的发挥，工后还是出现大沉降、大差异沉降，移位、滑坡、垮塌事件的发生，究其原因就是深厚软基中的"水"处理不到位，植入桩时产生的施工附加应力和能量还在深厚软基中藏着，未能及时有效地释放掉。如图1所示。

图1　深厚软基中失败的桩基现场图

2　深厚软基中水与土的关系

深厚软基土淤泥是指天然含水量大孔隙比≥1.5的一种软土，其中60%～200%为水所占据：（1）60%～70%为自由水；（2）20%～30%左右为吸附水；（3）5%左右为结晶结合水。海滨深厚软基处理滨淤泥的黏土矿物以蒙脱石（微晶）和伊利石为主，湖河淤泥则是以高岭石和伊利石为主，还包含有机质。所以说深厚软基土中的自由水、吸附水必须通过不同的工法去排除掉它。施工前深厚软基土的物理指标液限范围值，施工后是否能转变成塑限范围值，是对工后沉降值、差异沉降值，移位、滑坡、垮塌事件的发生起着至关重要的影响因素。如图2所示。

图2　深厚软基中塑限范围值土（左）与液限范围值土（右）现场对比图

3　刚柔复合厚壳层技术要达到的指标

刚柔复合厚壳层的技术工作机理为：（1）深厚软基处理在先，其地基承载力特征值要达到≥70kPa，先形成纯柔性复合厚壳层，再使桩间土与大直径刚性桩形成协同复合作用的整体。(2)其次在纯柔性复合厚壳层基础上植入大直径(直径≥1000mm)刚性复合疏桩。(3)再加上钢筋混凝土桩帽盖板+三角形梅花式满堂红布置桩+碎石垫褥层+土拱层几方协同作用下共同完成深厚的刚柔复合厚壳层整体。

4 深厚软基土承载力特征值要满足≥70kPa

在深厚软基处理工程中,软基土处理项目往往单独分包采用真空预压或联合堆载预压法处理,特别是超软超细吹填出的深厚软基处理工程,处理后其真实地基承载力特征值在40~45kPa。有些工程未科学评估"三通一平"后的效果就急迫土地招拍挂,拍卖中标单位拿到"处理场地"的所有权后,更是抢时间,深厚软基部分在未经专业人员充分科学论证、设计时边设计边开工。实践证明深厚软基基础工程施工后沉降逐渐变大(不可控)、差异沉降变大(不可控),甚至有移位、滑坡、垮塌事件发生。以上均为深厚软基土不满足承载力特征值≥70kPa,软基土处理前的液限值范围,处理后不能转为塑限值范围的后果。因深厚软基土承载力特征值达到≥70kPa后,桩周土摩擦力可提高一个量级以上,桩的承载力发挥度可提高50%,桩周土负摩擦值可减少50%~75%,若深厚软基土承载力特征值达不到≥70kPa,软基土处理前的液限值范围,处理后不能转为塑限值范围,其植入的桩与桩间土等形成的"刚柔复合体"各自为政不能发挥出两者协同作用,因此,应用"刚柔复合厚壳层"复合地基技术,可有效根本解决深厚软基处理后沉降大、差异沉降大,移位、滑坡、垮塌事件发生的困局。

5 纯柔性复合厚壳层的工程应用

深厚软基处理后其承载力特征值要达到≥70kPa,工后沉降要达到≤20cm,十字板抗剪强度要达到 C_u≥22kPa,才能使植入的刚性复合桩发挥出80%以上单桩承载力,才能使大直径刚性复合桩与桩间土发挥出最大的协同作用,低于这个标准大直径刚性桩与桩间土就不能发挥出应有的协同作用,各自为政。虽然用深厚软基真空预压法或联合真空堆载法进行处理,但是工后还是沉降大(超标),工后深厚软基土体还是出现移位,滑移、垮塌事件。深厚软基中十字板剪切强度(kPa)与地基承载力特征值(kPa)对应表如表1所示。

十字板剪切强度(kPa)与地基承载力
特征值(kPa)对应表 表1

项目	十字板剪切强度 (kPa)	对应的地基承载力特征值 (kPa)
1	28	100
2	25	80
3	22	70
4	18	60
5	15	50
6	13	40

纯柔性复合厚壳层在深厚软基工程中的应用就是采用无砂高渗透改进型的真空预压工艺,使原位深厚软基土或疏浚吹泥吹填的深厚软基土滤水层不再采用砂透水,大大节省了砂资源用量、采购、运输,还环保,其方法可快速使原位深厚软基土或疏浚吹泥吹填深厚软基层达到地基承载力特征值≥70~120kPa,工后沉降≤10~20cm,十字板抗剪强度 C_u≥22~28kPa 的标准。其施工原理如图3所示。排水板外膜附近颗粒形态比较如图4所示。

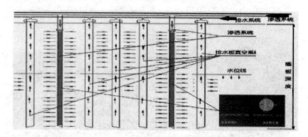

图3 无砂高渗透改进型真空预压技术示意图

图4 高渗透防淤堵排水板与普通排水板
施工后膜外层土颗粒的电镜比较

无砂高渗透改进型真空预压技术排水系统是由:自控大泵系统+钢丝主管+集水系统+钢丝直管+钢丝连接管+直插式排水板连接头+大孔径滤膜排水板+渗透能量液系统组成。无需砂垫滤水层,通过专用管板直通连接排水,施工期间膜下真空度保持在85%~90%,省电35%~50%,工期比常规真空预压法省1~2月以上,工后深厚软基质量可从施工前的液限范围值,施工后可转变成塑限范围值(软塑但不流动),处理后的效果如图5所示。

图5 深厚软基中处理后由先前的液限
值土转变塑限值土为现场图

6 刚性复合厚壳层的工程应用

深厚软基处理中地基承载力特征值要达到150~220kPa之间时,纯真空预压或联合堆载预压法处理后均达不到这一承载力的要求,就必须在深厚软基处理的基础上植入一定数量、一定深度的大直径刚性复合长短疏桩，形成较为纯性的刚性复合厚壳层。其形成机理是：在深厚软基地基承载力特征值≥50kPa上的基础中植入一定的大直径刚性复合疏桩＋钢筋混凝土桩盖板等体系，待28d后灌注的混凝土强度达标后，就可使大直径刚性复合疏桩与处理后的深厚软基土形成完整土体，形成承载力高、工后沉降小（可控）、差异沉降小（可控）、抗水平推力大的刚性复合厚壳层，亦可有效避免工后地基移位、滑移、垮塌事件的发生。其形成机理如图6所示。

图7　深厚软基各地质层地基承载力计算模型示意图

图6　刚性复合厚壳层成因示意图

刚性复合厚壳层复合地基设计、施工执行的规程为《现浇混凝土大直径管桩复合地基技术规程》JGJ/T 213—2010。深厚软基各层地基承载力计算应遵循如图7所示模型：$f_1 < f_2 < f_2' < f_3$，按此计算、设计、施工模式处理后深厚软基地基均能满足工程所需的各地基承载力、工后沉降小（可控）、差异沉降小（可控）的要求。

7　刚性复合厚壳层工程应用的实例

刚柔复合厚壳层工程应用的案例：本工程位于广东省经济最为活跃的珠江三角洲，是国道主干线广州绕城公路九江至小塘段项目，简称西二环段（南段）。其跨越的主要河流有河清河、樵北涌、北江及其支流南沙涌。路线全长约41.551km，该项目处于珠江三角洲水网发达地区，工程地质复杂多变，软基密布，全线需处理的软基段达20多km，最深处理深度达18～20m，填土高度达6m以上，沿线两旁多为底洼水塘鱼塘等关键影响因素，表2为该段施工地质报告，深厚软基原位、原貌地质现场图如图8所示。

K13＋180 地基土物理力学性质指标　　　　　　　　　　　表2

编号	土层名称	厚度(m)	含水量(%)	密度(g/m³)	孔隙比	饱和度(%)	压缩系数(MPa⁻¹)	压缩模量(MPa)	内摩擦角(°)	抗剪强度(kPa)	地基土承载力(kPa)
1	人工填土	0.8	36.2	1.82	1.02	100	0.243	7.9	7.0	10	40
2	亚黏土	3.0	45.9	1.7	1.28	95	0.773	2.7	3.4	25	100
3	淤泥	18.4	69.8	1.55	1.90	100	1.82	1.36	3.4	10	50
4	亚黏土	1.3	44.4	1.74	1.21	98	0.683	3.01	16.2	30	130
5	中砂	1.0	20	1.99	0.66			11.6	30	50	180

图8　深厚软基原位、原貌地质现场图

深厚软基处理采用了"刚柔复合厚壳层"复合地基技术，其软基层厚度18～22m，路面活荷载为120kPa，刚柔复合厚壳层面上覆土层6～8m，总荷载为250kPa。设计的刚性复合桩外直径为φ1000，设计桩长20m，C20素混凝土刚性环形桩身，C25钢筋混凝土桩帽盖板1500mm×1500mm×200mm，刚性复合疏桩桩距分别为3.0m、3.5m，呈正三角形梅花式满堂红布置。如图9所示。

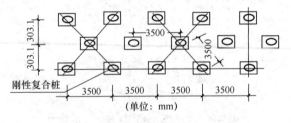

图9　大直径刚性复合桩布置示意图

8　刚柔复合厚壳层复合地基的工程应用

当深厚软基区域（含吹填造地）需建造港口、码头货运堆场、高速公路高填方路基、机场货运场，海边石化储油基地时，其地基承载力特征值要求在250～500kPa之间时，应用刚柔复合厚壳层复合地基技术能很好地解决其特高地基承载力、工后沉降小（≤3mm～10cm）（可控）、差异沉降小（1/800~1/1000）（可控）的要求。

（1）刚柔复合厚壳层复合地基技术：前提就是在深厚软基区域（含吹填造地）上，先采用无砂高渗透改进型真空预压技术把深厚软基地基承载力特征值处理到70kPa以上、使深厚软基处理前为液限范围值，处理后转变为塑限范围值，质的变化。

（2）下一步就是依据深厚软基土上部所需荷载、功能和使用要求，按《复合地基技术规范》GB/T 50783—2012 的相关内容进行复合地基设计、验算；按《现浇混凝土大直径管桩复合地基技术规程》JGJ/T 213—2010；按《劲性复合桩技术规程》JGJ/T 327—2014制定植入刚性复合桩单桩承载力、桩距、桩长的计算、验算，依据地质报告书确定出最终下卧持力层。

（3）刚柔复合厚壳层复合地基是由：处理后深厚软基地基承载力特征值达到≥70kPa的软基塑性土＋大直径刚性复合桩＋钢筋混凝土桩帽盖板＋碎石垫褥层＋土拱层协同作用共同组成的刚柔复合厚壳层体，如图10、图11所示。

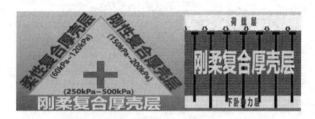

图10　刚柔复合厚壳层形成原理示意图

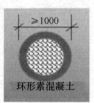

图11　刚柔复合厚壳层主要组成部分示意图

（4）刚柔复合厚壳层形成后起到有序传递、合理分配上部荷载、承上启下的纽带作用，刚性复合桩承受着80%以上的竖向压力和水平推力，从而大大降低了桩间土因超荷载带来的不利影响、导致刚柔复合厚壳层复合地基沉降和差异沉降过大、地基移位和垮塌事件的发生。机理如图12、图13所示。

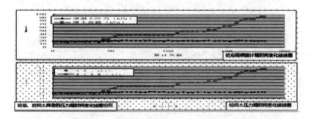

图12　附加荷载应力变化线与桩间土承载力变化线图

（5）刚柔复合厚壳层形成后无需再进行二次回填土、预超压、既省钱、省时、省力、省地、费用低又环保避免二次清淤运输再污染环境，为投资方节省综合成本15%

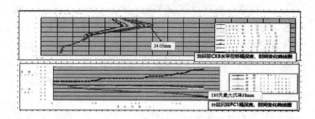

图13　附加荷载应力变化线与桩间土承载力变化线图

以上，其刚性复合体的整体承受竖向力大、抗侧滑能力好、工后稳定沉降小，还能大大降低以后的路面维修费用，社会效益好。

（6）刚柔复合厚壳层复合地基技术工程应用的卓越性和经济性被广东省交通系统的专家们认可，此项目后在广东省交通运输厅科研立项，于2013年12月19日上午在广东省交通运输厅会议室，通过了对"广东高等级公路软基大直径现浇桩地基处理设计及受力性状研究"项目科研成果的鉴定。结论：本次项目科研成果总体达到国际领先水平。

9　刚柔复合厚壳层工程应用的效果

2019年10月深厚软基复合地基理论总结，又一次回到采用刚柔复合厚壳层技术施工段调研，该路段于2008年07月通车至今未出现过一起工后总沉降量超6cm、差异沉降变大、路基补修、移位事件的发生。如图14所示。

图14　刚柔复合厚壳层技术工程应用的实景图

10　结论

（1）采用刚柔复合厚壳层特有的复合地基技术后，可使施工前深厚软基土的液限范围值，转变为施工后的塑限范围值，同时使植入的大直径刚性复合桩亦对桩芯土及周边土进一步改良固化，使桩周土提供更大的桩周摩擦力来支撑刚性复合桩单桩承载力的发挥，从而使复合地基工后沉降值变小（可控）、差异沉降值变小（可控），避免处理后的复合地基土体移位、滑坡、垮塌事件的发生。采用刚柔复合厚壳层必须科学合理的选出最优的下卧持力层，使刚柔复合厚壳层坐落在其上，在施工过程中最大程度释放出该沉降的沉降量，施工完成后整体刚柔复合厚壳层复合地基就可处于长久稳定工况状态下。刚柔复合厚壳层复合地基技术提供的是一种质量稳定安全、新型、环保、省材、省力、省时、综合成本低、"0"伤亡的技术和工艺。

（2）刚柔复合厚壳层复合地基具有深厚整体刚性大的特性，形成后可传递上部不同的复杂的垂直及水平荷载，工后总沉降及差异易控制易稳定、整体的抗竖向、抗水平推力及抗侧滑能力强。可为投资方节约综合成本 20% 以上、施工工期节省 4～6 个月、减少淤泥施工出土量 50%，"变废为宝"。

（3）此技术可广泛应用在港口、码头货运堆场、高速公路高填方路基、机场货运场、海边石化储油基地中，为典型的绿色环保工艺及施工工程。如图 15 所示。

图 15　刚柔复合厚壳层复合地基应用领域图

参考文献：

[1] 常雷. 刚性复合地基在软基处理中的研究及工程应用[J]. 广东公路交通，2013(6)：43.

[2] 龚晓南. 复和地基设计和施工指南[M]. 北京：人民交通出版社，2003.

[3] 吴世明. 大型地基基础工程技术[M]. 杭州：浙江大学出版社，1997.

[4] 佘问鲁，顾尧章. 地基基础实用设计施工手册[M]. 北京：中国建筑工业出版社，1995.

[5] 公路软土地基路堤设计与施工技术规范 JTJ 017—96[S]. 北京：人民交通出版社，1997.

[6] 现浇混凝土大直径管桩复合地基技术规程 JGJ/T 213—2010[S]. 北京：中国建筑工业出版社，2010.

红层软岩承载力的认识及其作为超高层建筑天然地基的工程实践

彭柏兴

（长沙市规划勘测设计研究院，湖南 长沙 410007）

摘 要： 文章介绍了长沙红层软岩的宏观和微观特征，对其物理力学性质指标进行了归纳统计，对岩石地基承载力的确定方法进行了总结和对比分析，提出了红层软岩地基承载力的取值标准。列举了长沙国际金融中心（452m）、长沙世茂中心（347.9m）及长沙北辰项目（206m）3 个工程实例。对同类地层承载力的认识和利用具有参考意义。

关键词： 红层软岩；物理力学性质；地基承载力；超高层建筑；基础选型

0 引言

红层是形成于陆相沉积环境、具有偏红色调的碎屑沉积岩，遍布世界各地，自寒武纪到现代各个时期均有出露[1,2]。我国红层的形成与古地理环境密切相关，主要为内陆河湖相沉积和山麓相沉积，分为西南、西北、中南、东南和其他地区几个区域[3]。湖南有大、小红层盆地 80 多个，约占全省面积 20.5%，湘浏盆地是其典型代表，盆地面积 75% 以上的基岩是 K-N 的砾岩、泥质粉砂岩、粉砂质泥岩、泥岩等软质岩石，是长株潭地区高层、超高层建筑的优良地基，也是岩土工程界关注的重点[4]。

21 世纪以来，随着科技进步和城市土地资源越来越紧张，超高层建筑呈爆发式增长[5]。高层建筑荷载大、结构复杂，地基基础需承受巨大的竖向和水平向承载力，基础埋深大，基础费用高达整个工程费用的 10%～35%。发达国家多采用天然地基，尤以筏形基础最为广泛。资料表明，天然地基基础造价仅为桩基的 17%～67%[6]。鉴于超高层建筑地基基础设计涉及因素多，要提高超高层建筑地基基础的设计能力和精确性，需要岩土工程师与结构工程师的通力合作，需要大量针对性的原位试验和工程分析。文章简要介绍了长沙红层软岩的工程特性，对其天然地基承载力的确定进行了归纳和对比，提出了承载力取值原则，给出了 3 个超高层建筑工程实例，供同行参考。

1 红层软岩的工程性质[7]

1.1 宏观特征

由于沉积环境、成岩过程的物理化学条件变化影响，不同地域红层的色度和纯度差别较大，但总体以红色为基本色。形成红层的物质来源于古盆地或古湖盆周围的高地，沉积动力学特征和沉积环境直接决定了它的结构构造，主要表现为碎屑粒度在水平、垂直上的有规律变化以及胶结物成分和含量因外围接触地层的不同而不同。长沙红层分为砾岩、砂岩和黏土岩（泥岩）三大类（图1），其风化程度划分为全风化、强风化、中等风化和微风化四带。由于形成时代较晚，新鲜岩石特征不显著，一般与微风化合并。

1.2 微观特征

三类岩样的组成矿物种类基本相同，主要矿物（石英、方解石）含量有所变化；角砾以黏土质岩石为主，角砾粒度（短轴直径）亦有所不同（图 2）。褐铁矿含量较低，分布广泛，浸染状分布为主。典型红层的主要化学成分如表 1 所示。

图 1 代表性红层岩芯照片
(a) 泥岩；(b) 泥质粉砂岩；(c) 砾岩

图 2 不同结构红层的镜下特征
(a) 粉砂质泥岩（×75 单偏光）；(b) 泥质粉砂岩（×70 正交偏光）；(c) 黏土质砾岩（×55 单偏光）

两种典型结构红层黏土矿物含量和主要化学成分对比表　表1

岩性	黏土矿物含量(%)			主要化学成分(%)			
	高岭石	伊利石	蒙脱石	SiO_2	Al_2O_3	CaO	Fe_2O_3
碎屑岩	1.7~6.0	2.5~8.0	1.7~2.5	46.53~75.12	11.43~16.44	0.11~16.70	2.86~6.88
	2.9~24	4.2~11.5	2.5~6.3	39.89~71.68	8.3~10.79	0.58~21.17	2.59~6.83
黏土岩	7~40	5~30	3~10	23.24~64.28	8.00~20.78	0.09~31.39	2.20~10.65

1.3　主要物理力学性质

长沙红层中,不同风化程度的泥质粉砂岩和砾岩主要物理力学性质指标见表2、表3。

泥质粉砂岩及砾岩的主要物理性质指标表　表2

岩性	风化程度	密度 ρ (g·cm^{-3})	孔隙率 n (%)	饱和吸水率 w_{sa} (%)	纵波速度 V_p (m·s^{-1})	横波速度 V_s (m·s)	完整性系数 k_v
泥质粉砂岩	强风化	2.10~2.36	14.71~22.68	6.35~9.23	1068	545	0.34
	中等风化	2.40~2.55	11.03~14.04	4.55~11.90	2178	1125	0.67
	微风化	2.55~2.70	5.4~15.75	4.97~6.98	2495	1360	0.89
砾岩	强风化	2.16~2.44	18.2~25.1	7.80~10.20	1437	749	0.28
	中等风化	2.47~2.59	11.03~15.64	4.48~6.65	2248	1231	0.71
	微风化	2.55~2.72	9.09~13.15	3.02~4.09	2730	1502	0.84

泥质粉砂岩与砾岩主要力学性质指标对比表　表3

岩性	风化程度	天然抗压强度 R_0 (MPa)	饱和抗压强度 R_w (MPa)	内摩擦角 (°)	黏聚力 c (kPa)	弹性模量 E (GPa)	泊松比
泥质粉砂岩	强风化	0.30~2.12	0.14~2.17	35.6~38.2	0.22~0.64	0.66~1.9	0.19~0.36
	中等风化	2.37~5.80	0.53~6.50	36.1~38.8	0.33~0.81	1.8~5.7	0.11~0.25
	微风化	5.8~12.2	2.1~7.10	37.0~38.1	0.8~2.6	13.2~34.9	0.16~0.29
砾岩	强风化	0.52~3.85	0.31~3.64	43.4~50.4	0.2~1.1	0.23~0.42	0.36~0.50
	中等风化	3.45~10.69	0.95~8.29	42.5~55.8	0.5~1.8	2.26~5.86	0.09~0.26
	微风化	4.2~15.5	2.0~6.8	38.3~38.9	1.2~3.0	5.64~7.20	0.08~0.13

2　红层地基承载力的确定

确定岩石地基承载力的方法主要有:查表法、岩石单轴抗压强度折减法、原位试验法及理论法。

2.1　查表法

《建筑地基基础设计规范》GBJ 7—1989 按岩石坚硬程度和风化程度提供了岩石地基承载力值表,虽然 2002 版修订时该表取消,一些地方标准和行业规范仍沿用此思路,且有所发展[8-12]。或以坚硬程度结合风化程度为指归(表4),或以坚硬程度结合完整性为准绳(表5),《工程岩体分级标准》GB/T 50218—2014[13] 则属于集大成者,按工程岩体级别来确定岩基承载力基本值。

岩石地基承载力特征值(kPa)　表4

风化程度	强风化			中等风化			微风化		
	南京	贵州	长沙	南京	贵州	长沙	南京	贵州	长沙
硬质岩石	500~1500	750~2000	500~1000	1500~4000	2000~6000	1500~2500	>4000	>6000	≥4000
软质岩石	300~750	220~750	300~500	750~1500	750~2200	700~1200	1500~4000	2200~5000	1500~4000
极软岩石	200~400	180~300		400~750	300~750		750~1500	750~2200	

岩石地基承载力特征值(kPa)　表5

岩石完整程度	极破碎		破碎		较破碎		较完整	完整
	重庆	广东	重庆	广东	重庆	广东	重庆	重庆
坚硬岩及较硬岩	400~600	700~1500	600~900	1500~4000	900~1800	≥4000	1800~4800	4800~6000
较软岩			400~600		600~900		900~1800	1800~4800
软岩	250~400	600~1000		1000~2000	400~600	≥2000	600~900	900~1800
极软岩			250~400		250~400		400~600	600~900

2.2 岩石单轴抗压强度折减法

国标 GB 50007—2011 规定[14]，岩石地基承载力特征值 f_a 可按式（1）计算：

$$f_a = \psi_r f_{rk} \tag{1}$$

式中，f_{rk} 为岩石饱和单轴抗压强度标准值，黏土质岩石取天然单轴抗压强度，kPa；ψ_r 为折减系数。

该方法国内通用，其本质是工程类比。但折减系数的取值不同地区差异甚大，如广东考虑到了岩石坚硬程度的影响，而南京则基于抗压强度的区间分级（表6）。

不同规范岩石折减系数 ψ_r 表6

完整程度	国标	长沙	重庆	广东		南京			
				硬质岩	软质岩	岩石单轴抗压强度（MPa）			
						1.0~5.0	5.0~10.0	10.0~30.0	>30.0
完整	0.5		0.47~0.57	0.25~0.33	0.40~0.50	0.9~0.6	0.6~0.4	0.4~0.25	0.25
较完整	0.2~0.5	0.4~0.8	0.37~0.47	0.20~0.25	0.30~0.40				
较破碎	0.1~0.2		0.23~0.37	平板载荷试验确定					

2.3 原位试验法

2.3.1 载荷试验

载荷试验是一种模拟实体基础受荷的原位试验，测定的是压板下 1.5~2 倍承压板宽度范围内地基土的承载力和变形特性。分为岩基载荷试验、浅层平板载荷试验及深层平板载荷试验。利用浅层载荷试验结果可计算地基土变形模量 E_0、基床反力系数 K_s：

$$E_0 = 0.785 \frac{Pd(1-\mu^2)}{s} \tag{2}$$

式中，d 为承压板直径，cm；P 为 P-s 直线段的压力，kPa；s 为 P 值对应的承压板沉降量，cm；μ 为泊松比。

$$K_V = P/s \tag{3}$$

式中，P/s 为 P-s 曲线直线段的斜率，若 P-s 曲线无直线段，取极限压力之半，s 为相应的沉降量。

2.3.2 旁压试验

旁压试验由法国工程师梅纳（Louis Ménard）发明于 1957 年，实质是横向载荷试验，试验条件接近于圆柱孔穴扩张理论[15]。它是将圆柱形旁压器竖直放入土中，利用旁压器扩张对周围土体施加均匀压力，量测压力和径向变形关系来获取地基土在水平方向的应力应变（P-V）曲线（图3），由 P-V 曲线可确定初始压力 P_0、临塑压力 P_f、极限压力 P_L 及相应休积 V_0、V_f、P_L。

浅基础承载力的确定方法有临塑压力法 ［式（4）］和极限压力法 ［式（5）］：

$$f_{ak} = P_f - P_0 \tag{4}$$

或

$$f_{ak} = (P_L - P_0)/K \tag{5}$$

式中，K 为安全系数，一般取 2~3。

旁压模量 E_m 和水平基床系数 K_x 分别按式（6）、式（7）计算：

$$E_m = 2(1+\mu)(V_c + V_m)\Delta P/\Delta V \tag{6}$$

$$K_x = \Delta P/\Delta V \tag{7}$$

式中，μ 为泊松比；V_m 为平均体积变形量，$V_m = (V_0 + V_f)/2$；ΔP 为 P-V 曲线上直线段压力增量，MPa；ΔV 为与 ΔP 对应的体积变形增量，cm³。

利用 Me′nard 公式 ［式（8）］可计算岩土变形模量：

$$E_0 = \alpha E_m \tag{8}$$

式中，α 为土的结构系数，一般地，黏性土取 1~2，砂砾土取 3~4，风化岩石取 1.5~3。

2.4 理论公式法

计算岩石地基极限承载力理论公式应用较多有：Prandtl（普朗特尔）公式、Terzaghi（太沙基）公式和 Coats（科茨）公式[16]。

2.4.1 Prandtl 公式

由普朗特尔（1920）根据塑性理论提出，适用于刚性基础压入较软的、均匀、各向同性的无重量土中的滑动面的形状及其相应的极限承力计算：

$$P_u = cN_c + qN_q \tag{9}$$

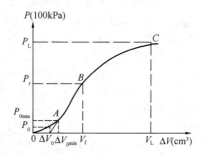

图 3　旁压试验 P-V 曲线

式中，q 为基础的旁侧荷载，一般情况下为基础的埋置深度与岩土密度的乘积，kPa；c 为岩石的黏聚力，kPa；N_c 和 N_q 为承载力系数，分别按下式计算：

$$N_c = c\tan\varphi[\exp(\pi\tan\varphi)\tan^2(45° + \varphi/2) - 1] \tag{10}$$

$$N_q = \exp(\pi\tan\varphi)\tan^2(45° + \varphi/2) \tag{11}$$

式中，φ 为岩石内摩擦角，°。

2.4.2 Terzaghi 公式

$$P_u = 0.5\rho gb(k^6 - 1) + qk^5 + 5ck^4 \tag{12}$$

$$k = \tan(45° + \varphi/2) \tag{13}$$

式中，ρ 为土体密度，g/cm³；g 为重力加速度，m/s²；b 为基础底面的宽度，m。

2.4.3 Coats 公式

科茨在太沙基公式基础上，根据大量试验结果及研究，对太沙基公式进行了修正：

$$P_u = 0.5\rho gbk^6 + qk^4 + c(k^4 - 1) \tag{14}$$

式中，各参数意义同 Terzaghi 公式。

此外，亦有采用岩体强度准则来综合研究岩块强度、结构面组数、所处应力状态等因素对岩体强度的影响，形成了一系列的岩体强度理论，典型的有 Griffith 强度准则、Hoek-Brown 等[17]。

3 工程实例

3.1 长沙国际金融中心

位于天心区司门口，由两栋超高层和 6 层商业裙房组成，地下 5 层，基础埋深 37.8m。塔楼为钢筋混凝土核心筒＋组合框架结构体系，T1 高 93 层，高 452m，设计要求基底压力荷载不小于 2300kPa，湖南第一高楼。

根据勘察单位 2011 年 10 月完成的详细勘察报告，场地原始地貌为湘江Ⅱ级阶地。第四系地层由人工填土、淤泥质粉质黏土、粉质黏土、粉细砂、中粗砂、圆砾和残积粉质黏土组成，厚度约 20m。基岩为白垩系泥质粉砂岩，分为强风化、中风化和微风化三带。基坑底标高 13.75m，岩性为中风化泥质粉砂岩，天然单轴抗压强度 3.73MPa、内摩擦角 37.7°、黏聚力 0.41MPa，旁压试验净比例界限压力 ≥4704kPa。中风化泥质粉砂岩 f_{ak}＝1200kPa，q_{pk}＝7000kPa，q_{sik}＝90kPa。推荐采用人工挖孔灌注桩，采用后压浆技术。

为科学、合理地确定基础形式，勘察、设计单位进行了多次沟通协调。勘察单位根据设计提供的 T1 塔楼核心筒在 1.0D＋1.0L 下总反力 3677968kN 进行了桩基设计，在 30m×30m 范围内布桩 25 根、桩长 52m、桩径 5m、桩端扩大头直径 6m。

针对勘察单位的布桩方案，设计单位提出了 6 大疑问：桩间距对桩侧阻的发挥是否影响？中风化岩石地基承载力与桩端阻力特征值为什么相差悬殊？中风化呈后压浆技术作用的可信度？基桩中心距是否可行？超过 50m 的人工桩施工的可行性？工期可否满足？

2011 年 11 月，建设方组织岩土、结构专家论证。专家建议从挖掘中风化岩地基承载力入手，改变基础设计思路。2012 年 7 进行第 1 次 3 个点的载荷试验，2 个试验点的承压板直径 800mm、1 个试验点承压板直径 1130mm，比例界限压力值均≥3500kPa。2012 年 12 月，两家检测单位分别在 T1、T2 塔楼试验各选 3 个代表性地段，独立进行载荷试验（压板直径 1130mm）、旁压试验与钻探取芯进行岩石天然单轴压缩试验。载荷试验曲线如图 4 所示，岩基承载力特征值大于设计要求的 2500kPa，满足要求。

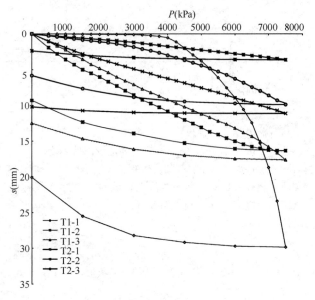

图 4　载荷试验 P-s 曲线

笔者根据该工程试验成果进行了载荷试验、旁压试验、抗压强度折减及抗剪指标计算对比研究[18]：载荷试验比例界限压力与单轴抗压强度的比值为 1.18～2.20，旁压试验临塑压力与单轴抗压强度的比值为 1.29～2.98，旁压试验结果＞载荷试验结果＞岩石单轴抗压试验结果（表 7）。对中风化泥质粉砂岩，天然地基承载力特征值≥岩石天然抗压强度标准值。

不同方法确定的岩基承载力结果对比（kPa）　　表 7

确定方法	载荷试验			旁压试验		抗压强度折减法	计算法
	比例界限法	s/d＝0.008 对应荷载	最大加载量 1/3	净临塑压力法	临塑压力法		
承载力特征值	3750～5750	4073～＞7500	2500	＞4119～＞5482	＞4605～＞5906	990～1950	4806

最终采用筏板基础，板厚 5m。该工程 2011 年 9 月 23 日奠基，2017 年 3 月主体完工，2018 年 5 月投入运营，沉降监测不到 30mm，满足规范要求，是目前世界上第一栋超过 400m 的采用天然地基的超高层建筑。

3.2 长沙世茂广场

位于五一大道与建湘路交叉处西南角，由商业裙楼、办公塔楼和地下室三部分组成。办公塔楼地上 75 层，高 347.90m。商业裙楼为地上 5 层，地下 4 层。正负零绝对标高 45.5m，地下室底板标高 26.5m。

场地为湘江Ⅱ级阶地。第四系地层有人工填土层、淤泥质黏土、粉质黏土、黏土、中粗砂、圆砾及残积粉质黏土。本区为白垩系与泥盆系地层不整合接触带，基岩有白垩系泥质粉砂岩、砾岩及泥盆系灰岩、泥灰岩，局部有岩溶和断层碎裂岩。基底标高后出露的地层有强风化泥质粉砂岩、中风化泥质粉砂岩、中风化砾岩、微风化灰岩、强风化泥灰岩、中风化泥灰岩，岩性差异大。初步设计时考虑的基础方案有人工挖孔灌注桩＋桩筏、冲孔灌注桩

＋筏板和筏板基础。经多次专家论证和原位试验，最终采纳筏基方案，局部对岩溶和断层碎裂岩作专门处治。这是长沙地区第一栋采用不同岩性作为天然地基持力层的超高层建筑。

3.3 长沙北辰 A1 地块高层建筑

位于开福区新河三角洲，由一栋写字楼、一栋酒店和商业组成，地下 3 层，±0.00 绝对标高 33.00m。写字楼高 45 层，型钢混凝土框架—钢筋混凝土筒体结构，高 206.00m。基底标高－21.80～－16.30m，基底平均压力 800kPa。

原始地貌属湘江Ⅰ级阶地，第四系地层厚 14.10～15.40m，由填土、冲积粉质黏土、粉砂、圆砾和残积粉质黏土组成，基岩为古近系泥质砂岩、泥质砾岩。勘察报告建议的主要岩土参数为：强风化泥质砂岩承载力特征值 500kPa、变形模量 80.00MPa、中风化泥质砂岩承载力特征值 1000kPa、变形模量 300.00MPa；强风化泥质砂砾岩承载力特征值 600kPa、变形模量 150.00MPa、中风化泥质砂砾岩承载力特征值 1200kPa、变形模量 500.00MPa。

设计单位通过对地区经验的调研和对勘察成果的研判，针对性地采取载荷试验和旁压试验来确定地基土的强度和变形参数。试验证明，强风化泥质砂岩的承载力特征值满足 800kPa（未达到极限荷载），采用筏板基础。通过数值分析计算，得到写字楼最大沉降量为 37.2mm，总沉降量和差异沉降均满足规范要求。写字楼于 2013 年 2 月 6 日封顶，全过程的施工监测表明，沉降实测资料与计算变形趋势吻合，略小于计算值[19]。该工程为长沙第一栋以强风化红层软岩作为天然地基的超高层建筑。

4 结语

（1）长沙红层地域特色显著，其岩石抗压强度受成岩环境、钻探取样、试件加工、失水崩解等因素影响，按岩石抗压强度折减确定的承载力与岩体实际强度相比严重偏低，不利于工程应用。

（2）近 25 年来，预钻式旁压试验在长沙地区得到广泛应用，并与载荷试验、岩石抗压试验进行了系列对比研究，三者间具有如下关系：旁压试验结果＞载荷试验结果＞单轴抗压试验结果。初步设计时，可直接利用红层天然单轴抗压强度标准值作为岩基承载力特征值使用。

（3）长沙已建成超高层建筑超过 60 多栋，排名前五位的 6 栋超高层建筑中有 4 栋采用天然地基，其中 3 栋以红层作为地基持力层。尽管它们在承载力取值上尚不一致，也未充分挖掘其承载潜力，但较国家规范和其他城市类似地层已有了较大突破，值得借鉴和思考。

参考文献：

[1] Christian A. Hecht. Geomechanical and Petrophysical Properties of Ftacture Systems in Permocarboniferous "red-beds"[C]. 38th U. S. Rock Mechanics Symposium, DC Rocks 2001, Washington D. C. /USA. Jul7-10：3-6.

[2] Hecht, C. A. Relatoins of rock structure and composition to petrophysical and geomechanical rock properties：Examples from permo-carboniferous red-beds[J]. Rock Mechanics and Rock Engineering, 2005(38)：197-216.

[3] 程强，寇小兵，黄绍槟等. 中国红层的分布及地质环境[J]. 工程地质学报，2004，12(1)：34-40.

[4] 彭柏兴，王星华. 湘浏盆地红层软岩的几个岩土工程问题[J]. 地下空间与工程学报，2006，2(1)：141-145.

[5] 滕延京，宫剑飞，李建民. 基础工程技术发展综述[J]. 土木工程学报，2012，45(5)：126-140.

[6] 金云平，顾晓鲁. 高层建筑天然地基基础形式的运用[J]. 岩土力学，2001，22(2)：189-191.

[7] 彭柏兴. 红层软岩工程特性及其大直径嵌岩桩若干问题研究[D]. 长沙：中南大学，2009.

[8] 重庆市工程建设标准. 工程地质勘察规范 DBJ 50/T—043—2016[S]. 重庆，2016.

[9] 湖南省建设委员会地方标准. 长沙市地基基础设计与施工规定 DB 43/T010—1999[S]. 长沙：湖南科学技术出版社，2000.

[10] 重庆市工程建设标准. 建筑地基基础设计规范 DBJ 50—047—2016[S]. 重庆，2016.

[11] 广东省标准. 建筑地基基础设计规范 DBJ 15—31—2016[S]. 北京：中国建筑工业出版社，2016.

[12] 江苏省工程建设标准. 南京地区建筑地基基础设计规范 DGJ 32/J—12—2005[S]. 北京：中国建筑工业出版社，2005.

[13] 中华人民共和国国家标准. 工程岩体分级标准 GB/T 50218—2014[S]. 北京：中国计划出版社，2014.

[14] 中华人民共和国国家标准. 建筑地基基础设计规范 GB 50007—2011[S]. 北京：中国建筑工业出版社，2011.

[15] 唐贤强，谢瑛，谢树彬等. 地基工程原位测试技术[M]. 北京：中国铁道出版社，1993.

[16] 顾宝和. 岩石地基承载力的几个认识问题[J]. 工程勘察，2012(8)：1-6.

[17] 宋建波等著. 岩体地基极限承载力[M]. 北京：地质出版社，2009.

[18] 彭柏兴，金飞. 红层旁压试验、载荷试验与单轴抗压试验对比研究[J]. 城市勘测，2019(5)：174-179.

[19] 方云飞，王媛，孙宏伟. 长沙北辰项目高层建筑软岩地基工程特性分析[J]. 工程勘察，2015(7)：11-16.

单液硅化法在加固湿陷性黄土地基中的应用

宋立玺[1,3]，李宗才[2]

（1. 山东省建筑科学研究院有限公司，山东 济南 250031；2. 济南市工程质量与安全中心，山东 济南 250014；3. 山东建科特种建筑工程技术中心有限公司，山东 济南 250031）

摘　要： 通过采用单液硅化法加固处理湿陷性黄土地基变形引起基础沉降问题的工程实例，了解并掌握单液硅化法的施工工艺，并进行相应的工程质量检测，对于加固湿陷性黄土地基具有较好的指导意义。

关键词： 单液注浆；湿陷性黄土；加固处理

0　引言

湿陷性黄土是一种具有较大孔隙结构的、垂直节理发育的非饱和欠固结土，在天然状态下其压缩性较低、强度较高，但遇水浸湿时，在自重压力及附加压力的双重作用下，土的压缩性明显变大，强度显著降低，其地基具有突然下沉的性质，对工程建设安全性危害严重。因此根据黄土性状及工程地质特征，加固处理好湿陷性黄土地基问题对湿陷性黄土地区的建筑工程安全显得至关重要。

1　单液硅化法加固机理

单液硅化法是一种常见的地基加固处理方法，它是将水玻璃通过下部具有细孔的钢管压入土中，与土体中的钙盐发生化学反应后在土层的孔隙中形成硅酸凝胶，硅酸凝胶通过胶结土体形成砂岩状加固体，进而提高土体的强度和变形模量，消除湿陷性。单液硅化法加固湿陷性黄土地基通常采用压力注浆的方式，加固范围较大，同时不仅可以加固基础侧向，还可以加固既有建筑物基础底以下的部分土层。其化学反应方程式如下：

$$Na_2O \cdot nSiO_2 + CaSO_4 + mH_2O \longrightarrow$$

$$nSiO_2(m-1)H_2O + Na_2SO_4 + Ca(OH)_2$$

其中，$nSiO_2(m-1)H_2O$ 即为在加固起到关键作用的硅酸凝胶。

2　工程实例

2.1　工程概况

某养老服务中心附属钢结构电梯井及廊厅部分，基础形式采用独立基础，基础埋深 2.3m，以第 2 层黄土及以下土层为地基持力层，做 1m 厚三七灰土垫层，分层夯实，夯实后的地基承载力不低于 120kPa。钢结构回廊建成后，经历雨季，电梯井附近地基浸水，显著下沉，引起钢结构显著变形，并造成局部钢结构破坏。现场情况见图1、图2。

图 1　现场情况 1

图 2　现场情况 2

2.2　地质情况

根据岩土工程地质勘察报告，场地地层自上而下划分为 5 个主层，其特征详述如下。①层杂填土：杂色，松散，稍湿，主要成分为建筑垃圾及碎石块等，混多量黏性土；①₁层素填土：褐黄色，松散，稍湿，土质不均匀，主要成分为黏性土，局部见少量碎砖块、石块，局部为表层植被土；②层黄土：褐黄色，硬塑—坚硬，无摇振反应，干强度等，韧性中等，稍有光泽，具大孔结构，见少量钙质菌丝，垂直节理发育，含少量姜石，含量约 20%～30%，局部姜石较富集，且轻微钙质胶结，场区普遍分布；③层粉质黏土：棕黄色，硬塑，无摇振反应，干强度中等，韧性中等，稍有光泽，见少量铁锰质氧化物；④层强风化石灰岩：青灰色，局部暗红色，隐晶质结构，中厚层构造，节理裂隙发育，由方解石或黏性土充填，岩芯侧壁见小溶孔，岩芯呈块状、短柱状、柱状；⑤层中风化石灰岩：青灰色，局部暗红色，隐晶质结构，中厚层构造，节理裂隙较发育，由方解石或黏性土充填，岩芯呈短柱状。

根据野外探井取样及室内土工试验资料，②层黄土普遍具湿陷性，其湿陷系数 $\delta_s = 0.016 \sim 0.076$，湿陷起始压力 $P_{sh} = 52 \sim 100 kPa$，根据《湿陷性黄土地区建筑标准》GB 50025—2018 相关规定，判定场地黄土为湿陷性黄土，湿陷程度为轻微—强烈，黄土地基的湿陷等级为 I 级（轻微）。地质剖面图见图 3。

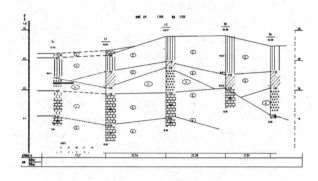

图 3　23-23′地质剖面图

2.3　原因分析

根据现场踏勘及土体原位测试分析，结合岩土工程地质勘察报告和设计文件，地基不均匀沉降的原因是由于基底②层黄土的湿陷性在前期设计及施工中未能有效地处理和消除，也未做防止水渗入的措施。当雨季雨水渗入基底土体后，土体钙质消溶，胶体松散，黏聚力减小或消失后产生湿陷，进而造成地基的不均匀沉降。

2.4　施工过程

（1）前期工作

根据工程现状准备设备机械及材料进场。在室内地坪处用钻机在独立基础边缘抽取具有代表性的区域钻取土样，钻取深度约为 5.3m。根据现场土样及规范要求，进行室内浆液配比试验。

（2）施工参数

1）注浆段高：注浆段高 3m（－2.3～－5.3m）。

2）注浆材料：中性水；水玻璃：模数 2.5～3.3。

3）施工配合比：选用硅化浆液进行注浆，施工配合比（体积比）为水玻璃：水＝1：1.5。采用浓度为 10%～15% 的水玻璃溶液注入土中，不致被孔隙中的水稀释，同时浆液黏滞度小，可灌性好，渗透范围较大。

4）压力注浆：压力注浆的速度快，扩散范围大。本工程为非自重湿陷性黄土具有一定的湿陷起始压力，基底附加应力不大于湿陷起始压力或虽大于但数值不大，不至于出现附加沉降。压力注浆泵灌注浆液的压力值由小逐渐增大，注浆压力变化范围为 0.2～0.3MPa，瞬间最大压力不超过 0.5MPa。

5）浆液注入量：$Q = V \cdot n \cdot d_{N1} \cdot \alpha = 140 \times 0.5 \times 1.13 \times 0.6 = 47.46 m^3$

式中　Q——注浆量（m^3）；

　　　V——加固湿陷性黄土的体积（m^3）；

　　　n——加固前，土的平均孔隙率；

　　　d_{N1}——灌注时，溶液的相对密度；

　　　α——溶液填充孔隙的系数。

（3）加固施工

根据工程现状及现场条件，在独立基础边缘不大于 50cm 范围内，施工注浆孔 27 个，深度约为 5.3m 或 6.4m，孔底标高均为 −5.300m 左右。注浆孔沿基础侧向布孔，间距不大于 1.5m。

注浆管采用 $\phi 20mm \times 3mm$ 的镀锌钢管，注浆管下端用丝扣封口，底部 2m 范围内打花眼，以便浆液向四周扩散。注浆孔成孔后插入注浆管，对注浆孔标高 −2.300（即基础底面标高）至 ±0.000 段，灌注水泥浆—水玻璃进行封孔，防止压力注浆时浆液上溢。注浆孔位置见图 4。

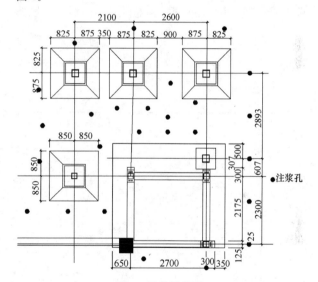

图 4　注浆孔位置

加固过程的注浆顺序遵循由外及内、隔孔灌注的原则。设计注入量为 47.46m^3，实际注入量为 45m^3，为设计注浆量的 94.8%。因注浆压力达到设计终压，注浆量达到设计注浆量 80%，达到结束注浆的两个条件。

2.5　过程观测

注浆施工前设置沉降观测点 9 个，注浆过程中控制注浆速度并随时进行观测，注浆期间每日进行沉降观测 1 次，整个施工期间未出现沉降异常的波动，施工期间沉降变形为 26mm。

3　加固效果

注浆加固施工前后均进行了现场原位测试、动力触探试验和沉降观测。注浆加固施工结束后，通过现场原位测试及动力触探试验检测，该工程基底土体中的孔隙被反应后形成的胶体所填充，地基土强度大大增加，地基承载力也大大提高，满足设计地基承载力不低于120kPa的要求，检测数据见表1。施工结束1个月后，沉降达到稳定，沉降速率小于0.02mm/d。

动力触探试验检测数据　　表 1

试验编号	深度（cm）	30cm 锤击数 N_{10}（击/30cm）	平均锤击数 N_{10}（击/30cm）	推定地基承载力特征值（kPa）
1号	30	19	30.4	161.6
	60	24		
	90	24		
	120	35		
	150	50		
	180	—		
2号	30	36	23.8	130.3
	60	25		
	90	20		
	120	20		
	150	20		
	180	22		
3号	30	22	24.0	131.0
	60	23		
	90	24		
	120	22		
	150	28		
	180	25		

4　结语

采用单液硅化法用来加固处理湿陷性黄土地基，能有效地改善土体性状，提高地基土的强度和承载力，控制地基基础的不均匀沉降，效果显著，同时该方法施工工期短，施工材料环保、施工过程简明、对施工条件要求宽厚、对周边环境影响小，既能解决实际问题又不影响建筑物的正常使用，值得在湿陷性黄土的加固处理中进一步推广。

参考文献：

[1] 建筑地基处理技术规范 JGJ 79—2012[S]. 北京：中国建筑工业出版社，2013.

[2] 既有建筑地基基础加固技术规范 JGJ 123—2012[S]. 北京：中国建筑工业出版社，2013.

[3] 湿陷性黄土地区建筑标准 GB 50025—2018[S]. 北京：中国建筑工业出版社，2019.

[4] 建筑地基检测技术规范 JGJ 340—2015[S]. 北京：中国建筑工业出版社，2015.

[5] 侯建.湿陷性黄土地基湿陷性机理及地基处理方法[J].山西建筑，2015，41(29)：61-63.

宁波地铁 4 号线丽江路站淤泥质粉质黏土地层加固处理分析与研究

侯世磊

（中铁十四局集团第四工程有限公司，山东 济南 250000）

摘　要： 江浙地区位处沿海一带，受长江及沿海地形影响，地质构造十分复杂，以粉质黏土、淤泥质黏土为主，其严重的软基地质决定了该地区地铁基础处理问题突出且极具复杂性，尤其在深基坑地铁车站施工当中表现明显。本文依托宁波市轨道交通 4 号线丽江路站，针对该站淤泥质粉质黏土地质条件及状况，深入分析地基加固工艺的作用及影响，对车站深基坑开挖的安全性及施工措施进行论证，为今后江浙地区类似工程的设计和施工提供借鉴。

关键词： 江浙地区；淤泥质粉质黏土；地铁车站；地基加固

0　引言

江浙地区位处沿海一带，受长江及沿海地形影响，地质构造十分复杂，以粉质黏土、淤泥质黏土为主，其严重的软基地质决定了该地区地铁车站建设过程当中基础处理问题突出及困难性。江浙地区地铁建设尤其地铁车站建设时，受淤泥质粉质黏土地质影响，其深基坑开挖与其他地区相比，存在勘察难、评价预测难、施工难的特点。

本文以宁波市轨道交通 4 号线丽江路站为例，通过研究地基加固对淤泥质粉质黏土地质下地铁车站深基坑的作用进行分析与研究，摸索地基加固工艺对地铁车站深基坑变形影响规律，从而针对性采取施工措施，确保深基坑开挖的安全性及快速性，具有十分深刻的实践意义。

1　工程概况

丽江路站地处宁波市江北区，为宁波市轨道交通 4 号线第 9 个车站。车站呈南北向布置于康庄南路，跨丽江东/西路路口和天合南路路口。车站东侧为繁华商业区，西侧为集中居民住宅区，且康庄南路为江北区交通主干道，车流量大。车站采取明挖法施工，为地下两层钢筋混凝土箱形结构，车站基坑净长 461.8m，净宽 19.7～23.8m。

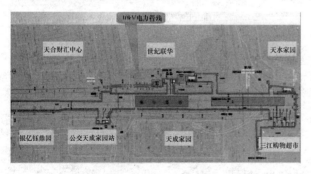

图 1　丽江路站及周边环境平面图

2　基坑地质情况

丽江路站场地属典型的软土地区，广泛分布厚层状软土，其具"天然含水量大于或等于液限，天然孔隙比大于或等于 1.0，压缩性高，强度低，灵敏度高，透水性低"等特点。由于软土属高灵敏土，在施工扰动下强度急剧降低，施工安全风险较大。

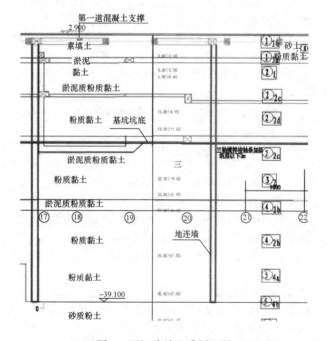

图 2　丽江路站地质剖面图

丽江路站基坑地质复杂，基坑范围内主要涉及土层特性如表 1 所示。

基金项目：山东省技术创新项目；项目编号：201621901101。

取土场部分土样试验结果　　　表1

土层序号	土层名称	土层描述
①₃	淤泥质黏土	呈流塑状态，高压缩性，灵敏度 S_t 为4.2，属高灵敏土，层厚2.7~7.1m，自稳性差，易产生坍塌
②₂	淤泥质黏土	呈流塑状态，高压缩性，灵敏度 S_t 为4.3，属高灵敏土，层厚3.1~13.3m，自稳性差，易产生坍塌
②₂ᴛ	淤泥	呈流塑状，高压缩性，灵敏度 S_t 为4.4，属高灵敏土，层厚1.4~8.4m，自稳性差，易产生坍塌
③₂	粉质黏土	呈软塑状，中压缩性，土质不均，夹粉砂薄层，层厚1.5~5.9m，自稳性差
④₂	粉质黏土	呈软塑状，中压缩性，一般层厚0.9~6.5m，自稳性差

因此可见：

（1）整个基坑均位于②层土，尤其②₂c淤泥质粉质黏土层含水量可达41%，且具高灵敏性、高压缩性、易触变等特性；

（2）基坑底下落层为③₂层和④₁b层淤泥质粉质黏土层，厚度达20m之多，基坑开挖尤其见底时，容易出现监测数据突变等情况；

（3）基坑围护结构地下连续墙深入承力层即⑤层土仅5~7m，对整个基坑稳定十分不利[2]。

3　地基加固对基坑影响分析与研究

3.1　原设计地基加固方案

丽江路站基坑坑底位于淤泥质软土层，物理力学性质较差，采用 $\phi850@600$ 三轴搅拌桩对坑底进行抽条加固，坑内搅拌桩抽条加固（强加固区）与地下连续墙间隙用旋喷桩填充[9]。搅拌桩强加固区深度为基坑下3m至坑底，弱加固区为基坑底至冠梁底部。

地基加固所采用的水泥一般为强度不低于P.O42.5级的普通硅酸盐水泥，水泥掺量和水灰比宜根据现场试验确定，并应符合下列规定：强加固区搅拌桩的水泥掺量不宜小于20%，水灰比宜为1.2~2.0，水泥土加固体的28d龄期无侧限抗压强度 $q_u \geq 0.8MPa$，弱加固区搅拌桩水泥掺量为8%[1]。

3.2　地基加固对基坑影响分析

根据地质剖面图所示，车站地基加固区域地质均为淤泥质粉质黏土，而强加固、弱加固，以及抽条加固等不同工艺对土体物理力学性质的差异改良效果，以及在基坑开挖过程中发挥的作用是分析与研究地基加固作用的关键方面[7]。

（1）地基加固检测

地基加固体28d龄期满足要求后，由专业检测单位对

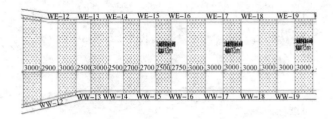

图3　丽江路站地基加固平面图（局部）

地基加固无侧限抗压强度进行检测，了解强加固和弱加固效果的差异性以及确保实际加固指标满足设计要求[11]。

芯件试件抗压强度计算公式：

$$f_{cu} = 4P/\pi d^2$$

式中　f_{cu}——芯样试件抗压强度（MPa），精确至0.01MPa；

　　　P——芯样试件抗压试验测得的破坏荷载（N）；

　　　d——芯样试件的平均直径（mm）。

地基加固芯样检测结果均满足设计要求，且强加固芯样强度＝5倍弱加固芯样强度。

（2）现场实际开挖情况

丽江路站第Ⅰ₁层孔隙承压水主要赋存于⑤₄b层砂质粉土和⑥₂ᴛ层中砂中，层中夹黏性土，透水性一般，水量相对较小。车站主体标准段基坑开挖时，各层承压水稳定性系数均大于1.1，不会发生突涌，也是设计抽条加固的主要考虑因素之一。

车站基坑在实际开挖过程中，受抽条加固影响，加固区土体固结性良好，非加固区土体淤泥状粉状特性明显呈现，对开挖施工效率影响十分突出。

图4　丽江路站地基加固效果图
（加固区和非加固区对比）

（3）地基加固对基坑变形影响

基坑开挖过程中，围护结构墙体深层水平位移监测（测斜监测）是动态掌握基坑变形的主要方法[3,10]，因此本文针对地基加固对车站基坑影响的分析，选取两组监测点，一组是CX6（测斜6）位于地基加固区，一组是CX7（测斜7）位于非加固区，详细结果如图5所示。

由图5可见，CX6最大深层水平位移值（测斜值）为71mm，深度位于基坑底下3m位置；CX7最大深层水平位移值（测斜值）为112mm，深度位于基坑底下3m位置；即加固区监测点较非加固区监测点测斜数据小41mm，且最大位移值均发生在强加固底部；因此地基加固对基坑变形影响明显，且地基加固深度对基坑深层水平最大位移发生位置有着关键的作用[4,8]。

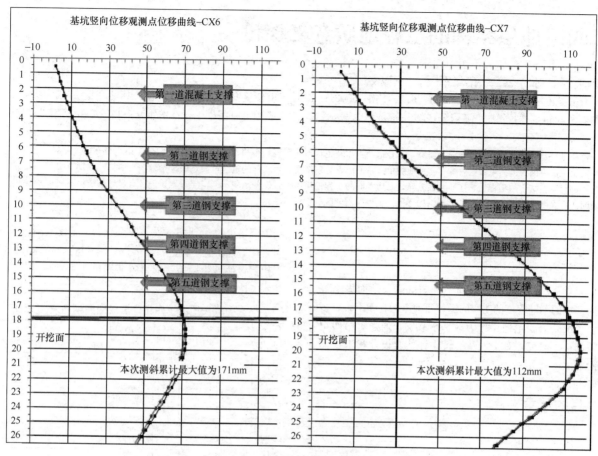

图 5　丽江路站基坑开挖位移监测曲线图（加固区和非加固区对比表）

4　结束语

（1）以本站为例，分析地基加固对车站基坑影响主要从基坑范围内不同地层特性、承压水稳定系数、设计地基加固方案、地基加固效果（包括强度监测和实际开挖检验）以及基坑开挖过程中加固区和非加固区监测数据对比几方面着手，从而确定地基加固对基坑的作用主要体现在：强弱加固强度几何性数倍差异；抽条地基加固在淤泥质粉质黏土地质中表现明显；地基加固对基坑深层水平位移作用强烈，且强加固深度与基坑深层最大水平位移位置密切相关[12]。

（2）淤泥质粉质黏土地质下地铁车站的地基加固设计方案，应综合考虑基坑范围内不同地层特性、基坑周边环境特点、承压水稳定系数、围护结构强度等，从而确定地基加固中抽条加固距离、强加固深度及有关技术参数。

（3）本文从以上方面对江浙地区特性地质下的地基加固与地铁车站基坑的关系进行了分析研究，从而为本站施工提供了良好的参数控制依据，施工过程当中发挥了良好效果，也望为其他类似地质下地铁车站施工提供借鉴。

参考文献：

[1]　柳丽琼．地铁车站地基加固技术[J]．工程建设与设计，2017(20)：55-59.

[2]　杜会芳．漫滩区地铁深基坑围护结构选型与风险控制研究[J]．铁道建筑技术，2017(05)：73-75＋89.

[3]　马洪杰．软土地质地铁深基坑监测管理技术[J]．铁道建筑技术，2016(05)：96-99.

[4]　张鑫．地铁深基坑监测理论计算与实测数据比较分析[J]．科学促进发展，2010(8)：205.

[5]　杨有海，武进广．杭州地铁秋涛路车站深基坑支护结构性状分析[J]．岩石力学与工程学报，2008(S2)：3386-3392.

[6]　李征，杨罗沙，炊鹏飞，等．西安某地铁车站超浅基坑支护变形监测与分析[J]．西部探矿工程，2011(10)：182-184.

[7]　屠传豹，陈勇，刘国彬，等．地铁深基坑测斜监控指标的探讨及实践[J]．岩土工程学报，2012(S1)：28-32.

[8]　张正禄，孔宁，沈飞飞，等．地铁变形监测方案设计与变形分析[J]．测绘信息与工程，2010(6)：25-27.

[9]　曹国熙，卢肇钧．地基处理手册[M]．北京：中国建筑工业出版社，1988.

[10]　严新，李彬．变形监测技术在深基坑施工中的应用[J]．青海大学学报：自然科学版，2014，32(2)：60-63.

[11]　刘松玉，朱志铎．钉形水泥土双向搅拌桩复合地基技术规程[R]．江苏：江苏省建设厅，2007.

[12]　荣跃，曹茜茜，刘干斌，等．深基坑变形控制研究进展及在宁波地区的实践[J]．工程力学，2011(S2)：38-53.

第四纪地层结构的工程地质意义探讨

常国瑞[1,4]，　张　猛[2]，　梁红军[1,3]，　王淑文[3,4]

（1. 山东省建筑科学研究院有限公司，山东 济南 250031；2. 乐陵市建筑安全培训指导中心，山东 乐陵 253600；3. 山东建科特种建筑工程技术中心有限公司，山东 济南 250031；4. 山东省组合桩基础工程技术研究中心，山东 济南 250031）

摘　要：通过对科研钻孔、地层剖面的研究，结合地调工作及工程地质数据，得出结论：全区第四纪地层广泛分布，地层结构存在差异，以河湖相冲积成因类型为主；区内发育多种地貌单元，地形上呈东南高、西北低的过渡性质，属扬子地块与桐柏—大别造山带交接带；不同地貌单元地层结构的工程力学性质存在差异，对应不同的工程地质条件，但各地貌单元与工程地质分区有显著的逻辑对应关系。

关键词：代表性钻孔；地貌单元；地层结构特征；工程地质分区

0　引言

近年来，全国常有因地面不均匀沉降及地面塌陷等原因造成的不同程度的工程问题。目前全国在建工程，多数工程都以第四纪地层作为地基承载层，加强对第四纪地层的科学研究，对于地基的科学评估及设计和工程的安全至关重要。

1　目的及意义

1.1　目的

国内外的研究表明，不同地貌单元的地层结构特征与地层工程力学性质存在逻辑关系，研究各地貌单元的地层结构特征，分析其成因类型，建立成因模式，对于区域性工程地质力学分析有很大帮助，为宏观角度探讨工程地质问题奠定良好的基础。

1.2　意义

不同地貌单元对应的工程地质分区不同，分析各地貌单元的成因类型，建立其成因模式，将会使工程规划及工程结构设计更为合理。同时，对于地质灾害预测及评估、城市资源的合理利用意义重大。

1.3　发展趋势

在城市建设过程中，对于地层结构特征的认识仍存在诸多不足，区域性地层结构分析过于局限。目前，全国部分城市已全面开展城市地质调查工作，建立城市三维地质信息库已成为工程热点。地层结构特征的划分对比有工程勘察数据作为支撑，其分析成果也得到工程类专家的广泛认可。

2　第四纪地层结构

2.1　第四纪地层成因

早更新世以后，武汉地区构造运动引起地面升降，气候经数次交替，加之境内断裂带及褶皱发育，第四系沉积物因环境更替呈现多样性。综合项目钻孔数据及地质资料，按岩性组合、成因时代进行对比分析，对第四纪地层沉积物特征进行归纳，现将各时期的主要地层成因归纳如表1所示。

武汉地区第四纪地层成因归纳简表　　表1

地质时代	地层组名		分段	沉积成因类型	代号		底限年龄
全新世	走马岭组 Q_4z		上段	冲积湖积湖冲积	Q_4^3z		0.012 Ma
			中段		Q_4^2z		
			下段		Q_4^1z		
晚更新世	青山组 Q_3q		上段	冲积湖冲积	Q_3^2q		0.12 Ma
			下段		Q_3^1q		
中更新世	辛安渡组 Q_2x（平原区）	王家店组 Q_2w（岗地区）	上段	冲积湖积	冲积残坡积	Q_2^2x	Q_2^3w	0.80 Ma
			中段			Q_2^2w	
			下段			Q_2^2x	Q_2^1w	
早更新世	东西湖组 Q_1d（平原区）	半边山组 Q_1b（岗地区）	上段	冲积湖积冲积湖积	冲积	Q_1^2d	Q_1^2b	2.58 Ma
			下段			Q_1^1d	Q_1^1b	

2.2　第四纪地层组成及分布

武汉地区第四纪地层结构特征差异明显，地貌类型复杂多样。为了解武汉地区第四纪地层结构特征，设计多条地层剖面线路进行探讨，线路设计的重点是为将区内各地貌单元的地层结构特征得以体现。现就东线综合地层剖面图予以分析探讨，以期实现第四纪地质学对工程地质的地质学理论指导，更好地为工程地质提供参考依据。

（1）东线第四纪地层联孔剖面

东线线路设定于武汉地区东缘，以阳逻为中心，呈近NS向展布，近垂直于长江河道，南起凤凰山北坡，经长山向北延伸走至陶金山南部附近，线路全长约18.2km，共布设23个钻孔（图1）。

该线路为武汉东部地区长江沿岸的第四纪地层结构提供参考，包含全新世至早更新世的地层，填土层厚度在地表存在差异，下伏基岩受构造运动的影响，其时代、岩性均有差异，所以对填土层及下伏基岩的特征暂不作具体介绍。现将各时期地层的岩性特征简述如下：

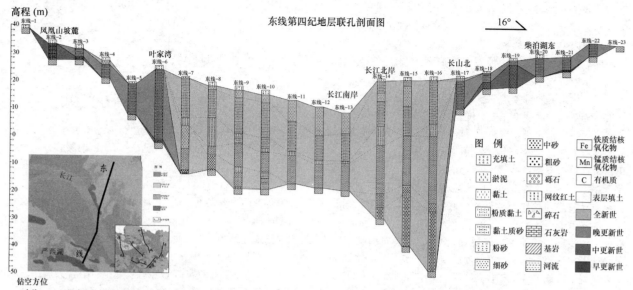

图1　东线第四纪地层联孔剖面图

1）下更新统 Q_1：东线早更新世地层主要为黄褐—灰黄色卵砾石层，主要在柴泊湖东北至陶金山南部的钻孔底部发现，该层厚度在 0.5～1.0m，应属阳逻组砾石层，属长江干流或支流冲洪积作用形成。

2）中更新统 Q_2：东线中更新世地层主要为黄褐—灰黄色黏土，根据其岩性特征及时代分析，应属中更新世王家店组，地层是河流冲积作用产物，后期地壳抬升作用下地表的剥蚀导致地层厚度上出现差异。

3）上更新统 Q_3：东线晚更新世地层主要为黄褐色黏土，发育灰白色高岭土蠕虫状条带，含少量铁锰质氧化物，层厚在 3～8m，应属河湖相冲积成因地层产物。

4）全新统 Q_4：东线全新世的地层呈现明显上细下粗的二元结构特征。东线线路中，只在长江南岸分布，沉积物最厚可达近80m，底部砾石层厚约25m，应为末次冰盛期海平面下降，河流溯源侵蚀下切作用时形成的深切河槽。

（2）东线第四纪地层综合剖面

对于线路的研究，野外地质调查工作是基础，结合东线第四纪地层联孔剖面图，地貌单元的界定和划分，这也是建立地层结构与工程地质力学性质的关键点。经分析，线路自南至北依次经过的地貌单元为低丘、岗地、河流I阶地、低丘、岗地。最终绘制东线第四纪地层综合地层剖面图（图2）现将沿线各地貌单元的分布及成因简述如下。

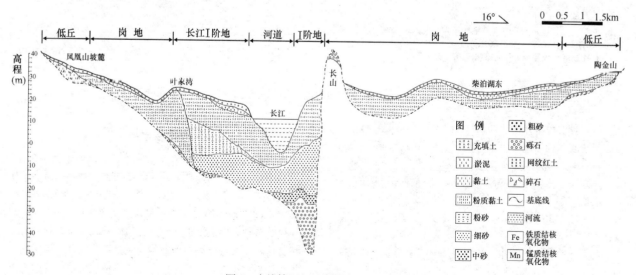

图2　东线第四纪地层综合地层剖面图

低丘：分布于线路两端，凤凰山坡麓及陶金山附近地带。

晚第三纪的地貌特征及新构造运动的抬升作用，导致该地貌单元的地层中仅有中更新世棕红色黏土或红黏土夹碎石，有明显的残坡积的成因特征，为风化剥蚀作用条件下，流水搬运堆积的产物。晚更新世末期至全新世初期的地表抬升运动，使该地貌单元内晚更新世地层遭受强烈剥蚀，晚更新世地层以薄层状发育或被完全剥蚀，全新世地层因地表高程影响并未发育。

岗地：分布于凤凰山坡麓至叶家湾一线及长山北坡至陶金山附近地带。

凤凰山山麓至叶家湾一线，岗地间高程略有差异，整体坡度相对较大，底部基岩深度差异明显，呈现南高北低的特征，主要由中更新世晚期及晚更新世的地层组成，地层间厚度差异较大。岗地上部覆盖浅层沿坡向发育的晚更新世地层，下部叶家湾一带仍有少许碎石土薄层未被完全剥蚀。长山北坡至陶金山坡麓地带之间，岗地地层的高程差异较小，整体坡度较小，底部基岩深度也大致相当，主要由中更新世晚期及晚更新世的地层组成。岗地上部地层为浅层层状发育的晚更新世地层，是对晚更新世至全新世初期地壳构造抬升运动的反应。

河流Ⅰ阶地：分布于叶家湾至长山南坡地带。

由于长山、新港一带长江北岸的地势较高，河流冲积物很难在北岸以北区域堆积形成河流阶地或漫滩。综合地层剖面图显示，长江北岸存在深河槽，深河槽底部的粗砂夹砾石层厚达30m左右，应属末次冰盛期长江下切作

用的产物。自叶家湾至长江南岸，河流阶地地层厚度基本一致，约45m，呈现较显著的上细下粗的二元结构特征。地层底部多为细砂层，除零星湖区附近，未见粗砂及砾石层分布。

3 第四纪地层结构与工程地质

3.1 第四纪地层结构与工程地质力学性质

对于地基地层而言，工程地质条件中影响地基承载力主要因素有：地层的成因及形成时代、地层的分布及结构、地层岩性的工程力学性质、地基深度等方面。同时，地基承载力特征值（f_{ak}）和压缩模量（E_s）是两个重要的工程地质力学指标，建立第四纪地层结构与地基承载力特征值（f_{ak}）和压缩模量（E_s）的逻辑关系，能够使第四纪地层结构与工程地质力学性质建立联系。

以东线为例，将钻孔所获得的地基承载力特征值（f_{ak}）和压缩模量（E_s）数据在图（图3）中各分层中进行标定，结合其他各线路地层结构与地基承载力特征值（f_{ak}）和压缩模量（E_s）的分析，结果表明两者具有显著的逻辑对应关系，这为全区的工程地质类型分区奠定基础，现将分析结果归纳如下：

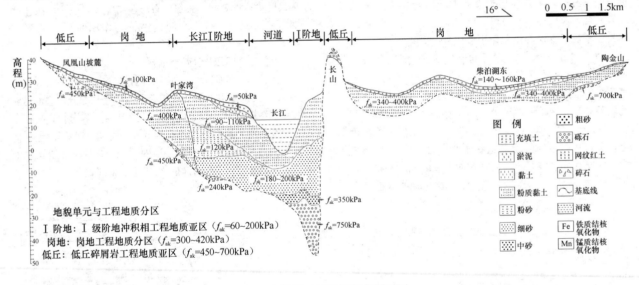

图3　东线第四纪地层综合剖面图

（1）各地貌单元的 f_{ak} 值、E_s 值存在明显的差异；

（2）同一地貌单元的不同岩性地层的 f_{ak} 值、E_s 值不同；

（3）同一地貌单元的同一岩性、不同埋深地层的 f_{ak} 值、E_s 值不同；

（4）地层岩性组合相同的地貌单元间的 f_{ak} 值、E_s 值相近；

（5）地层岩性组合相同且埋深差异不大的地貌单元间的 f_{ak} 值、E_s 值基本一致；

（6）各地貌单元间的同一分层间的 f_{ak} 值、E_s 值差异不明显。

3.2 地貌单元与工程地质分区

工程地质类型分区应以客观的工程地质条件为基础，全新世以来，武汉地区未发育活动断裂，且外动力地质作用的改造作用有限，钻孔数据资料显示的地层结构特征与工程地质条件的对应性逻辑关系可作为划分依据。基于以上认识，对武汉市进行工程地质分区，可以划分为两级分区：一级分区以地形地貌为主要控制因素，地层成因为辅助控制因素；二级分区以次一级地貌、地层成因为主要控制因素，以地层的工程性质特征为辅助控制因素。

根据武汉市工程地质分区的原则，结合第四纪地貌单元的划分，初步建立武汉市工程地质分区的方案：一级

分区以地形地貌为主导，可分为长江Ⅰ级阶地区（Ⅰ区），长江Ⅱ级阶地区（Ⅱ区），岗地区（Ⅲ区），低丘区（Ⅳ区）。二级分区以一级地貌、地层成因为主导，可分为多个亚区，分述如下：

Ⅰ区可分为4个亚区，分别为：I_1洲滩冲积相工程地质亚区，I_2一级阶地湖积相工程地质亚区，I_3一级阶地冲积相工程地质亚区，I_4一级阶地下伏碳酸盐岩工程地质亚区。

Ⅱ区可分为3个亚区，分别为：II_1二级阶地湖积相工程地质亚区，II_2二级阶地冲积相工程地质亚区，II_3二级阶地下伏碳酸盐岩工程地质亚区。

Ⅲ区岗地，其岩性组合及工程性质较均一，无需分亚区。

Ⅳ区可分为2个亚区，分别为：IV_1中、低丘碎屑岩工程地质亚区，IV_2中、低丘碳酸盐岩工程地质亚区。

4 主要结论

本文旨在建立第四纪地层结构与工程地质的联系，以期在宏观角度探讨工程地质问题。通过对科研钻孔的分析、多条联孔剖面及综合地层剖面的研究，结合大量的野外地质调查工作及工程地质数据，得到如下结论：全区第四纪地层广泛分布，地层结构存在差异，以河湖相冲积成因类型为主；区内发育多种地貌单元，地形上呈东南高、西北低的过渡性质，属扬子地块与桐柏—大别造山带

交接带；不同地貌单元地层结构的工程力学性质存在差异，对应不同的工程地质条件，但各地貌单元与工程地质分区有显著的逻辑对应关系。

参考文献：

[1] 罗国煜，李晓昭. 南京市城市环境与地质灾害[J]. 资源调查与环境，2003(2)：107-114.

[2] 张勇，张方宇. 武汉市城市建设和发展中的若干环境地质问题[J]. 地质灾害与环境保护，2003，14(2)：1-4.

[3] Haworth R J. The shaping of sydney by its urban geology [J]. Quaternary International，2003，103(1)：41-55.

[4] Jonathan F Not. The urban geology of Darwin, Australia [J]. Quaternary International，2003，103(1)：83-90.

[5] Willey E C. Urban geology of the Toowoomba conurbation, SE Queensland, Australia[J]. Quaternary International，2003，103(1)：57-74.

[6] 陈茂勋. 城市地质的现状与展望——第30届国际地质大会城市地质专题讨论情况[J]. 四川地质学报，1997(1)：80-81.

[7] 李友枝，庄育勋等. 城市地质—国家地质工作的新领域[J]. 地质通报，2003，22(8)：589-595.

[8] 张洪涛. 城市地质工作—国家经济建设和社会发展的重要支撑[J]. 地质通报，2003，22(8)：549-550.

[9] 金江军，潘懋. 近10年来城市地质学研究和城市地质工作进展述评[J]. 地质通报，2007，26(3)：366-371.

[10] 冯小铭，郭坤一，王爱华等. 城市地质工作的初步探讨[J]. 地质通报，2003，22(8)：571-579.

英标和国标标贯设备试验结果相关性分析

廖先斌，郭晓勇，杜　宇

（中交第四航务工程勘察设计院有限公司，广东 广州 510230）

摘　要： 为了在国内岩土设计中很好利用英国标准（BS）标贯设备的试验结果，对英国标准和中国标准（GB）标贯设备及试验结果进行分析，研究相关性。BS 和 GB 标贯设备主要的区别是前者的锤垫质量大于后者，造成试验时两者锤击能量有差别，因此，获得的标贯击数不同。通过采用标贯能量分析仪，测量配置不同直径钻杆的 BS 和 GB 设备试验时的实际锤击能量，计算两者不同的实际锤击能量与理论锤击能量的能量比，利用能量比的差别分析 BS 与 GB 标贯击数的相关性，建立相关公式。分析显示，试验时 BS 标贯设备比 GB 标贯设备的锤击传递能量要小，标贯击数要大；钻杆直径为 50 mm 比直径为 42 mm 传递的锤击能量略高，标贯击数略低。通过研究，最终建立了 BS 与 GB 标贯设备试验结果的相关关系，英标标贯设备获得的数据从而能更好运用于中国标准中，并提供符合中国利用标贯评价的岩土设计参数。

关键词： 标贯试验；英国标准（BS）；中国标准（GB）；锤垫质量；锤击能量

0　引言

国内重大勘察项目越来越多地选用了国际上通用的标准和设备，但如何将国际勘察与国内勘察设备的试验结果结合利用并建立相关性尚未有较多的研究。

港珠澳岛隧勘察工程采用英国标准（BS），选用了符合 BS 的标准贯入试验设备进行试验。BS 标贯设备与 GB 标贯设备最大的区别是锤垫质量上的差异，这种差异性无论是国内还是国外均未见相关研究成果。

为了确保工程获得的 BS 标贯试验结果能转化为 GB 标贯试验结果，提供给中外岩土设计人员应用，本次研究主要针对与锤垫质量有关的标贯锤击能量进行分析。采用了标贯锤击能量分析仪配置国内常用的两种钻杆（直径分别为 50mm 和 42mm），在相同钻孔口径、贯入器、试验深度（本次研究试验深度不超过 20m）及自动落锤的条件下，进行 BS 和 GB 标贯设备的试验，测量实际标贯锤击能量，进行标贯锤击能量校正分析，找出 BS 和 GB 标贯设备试验时两者实际锤击能量之间的差异，建立两者现场标贯击数的相关性及相关公式。同时也分析比较不同钻杆直径对标贯锤击能量的影响，建立不同钻杆之间标贯击数的相关性及相关公式。

1　试验设备及方案

1.1　试验设备

1.1.1　BS 和 GB 标准贯入试验设备

港珠澳大桥岛隧工程补充地质勘察引用了国际上通用的英标标准贯入试验设备（图 1），与中国常用的标贯设备[1]（图 2）相比较，主要的区别在于锤垫质量的差别。英标锤垫质量为 13～20kg[2]，中国常用的锤垫质量为 2～4kg。本研究采用的英标锤垫质量为 13.94kg，中国锤垫质量为 3.42kg。具体设备数据见表 1。

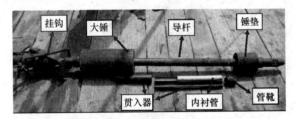

图 1　BS 标贯设备图

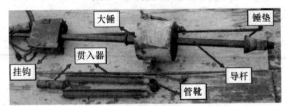

图 2　GB 标贯设备图

BS 和 GB 标贯设备数据表　　　　　　表 1

试验设备类型	落锤（穿心锤）				贯入器					钻杆		
	锤的质量（kg）	落距（mm）	锤垫直径（cm）	锤垫质量（kg）	长度（mm）	对开管内径（mm）	对开管外径（mm）	管靴长度（mm）	管靴刃口角度（°）	管靴刃口单刃厚度（mm）	杆长（m）	类型	相对弯曲
BS	63.5	760	13.6	13.94	680	35	50	50	18	1.6	>20	BW 型	<1/1000
GB	63.5	760	8.2	3.42	680	35	51	50	18	1.6	>20	BW 型	<1/1000

本文重点研究由于锤垫质量的差异，造成重锤自动下落时的能量损耗差别，采用了标贯能量分析仪，通过力和速度的量测确定标准贯入（SPT）锤的转换能量，分析能量的变化。

1.1.2 标贯能量分析设备

本研究采用了美国 PDI（pile dynamics, inc.）公司的标准贯入能量分析仪（SPT analyzer）（图3），配置一个长1.5m的 SPT 杆组件，该组件带有两个应变桥路传感器（图4），传感器由 PDI 公司精确标定。

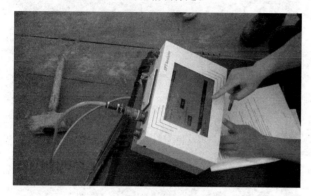

图3 标贯试验能量分析仪

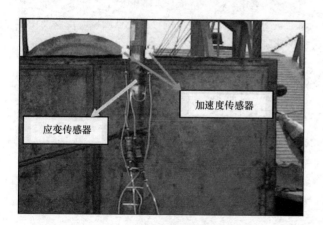

图4 连接传感器的钻杆组件

1.2 试验方案

按照美国试验和材料协会 ASTM 标准：D4633—— 动力触探能量测量标准方法[3]，在珠江三角洲港珠澳大桥岛隧工程场地附近，选用相同的钻机设备和符合国标和英标的相同标贯操作方法[4,5]，采用上述的英标和国标标贯设备，在标贯击数10～50之间进行能量分析试验。英标和国标标贯能量分析试验位置相距约5m以内，钻孔口径均为110mm，分别采用直径50mm和42mm的钻杆在相同的深度、钻杆长度及岩性下进行试验。为保证试验条件相同，英标设备试验时采用了与国标相同的未含内衬管的贯入器。

现场试验时，将两个加速度传感器固定到能量分析设备的 SPT 杆组件上，然后将其安装至标贯锤垫和试验钻杆之间。通过电缆和无线发射器将这个组件与 SPT 分析仪连接起来。在 SPT 试验过程中，应变传感器和加速度传感器获得必要的力和速度信号，用于计算转换能量。

能量实时地显示在 SPT 分析仪的屏幕上（图5）。

实测 SPT 数据可通过 USB 接口保存和转移至计算机中。SPT 分析仪配备的 PDA-W 软件可输出力、速度、能量和位移随时间变化曲线，PDIPLOT 软件可以数值、统计、图形等形式输出结果。

图5 SPT 分析仪数据信号

2 试验结果

2.1 BS 标贯能量分析试验结果

（1）采用直径50mm的钻杆共进行了115次能量分析试验，图6（a）是其典型的标贯能量测试时力 F 及速度 v 随时间变化的曲线图。

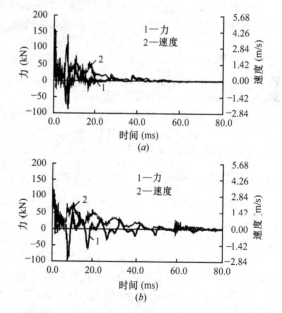

图6 力及速度随时间变化曲线图（BS设备）
（a）钻杆直径为50mm；（b）钻杆直径为42mm

能量 EFV 计算公式为：

$$EFV = \max\left[\int F(t)v(t)dt\right] \quad (1)$$

式中，$F(t)$ 为力随时间的变化曲线；$v(t)$ 为速度随时间的变化曲线。

获得标贯重锤（63.5kg）自由下落0.76m的锤击实际能量 EFV 与理论能量 PE（474.5J）比值 ETR 如下：

$$ETR = EFV/PE \qquad (2)$$

式中，$PE=mgh$，m 为标贯重锤质量；g 为重力加速度；h 为标贯重锤自由下落高度。

通过对 115 次能量分析试验数据的统计（表 2），能量比的平均值为 72%，根据平均值计算获得的变异系数为 0.04，变异性极低。由以上分析确定典型的能量比值 $ETR=72\%$。

BS 标贯能量比统计表
（直径 50mm 钻杆）　　　表 2

钻杆直径(mm)	标贯试验(次)	试验点数	ETR(%) 平均值	最大值	最小值	ETR 统计个数	ETR 标准差	ETR 变异系数
50	1, 2, 3	15, 50, 50	72	79	67	115	2.61	0.04
42	1, 2, 3, 4, 5, 6	12, 10, 11, 39, 35, 41	67	83	60	148	3.76	0.06

（2）采用直径 42mm 的钻杆共进行了 148 次能量分析试验，图 6（b）是典型的标贯能量测试时力及速度随时间变化的曲线图。

通过对 148 次能量分析试验数据的统计（表 2），能量比的平均值为 67%，根据平均值计算获得的变异系数为 0.06，变异性极低。由以上分析确定典型的能量比值 $ETR=67\%$。

（3）从以上分析可以看出，与直径 42mm 的钻杆相比，采用直径 50mm 的钻杆进行标贯试验时，锤击能量比的数值略高，标贯击数略低，两者之间具有如下关系式：

$$N_{50} \times 72\% = N_{42} \times 67\% \qquad (3)$$

即
$$N_{42} = 1.07 N_{50} \qquad (4)$$

式中，N_{42} 为采用直径 42mm 钻杆的现场标贯击数；N_{50} 为采用直径 50mm 钻杆的现场标贯击数。

式（4）与 Shioi 等[6] 根据 BS 标贯设备研究的直径 50mm 与 40.5mm 钻杆得到的标贯相关公式：$N_{40.5} = 1.1 \times N_{50}$（孔深不超过 15m）基本一致。

2.2 国标标贯试验结果

（1）采用直径 50mm 的钻杆共进行了 69 次能量分析试验。图 7（a）是其典型的标贯能量测试时力及速度随时间变化的曲线图。

通过对 69 次能量分析试验数据的统计（表 3），能量比的平均值为 87%，根据平均值计算获得的变异系数为 0.06，变异性极低。由以上分析确定典型的能量比值 $ETR=87\%$。

GB 标贯能量比统计表　　表 3

钻杆直径(mm)	标贯试验(次)	试验点数	ETR(%) 平均值	最大值	最小值	ETR 统计个数	ETR 标准差	ETR 变异系数
50	1, 2, 3	22, 21, 26	87	99	75	69	5.44	0.06
42	1, 2, 3,	22, 10, 30	85	91	76	62	2.84	0.03

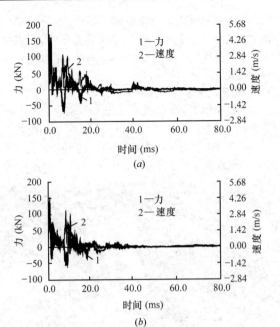

图 7　力及速度随时间变化曲线图（国标设备）
（a）直径为 50mm；（b）直径为 42mm

（2）采用直径 42mm 的钻杆共进行了 62 次能量分析试验，图 7（b）是其典型的标贯能量测试时力及速度随时间变化的曲线图。

通过对 62 次能量分析试验数据的统计（表 3），能量比的平均值为 85%，根据平均值计算获得的变异系数为 0.03，变异性极低。由以上分析确定典型的能量比值 $ETR=85\%$。

（3）从以上分析可以看出，与直径 42mm 的钻杆相比，采用直径 50mm 的钻杆进行标贯试验时，锤击能量比的数值略高，标贯击数略低，两者之间具有如下关系式：

$$N_{50} \times 87\% = N_{42} \times 85\% \qquad (5)$$

即
$$N_{42} = 1.02 N_{50} \qquad (6)$$

2.3 BS 和 GB 标贯能量校正分析比较

从以上结果分析，在其他条件均相同的条件下，英标标贯设备由于锤垫质量大，实际锤击传递的能量相对于锤垫质量小的国标标贯设备要低，标贯击数要大。两者之间相关关系如下。

钻杆直径 50mm 的标贯击数为：

$$N_{BS} \times 72\% = N_{GB} \times 87\% \qquad (7)$$

即
$$N_{GB} = 0.83 N_{BS} \qquad (8)$$

式中，N_{BS} 为现场 BS 标贯击数；N_{GB} 为现场 GB 标贯击数。

钻杆直径 42mm 的标贯击数：

$$N_{BS} \times 67\% = N_{GB} \times 85\% \qquad (9)$$

即
$$N_{GB} = 0.79 N_{BS} \qquad (10)$$

利用上述公式，结合现场相同位置实际进行的 BS 和 GB 标贯试验，绘制了数据量较多的标贯击数随深度变化曲线（图 8）。

由图 8 可知，曲线 2 和曲线 3 偏差极小，一般不超过 1～2 击，具有明显的一致性，表明了式（8）有较好适用性。

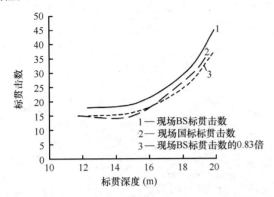

图 8　标贯击数随深度变化曲线（直径 50mm 钻杆）

3　结论

通过采用标贯能量分析仪，分别配置直径 50mm 和 42mm 钻杆，进行 BS 和 GB 设备的标贯试验，测量试验时的实际锤击能量，计算两者不同的实际锤击能量与理论锤击能量的能量比，利用能量比的差别分析 BS 与 GB 标贯击数的相关性，建立相关公式，得出结论如下：

（1）英标标贯设备与国标标贯设备中锤垫质量是影响试验结果的重要因素。BS 锤垫质量一般为 13～20kg，GB 锤垫质量一般为 2～4kg。锤垫质量的不同影响了标贯击数的大小。在其他条件均相同的条件下，钻杆直径 50mm 的标贯击数 N_{GB} 是 N_{BS} 的 0.83 倍，钻杆直径 42mm 的标贯击数 N_{GB} 是 N_{BS} 的 0.79 倍。以上说明锤垫质量越大，锤击传递能量越小，标贯击数越大。

（2）钻杆直径差异对锤击能量传递仍有微小的影响，也是影响标贯结果的一个因素。钻杆直径为 50mm 传递的能量比钻杆直径为 42mm 传递的能量略高，造成标贯击数略低。采用 BS 标贯设备时，$N_{42}＝1.07N_{50}$；采用国标标贯设备时，$N_{42}＝1.02N_{50}$。

（3）通过以上研究，英标标贯设备获得的数据能更好地运用于中国标准中，并提供符合中国利用标贯评价的岩土设计参数。

（4）本次研究深度主要限于 20m 以内，20m 以下深度英标及国标标贯结果可参考本研究进行利用。

参考文献：

[1]　中华人民共和国建设部．岩土工程勘察规范 GB 50021—2001(2009 年版)[S]．北京：中国建筑工业出版社，2009.

[2]　C. R. I. Clayton MSc DIC PhD CEng MICE CGeol FGS. The standard penetration test（SPT）：Methods and Use[M]. London：Construction Industry Research Information Association，1995.

[3]　ASTM D4633-10，Revised 2010，"Standard Test Method for Stress Wave Energy Measurement for Dynamic Penetrometer Testing Systems"[S]. The American Society for Testing and Materials，Volume 04. 08，March 2010.

[4]　Association of Consulting Engineers. BS 1377：1990 Methods of test for Soils for civil engineering purposes[S]. Board of BSI，1990.

[5]　《工程地质手册》编委会．工程地质手册(第四版)[M]．北京：中国建筑工业出版社，2006.

[6]　SHIOI Y, UTO K, FUYUKI M, et al. Standard Penetration Test In：Present State and Future Trend of Penetration Testing in Japan[C]. Jap. Soc. SMFE, 1981, Paper Ⅲ, 8-20.

第四部分
设计、监测、机械与管理技术

气动降水设备的特点及与传统设备的对比研究

宋心朋[1,3]，周莹莹[2,3]

（1. 南华大学，湖南 衡阳 421001；2. 天津理工大学，天津 300384；3. 天津市之井科技有限公司，天津 300143）

摘　要：通过对气动降水设备和传统设备各自的原理、构成及特点进行研究和对比，并结合天津地区的施工经验，得出在建筑基坑降水过程中，特别是在粉土、粉质黏土等渗透系数较小的地质中，采用气动降水施工比传统电泵降水具有安全、节能、整齐、耐用等优势。

关键词：基坑工程；管井降水；气动降水；液位控制；绿色施工

0 引言

随着城市化建设的深入，地下空间被广泛地利用。在全国大部分地区，地下空间开发过程中，降水施工是一项必不可少的措施。在采用管井降水时，每口井内都要放置一台电动潜水泵抽水。电动的潜水泵放置在水下，极易损坏并带来安全隐患；由于降水井数量较多，连接水泵的电缆线较多，对于现场的安全文明施工是很大的考验；在降水过程中，降水井内的水是越来越少的，需要人工开开停停，开停频繁，人工增加，潜水泵也容易损坏，开停不频繁，浪费电能[1]。

目前越来越多的使用气动设备进行降水，也称空压机降水，并形成了一种完善的、专业化的管井降水设备。现对气动降水设备的原理、特点及与传统电动降水设备进行全面的比较研究。

1 气动降水设备原理及功能

1.1 气动降水设备原理

气动降水采用气动技术和自动化技术，结合变频器、传感器控制水气置换系统来实现自动化降水的一种新的施工工艺。

气动降水设备包含气源系统、自动控制系统和水气置换系统。气源系统包含变频螺杆空压机、干燥机、储气罐和分气总成。自动控制系统包含电源模块、调压模块和数控模块。水气置换系统包含排气阀、止回阀和水气置换器。

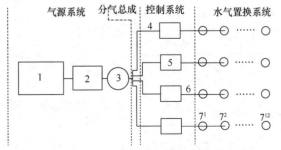

图 1　气动降水设备的组成
1—变频螺杆空气压缩机；2—冷干机；3—储气罐；
4—主气管；5—控制系统；6—分气管；
7—水气置换器

总的工作原理如下：

变频螺杆空压机产生的高压气体经过干燥机处理后存储到储气罐，经过分气总成分配到各个自动控制系统内。根据降水井深度调节调压装置，根据出水量调节数控模块，开启相应的控制开关。经过调压后的气体被分配到相应的水气置换系统中。数控模块根据指令控制每一路气体的开启与关闭。

水气置换器工作原理：

Ⅰ型水气置换器：有一个工作腔室。当水气置换器放入水中后，进水单向阀打开，水流入腔室，控制系统向水气置换器供气，进水单向阀受压关闭，出水单向阀打开，水受压流入出水管。腔室内的水出完以后，控制系统停止供气，出水单向阀关闭，腔室内的气体排出，进水单向阀打开，水流入腔室，以此循环。

Ⅱ型水气置换器：有两个工作腔室，每一个腔室工作原理与Ⅰ型水气置换器相同。通过控制系统使两个腔室交替工作，完成连续出水[2]。

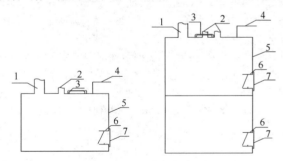

图 2　水气置换器的工作原理
1—出水口；2—进气口；3—提手；4—支架；
5—置换器；6—进水口；7—滤网

1.2 气动降水设备的功能

气动降水设备基于自身的动力集中输出，更方便于自动化的实施，也更方便于功能一体化的实施。气动降水设备集中了降水工程中所需的大部分功能，包括抽水、抽真空、计量、水位监测、风险预警、数据采集、分析等。另外还有很多其他功能比如：可调扬程、可调流量、问题自检等。

（1）气动降水设备是依靠高压气体将水气置换器中的水置换出来，实现排水。通过调节供气压力来改变扬程，通过调节供气时间来改变流量。这些功能在管井降水中非常实用。另外通过液位传感器可实现用水即抽，无水即停。动水位液面可以保持在一个比较平稳的状态，保证良好的降水效果。

（2）对于某些地质为淤泥质黏土或淤泥质粉土等区域，采用管井降水的同时需要增加负压，采用气动降水设备则不需要增加真空泵，而是需要一个特殊的井盖就可以实现井内负压[3]。

（3）传统的降水设备均采用水表计量。没有经过处理的地下水包含细砂、铁锈、酸碱盐等物质对水表的腐蚀、磨损比较严重。造成水表无法读数，或旋转受阻，计量不准确等。气动降水设备的计量方式是采用容积法，即标定水气置换器的容积，统计工作次数，计算出总水量。另外还可以统计出总时间或某个时间段的时间，计算出总的流速或某个时间段的流速，对岩土工程分析有着数据的支持。

（4）通过水位传感器可以监测观测井的水位变化，观测井的水位变化直接影响着基坑的安全，特别是承压水的水位变化，是丝毫不能马虎的。气动降水设备可以连接传感器，设置预警值，有问题提前报警。

（5）气动降水设备通过自动化的管理，可以采集大量的现场数据，包括每口井的出水量、任意时段的渗水速度、水位的变化等数据。通过数据的积累和分析，来更好的指导基础工程的施工生产。

2 气动降水设备特点研究

气动降水设备集成度高，整体布局合理：高价值的部分（指供气系统和控制系统）自身寿命长且放置于不容易被破坏的非作业区，低价值的部分（指分气管和水气置换系统）放置于作业区，但因结构简单而不易损坏；危险的部分（指供气系统和控制系统，有电或机械转动）放置于非作业区，无人员和机械的干扰，而将安全的部分（指分气管和水气置换系统）放置于作业区，交叉作业无安全隐患。结构的组成和合理的布局使气动降水设备具有安全、节能、自动化程度高、寿命长、安拆便捷等特点。

2.1 气动降水设备的安全性研究

（1）螺杆空气压缩机

属于通用机械设备，各个行业应用广泛，技术成熟。在降水行业中选用排气压力为0.8MPa的低压空压机，使用更安全。

螺杆空压机具有：稳定性高，效率高，振动小，噪声低，寿命长等优点。

螺杆空压机均有一个控制系统，机器内部安装有各种功能的传感器，如压力传感器、温度传感器等，在运转过程中会反馈数据。压力高于设计值会自动卸载，压力低于设计值会自动加压，温度过高会自动启动风扇散热，温度降下来风扇会自动关闭。另外，系统内还设置了机器保养参数，可以提示何时需要保养[4]。

（2）冷干机

冷干机是冷冻式干燥机的简称，属于气动系统中的气源处理元件。利用冷媒与压缩空气进行热交换，把压缩空气温度降到2~10℃范围的露点温度。除掉气体中的水

分，有利于控制系统内的元件。

冷干机也属行业内成熟产品，避免日晒、雨淋，注意通风，没有安全风险。

（3）储气罐

采用0.8MPa、1m³以下的储气罐。这种储气罐属于特种设备，但是属于简单压力容器，不需要备案。输气罐上部有一个安全阀。当气压超过0.8MPa时，安全阀会自动打开排气。安全阀应定期校验[5]。

储气罐侧面我们会安装有4~5路的分气总成。

（4）控制系统

为了工地上接电方便，一般采用220V供电，总功率只有150W。而且控制箱内有一个变压器，直接将电源变为直流24V来控制整个系统。

气压方面，当0.8MPa压力的气体进入到控制系统后，经过一个小型储气罐分向各路的气源处理器，经过处理后的气源压力变低，根据井深需要一般为0.2~0.5MPa。

（5）主气管

采用内径19mm、外径28mm、PVC材质、三胶两线高压气管，工作压力4MPa，爆破压力16MPa。具有轻质、耐磨、耐老化、耐破裂、抗弯曲等优点。可以任意长度压制快速接头，方便安拆使用。

在施工过程中，如果主气管长时间老化，并不会突然爆破，而是在薄弱点慢慢漏气。如果被机械突然破坏，会有一瞬间的强烈的气流，但会很快消失，不会造成影响。

（6）分气管

采用气动行业通用的PU材质，具有耐化学腐蚀、重量轻、耐磨性高、防染色、防胀气等性能。工作压力为1MPa，爆破压力1.3MPa。在降水行业中，作为分气管使用的PU管一般选用10mm×6.5mm和12mm×8mm两种，分路气压一般为0.2~0.5MPa，安全性高。

对于内部直径只有6.5mm或8mm的低压小管来说，即使在正常的工作中突然断开，并不会产生令人不安的声音，更不会产生危险。

（7）水气置换器

简单说类似一个容器，采用2.5mm厚Q235B钢板冲压、焊接而成。Q235B钢板有一定的伸长率、强度，良好的韧性和铸造性，易于冲压和焊接，广泛用于一般机械零件的制造。

水气置换器全断面采用机械自动焊接技术，具有焊接质量好，焊缝外观成型美观，均匀。

水气置换器进水口采用铁板加橡胶垫密封。整个置换器在水中工作。

水气置换器简单说类似一个容器，结构简单，造价低廉，无旋转部件，不易损坏。

当然如果控制系统采用太阳能或蓄电池控制，则除动力以外整个施工现场将没有一根电缆线。

2.2 气动降水设备的节能研究

先说一说降水行业的特点：降水效果要想达到最理想的状态，就要将动水位一直保持在一个最低位置，也就是尽量靠近井底的位置。这样才能产生出设计所说的降

水漏斗。动水位保持在这个位置，就要求泵的流量大于或等于渗水的流量。可以看出泵的流量越接近等于渗水的流量越节能，因为浪费的少了。

但是从渗水量方面说，降水不同于排水，每个项目的地质不一样，含水量就不一样，甚至每口井的渗水量都不一样，而且每口井降水前期和后期的渗水量也不一样。所以要想达到良好的降水效果，又不能浪费电能，就要求每口井或者同一口井的不同降水时期应该配备的功率不同。

但是目前的传统电泵降水过程却是"平均分配"，同样型号的泵，一口井内分一个。水多水少都一样，前期后期都一样。这样就造成了大量的浪费。

气动降水相当于将所有的用电设备功率集中到了一起，再通过控制系统对每口井进行功率分配，而且能做到按需分配。

下面详细分析气动降水设备的每一个单体对节能降耗产生的影响。

（1）螺杆空气压缩机

螺杆空气压缩机集中了工地降水所需要的所有动力来源（150W 的控制系统功率可以忽略）。对于天津地区的 96 口井的项目来说，可以配备两台 22kW 甚至有些地方可以配备 1 台 37kW 的螺杆空压机。将原来 96 个小电机集中在了一个或两个大电机上，这里就会有能效的提高。

螺杆空压机均有一个控制系统，机器内部安装有传感器：有一种压力传感器，其功能是在运转过程中会反馈压力数据。压力过高会自动卸载，之后就空转或停机。如使用变频螺杆空压机，则会根据用气量来自动调节功率，达到节能目的。另一种是温度传感器控制，机器在散热方面采用自动化控制，当温度过高会自动启动风扇散热，温度降下来风扇会自动关闭，避免浪费。

（2）控制系统

控制系统的功能包含对每口井的压力分配和所需气量的分配。

对于不同的降水深度或不同的排水距离所需要的压力都是不一样的，通过调节达到每口井所需最适合的压力，以避免气压的浪费。

对于不同的井的渗水流量或者同一口井不同时期的渗水流量，通过调节供气时间达到所需的最适合的供气量，以避免气量的浪费。

液位自动控制系统，由液位自动控制，有效避免气量的浪费，而且能保证动水位变化范围在 20cm 以内，达到最优的降水效果。传统电泵液位控制上下点高差为 3~5m[6]。

（3）水气置换器

水气置换器由一个或两个容器组成，是由气体直接对水做功，内部无旋转部件。

总之，动力的集中输出，运行过程中的自动化控制，避免了浪费，有效地提高了生产效率。在每个循环的工作过程中，均把分支气管内的气体排出，造成了浪费。如果能把分支气管内气体保留则是更好的选择。水气置换器内的气体是必须排出的，排出的气体仍有动力，如果能够回收则更加完美。

2.3 气动降水设备安拆及使用便捷性研究

（1）螺杆空气压缩机、冷干机、储气罐

22kW 螺杆空压机重约 400kg，尺寸为 1200mm×900mm×1000mm。需要吊装。

冷干机重约 70kg，尺寸约为 600mm×500mm×500mm。和螺杆空压机距离 2000mm 即可，采用高压钢丝管与螺杆空压机连接。

储气罐重约 100kg，直径 1000mm，高约 2000mm。和冷干机距离 2000mm 即可，采用高压钢丝管与冷干机连接。储气罐顶部安装安全阀和压力表，底部安装排水阀。侧面出气孔安装 4 路分气总成。

螺杆空压机、冷干机和储气罐三者组合成一个集中的供气站。含预留操作空间，占地面积约 16m²，即长 8000mm，宽 2000mm。防止底部潮湿进水，最好砖砌高 200mm 的平台。应对供气站做防雨保护。

供气站的安装较为复杂，进场之后安放在距离基坑较近且不妨碍其他工作的地方。地点一旦选好，施工期间不需要移动，直到出场。

（2）控制系统

控制系统分为 12 路控制系统和 6 路控制系统。12 路控制系统重约 50kg，外形尺寸为 650mm×450mm×1000mm。两侧有提手，方便两个人一起搬运。6 路控制系统重约 25kg，外形尺寸为 550mm×250mm×450mm，顶部有提手。控制系统最好安放在基坑的外围。

控制系统采用 PVC 软管与储气罐上的分气阀门采用对丝连接。控制系统可以串联，12 路的控制系统不超过两个串接在一起。6 路控制系统的不超过 4 个串接在一起。

（3）水气置换器

水气置换器包括Ⅰ型、Ⅱ型和可拼装型三种型号。

Ⅰ型水气置换器直径 205mm，高 400mm。重约 6kg。进气口安装排气阀和气管快插弯头，出水管处安装单向阀和水管接头。出水量最大 1.5m³/h。间断性出水。

Ⅱ型水气置换器直径 205mm，高 650mm。重约 10kg。进气口安装两个排气阀和两个气管快插弯头，出水管处安装单向阀和水管接头。出水量最大 2.5m³/h。间断性出水。

可拼装型水气置换器直径 205mm，高 400mm。重约 7kg。进气口安装两个排气阀和两个气管快插弯头，出水管处安装水管接头。出水量最大 2m³/h。间断性出水。

两个可拼装型水气置换器通过连接管连接后，出水量可达 6m³/h。可连续性出水。

（4）气管

管包含主气管和分气管。

主气管 50m 一根，重约 20kg。可根据现场实际使用长度裁断并压制锁管接头，两根管之间或者管与控制箱之间或者管与储气罐之间均采用对丝连接。

分气管 100m/卷，重约 5~8kg。分气管之间、分气管与控制系统之间、分气管与水气置换器之间的连接均采用快插方式。安拆均一步完成。

综上可以看出，气动降水在安装的过程中使用的工具多为扳手和管钳等工具。仅有少量的需要接电安装的。而且带电的设备在开挖过程中不需要移动。

现场使用密度最大的是分气管而不是电缆线，分气管有极为方便安拆的快速接头，而电缆线则因为经常拖地或浸水而无法使用快速连接。

土方开挖期间，操作最为频繁的是向井内下放或拔出水气置换器。同等出水量的水气置换器和水泵相比要轻很多。工人操作起来省力省时。

自动化程度高，不需要有人专门看管，不会有烧泵等现象，节约大量的人工。

3 气动降水设备与传统设备的对比研究

3.1 气动降水和电泵降水功能对比

电泵降水和气动降水功能对比 表 1

功能方式	抽水	抽真空	扬程调节	流量调节	计量	监测
电泵降水	√	×	×	×	×	×
气动降水	√	√	√	√	√	√

（1）电泵的功能只是抽水，而且扬程固定，流量固定。这就是说在降水施工采购水泵时一般都按照这一区域的较大水量配备潜水泵，以满足不同工地的降水需求。

（2）在传统的电泵降水过程中，如果需要抽真空，则需要安装真空泵。如果需要计量，则需要安装水表。

传统的电泵降水并不是一种成套的设备，而是一些具有单独功能的仪器设备组合在一起，各自完成各自的功能。

3.2 气动降水和电泵降水所需物资对比

天津区域 96 口井的项目（井深 10m）电泵降水和气动降水所需物资对比 表 2

物资方式	潜水泵(台)	置换器(台)	控制箱(台)	三级箱(台)	二级箱(台)	电缆线(m)	气管(m)	空压机(台)	水表(个)	线杆(根)	水管(m)
电泵降水	96	—	—	96	24	6000	—	—	96	120	6000
气动降水	—	96	8	10	3	500	6000	2	—	13	6000

可以看出，使用传统电泵降水所需的带电物资数量要多，主要是为了安全用电的规范。三级箱、二级箱、电缆线、线杆，这些都是配合潜水泵使用的。这些同样存在安全风险比如：电箱的接地、老化，漏电保护器的灵敏程度，电缆线的老化，电缆线和电箱之间的接触，电缆线和电线杆之间的接触等。

3.3 电泵降水和气动降水安全性比较

天津区域 96 口井的项目（井深 10m）
电泵降水和气动降水安全性比较 表 3

项目方式	直接动力	用电设备数量(个)	电缆线用量	水下用电	用电规范	其他安全风险
电泵降水	电	216	6000m以上	潜水泵都在水下，电缆线部分在水下	用电设备较多，电缆线长且多，很难规范	潜水泵的绝缘，电缆线的包扎、受损、老化，电箱的接地
气动降水	气	21	500m	无	用电设备少，距离近，可以100%规范	用电设备数量少，风险小。无旋转部件

（1）用电设备数量不仅包括潜水泵的数量，还包括三级箱和二级箱的数量。配电箱虽然不耗电，但是作为有电通过的独立设备，其内部构造、操作方法、零部件寿命等均影响其用电安全性。所以这里视为用电设备。

（2）使用电泵降水时，如果按规范施工，电缆线的数量还不止这些，而且遍布于基坑的各个角落。基坑内群井降水带来的最大的安全隐患则是大量的无法保护的电缆线。整个降水期间，电缆线遍布在整个基坑内，无论是将其架在空中，还是明铺在地表，或者暗埋在地下，都会在交叉作业过程中被反复地挪动，或者被重物压、砸，或者被用力拉。隐患无处不在。

（3）长期裸露在外的电缆线，绝缘层极易老化，如浸泡在水中或者遇到下雨、喷淋等环境，就会引起漏电，导致电泵无法正常工作，甚至对人体产生伤害。

（4）潜水泵本身带不同长度的电缆线，但是在降水施工时，每口井使用电缆线的长度远远超过了潜水泵自带的电缆线长度。这样就会产生电缆线接头，平均一口井至少有一个接头，如果是旧水泵或旧电缆，接头数量会成倍增加。电缆线接头的连接、包扎有严格的要求，应由专业电工实施。但是在降水施工时一般都由降水工人来实施，不专业，存在漏电风险。

（5）潜水泵在水下工作，这对泵的防水等级要求就高一些。在长期的不断的高速旋转过程中，机械密封和泵轴极易磨损，然后会渗水，使电机绝缘度不够引起跳闸，或者短路烧泵。这种现象在降水的施工现场是屡见不鲜的。如果漏电保护器配置灵敏，则在开关处跳闸。如果不灵敏，则在二级配电箱或一级配电箱处跳闸，这样给现场排查故障带来了困难。

（6）降水井的施工工艺要求并不是很严苛，抽出水的含砂率比较高。高速旋转的水泵叶轮不断受到细砂的磨损，寿命比较短。另外局部地区的水质（如天津的盐碱水）对水泵叶轮的腐蚀也是比较严重的。

3.4 电泵降水和气动降水节能降耗对比

天津地区 96 口井的项目（井深 10m）电泵降水和气动降水节能降耗对比　　表 4

项目 方式	总功率 （kW）	降水 15 天后功率 （kW）	其他损耗	降水 100 天用 电量（kW）	寿命	维修保养 费用	主要原材 统计 （估算）
电泵 降水	96×1.1＝105.6	105.6	电缆线长，损耗大	25.3 万按每天 70％计入成本为 17.7 万元	潜水泵 3～6 个月	易损坏，一个月至少修一次	铜：250kg 铁：2600kg 橡胶：1000kg
气动 降水	2×22＝44	35	电缆线可忽略	8.7 万	空压机 4 年以上，其他 2 年以上	不易损坏，保养费用低	铜：70kg 铝：70kg 铁：1800kg PU：500kg PVC：200kg

（1）从设备配备来讲，由于降水行业的特殊性，每口井的出水量是不同的，在配备电泵时就高不就低，统一配备，统一管理。这样就会使实际所配功率大于理论所需的功率。不仅造成了设备的浪费，还造成了用电量的浪费。

（2）从现场管理来讲，电泵的开停间隔一方面和水位上涨的速度有关，另一方面和操作人员有关。在基坑内使用电泵降水不适合采用自动化控制，成本高，管理难度大是主要原因。降水工程的承包方式也决定着耗电量的多少，当承包方不包含电费时，一般不会考虑增加设备或人员投入来降低用电量。

4 总结

管井降水一直以来都是以简单粗放的生产方式进行着，无专业化的设备。所谓"专业"，即运用高度的理智性技术，在明确的范围内，垄断地从事社会不可缺少的工作。潜水泵，专注于抽水，胜任有余，但用于降水，严重缺乏"理智性"。作为配套使用的电缆线、配电箱，不但数量超过了潜水泵，危险程度更是大于潜水泵。作为这些"不分主次""干啥都行"的设备，肯定不能满足社会发展的需要。

气动降水设备极具专业性，而且适用范围明确。其整体安全性是传统降水设备无法比拟的，自带安全文明施工属性，更好地体现了安全、节能、环保的绿色施工理念。同时气动降水设备被赋予科技的头脑，做到"体力""脑力"相结合。慢慢地"脑力"指导了"体力"，做到智能化，这才是未来趋势所在。

参考文献：

[1] 辛炜. 智能气动降水成套设备的应用[J]. 天津建设科技，2018，28(03)：21-23.

[2] 宋心朋，周莹莹. 基于气动水泵基坑降水的控制及监测系统[P]. 天津市之井科技有限公司.

[3] 潘秀明. 真空管井复合降水技术应用研究[D]. 北京：中国地质大学，2009.

[4] 刘建民，陈建军. 螺杆式空压机运行及维护技术问答[M]. 北京：中国电力出版社，2011.

[5] 简单压力容器安全技术监察规程 TSG R0003—2007[S]. 北京：中国计量出版社，2007.

[6] 魏军，杨鑫. 基于液位控制原理的深基坑井点自动降水技术应用[J]. 城市住宅，2007，04(29)：112-114＋118.

基于 3D Laser Scanner 技术的深基坑工程信息化动态监测与施工技术应用

朱　骞，赵庆武

（中青建安建设集团有限公司，山东 青岛 266000）

摘　要：本文基于 3D Laser Scanner 技术在深基坑工程土方量高精度快速量算、构件施工质量快速检验、基坑变形点云获取与实时动态监测方法等方面的信息化管理技术应用，创新性提出扫描基准点与靶点布设新方法、数据扫描采集方案、变形可视化云图分析法。通过三维激光扫描测量，将现场获取的点云信息通过建模同设计阶段的 BIM 模型相比较，获取与设计差异信息，并根据差异进行有针对性的变形监测布设。同时，根据扫描的点云数据建立变形可视化云图，实时得到基坑变形信息三维可视化，达到强化管理数字化、信息化目的，提高深基坑工程信息化管理水平。

关键词：3D Laser Scanner 技术；深基坑工程；土石方算量；构件质量检验；基坑变形监测

0　引言

近年来，受土地资源制约，国内外城市深基坑工程越来越多，面积也越来越大，而深基坑工程施工属于重大危险源，安全管理控制与施工快速推进一直是重点难点，事关深基坑工程的一些关键技术问题如土石方工程量计算不准、主要受力构件实际坐标位置与设计工况一致性现场实测实量难以实现、施工阶段面层变形实时三维可视化无有效手段获取等问题尚未完全解决。因此，深基坑工程安全管理结合高科技手段实现数字化、信息化越来越受到重视。

传统的土石方算量基于野外采集地形特征点信息，采用方格网法、等高线法等计算，测量精度和工作效率低。基坑施工过程中常用的基坑监测方法使用全站仪、水准仪设备通过建立控制网，然后进行变形点的监测。该方法属单点观测，缺乏观测点之间变形信息，一般认为相邻点之间的变形是线性的，实际上是非线性的；同时由于仪器误差，使得在外业进行长时间观测时，受环境影响大，经常出现监测结果不满足要求的现象，需要进行反复测量。故亟需改进目前监测方法，提高监测的实时性、准确性。基坑支护主要受力构件实际坐标位置与设计工况一致性需现场实测实量，而坑深坡壁陡峭危险性较大。

基于 3D Laser Scanner 技术在深基坑工程土方量高精度快速量算、构件施工质量快速检验、基坑变形点云获取与实时动态监测方法等方面的信息化管理研究和应用，非常好地解决了上述问题，实现了土方量精准测量，测量精度高；仪器操作简单，不受任何地形影响；通过 3D Laser Scanner 技术实现了基坑的可视化模型，能非常准确的进行基坑变形监测，提高了基坑监测的实时性、准确性；可快速、全面地核查主要受力构件坐标、定位尺寸偏差，检验基坑支护质量是否满足规范要求，确保基坑支护安全。

1　工艺原理

1.1　基坑扫描前进行 3D Laser Scanner 技术测量精度试验

使用扫描仪在试验场地进行了精度试验。自制 4 个尺寸为 0.12m×0.12m 的平面靶纸，在墙面分别粘贴这 4 个靶纸。首先用全站仪测得 AB、BC、BD 距离分别为 2.617m、2.998m、0.706m，然后距离墙面 10m、20m、30m、40m、50m 分别设站并放置扫描仪扫描。每一站采用两种分辨率，一种为仪器配置文件默认分辨率 4 倍，另一种则采用高精度分辨率 2 倍。扫描时，每种分辨率下分别对待测靶纸扫描 5 次，如图 1 所示。

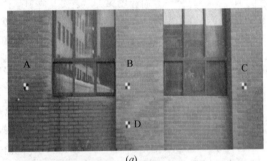

(a)

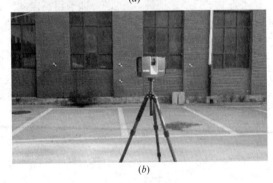

(b)

图 1　试验现场布设图

将每个站点下两种分辨率模式扫描的 5 次测量值与实际值作比较，通过中误差公式，分别建立不同分辨率下 AB、BC、BD 段的测距中误差曲线，如图 2 所示。

通过实验得出的结论如下：

（1）随着扫描距离的增加，中误差呈非线性增长，扫描精度随着扫描距离的增加而减小；

（2）在同一分辨率下，扫描距离越近，测距中误差越小，扫描精度越高；

（3）对于相同扫描距离，分辨率越高，中误差越小，

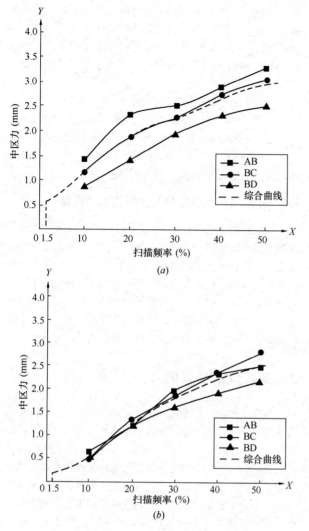

图 2 两种分辨率下的拟合中误差曲线
(a) 4×1/4 分辨率；(b) 2×1/2 分辨率

扫描精度越高。由试验可知，扫描仪配置文件的默认分辨率只是一种参考依据，要根据工程所需精度要求调整扫描分辨率。

1.2 使用三维激光扫描对深基坑工程的阴角 45°延长线的 2 倍的开挖范围进行基站扫描

测站基准点的获取：在基坑阴角 45°延长线的 2 倍基坑开挖范围外布设 1 个基准站，如图 3 所示。

过渡站点及基坑场地分区：采取分区扫描的方法，

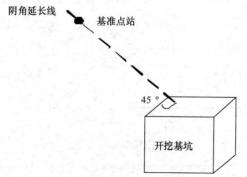

图 3 测站基准站的获取

需要根据地形将场地划分为若干个便于扫描的小区域。根据仪器精度，10m 处不超过±1mm，在相邻两站匹配时不能出现失误，取 5m 作为相互覆盖区，见图 4。按照扫描路线向基坑方向扫描，每一站均称为过渡站点。扫描时，确保相邻两站至少要有三个标靶是重复出现的。

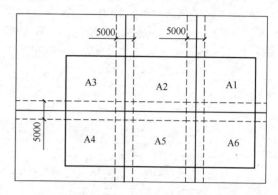

图 4 分区扫描场地区域划分

1.3 基坑土石方工程量计算

（1）对获取的扫描路线基坑变形点云进行拼接

点云拼接从测站基准点开始，按照扫描路线依次进行拼接，为了保证变形点云对比，每次扫描点云拼接都是从测站基准点开始。

（2）基坑变形点云数据处理

1）降噪。将拼接的数据去噪。在拼接过程中，对扫描路线上非主要参照物点云直接剔除，对建筑基坑分区扫描过程中产生的噪声进行降噪处理。

2）格式转换。在现阶段 BIM 应用中，Revit 软件应用度非常高，因此，针对 Revit 软件进行格式转换。将拼接、降噪后的建筑基坑点云进行存储格式转换，模型保存为".sat"格式，然后导入到 Revit 软件中。

3）根据土方计算流程，如图 5 所示，依据提出的基坑扫描方案，数据扫描前先布设定位标靶，并对基坑进行扫描，获取原始点云数据，然后进行数据处理如下：

图 5 土方计算流程

① 点云数据的拼接又称为点云数据的配准，是利用相邻站点的相同部分，经过转换使数据拼接到同一个坐标系下，从而得到测量物体原貌的完整复原。拼接完成后及时去除由于周围物体和人为走动产生的噪点，减小处理过程中的误差。最后在编辑模块对点云进行三角化。

② 经过拼接、去噪、合并、三角化模型处理后，在检测模块中进行土方量的计算，首先要通过拟合的方式建立一个平面作为三角化平面，将该平面按照测量数据的范围进行剪裁，裁剪完毕后，调节平面的位置，使用超挖/欠挖功能计算出体积，即在基坑施工不同阶段准确、

快速获得开挖工程量。

1.4 基坑点云变形可视化分析

根据现场实际情况，在试验室进行测量精度试验，在试验过程中通过相关仪器观测，获得模型表面变形信息，借以反映模型所代表的实际原型的变形信息。

(1) 3D Laser Scanner 技术测量精度试验

先进行 3D Laser Scanner 技术测量精度试验，确定相关参数取值，为后续基坑的点云变形可视化分析提供参考。

(2) 基坑变形监测主要技术路线如图 6 所示。

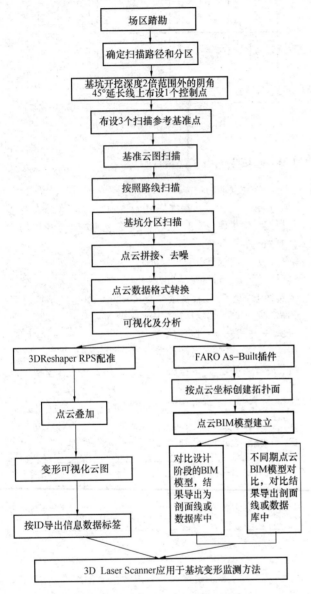

图 6 基坑变形监测主要技术路线

(3) 基坑点云变形可视化分析方法

1) 方法一：采用通过 3DReshaper 中 RPS 配准功能，直接进行点云可视化，并将不同期点云可视化结果进行叠加，就可以得到变形可视化云图，具体变形通过点云每一个要素的 ID 导出信息数据标签，可以得到变形信息。

2) 方法二：利用获得的点云 BIM 模型进行可视化及分析。采用表面分析功能，一方面，将点云 BIM 与设计阶段的 BIM 模型进行对比，并且对比结果可导出为剖面线，或导出到数据库当中，实现模型检查报告。另一方面，可以将每一期获得的点云 BIM 模型进行对比，获得点云 BIM 模型的变化，反映出基坑变形，并导出剖面线或者导出到数据库当中。

(4) 基坑点云采集及可视化分析

在进行扫描工作之前，需要先对施工现场的情况充分了解，通过工程实际结合三维扫描仪的特点和性能确定扫描的整体规划和扫描方案并采用云拼接、云去噪、云转换、点配准、点标签以及点对比的六步点方法进行数据处理。

1.5 基坑支护实体构件施工质量快速检验

基坑扫描完成后，首先将点云导入 Scene 软件中进行配置处理及降噪精简等操作。然后通过注解功能，可以快速定位出锚杆等构件的位置及坐标，并通过测量确定构件之间的间距。把点云逆向建模与设计阶段的 BIM 模型进行对比，即可快速核查主要受力构件坐标、定位尺寸偏差，检验基坑支护质量是否满足规范要求，对于不达标部位或构件及时向相关方反馈，确保施工质量与安全。

2 深基坑案例应用

青岛国际院士产业核心区医药研发生产项目的基坑为深基坑，深度达 30m，基坑面积约 6 万 m^2。地质情况：上面约 1~11m 深为杂填土或素土，往下均为微风化岩石。支护形式为：上部为灌注桩＋锚杆支护体系，下部为钢管桩＋锚杆支护体系。基坑土石方工程量大，施工周期长，土石方工程量计算繁琐；因为基坑深度达 30m，基坑支护构件质量检查及变形监测尤为重要。项目采用基于 3D Laser Scanner 技术的深基坑工程信息化管理技术应用，顺利解决了上述问题，取得了较好的成果。

2.1 基坑扫描方案及特征点布设

(1) 测站基准点的获取：在基坑阴角 45°延长线的 2 倍基坑开挖范围外布设 1 个基准站。

(2) 扫描参考基准：在测站基准点通往基坑的方向埋设 3 个扫描参考基准点。其中 3 个扫描参考基准点不在同一条直线，并布设在强制对中底座上。在场地扫描后，通过匹配 3 个参考基准点进行拼接，并进行存储，作为后期每次变形观测时的点云基准图，如图 7 所示。

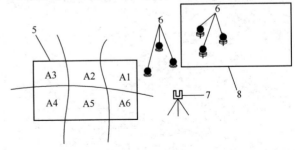

图 7 扫描参考基准

5—开挖基坑；6—控制点；7—三维激光扫描仪；
8—控制点场地

（3）过渡站点及基坑场地分区：取 5m 作为相互覆盖区，按照扫描路线向基坑方向扫描，每一站均称为过渡站点。扫描时，确保相邻两站至少要有三个标靶是重复出现的。

图 8　采用 FARO Focus 激光扫描仪对基坑进行扫描

2.2　深基坑工程土方量测量计算

（1）使用激光扫描技术对基坑进行扫描；进场扫描时，需要注意以下几点：

1）要求每个区域之间要有一定的重叠率；

2）相邻两站要有三个及以上标靶作为点云拼接时的特征点；

3）安放标靶时注意要避免三点共线；

4）扫描完成后要查看扫描仪里的预览图，确保扫描能覆盖所有关键点，否则要进行补录。确认无误后转移下一站，依次按照确定的扫描站点和扫描区域进行扫描。

（2）对获取的扫描路线基坑变形点云进行拼接：点云拼接从测站基准点开始，按照扫描路线依次进行拼接，为了保证变形点云对比，每次扫描点云拼接都是从测站基准点开始。

图 9　基坑变形点云进行拼接

（3）基坑变形点云数据处理

1）降噪

将拼接的数据去噪。在拼接过程中，对扫描路线上非主要参照物点云直接剔除，对建筑基坑分区扫描过程中产生的噪声进行降噪处理。

2）格式转换

将拼接、降噪后的建筑基坑点云进行存储格式转换，模型保存为 ".sat" 格式，然后导入到 Revit 软件中。

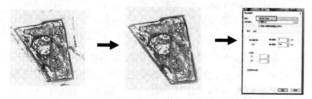

图 10　降噪及格式转换

土方量计算，依据提出的基坑扫描方案，数据扫描前先布设定位标靶，并对基坑进行扫描，获取原始点云数据，然后进行数据处理如下：

① 点云数据的拼接又称为点云数据的配准，是利用相邻站点的相同部分，经过转换使数据拼接到同一个坐标系下，从而得到测量物体原貌的完整复原。拼接完成后及时去除由于周围物体和人为走动产生的噪点，减小处理过程中的误差。最后在编辑模块对点云进行三角化。

图 11　点云模型

图 12　点云数据的拼接及三角化

② 经过拼接、去噪、合并、三角化模型处理后，在检测模块中进行土方量的计算，首先要通过拟合的方式建立一个平面作为三角化平面，将该平面按照测量数据的范围进行剪裁，裁剪完毕后，调节平面的位置，使用超挖/欠挖功能计算出体积，即在基坑施工不同阶段准确、快速获得开挖工程量。

图 13　检测模块中进行土方量的计算

2.3　基坑点云变形可视化分析

在进行扫描工作之前，需要先对施工现场的情况充分了解，通过工程实际结合三维扫描仪的特点和性能确定扫描的整体规划和扫描方案并采用云拼接、云去噪、云转换、点配准、点标签以及点对比的六步点方法进行数据处理。

数据前处理主要包括：云拼接、云去噪、云转换。

（1）云拼接：按照扫描方案得到的点云都是独立的，需要将其拼接成为一个整体；

（2）云去噪：对扫描路线上非主要参照物点云直接剔除，对建筑基坑分区扫描过程中产生的噪声进行降噪处理；

（3）云转换：将拼接、降噪后的建筑基坑点云进行存储格式转换，模型保存为 .pts 格式，然后导入到 3DReshaper 软件中。

数据后处理主要包括：点配准、点标签、点对比。

（1）点配准：将两期点云配准至统一坐标系下，这里使用 3DReshaper 中的 RPS（参考点注册系统）配准功能，选择两期点云的基准点；

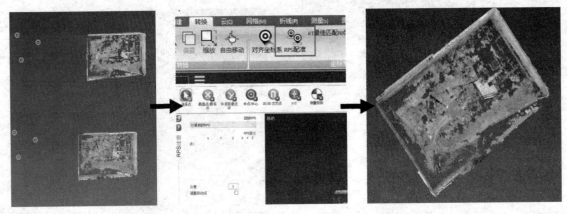

图 14 使用 3DReshaper 中的 RPS 进行点配准

（2）点标签：减小不同期点云由于缝隙产生误差，将基准点云网格化处理；

（3）点对比：通过 3DReshaper 中的对比检测功能，可以得到变形可视化云图，具体变形通过点云每一个要素的 ID 导出信息数据标签，可以得到变形信息。

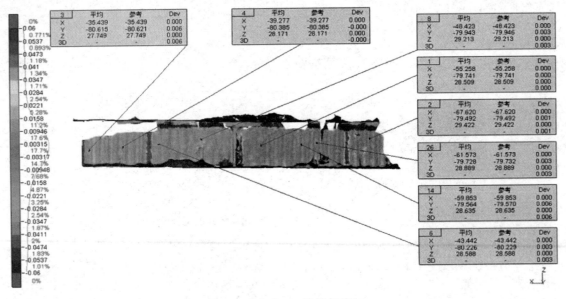

图 15 3Dreshaper 进行点对比

在此以基坑某一侧的竖向位移变形为例，由上图可知，基坑侧边的支护结构沿 z 轴竖直方向的整体变形较小，且均沿 z 轴负向，该侧基坑呈现下沉趋势，变形均在规范允许偏差范围内，该侧基坑安全。

2.4 基坑支护实体构件施工质量快速检验

基于三维激光扫描技术在基坑开挖过程中进行扫描，形成了基坑施工阶段快速对锚杆等构件坐标位置检测的方法。

基坑扫描完成后，首先将点云导入 Scene 软件中进行配置处理及降噪精简等操作。然后通过注解功能，可以快速定位出锚杆等构件的位置及坐标，并通过测量确定构件之间的间距。把点云逆向建模与设计阶段的 BIM 模型进行对比，即可快速核查主要受力构件坐标、定位尺寸偏差，检验基坑支护质量是否满足规范要求，对于不达标部位或构件及时向相关方反馈，确保施工质量与安全。

点云文件拼接完成图　　　　　选取支护锚杆截面图　　　　　锚杆支护构件坐标定位分析图

图 16　构件坐标定位分析

图 17　基坑支护实体构件施工质量快速检验

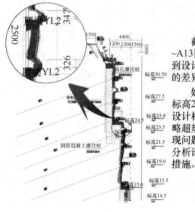

A1~A13区段剖面

图 18　实际施工与设计模型对比的具体偏差情况

3　结语

上述基于 3D Laser Scanner 技术的深基坑工程信息化管理技术的研究应用仅限于土方量算、构件质量检测及变形监测等方面，属于深基坑工程中后期管理应用。但是通过研究应用，技术方面已比较成熟，可以推广到整个深基坑工程，从勘察咨询、支护设计，到变形监测、工程量计算等整个过程，并且与基坑的 BIM 模型相结合，实现深基坑工程的全过程信息化管理。

截取基坑融合模型和A1~A13区段的剖面图，可以得到设计模型与实际施工之间的差异。

如图所示，A1~A13区段标高21.5和标高23.5处腰梁与设计标高偏差大于300mm，略超规定的限值250mm。发现问题后及时联系设计进行分析论证，制定合理的补救措施。

参考文献：

[1] 陈凯，张达，张元生．采空区三维激光扫描点云数据处理方法[J]．光学学报，2013，33(08)：125-130．

[2] 王果，张祥祥，孟静，文化立．利用三维点云数据的土方量计算方法[J]．河南工程学院学报(自然科学版)，2018，30(01)：49-52．

[3] 阮晓光，谈秋英．工程土方量测算精度的主要影响因素分析[J]．工程勘察，2017，45(12)：65-69．

[4] 王晓杰．深基坑模拟分析和施工监测研究[D]．长沙：中南林业科技大学，2016．

[5] 万林海，殷玉驰，刘志敏．深基坑工程稳定性的 FLAC3D 分析[J]．水科学与工程技术，2005(01)：42-44．

地锚反力装置在静载试验中的应用

曹羽飞，孔东方，冯科明

（北京城建勘测设计研究院有限责任公司，北京 100101）

摘　要：针对在高山地区堆载法和锚桩法进行单桩竖向抗压静载荷试验存在运输困难、施工困难和造价高等弊端，因地制宜采用潜孔锤施工地锚提供静载试验反力，在本项目单桩竖向抗压静载试验中取得了良好的效果，可为类似工程的检测提供参考。
关键词：山区；潜孔锤；地锚；静载试验

0 前言

在高山地区，基础桩静载试验中常用的堆载法和锚桩法优势不再。堆载法需要的预制混凝土块或钢锭在山区运输及吊装都很困难；锚桩法施工的锚桩在块石、漂石地层施工难度大，成本高，不经济而地锚法在这种工程条件下，凸显出优势，可采用潜孔锤钻机成孔，使用锚索与反力梁组成反力装置，施工简便，成本较低。本文结合某工程实例，简要介绍使用地锚提供反力在单桩竖向抗压静载试验中的应用，供同行借鉴[1,2]。

1 工程概况

1.1 基础桩设计概况

基础桩采用人工挖孔成孔，设计参数见表1。

基础桩设计参数表　表1

桩身直径（mm）	桩身混凝土强度	桩数	有效桩长（m）	桩主筋配筋	单桩竖向抗压承载力特征值（kN）	持力层
1000	C35	60	10	16 Φ 18	3500	②层块石及漂石

1.2 工程地质条件

本工程施工范围内遇到的地层有两个大层。按地层沉积年代、成因类型，划分为人工堆积层、第四纪坡洪积层。地锚锚固土层主要物理力学性质指标见表2。

（1）人工堆积层

①层耕植土：一般厚度 0.0～1.70m，褐色—褐黄色，稍密，稍湿，含碎石、植物根系、腐殖质。

①₁层碎石及块石填土。

人工堆积层平均厚度 0.54m。

（2）第四纪坡洪积层

②层块石及漂石：杂色，中密—密实，稍湿，岩性主要为花岗岩，呈棱角状，级配较差，磨圆度一般，最大粒径为 200cm。

②₁层块石及碎石、②₂层碎石及块石、②₃层细砂、②₄层粉质黏土及黏质粉土。

第二大层平均厚度 14.5m。

③层碎石及块石：杂色，密实，稍湿—湿，岩性主要为花岗岩，呈棱角状，级配较差，磨圆度一般，最大粒径为 22cm。

③₁层碎石及块石，碎石、②₂层块石混黏性土，③₃层黏性土混碎石。

第三大层平均厚度 9.86m。

地锚锚固土层主要物理力学性质指标　表2

地层编号	土层名称	重度 γ（kN·m^{-3}）	土体与锚固体极限粘结强度标准值 q_{sk}（kPa）
②	块石及漂石	20	240

1.3 水文地质条件

场区内见一层地下水，地下水位埋深 11.90～29.00m，标高为 897.83～956.98m，为第四纪松散层孔隙潜水类型，含水层岩性主要为碎石、块石。

2 地锚的设计与施工

2.1 地锚设计

前期锚杆破坏试验结果表明，②层块石及漂石土体与锚固体极限粘结强度标准值可达 240kPa。试验最大加载为单桩竖向抗压承载力特征值的 2 倍，为 7000kN。加载装置加载能力为最大加载的 1.2 倍，为 8400kN。

设计 8 根地锚，基础桩左右各 4 根，长度 10m，地锚直径 150mm。平面布置见图1。

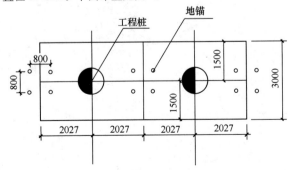

图1　地锚平面布置图

根据锚杆极限抗拔承载力标准值公式，单根地锚极限抗拔承载力标准值为：

$$R_k = \pi d \sum q_{sik} l_i = 3.14 \times 0.15 \times 240 \times 10 = 1130.4 \text{kN}$$

8根地锚的极限抗拔承载力标准值为 9043.2kN＞8400kN，满足最大加载能力[3,4]。

2.2 地锚施工

施工流程：场地平整→测放坐标及高程→成孔→下放钢绞线→注浆→养护。

地锚采用潜孔锤钻机成孔，垂直地面打设，成孔直径150mm，跟管钻进。地锚锚固段10m，成孔达到设计入岩深度利用高压风力反复吹洗孔洞，将孔底清理干净[5]。地锚施工见图2。

锚索为 4 根 15.2mm² （1860 级）钢绞线，每间隔2m，设一对中架，孔外钢绞线外露3m。

注浆材料为 P·O 42.5 级水泥浆，水灰比 0.5。注浆管应插入距孔底50cm处，待孔口溢出水泥砂浆时终止，并视浆液实际损耗情况及时补浆。

静载试验前，养护龄期不少于7d。

图 2　地锚施工现场照

3　静载试验

3.1　试验加载装置

试验由地锚提供加载反力，加载装置加载能力保证大于试验最大加载的1.2倍。荷载由 4 个千斤顶和油压泵提供，加载、卸载、补压、控载、判稳及测读记录沉降量的全部工作均由 JCQ-503AW 型静力载荷测试仪自动控制完成。静载试验见图3[6]。

图 3　静载试验现场照

3.2　加卸荷方法

采用慢速维持荷载法确定单桩竖向抗压承载力。试验最大加载量不小于设计要求的单桩竖向抗压承载力特征值的 2.0 倍。主要技术参数见表3。

静载试验主要技术参数			表 3
单桩竖向抗压承载力特征值（kN）	最大加载值（kN）	第一级加载量（kN）	之后各级加载量（kN）
3500	7000	1400	700

试验加、卸载方式符合下列规定：

（1）加载分级进行，且采用逐级等量加载；分级荷载为最大加载量的1/10，其中第一级加载量取分级荷载的2倍；

（2）卸载分级进行，每级卸载量取加载时的2倍，且逐级等量卸载；

（3）加、卸载时，荷载要传递均匀、连续、无冲击，且每级荷载在维持过程中的变化幅度不超过分级荷载的±10%。

慢速维持荷载法试验应符合下列规定：

（1）每级荷载施加后，分别按第 5min、15min、30min、45min、60min 测读桩顶沉降量，以后每隔 30min 测读一次桩顶沉降量；

（2）试桩沉降相对稳定标准：每一小时内的桩顶沉降量不超过 0.1mm，并连续出现两次（从分级荷载施加后第 30min 开始，按1.5h连续三次每30min的沉降观测值计算）；

（3）当桩顶沉降速率达到相对稳定标准时，即可加下一级荷载；

（4）卸载分级进行，每级卸载量取加载时分级荷载的2倍，且逐级等量卸载。卸载时，每级荷载维持 1h，按第 15min、30min、60min 测读桩顶沉降量后，即可卸下一级荷载。卸载至零后，测读桩顶残余沉降量，维持时间为 3h。

3.3　检测成果

根据规范，选取不少于总桩数1%（且不少于3根）检测，测试点的荷载变形曲线见图4～图7。

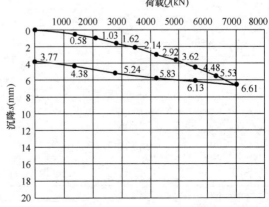

图 4　5 号桩静载试验荷载沉降 Q-s 曲线

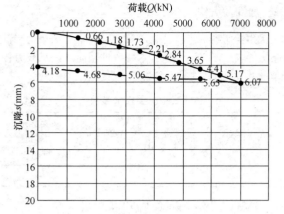

图 5　20 号桩静载试验荷载沉降 Q-s 曲线

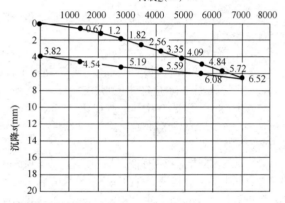

图 6　27 号桩静载试验荷载沉降 Q-s 曲线

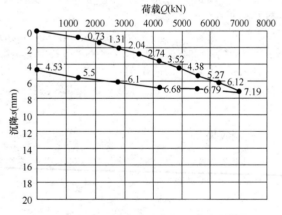

图 7　39 号桩静载试验荷载沉降 Q-s 曲线

根据荷载曲线，检测结果汇总见表 4。

静载试验检测结果汇总表　表 4

测试位置	桩径（mm）	有效桩长（m）	测试结果汇总				单桩极限抗压承载力取值（kN）
			承载力特征值		试验最大加载		
			荷载值（kN）	沉降值（mm）	荷载值（kN）	沉降值（mm）	
5 号桩	1000	10	3500	2.56	7000	6.52	7000
20 号桩	1000	10	3500	2.74	7000	7.19	7000

续表

测试位置	桩径（mm）	有效桩长（m）	测试结果汇总				单桩极限抗压承载力取值（kN）
			承载力特征值		试验最大加载		
			荷载值（kN）	沉降值（mm）	荷载值（kN）	沉降值（mm）	
27 号桩	1000	10	3500	2.14	7000	6.61	7000
39 号桩	1000	10	3500	2.21	7000	6.07	7000

　　受检的 4 根桩在抗压最大加载 7000kN 时桩顶沉降变形稳定，未达到极限破坏状态，单桩承载力特征值满足设计要求的 3500kN。

4　结语

　　单桩竖向抗压静载试验方法的选择需综合能否满足反力要求、工程造价、施工难度、施工安全四个方面考虑[7]。在山区场地，常用的堆载法与锚桩法不再具有优势，本文介绍了山地条件，在能满足反力要求的情况下采用地锚提供反力的方法，造价低，施工简便、安全，为类似的工程检测提供了参考。

参考文献：

[1] 张利新，易克峰，李威等．锚桩法与反力桩法及自平衡法试桩结果对比分析[J]．建筑结构，2014，44(16)：87-90.
[2] 陶然，连石水，黄睿奕．地锚系统在钻孔灌注桩轴向大吨位静载试验中的应用[J]．港口科技，2018(04)：14-19.
[3] 邹明军，赵明华．桩底锚杆技术及其在基桩竖向承载力测试中的应用[J]．中南公路工程，2005，30(4)：46-49.
[4] 乔国华，周森．无反力条件下锚杆静压桩的设计与施工[J]．工程勘察，2012(4)：50-54.
[5] 郭全生，王向平，付永刚．超大吨位灌注桩锚桩法静载检测设计及应用[J]．工程质量，2016，34(12)：16-17.
[6] 牛晓松．地基基础桩承载力检测方法初探[J]．工程建设与设计，2018(24)：63-64.
[7] 肖恩汪，李文波，付小敏．有限空间中大吨位工程桩检测工具式组合梁的设计与应用[J]．建筑技术，2019(9)：1148-1150.

潜水钻机成孔垂直度应用研究

胡　博，王欣华

（天津市勘察院，天津 300191）

摘　要：潜水钻机动力装置由潜水电机通过减速器将动力传至输出轴，带动钻头切削岩土，钻杆不转只起连接传递抗扭及输送泥浆的作用，工作时动力装置潜入孔底直接驱动钻头回转切削，具有动力损耗小、成孔效率高等优点。由于钻杆对钻头的约束能力较差，成孔垂直度一般较差，通过对钻头改进提高成孔垂直度。

关键词：钻进阻力；钻头；垂直度

0　前言

潜水工程钻机为潜水式电动回转钻机，动力装置由潜水电机通过减速器将动力传至输出轴，带动钻头切削岩土，钻杆不转动只起连接传递抗扭及输送泥浆的作用，工作时动力装置潜入孔底直接驱动钻头回转切削，具有动力损耗小、成孔效率高等优点，是钻孔灌注桩的理想成孔机械。适用于淤泥、黏土、砂砾层、风化页岩等多种地层钻孔。广泛应用于工民建、交通、水利、电力、港口等工程的基础施工。天津地区除北部山区地层多以黏性土、粉土、粉砂等层状分布，高层建筑基础以灌注桩为主，灌注桩成孔设备以潜水钻机为主，具有成孔速度快，方便灵活、噪声小等优点。由于钻杆对钻机动力装置及钻头在钻进过程的约束能力较差，特别是在成层黏性土层中钻进，软硬土层交界处及土层性质变化处，钻头受钻进阻力影响容易发生向软弱面偏斜，导致平面桩位偏移以及基桩竖向承载力降低。为了提高潜水钻机成孔垂直度，对钻头改进并进行了试验研究。

1　成孔偏斜原因分析

针对天津的土层特点潜水钻机一般使用腰带笼式钻头，多用单腰带，也有使用双腰带，腰带直径上层大，下层略小，目的是提高成孔垂直度，但效果不甚明显，双腰带容易粘连黏土而影响钻进速度。对常规腰带笼式钻头钻进研究分析，影响成孔偏斜的原因主要有以下几点。

1.1　机械原因

桩架对钻杆起约束导向作用的滚轮组安装偏斜，钻杆弯曲变形，导致钻头入土导向发生偏斜，随着钻进孔斜越来越大。主要表现在钻杆一侧与滚轮组紧密接触，钻杆起落与滚轮组摩擦。

1.2　地质条件原因

由于沉积原因，不同岩性的土层往往交互层叠，接触面不是水平的，同一层中的土组成也不尽一致。在软弱的黏性土中含有密实状态的砂性土薄层或透镜体，密实的砂性土中也会含有软塑状态的黏性土夹层，当钻头由较硬土层进入软弱土层时，由于硬土层产状倾斜，钻头便首先向软弱土层一侧偏斜。特别是钻进深度较深时，钻杆挠度较大，对钻头的导向控制能力很小。

1.3　施工管理原因

钻机平台的垂直度偏差较大影响桩架滚轮系统对钻杆及钻头入土导向，是造成成孔起始偏斜的主要原因。钻头穿越不同性质土层时的钻进速度过快也是造成成孔偏斜的原因。

以上导致成孔偏斜的机械和管理方面的因素可以采取检查和管理措施进行控制。对于由地质条件的原因引起的孔斜则需要通过对钻头进行改进解决。

2　改进方案

钻机机械和管理方面的原因可以通过施工检查和加强管理解决，地质原因造成的孔斜需要通过研究钻进机制来解决。常用的腰带笼式钻头呈锥形，如图 1 所示。这种钻头对破碎黏性土及砂性土层搅拌成泥浆比较适用，但锥形钻头尖钻进阻力较大，在进入不同地界界面处钻头向钻进阻力相对较小的软弱层偏斜，从而导致孔斜。减小钻进阻力并形成制约整个钻头的约束，就可以避免由土层原因造成的孔斜。具体改进方案：将钻头中央立柱加长，突出钻头尖部。如图 2 所示。

图 1　常用钻头图　　　　图 2　改进钻头图

加长的钻头尖部大大减小了钻进阻力，钻进过程中，在动力系统驱动下钻头回转转动，钻头尖部首先破土钻进，由于钻进受到土层的阻力小，钻头尖部垂直导向性提

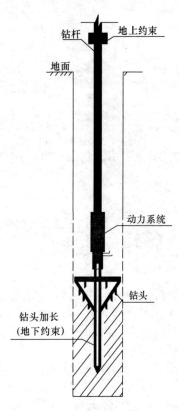

图 3　钻进垂直度控制示意图

高。另外，初始钻进时，连接钻头及动力系统的钻杆在桩机架滚轮组形成一个地面约束，钻头尖部与开凿的小孔形成一个地下约束，钻头翼齿与腰带在上下约束中做回转运动，从而保证了成孔的垂直度。随着钻进的深入，钻杆挠度越来越大，通过钻杆对钻头的约束逐渐减弱，此时如不发生孔壁坍塌的情况下钻头腰带与钻头尖部在孔内形成相互约束，从而保证成孔的垂直度。钻进垂直度控制示意图如图 3 所示。

3　应用研究

3.1　场地地质条件

应用研究场地位于天津滨海地区，地层分布情况如表 1 所示。

地层分布情况表　　　　　　　　　　表 1

地层编号	岩性	层厚(m)	地层描述
①₂	素填土	1.0～3.6	灰黄色，湿，松散状态，土质不均，以黏性土为主，夹灰渣砖石屑
④₁	粉质黏土	0.5～2.1	灰黄色，软塑状态，土质较均，黏质偏高，夹黏土，属中压缩性土
⑥₁	淤泥质黏土	2.9～4.3	灰色，流塑状态，土质较均，夹淤泥质粉质黏土薄层，属高压缩性土
⑥₂	粉土	0.5～1.3	灰色，湿，中密、密实状态，土质不均，多贝壳碎片，属中压缩性土

地层编号	岩性	层厚(m)	地层描述
⑥₃	粉质黏土	4.6～6.5	灰色，流塑状态，土质不均，夹淤泥质土薄层，属中压缩性土
⑥₄	粉质黏土	2.0～2.7	灰色，软塑状态，土质不均，夹粉土薄层，属中压缩性土
⑦	粉质黏土	1.9～2.3	灰白色，软塑状态，土质不均，夹粉土薄层，属中压缩性土
⑧₂	粉土	2.0～2.3	灰黄色，湿，密实状态，土质不均，砂黏混杂状态，属中压缩性土
⑨₁	粉质黏土	4.9～6.0	黄褐色，软塑状态，土质较均，多夹粉土薄层，属中压缩性土
⑩₁	黏土	1.8～3.0	褐灰色，可塑状态，土质较均，夹粉质黏土薄层，属中压缩性土
⑪₁	粉质黏土	7.0～11.1	黄褐色，可塑状态，土质不均，夹粉土薄层，属中压缩性土
⑪₂₁	粉质黏土	2.5～4.3	黄褐色，可塑状态，土质不均，粉质偏高，夹粉土，属中压缩性土
⑪₂₂	粉土	2.3～4.5	黄褐色，湿，密实状态，土质不均，夹粉质黏土薄层，属低压缩性土
⑪₃	粉质黏土	6.4～9.5	黄褐色，可塑状态，土质较均，夹粉土薄层，属中压缩性土
⑪₄	粉砂	4.7～7.0	灰黄色，密实状态，土质不均，夹粉质黏土薄层，属低压缩性土
⑫₁	粉质黏土	1.8～2.3	褐灰色，可塑状态，土质较均，夹粉质黏土薄层

3.2　成孔检测

采用直径为 $\phi670$（成桩直径 700mm）的改进钻头，钻头尖至翼板端部长度为 530mm，成孔深度 47.1～48.1m，成孔后使用日本光电公司（KODEN）生产的型号 DM604 超声波检测仪对孔壁垂直度进行检测。检测结果见表 2。

成孔垂直度检测结果汇总表　　　　表 2

检测编号	孔深(m)	设计桩径(mm)	实测桩径(mm)	成孔总垂直度(%)
1 号	47.1	700	713	0.32
2 号	48.1	700	732	0.25
3 号	48.1	700	728	0.17

1 号孔成孔总垂直度最大，其南北方向（X 方向）深度 47.1m，东西方向（Y 方向）深度 20m 的偏心距如图 4 所示。

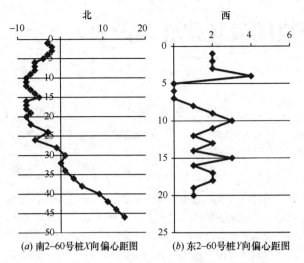

(a) 南2-60号桩X向偏心距图   (b) 东2-60号桩Y向偏心距图

图 4　1号孔成孔偏心距图（单位：cm）

从偏心距图可知，南北方向偏心距在 0～30m 随钻进深度往复波动，30～47m 逐渐向北侧偏移，最大偏心距 15cm，发生在深度 47m 的孔底部位，东西方向偏心距在 0～20m 段在一个方向往复波动，最大偏心距 4cm。以上数据说明，改进钻头具有自调节的导向作用，改进钻头对潜水钻机控制成孔垂直度作用明显，成孔垂直度达到 1/300。

4　结束语

成孔垂直度过大不但影响桩位偏移超设计规范，而且影响承载力发挥，需要预埋钢格构或钢立柱以及一柱一桩的灌注桩对成孔垂直度要求更高。通过对钻机成孔机理研究，对钻头结构进行改进，加长钻头中央立柱，减小钻头尖端破土钻进阻力并形成地下约束，使钻头在地上和地下两个约束下回转钻进，使成孔垂直度达到 1/300。

参考文献：

[1]　史佩栋. 实用桩基工程手册[M]. 北京：中国建筑工业出版社，1999.

[2]　建筑桩基技术规范 JGJ 94—2008[S]. 北京：中国建筑工业出版社，2008.

[3]　钻孔灌注桩成孔、地下连续墙成槽检测技术规程 DB 29—112—2004[S]. 天津：天津市建设管理委员会，2005.

某型号旋挖钻机回转液压控制模块的设计优化与改进

张成伟

（玉柴桩工（常州）有限公司，江苏 常州 213167）

摘　要： 本文以企业某型号旋挖钻机小批量试用期间所反馈的回转制动性差、回转减速机故障率高这一重大性能问题为研究要点，完成了该型号旋挖钻机回转液压控制模块的设计改进和优化工作，解决了该产品所存在的这一重大性能问题。

关键词： 旋挖钻机；回转液压；设计改进

0　引言

旋挖钻机是一种应用较为广泛的桩基础施工设备，无论从技术、设备本身还是施工工法方面评价，旋挖钻机和其他桩基础施工设备相比都具备许多优点。旋挖钻机可以实现多种钻进方式并行施工，具有自动化程度高，钻进效率快，环境污染小和成桩质量好等特点[1]。公司小批量进入市场的设备所出现的回转制动性差主要表现在设备回转停止时整个设备晃动比较大，设备回转减速机输出轴易断裂，故障率高。

本文研究目的就是要解决小批量售入市场的某型号旋挖钻机在施工作业过程中回转液压控制模块所存在的重大性能问题，提升其作业施工效率，进一步满足用户需求，增强某型号产品的施工适应性。

1　回转液压控制模块现状分析

1.1　回转液压控制模块相关液压元件介绍

某型号旋挖钻机回转液压马达配力士乐马达（型号：A2FE56），回转减速机也配力士乐减速机（规格型号：GFB36T3 B101），回转液压控制模块控制原理如图2所示。回转机构是实现旋挖钻机上车（包括上车部分与工作装置）与下车底盘（包括行走机构）之间的相对转动，可以使上车绕下车回转中心旋转，方便钻机提钻卸土作业。

回转马达（型号：A2FE56）是一种带轴向柱塞旋转体的斜轴式马达。这款回转马达是德国力士乐工程师为优先安装在减速机上面而设计的，该型号马达基本参数如表1所示。该型号马达安装时直接插入减速机即可，不需要注意装配公差，安装维修便利性非常好，对于产品售后维修也非常方便。

回转减速机（规格：GFB36T-3B101）是一款高性能的减速机，减速机轴承是固定的，承载性好，安装方便，运转时噪声非常低，内置多片式停车制动器，使用性能相当优越。该款减速机传动比为101/1，重量约215kg，结构尺寸如图1所示。

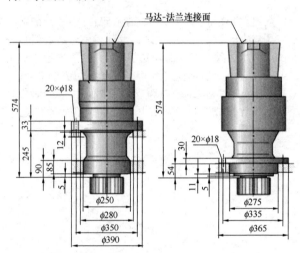

图1　某型号旋挖钻机回转减速机
（规格：GFB36T-3B101）外形结构尺寸简图

1.2　回转液压控制模块现状分析

市场反馈某型号旋挖钻机小批量推出市场后，回转减速机（规格型号：GFB36T3B101）输出轴工作不到500h就出现批量断齿、蹦齿等重大性能故障。回转减速机性能故障的出现，造成产品售后三包服务成本成倍增加，给企业造成的直接经济损失接近百万元人民币。为了彻底解决回转液压控制模块这一重大性能故障，本人和服务工程师一起前往某型号旋挖钻机市场进入量最大的华中地区（包括湖北、湖南、江西等地）对回转减速机故障原因进行调查，现场采集的故障件图片如图3所示。

调研过程中还发现机器在遇到恶劣工况施工钻进时，机器整个上车部分回转完全锁不住，上车部分晃动极大且非常不稳定，机器停止时明显感觉有巨大的外力冲击。

通过到湖北武汉、江西南昌施工工地对两台设备进行连续6天的实地施工过程跟踪及故障件拆解，回转液压控制模块表现出如下几个方面问题：

（1）通过操作先导手柄停止回转动作时，机器整个上车明显锁不住，整个回转停止过程机器上车晃动厉害，明显感觉外力冲击极大。

回转马达基本参数　　　　表1

零件名称	规格型号	额定压力(bar)	最高压力(bar)	壳体允许最高压力(bar)	额定排量(cm³)	最高转速(rpm)	最大流量(L/min)	压差Δp(bar)	驻车扭矩(N·m)
回转马达	A2FE56	400	450	10	56	5000	280	400	394

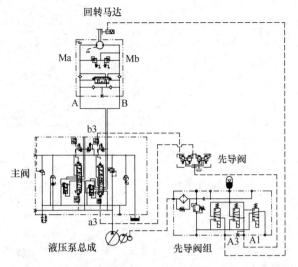

图 2 某型号旋挖钻机设计改进前的回转液压控制原理图

图 3 某型号旋挖钻机回转减速机故障件现场拆解图

（2）通过对故障件的拆解发现，回转减速机输出轴的断裂面比较整齐，不是正常疲劳磨损造成，明显是外力冲击造成断裂。

根据以上现场了解到的实际情况，结合图 2 回转液压控制模块控制原理图分析，初步可以总结出回转液压控制模块现状结论：

（1）机器在回转停止时晃动大、冲击大的问题，可能是回转液压控制模块液压元件选型不合理，导致整个回转机构静态驻车扭矩严重不足，需要对回转液压元件重新进行理论校核。

（2）仔细分析某型号旋挖钻机设计改进前的回转液压控制原理图发现，原理图中回转液压控制模块没有额外增加回转停止缓冲控制功能。吨位级比较大的工程机械施工设备，没有附加设计回转停止缓冲控制功能，单靠回转马达减速机总成自带的缓冲作用是不够的。某型号旋挖钻机整车输出扭矩已经达到 260kN·m，接近大型旋挖钻机序列，需要结合回转机构静态驻车扭矩理论校核情况，考虑在回转液压控制模块上设计增加回转停止缓冲控制功能。

2 回转液压控制模块改进方案设计及效果确认

2.1 静态驻车扭矩校核及液压元件选型确认

根据本文第 1 节中对回转液压控制模块的现状调查及分析情况，首先对回转液压元件的选型合理性进行理论校核。

由表 1 可知该回转马达静态驻车扭矩 T_1 为 394N·m，整个回转机构静态驻车扭矩 T 理论计算公式如式（1）所示。

回转机构静态驻车扭矩计算公式：
$$T = T_1 \times i_1 \times i_2 \tag{1}$$

式中，T_1 为回转马达静态驻车扭矩；i_1 为回转减速机传动比；i_2 为回转减速机与回转支承传动比。

回转机构静态驻车扭矩理论计算结果如式（2）所示：
$$T = T_1 \times i_1 \times i_2 = 394 \times 101 \times \frac{86}{12} \tag{2}$$
$$= 284.9 \text{kN·m}$$

某型号旋挖钻机动力头额定输出扭矩达到 260kN·m，理论计算出整个回转机构静态驻车扭矩是 284.9kN·m，安全系数 K 只有 1.09，回转机构静态驻车扭矩安全富裕系数偏小，回转减速机输出轴偏小。按照德国工程机械液压设计安全系数选型参考标准（表 2），中大型旋挖钻机回转系统属于经常承受到最大载荷这一类别，设计时回转机构静态驻车扭矩安全富裕系数不能低于 T3 工况模式下 M5 档（表 2 中查出此档安全系数为 1.30），由此可以明确目前设计选用的该款回转减速机安全系数是不够的。

回转减速机安全系数设计参考标准　　　　表 2

运行时间级别/Service time category			T2	T3	T4	T5	T6	T7	T8
假定每天的平均运行时间，以小时计 Assumed average service time per day in hours			0.25~0.5	0.5~1	1~2	2~4	4~8	8~16	>16
理论寿命，以小时计 Theoretic service life in hours			400~800	800~1600	1600~3200	3200~6300	6300~12500	12500~25000	25000~50000
载荷状态分级/Collective Load Class			传动机构组，及 K 系数/Driver Group with K Factor						
载荷状态组/Collective groups	L1	轻 light	经常为轻载荷，仅偶尔例外最大载荷 maximum loads occurring in exceptional cases only, slight loads constantly						
			M1 0.90	M2 0.90	M3 0.90	M4 0.90	M5 0.95	M6 1.05	M7 1.2

运行时间级别/Service time category			T2	T3	T4	T5	T6	T7	T8
载荷状态组/Collective groups	L2 中 medium	大约在同一时间内为轻，中等和高载荷 small, medium and maximum loads about equally distributed over service time	M2 0.90	M3 0.95	M4 0.95	M5 1	M6 1.15	M7 1.30	M8 1.50
	L3 重 heavy	经常承受接近最大载荷 loads always near maximum	M3 1.05	M4 1.05	M5 1.10	M6 1.25	M7 1.40	M8 1.60	M8 1.80
	L4 特重 very heavy	经常承受最大载荷 always maximum loads	M4 1.25	M5 1.30	M6 1.45	M7 1.65	M8 1.85	M8 2.10	M8 2.40

　　根据回转机构静态驻车扭矩的重新校核情况，某型号旋挖钻机回转减速机安全系数偏小，设计选型不合理。经过对力士乐回转减速机产品型谱的深入对比和分析，决定重新选用力士乐 GFB50T3B147（图4）这款减速机。按照式（1）对回转机构静态驻车扭矩 T_0 重新进行理论校核（校核结果见式3），回转机构静态驻车扭矩 T_0 可达 383.1kN·m，安全系数是 1.47，满足设计要求。

$$T_0 = T_1 \times i_1 \times i_2 = 394 \times 147 \times \frac{86}{13} = 383.1\text{kN·m}$$

（3）

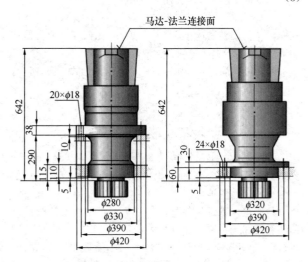

图4　重新设计选型的回转减速机
（规格型号：GFB50T3B147）外形结构尺寸简图

2.2　回转液压控制原理图的设计改进与完善

　　通过本文第1节中对图2回转液压控制原理图的分析可知，原理图中回转液压控制模块没有额外增加回转停止缓冲控制功能[2]，主要靠回转马达减速机总成自带的缓冲作用是不够的，需要对液压原理图进行重新梳理和完善，设计增加回转停止缓冲功能。

　　回转冲击主要原因是当回转停止时，主阀控制回转动作的阀芯马上关闭，整个控制回转液压模块的主液压回路断开，回转主油路被突然停止供油造成。机器整个上车部分在工作状态下重量达到60t，回转机构主油路突然停止供油后，机器存在的惯性力强行推动回转马达继续工作，造成回转马达进油口和出油口之间出现一定的压

差，压差的存在会继续推动回转减速机被动工作，此时减速机制动缸已经关闭，减速机被动工作受到的就是破坏性冲击力，从而导致减速机出现异常磨损。

　　回转动作停止过程如要避免减速机受到破坏性外力冲击，必须把钻机回转停止后钻机上车惯性力推动回转马达继续工作所产生的压差逐步降低直至消除，以此降低惯性力的冲击力度。为了彻底解决回转冲击问题，回转停止时必须增加设计回转停止缓冲功能，在回转停止过程通过对回转马达主油路的控制来实现缓冲作用。经过多次现场测试和工况验证，对回转停止缓冲控制阀内部结构及原理进行了多轮修改和完善，最后技术状态定型的回转停止缓冲控制阀工作原理如图5所示。

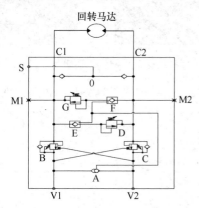

图5　回转停止缓冲控制阀内部控制原理图

　　回转停止缓冲控制思路如下：

　　（1）操纵先导手柄，机器正常回转时，从主阀过来的液压油在进入回转马达进油口之前先通过 V1 油口（备注：假设此时机器为顺时针回转旋转）进入缓冲控制油路，打开阀内的溢流阀 B 和溢流阀 C，同时通过阀内的梭阀 A 对单向阀 E 和 F 形成压力阻止两个单向阀被打开，此时工作油通过阀内的溢流阀 B 和 B 旁边的单向阀给回转马达实施供油，马达开始正常工作，再通过减速机的正常减速后设备实现正常回转动作。

　　（2）先导手柄停止操作，控制回转动作的主阀阀芯关闭，系统停止向回转液压模块供油。机器上车由于惯性还存在巨大的转动惯性力，此惯性力强行让回转马达工作，从而在马达进油口和出油口之间形成一定压差。假设马达 C1 端是高压端，由于压力作用立即打开 E 和 F 两个单向阀，油路通过单向阀和溢流阀进入到 C2 端，回转马达

C1 和 C2 两端压差逐步降低直到相同，当马达两端压力相当即压差消除后，回转马达随即平稳停止工作，避免减速机继续受到持续的外力冲击而异常磨损。

设计改进后的回转停止缓存控制油路和整个回转液压控制模块结合后形成如图 6 所示新的回转液压控制原理图。

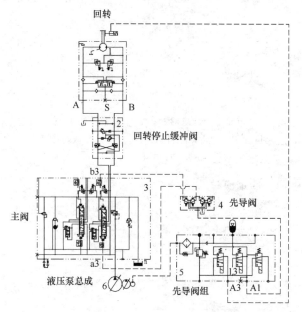

图 6　某型号旋挖钻机设计改进后的回转液压控制原理图
1—马达；2—缓冲阀；3—主阀；4—先导手柄；
5—先导阀组；6—泵

回转液压控制模块设计改进后的控制过程如下：打开安全锁定杆，序号 5 先导阀组内的序号 13 电磁阀和控制 A3 口的电磁阀得电，先导油从先导阀组 A1 油口到达序号 4 先导手柄，A3 口先导油直接打开回转减速机制动缸。操作先导手柄 4，先导油推动控制回转模块的主阀阀芯，阀芯动作之后工作油通过序号 2 回转停止缓冲阀进入回转马达促使回转动作。

为了安装方便，同时提高设备运行的可靠性和稳定性，把回转缓冲控制油路集成到一个阀（备注：称之为回转停止缓冲阀）内，把这个阀的外部接口设计为与回转马达的油口规格型号一致，实现回转停止缓冲阀和回转马达直接相联，便于安装和控制（回转停止缓冲阀实物安装测试如图 7 所示）。

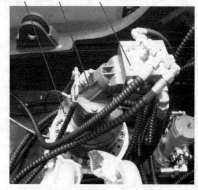

图 7　回转停止缓冲阀实物安装测试图

3　回转液压控制模块优化效果确认

根据本文第 2 节中 2.1、2.2 小点所述回转液压控制模块的设计改进方案，把这些改进方案在测试样机上进行固化后，对整个回转液压控制模块设计改进效果进行测试和确认，测试数据如图 8 和图 9 所示。

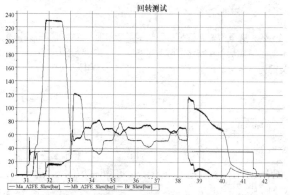

图 8　某型号旋挖钻机正向回转时各压力动态测试情况
注：紫色曲线表示主油路油口 A 的压力动态测试情况，红色曲线表示主油路油口 B 的压力动态测试情况，绿色曲线表示制动油路压力动态测试情况。

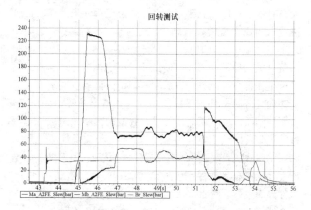

图 9　某型号旋挖钻机反向回转时各压力动态测试情况
注：紫色表示主油路油口 A 的压力动态测试情况，红色表示主油路油口 B 的压力动态测试情况，绿色表示制动油路的压力动态测试情况。

从图 8 和图 9 测试数据分析可以得出如下结论：（1）回转马达从接到先导信号到整个上车停止，压力呈斜坡逐渐降低，且压力非常平稳，马达 A、B 进出油口压差逐渐减少，回转冲击减少；（2）回转马达从接到先导信号到整个上车停止，用时不到 5s 达到快速平稳的制动效果。故从以上测试数据分析看，对回转液压控制模块实施的设计改进方案是有效的。

参考文献：
[1]　黎中银，焦生杰，吴方晓．旋挖钻机与施工技术[M]．北京：人民交通出版社，2010.
[2]　赵宏强，王焜，苏琦，邓宇．旋挖钻机回转缓冲平衡阀仿真与实验研究[J]．合肥工业大学学报，2014，37（09）：1030-1033＋1121.
[3]　秦爱国．旋挖钻机多功能设计与应用探讨[J]．探矿工程：岩土钻掘工程．2013，40（05）：48-53.

土工试验全自动气压固结仪工作原理与可靠性分析

王霞[1]，谢一鸣[2]，谢孔金[3]

（1. 山东正元建设工程有限责任公司，山东 济南 250101；2. 山东建筑大学 土木工程学院，山东 济南 250101；3. 山东正元地质资源勘查有限责任公司，山东 济南 250101）

摘　要： 文章简要分析全自动气压固结仪的工作原理，通过随机抽样，对同一件土样分别采用人工法和全自动法进行试验，得到两种方法下的压缩模量和孔隙比，对不同方法下的试验结果对比分析，并计算两种方法的相关系数，分析评价全自动法试验结果的可靠性。

关键词： 全自动；气压；固结仪；可靠性；相关系数

0　前言

岩土工程勘察是工程设计的基础，土工试验就是要为岩土工程勘察工作提供准确、可靠的数据。常规土工试验项目多，试验周期长，每做一项试验都要进行操作、读数、计算、查表、绘图、校对、审查等，需要大量烦琐、复杂、重复的劳动。特别是有些试验项目，连续试验20多个小时，经常要安排试验人员昼夜加班，付出相当辛苦的劳动，由于多方面的原因所出试验结果免不了误差较大，有的甚至影响到工程安全，造成工程隐患。随着计算机技术的快速发展，自动化的土工试验仪器被广泛应用到土工试验中来，其优势就是能够最大限度地排除人为因素对试验结果的影响，使试验数据更加准确，为后续的设计工作提供保障。全自动气压固结仪可用于测定在不同荷载和有侧限条件下土的压缩性能，整套系统由固结仪、气压控制器、多路通信转换仪、数据采集系统组成，可以进行正常慢固结试验和快速固结试验，测定前期固结压力和固结系数。系统具有气压控制稳定可靠、噪声低、固结压力分别控制、软件系统安装方便、轻便、占地面积小、软件界面较好等特点。特别是固结压力分别设定，能大大提高仪器的灵活性，缩短试验周期，性价比较高。

1　工作原理

根据气压传动的原理，采用自动控制技术，利用压缩空气通过气缸对土样进行逐级加载。计算机软件系统可以实现分别对气压控制器设定固定压力、自动纠正容器（包括土样）及其他附件的重量、启动固结、停止固结和数据交换等功能，可以对多台固结仪的位移传感器进行标定，实时显示固结试验的数据和图表曲线。计算机软件系统可以联结电子天平，对土样盒称重、含水量密度计算。每路气压控制器由 MCS 单片机控制，可对多台固结仪设定同一固结压力，自动采集多通道数据，实时将多通道数据传递给计算机，实现自动控制。

2　可靠性分析

利用同一岩土工程勘察项目，对黏土、粉质黏土和粉土各随机抽取10件样品，对同一土样分别采用人工法和全自动法进行试验，选取土样的压缩模量和孔隙比指标进行对比分析，计算两种方法下的相关系数，用来评价全自动气压固结仪试验数据的可靠性。

2.1　压缩模量

黏土、粉质黏土和粉土在两种方法下的压缩模量对比图分别见图1、图2和图3。

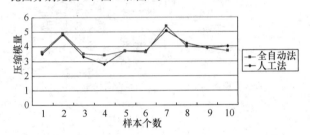

图1　黏土压缩模量对比图

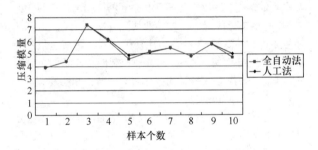

图2　粉质黏土压缩模量对比图

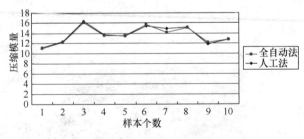

图3　粉土压缩模量对比图

2.2　孔隙比

黏土、粉质黏土和粉土在两种方法下的孔隙比对比图分别见图4、图5和图6。

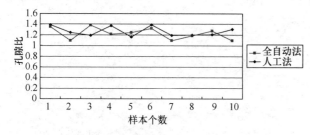

图 4　黏土孔隙比对比图

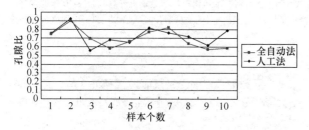

图 5　粉质黏土孔隙比对比图

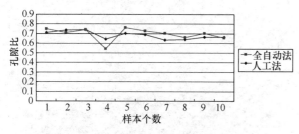

图 6　粉土孔隙比对比图

2.3　相关系数计算

选取压缩模量和孔隙比两个指标，分别计算黏土、粉质黏土和粉土的同一件土样在两种方法下的相关系数，计算结果如表 1 所示。

湿陷性黄土地基的湿陷等级　　　　表 1

土工试验指标	岩土名称	相关系数
压缩模量	黏土	0.9258
	粉质黏土	0.9895
	粉土	0.9847
孔隙比	黏土	0.6173
	粉质黏土	0.6421
	粉土	0.7835

2.4　可靠性评价

根据压缩模量对比图图 1～图 3 和孔隙水对比图图 4～图 6 发现，试验数据偏差较小，偏差范围基本稳定且无趋势性漂移，参考相关系数计算见表 1，说明两种试验结果相关性较强。综合判断全自动气压固结仪试验结果满足精度要求，试验结果是准确、可靠的，可满足后期工程设计的需要。

3　结语

（1）全自动气压固结仪提高了试验精度，缩小了相对误差，减少了随机误差，提高了工作效率，减轻了试验人员的劳动强度，降低了试验成本。

（2）通过对试验结果对比分析可知全自动气压固结仪试验结果是准确、可靠的。

（3）随着科技进步和社会发展，试验仪器和应用软件也会进一步完善和提高，从而更好地为工程建设服务。

参考文献：

[1] 中华人民共和国建设部. 岩土工程勘察规范 GB 50021—2001（2009 年版）[S]. 北京：中国建筑工业出版社，2009.

[2] 中华人民共和国建设部. 土工试验方法标准 GB/T 50123—1999[S]. 北京：中国计划出版社，1999.

[3] 陈少华，于文蓬. 全自动数据采集处理系统在土工试验中的应用[C]. 首届山东材料大会论文集（土木建筑篇下），2007.

[4] 高丽萍. 土工试验全自动数据采集与处理系统的应用及影响[J]. 内蒙古科技与经济，2011(06)：74-75.

探寻无承台技术的新发展

上官兴，彭 鑫，倪 威

（长沙市公路桥梁建设有限责任公司，湖南 长沙 410006）

摘 要：长沙市现有11座桥隧跨湘江，目前正在规划建设的四环线中有北横线铜靖湘江特大桥和南横线暮坪湘江大桥，两座桥的副孔设计桥跨分别为67.5m和63m，副孔桥墩基础均为传统双排桩＋承台。由于基础涉及湘江流域施工，两桥副孔桥墩单个基础围堰的制作费用分别达到363万元和285万元，占基础总费用50%左右。这种常规的技术和无承台新技术相比较，差距较大。总结公路40年的发展经验，如何将湖南所创造的变截面大直径空心桩先进的技术改进完善后，推广应用到两座跨湘江的大桥副孔的基础工程中，来促进公路桥梁下部构造的钢结构化是本文的主题。

关键词：桥梁工程；桩基础；无承台；空心桩；变截面钻埋钢空心桩

0 无承台变截面大直径桩

（1）桩径和跨径的突破

中国钻孔灌注桩自1964年在河南首次应用至今已有55年，在数万座桥梁工程中推广经久不衰，已成为公路、铁路桥梁基础中首选的桩基形式，其技术水平可从桩基直径和桥梁跨径发展的突破来展现[1-5]：

1）1982年，郑州黄河大桥完成了100孔50mT型梁，其中中铁大桥局研制 BDM-4 回旋钻机完成了2Φ2.2m单排桩，并取消了承台，是中等桥跨的一个重大的技术突破，如图1所示。

图1 郑州黄河大桥

2）1987年广东南海九江大桥首次提出利用钢护筒参与共同作用，在嵌岩处缩小桩径，从而形成 $\phi3m/\phi2.5m/\phi2m$ 的大直径变截面桩，在 7×50m 顶推 PC 连续梁中采用无承台桩基，如图2所示。

3）1992年，湘潭湘江二桥在 4×90m 跨径 PC 连续

图2 广东九江大桥

箱梁中，实现了无承台变截面大直径桩（$\phi5m/\phi3.5m$），是大跨径钻孔桩基础突破50m桥跨的发展里程碑，如图3所示。

图3 湖南湘潭湘江二桥

4）2002年韶关五里亭大桥，利用 $\phi5.6m$ 护筒作 $\phi3.5m$ 大直径桩的首部，从而形成 $\phi5.6m/\phi3.5m$ 变截面桩，实现了无承台的最大桥跨径（120m顶推PC系杆梁—钢管混凝土拱桥）的突破。如图4所示。

图4 广东韶关五里亭大桥

5）2012年浙江嘉绍大桥，首创提出"单桩变宽独柱墩和梁固结，形成刚构桥"新结构，来取消阻水的承台，节省工程费用30%。建成了世界上最大规模（66×70＝4620m）的无承台单排桩桥梁，如图5所示。

6）2018年在福建平潭海峡公铁两用大桥（主孔532m斜拉桥）工程中，中铁大桥局研发成功 KTY5000 和 ZLD5000 两种钻机（扭矩高达450kN·m，一次直钻孔径达5m、钻深可达100m），完成了194根超大直径

图 5　浙江嘉绍大桥

（ϕ4m/ϕ4.5m）桩，为中国大直径钻孔桩进入国际先进水平树立了榜样，如图 6 所示。

图 6　福建平潭海峡公铁两用大桥

（2）两座代表桥梁

在改革开放 40 年中，我国路桥建设的工程师在无承台大直径钻孔桩领域中取得了辉煌成就，以广东韶关五里亭大桥与嘉绍大桥北引桥为代表无承台桥梁将无承台桥梁跨径和宽度发展到 120m 和 40m，与传统的（群桩＋承台）方案相比较，可为桥梁基础工程节省 20%～30%造价，这是技术上的巨大进步。

广东韶关五里亭大桥为 120m 顶推系杆钢管混凝土拱，桥宽 33m，单桩承重桥面积 $A＝1279m^2$/根，中墩为 ϕ5.6m/ϕ3.5m/ϕ3.0m 无承台变截面桩，无承台桥梁跨径突破 120m，如图 7 所示。浙江嘉绍大桥北引桥上部结构为 70m PC 连续刚构，桥宽 40m，单桩承重桥面积 $A＝1400m^2$/根为国内之最，下部结构为 ϕ4.1m 钢护筒 37m，ϕ3.8m 钻孔桩 77m，该桥在钱塘江涌潮区水位变化区（4～6m）中浇筑承台十分困难，因此汲取湖南无承台变截面桩经验，将钢护筒加长至 46m（130t），用 2 台 APE400 型液压振动锤产生 6400kN 激振插打。钻孔桩 114m（20天/根），成孔 1460m³ 混凝土（3 天）。针对桥宽 $B＝40m$ 特殊情况，设计提出单桩变宽独柱墩梁固结形成连续刚构的新结构来取消承台。全桥 66 孔 70m 总长 4620m 无承台 PC 刚构桥屹立在高涌的波涛中，向世界显示了 21 世纪中国桥梁强国的风采。

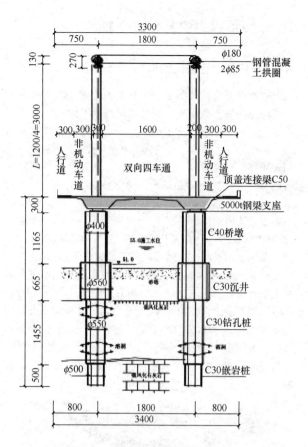

图 7　韶关五里亭大桥桩基示意图

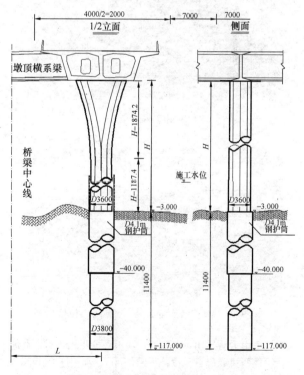

图 8　嘉绍大桥北引桥桩基示意图

1 钻埋预应力混凝土空心桩

1.1 预应力空心桩的发展

数十万根的钻孔灌注桩工程实践表明，钻孔桩自始至终都存在两大缺陷。一则桩身现浇水下混凝土的质量难控（有3%～5%的缺陷桩）。二则是桩底存在软弱沉渣，影响桩端承载力。为攻克这两大难关，河南省公路局和交通部科研院通过十余年研究，在1992年"钻埋钢内模填石注浆空心桩""钻埋预应力空心桩"两项成果通过鉴定后，成为交通部"七五"科技推广项目[6]。1995年湖南省公路局承担交通部"八五"行业联合科技攻关项目"洞庭湖区桥梁建设新技术的开发研究"。在湘北干线哑巴渡、南华渡和石龟山三座大桥中先后完成了$\phi3m/\phi2.5m$、$\phi3.8m/\phi3m$ 和 $\phi5m/\phi4m$ 三种无承台变截面钻埋预应力混凝土空心桩84根，总长达2293m，如图9～图11所示。其中常德石龟山大桥跨80m PC连续梁桥实现 $\phi3.5m$ 独柱和变截面 $\phi5m/\phi4m$ 钻埋空心桩，桩长40m，承载力 $P=30000kN$，引领了中国预应力空心桩到国际先进水平。其后在国际大口径工程桩基会议上，得到同行学者高度的评价。

图9 南县哑巴渡桥

图10 南县南华渡 2×50m 独塔斜拉桥

石龟山大桥采用 $L=380m$ 缆索起重机进行下、上部预制构件的拼装起重，设计吊重40t。现利用这套上部构造吊装设备，先进行空心桩施工。原设计34号和37号墩采用 $4\phi1.8m$ 群桩基础+承台施工后，其桥墩改为 $\phi3.5m$ 空心墩。其余四个桥墩施工中按科研要求均改为 $\phi5m/\phi4m$ 空心桩。现将80m桥跨的桥墩两种不同施工方法的

图11 常德石龟山

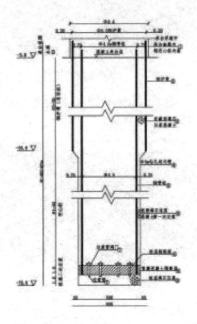

图12 钻埋填石注浆混凝土外包钢管空心桩构造图

混凝土体积比较如下。

(1) $4\phi1.8m$ 群桩（662m³）＋承台（128m³）＝790m³（100%）；

(2) 变截面空心桩 $\phi5m$ 上端（196m³）＋$\phi4m$ 下端（390m³）＝568（m³）（25%）；

(3) 两者相比较：无承台空心桩比群桩承台混凝土体积节省222m³（28%）减轻自重510t，此外，取消了水中浇筑承台的种种麻烦和缩短了工期，减少费用约20%，可见成效显著，值得推广。

1.2 混凝土空心桩发展瓶颈

技术确认，20世纪90年代末"八五"期间，湖南和福建两省在四座桥梁中修成大直径钻埋预应力混凝土空心桩，共92根（总长2517m），将中国桥梁钻孔灌注桩预制装配化技术提升到世界先进水平。其技术内容在文献[1-3,6]得到反映。但是近20年来在全国高速公路和铁路大发展中都没有再得到推广。"创新技术没有引领发展"的事实，一方面说明混凝土大直径空心桩技术的不够完善；其联结工序太多、拼装速度不够快、保证质量的技术难度高。其次钻埋空心桩技术虽已在桥梁施工手册中得到反映，但没有被大多数设计院工程师所了解也没有在

设计手册和规范中得到确认。尤其是"关于空心桩的沉降值 S 计算方法"没有取得共识，当出现沉降量超过 1cm 时，造成厅质检站勒令停工的现象。另外在国家级层面中，对空心桩原创新技术的支持和鼓励力度还不够，造成"苏通长江大桥 1088m 斜拉桥主墩 131Φ2.5m 钻孔桩设计中"，失去了采用钻埋钢管空心桩进行方案比较的机会。

机具设备，空心桩在大于 $\phi 3m$ 以上桩径中效益显著，这样空心桩实施所用大钻机（一次能钻 $\phi 5m$）、大施工浮吊（起吊能力超千吨）以及百米钻孔所需要的可靠的（高黏度、低相对密度）泥浆循环系统来保证不塌孔和桩底无沉渣。这些机具设备的要求只有重大的工程项目才具有，因此在 20 世纪末中国经济发展的能力尚不足，所以未然推广。

1.3 钻埋钢管空心桩工艺

国家基本建设发展的模式要从规模速度型向质量效率型转变，发展动力要从资金投入转向技术创新驱动。在新世纪新时代中大直径空心桩的基本材料要从混凝土转向钢结构方向发展，工艺上在大直径钻孔后植入钢管，再将孔壁与钢管之间填石注浆空隙中形成外包混凝土的钻埋钢管空心桩新结构。能取得减轻超大直径桩自重 50% 的惊人效果。众所周知钢结构强度均匀，用于拼装施工方便，这将预应力混凝土接头的工序大为化简；钢结构施工速度快及低碳环保和便于回收利用的优点为世界桥梁界所推崇。在法、德、日、美等国家桥梁钢结构所采用的比重为 8%～35%，而中国公路钢结构比重不到 1%。当前中国出自环保要求，砂石材料单价大幅度上涨，而同时中国钢铁年产能又过剩（十亿吨级），钢材价格下降，这样正是在桥梁中推进钢结构的大好时机，也是落实《国务院关于钢铁行业化解过剩产能实现脱困发展的意见》和促进钢铁行业转型升级的重要举措。在响应交通运输部《关于推进公路钢结构建设的指标意见》中，在下部桩基础领域中推广"钻埋钢管空心桩"必定是大有可为的。现以 $\phi 6m/\phi 5m$ 钻埋钢管空心桩为例说明工艺形成步骤[7]，如图 12 所示。

（1）成孔工序

1）搭好钻孔平台（或利用承台套箱做平台）用振动锤振入 $\phi 6m$ 钢护筒。

2）安装大直径液压钻机，进行 $\phi 5m$ 钻孔，其间联结 P.H.P 泥浆循环系统，进行钻屑的清除，水下混凝土浇筑前进行清孔，控制钻孔清孔泥浆比重 $r<1.05$。

3）孔底沉渣小于 1cm 后，在孔内回填厚 1m 的大粒径碎石，完成成孔工序。

（2）$\phi 4.5m$ 钢管桩沉效

1）有条件时，用浮吊进行整段（或分大段）$\phi 4.5m$ 钢管桩的沉放。

2）两节 $\phi 4.5m$ 钢管先用螺栓法进行联结，然后集中人工焊接接缝再向带底的钢框架中注水，使钢管下沉后再接高钢管，直至落在孔底回填碎石上。

（3）钢管与钻孔壁之间安装 $\phi 5cm$ 的注浆管

1）管壁下端留有出浆孔。$\phi 5m$ 钢管桩侧底部用絮凝混凝土形成桩侧注浆混凝土与钢管桩桩底混凝土之间的隔离区。

2）再 $\phi 4.5m$ 钢管与 $\phi 5m$ 孔壁中回填 3cm 等粒径的碎石形成填石空心桩。

3）用注浆软管放入 $\phi 5m$ 钢管内进行注浆，形成桩侧填石注浆混凝土空心桩，当桩侧注浆混凝土时间 1 个月后，再进行桩底二次压浆。

（4）桩底第二次压浆

1）从施工平台上将空心桩内水抽干，工人下到桩底将二次注浆软管安装在桩底注浆管的阀门上。

2）通过压浆机注入淡 P.H.P 泥浆，当回流管喷出桩底填石层之间淤泥，当清洗干净流出清水后，试浆的工作结束。

3）正式桩底二次注浆。连续注入水泥浆，直至注浆压力稳定时测量压力 σ 值和相应钢管桩顶的上抬量 δ，这样相当做了一次承载力的检测。

4）桩底注浆反力 $R=$ 注浆压应力 $\sigma(MPa)\times$ 桩端面积 $A(m^2)$。将实测桩端抗力 R 和钢管柱抬高量 δ（复值）相关曲线，通过电算可测试出空心桩的理论承载力 $P=N+R$ 大小。

2 长沙市南北横线两座桥梁

2.1 新世纪、新时代、要有新作为

（1）桥型方案。2016 年 4 月在"长沙市南北横线湘江特大桥桥型比选"专家会上，所提出的宝贵意见汇总如下：

1）桥型在坚持"安全、运用、经济、美观"的条件下，提倡科技创新。

2）了控制桥梁规模，节省造价，建议采用双层桥，推荐钢结构。

3）下部构造优先采用无承台变截面大直径单排桩。

4）桥型中可以考虑顶推法的施工减少高空作业量提高质量。

其后通过工程招标，有两种设计桥型方案中标。

① 北横线"铜官—靖港湘江大桥"以通航孔采用顶推法施工 1147m 钢桁架，300m 主跨斜拉桥，副孔 9×67.5m 钢桁架。（湖南省交通设计院）

② 南横线"暮云—坪塘湘江大桥"以 2×180m 飞燕式钢桁架，副孔为 9×63＝567m 钢混凝土组合 PC 连续梁。（天津市政设计院和长沙市政设计院）

（2）问题的提出。长沙市公路桥梁建设公司和省路桥集团在接受两座大桥的筹建工作中，发现两座大桥水中桥墩均统一为群桩＋承台的模式，其承台都要埋在河床底面，采用钢围堰施工承台，一个费用在 300 万元左右。水中非通航副孔共有 7＋11＝18 个桥墩，费用近 0.6 亿元，占基础工程费用近 50%。这种传统的设计与文献[4]吴同赞所介绍"无承台变截面大直径的崛起"中湖南路桥所率先完成的湘潭湘江大桥（90m）、益阳资江大桥（80m）和邵阳西湖大桥（88m）三座大桥跨径都超过 70m，统一实现了无承台；由于桥宽均大于 20m，缺乏经

验，但嘉绍大桥 $L=70m$，$B=40m$，桥长＝4620m，在波涛汹涌的钱塘江中也都取消了承台，这样在湘江河滩还有什么理由不能取消承台呢？

（3）大好形势。2018 年是改革开放 40 周年；长沙市是中部崛起的红色热土，在新时代里，我们要发扬"心忧天下，敢为人先"的湖湘文化精神，推进钻孔桩的高质量、跨越式发展，为湖南人民作为新贡献。与 20 年前相比，我国桥梁形势有重大的变化，中国桩基础的规模和数量均为世界之最；$\phi5m$ 回转钻机为国际领先，桥梁施工机械为最长，这些都为大直径桩成孔技术提供了先进的手段。

应当指出在新世纪、新时代里，由于中国钢铁产量的富足（世界第一）以及钻机、吊机水平的提高，在大跨径领域中用钢管来代替预应力混凝土桩是历史发展的必然。"历史前进的步伐是不可阻挡的事实"，逐渐的改变我们对新事物的态度，"大直径钻埋钢管空心桩"是中国桥梁技术进入创新阶段的标志。设计工程师必须转变观念，在桥梁结构尽量采用绿色环保的钢结构使桥梁全部构造全寿命达到 120 年。

2.2 空心桩认识的反复

（1）质量和进度

20 年前湖南所做 84 根钻埋空心桩，除石龟桥因桥宽 $B=10m$ 太窄，无法满足发展交通的要求而被拆除重建外，其余两座的空心桩质量尚好。通车后的沉降量均稳定不超过 1cm。事实证明用填石注浆混凝土，将预制管壳与土壤粘结的质量是可靠的，可以代替水下混凝土的摩擦力。2000 年版桥梁施工手册中（文献）钻埋预应力空心桩得到肯定，但因混凝土材料本身的缺陷，在预制装配中接头困难所造成的成桩进度慢（3～5d）而没有得到设计手册的推荐。现在改用钢管代替预制混凝土，用法兰＋电焊和大段吊装代替节段拼装，成桩进度可缩短到（1～2d），这样钻埋钢空心桩又得了新生。

（2）性价比提高

钢的拉压强度比混凝土高 30 倍，因此采用钻埋钢管空心桩与水下混凝土实心桩相比较，挖空率由 30％提高到 60％，桩的承载力提高 1 倍。例如参考文献中单根 $\phi6m/\phi5m$ 钻埋钢管空心桩的允许承载力 $P=10000t$ 相当 $\phi3m$ 钻孔桩 $P=3000t$ 的三倍，这样在特大桥跨中 $L=1666m$ 悬索桥中主墩基础，可由 52ϕ3m 钻孔桩优化为 18ϕ6m/ϕ5m；空心桩，桩数减少数 49％，基础总体积由 $V_0=145000t$ 减少到 83100t，能缩短 6 个月工期，节省 10％工程管理费和提前收取 10％的过桥费，这些间接的经济效益都超过材料和机械设备的直径费，估计总经济效益节省 15％（约 1 亿元）。

（3）空心桩计算理论水平的提高。

我国著名的桥梁专家上官兴，对空心桩持续进行 30 年的刻苦钻研。在学习（文献[10]）德国规范的沉降方法启发后，相继提出桩基承载力（N）和沉降量（s）的"湖南法""苏通法""吉安法"。华东交通大学胡文韬博士 2019 年将上述三种方法归纳汇总，成为通解和编好计算

程序，并令名为"桩基按允许沉降量来确定桩承载力的'南昌法'"，如文献。经过多年的探索后，大家同意德国桥规所提"大直径桩承载力 P 实质上是它相应的沉降量对其上部构造的影响"的观点，即由沉降量大小来确定承载力。由于大直径桩底反力 R 极大，因此摩阻力耗完后进入桩底反力 R 阶段后，在桥梁运营阶段中的桩沉降量反而较小。例如文献[7]，2×65m 顶推箱梁到达 $\phi15m/\phi12m$ 超大直径波纹钢挖孔空心桩后，其工后沉降量 $\Delta=5mm$，比一般钻孔桩沉降量小很多。这样空心桩基础设计可由"南昌法"算出 P-s 曲线，先按 $\Delta=1\%D$ 查到允许承载力 P_g，再以 $\Delta=5\%D$ 得到极限承载力 P_{max}，然后验算安全系数 $K=(P_{max}/P_0)\geqslant1.5$ 是否合适。当桩允许承载力 P_0 不够时，可由设计荷载 N 在曲线上反查相应沉降量 Δs，再核算承载力安全系数 $K=(P_{max}/N)\geqslant1.5$。致此，超大直径空心桩的允许沉降量 s 计算方法得到确认，这样在摩擦桩中空心桩也可以运用的难题初步得到解决。该方法已在 84 根空心桩中实用成功。鉴于上官兴专家 57 年来对中国钻孔桩基的诸多的创新贡献，于 2018 年 10 月被国际大口径工程井协会聘请担任学术委员会主任[15]。

2.3 无承台大直径方案的提出

长沙市公路桥梁建设公司成立企业技术中心，2017 年聘请长沙市"3635 计划"领军人才上官兴教授为长沙市铜靖大桥首席顾问。大家共同探寻南北横线上两座桥水中副孔基础工程如何提高质量，缩短工期，来实现节省造价的可行性。2017 年底在广州的全国公路桥梁会议上，对深圳通道中 1666m 悬索桥主塔基础（52ϕ3m 钻孔群桩基础），上官兴和陈元喜提出（18ϕ6m/ϕ5m 钻埋钢管空心桩）方案进行学术比较的设想，文献[8]引起大家极大的兴趣，但国内尚无钻埋钢管空心桩的工程实例。因此公司年轻人在上官教授指导下，决定先对长沙两桥浅滩的副孔（跨径 $L<70m$）进行无承台化的探讨，成功后再扩大推广到超大直径和更大跨径。于 2018 年 5 月在上海召开的"中国国际桩与深基础峰会"上发表了钻埋钢空心桩应用的论文。文献这是首次在国内提出的无承台变截面钻埋钢管空心桩的工程实例。为纪念"湖南公路学会 40 周年"，今整理后发表供同仁参考。大直径钻埋钢管空心桩已获专利（专利号：ZL 201720943.6640）。

2.4 钻埋"钢管空心桩"的经济分析

2.4.1 铜靖湘江特大桥

现以北横线"铜-靖"湘江大桥长 $L=67.5m$，桥宽 $B=20m$ 的钢桁架连续梁的副孔桥墩为例进行分析。铜靖湘江特大桥主桥钢桁梁总长 1147m。其中通航孔 120＋300＋120＝540m 双层双塔斜拉桥；水中副孔为 9×67.5＝607m，桥宽 20m，原设计桥墩为花瓶式有承台的 6ϕ2m 钻孔桩总重 $P=5992t$，概算费 588 万元。现优化为无承台 2ϕ4m/ϕ3m 钻埋钢管空心桩总重 $G=3252t$，概算直接费为 358 万元，每个桥墩节省 230 万元，如图 13 所示，两种不同类型的基础形式的重量和概算直接费用进行分析比较。

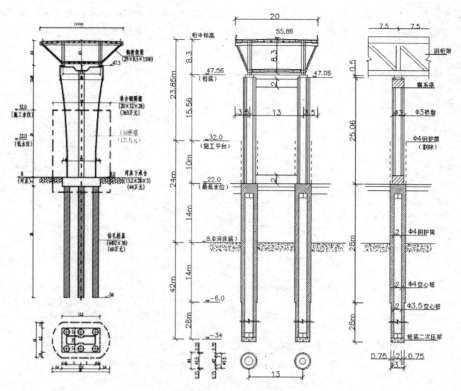

图 13　铜靖湘江特大桥桥型图

67.5m 桥跨基础两方案比较　　　　　　　　　　　　　　表 1

比较项目	方案	原方案(6φ2m)			空心桩方案(2φ4m/φ3m)		
		混凝土V (m³/t)	钢筋 G(t)	费用 (万元)	混凝土V (m³/t)	钢 G(t)	费用 (万元)
主墩	桥墩	1149/2643	138	121	632/1523	60	53
	承台	541/1246	52	44	—		
施工	钢围堰	—	208	363	—		
	施工平台					150	43
桩	钻孔桩	716/1647	58	60			
钻埋空心桩	φ4m 钢护筒					86	86
	空心桩混凝土 φ4m/φ3m				508/1271		57
	φ2.5 钢管					142	109
	注浆管；钢筋					20	10
汇总	重量费用	2406/5336(t)	456t	588(万元) (100%)	1140(m³)/ 2794(t)	458t	358(万元) (61%)
	比例	5992t(100%)			3252t(54%)		

由表 1 可见，(1) 钻埋空心桩方案总重量 3252t 比有承台 (6φ2m) 钻孔桩方案总重轻 46%，费用减少 39%。

(2) 空心桩方案：空心桩方案比群桩＋承台节省 230万元，北横线副孔水中墩七个共节省 7×230＝1610 万元。

(3) 两方案用钢量基本相近，但空心桩施工平台 150t 钢材可以回收重复使用。

(4) 空心桩方案的 ZJD4000 全液压动力头钻机湖南路桥已有多台，由于效率高，一台钻机可施工 5 个桥墩，

10 根桩。

2.4.2　暮坪湘江大桥

暮坪湘江特大桥通航孔 70＋2×180＋70＝500m 飞燕式钢桁拱桥，水中副孔为 9×63m＝567m 钢混凝土组合 PC 连续梁桥宽 38.5m，原设计桥墩有两个 (9.4m×4.8m ×3m) 承台，其下有 4φ2m 钻孔桩施工中要沉放两个 φ16m 双壁钢围堰，一个桥墩的费用为 495 万元。总重 $\Sigma G_0＝11400t$，现优化为无承台的 (2φ5m/φ4m 钻埋钢管

空心桩）总重∑G=7670t 为原设计（67%）；概算费用为 373 万元；每墩节省费用为 122 万元。全桥有 7 个桥墩采用，估计可节省 7×122＝854 万元。南横线"暮—坪"湘

江大桥副孔 L＝63m，钢桁架宽 B＝38.5m，采用飞燕式钢桁拱桥的桥墩如图 14 所示。

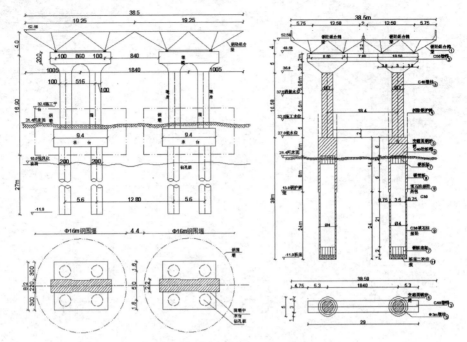

图 14　暮坪湘江大桥桥型图

2.5　钻埋钢管空心桩小结

众所周知，湖南是中国大直径桩基工程的劲旅。历史有众多的技术创新；从变截面桩的提出到无承台（φ5m/φ3m）桩基的 90m 桥跨突破以及 84 根钻埋预制空心桩的发展和 8 座长江大桥基础工程的高速度的业绩，为中国改革开放 40 周年书写了辉煌篇章。今天在新时代中我们要有新作为，在南北横线两座湘江大桥工程建设中，我们要继续发扬"敢为人先"的革命精神。为落实交通运输部"关于推进公路钢结构建设的指导意见"、在下部桩基础领域中努力推广"钻埋钢管空心桩"新技术，在此提出两条建议：

（1）两座桥有 14 座副孔桥墩都可以优化为钢空心桩，具有加快进度提高质量和节约资源的效益并取得近 2500 万元的红利。根据改革开放的"责、权、利统一"的原则，考虑极大地调动广大修桥职工的责任性，冲破保守势力的框框，促进难点的攻关，建议执行"工程总承包"方式，让技术红利由施工单位直接享有。这种方法早在 1985 年广东九江大桥工程试用就产生了，取得工期提前 108 天的效果，施工单位获得 130 万元奖金。

（2）长沙是红色的热土，中部崛起的新城。市委和市政府近年来引进 200 多位创新人才和大力支持鼓励科技创新；湘江新区的领导大力支持第 12 和 13 座湘江大桥在技术上有所突破，我们先在 70m 以内中型桥梁取得成功后再向全国推广，为世界桥梁做出超大直径钻埋空心桩的中国智造。为此，希望得到公路学会的支持和帮助。

参考文献：

[1] 王伯惠，上官兴．中国钻孔灌注桩新发展[M]．北京：人民

交通出版社，1998.

[2] 交通部公路一局．桥梁施工手册（上）[M]．北京：人民交通出版社，2000.

[3] 冯忠居，上官兴等．大直径钻埋空心桩研究[M]．北京：人民交通出版社，2005.

[4] 吴同鬯、陈元喜、李石林．无承台变截面大直径桩的崛起[C]．宁波国际大口径工程桩第 11 届会议，2016.

[5] 王仁贵，孟凡超．嘉绍大桥设计创新[M]．北京：人民交通出版社，2011.

[6] 交通部．"七五"科技推广技术项目—钻埋预应力混凝土空心桩[R]．交通部科技公司，1992.

[7] 上官兴，陈元喜．超大直径钻埋钢管空心桩[C]．（广州）全国公路桥梁学术会议，2017.

[8] 林乐翔等．φ15m/φ12m 超大直径波纹钢挖孔空心桩专利技术[C]．（南昌）中国第八届深基础工程发展会议，2018.

[9] 上官兴，彭鑫．中国超大直径无承台钻埋空心桩[C]．（上海）第九届中国国际桩与深基础峰会，2018.

[10] 彭宝华．德国大口径钻孔灌注桩规范（DIN404 德国法）[S]．北京：中交公路规划设计院，1995.

[11] 上官兴，蔡长贵．用荷载（N）-沉降（s）曲线确定桩基垂直承载力（湖南法）[C]．（南京）全国大口径工程井会议，1999.

[12] 熊国辉，上官兴．超长钻孔桩（σ-y）沉降曲线研究（苏通法）[C]．常熟全国桥梁会议，2006.

[13] 上官兴，陈光林．波纹钢围堰挖孔空心桩（Q-s）沉降曲线（吉安法）[C]．南昌：华东交通大学，2014.

[14] 胡文韬．桩基荷载（N）-沉降（s）曲线统一解（南昌法）[C]．南昌：华东交通大学，2019.

[15] 虞志芳．"筚路蓝缕总为桥"上官兴专家桥梁桩基领域的创新成果[J]．国际大口径工程井协会会刊，2019（9）.

中车旋挖钻机在咬合桩施工的应用

邢树兴，陈　曦，张　昊，李远虎

（北京中车重工机械有限公司，北京 102249）

摘　要： 随着中国城市化、工业化的快速推进，基础设施建设持续蓬勃发展，咬合桩越来越多地应用于深基坑和地铁围护结构中。旋挖钻机是一种智能、高效、环保、地质适应性广的桩工机械，自 1995 年引入中国，在桩基础行业被逐渐推广和应用，逐步替代传统落后的施工方法，已成为桩孔灌注桩施工主流设备。本文对咬合桩的应用发展及施工工艺进行了系统阐述，提出了中车旋挖钻机配新型套管驱动装置施作咬合桩施工技术。并根据大连地铁 5 号线梭鱼南站维护工程的施工效果，证明了所设计施工技术的适应性和合理性，为钻孔咬合桩的施工提供了新颖思路。

关键词： 咬合桩；中车旋挖钻机；施工技术；围护工程

0　引言

旋挖钻机作为高效、安全、环保、适应性广的桩工机械，十几年来在基建方面得到广泛的推广和应用，成为钻孔灌注桩的首选施工设备。自 2004 年第一台中车重工旋挖钻机下线以来，北京中车重工依托中车集团强大的整体资源和平台，持续研发创新，相继研发量产四代旋挖钻机。中车旋挖钻机在国内外多项重大工程中担任重要角色，在中大吨位旋挖钻机的市场占有率超过 30%。

北京中车重工通过技术创新，研发 TR368Hw 新型强入岩旋挖钻机，并配备新型套管驱动装置，可实现套管驱动、钻孔取土一体化作业，完成全套管施工，如图 1 所示。通过加装驱动器装置，驱动厚壁套管的埋设，实现超前全套管护壁的施工。

图 1　中车旋挖钻机咬合桩施工场景

1　咬合桩施工简介

1.1　单桩咬合桩施工工法介绍

咬合桩是相邻混凝土排桩间部分圆周相嵌，形成相互咬合的排列，并于后序次相间施工的桩内放入钢筋笼，使之形成具有良好防渗作用的整体连续防水、挡土围护结构，如图 2 所示。

图 2　咬合桩基坑围护实例

咬合桩的排列方式为一根不配筋并采用超缓凝素混凝土桩（A 桩）和一根钢筋混凝土桩（B 桩）间隔布置。先施工 A 桩，后施工 B 桩，在 A 桩混凝土初凝之前完成 B 桩的施工，切割掉相邻 A 桩相交部分的混凝土实现咬合。

1.2　咬合桩的应用发展简介

钻孔咬合桩最早在深圳地铁工程中使用，并先后在北京、上海、杭州、南京、苏州、大连等地区的地铁工程和基坑围护工程中得到成功应用，尤其在杭州地铁 1 号线中应用较多。

钻孔咬合桩是一种相对较新的桩型，相对于非常成熟的现浇混凝土地下连续墙和 SMW 工法桩，钻孔咬合桩的应用只占了很小的比例。而据以往的施工经验，钻孔咬合桩的功能优点是：外形标准、防渗能力强、无需泥浆护壁、充盈系数小、配筋率低，在穿过软弱、富水地层时无需其他辅助措施、施工速度快、造价相对较低，技术经济性较好。

2　工程概况

大连地铁 5 号线梭鱼南站地铁基坑围护工程，地层从上到下分为素填土、粉质黏土、全风化、强风化、中风化板岩。本围护工程采用旋挖咬合桩施工，咬合桩总计 564 根，桩径 1.2m，钢筋混凝土桩 282 根、素混凝土桩 282 根，钢筋混凝土桩长为 25～30m，素混凝土桩长为 23～26m，埋设套管深度为 20～26m 不等。

本工程由 4 台中车 TR368Hw 旋挖钻机担纲主力，实现套管驱动、钻孔取土一体化作业。中车 TR368Hw 旋挖钻机采用钢丝绳加压方式，高配加压卷扬马达和减速机，实现43t超大加压力和起拔力，具备成孔效率高、速度快的施工能力，每台钻机平均每天可施工2根咬合桩，日产量深度为50延米（土层34m、板岩16m），完全满足现场生产的需求，在保证质量的前提下工期也有保障。

3 旋挖钻机咬合桩施工工艺

3.1 单桩的施工工艺流程

（1）导墙施工

为了保证孔口定位的精度并提高桩体就位效率，应首先在桩顶部两侧施作混凝土导墙或钢筋混凝土导墙。

（2）压入护筒并取土成孔

为保证护筒的垂直度要求，先用旋挖钻机的护筒驱动器驱动第一节套管（每节套管长约4~6m）压入1.5~2.5m，然后用钻斗从套管内取土，同时继续下压套管，第一节套管按要求压入土中后，地面以上要留1~2m，以便于接套管，同时检测垂直度。

（3）垂直度的检测

在用驱动器压套管时，可采用经纬仪或测斜仪附贴在套管外壁进行垂直度监测，发现偏差及时纠正。

（4）吊放钢筋笼

对于需要放置钢筋的桩孔，成孔检查合格后进行安放钢筋笼工作。

（5）灌注混凝土

如孔内有水时需采用水下混凝土灌注法施工；如孔内无水时则采用干孔灌注法施工，此时应进行振捣。

（6）拔管成桩

一边灌注混凝土一边拔管，可使用旋挖钻机起拔套管。

（7）成桩维护

灌注后的单桩或排桩可能存在缩颈、搭接错位、承载力不足等缺陷，对其进行事后补救维护是需要的。

3.2 排桩的施工工艺流程

钻孔咬合桩施工总的原则是先施工被切割的A桩，紧跟着施工B桩，在A桩混凝土初凝之前完成B桩的施工。其施工工艺流程是：A11→A12→A21→A22→B1→B2→B3……，A桩一般不配筋并采用超缓凝混凝土，B桩采用全套管钻机，切割掉相邻A桩相交部分的混凝土，实现桩的咬合。

4 关键技术的质量控制

4.1 孔口定位误差的控制

在钻孔咬合桩桩顶以上设置混凝土导墙或钢筋混凝土导墙，导墙上设置定位孔，其直径宜比桩径大20~40mm。钻机就位后，将第1节套管插入定位孔并检查调整，使套管周围与定位孔之间的空隙保持均匀。

4.2 桩的垂直度的控制

根据《地下铁道工程施工质量验收标准》GB/T 50299—2018，桩身垂直度偏差不大于3‰。

（1）套管的顺直度检查和校正

施工前，将按照桩长配置的套管全部连接起来，套管顺直度偏差控制在1‰~2‰。检测方法为：在地面上测放出两条相互平行的直线，将套管置于两条直线之间，然后用线锥和直尺进行检测。

（2）成孔过程中桩的垂直度监测和检查

地面监测：在地面选择两个相互垂直的方向，采用经纬仪监测套管的垂直度，随时纠正。这项检测在每根桩的成孔过程中应自始至终进行，不能中断。

孔内检查：每节套管压完后，安装下一节套管之前，都要停下来用线锥进行孔内垂直度检查。

（3）纠偏

成孔过程中如发现垂直度偏差过大，必须及时进行纠偏调整。

1）B桩纠偏：向套管内填砂或黏土，一边填土一边拔起套管，直至将套管提升到上一次检查合格的地方。然后调直套管，检查其垂直度，合格后再重新下压。

2）A桩纠偏：向套管内填入与B桩相同的混凝土，方法与B桩基本相同。

4.3 超缓凝混凝土的施工质量控制

B桩混凝土缓凝时间应根据单桩成桩时间来确定，单桩成桩时间与施工现场地质条件、桩长、桩径和钻机能力等因素相关。一般初步控制B桩初凝时间为60h，在施工中根据现场情况进行调整。

5 结束语

中车TR368Hw旋挖钻机配新型套管驱动装置在本工程的应用效果显著，成孔和成桩质量高，垂直度≤3‰，开挖后不存在鼓包情况。

本工程使用此施工工法极大提高了施工效率，且无泥浆污染，施工现场整洁文明，适合在市区内施工。中车旋挖钻机在咬合桩施工中的应用在施工效率、地下水控制及对周边环境影响的控制方面效果明显，技术先进，为钻孔咬合桩的施工提供了新颖解决方案，具有明显的社会和经济效益。

参考文献：

[1] 《桩基工程手册》编委会. 桩基工程手册[M]. 北京：中国建筑工业出版社，1995.

[2] 左名麒等. 基础工程设计与地基处理[M]. 北京：中国铁道出版社，2000.

[3] 益德清等. 深基坑支护工程实例[M]. 北京：中国建筑工业出版社，1996.

[4] 刘金砺. 桩基工程技术进展[M]. 北京：知识产权出版社，2005.

LGZ-40 型全液压多功能桩机在多种复杂地层施工应用

夏小兴，刘　珂，王国伟，王玉吉，侯庆国

（山东省第一地质矿产勘查院，山东 济南 250014）

摘　要：本文主要介绍了 LGZ-40 型全液压多功能桩机的主要技术参数、产品特点，通过多项复杂地层施工实例阐述了桩机在螺杆桩、螺旋挤土桩、水泥土搅拌桩以及大直径长螺旋钻孔等工法施工中的应用。

关键词：全液压；多功能；桩机；复杂地层；螺杆桩；大直径长螺旋

0　引言

LGZ-40 型全液压多功能桩机（图 1）主要应用于高层建筑、高速铁路、公路等深基础钻孔灌注桩施工，可施工螺杆桩（HS桩）、双向螺杆挤土桩（也称短螺旋挤土桩，SDS桩）以及大直径长螺旋 CFG 桩施工，是一种成桩速度快，成桩质量可靠，效率高，噪声低，无废弃土，无泥浆循环，不受地下水影响，适合各种软土地层的深基础成桩设备。该桩机采用负载敏感全液压传动，无级调速、传动平稳、操作集中轻便、施工安全、高效。

图 1　LGZ-40 型全液压多功能桩机

1　技术参数

表 1

型　号	LGZ-40
钻孔直径（mm）	400～1200
钻孔深度（m）	32
动力头转速（r/min）	6，13，20
动力头扭矩（kN·m）	500
动力头提升力（kN）	800
动力头加压力（kN）	400
工具卷扬提升力（kN）	40
主机功率（kW）	220
履带接地比压（kg/cm²）	0.89
外形尺寸（长×宽×高（mm））	13800×6770×28500
整机重量（t）	90

2　桩机特点

（1）可轴向滑移主动钻杆（图2）（专利号：ZL 2010 2 0179884.9）。主动钻杆上下两端都布置有突出的传扭键，在满足回转大扭矩要求的同时，还可以传递大的轴向力。上下两端传扭键之间还布置有滑移键，动力头沿滑移键可以在主动钻杆上来回滑移至上下传扭键区停留作业，最大滑移距离可达 8m。在钻塔有效高度一定的情况下，通过主动钻杆滑移能够满足更深孔的施工要求，同时，钻塔有效高度较低，比同等能力桩机重心要低，稳定性更好，增加了桩机施工的安全性。

图 2　可滑移主动钻杆（左图为最低，右图为最高）

（2）大扭矩中空式回转动力头（图 3）（专利号：ZL 2010 2 0179340.5），双驱动装置对称布置，可消除回转轴承的径向受力，有效延长轴承的使用寿命。动力头最大扭

图 3　中空式回转动力头

矩500kN·m，最大提升速度可达8m/min，主动钻杆滑移方便、快捷。

（3）双筒同步卷扬机（图4）（专利号：ZL 2010 1 0163348.4），该卷扬机可以同步驱动松绳或收绳卷筒，进而通过钢丝绳带动动力头实现全程加压或减压给进，在无级调速液压马达驱动下，卷扬机带动动力头实现给进速度无级调速，由于动力头的回转速度也可无级调速，遂能实现多种螺距的同步传动，可施工不同螺距的螺杆桩，也能实现无螺距的非同步传动，动力头的加压力可任意调整，因此能在多种地层中加压钻进施工。

图4　双筒同步卷扬机

（4）钻塔采用矩形箱式结构，采用高强度结构钢焊接，强度大，重量轻，外形美观。导轨配有自动润滑装置和间隙可调装置，可消除磨损间隙，延长使用寿命。

（5）液压履带底盘，360°回转，液压制动，爬坡能力强，液压支腿调平钻机（图5）。

图5　液压履带底盘及支腿

（6）操作室布置在钻机前部，视野开阔，钻机操作全部集中在操作室内，操作室内配有多种仪表和钻进参数显示记录仪，可实时观察掌握钻机的工作状态、记录储存施工数据（图6）。

图6　桩机操作台

（7）钻塔液压油缸起落，液压支腿装车。主机运输重量53t，运输方便，成本低（图7）。

图7　液压支腿装车

3　施工实例

3.1　螺杆桩施工

3.1.1　项目名称

大唐哈尔滨第一热电厂新建调峰项目。

3.1.2　地层情况

①层　素填土：主要由黏性土及细砂、煤渣等组成，厚度1.8～3.8m不等。

②层　粉质黏土：中高压缩性土，稍有光泽，含大量细砂成分，干强度中等，韧性中等，顶面埋深1.8～5.3m，层厚0.6～3.7m不等，标贯数$N=4$。

③层　粉细砂：稍密状态，含水量饱和，颗粒均匀，矿物由长石、石英组成顶面埋深3.8～8.0m，层厚4.2～10.5m不等，标贯数$N=12$。

④层　中砂：灰色，中密状态，含水量饱和，分选性一般，矿物由长石、石英组成，顶面埋深10.8～15.9m，层厚1.8～5.6m，标贯数$N=16$。

⑤层　粗砂：灰色，中密状态，含水量饱和，分选性较好，矿物由长石、石英组成，顶面埋深15.7～18.0m，层厚1.2～4.0m，标贯数$N=19$。

⑥层　粉质黏土：灰色，含水量饱和，可塑状态，中压缩性土，稍有光泽，干强度中等，韧性中等顶面埋深18.5～23.3m，层厚0.5～2.7m不等，局部细中砂，灰色，中密状态，标贯数$N=23～26$。

⑦层　中砂：灰色，中密状态，含水量饱和，分选性较好，矿物由长石、石英组成，顶面埋深24.5～36.4m，厚度0.8～5.5m，标贯数$N=24～26$。

3.1.3　桩设计参数

施工桩径：500mm；

成桩深度：27～28m；

设计单桩承载力：200t；

总工作量：2500延米。

3.1.4　钻机使用情况

（1）钻机安装

使用120m² 截面的铜芯电缆将钻机与变压器连接，

将钻机钻塔连接好，启动钻机竖起钻塔，用塔撑固定钻塔，将钻机主卷扬机的 a、b 两根钢丝绳在钻塔上安装紧固好，将主动钻杆插入钻机动力头输出轴的内花键孔，用输送混凝土的高压胶管将混凝土输送泵出浆口与主动钻杆上部的回转接头连接，将螺杆钻具与主动钻杆下部的六方接头连接。将钻具对准孔位，使用 4 个液压支腿将钻塔调垂直后可进行钻孔施工。该钻机共配备人员 4 人。其中机长 1 人，施工技术员 1 人，钻机操作手 2 人。辅助生产工人 8 人，混凝土输送泵操作手 2 人，操作手和工人分为 2 班，每班钻机操作手 1 人，辅助生产工人 4 人，混凝土输送泵操作手 2 人，12h 工作制，钻机 24h 连续工作。

（2）动力头转速 4r/min，螺距 330mm 动力头相应的给进速度为 1.32m/min，动力头正转、加压给进把螺杆钻具钻进至 8.5m 深度，之后动力头反转，并改为减压钻进，将螺杆钻具反向旋转离开孔底，同时启动混凝土输送泵，将混凝土压入孔内。当螺杆钻具的钻头旋升到离孔底 2m 的高度时，半螺杆桩的有螺纹的部分灌注完成，此时，将螺杆钻具正转，并继续提升钻具，将螺纹孔的螺纹扫掉，行成上部无螺纹的圆柱桩，灌注一根长桩施工，用工具卷扬吊起钢筋笼，对准桩芯，把钢筋笼沉入。

3.1.5 施工效率

平均成桩时间 70min，平均每天成桩 20 个，日完成工作量 540m（图8）。

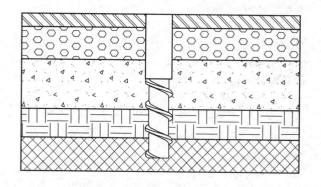

图 8 螺杆桩结构示意图

3.2 中压旋喷搅拌水泥土复合管桩

3.2.1 项目名称

济南力高国际济南澜湖郡一期项目

3.2.2 地层情况（图9）

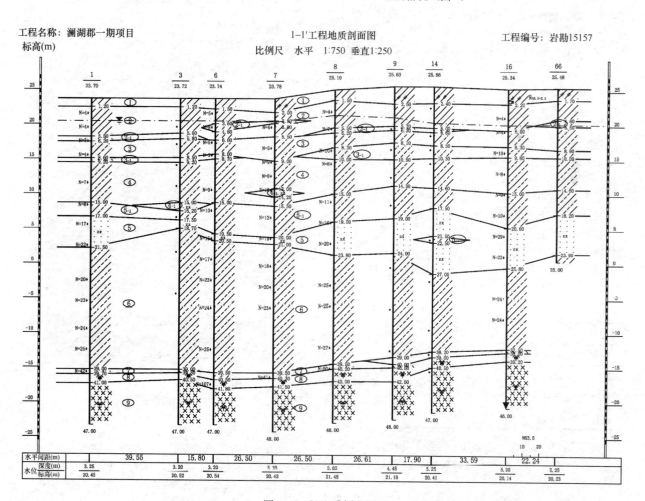

图 9 工程地质剖面图

①层 杂填土：杂色，稍湿，松散，成分主要为混凝土块、砖屑等建筑垃圾与灰渣，局部混少量黏性土及生活垃圾。该层厚度平均 2.18m；层底标高平均 22.68m；层底埋深平均 2.18m。

②层 黏土：黄褐色，可塑，干强度高，韧性高，含少量氧化铁。局部相变为粉质黏土。该层厚度平均 3.45m；层底标高平均 18.65m；层底埋深平均 6.27m。标贯值 5~8。

③层 粉质黏土：灰褐色，局部灰色，可塑，干强度中等，韧性中等，含少量氧化铁。该层厚度平均 2.25m；层底标高平均 16.35m；层底埋深平均 8.53m。标贯值 5~10。

④层 粉质黏土：灰黄色，局部灰褐色，可塑，局部硬塑，干强度中等，韧性中等，含少量铁锰氧化物，局部见姜石与角砾。该层厚度平均 5.71m；层底标高平均 10.49m；层底埋深平均 15.58m。标贯值 9~10。

⑤层 中细砂：黄褐色，局部浅灰黄色，饱和，中密，成分主要为石英、长石，局部夹粉质黏土薄层。该层厚度平均 7.39m；层底标高平均 0.61m；层底埋深平均 24.43m。标贯值 10~12。

⑥层 粉质黏土：褐黄色—浅棕黄色，可塑—硬塑，干强度中等，韧性中等，含少量铁锰结核，见少量姜石与碎石，局部相变为黏土。该层厚度平均 13.84m；层底标高平均 -13.54m；层底埋深平均 38.35m。标贯值 20~27。

3.2.3 施工情况

（1）施工参数

搅拌转速：20r/min；

施工深度：28m；

施工口径：搅拌钻头直径 900mm，旋喷成桩直径约 1.2m，管桩直径 500mm；

泥浆泵：BW600/10。

（2）施工工艺

首先使用全液压多功能桩机按照设计参数完成水泥土桩施工，然后由静压桩机按照静压管桩的施工步骤完成管桩在水泥土中同心植入施工。

工程施工使用机械见表 2。

表 2

序号	设备	型号	数量	用途
1	多功能桩机	LGZ-40	1	搅拌水泥土施工
2	泥浆泵	610/10	2	
3	空压机		1	
4	静压桩机		1	管桩施工

为使搅拌更加均匀，在钻杆上设置了外径为 900mm 的搅拌翅，钻头上设置了带有螺旋片搅拌翅和直径 2.4mm 的喷嘴。

钻机就位后，调平，制备水泥浆，动力头钻速 20r/min，钻进下沉前试喷水，确保喷嘴正常，干钻至桩顶以上 1m，高压喷射搅拌钻进，在设计深度搅拌 30s 后，钻具开始提升，提上来钻具，关闭泥浆泵、空压机，移走

钻机。水泥土初凝前沉入管桩、接桩，确保垂直度。

图 10 济南力高国际南澜湖郡一期项目施工现场

3.2.4 施工效率

工效：0~20m 平均进尺速度 0.7m/min，20~24m 平均进尺速度 0.5m/min，24~28m 平均进尺速度 0.2~0.3m/min。平均成桩时间 110min。试验单桩极限承载力：800t。

3.3 大直径长螺旋钻孔灌注桩

3.3.1 项目名称

济南轨道交通 R1 线演马庄地铁站支护桩项目（图 11）。

图 11 济南轨道交通 R1 线演马庄
地铁站施工现场

3.3.2 地层情况

①层 杂填土：杂色，主要成分为碎石块、混凝土块、砖块、灰土、建筑垃圾，含植物根系及生活垃圾，连续分布。该层平均层厚：2.5m；层面标高：27.30~28.39m；层底标高：22.11~27.04m。

②层 黄土：黄褐色—褐黄色，可塑，大孔结构，垂直纹理，含少量铁锰结核及钙质菌丝，呈粉质黏土状，局部粉土状，连续分布。该层平均层厚：2.9m；层面标

高：22.11～27.04m；层底标高：18.73～24.79m。标贯试验实测击数平均 8 击。

③层 粉土：褐黄色，稍湿，干强度低、韧性低，连续分布。该层平均层厚：2.0m；层面标高：21.12～24.79m；层底标高：18.28～22.75m。标贯试验实测击数平均 9 击。

④层 粉质黏土：黄褐色—褐黄色，可塑—硬塑，切面粗糙，含少量铁锰氧化物，局部偶见姜石，连续分布。该层平均层厚：11.6m；层面标高：15.83～22.07m；层底标高：5.22～10.25m。标贯试验实测击数 10 击。

⑤层 细砂：棕褐色，密实，很湿，砂质不均，具锈斑，成分以石英、长石为主，含少量云母，局部分布。该层平均层厚：2.1m；层面标高：10.04～17.44m；层底标高：8.04～14.34m。标贯试验实测击数平均 17 击。

⑥层 粉质黏土：褐黄色，可塑—硬塑，切面粗糙，含少量铁锰氧化物，局部偶见姜石，连续分布。该层平均层厚：10.0m；层面标高：5.22～10.25m；层底标高：－4.25～0.23m。标贯入试验实测击数平均 16 击。

3.3.3 桩设计参数

桩机机型：LGZ-40；
施工孔径：1100mm；
成桩深度：29m。

3.3.4 桩机施工

平整场地后，定好桩位，钻机就位，钻进过程中出现胶结黏土，钻进压力不够，开始加压，加压后，继续钻进，同时出现黏土返不上来，糊住钻具，利用清土器，清除黏土，继续钻进，钻到设计深度，停钻，压灌混凝土至桩顶标高，下钢筋笼，检验钢筋笼标高，成桩完毕。

加压力：30t。

3.3.5 施工效率

进尺速度：0～12m，1～1.5m/min；12～18m，0.6～0.8m/min；18～24m，0.3～0.50m/min；24～27m，0.1～0.3m/min。

成孔时间：120min。

4 结语

LGZ-40 全液压多功能桩机液压传动，电液比例控制，

传动平稳，操作集中，轻便、安全。可以施工多种工法，特殊设计的双筒同步卷扬机，使动力头实现了钻塔全行程加、减压给进，给进速度可无级调整；主卷扬升降和动力头回转可实现多种螺距的同步传动，可施工不同螺距的螺杆桩；螺杆桩、螺旋挤土桩由于钻孔不出土或微出土，桩身结构带螺纹，侧摩阻大，承载力比一般钻孔灌注桩高 1.2～1.5 倍；节省材料和费用，环保。自动给进采用 PLC 可编程序逻辑控制，稳定可靠；动力头扭矩大可达 50t·m，可施工大直径长螺旋和搅拌桩。水泥土复合管桩改变了承载土体结构，将复合地基技术与管桩结合，大大提高了承载力，材料消耗少，成本低；可替代大直径灌注桩。大直径长螺旋钻孔，解决了入岩的技术难题，大大拓宽了 CFG 桩的应用范围。LGZ-40 型全液压多功能桩机不仅能施工多种桩型，根据需要其功能还可继续扩展，如施工旋挖钻孔，液压锤打桩，使用户的利益最大化，实现一机多能。

参考文献：

[1] 侯庆国.LGZ-25 型全液压螺杆桩钻机的研制与应用[J].探矿工程(岩土钻掘工程)，2010，37(8)：37-40.

[2] 冯德强.钻机设计[M].武汉：中国地质大学出版社，1993.

[3] 闫明礼，张东刚.CFG 桩复合地基技术及工程实践(第 2 版)[M].北京：中国水利水电出版社，2006.

[4] 丁旭亭，苏华，虞利军.长螺旋钻孔压灌桩嵌岩技术的改进与应用[J].探矿工程(岩土钻掘工程)，2015，42(11)：62-65.

[5] 宋义仲，卜发东，程海涛，李建明，朱锋，米春荣.水泥土复合管桩成套技术研究及工程应用[J].建设科技(建设部)，2018，(16)：59-64.

[6] 周红军.我国旋挖钻进技术及设备的应用与发展[J].探矿工程(岩土钻掘工程)，2003，30(2)：11-14，17.

复杂工况地下构筑物施工探讨

张　宽[1]，刘伯虎[2]

(1. 中国建筑第八工程局有限公司，上海 200120；2. 中建八局第三建设有限公司，江苏 南京 210046)

摘　要： 随着城市的快速发展，以及地下空间的发展越来越快、利用程度越来越高，地下施工越发成为常见的高危施工项目，因为施工的工况、状态随着城市发展、地下空间的紧缩，造成工况越来越复杂，所以给施工造成的难度也越来越大，施工面临的风险越来越多、越来越高，并且这些风险叠加后，施工难度和成本趋向指数倍数增长。所以，对于该类情况的探索、研究和风险预防，成为当务之急之一。

关键词： 复杂工况；地下建构筑物；施工探讨

0　现状及概述

（1）线形市政基础设施类项目

相对于基础设施项目来说，其施工跨度长，穿越地质变化复杂多样，特别是城市地铁、轨道、隧道等穿越的区段内高密集保护对象的处理代价之高有的甚至接近于区段内地铁自身造价，施工难度也很大。

（2）房建类项目

房建项目虽然跨度不比基础设施项目长，但经常在繁华闹市区，所以经常遇到的或单一或组合或集合多样的保护对象，工况因此也更加复杂：穿越或临近城市管网、城市交通网；穿越地铁、隧道、大型光（电）缆管廊、周边市政、临近建（构）筑物、周边大型基础设施构筑物等，特别是遇到一些对变形敏感的建（构）筑物保护对象，此类基础阶段实施难度增大。

（3）待实施与待保护对象相对位置不同，实施时需要采取措施也不同。几种常见情形如下：

1）保护对象高出施工区：正交或侧交，位于施工基础的上方、侧上方；

2）保护对象是地下敷设的管网、构筑物：下面、内穿、半穿、擦边、侧近等情形；

3）对于地下交通隧道、水底光缆等高敏感性设施等，相对于其他情况更是严格保护措施。

1　工况变化的机理分析

（1）浅埋基坑工程中工况和受力机理

常见深基坑支护、换撑、卸载等阶段变化全过程主要受到地表水文地质中相关参数变化、就近需保护对象改变原受力平衡后建立新平衡受力体系的多元化、较复杂的系统变化。

基坑工程是由基坑的支护、降水、开挖、换撑、回填、回灌等组成的系统工程，一般在实施基坑工程中，受力机理有以下几种：

1）围护结构施工导致的水土压力损失或挤压，引起周边地层位移变形及受力体系发生变化；

2）基坑开挖打破原有的基坑内外合力平衡，造成周边地层位移变形及受力体系发生变化；

3）基坑降水引起影响范围内地层有效应力变化，造成周边地层位移变形及受力体系发生变化；

4）换撑、回填、回灌二次造成合力重新平衡，地层应力在换撑、回填后的再次平衡，造成周边地层位移变形及受力体系发生变化；

5）上部荷载加载后，也会不同程度引起地层应力变化、重组、重新平衡。

所以整个过程是相当复杂的系统工程，我们在实施不同项目，选取项目实施时造成危害、需要保护的因素分析、消除危害、保护周边环境。

（2）深埋硬质岩石层中工况和受力机理

常见如穿岩石层隧道中的支护结构受力机理主要来自于围岩单一变形的形变压力。支护结构受力及变形机理受围岩条件、支护时机、支护刚度影响，选择较优的支护形式和支护结构刚度，实现较好保护的同时还能够大大提高经济效益。

2　应对问题出发点和原则

针对复杂工况的问题，我们制定方案时既要考虑到多方因素还得理清主要因素：

（1）全盘考虑、综合分析、区域划分：有的项目工况单一，但有的项目工况叠加、影响复杂，有条件的进行模拟试验，不但可以判定项目的试验工况状态，同时可以收集类似工况项目的大数据，做好试验与实际的数据差异分析处理；

（2）安全第一：不管什么工况、什么方案，都要在确保安全，给保护对象造成的变形等保证在允许范围内；

（3）经济可靠：在满足上述要求下，方案的经济性也是必须关注指标之一；

（4）考虑施工阶段、运行阶段的不同工况及工作状态下的情况，有些特殊情况下，不仅考虑施工工况下的相互影响，有的还需要按理论计算、在后期的运行等阶段后续变形是否确保安全、可靠；

（5）有些根据区域规划和发展趋势，在未来发展建设中可能还会出现的有必要采取的预留、预防护等早期较经济且安全的超前处理。

3　常见处理措施

（1）常用处理办法

1）监测法

监测法是对各种处理方法、效果、结果的辅助判断，是进一步采取措施的主要依据之一，一般有应力和应变，又叫应力监测和变形监测。

2）规避法

该方法需要在项目规划、设计阶段，对一些保护对象予以提前避开恰当距离，后期实施时对保护对象不造成影响或降低影响保持在允许范围以内，或者降低保护成本的措施。

3）隔离法

隔离法是在无法规避且对保护对象造成的影响超过允许范围，必须采取隔离保护措施，如地下连续墙、钻孔灌注桩（＋搅拌桩）止水帷幕、钢管桩、注浆、挡土墙等。

4）保护法

保护常分为对保护对象的自身抗损害能力加强的保护，如基础加固、基础托换、基础由独立基础联系成整体向更好的独立基础＋梁板的叠加组合基础，提高整体刚度；对传播体系进行强化的保护，如地基注浆加固，使地基基础整体抗险性加强。

5）调整施工先后顺序

对于一些同步施工的空间重叠的建（构）筑物，同时在相重合时间空间实施时，综合考虑相互影响因素，预先主动安排或者调整合理的施工顺序，达到保护对方或消除风险的方法。

但实际中经常出现一些被动调整施工的先后顺序时，及时采取应对措施，预防工况变化时带来的危害。

（2）典型处理法1：提前加固、先深后浅顺作法

常见的有地下连续墙、支护桩、注浆帷幕、挡土墙、内支护体系，开挖、换撑、拆除、回填回灌等顺作法。

（3）典型处理法2：同步加固、先浅后深法

常规做法有：锚杆、挂网喷浆、钢板桩＋钢管对撑（地锚外拉）等形式。

以下通过几个复杂工况且发生变化时，引起施工技术措施相应变化的案例，总结一些经验和体会。

4 典型案例分析

案例：某基坑占地面积约 67475m² 大型公交停保场建设工程，基坑维护方案需要考虑到：（1）深基坑（地下最大挖深21m，最大层高近7m左右）；（2）地下大空间；（3）（停工后增加）西侧有轨电车（电车基础墩柱及围护桩有7个开完后裸露一半）；（4）北侧为一条高速公路穿城高架，且临近已运行中地铁线22m；（5）北侧局部有一条穿越基坑的地铁涵洞同步施工；（6）东侧为高速立交及匝道；（7）横跨二、三区管道。根据情况不同位置分别采

取了支护桩、土钉支护、混凝土支撑、预应力锚索及土方开挖施工等支护形式。后地下大空间滞后，轻轨运营后施工地下空间，工况变化对双方的互相影响效果也发生变化，如图1基坑平面工况分布图所示。

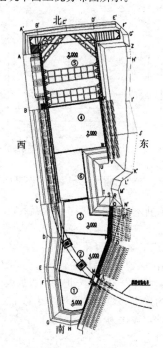

图1　基坑平面布置图

原设计无有轨电车，项目停工近2年后，增加有轨电车且主体结构已完成。后续复工时为确保有轨电车结构安全，原设计放坡无条件实施。基坑北侧取消中心岛施工，利用基坑北侧及西侧、东侧部分支护桩形成北区段排桩加三层混凝土支撑支护形式。有轨电车6～12号桥墩采取三级放坡、坑侧排桩加岩石锚杆的支护形式，其余部位的支护形式因为工况的变化引发一些相应调整。

具体采取措施，根据基坑周边保护对象的实际参数、保护效果、施工周期、工况变化等分区段调整，既保证保护效果，又尽可能降低成本。具体有如下区段的各类措施：

（1）针对有轨电车的支护增加措施：本工程西侧原有基坑支护桩552根、立柱桩16根（在项目第一施工阶段已经完成后停工）。基坑中途因故出现近2年时间停工，停工期间有轨电车完成并运营。导致项目的周边环境、施工工况发生较大变化，从而及时进行电车基础加固等措施，对原设计基坑围护结构做出调整：①新增支护桩161根；②新增立柱桩73根及内撑一道；③修改监测方案，对电车基础墩柱逐一监测。

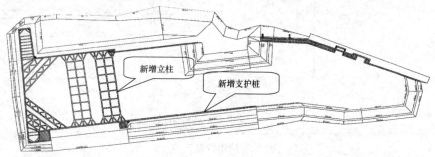

图2　增加的234根桩位布局示意图

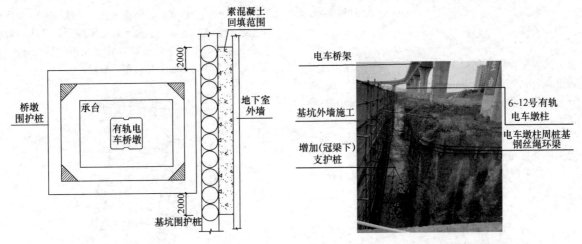

图 3　BC段地下室外墙与围护桩回填示意图

图 4　BC段支护效果实景照片

效果：有轨电车施工期间正常运行；电车高架及基础位移、沉降变形等均控制在规范允许范围内。

（2）AB段工况变化及采取措施：AB段近电车站，且靠近邻侧正在实施穿越基坑的地铁，但停工导致前后工况差异较大，所以原来基坑支护为四级放坡，根据工况变化，现在改为采用一级自然放坡＋土钉墙边坡防护及支护桩对撑支护，坡比为1：2.5～1：4，坡面及桩间采用挂网喷射混凝土处理。如图5所示。工况的变化给工程施

工难度增加很大，项目成本也大幅提高。

（3）BC段工况变化情况类似（1）中工况的变化，但是根据每区段的各项参数、考虑因素等情况综合计算影响结果后，由此引起的基坑支护也发生较大变化：BC段电车基础距离基坑最近、影响最大，BC基坑放坡由原来的四级放坡，改为采用三级放坡，另外增加了土钉墙边坡防护、支护桩及预应力锚杆支护等多类组合支护如图6所示，从而大大增加了电车基础的稳固性、电车运行的安全性。

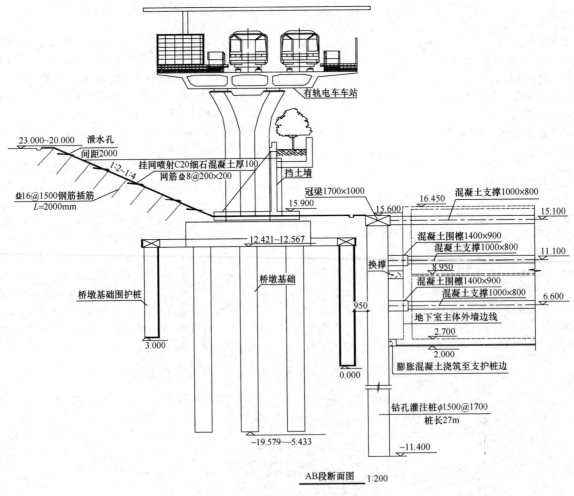

图 5　AB段支护由放坡改支护断面图

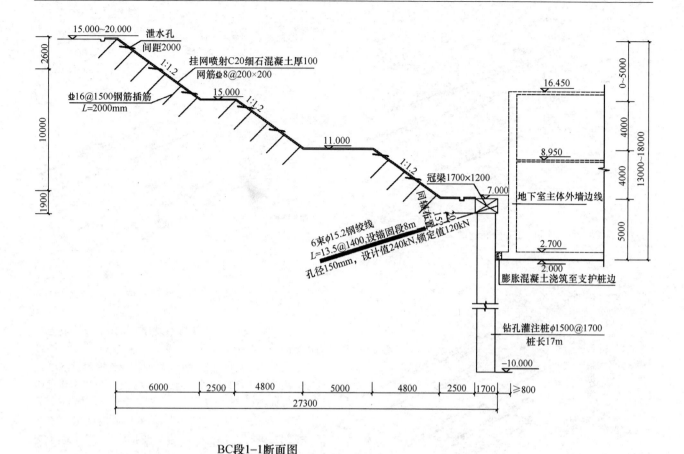

BC段1-1断面图 1:200
适用于有轨电车区间桥墩围护桩范围以外的基坑支护

图6 BC段增加支护桩、锚杆、分级放坡布局示意图

（4）CD、DE、EI段工况虽然有所变化，但是原设计基本满足工况变化后的支护需要，维持原设计：三级放坡坡比均为1∶1.2，坡面采用挂网喷射混凝土处理。具体工况变化后的各措施选取分别如图7～图9所示。

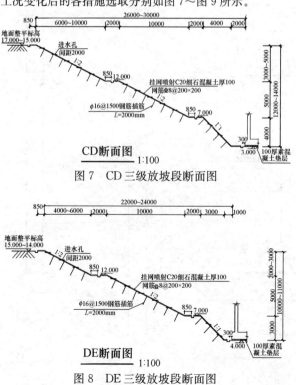

CD断面图 1:100

图7 CD三级放坡段断面图

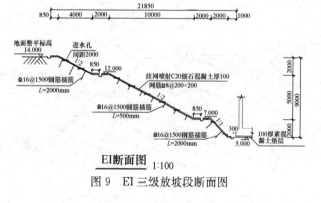

EI断面图 1:100

图9 EI三级放坡段断面图

（5）IJ、KL、MO、OPQ段原设计为：采用支护桩、预应力锚杆支护和边坡，坡面采用挂网喷射混凝土处理。在原设计基础上，对冠梁近绕城公路侧实行加强和优化，对边坡进行挂网喷浆防护。

DE断面图 1:100

图8 DE三级放坡段断面图

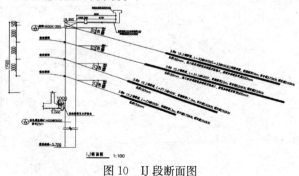

图10 IJ段断面图

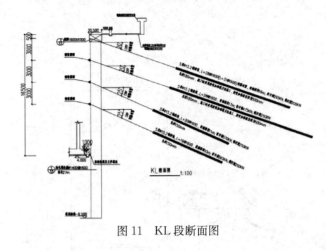

图 11　KL 段断面图

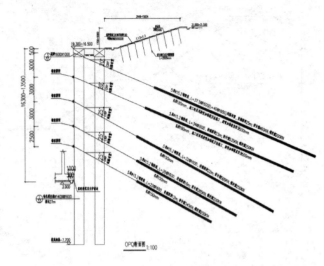

图 13　OPQ 段断面图

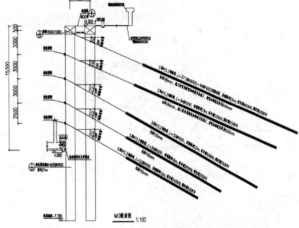

图 12　MO 段断面图

（6）AA'B'段：基本维持原设计，采用二级放坡土钉墙边坡防护、支护桩及混凝土支撑（钢支撑）支护，两级坡坡比均采用 1∶0.75～1∶1，坡面采用挂网喷射混凝土处理。因为施工周期加长，周边环境变化，所以主要对挂网喷浆坡面进行优化处理。

（7）B'C'D'区段：取消原设计的中心岛施工二道支撑，采用二级放坡土钉边坡防护、支护桩及三道混凝土支撑支护，一级二级坡比 1∶1，坡面采用挂网喷射混凝土处理。

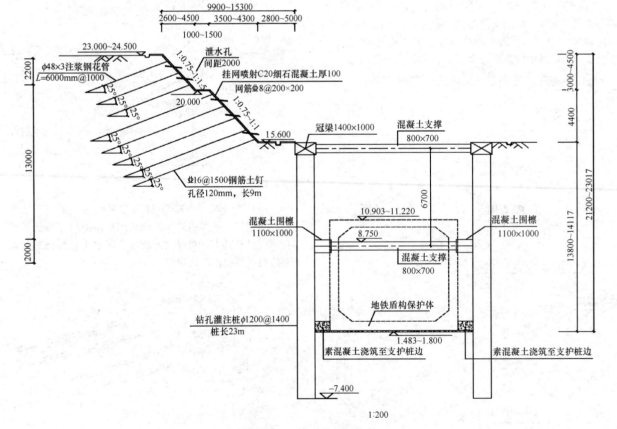

图 14　AA' 段断面图

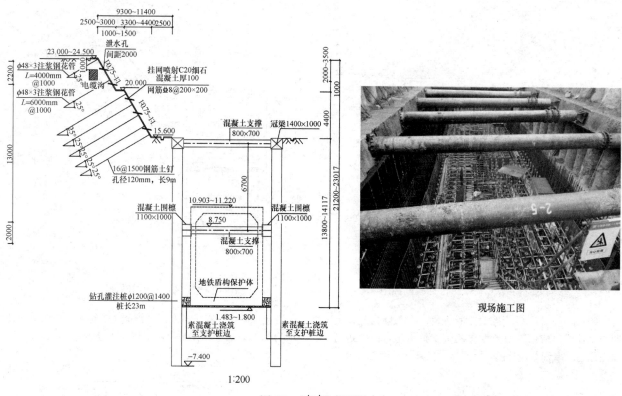

图 15　A′B′段断面图

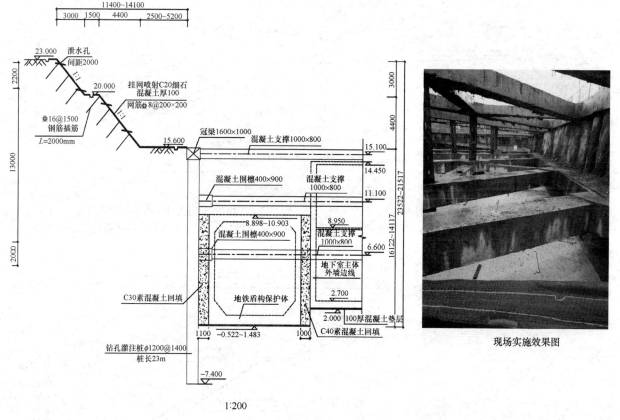

图 16　B′C′D′段断面图

（8）D′E′F′G′Z′段：工况有变换主要是施工周期变长、周边保护对象略有一些变化，但是基本维持原设计，所以只对边坡进行优化，现采用一（二）级放坡土钉边坡防护、支护桩及混凝土支撑，一级坡比 1∶1.5～1∶0.75，坡面采用挂网喷射混凝土处理。

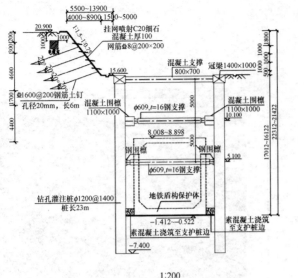

图 17　D′E′F′G′区段的段断面图

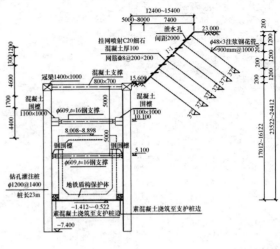

图 18　G′Z区段的段断面图

（9）ZH′I′J′K′段工况变化的优化：主要因为施工周期变化及周边待保护对象变化调整支护措施，边坡进行加固处理。取消原设计的三道预应力锚索，采用二级放坡

土钉边坡防护、支护桩及三道混凝土支撑，一、二级坡比均为1：1，坡面采用挂网喷射混凝土处理。

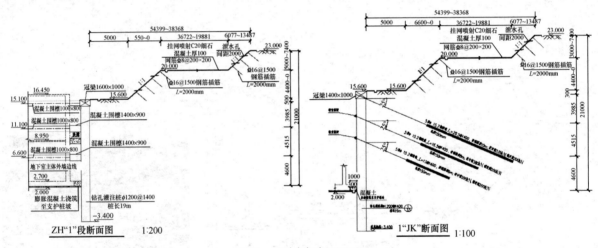

图 19　ZH′I′J′K′段断面图

（10）K′N′段：工况变化不大原设计基本满足工况变化，所以基本维持原设计，只对边坡进行优化处理。现采用四级放坡土钉边坡防护，一级坡比均为1：1.5～

1：3.5，二级坡比均为1：2.5，三级坡比均为1：1.5，四级坡比均为1：1，坡面采用挂网喷射混凝土处理。

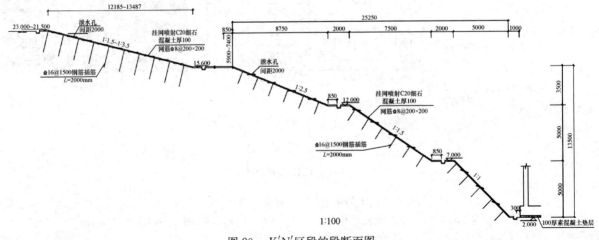

图 20　K′N′区段的段断面图

（11）VWXY 段边坡因东侧平面布置而调整：基坑东侧经调整后成为现场主要加工场地、料场等，所以施工工况较之前发生较大变化，需要对基坑支护采取加固和调整，调整后如图 21 所示。

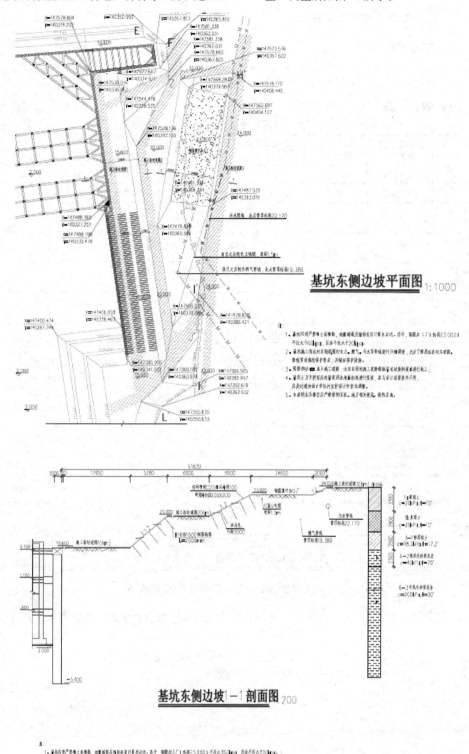

图 21　基坑东侧边坡支护调整后实施图

实时监测效果

在项目实施一阶段、停歇近 2 年时间内以及二阶段施工，全过程进行监测，根据各阶段监测数据显示，前期实施措施、后期紧急调整实施措施等，都取得了成功，很好地保护周边建（构）筑物和环境，本项目是比较典型的复杂工况下，多种支护措施综合运用的较全面案例，在技术上和成本控制方面，都进行了较好的探索，取得了一定突破和尝试，有一定的推广价值。下图为最关键阶段监测数据证明。

基坑中部：正在底板施工；

基坑南侧：正在主体施工。

二、巡视情况

周边环境暂无任何异常。

三、数据汇总

表3-1 各监测项目数据汇总

监测项目		本期变化量最大点	本期变化量(mm)	变化速率(mm/d)		测点位置	累计变化量最大点	累计变化量(mm)		测点位置
				本期值	报警值			本期值	报警值	
道路沉降		R9	−0.2	−0.10	2.0	A'D'	R30	18.4	30	IM
管线沉降		GX6	−0.2	−0.10	3.0	A'D'	GX10	12.5	30	A'D'
地铁2号线桥墩沉降		H2	0.1	0.05	2.0	A'D'	H1	7.0	30	A'D'
快速公交桥墩沉降		H27	−0.2	−0.10	2.0	BF	H32	4.1	30	BF
快速公交桥墩水平位移(顶部)		Q8	−0.1	−0.05	2.0	BF	Q10	6.1	10	BF
快速公交桥墩水平位移(底部)		QD7	−0.2	−0.10	2.0	IM	QD10	1.9	7	AC
桩顶垂直位移		D10	−0.2	−0.10	2.0	IM	D32	17	24	IM
桩顶水平位移		D74	−0.2	−0.10	2.0	IM	D44	15.8	24	IM
立柱垂直位移		LZ1	−0.1	−0.05	2.0		LZ4	−6.9	30	
坑外水位		SW13	40	20.00	500.0		SW12	−670	1000	A'D'
快速公交桥墩倾斜							H35−H36	0.3	0.6‰	
地铁2号线桥墩倾斜							H3−H4	0.6	2‰	
锚索内力		M3−9	4.8kN	—			M1−4	192.7kN	732kN	IM
桩体应力		ZS6(3m)	34.4MPa	—		IM	ZS6(3m)	34.4MPa	468MPa	IM
深层位移	点号	CX38	0.6	0.30	2.0	IM	CX15	15.0	45	Mp
	深度	6m					1m			
备注		桩顶水平位移、深层位移"+"为向坑内，"−"为向坑外;沉降"+"为下沉，"−"为上升;水位"−"为下沉，"+"为上升;锚索内力"+"为拉伸，"−"为受压。桩身内力"+"受压，"−"受拉。								

图22 项目在复杂工况施工后期多项监测结果

5 结束语

地下工程千变万化，遇到的问题没有雷同，但处理问题的原则和方法基本大同小异，希望本文能给类似问题提供力所能及的提示和借鉴，共同参与持续提高地下施工的技术和保护形式，从长计议，保护好我们的环境。

浅谈无损检测技术在水利工程质量检测中的应用

张 懿

（山东省建筑科学研究院有限公司/山东建科特种建筑工程技术中心有限公司，山东 济南 250031）

摘 要： 在水利工程质量现场安全检测中，混凝土常规检测方法有回弹法、钻芯法以及超声波法等；堤防的常规检测方法主要有地质钻探、人工探视等。钻芯方法虽然探测精度最高，但具有一定的破坏性，而且不能连续探测，探测效果是离散的、不连续的。地质雷达属无损检测，其检测速度快、可连续扫描，将有效地提高检测的全面性和准确性。地质雷达探测技术相对传统探测技术方法具有较明显的优越性。

关键词： 无损检测技术；水利工程；质量检测；地质雷达法

0 无损检测技术的概述

（1）无损检测技术的发展与应用

无损检测技术最早被提出和应用是在 1906 年，此后这项技术不断进步发展，并在水利工程质量检测中得到了广泛应用。在当前的水利工程中，无损检测技术具有较强的现场作业和远距离作业优势，相比于传统的技术手段，无损检测技术已经成为当前水利工程中不可或缺的重要技术，它的科学性、合理性，以及近些年不断朝智能化发展的总体趋势，使其在未来发展中拥有非常广阔的前景。

（2）无损检测技术的优势分析

无损检测技术在水利工程中的广泛应用，与其自身的技术优势密切相关。结合水利工程质量检测的具体实践经验来看，无损检测技术的优势主要表现在以下方面。

首先，无损检测技术具有连续性优势，即能够高质量地完成现场作业，能够在特定的时间内多次完成重复的数据收集，提高工程质量检测水平，提高检测质量。

其次，无损检测技术在物理性能方面也具有明显优势，在具体的工作中，能够在检测过程中对物理量进行较为深入的检测，如质量、材料和成分比例等。

最后，相比于传统的质量检测方法，无损检测技术实现了远距离检测，打破了传统检测手段受条件束缚的局限，实现了检测方式上的巨大突破。

（3）堤坝裂缝及其危害

各种混凝土坝以及其他大体积混凝土建筑物的裂缝，主要是温度变化引起的。这种裂缝，特别是其中的深层裂缝和贯穿裂缝，对混凝土坝的整体性、耐久性和防渗能力具有严重的危害。为了确保混凝土大坝的安全和长期正常运行，必须对混凝土坝裂缝产生的原因有一个正确的认识。

平行于坝轴线的贯穿裂缝，会削弱坝体承受水压荷载的刚度，影响大坝的整体性，恶化其受力状态，严重影响坝体的安全运行。迎水面的深层裂缝与水相通，在运行中使坝基压力分布大为恶化，有压水进入缝内，又会将裂缝进一步被"撕开"，继续向下游发展，同样有很大的危害。混凝土坝表面裂缝容易形成应力集中，成为深层裂缝扩展的诱发因素。与大气、库水和河水相接触的坝面上的表面裂缝，将影响混凝土的抗风化能力和坝体的耐久性。

1 无损检测技术对混凝土强度质量的检测

1.1 超声回弹检测法

超声回弹检测法一般应用精度较高的设备进行现场检测，在对应目标范围内选取两个测面，要求两个测面处于对称条件下，在对应位置布置回弹测区，保证测面表面整洁，利用回弹仪测试回弹值，再利用声波换能器测取波速，通过不同波速差异与混凝土内部结构的特异性进行质量判断。该方式适合多种结构的检测，有利于发现混凝土大裂缝、空洞以及蜂窝情况，但检测技术要求高，而且如果构件的厚度较大，检测的误差也很难控制。

1.2 自然电位法的具体应用

钢筋在水利工程中的作用突出，结合此前的工作资料可以发现，大部分水利工程中钢筋面临水腐蚀和氧化破坏，并在氧化和锈蚀的过程中发生膨胀，导致混凝土结构破损，有效断面减小。电位法是利用金属与介质之间的相互作用，分析双电层和电位差进行检测。该项检测技术同样需要借助专业设备，一般要求使用高内阻自然电位仪，如果电位在 $100\sim300$mV 之间，表明钢筋处于钝化状态，如果电位处于 $100\sim300$mV 之间，表明钢筋存在锈蚀风险，如果电位超过 300mV，钢筋可能已经锈蚀，需要进行必要的处理。

1.3 综合分析法

综合分析法包括两个步骤，即厚度测量和碳化深度测量。厚度测量方面，应用扫描仪进行定位扫描，扫描精度在 3mm 之下，使构件内部钢筋的情况得到明确。深度测量方面，借助电锤选取固定位置进行打孔作业，清除残渣，向孔内注入酚酞酒精（1%浓度），再借助游标卡尺测量变色部位距离，作为碳化深度准绳。完成上述测定工作后，对保护层厚度和碳化深度进行匹配分析，如果前者大于后者，表明钢筋不存在锈蚀情况，可以继续使用；如果碳化深度大于保护层厚度，表明钢筋保护层已经失效，应给予处理防止构件进一步被破坏。

1.4 地质雷达法

地质雷达在微型计算机的控制下进行工作时，发射系统可以接收已经定位好时间的地质雷达控制单元系统的电磁脉冲，通过电磁脉冲触发并快速加压，高压力窄脉冲电信号产生，系统将它作为雷达发射波，对地下进行勘探发射。此电磁波通过发射系统的发射天线表面形成直达波。在传播的过程中，如果遇到阻碍物或介质界面就会进行反射，这时发射波反射成雷达波和直达波通过接收系统的接收电路和接收天线被接收回来，随后经过高频放大器放大，并在地质雷达控制单元系统的触发下，对放大后的电磁波信号进行 A/D 转换器转换、可编程控增益放大等相关处理，在处理过程中得到的地质雷达回波波形被放入微型计算机的内存中，以便电磁波信号进行编码处理，并按照灰色或伪彩色电平图等堆积图的方式展示。随后经过处理分析，即可判断被探测地质中是否存在介质界面及被探测物所在的深度、地理位置和大小等。地质雷达接收并记录信号，并通过所记录的参数进行分析处理，得到相应的结论，以此来判断地下介质的相关情况，帮助工程人员勘测。

2 以某工程为例介绍地质雷达法的应用

2.1 工程简介

北大港水库地处天津市独流减河下游，西部与马厂减河相连，东部与渤海湾相连，南部是北大港油田，距入海口大约 6km，是天津市行政区内最大的平原水库。水库于 1974 年建成，占地 160 多平方公里，蓄水面积达到 150km²，设计库容 $5 \times 108m^3$，主要由 5 条围堤和 13 座蓄供水建筑物构成。

水库围堤有东南、东、北、西、西南五个围堤，总堤长约 54km。北大港水库与洋苏公路路堤共建段为西围堤。北大港水库在天津市引黄济津及南水北调东线对天津市城市安全供水提供了坚实的后盾。

北大港水库与洋苏公路路堤共建段公路桩号起点约为 5+500m，终点桩号为 9+500m，路堤共建段约为 4km，双向两车道一次建成，路基宽度 8.0m，路面宽度 7.0m，路面顶高程 9.5m，路面结构基层与面层总厚度约为 90cm。

洋苏公路于 2009 年 7 月翻修完成并投入使用，自通车运营至今大概有 6 年时间，洋苏公路与北大港水库路堤共建段出现较大范围的纵向裂缝，公路桩号 8+000～9+000 是裂缝主要分布区，纵向裂缝主要分布在洋苏公路由北向南的半幅路面上（约占路面纵向裂缝的 80%），裂缝主要出现在车道轮迹带处，距离沥青混凝土路面边缘为 1.5m；由南向北的路面纵向裂缝较少，缝宽较小。

在所有的纵向裂缝中，位于路堤共建段 8+500m 转弯处的纵向裂缝最为严重，裂缝长度、宽度均较大，并有错台现象；裂缝距离沥青混凝土路面边缘为 1.5m，方向与堤轴线平行，在转弯处略向边坡倾斜。

根据现场勘查的结果，地质雷达需要完成公路桩号 8+000～9+000 间 1km 的实地检测。现场对 8+000～9+000 堤顶布设 2 条测线，主要采用 100MHz 天线进行连续检测，累计完约 2km 检测工作量。

2.2 测线布置

2.2.1 检测范围

北大港水库西围堤路堤共建段 8+500m 转弯处有 2 条主要裂缝，其中一条裂缝规模较小，裂缝最大宽度约 3mm；另一条裂缝较为明显，裂缝最大宽度为 5cm，裂缝两侧公路路面高差最大为 5.5cm，裂缝长度约 200m，裂缝段内堤肩与外堤肩高差最大为 20cm。详见图 1。围堤路面宽度为 7.0m，堤外水面与堤顶的高差为 6.8m。选取测区裂缝情况最严重的堤段检测，起点公里桩号为 8+500m。检测范围：长度 50m，宽度 8m。

2.2.2 测区布线

北大港水库西围堤路面宽度为 7.0m，考虑到 8+500m 处裂缝严重，对 8+500～8+550m，进行网格式布设测线，详见图 2。

北大港水库西围堤路 8+500～8+550m，垂直裂缝走向布设横向测线 6 条，测线间距 10m；平行裂缝走向布设纵向测线 4 条，测线间距 0.5～2m，详见图 2。检测区堤段处在一个弯道，纵向检测线是弧线，纵向测线 2 和较大裂缝重合，测线位于裂缝正上方；纵向测线 3 和较小裂缝部分重合。

图 1　北大港水库西围堤 8+500m 转弯处裂缝图

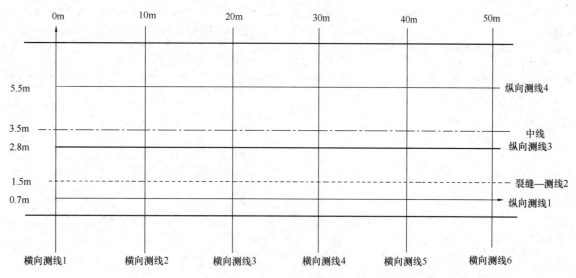

图2　8+500～8+550m测线布置示意图

2.2.3　地质雷达天线配置

本次所采用地质雷达为美国 GSSI SIR 30E 高速地质雷达，检测所用雷达天线中心频率为 40MHz、100MHz、200MHz。每根雷达天线各布测 6 条横向断面和 4 条纵向断面，共计 10 条检测断面，3 根不同中心频率雷达天线，合计 30 条检测断面。根据现场情况，按 1m 间距加密测线完成部分测区检测工作，同时对部分测线进行了多次复测，总计完成检测线总长约 1500m。天线参数配置详见表 1。

天线参数配置　　　　　　　　表1

参数	40MHz 天线	100MHz 天线	200MHz 天线
测量方式	time（时间）	time（时间）	time（时间）
扫描速度	32	50	50
采样点数	1024	1024	1024
介电常数	9	9	9
增益点数	5	5	5
垂直低通滤波	90	300	600
垂直高通滤波	10	25	50

检测现场是水库围堤和公路公用段，检测时来往重载车辆较多，检测现场振动较大，对地质雷达检测波形产生较大干扰，对后期数据处理影响很大。

2.3　地质雷达数据采集与分析

2.3.1　100MHz 天线

（1）100MHz 天线纵向测线 1：本测线位于裂缝的外侧，通过 PADAN7.0 地质雷达数据处理软件的分析，能量团分布相对均匀，规律性较好，衰减相对快，同相轴相对完整，波形相对均一。

（2）100MHz 天线纵向测线 2：本测线位于较明显裂缝的正上方，通过 PADAN7.0 地质雷达数据处理软件的分析，能量团分布不均匀，规律性差，衰减较快，同相轴连续性差，有十分明显的断裂破碎处，波形较为杂乱，异常明显。

结合其余测线综合判断，100MHz 天线所能检测的裂缝深度在 5.0～6.0m。

2.3.2　200MHz 天线

200MHz 天线纵向测线 2：本测线位于较明显裂缝的正上方，通过 PADAN7.0 地质雷达数据处理软件的分析，能量团分布不均匀，能量衰减较快，同相轴连续性有十分明显的断裂破碎处，波形较为杂乱，异常明显。

结合 200MHz 其余测线，200MHz 天线所能检测裂缝深度在 3.0～3.5m 间。

在 200MHz 天线 6 条横向测线中，横向测线 4 到横向测线 5 的现场检测波形异常最为明显，为了更明确判定异常的深度情况，在 35m 处加测 2 条横向测线：

（1）一条局部测线（0～2.5m），可见在裂缝（1.5m处）两侧各 0.5m，深度 1.5～2.0m 处存在明显异常，可判定为较为明显的土层破碎带。

（2）一条完整测线（0～7.0m），在 1.0～2.0m 的小区间内，深度 1.5-2.0m 左右有明显异常，说明存在较为明显的土层破碎带。

2.4　检测结论

通过综合分析，本次地质雷达探测裂缝最大深度为 6m，沿较大裂缝两侧各 0.5m 宽度，深度 1.5～2m，存在土层破碎带。

3　结语

水利工程质量检测是水利工程项目被投入使用后可以在其使用期限内完成其交通运输、防洪排涝或者农田灌溉作用的必要保证。因此，选取高效的探测技术非常必要。地质雷达探测技术相对传统探测技术方法具有较明显的优越性。

参考文献：

[1] 张东寅．水利工程质量检测行业存在的问题及对策研究
[J]．科技展望，2015，(3)：8-9.

[2] 蔡连初．探地雷达圆形测线探测方法[J]．物探与化探．2015
(3)：637-640.

[3] 李新剑，刘佳明．浅谈工程物探新技术在电力工程中的应
用[J]．价值工程，2014(28)：53-54.

[4] 赵忠海．探地雷达在地道探测中的应用[J]．地质灾害与环
境保护，2013，24(2)：87-89.

[5] 《工程地质手册》编委会．工程地质手册(第五版)[M]．北
京：中国建筑工业出版社，2018.

一种水泥土搅拌旋喷用钻具

张化峰[1,2]，　任秀丽[1,4]，　鞠　泽[3]

（1. 山东省建筑科学研究院有限公司，山东 济南 250031；2. 山东建科特种建筑工程技术中心有限公司，山东 济南 250031；3. 济南中海城房地产开发有限公司，山东 济南 250000；4. 济南市组合桩技术工程研究中心，山东 济南 250031）

摘　要：本文介绍了一种水泥土搅拌旋喷用钻具，主要包括钻杆和钻头两部分，详细介绍了该钻具的构造细节和使用原理。本套钻具实现了钻具在使用过程中的快速进给，提高了施工效率，解决了现有光圆钻具和具有搅拌翅的钻具在密实砂层中钻进困难及不返浆、气的问题；搅拌旋喷水泥土桩侧表面积呈盘状、螺旋状凸起，提高了桩身的侧摩阻力。

关键词：水泥土复合管桩；搅拌旋喷；钻具

0　引言

水泥土复合管桩[1]是由搅拌旋喷法形成的水泥土桩与同心植入的预应力高强混凝土管桩复合而形成的基桩，具有大直径、长桩、高承载力、性价比高的特点。

搅拌旋喷技术是在高压旋喷基础上发展起来的地基处理新技术[2]，搅拌旋喷技术采用大流量泵送水泥浆，搅拌成桩，在保证施工质量的同时提高了施工效率。

水泥土复合管桩施工是水泥土复合管桩施工的关键环节，外围水泥土桩施工钻具应具有高压喷射与机械搅拌功能[3]。原有水泥土桩施工钻具具有功率大、扭矩小、施工深度浅，在密实砂层和硬黏性土中施工效率低，且单一搅拌轴成桩直径小等缺点。另一方面，高压旋喷设备本身不具备自钻孔功能，需要其他设备配合成孔，且施工效率较低，成桩直径较小，劳动力占用多，经济性差，严重制约着水泥土复合管桩这一施工技术的推广。本文介绍了一种水泥土复合管桩搅拌旋喷用钻具，解决了高压旋喷设备因不具备自钻孔而施工效率低的问题，可以充分发挥水泥土复合管桩的优势，有利于水泥土复合管桩的推广应用，能够产生明显的社会效益、经济效益和环境效益。

1　钻具构造

该水泥土搅拌旋喷用钻具包括钻杆和钻头两部分，结构示意图见图1。

钻杆外表面具有钻杆搅拌翅，钻杆内部有第一浆液通道和第一气体通道。钻头外表面有钻头搅拌翅，钻头底端有钻齿，钻头内部有第二浆液通道；钻头外表面还有沿着垂直于钻头设置方向进行喷浆的侧部喷浆组件，钻头内部底端有向下喷浆的底部喷浆组件，侧部喷浆组件和底部喷浆组件分别有一个喷射端和两个不连通的进口端，侧部喷浆组件和底部喷浆组件的其中一个进口端分别连通第二浆液通道，底部喷浆组件的喷射端高于钻齿的底端。

钻头固定连接于钻杆底端，钻头的第二浆液通道向上连通钻杆的第一浆液通道，钻头侧部喷浆组件的另一个进口端向上连通钻杆的第一气体通道，钻头底部喷浆组

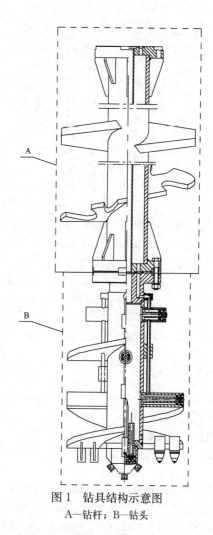

图1　钻具结构示意图
A—钻杆；B—钻头

件的另一个进口端向上间接或直接连通钻杆的第一气体通道。

1.1　钻杆

钻杆主要包括接入外部高压介质的内管、套设于内管外侧的外管以及对称或环形连接于外管外表面的钻杆搅拌翅，内管的内腔为第一浆液通道，外管与内管之间形成连通外部高压气体的第一气体通道。钻杆还包括上法兰和下法兰，上法兰向下密封接触于上述内管和外管的上端面，下法兰向上密封接触于上述内管和外管的下端面。上法兰和下法兰上分别开设有连通第一气体通道的

气孔以及连通第一浆液通道的浆液孔。钻杆结构详图见图2。

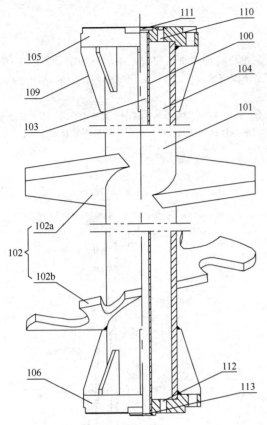

图2　钻杆结构详图

100—内管；101—外管；102—钻杆搅拌翅；103—第一浆液通道；104—第一气体通道；105—上法兰；106—下法兰；109—法兰筋板；110—上气孔；111—上浆液孔；112—下气孔；113—下浆液孔

1.2　钻头

钻头的结构包括钻头外管、布置于钻头外管外表面的钻头搅拌翅、对称或环形布置于钻头外管外表面的侧部喷浆组件、布置于钻头外管内部的底部喷浆组件以及连接于钻头外管底部的钻齿。钻头外管的内腔作为第二浆液通道，钻头外管的顶端固定有连接法兰，连接法兰上开设连通第二浆液通道的法兰浆液孔和连通第一气体通道的法兰气孔，当钻头外管通过连接法兰与钻杆的下法兰连接止口对接并螺栓固定时，连接法兰的法兰浆液孔和法兰气孔正对下法兰的浆液孔和气孔。侧部喷浆组件的个数至少两个，至少两个侧部喷浆组件对称或环形排列于至少一个平面内；底部喷浆组件的个数至少一个，至少一个底部喷浆组件重合、对称或环形排列于钻头外管的中心线，且底部喷浆组件的喷射端高于钻头外管的底端端口。钻头结构详图见图3。

侧部喷浆组件（图3中标号A）和所述底部喷浆组件的结构相同，分别包括输浆管、套管、喷嘴和第一通气管，侧部喷浆组件结构详图见图4；输浆管的其中一端作为进口端，其垂直于钻头外管并连通第二浆液通道；套管套设于输浆管外侧并与输浆管形成不连通第二浆液通道

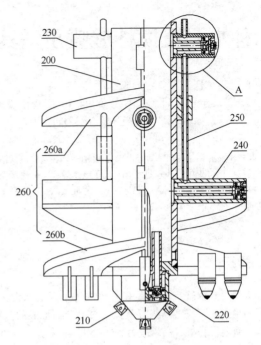

图3　钻头结构详图

200—钻头外管；210—钻齿；220—底部喷浆组件；230—第一组侧部喷浆组件；240—第二组侧部喷浆组件；250—第二通气管；260—钻头搅拌翅

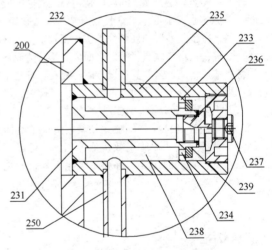

图4　侧部喷浆组件结构详图

231—输浆管；232—第一通气管；233—台肩；234—台肩通孔；235—套管；236—喷嘴；237—堵头；238—第二气体通道；239—挡盖

的第二气体通道，套管的其中一端连接于钻头外管，另一端连接有堵头，该堵头上开设有通孔；喷嘴连接于输浆管的另一端，也就是输浆管的喷射端，且喷嘴间隙穿过所述堵头的通孔；第一通气管位于套管外侧，第一通气管作为喷浆组件的另一个进口端，一端连通连接法兰的法兰气孔，另一端连通套管与输浆管形成的第二气体通道，在钻杆中高压气体经法兰气孔依次进入第一通气管和第二气体通路后，高压气体由喷嘴与堵头之间的间隙向外喷出。

在套管端部设置堵头的结构基础上，为了进一步避免外部高压介质由钻头外管进入输浆管的压力过高而回流进入套管与输浆管形成的第二气体通道，输浆管外表

面具有台肩，台肩位于第一通气管和堵头之间，输浆管通过台肩与套管内壁接触；输浆管的台肩上开设有台肩通孔，输浆管外表面滑动连接有挡盖，该挡盖在外部高压介质通入钻头外管或外部高压气体接入第一通气管时沿着输浆管滑动以遮挡或不遮挡上述台肩通孔。

2 构造要求

为了保证搅拌旋喷技术中钻杆的钻进深度，钻杆的数量至少两个，钻杆上下排列呈一条直线，且相邻钻杆之间，处于较上方钻杆的下法兰和处于较下方钻杆的上法兰之间止口对接并环形或对称连接有传扭键，以更好的传递提升或加压工况下的轴向力。传扭键本身开设有孔，螺栓依次穿过处于较上方钻杆的下法兰、传扭键的孔、处于较下方钻杆的上法兰，并紧固连接有螺母；处于较上方钻杆下法兰的气孔和浆液孔正对处于较下方钻杆上法兰的气孔和浆液孔。

在实际使用中，要想提高钻杆在使用过程中的强度，可以在外管和上法兰、下法兰之间分别连接法兰筋板，法兰筋板可环形或对称布置于外管外表面。法兰筋板包括长筋板和短筋板，当法兰筋板环形布置时，长筋板和短筋板交叉设置。

钻杆结构中的钻杆搅拌翅可以是翼板型搅拌翅，也可以是螺旋型搅拌翅，或者是翼板型搅拌翅和螺旋型搅拌翅的组合。其中，螺旋型搅拌翅分段焊接或连续焊接于同一根钻杆的外管外表面，翼板型搅拌翅和螺旋型搅拌翅交叉焊接于同一根钻杆的外管外表面。

为了实现更好的喷浆效果，同时提高喷浆效率，侧部喷浆组件的数量不小于四个且为偶数个，偶数个侧部喷浆组件均分成至少两组且上下一一相对，上下相对且相邻的两个侧部喷浆组件之间布置有第二通气管，第二通气管向上连通处于较上方喷浆组件的环形气体通道，向下连通处于较下方喷浆组件的环形气体通道；当钻头搅拌翅位于上下相对布置的两个侧部喷浆组件之间时，第二通气管垂直穿过该钻头搅拌翅。

钻头外管外表面布置的钻头搅拌翅可以是翼板型搅拌翅、分段或连续排列的螺旋型搅拌翅或者是交叉布置的翼板型搅拌翅和螺旋型搅拌翅。

3 钻具优点

本钻具特别适用于典型黄河流域的地层，基于钻杆

和钻头分别具有搅拌翅，实现了钻具在使用过程中的快速进给，提高了施工效率。另一方面，钻头中第二浆液通道与钻杆中第一浆液通道的连通，钻头中喷浆组件与第二浆液通道和钻杆中第一气体通道的独立连通，以及接入喷浆组件中外部高压介质和高压气体在喷浆组件喷射端的混合喷射，提高了喷射的距离，解决了现有光圆钻具和具有搅拌翅的钻具在密实砂层中钻进困难及不返浆、气的问题。

钻头搅拌翅的设置，还减少了钻头的磨损，在搅拌旋喷过程中，降低了糊钻的概率，同时，搅拌旋喷中喷出的高压气体，在钻头搅拌翅和钻杆搅拌翅的疏导下，高压气体从钻头位置上返并从地面排出，经过桩身排出的气体同样具有水泥土搅拌混合的功能。

钻杆搅拌翅和钻头搅拌翅在使用过程中对地层进行机械搅拌，喷浆组件对地层进行高压浆气搅拌，两种搅拌形式相互配合，使成桩效果均匀；且与现有钻具的成桩侧表面积相比，本发明钻具的成桩侧表面积大，成桩侧表面积呈盘状、螺旋状凸起，提高了桩身的侧摩阻力，增加了水泥土桩的桩身承载力。

4 结语

水泥土复合管桩具有大直径、长桩、高承载力、性价比高的特点，水泥土复合管桩施工作为水泥土复合管桩施工的关键环节，对于水泥土复合管桩以上特点的充分发挥起着至关重要的作用。本文介绍的水泥土复合管桩搅拌旋喷用钻具成桩效率高、成桩质量有保证，同时可以提高桩身的侧摩阻力。该套钻具的应用可以保证水泥土桩成桩质量，充分发挥水泥土复合管桩的优势，提高效率，节约造价。

参考文献：

[1] 水泥土复合管桩基础技术规程 JGJ/T 330—2014 [S]. 北京：中国建筑工业出版社，2014.

[2] 建筑地基处理技术规范 JGJ 79—2012 [S]. 北京：中国建筑工业出版社，2012.

[3] 管桩水泥土复合基桩技术规程 DBJ 14—080—2011 [S]. 济南：山东省建筑科学研究院，2011.

城市综合管廊穿越小型河道施工技术研究

王闵闵， 鲁 凯， 王卫超， 何鹏飞， 卢伟军

（中建八局第一建设有限公司，山东 济南 250014）

摘 要： 由于城市中心老城区地下管线错综复杂，毗邻建筑物，甚至穿越河道，同时施工场地有限，必须满足市民正常通行条件，给施工带来极大的困难。传统的施工工艺大多采用顶管或者通过对河道进行筑岛围堰的施工方式实现管廊过河，这些方法无疑会对河道的过水能力造成严重破坏。因此，需要寻求一种新的施工方式在保证河道的正常运行下完成管廊的顺利施工。本文基于济宁市中心老城区任城路—王母阁路过越河段综合管廊基坑支护设计，结合地质情况及现场施工条件，创新性的提出钢板桩围堰＋大直径导流管基坑支护方案。利用双排钢板桩＋多道钢管内支撑作为综合管廊下穿河道的基坑支护结构，并在支护结构上设置导流管道，将钢板桩与导流管焊接成整体，提高结构稳固性。该施工技术可保证在管廊施工的同时河道汛期排洪能力不变，安拆钢板桩及导流管时，均对河道无污染，可保护河道及两岸的生态环境不被破坏。

关键词： 城市综合管廊；下穿河道；钢板桩；导流管

0 引言

近年来随着城市化进程的推进，地下综合管廊迎来大规模建设[1]，在管廊建设过程中存在的问题也不断涌现[2]。管廊设计、施工过程中会遇到高速路、河道等不能拆除的障碍物，为确保综合管廊的连续性，必须在施工技术上考虑穿越这些障碍物。赵刚，薛普恒[3]通过对综合管廊下穿某河流方案研究，确定管廊下穿河流可通过顶管施工或土石围堰施工实现管廊过河，在下穿河流断面较宽时，采用顶管法施工更经济合理。孙贵新等[4]以北京市大兴区南四环—新机场工程一期土建施工 GLS06 标高速公路地下综合管廊项目为依托，指出可通过筑岛围堰＋止水帷幕＋支护桩的形式实现穿越河道施工，保证河道不断流。张扬等[5]指出，宜采用导流渠引流、钢板桩围堰的穿河道明挖法进行管廊结构的施工，但是这种方式需要进行导流渠和拦水坝的施工，不利于节省工期。施旭升等[6]指出，通过采用拉森钢板桩支护＋高压旋喷止水帷幕的围堰施工方法，可保证基坑支护的安全性和止水的可靠性，经济效益比较显著。

目前，城区综合管廊下穿河道施工时多采用"围堰＋改道"半幅式施工、"围堰＋截流"全幅式施工等方法。

施工时需将河道临时阻断，待此段综合管廊主体完成后才可恢复河道通行，一定程度上破坏了河道的正常运行功能，特别是对于城市老城区或居住密集区，阻断河道进行管廊施工无疑是增加了雨季发生洪水事故的可能性，同时封堵排泄通道也会对城市的安全造成一定的危害。因此，寻求一种新的、便捷的施工方法在保证管廊施工阶段基坑及主体施工安全的条件下，维持河道原有的过水能力，保护水流环境不被破坏，成为综合管廊穿越河道施工的关键。

1 工程概况

1.1 现场概况

任城路—王母阁路升级改造及综合管廊工程在 K0+725 位置下穿越河，现越河桥位于任城路—王母阁路上，横跨越河（河道兼具排洪功能），大致呈南北走向，桥梁为一座单跨板梁桥。现场对桥梁基本尺寸进行了量测：桥梁全长 13m，桥梁全宽 72.5m，桥梁上部结构为 1m×5m 的混凝土实心板，下部结构为圬工重力式桥台，桥面铺装为沥青混凝土铺装。根据现场实地勘察，越河河床底标高 33m，水深 2m，常水位 34.8m，最高水位 35.5m，如图 1 所示。

(a) (b)

图 1 越河桥现状图
(a) 越河桥全貌图；(b) 越河桥底部水位情况图

基金项目：中建股份科技研发资助项目（CSCEC-2019-Z-13）。

1.2 地质条件

据岩土勘察报告，场区地下水位 33.0m，场区内地层主要为第四系冲洪积堆积物，依据钻探揭露、野外鉴别、原位测试及室内土工试验成果，勘探深度范围内揭露的土层主要由粉质黏土、中砂、黏土等组成，按照其揭露先后顺序及其成因，自上而下分为 7 个主层，如表 1 所示。越河桥处现场存在天然气、自来水、截污管道等多道管线，如图 2、表 2 所示。错综复杂的管线严重影响过越河段钢板桩围堰及基坑施工，需采取管线保护措施或者进行迁移。

图 2　越河桥周边管线平面图

越河桥处管廊工程地质情况　　　　　　　　　　表 1

层号	土层名称	层厚（m）	重度（kN/m³）	黏聚力（kPa）	内摩擦角（°）	渗透系数（cm/s）
①	素填土	1.8	17.0	10	10	—
②	粉质黏土	0.9	18.5	25.8	11.1	—
②₁	细砂	1.5	20.0	2.0	25.0	—
③	粉质黏土	2.6	19.0	30.3	10.3	7.37E−5
④	黏土	1.6	18.9	41.2	8.9	2.83E−6
⑤	粉质黏土	0.8	19.3	31.0	9.5	8.56E−5
⑥	黏土	1.5	18.7	42.5	13.6	—
⑦	粉质黏土	4.5	19.3	35.7	12.5	—

越河桥处探沟探明地下管线情况统计表　　　　　　　表 2

序号	设施类型	里程桩号	材质	管线走向	管径（mm）	地面标高	绝对标高（m）	埋深（m）
1	燃气管	K0+702	铸铁管	东西走向	200	37.5	36.2	1.3
2	燃气管	K0+723.8	铸铁管	东西走向	300	37.6	37.2	0.4
3	燃气管	K0+749.5	PE	东西走向	160	37.6	东侧 31.2 西侧 33.6	东侧 6 西侧 4
4	自来水管	K0+700.6	铸铁管	东西走向	300	37.5	37	0.5
5	自来水管	K0+703.3	铸铁管	东西走向	150	37.5	37	0.5
6	自来水管	K0+740.2	铸铁管	东西走向	300	37.5	37	0.5
7	自来水管	K0+193-K0+866.7	铸铁管	南北走向	300	37.1	36.6	0.5
8	自来水管	K0+193-K0+874.3	铸铁管	南北走向	150	36.7	36.2	0.5
9	砖砌污水管	K0+706.6	砖砌	东西走向	1m×1.5m	37.5	36	1.5
10	污水管	K0+740	PE	东西走向	800	37.6	34.6	3

2 穿河段综合管廊施工方案比选研究

2.1 顶管施工

根据工程特点及周围地质环境条件，采用矩形顶管施工方法，顶管尺寸为 7.2m×4.4m 自越河东侧向西侧顶进，顶管距离 50.0m，标准管节 2.5m。根据地质勘察资料，工程顶管范围内以黏土及粉质黏土为主，拟采用泥水平衡顶管机顶进施工，顶进过程中需进行护壁，防止坍塌，控制地表及河床沉降。

顶管施工前需在两端设置始发接收井，基坑采用 φ800@1200 钻孔灌注桩＋止水帷幕＋两道内支撑形式组成的基坑围护结构体系。同时为保证顶管进出洞安全，在顶管的始发接收端采用 $\phi800@550$ 旋喷桩加固兼做顶管机反力架支撑点。加固后的地层应具有较强的强度，旋喷桩加固土体强度无侧限抗压强度不小于 1MPa，渗透系数不大于 1.0×10^{-8} cm/s。顶管施工工艺流程如图 3（a）所示，顶管施工平面布置如图 3（b）所示。

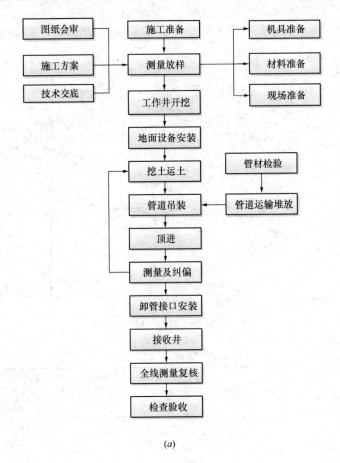

(a)

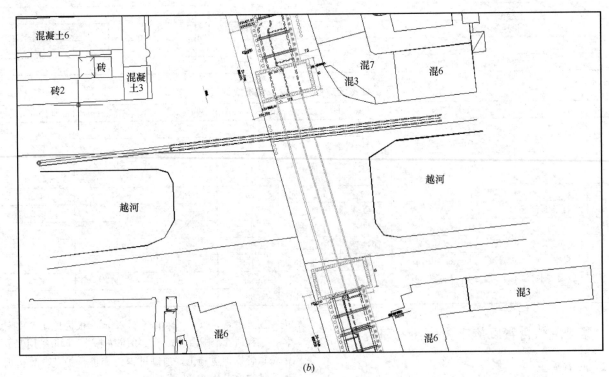

(b)

图 3　顶管施工图

(a) 顶管施工工艺流程；(b) 顶管施工平面布置

2.2 钢板桩围堰＋大直径导流管施工

穿越河段基坑深度约 11.0m，围护结构采用钢板桩，过河道处打设双排钢板桩，内设三道钢支撑配合坑内降水。钢板桩采用拉森钢板桩 SP-Ⅳ（400mm×170mm×15.5mm），内支撑采用直径 609mm×16mm 钢管，钢围檩采用双排 H400（400mm×13mm×21mm）型钢围檩。

施工期最高水位 35.5m，钢板桩围堰设计顶标高 36.3m，高出施工期间最高水位 0.8m。同时为保证施工期间越河河道正常运行，围堰施工需增加 2 根直径 1.5m 导流管，临时阻断越河河道的时间为导流管安装时间，河道阻断时间为 2 天，待导流管安装完成后恢复越河正常水位。钢板桩围堰施工 BIM 及设计示意图如图 4 所示。

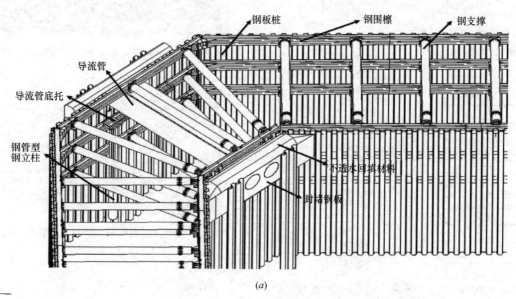

(a)

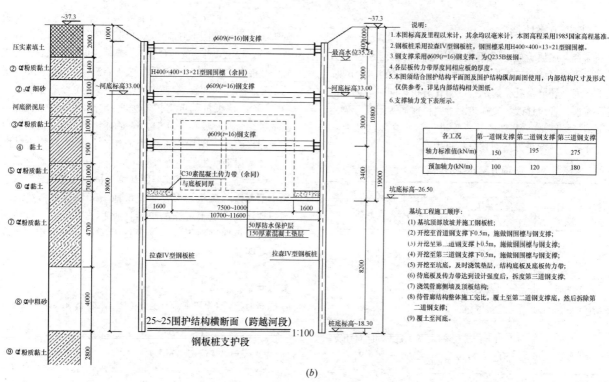

(b)

图 4 越河段钢板桩围堰基坑支护布置图
(a) 越河段钢板桩围堰基坑支护示意图；*(b)* 越河段钢板桩围堰设计剖面图

导流管安装前，在河道一边留部分钢板桩暂不打设，作为河水临时导流通道，沿河道流水方向搭设临时钢板桩，将作为基坑支护的钢板桩进行临时封闭，降低河道封闭区水位至管道底标高 0.5m 以下，以便导流管安装。越河河道内的钢板桩施工与越河水位下调同步进行。安装完导流管后拆除临时钢板桩，继续打设剩余钢板桩直至基坑支护全部封闭。导流管部位钢板桩顶标高与管道圆弧吻合（低于其他部位钢板桩顶标高），局部下沉的钢板桩与导流管位置用钢板进行封堵,并在钢板桩两侧安装钢牛腿对管道加固。河道范围内的双排钢板桩围堰间填筑黏性土,增强钢板桩围堰的止水效果,确保河道水不透过围堰排桩间隙。具体施工工艺流程如图5所示。

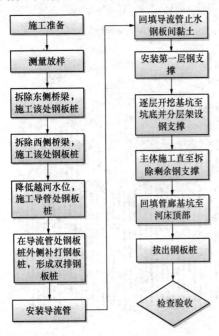

图 5　钢板桩＋大直径导流管施工工艺流程

2.3　施工方案比选

综合上述顶管施工及钢板桩围堰施工工艺及技术方案对比研究,结合工程实际情况及两种施工方法的工期、施工难度、环境及社会影响程度对比分析,同时考虑越河通水需求、管线迁改、交通疏解等路桥保通等问题。确定采用钢板桩围堰＋大直径导流管进行管廊穿越河段基坑及主体施工。两种方案对比分析见表3。

两种方案对比分析表　　表3

项　目	顶管施工方案	钢板桩围堰＋大直径导流管方案
施工技术难度	需做始发接收基坑,施工难度大	施工简单
施工工期	50 天	35 天
施工成本	220 万元	165 万元
对环境的影响程度	工作井开挖对环境有一定影响	基坑施工期间对环境有一定影响
对社会的影响程度	工作井开挖需占用两侧道路,设备始发接收占用一定场地	能够保证两侧道路正常通行
对施工要求	施工精度高,技术要求严	施工精度较低,技术难度小
对比结果	不推荐	推荐

图 6　过越河段钢板桩＋大直径导流管 BIM 图

图 7　过越河段钢板桩＋大直径导流管现场施工图

3　结论

本文通过城市综合管廊下穿河道施工技术,对比顶管施工和钢板桩围堰施工工艺,研究得出如下结论。

(1)提出一种新的综合管廊穿越河道施工方法,即"钢板桩基坑支护＋大直径导流管"施工方法,可保证城市河道的正常运行,同时施工简便快捷,节约工期、经济合理。

(2)"钢板桩基坑支护＋大直径导流管"施工工法,实现了综合管廊安全、环保、稳妥的下穿小型河道,避免了围堰＋改道、围堰＋截流等方法对河道水质、排洪能力、环境保护产生的严重影响,保证了居民的正常生活。

(3)综合管廊钢板桩围堰基坑支护＋大直径导流管下穿小型河道的成功,为今后城市地下工程在类似情况下的规划建设提供了可靠的决策依据和技术指标,新颖的工法技术将促进地下工程施工技术进步,社会效益和环境效益明显。

参考文献:

[1]　油新华.我国城市综合管廊建设发展现状与未来发展趋势[J].隧道建设(中英文),2018,38(10):19-27.

[2]　王恒栋.我国城市地下综合管廊工程建设中的若干问题[J].隧道建设,2017(05):7-12.

[3]　赵刚,薛普恒.综合管廊下穿某河流方案研究[J].工程技术,2019,46(5):106-107.

[4]　孙贵新,黄启贵,王文聪.综合管廊下穿既有河道明挖支护施工技术[J].公路交通科技(应用技术版),2019,15(05):280-281.

[5]　张杨,张洪建,张祥飞等.综合管廊穿越河道的明挖法围堰导流施工工艺[J].建筑施工,2019,41(6):1129-1132.

[6]　施旭升,陈龙,赵镇华.复合围堰支护技术在管廊下穿河道施工中的应用[J].施工技术,2018,47(增):645-649.

永久性高边坡锚索格构梁支护体系的应用与研究

杜洪利，胡浩捷，张成龙，刘　涛，赵殿磊

（中建八局第一建设有限公司，安徽 合肥 230000）

摘　要：本文阐述了锚索格构梁支护体系基本受力体系，该体系形式的优缺点，通过工程实例介绍该类型支护体系施工控制参数，特殊情况的处理方法。为类似工程施工提供参考和借鉴。

关键词：永久性高边坡；锚索格构柱支护体系；基本力学体系；施工参数

0　引言

随着国家基础设施建设力度的逐步加大，中西部地区开发节奏和体量逐年提高。我国中西部地区主要以丘陵、山地为主。随着基础设施的建设，永久性高边坡越来越多地出现在工程建设中。因为地质条件、水文条件、气候特点、周边自然环境、使用环境、使用年限等诸多因素影响，高边坡勘察、设计、施工以及运维越来越多的影响着人民的生命财产安全、综合经济成本等。锚索格构梁支护体系作为永久性边坡支护中一种常见的支护形式，锚索格构梁支护体系的设计质量和施工质量，直接影响着安全性、可靠性，甚至将直接影响使用阶段的维护成本。

1　锚索格构梁支护体系的基本力学体系

锚索格构梁支护体系是由预应力锚索和格构梁两种不同的常用支护体系单元组合而成。预应力锚索在支护体系中的主要作用是通过锚索与自然土体的结合产生一定的抗拉拔力。这种拉拔力将承载整个支护体系的最终受力终端产生的力。格构梁在支护体系中的主要作用是通过网格状的片状单元加固裸土土体表面，保护土体作为整体不产生影响边坡安全的位移。整个支护体系所承担的力来自于因不同土质、坡度、上部荷载等产生的土体倾覆。那么，锚索格构梁支护体系的基本传力体系如下：土体倾覆力→格构梁→锚索→锚索抗拉拔力。

2　锚索格构梁支护体系作为永久支护体系的优缺点

2.1　锚索格构梁支护体系的优点

第一，通过大量的锚索格构梁支护体系的应用与研究表明，其安全性、可靠性和经济性满足我国现阶段的经济和基础设施建设要求。这是锚索格构梁支护体系最重要的优点之一。

第二，相对于支护桩、钢筋混凝土挡土墙等支护形式，锚索格构梁支护体系不仅在经济性上具有一定优势，其施工工期短、构造形式简单、施工工艺简便是该支护形式的另一显著优点。

第三，锚索格构梁支护体系单元化的独立受力体系，有效减小了支护构件的尺寸，为使用环境提供了更大的空间。

第四，锚索格构梁支护体系网格化的形式，决定了其受力更趋于均匀受力，形成了单元化的独立受力体系，减少了整体支护体系失效的可能性。即使局部的受力单元遭到破坏，其他受力单元仍然能发挥作用。为运维阶段的监测、维护提供了相对充足的预警作用和维保时间。

2.2　锚索格构梁支护体系的缺点

首先，锚索格构梁的应用范围和条件相对受限，其主要应用于边坡土质条件较好的条件下。较好的土质条件可以提供充足的支护体系施工时间。对于土质较差的施工条件，由于坡比加大、分层施工等技术要求影响，其经济性和工期优势显著下降。其优势仅显现在作为永久支护体系的可靠性、安全性方面。

其次，由于地质不均匀造成的地质条件差异，或在使用阶段因自然环境、使用环境变化产生的地质条件与原设计条件差异，将对锚索的抗拉拔力产生一定影响。这将直接影响该支护体系的可靠性。因为锚索锚固段不可见和监测难度大的条件限制，成为该支护体系的一个主要弊端。

3　锚索格构梁支护体系的施工难点

锚索格构梁在其优势条件下，对于施工过程操作和管理仍然存在一定的施工难度。我们假定其优势条件为：高边坡土质良好，施工工期合理。边坡的开挖按设计放坡开挖一次开挖到底。高边坡支护施工需利用临时搭设的操作架体作为其成孔、锚索安装、注浆、张拉、检测等各个工序的作业平台。由于操作平台的条件空间限制、安全隐患等给上述施工作业带来一定的施工难度。

由于锚索在施工过程的不可见性质，决定了施工技术的难度。需通过试验锚杆对成孔深度、清孔、锚索安装方式、一次注浆压力、二次注浆压力、注浆体养护时间、张拉值、张拉时间、拉拔力检测等一系列工序的试验研究方可确定有效的技术参数。这些技术参数是作为锚索施工的重要依据，是其安全性和可靠性的重要保障，同时也是技术的难点所在。

4　锚索格构梁支护体系的施工实例

以湖北地区丘陵地带某住宅工程周边高边坡施工为例，重点介绍以下内容。

4.1　工程概况

边坡支护有效高度为 23.6～31.7m，边坡长度 215m。该边坡支护将作为本住宅小区周边山体的永久支护。施工工期 30 天，锚索设计长度为 13.5～17m 不等。锚索及格构梁设计见图 1、图 2。

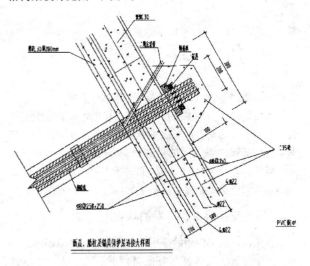

图 1　格构柱锚具大样

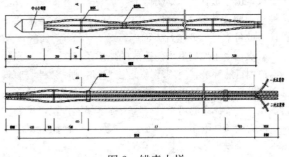

图 2　锚索大样

4.2　地质条件

（1）地形地貌

拟建场地总体地貌为丘陵间冲沟地貌单元，本场地原始地貌为：靠东湖大道一侧为丘陵地貌，高程一般为 108～137m，其北侧为一冲沟，走向为 135°，贯穿整个项目地块，宽约 30.0～60.0m。整体呈西高东低的缓坡，场地标高约 106～111m，相对高差约 5m；场地均为原始地貌。

（2）地质构造

在区域地质构造上，处于扬子准地台、上扬子台坪鄂中褶断区的西部、黄陵断穹东面。区域性断裂构造主要有：香溪镇南—五峰渔洋关以南逾十公里的北北西走向的仙女山断裂（带）、秭归九畹溪—龙马溪的近南北走向的九湾溪断裂、宜都红花套—秭归天阳坪的北西西走向的天阳坪断裂、黄陵断穹北部的北西—北西西走向的雾渡河断裂以及秭归龙会观—保康县城北西面的北北东—北东向的新华断裂等（图 3）。

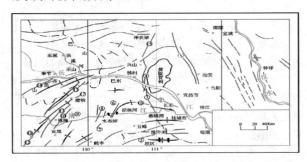

图 3　地质构造体系图

1—远安断裂；2—天阳坪断裂；3—仙女山断裂；4—九湾溪断裂；5—渔洋关断裂；6—龙王冲断裂；7—杨柳池断裂；8—桃李溪断裂；9—龟山河断裂；10—恩施东断裂；11—恩施西断裂；12—咸丰断裂；13—建始断裂；14—齐岳山断裂；15—新华断裂；16—长阳复式背斜；17—白杨向斜；18—白果坝背斜

（3）场区岩土构成

根据勘察揭露，场区岩土层由第四系全新统①₁ 层素填土，①₂ 层淤泥质土（塘底），②层含圆砾粉质黏土，下伏基岩为白垩系下统五龙组（K1w）细砂岩及砾岩组成，大体呈韵律状分布，在场区内勘察深度范围内从上到下大体分层情况为砂岩、砂砾交替分布，根据各岩层风化程度情况，砂岩可分为全风化砂岩、强风化砂岩、中等风化砂岩，砾岩可分为强风化砾岩、中等风化砾岩。地层统计表如表 1 所示。

地层统计表　　　　表 1

层号	层名	层厚(m)	层顶高程(m)	层底高程(m)	层顶深度(m)	层底深度(m)	空间分布
①₁	素填土	0.5～10.9	108.1～128.8	102.5～128.1	0	0.5～10.9	局部分布
①₂	淤泥质粉质黏土	1.4～3.0	105.3～111.1	103.8～109.5	2.2～10.0	4.0～12.0	局部分布
②	含圆砾粉质黏土	0.5～6.2	102.6～136.9	100.9～134.8	0～8.8	0.5～10.1	局部缺失
③₀	全风化砂岩	0.3～3.8	109.5～130.6	107.0～129.4	0～4	1.0～6.5	局部分布
③₁	强风化砂岩	0.6～4.5	108.1～134.8	106.0～133.5	0～6.5	1.5～9.8	局部缺失
③₂	中风化砂岩	1.0～28.0	106.0～133.5	88.39～125.8	1.5～9.8	4.0～32.0	全场分布
④₁	强风化砾岩	0.7～2.5	107.7～125.8	106.2～124.0	0～8.0	1.2～9.1	全场分布
④₂	中风化砾岩	1.0～17.3	95.49～125.8	81.2～121.6	0～30.8	1.0～42.5	全场分布

续表

层号	层名	层厚（m）	层顶高程（m）	层底高程（m）	层顶深度（m）	层底深度（m）	空间分布
⑤₀	全风化砂岩	2.0～4.6	103.9～119.4	99.3～118.5	7.5～10.0	10.7～12.1	局部分布
⑤₁	强风化砂岩	1.0～3.0	101.3～122.2	98.8～119.7	1.0～12.0	2.0～13.2	局部缺失
⑤₂	中风化砂岩	1.2～13.0	95.84～121.6	86.0～115.4	1.0～33.4	4.1～45.0	全场分布
⑥₁	强风化砾岩	0.6～2.0	100.9～125.0	97.6～123.5	0.5～10.9	1.5～13.3	局部分布
⑥₂	中风化砾岩	1.5～28.2	92.0～123.5	79.2～103.5	1.5～32.5	13.0～44.3	全场分布
⑦₂	中风化砂岩	1.8～19.1	84.1～103.5	76.3～95.7	14.5～31.8	20.0～39.0	全场分布

注：表中统计值为钻孔中已揭露的情况。

4.3 周边环境

边坡支护坡顶设有110kV高压线铁塔，塔高35m，塔基为直径2m钢筋混凝土灌注桩，桩基在平面呈正方形分布，桩基深度8m。塔基距离边坡顶部边缘距离为11～13m。

4.4 施工流程

锚索格构梁支护体系基本施工流程如下：

机械成孔→测量孔深孔径→二次清孔→锚索安装→锚孔灌浆→注浆体养护→封口→二次注浆→格构柱钢筋绑扎→格构柱模板安装→格构柱混凝土浇筑→格构柱混凝土养护→锚索张拉→锁锚→锚索拉拔力抽检。

施工参数

（1）成孔参数

1）孔径和钢绞线保护层厚度应满足设计参数；2）孔斜误差不超过1‰；3）成孔定位误差不超过100mm；4）成孔倾角、水平角误差不超过1°；5）孔深误差不超过100mm。

（2）注浆

1）锚固体水泥砂浆强度等级为M30，水泥为P.O42.5R级；2）水灰比为0.40～0.50；3）锚固体7d抗压强度不小于25～30MPa。

（3）张拉

1）张拉时，锚固浆体养护7d以上；2）格构柱强度需达到设计强度75%以上；3）锁定锚固力 $P_x = P - 6(P_0 - P_i)\Delta L$

式中 P_x——锁定后获得的预应力（kN）；

P——锚固所需的张拉力（kN）；

P_0——最大张拉荷载（kN）；

P_i——初始张拉荷载（kN）；

ΔL——P_i加载至P_0时锚索的回缩量（mm）。

4.5 周边环境影响的处理

锚索施工前应对周边环境进行调研，掌握具体数据。通过对图纸和周边障碍物相对位置的分析，确定锚索施工是否影响周边设施和周边设施是否对锚索承载力产生影响。该实例周边除高压线塔外无其他障碍物影响。经调研获得了高压线塔的基础分布位置、深度、直径等关键数据。通过计算机绘制1∶1相对比例关系图，确定锚索位置与高压线塔基础冲突。处理方式为将上述数据提供给原设计单位，调整锚索成孔的水平、竖向角度、锚索长度

等技术参数，避开高压线塔基础位置。避免锚索与基础之间互相产生不良影响。

施工时，通过提前定位放线，控制成孔竖向、水平角度，以复核设计参数的准确性。复核时应考虑锚索施工参数的精度允许偏差。确认无误后，按锚索施工参数精度控制组织施工。

5 变形监测

5.1 施工阶段监测

施工阶段需根据边坡设计等级对土体水平位移、竖向位移等参数进行检测。检测点布置、监测频次等监测方案内容应由专业监测单位根据施工进度、天气因素、周边环境里等因素编制监测方案并负责监测。施工单位负责日常监测巡视，作为第三方监测的依据之一。通过施工阶段的监测，为施工阶段提供安全保障和应急处理时间。

5.2 使用阶段监测

使用阶段可划分为作为施工环境的监测阶段和作为运营环境的监测阶段。监测单位监测范围包括水平位移、竖向位移、锚索内力、锚索变形量等，具体监测指标根据边坡支护等级确定。

6 结束语

锚索格构柱支护体系作为高边坡永久性支护的应用与研究在总结支护传力体系、施工技术参数、周边环境的互相影响等方面提供了基本数据。可为类似永久性高边坡工程的设计、施工、监测、运维等环节提供参考。

参考文献：

[1] 何宏智，赵怀刚.常见边坡支护方式及其选择的因素[J].价值工程，2017，36(23)：98-99.
[2] 向建.高边坡工程施工新技术研究[J].水利水电施工，2015(03)：1-5.
[3] 刘长伟.关于边坡工程支护形式的选择[J].四川建材，2017，43(12)：96-97.
[4] 王鑫，张廷会，夏建龙.锚索格构梁在高边坡支护设计中的应用研究[J].四川建筑，2016，36(02)：112-114.

预应力锚杆复合土钉支护竖向布置探析

马桂宁，王亚坤，卢加新

（中建八局第一建设有限公司，山东 济南 250022）

摘 要：以某基坑为背景，运用有限元软件PLAXIS，对预应力锚杆复合土钉墙支护的竖向布置以及锚杆的影响范围进行研究，并进一步分析了基坑开挖过程中的支护变形和土钉内力情况，据此提出锚杆的影响范围为以锚杆为中心的上下2m范围，锚杆位于中上部时，更能发挥控制变形的效果，降低工程造价。

关键词：锚杆复合土钉墙；有限元法；变形；内力

0 引言

复合土钉墙技术在基坑支护技术中安全可靠、造价低、工期短、适用范围广、因地制宜、灵活多变的特点使其在工程中被广泛认可。其中，预应力锚杆可以有效限制基坑水平位移，增加基坑的稳定性，这一特性使其在基坑支护领域发展迅速。

但是，近几年却出现了许多工程问题和基坑事故。目前国内锚杆和土钉的设计多沿用1+1的简单叠加设计，这种设计方式在锚杆和土钉布局不合理的情况下，会形成聚集效应[1]。锚杆刚度较大，使得土压力过于向锚杆集中，而土钉不能充分发挥效用。龚晓南院士指出，采用两项复合处理措施能否达到1+1＝2的效果或者说1+1等于多少是岩土工程设计应重视的一个问题[2]。因此有必要进一步研究锚杆与土钉复合支护合理布局的问题。

1 工作原理

土钉的支护机理是由于土体出现塑性变形导致应力向强度和刚度都远大于土体的土钉集中，通过土钉的应力扩散、应力分担和应力传递大大降低钉头部位土体的应力水平，同时又有效地调动钉尾深部土体自身的强度[3]，即土钉是一种被动受力构件。而预应力锚杆是主动受力构件，是通过锚固段的界面剪应力向土体内扩散，从而把不稳定区域的荷载传递至远端稳定土体中。基于锚杆和土钉的这些特性，在土钉支护中加入预应力锚杆来共同限制土体位移。锚杆土钉协同作用使得滑移面后移，从而使得整体稳定性提高。

2 数值模拟

2.1 工程背景

济南某基坑深度8.5m，采用锚杆复合土钉墙支护。地层条件由上到下依次为杂填土、粉质黏土等。勘察范围未见地下水。基坑土钉支护剖面图如图1所示。

本工程周边环境复杂，管线较密集。综合考虑地质、周围环境条件和工程造价等因素，并经过工程类比和验算后确定：（1）土钉长度6～9m，水平、竖向间距1.5m，孔径130mm，与水平面夹角均为20°，杆体材料为

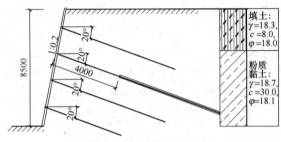

图1 基坑支护剖面图

HPB400钢筋，直径25mm，注浆材料采用水泥浆，水灰比为0.5，低压力注浆；（2）复合土钉墙锚杆为1根15.2mm的钢绞线，长度为12m，自由段4m，锚杆段为8m，锁定值60kN，水平、竖向间距2.0m，锚孔直径150mm，锚孔注浆材料为纯水泥浆，水灰比0.5，注浆体强度不小于M20，采用二次压力注浆。

2.2 模型建立

基坑采用平面应变模型进行应变分析，选用计算更为准确的15节点单元，分别建立5个尺寸为40m×30m的有限元模型（土钉墙和预应力锚杆复合土钉墙），即将纯土钉墙中的土钉依次变为锚杆作为对比，如表1所示。

锚杆分布　　　　　　　　　　　　　表1

序号	土钉、锚杆分布情况
1	四道全为土钉
2	第一道为锚杆，其余三道为土钉
3	第二道为锚杆，其余三道为土钉
4	第三道为锚杆，其余三道为土钉

部分模型图如图2所示。

（1）鉴于土体变形模量随正压应力增大而增大且卸载模量远大于加载模量的变形性质，对开挖部分土体采用Hardening-Soil模型，与摩尔库仑模型相比能给出更真实的模拟结果。土层参数如表2所示。

土层计算参数　　　　　　　　　　　表2

土层	重度 γ (kN·m^{-3})	黏聚力 c (kPa)	内摩擦角 φ (°)	泊松比 υ	模量 E (kN·m^{-2})
杂填土	18.3	6.0	18.0	0.3	2000
粉质黏土	18.7	36.0	16.1	0.31	10000

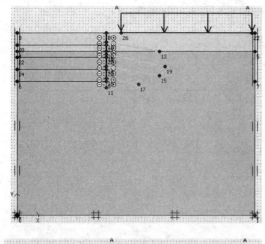

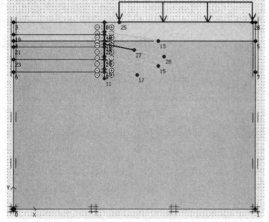

图2　土钉墙模型

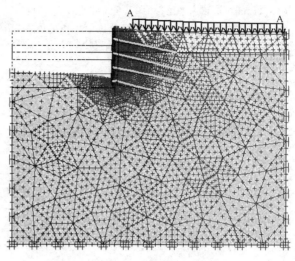

图3　变形网格图（土钉墙）

3　锚杆布设位置分析

3.1　锚杆对基坑变形的影响

由模拟所得的支护结构水平位移图如图4所示。

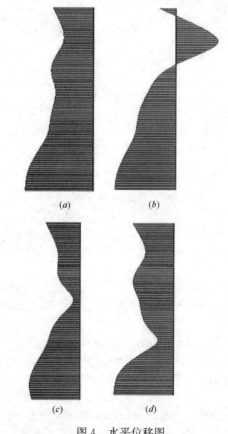

图4　水平位移图

（2）土钉选用具有轴向刚度、强度而无抗弯刚度、强度的土工格栅模拟，其主要参数是轴向刚度 EA。其计算如下：

$$EA = [A_s E_s + (A_c - A_s)E_c]/S \tag{1}$$

式中，A_s 为钢筋截面积；E_s 为钢筋弹性模量；A_c 为锚固体截面积；E_c 为注浆体弹性模量，一般可参考C15混凝土。本次模拟中，模拟土钉的土工格栅轴向刚度 $EA = 2.45 \times 10^5$，模拟注浆体的土工格栅轴向刚度 $EA = 3 \times 10^5$。

锚杆的自由段用点对点锚杆模拟，锚固段采用土工格栅模拟。其施加预应力在计算阶段激活。模拟中，点对点锚杆计算结果为 $EA = 3 \times 10^5$，水平间距为2m。

（3）混凝土面层则是利用板单元模拟，主要参数计算如下：

$$EA = E_c d \tag{2}$$

$$EI = 0.0833 d^3 E_c \tag{3}$$

$$W = d\gamma \tag{4}$$

式中，E_c 为混凝土弹性模量；d 为混凝土面层厚度；γ 为混凝土面层重度，一般取23。

泊松比一般取0。经过计算，模拟中混凝土面层 $EA = 1 \times 10^6$，$EI = 200$，$W = 1.15$。

经过分布计算的纯土钉支护的变形网格如图3所示。

经计算得到：

（1）纯土钉，位移最大处位于坑底，最大位移39.34mm，坑顶水平位移为23.04mm。（图5（a））

（2）第一道为锚杆，位移最大处位于坑底，最大位移

为 43.17mm，坑顶水平位移为 11.69mm。（图 5（b））

（3）第二道为锚杆，位移最大处位于距离坑顶 7.5m 处，最大位移为 28.74mm，坑顶水平位移为 20.53mm。（图 5（c））

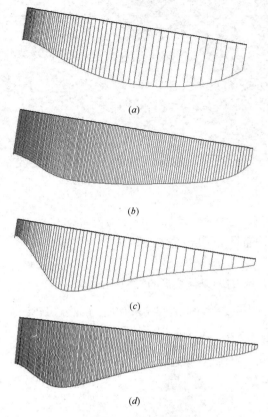

图 5　轴力图

（a）纯土钉支护第一道土钉轴力图；（b）复合土钉支护第一道土钉轴力图；（c）纯土钉支护第三道土钉轴力图；（d）复合土钉支护第三道土钉轴力图

（4）第三道为锚杆，位移最大处位于坑底，最大位移为 34.40mm，坑顶水平位移为 23.72mm。（图 5（d））

分析数据可得：

（1）锚杆在浅层时对坑顶变形效果最好，其水平位移仅为 11.69mm，远小于其他几种布置方式。但是，它对深层水平位移的影响很小，其水平位移甚至比纯土钉支护的大 4mm。由于上覆土厚度较小，侧向土压力相对较小，施加的预应力较大，使得上层混凝土面层出现朝向坑外的位移。

（2）第三道为锚杆时，其坑顶位移和最大位移大小均接近纯土钉支护，其发挥效能主要是在锚杆附近。

（3）锚杆在中间位置时，相对于纯土钉支护坑顶位移减小 2.5mm，最大位移减小 11mm。

从数值模拟情况看，锚杆的设置对限制土体位移具有重要作用。锚杆位置的变化对支护结构变形影响显著。锚杆位于中上部，第二道设置为锚杆时，其控制位移的能力更能有效发挥。

同时，锚杆的影响与纯土钉相比，在锚杆上下约 2m 左右范围外，支护结构变形基本一致。以锚杆为中心的上下 2m 范围为锚杆的主要影响范围。

3.2　锚杆对土钉内力的影响

纯土钉和第二道为锚杆的复合土钉墙的土钉最大轴力如表 3 所示。

土钉	第一道土钉 (kN/m)	第三道土钉 (kN/m)	第四道土钉 (kN/m)
土钉最大轴力表　　表 3			
纯土钉支护	28.36	76.93	7.61
复合土钉支护	20.81	64.81	4.05

纯土钉支护和第二道为锚杆复合土钉支护第一道、第三道土钉轴力如图 5 所示。

根据图中所示，复合土钉墙中的土钉轴力依旧为中间大，向两边逐渐减小，但是在预应力锚杆的参与下，第一道和第三道土钉轴力出现极值的位置略有外移。同时，由表可知土钉轴力极值相对于纯土钉支护的极值有所减小，并且当土钉距离预应力锚杆越近时，其减小幅度也越大，第一道土钉减小幅度达到 30% 之多。这是由于锚杆与土钉相互协调变形的结果。同时，相对于纯土钉支护，第二道锚杆的存在对于第一、三道土钉影响很大，但是对第四道土钉影响却很小。根据钉锚间距可以知道，锚杆在一定影响范围内能有效发挥作用。

4　结语

基于预应力锚杆复合土钉支护的有限元分析，总结出如下结论：

（1）本文中运用 PLAXIS 对预应力锚杆复合土钉墙在基坑开挖过程中的变形以及内力情况进行了模拟，具体阐述了模型选择以及模型参数的来源，得到了较为准确的结果，对此支护形式的设计和数值模拟研究具有重要参考价值。

（2）锚杆的影响主要为以锚杆为中心的上下约 2m 的范围。对距离锚杆较远的支护范围影响不大。同时，可以看出土钉位于基坑中上部，控制变形能力效果较好。

（3）土钉内力并未因锚杆而改变中间大两边小的内力分布情况，但是预应力锚杆的存在使得土钉内力极值减小、极值前移，距离锚杆越近，土钉内力变化越明显。但是，在锚杆影响范围外的土钉，内力变化不明显。

本文对锚杆复合土钉墙的研究是基于 PLAXIS 的有限元分析，必与实际状态有一定差异，这些也正是下一步研究的重要内容。

参考文献：

[1] 张明聚，陈肇元，宋二祥. 深基坑土钉支护有限元分析方法及应用[J]. 工业建筑，1999，29（9）：7-15.（ZHANG Ming-ju, CHEN Zhao-yuan, SONG Er-xiang. Fem and its application for soil nailing in deep excavations[J]. industrial building, 1999, 29(9): 7-15. (inChinese)）

[2] 龚晓南. 关于基坑工程的几点思考[J]. 土木工程学报，2005，9（38）：99-108.（GONG Xiao-nan. Reflections on the excavation engineering[J].）

[3] D. A. BRUCE, BSc. PhD, CEng, MICE, MIWES, MASCE, MHKIE, FGS and R. A. JEWELL, MA, PhD, MICE. Soil-Nailing. Application and Practice. 1986, 20-58.

盾构施工壁后注浆浅析

孙 康，张 正

（济南城建集团有限公司，山东 济南 250000）

摘 要： 地铁在城市中发挥重要作用，济南城建集团有限公司是具有 90 年历史的国有企业，地铁盾构工程月施工能力达 780 环。控制地铁施工质量尤为重要，壁后注浆工艺与方法的研究，对控制地面沉降、隧道渗漏有重要意义。

关键词： 技术指标；同步注浆；二次注浆

0 引言

参考《盾构法隧道施工及验收规范》GB 50446—2017 壁后注浆通常分为同步注浆和二次注浆。同步注浆与盾构掘进同步进行，二次注浆根据隧道稳定状态和环境保护要求进行。

同步注浆是在盾构掘进的过程中通过盾构机同步注浆管路系统进行的管片壁后注浆的方法；二次注浆是对壁后同步注浆的补充，其目的是填充同步注浆后的未填充部分，补充注浆材料收缩体积减小部分，处理渗漏水和处理由于隧道变形引起的管片、注浆材料、地层之间产生剥离，通过填充注浆使其形成整体，提高止水效果等。注浆方法、工艺和材料选择等应根据地层性质、地面荷载、允许变形速率和变形值、盾构掘进参数等进行合理选定。惰性浆液一般不宜用于对环境地表沉降和隧道变形有严格要求的工程。

1 工程概况

本工程项目为济南轨道交通 R2 线一期土建工程施工七标段，本次施工区间隧道右线起讫里程 SK22＋453.626～SK24＋437.819，长链 0.209m，隧道全长 1984.402m；左线起讫里程 XK22＋453.626～XK24＋435.996，长链 7.467m，隧道全长 1989.837m。区间正线采用盾构法施工，圆形断面，隧道底埋深约 17.8～22.9m，结构底标高 1.92～11.87m。隧道主要穿越地层为全风化闪长岩、强风化闪长岩、碎石土、残积土。本区间隧道掘进采用两台盾构机，自西周家庄站小里程始发至辛祝路站大里程接收。

2 同步注浆

通过同步注浆填充施工使脱离盾尾的管片和土体形成稳定的整体，可以抑制地层沉降，防止管片变形和上浮，防止管片间隙、盾尾的渗漏水。因此在盾构掘进施工过程中，对同步注浆作业中要严加管理，可以有效提高盾构隧道施工质量。在 R2 七标段地铁盾构施工中，区间主要穿越富水强风化闪长岩地层，根据施工经验该地层有含水量高，渗透系数大，且含有大量裂隙水，伴随溶洞产生的特点。由于地层较复杂、地下水丰富给同步注浆施工增加难度。实际施工中往往增大注浆量，控制浆液凝结时间减少浆液流失。

（1）同步注浆方法与工艺

同步注浆与盾构掘进同时进行，通过同步注浆系统

及盾尾的内置注浆管，在盾构向前推进盾尾空隙形成的同时进行。注浆可根据需要采用自动控制或手动控制方式。为了防止施工中注浆管路被堵塞后再疏通时影响进度，注浆管路预留了备用注浆管。同步注浆工艺流程及管理程序见图 1。

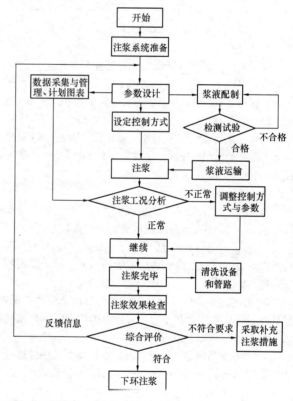

图 1 同步注浆工艺及管理流程图

（2）浆液设计技术指标

同步注浆浆液采用水泥砂浆，指标要求（以济南地铁 R2 七标段设计图纸指标为例）：胶凝时间 4～6h，水泥采用 42.5 级普通硅酸盐水泥，水泥砂浆固结体强度 28d 不小于 2.5MPa，砂浆稠度 8～12cm，固结收缩率小于 5%。注浆材料及主要技术标准见表 1。

（3）配比设计

根据相关施工经验及配合比试验，同步注浆拟采用如表 2 所示同步注浆材料配比表所示的配比（经验证满足上述浆液技术指标要求）。在施工中，根据地层条件、砂浆泵送性、地下水情况及周边条件等，可根据现场实际情况优化改良。

<table>
<tr><td colspan="3">注浆材料及主要技术标准　　表1</td></tr>
</table>

注浆材料及主要技术标准　　　　表1

同步注浆材料	技术标准	备注
水泥	42.5级普通硅酸盐水泥	
粉煤灰	F类Ⅱ级	
砂	细砂	
膨润土	钠基	
水	净水	

同步注浆材料配比表（每1m³用量）　表2

材料	配比用量	备注
水泥	150kg	
粉煤灰	450kg	
砂	850kg	
膨润土	50kg	
水	350kg	

（4）同步注浆主要技术参数

1）注浆压力

以本工程为例，为保证达到对管片与土体空隙的有效充填，同时又能确保管片结构不因注浆产生变形和损坏，根据计算和经验，注浆压力取值为0.2～0.3MPa。

2）注浆速度

同步注浆速度应与掘进速度相匹配，按盾构机完成一环1掘进的时间内完成整环注浆量来确定其平均注浆速度。达到均匀注浆的目的。

（5）注意事项

1）浆液拌制过程中冲洗搅拌设备的水应当排入污水沉淀池，不宜与成品浆液混用以免影响砂浆质量。

2）浆液拌制与运输过程应结合紧密，不宜时间过长。合理控制时间以免浆液结块造成管路堵塞，影响盾构施工进度与施工质量。

3）施工过程中监控调度人员须随时观察注浆情况，监督控制好注浆压力和方量，与盾构操作者保持紧密联系，浆液注入量应同掘进速度相匹配。

4）地铁盾构隧道内管理人员应如实填写盾构推进过程质量控制同步注浆记录表，并做好每班交接班工作。

5）在注浆设备工作的情况下，不得进行任何修理，在注浆泵及管道内的压力未降至为零时，不准拆管路或松开管路接头，以免浆体喷出伤人。

6）为提高砂浆泵送性，满足现场施工条件，自拌砂浆可使用筛砂机、中转储浆罐添加滤网等方法来减少堵管现象发生；或适当优化调整配比。

7）地铁盾构属于高程度的机械化地下暗挖施工，尤其应注意安全教育与危险源辨识，时刻把安全放在首位。

3　二次注浆

（1）注浆目的

二次注浆一般在管片脱出盾尾10环后进行，不宜距离盾构机太近以免包裹盾构机壳体，如果二次注浆后管片接缝仍然渗漏水或者地面沉降，可视情况安排进行注浆堵漏处理。注浆的目的如下：

1）完全填充管片背面空腔控制地面沉降

同步注浆结束后，浆液在凝固的过程中会有体积收缩，还有因浆液发生流失，在管片背面会形成空腔。由于空腔存在，此处地层易发生坍塌变形，随地层松动范围扩大，会引起地面沉降。用二次注浆及时填充管片背面的空腔，使地层没有发生变形的空间，有效控制地面下沉。

2）防水、堵漏提高隧道抗渗能力

盾构隧道成形之后，由于同步注浆不饱满或因浆液凝固体积收缩，管片背面形成空腔，在富水层里，地下水会在此汇集，如果管片止水条松动或止水条处混凝土开裂掉块，极易形成渗水通道。空腔内水就会从渗水通道进入隧道，即造成隧道渗水。通过二次注浆，用浆液完全填充空隙，把空腔缩小或消灭。

（2）浆液配比

以本工程设计图纸为例，二次注浆采用水泥浆＋水玻璃组成的双液浆，浆液配比：水泥浆采用42.5级普通硅酸盐水泥，水灰比为1：1；水玻璃与水按3：1进行稀释。注浆压力控制0.3～0.4MPa，使浆液具有一定的扩散能力，又不至于对周边土体和注浆体产生较大影响。浆液配比如表3所示。

双液浆配比表　　　　　表3

水灰比（重量比）	水：水玻璃（重量比）	A液：B液（体积比）
1：1	3：1	1：1

（3）施工方法

在注浆前先选择合适的注浆孔位，安装上注浆阀门，用电锤钻穿该孔位后混凝土保护层，接上三通及水泥浆管和水玻璃管。注双液浆时，先注纯水泥浆液1min后，打开水玻璃阀进行混合注入，终孔时应适当加大水玻璃的浓度。在一个孔注浆完结后应等待5～10min后将该注浆头打开疏通查看注入效果，如果水很大，应再次注入，至有较少水流出时可终孔，拆除注浆头并用双快水泥砂浆对注浆孔进行封堵。

（4）二次注浆注意事项

1）在注浆前应查看管片情况并在注浆过程中进行跟踪观察，如有异常情况应立即停止注浆，并及时向生产主管人员进行汇报；

2）在注入过程中应严密监视压力情况，控制注浆压力在设计范围以内；

3）在注入过程中出现压力过高但注入效果不明显的情况时应检查注浆泵及注浆管路是否有堵管现象，并立即进行清理；

4）在注浆过程中出现任何的停机现象时均应对注浆泵及注浆管路进行清洗；在注浆完结后应做到"工完料净场地清"，对所有的机具均应清理干净并归于原处；

5）注浆过程宜打开对应点位注浆孔作为泄压排水孔，使浆液均匀填充，有效填补空隙；

6）在注浆前应将注浆孔对应打开并带上注浆阀门，在注浆时可将注浆阀门打开放水直至浓浆流出再关闭阀门，以此作为判断注浆质量的依据；

7）在施工时应备足水泥及水玻璃，严禁中途停止注入；

8）盾构机停机二次注浆时，注意严防浆液包裹盾体的现象。

4　结论

在地铁盾构工程项目施工中，壁后注浆是盾构施工质量控制的重要环节，其施工过程的控制有着重要的意义，加强其质量管理与控制不仅可以保证工程质量，还可以有效减少技术质量把控不足造成的损失，节省人力、财力投入，有效提高速度与质量。地铁盾构施工壁后注浆可有效防止地表沉降、结构渗漏水等问题，注意其过程控制对工程项目建设有重要意义。

参考文献：

[1] 崔现慧．地铁施工盾构法的施工技术研讨[J]．建材发展导向，2019(3)．

[2] 杨发滔，陈志远，许金峰．地铁轨道工程施工质量控制与管理[J]．现代城市轨道交通，2019(12)：52-55．

盾构下穿毛石基础居民楼施工技术

张胜安

（济南城建集团有限公司，山东 济南 250000）

摘 要：通过介绍济南轨道交通 R3 号线盾构下穿居民楼的工程实例，对施工中采取的技术措施进行了总结论述，着重介绍了盾构机掘进控制措施和居民楼沉降控制措施。

关键词：盾构机；毛石基础；居民楼；施工技术

0 工程概况

区间隧道在左 XK16+034.3～左 XK16+087.1 里程、右 SK16+042.7～右 SK16+096.3 里程下穿某居民小区 3 号楼，3 号楼建造于 1971 年，经第三方鉴定已列为危房，地上四层，无地下室，砖混结构，毛石基础，基础深度约 1.8m，基础下有 0.35m 三七灰土垫层。区间隧道与 3 号楼位置关系如图 1、图 2 所示。

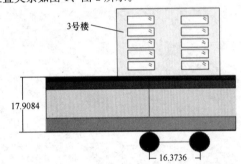

图 1 盾构隧道与 3 号楼位置关系横断面图

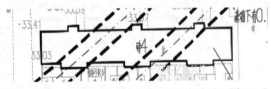

图 2 盾构隧道与 3 号楼位置关系平面图

1 地质和水文情况

区间盾构下穿 3 号楼地层主要为 ⑩₁ 层粉质黏土、

⑭₁ 层粉质黏土。

⑩₁ 层粉质黏土：黄褐—棕黄色，可塑—硬塑，局部坚硬，可见铁锰质氧化物，含有小径姜石，直径 2～4cm，大者 6cm，分布不均，约含 3%～5%，粉粒含量高。该层层厚 1.1～11.2m，层底埋深 15.0～23.8m。

⑭₁ 层粉质黏土：褐黄—棕黄色，可塑—硬塑，见较多铁锰质氧化物，含有小径碎石，直径 2～5cm，大者 8cm，分布不均，约含 5%～8%，粉粒含量高。该层层厚 2.0～12.3m，层底埋深 18.7～31.5m。

对本工程有影响的地下水类型主要为松散岩类孔隙水与碳酸盐岩裂隙岩溶水。区间盾构下穿 3 号楼水位埋深 6.7～7.0m。

第四系松散孔隙承压水含水层主要为第四系卵石、碎石层及含碎石粉质黏土层，黏性土地层具有一定渗透特征，水位埋深一般为 4.60～8.50m，稳定水头标高 24.62～32.86m。该区地下水涌水量较大，透水性较强，孔隙水单孔涌水量>500m³/d，水化学类型为 $HCO_3\text{-}Ca\cdot Mg$ 型，矿化度约 1g/L。第四系松散岩类孔隙水除了接受大气降水直接入渗补给外，同时接受下部的裂隙岩溶水的顶托补给，总体流向为东南向西北径流；大气蒸发、农业灌溉及向小清河侧向排泄是第四系松散岩类孔隙水的主要排泄途径。

碳酸盐岩岩溶水具承压性，含水层为碳酸盐岩地层。单孔涌水量>5000m³/d，水化学类型为 $HCO_3\text{-}Ca$ 型水，矿化度小于 1g/L。主要补给来源为南部、东南部山区的大气降水入渗补给，沿途上部第四系松散岩类孔隙水下渗也是其补给方式之一；地下水排泄方式：人工开采为主要排泄方式，向下游径流排泄是区内地下水主要排泄方式之一。

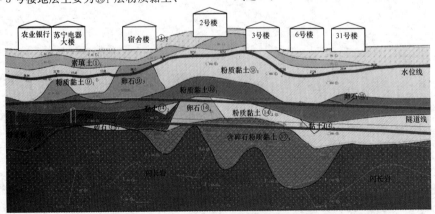

图 3 盾构下穿 3 号楼地质纵断面图

2 施工风险分析

2.1 建筑物结构下沉位移，建筑物结构失稳风险

区间盾构下穿建筑物距离较长，穿越建筑物存在侧穿和下穿两种形式，地层埋深较浅，盾构掘进施工中刀盘对地层产生一定扰动，易造成建筑物沉降，建筑物结构失稳。

2.2 居民人身财产安全风险

盾构穿越过程中建筑物多为居民楼，区间下穿和侧穿的建筑物部分房屋现状残破，地勘资料中部分建筑物基础不详，部分建筑物基础资料遗失，大大增加了施工难度。穿越过程中地面沉降等因素对居民楼结构产生的影响，间接增大了居民人身财产安全的风险。

2.3 盾构施工掘进风险

盾构下穿建筑物段，部分隧道底部存在闪长岩凸起，影响掘进速度，同时地下水量大，易发生螺旋机喷涌、盾尾漏水漏浆；隧道上部以粉质黏土为主，上软下硬地层不利于地层沉降控制，易发生盾构开挖掌子面沉降过大。

3 盾构下穿施工

3.1 下穿试验段施工

（1）地质水文

根据地质勘查报告，选择地层及隧道拱顶埋深等与穿越段较为类似的里程 SK15＋581.003～SK15＋689.003（对应环号 800～890 环）段为穿越建筑群的试掘进段。区间盾构下穿建筑物群试验段水位埋深 7.2～7.5m，下穿建筑物段水位埋深 6～6.3m，盾构下穿试验段与下穿段埋深分别为 13.5～15m、13.2～15.2m，地层以⑩₁层粉质黏土、⑭₁层粉质黏土为主。

（2）试掘进的目的

1）通过对前期地表、管线及构筑物监测数据的分析，总结沉降数值较小区域的施工参数，依据总结的参数模拟地面为下穿段建筑物初步设定试验段施工参数，验证施工参数是否能满足下穿段的沉降控制。

2）检验现场的材料及物资供应、备品备件储存能否满足盾构匀速、平稳施工。

3）检验应急处理领导小组针对不同等级的沉降预警的反应速度、应急处理能力、沟通协调能力。

4）锻炼队伍人员工序之间的衔接配合，提高队伍人员的应急能力。

3.2 盾构下穿施工控制措施

盾构下穿施工中，盾构掘进的施工技术控制和施工组织安排，是施工顺利完成的关键。

右线盾构机下穿 3 号楼，历时 2 天零 1 小时，日平均进度 13.2m（11 环）。左线盾构机下穿 3 号楼，历时 2 天零 3 小时，日平均进度 13.2m（11 环）。

（1）土仓压力控制

区间左右线埋深相同，计算土仓压力：

土仓压力选取常用的土力学公式按水土合算计算静止土压力，计算深度选取盾构中心位置。

$$P = P_1 + P_2 = K_0(\sum \gamma \cdot h + 20)$$

式中 P——隧道中心水土压力值；

P_1、P_2——分别指水土压力、变动荷载（选取为20kPa）；

K_0——静止土压力系数；

h——在盾构中心上方的各土层厚度（m）；

γ——在盾构中心上方的各土层重度（kN/m³）。

左右线下穿施工期间根据试验段数据、地层、埋深及 3 号楼的高度设置土仓压力为 1.3bar，上下波动不超过 0.2bar，并根据 3 号楼的监测数据动态调整土仓压力，整个施工过程中上部土仓压力波动较小，推进过程中进入下穿段掘进断面为粉质黏土，自稳性较好，上部土压力对地表沉降的影响很小。

（2）掘进速度

下穿建筑物施工期间，全断面粉质黏土推进速度在 35～40mm/min，根据不同的地层及时调整掘进参数，通过渣土改良保证掘进的匀速性，缩短开挖土体对地层的扰动时间。

（3）总推力

区间下穿建筑物施工期间，全断面粉质黏土掘进总推力在 1000～1150t，通过调整泡沫的注入量，避免了黏土出现结泥饼现象，施工过程中没有出现推力持续增大的情况。

（4）其他掘进参数

施工期间刀盘转速采用 1.0±0.1rpm，对土体的扰动较小，对地面建筑物产生的影响很小。出土量严格控制不大于 54m³，没有出现超挖对建筑物的影响。

（5）同步注浆配合比及注浆参数

施工采用水泥砂浆作为同步注浆浆液，主要由水泥、粉煤灰、膨润土、砂、水拌合而成，初凝时间在 6h 以内。每环注浆量为 6.0m³，是理论空隙的 170%。根据管片脱出盾尾后的沉降监测，沉降控制值比较理想，地表及建筑物的影响较小。附同步注浆浆液配比表。

序号	材料 体积	水泥（kg）	粉煤灰（kg）	砂（kg）	膨润土（kg）	水（kg）
			同步注浆浆液配比		表 1	
1	1m³	150	400	850	100	360

（6）壁后注浆监测

下穿施工前在盾构机上安装同步注浆监测雷达，实时监测同步注浆的效果，盾构下穿 3 号楼后为减少居民楼后期沉降，对雷达监测薄弱区域进行二次补浆，严格控制注浆压力不超过 0.5bar，避免对居民楼造成隆起。雷达监测效果如图 4 所示。

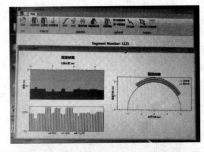

图4 壁后注浆监测效果图

（7）二次补浆

对雷达监测薄弱区域进行二次补浆，补浆采用的纯水泥单液浆，严格控制注浆压力不超过0.5bar，避免对居民楼造成隆起，单液浆的配比如表2所示。

二次补浆浆液配比及指数　　表2

序号	水与水泥重量比	稠度	凝结时间
1	0.8∶1	12s	354min

3.3　施工监测

盾构下穿过程采用自动化沉降监测系统辅助人工监测，在3号楼上布置静力水准监测点4个，倾斜监测点4个，人工监测条形码10处。下穿前及过程中、下穿后的影响曲线图如图5所示。

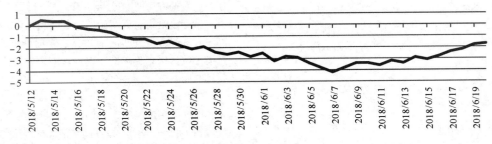

图5 人工监测数据

人工监测右线下穿过程中引起沉降累计最大值为－2.1mm，平均沉降量为－1.1mm，左线下穿过程中引起沉降累计最大值为－4.2mm，平均沉降量为－2.6mm，远小于20mm的限值。

4　结束语

在穿越前建立试验段验证掘进参数是非常有必要的，先进的监测系统做到了监测数据实时传输共享指导盾构施工，合理的盾构掘进参数，连续平稳的掘进施工，及时的二次补浆保证了盾构施工顺利穿越毛石基础的居民楼。

参考文献：

[1] 竺维彬，鞠世键. 复合地层中的盾构施工技术[M]. 北京：中国科学技术出版社，2006.

[2] 盾构法隧道施工及验收规范 GB 50446—2017[S]. 北京：中国建筑工业出版社，2017.

浅析泉域地层盾构机刀具的更换

张 正，孙 康，李广铭，王凯龙

（济南城建集团有限公司，山东 济南 250000）

摘 要：现阶段复合式土压平衡盾构机在软弱地层的掘进技术已经相当成熟，而且已经形成了相对完善的理论体系。相对来说，在岩石强度 100MPa 以上的硬岩地层的掘进工作经验尚浅。本文依据济南轨道交通 2 号线工程，对复合式土压平衡盾构机在通过硬岩地层时出现的主要技术问题：滚刀磨损严重进行了分析论述，并提出相应的应对措施，为类似地质情况的施工任务提供经验和参考。

关键词：土压平衡盾构机；硬岩；掘进；滚刀

0 工程概况

济南轨道交通 R2 线四标段宝华街至长途汽车站区间，主要穿越地层为全风化闪长岩地层、强风化闪长岩地层、中风化闪长岩地层，局部穿越微风化灰长岩地层。济南作为泉城，泉水之所以多的原因：就是由地质结构和地理环境所构成的。济南从地势上讲，可以概括为：南高北低（东西狭长但高差不大）。南部为泰山山脉（或余脉），北部到达济南市区后（二环南路以北）变为山前倾斜平原和黄河冲积平原交接带。济南的南部山区地层结构为石灰岩岩层，这些可溶性灰岩，经过多次构造运动和长期溶蚀，形成大量地下溶沟、溶孔、溶洞和地下暗河，成为能够储存和输送地下水的脉状地下网道（可看作是地下河流）。泰山山脉和南部山区等到大气降水后，大量的地表水渗入到地下，沿溶沟、溶洞、暗河等地下网道由南向北潜流。而济南市区北部为燕山期辉长岩——闪长岩侵入体，岩质坚硬，为不透水岩层，潜流的地下水到此受阻，大量汇聚，在水平运动强大压力下变为垂直向上运动。大量地下水穿过岩溶裂隙，夺地而出，形成众多形态各异的天然涌泉。而本标段基本处于闪长岩侵入体上，所以在中风化和微风化闪长岩地层岩质坚硬，全风化和强风化闪长岩地段有一定的透水性，水量较大。

中风化闪长岩：灰绿－灰黄色，呈块石状，风化程度不均匀，夹有软弱夹层，稳定性一般，天然单轴抗压强度值为 33.9~91.5MPa，平均值为 58.6MPa。微风化闪长岩：灰绿色，中粗粒结构，块状构造，主要矿物成分为角闪石、长石、云母等，节理裂隙稍发育，稳定性较好，$RQD = 75 \sim 85$，天然单轴抗压强度值为 29.4~115.6MPa，平均值为 76.4MPa，这种情况对盾构机掘进提出了较大的挑战。

本标段盾构机刀盘开挖直径 6.68m，最大推力 4255t。9 组液压驱动的最大扭矩 7070kN·m，脱困扭矩 8610kN·m。刀盘主要技术参数：刀盘结构形式为复合式，中心开口率为 35％。刀具采用 6 把 18 寸中心双联滚刀，36 把 18 寸单刃滚刀，12 把高度为 140mm 的边刮刀，43 把高度为 140 mm 的刮刀。

1 刀具的选择

刀具是盾构掘进工作的重要构件，根据地质情况的不同，正确选择适合的刀具是保证施工顺利进行的重要条件。针对硬岩地层，盾构破岩主要靠盘形滚刀，安装在刀盘上的盘形滚刀在盾构千斤顶的作用下紧压在岩面上，刀盘旋转带动刀具扫过掌子面，继而开挖面岩层出现裂隙并脱落。

根据滚刀刀圈材质的不同大致可以分为以下 4 种类型的刀具。

（1）耐磨层表面刀圈：适用于掘进 40MPa 的紧密地层，硬度 80~100MPa 的断裂砾岩、砂岩、凝灰岩及砂性土等地层。

（2）标准钢刀圈：适用于掘进硬度 50~150MPa 的砾岩、大理石、砂岩、灰岩及有石块的地层。

（3）重型钢刀圈：适用于掘进硬度 120~250MPa 的硬岩，硬度 80~150MPa 的高磨损岩层，如花岗岩、闪长岩、斑岩、大理石、蛇纹石及玄武岩等地层。

（4）镶齿硬质合金刀圈：适用于掘进硬度高达 150~250MPa 的花岗岩、斑岩、玄武岩及石英等地层。

根据刀具使用情况，重型钢刀圈滚刀可以较好地适用于本标段的地层。

2 滚刀厂家的比选

本标段使用了不同厂家生产或维修的滚刀，通过对硬岩掘进中刀具的更换数量、刀具的磨损等情况进行统计分析，选择适合本标段的刀具厂家。并在施工中选择合理的掘进参数，确保盾构在硬岩中顺利掘进。

右线在 274 环，进入强风化闪长岩地层时开始大规模频繁的更换刀具，从 2 月 4 日到 3 月 16 日进行了 20 多次的不定期的换刀工作。这段时间掘进工作的地质情况为中风化闪长岩地层和微风化闪长岩交替的全断面硬岩。下面分别列举其中两家厂家部分刀具的更换情况如表 1 和表 2 所示。

甲刀具右线部分换刀情况   表 1

序号	刀具编号	损坏形式	推进环数（环）	地质情况
1	46 号	刀圈崩裂	275~278	微风化闪长岩
2	47 号	磨损量超标	253~278	微风化闪长岩
3	40 号	刀圈卷刃	274~278	微风化闪长岩

续表

序号	刀具编号	损坏形式	推进环数(环)	地质情况
4	17号	磨损量超标	253~283	中风化和微风化闪长岩
5	37号	磨损量超标	274~283	微风化闪长岩
6	9~11号	磨损量超标	274~283	微风化闪长岩
7	10~12号	磨损量超标	274~283	微风化闪长岩
8	20号	刀圈卷刃	253~285	中风化和微风化闪长岩
9	27号	磨损量超标	274~290	微风化闪长岩
10	31号	偏磨	253~290	中风化和微风化闪长岩
11	36号	磨损量超标	274~290	微风化闪长岩
12	38号	偏磨	274~290	微风化闪长岩
13	45号	偏磨	278~290	微风化闪长岩
14	2~4号	磨损量超标	253~290	中风化和微风化闪长岩
15	6~8号	磨损量超标	278~290	微风化闪长岩
16	41号	刀圈卷刃	274~291	微风化闪长岩
17	46号	挡圈脱落	278~291	微风化闪长岩
18	44号	刀圈崩裂	275~291	微风化闪长岩
19	42号	磨损量超标	275~291	微风化闪长岩
20	9~11号	磨损量超标	283~293	微风化闪长岩
21	16号	磨损量超标	283~300	微风化闪长岩
22	40号	磨损量超标	278~300	微风化闪长岩
23	17号	磨损量超标	283~302	微风化闪长岩
24	30号	磨损量超标	275~302	微风化闪长岩
25	29号	磨损量超标	290~311	微风化闪长岩
26	36号	卷刃	290~314	微风化闪长岩

续表

编号	刀具编号	损坏形式	推进环数(环)	地质情况
9	38号	磨损量超标	314~325	微风化闪长岩
10	39号	偏磨	291~325	微风化闪长岩
11	42号	磨损量超标	315~325	微风化闪长岩
12	29号	磨损量超标	311~325	微风化闪长岩
13	24号	磨损量超标	291~325	微风化闪长岩
14	21号	偏磨	302~325	微风化闪长岩
15	39号	磨损量超标	325~327	微风化闪长岩
16	47号	磨损量超标	311~327	微风化闪长岩
17	40号	磨损量超标	300~327	微风化闪长岩
18	36号	偏磨	325~339	中风化和微风化闪长岩
19	38号	磨损量超标	325~339	中风化和微风化闪长岩
20	46号	偏磨	337~342	中风化和微风化闪长岩
21	31号	偏磨	290~342	中风化和微风化闪长岩
22	21号	偏磨	325~342	中风化和微风化闪长岩
23	29号	磨损量超标	325~342	中风化和微风化闪长岩
24	23号	磨损量超标	325~342	中风化和微风化闪长岩
25	46号	偏磨	342~345	中风化和微风化闪长岩
26	26号	偏磨	311~346	中风化和微风化闪长岩

由上表可以得到在中风化和微风化闪长岩交替出现的全断面硬岩掘进中，甲厂家的刀具26把滚刀样本中，掘进的参数总和为416环，由此得出其刀具的平均寿命为16环；乙厂家的刀具26把滚刀样本中，掘进的参数总和为463环，由此得出其刀具的平均寿命为17.8环。在通过对两家刀具供应商对比中得出乙厂家刀具更适合本地区中风化和微风化闪长岩地层。

3 盾构机掘进遇到的主要问题

盾构施工中遇到的主要问题是刀具的磨损极度严重，在中风化闪长岩和微风化闪长岩交替的全断面硬岩段平均每掘进一环要更换刀具2~3把。开挖系统综合性能大大降低，造成推进系统参数异常，贯入度小，推进速度低（图1）。

根据实际掘进中的统计参数，在全断面中风化闪长岩地层盾构机的推进速度不超过3~5mm/min，在全断面微风化闪长岩地层盾构机的推进速度不超2mm/min。

推力方面的参数，当油缸总推力在小于1000t时，在中风化及微风化地层基本不得进尺，当总推力在1000~1400t时，情况和上述基本相同，当推力在1400t以上时推进速度微弱增长，且刀具发生严重的非正常损坏和磨损，造成频繁更换刀具的问题，严重耽误工期。

乙刀具右线部分换刀情况 表2

编号	刀具编号	损坏形式	推进环数(环)	地质情况
1	6~8号	刀圈崩刃、轴承损坏	290~302	微风化闪长岩
2	5~7号	刀圈崩刃	290~302	微风化闪长岩
3	37号	偏磨	290~305	微风化闪长岩
4	42号	偏磨	290~305	微风化闪长岩
5	A647~1号	磨损量超标	291~311	微风化闪长岩
6	2~4号	磨损量超标	290~311	微风化闪长岩
7	36号	卷刃	315~325	微风化闪长岩
8	23号	卷刃	311~325	微风化闪长岩

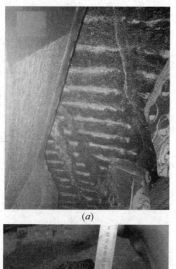

图 1
(a) 掌子面岩石情况；(b) 土仓中闪长岩情况

(a)

(b)

图 2
(a) 刀具均匀磨损、崩刃；(b) 刀具偏磨

4 刀具磨损的原因分析及应对措施

4.1 刀具磨损的原因分析

由表 1 和表 2 例举的数据可以看出，在中风化和微风化交替出现的全断面地层中刀具的常见损坏形式有：均匀磨损、偏磨、崩刀圈、轴承脱落等（图 2）。

通过现场施工观察及分析，刀具磨损原因如下：

（1）掌子面硬度大，造成刀具的磨损量大。如果掘进中刀盘转速过大，造成刀具与硬岩摩擦产生热量过大，加剧刀具的磨损。

（2）刮刀出现磨损、脱落、崩裂等，特别是刀盘外周的刮刀磨损严重，以至于滚刀破岩后岩石无法正常刮落。另外辅助刀具对滚刀保护基本失去作用，导致滚刀受损严重。

（3）掘进过程中刀具紧固螺栓发生松动，随着刀盘转动，刀具轴向不断振动，受力方向不断变化，使得刀具无法正常受力，从而加速刀具的损坏。

（4）刀盘的同一破岩轨迹上更换完的新刀更容易磨损。原因是大面积更换完新刀后，开始掘进第一环就以正常速度推进，未对速度加以控制，新旧刀具的高度不同，受力情况不同，新刀高于旧刀，受力更大，导致新刀更容易出现崩刃和磨损严重的现象。另外，新刀更换完成后，第一次受力过程中新刀的紧固螺帽更容易松动，不注意二次复紧螺栓，也容易导致刀具磨损加剧。

（5）推进过程中盾构姿态的不均衡，在调节姿态时各组油缸的压差过大，使得整个刀盘和掌子面间的受力不均，导致在转动刀盘时刀具在不同位置受到的阻力扭矩不同，刀具旋转时受力不均匀，引起刀圈的偏磨。

4.2 应对措施

（1）减少土仓内的积土。盾构在全断面硬岩中掘进时，采用常压掘进模式，通过加快螺旋机转速，减少土仓内的积土；通过向渣土中喷射泡沫，改良渣土，使用这两种方式降低渣土和刀具之间的摩擦力，从而减小渣土对刀具的磨损。另外通过向掌子面注入泡沫，降低刀具温度，润滑刀具，以此减少对刀具的影响。

（2）将刀具螺母全部更换为自锁螺母，刀具的定位块全部安装成带定位销的防扭铁块，刀箱的设计要便于刀具的更换。

（3）在保证盾构姿态的情况下尽量控制各分区的油缸压力差在 50bar 以内，在全断面硬岩地层每一环盾构姿态调整量应控制在 4mm 以内。

（4）关注掘进参数的变化，参数异常时，应尽快开仓检查刀具和掌子面情况。掘进参数的选择以保护刀具为原则，应按小推力、低扭矩、高转速选取参数，采用推力 1400～2000t，刀盘转速 1.6～2.2r/min，刀盘扭矩 1600～3000kN·m 等参数。

（5）勤检查刀具，及时对松动的螺栓进行复紧。尤其刚更换完的新刀，在缓慢推进 10cm 左右时及时对刀具进行复紧。平时检查中发现的偏磨和磨损超限的刀具及时更换，避免造成周围刀具的磨损损坏。

5 结语

全断面硬岩地层往往对盾构施工的顺利进行提出较大挑战，同时也给工期带来了较大压力。本文以济南地铁 R2 线 4 标段为依托，通过分析论述实际施工中应对中风化及微风化闪长岩地层所采取的一系列技术措施，充分说明在合理控制盾构机各项参数的情况下，复合土压平衡盾构机完全可以胜任全断面硬岩的掘进工作。

参考文献：

[1] 周智辉 . 复合式土压平衡盾构机在高强度硬岩中的掘进技术分析与研究[J]. 现代隧道技术，2018，55(6)：204-209.

[2] 杨梅 . 全断面硬岩地层盾构掘进问题分析及解决措施[J]. 铁道建筑技术，2015(5)：54-57.

[3] 李锐 . 硬岩地层盾构机掘进技术探讨[J]. 隧道建设，2011 (S2)：138-143.

[4] 王小忠 . 盾构机在长距离硬岩中掘进的探讨[J]. 铁道工程学报，2016(4)：52-56.

隧道盾构施工测量重大环节和要点

史绪繁

（济南城建集团有限公司，山东 济南 250000）

摘　要： 济南地铁 R3 号线采用盾构法隧道施工，盾构法隧道施工测量工作受场地、环境影响较大，精度要求较高，提高施工测量精度、确保盾构机顺利出洞，同时满足隧道的横向和竖向位移的精度成为测量工作的重中之重，通过对施工测量各环节和要点的控制，提高测量工作精度、效率，满足施工需求。

关键词： 盾构法隧道测量；双导线；陀螺仪定向；测量环节要点

0　工程概况

济南市轨道交通 R3 线王舍人站—裴家营站区间为双单洞隧道，本区间隧道右线起讫里程为右 SK14+621.003～右 SK14+17+443.207，全长 2822.204m；隧道左线起讫里程为左 XK14+621.003～左 XK17+443.205，短链21.698m，全长 2800.504m，本区间在右 K15+220.000、右 SK16+981.873 里程处设置一处联络通道兼泵房，右 SK16+423.857 里程处设联络通道（与区间风井合建），右 SK15+820.000 里程处设置一处联络通道。区间采用盾构法施工，区间联络通道（兼泵房）采用矿山法施工，与风井合建联络通道采用明挖法施工。为确保隧道测量精度联系测量采用双井定向，隧道内控制测量为双导线测量并辅助陀螺仪定向确保控制测量的精度，除对联系测量，地下控制测量等重大环节严格把控之外，对于其他环节要点同样积极控制，减少测量误差，满足盾构施工测量精度。

1　测量过程环节、要点和主要技术措施

（1）地面控制测量

1）平面控制测量：向隧道内传递坐标和方位时，应在每个井口或车站附近至少布设三个平面控制点来作为联系测量依据。

2）加密导线网控制：

① 导线点上只有两个方向时，水平角观测应采用左右角平均值之和与 360°的较差应小于 4″。

② 利用精密导线和加密导线测量计算，应采用严密平差方法，且提供导线点坐标及其精度评定成果表。

3）高程控制测量：车站、竖井、近井点及车辆段附近的水准点布设数量不少于 2 个。

（2）联系测量

1）地面导线

① 对地面近井进行导线加密时地面近井点与精密导线点应构成附合导线或闭合导线且近井导线总长度不宜超过 350m，导线边数量不宜超过 5 条。

② 隧道贯通前的联系测量工作不得少于 3 次，在隧道掘进 100m、300m 以及距贯通面 100～200m 时分别进行一次（切记：贯通前联系测量还需要对接受井钢环中心进行复核）。

③ 定向测量的地下定向边不应少于 2 条。传递高程的地下近井高程点不应少于 2 个，作业前应对地下定向边之间、高程点之间的几何关系进行检核。

2）地面近井点测量

① 平面和高程近井点应埋设在井口附近以便于观测和保护的位置并标识清楚。

② 平面近井点按照加密导线网要求进行施测。最短边不应小于 50m、中误差为±10mm。

③ 高程近井点应采用二等水准点直接测定并构成附合、闭合水准导线且按照二等水准测量要求施测。

3）联系三角形测量

① 每次定向应独立进行 3 次，且取三次平均值作为定向结果。

② 联系三角形边长测量每次独立测量三测回，每测回三次读数，且各测回读数应小于 1mm，地上与地下丈量的钢尺测量间距应小于 2mm。

③ 角度观测采用不低于 Ⅱ 级全站仪，用方向观测法观测六回，测角中误差应在±2.5″之内。

④ 联系三角形定向推算的地下起始边方位角较差应小于 12″，方位角平均值中误差为±8″（两井定向精度相同）。

4）高程联系测量

① 测定近井水准点高程的地面水准路线应符合在地面二等水准点上。

② 采用在竖井内悬挂钢尺的方法进行高程传递测量时，地上和地下安置两台水准仪应同时读数，并在钢尺上悬挂与钢尺鉴定时相同质量的重锤。

③ 传递高程时每次独立观测三测回，测回间应变动仪器高三测回，测得地上、地下水准点间的高差较差应小于 3mm。

（3）地下控制测量

1）一般规定

① 地下平面和高程控制测量起算点应利用直接从地面通过联系测量传递到地下的近井点。

② 加测陀螺仪方位角等方法提高控制导线精度。将控制导线布设成网或者边角锁等。

③ 地下平面和高程控制点使用前必须进行检测。

2）平面控制测量

① 从隧道掘进起始点开始，直线隧道每掘进 200m 或

曲线隧道每掘进 100m 时，应布设地下平面控制点，且进行地下平面控制测量。

② 隧道内控制点间平均边长为 150m，曲线隧道控制点间距不应小于 60m。

③ 控制点应避开强光源、热源、淋水等地方，控制点间视线距隧道壁大于 0.5m。在洞内采用左右角交错布设。

④ 平面控制测量应采用导线测量方法，应采用不低于 Ⅱ 级全站仪施测，左右角各观测两测回且左右角平均值之和与 360°较差应小于 4″，测角中误差为 ±2.5″，边长往返观测各两测回且往返平均值较差应小于 4mm，测距中误差为 ±3mm。

⑤ 每次延伸控制导线前应对已有的控制导线点进行检测并从稳定的控制点进行延伸测量。

⑥ 控制导线点在隧道贯通前应至少测量三次，并与竖井定向同步进行，重合点重复测量坐标值的较差应小于 $30×d/D$（mm），其中 d 为控制导线长度，D 为贯通距离（单位为 m）。满足要求时应逐次取平均值作为控制点的最终成果来指导隧道掘进。

⑦ 相邻竖井间或相邻车站间隧道贯通后，地下平面控制点应构成附合导线（网）。

3）高程控制测量

① 高程测量控制应采用二等水准测量方法并应起算于地下近井水准点。

② 高程控制测量点可利用地下导线点单独埋设时宜每 200m 埋设一个。

③ 水准测量应在隧道贯通前进行三次，并应与传递高程测量同步进行。

重复测量高程点间的高程较差应小于 5mm，满足要求时应将逐次平均值作为控制点的最终成果来指导隧道掘进。

④ 相邻竖井间、相邻车站间隧道贯通后地下高程控制点应构成附合水准路线。

（4）盾构导线测量

1）移站测量

① 移站：关闭导线系统前必须保证其在正常工作状态且记录移站前机器姿态并截屏保存。移站时必须利用经过复合的固定点再次复合已有的全站仪托架向前传递坐标、高程，但仅限一次。下次移站应从车站（或洞内至少三个）控制点用导线测量托架和后视棱镜坐标，两次偏差应控制在 3mm，高程偏差应控制在 10mm。移站结束后导线系统开机正常工作后再次记录移站后的机器姿态并截屏保存。

对比移站前后盾构姿态数据，如果各项偏差小于限差（移站前后限差 15mm）则说明移站成果合格，否则必须查找原因，必要时重测。

② 移站间隔和后视距离

条件允许时应尽量加大移站距离（一般为 40～60 环）必要时可对后配套影响净空的部分结构件移动位置，尽量加大测量窗口，全站仪不应在管片变形较大地段，视线不要过于贴近墙壁和设备，姿态数据跳动较大时应及时移站。因各种原因造成移站距离过短且不宜加长时，应尽量

增加全站仪托架到后视镜的距离，并大于前视距离。可连续搬几站用同一个后视点，但应及时检查全站仪托架坐标和高程。

③ 移站记录：移站记录按指挥部要求的固定表格真实填写，测量负责人及时对记录进行复核、检查并保存。

2）导线系统数据输入和复核

① 初始数据：导向系统各部件位置、角度偏差数据、全站仪和导线系统软件上的主要设置等的初始数据均应进行复核确认并备份。

② 隧道设计轴线：注意其与线路中线、内轨顶面设计高程之间的相对关系。

设计轴线除用导线系统软件计算外应由测量队内不同人员用其他软件或手工对计算全过程进行独立复核并相互核对无误，方可输入导线系统使用，且保存计算和复核记录。

在掘进前将相关图纸和设计轴线上报第三方复核并确认。

（5）人工复测

1）盾构机就位始发前：必须利用人工测量方法测定盾构机的初始位置和盾构机姿态。盾构机自身导线系统的测定成果应与人工测量结果一致。

2）盾构机姿态测量包括平面偏差、高程偏差、俯仰角、方位角、滚转角、切口里程。

3）始发时利用盾构机配置的导线系统和人工测量法对盾构机的姿态进行测量核对。始发后定期采用人工测量的对导向系统测定的盾构机姿态数据进行检核、校正。

4）盾构机配置的导线系统宜有实时测量功能。人工辅助测量时测量频率应根据其导向系统精度确定。盾构机始发前 10 环内、到达接受井前 50 环内，增加人工测量频率。

5）利用地下平面控制点和高程控制点测定盾构机测量标志点，测量误差应在 ±3mm 以内。

6）衬砌环的测量：

① 应在盾尾内完成管片拼装和衬砌环完成壁后注浆两个阶段进行。

② 在盾尾内管片拼装成环后应进行测量盾尾间隙。

③ 衬砌环完成壁后注浆后宜在管片出车架后进行测量（内容包括：衬砌环中心坐标、底部高程、水平直径、垂直直径、前端面里程测量误差为 ±3mm）。

7）每次测量完成后应及时提供和衬砌环测量结果供修正运行轨迹使用。

（6）测量数据的处理

1）测量原始数据必须计算齐全，结果和限差正确，记录、复核等履责并签字齐全。

2）联系测量平差计算必须先计算闭合差且符合限差。地面近井点、地下控制点都要分段进行平差计算。

3）计算结果的取舍和使用均必须复核确认后使用。

4）移站测量完成后导线系统数据的更改必须有复核并形成记录。

5）每次移站和联系测量时必须将盾构机的适时坐标与设计绝对坐标核对并形成记录。

2 结语

归纳总结盾构测量过程中的各个环节和要点，并分级管控，对于重大的环节和要点应加强管控，减少测量过程中产生人为误差，其中联系测量、地下控制测量作为隧道贯通的基础，严格执行规范、方案要求施测，多次测量结果校核，确保原始数据的准确性，并积极采取本项目制定的各种测量方法，地下控制点采用双导线，辅以陀螺仪定向检核校准，控制点全部采用误差较小的强制对中托盘等措施的方法。

在一年多的共同努力下，济南 R3 地铁王裴区间双线隧道顺利贯通，贯通误差控制在 2cm 以内，隧道横向、纵向位移的精度均达到规范要求，达到了预期效果。

参考文献：

[1] 城市轨道交通工程测量规范 GB/T 50308—2017[S]. 北京：中国建筑工业出版社，2017.
[2] 工程测量规范 GB 50026—2007[S]. 北京：中国计划出版社，2007.
[3] 《济南轨道交通集团工程测量管理办法（试行）》济轨发[2016]38 号文的相关规定.
[4] 铁路工程测量规范 TB 10101—2018[S]. 北京：中国铁道出版社，2018.
[5] 城市轨道交通工程监测技术规范 GB 50911—2013[S]. 北京：中国建筑工业出版社，2013.
[6] 国家一、二等水准测量规范 GB/T 12897—2006[S]. 北京：中国标准出版社，2006.

提高盾构机复合地层施工效率

王方政

(济南城建集团有限公司，山东 济南 250000)

摘　要： 盾构机在复合地层中的施工应用面临着更大难度，也更容易出现问题，为了更好提升施工效率，必然需要重点围绕着盾构机的应用要点进行严格把关。本文以盾构机在复合地层中的施工应用作为研究对象，结合实际案例，探讨了施工中常见问题及其如何提升施工效率，以供参考。

关键词： 盾构机；复合地层；施工效率

0　引言

当前越来越多的城市关注地铁项目的施工建设，在地铁建设过程中，盾构机的运用至关重要，直接关系到施工效率，需要确保盾构机的运行稳定可靠。盾构机施工应用中，在复合地层条件下的施工难度较大，需要充分考虑到盾构机可能存在的一些问题，以此实现对盾构机的积极管理，切实做好刀具以及刀盘规范化运用，有效处理可能出现的"喷涌"等问题。下面主要以实际项目施工建设中盾构机的应用状况为例，探讨了如何提升施工效率，现总结如下。

1　工程概况

本工程区间位于济南市地铁项目二环东路站－辛祝路站，盾构区间沿祝舜路向东北向延伸，下穿二环东路高架桥，隧道全长 1321.496m；采用盾构法施工，线距 12.0～17.0m；覆土厚度 9.4～20.1m，区间隧道主要穿越的土层为全风化闪长岩，强风化闪长岩，中风化闪长岩，局部穿越黏土、碎石土、残积土。

2　盾构机概况

本工程主要采用土压平衡盾构机，开挖直径为 6680mm，盾体直径为 6650mm/6640mm/6630mm，主要刀具有 18 寸中心双联滚刀 4 把、18 寸单刃滚刀 33 把、边刮刀 8 把、切刀 40 把、焊接撕裂刀 23 把、保径刀 8 把、超挖刀 1 把。在盾构机的应用中，主要采用滚刀破岩方式，施工操作中表现出了较快的速度，破碎量同样也比较大，能够借助于强大的压碎以及剪切碾碎力，实现项目推进；伴随着滚刀破岩，还能够同时利用刮刀进行破碎岩石的入仓处理，以便提升施工操作的可持续性。

3　刀具磨损严重

在该项目施工建设中，因为涉及的岩石类型主要有全风化闪长岩，强风化闪长岩，中风化闪长岩，进而也可能造成相应刀具在施工应用中出现明显磨损现象，这也是影响项目施工效率的重要因素，需要技术人员以及

管理人员围绕着刀具以及刀盘进行实时关注。比如在掘进刀 626 环时，发现项目施工速度明显变慢，经过详细检查发现存在着刀具严重磨损问题，同时还伴随着刀圈崩裂以及轴承损坏问题，于是针对这些受损部件进行了有效替换处理，恢复了较快的施工效率。根据相关管理标准，如果盾构机的边缘滚刀刀圈磨碎程度达到 10mm 以上，或者是面刀和中心双刃滚刀刀圈磨损程度达到 20mm，就应该及时进行替换，避免严重影响施工效率以及安全性。本项目在整个施工建设过程中对于刀具磨损进行了高度关注，并且也提示替换了受损刀具，具体情况如表 1 所示。

刀具磨损情况及其替换　　　　　　　　表 1

刀号	磨损量	换刀时间	地层类型
23	15	2019.10.26	中风化石灰岩
31	13	2019.10.26	中风化石灰岩
38	14	2019.10.26	中风化石灰岩
41	15	2019.10.26	中风化石灰岩

图 1　刀圈磨损图

4　硬岩地层推进

盾构机在复合地层中的施工效率提升往往还需要重点考虑到硬岩地层中的相关处理，避免因为硬岩地层推进过慢影响整体效率。在硬岩地层推进中，主要采用半敞开式掘进手段，以更好实现对掌子面的稳定控制，同时促

使相应渣土能够及时进入土仓并排出，避免出现土渣的积聚问题。在具体掘进操作中：（1）往往需要贯彻落实"高转速、小扭矩、大推力"的理念，对于土仓压力进行有效调控，确保掘进速度能够维持在掘进速度1～10mm，将推力设置为1200～1500t，刀盘转速控制在1.5～1.7r/min，刀盘扭矩尽量控制在1.50～2.50kN·m；（2）在硬岩地层中进行推进施工处理还面临着较高的纠偏难度，这也就需要重点考虑到施工操作准确度的控制，尽量降低后续纠偏行为，如此同样也能够较好实现刀具的保护，缓解磨损程度；（3）如果出现必须要纠偏的现象，则需要按照"长距离、缓纠偏"的要求；（4）在硬岩地层推进中还需要关注注浆的规范化处理，要求促使注浆能够同步进行，对于水泥－水玻璃双液浆的应用需要保障密实可靠。

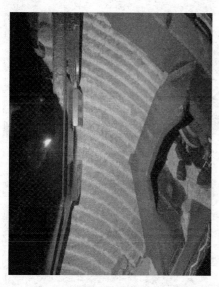

图2　全断面中风化石灰岩图

5　螺旋机喷涌

在盾构机掘进处理中，复合地层中如果存在一些富水岩层，就容易出现喷涌现象，给施工带来较大不便，严重影响施工效率，需要及时清理渣土。基于该类问题，首先，可以针对螺旋机进行改造，促使其出土口能够借助于挡皮实现有效遮挡，如此也就能够避免了人工清理泥浆带来的时间损耗问题；其次，在喷涌问题出现后，应该及时关闭螺旋输送机后门，同时控制好掘进速度，确保土仓

平衡性得到保障，在内部均匀适宜后再打开后门，确保压力更为稳定；最后，该情况下还可以借助于膨润土或者是其他高分子聚合物进行优化处理，以便更好提升渣土的搅拌效果，维系掘进有序进行。

6　管片上浮

针对盾构机掘进处理中出现的管片上浮现象也需要及时处理，避免该问题严重影响施工效率。因为管片在地下水以及相关浆液的作用下，很容易出现上浮趋势，同时还可能呈现出绕曲变形问题，这也就需要重点围绕着管片进行重点管控，要求其具备理想的作用条件。首先，可以从盾构机掘进姿态入手进行调控，适当压低以降低管片上浮概率；其次，针对浆液进行严格把关，确保浆液配比较为适宜，避免因为其浓度过高导致管片上浮；再次，优先运用盾尾上部的注浆孔进行注浆操作，同样也能够有效规避管片上浮问题；最后，还可以在盾尾进行止水环的构建，避免后放来水致使管片上浮。

7　结语

本文针对在复合地层盾构施工中遇到的刀具磨损严重且频繁更换刀具、复合地层推进过程中的参数选择、喷涌现象以及管片上浮等问题，探讨了土压平衡盾构机选型、刀盘配置等关键参数，通过选择合适的掘进模式和掘进参数以及相关措施，保证了盾构机在复合地层中顺利掘进，以更好提升施工效率，对类似地铁工程提供有利的参考。

参考文献：

[1]　牛少侠.浅谈盾构法隧道施工技术应用措施[J].科技视界，2014(36)：123＋363.

[2]　杨书江.盾构在硬岩及软硬不均地层施工技术研究[D].上海：上海交通大学，2006.

[3]　王小忠.盾构机在长距离硬岩中掘进的探讨[J].铁道工程学报，2006(04)：52-56＋66.

[4]　王效文.地铁盾构隧道施工组织影响因素分析[J].现代隧道技术，2005(06)：53-56.

[5]　周文波.盾构法隧道施工技术及应用[M].北京：中国建筑工业出版社，2004.

[6]　竺维彬，王晖，鞠世健.复合地层中盾构滚刀磨损原因分析及对策[J].现代隧道技术，2006(4)：72-76＋82.

土压平衡盾构机隧道内更换刀箱技术

孙晓辉

（济南城建集团有限公司，山东 济南 250000）

摘　要： 在地铁盾构施工过程中，盾构机刀盘安装、固定刀具的刀箱大多是焊接在刀盘主梁钢板上的，正常是不用更换的。但当面临地层复杂，特别是硬岩地段时，有时会出现刀具过度磨损、掉刀导致刀箱损坏需要更换的情况。因为地下隧道内地质情况复杂，作业空间狭小，隧道里更换刀箱比较困难。本文通过济南市轨道交通 2 号线盾构施工过程中进行的刀箱更换实践，总结刀箱更换的工艺技术和经验。

关键词： 土压平衡盾构机；刀箱；土仓；降水；焊接

0　概况

济南轨道交通 R2 线 7 标段区间采用盾构法施工，使用中铁装备土压平衡盾构机，该机配套辐条面板式刀盘，装有单刃滚刀、齿刀等刀具，中心为 18 寸四联双刃滚刀。该项目右线盾构推进至 622 环时，发现掘进速度异常缓慢，结合地勘资料以及现场出渣情况断定当时所处地质为中风化灰岩（取样实验该处岩石单轴抗压强度 105MPa）。初步判断盾构机刀具有损坏，经停机进一步开仓检查发现四联中心刀掉落、刀箱结构磨损、挤压严重变形（图 1），需要更换滚刀及中心刀箱。

图 2　掌子面稳定

图 1　中心四联滚刀刀箱变形严重

图 3　盾构机停机处地层裂隙水量大，需要降水作业

1　前期准备

1.1　进一步检查工作环境

经过开仓实际勘察确定盾构机前方掌子面为全断面中风化灰岩，岩层稳定（图 2），此处隧道覆土深度 17.6m，确定采用常压作业可行。进一步探明目前围岩渗水量约每小时 300m³，土舱内需要降水作业（图 3）。

1.2　确定方案及工艺流程

明排降水→人工破除刀箱前工作洞口→搭建焊接工作平台→测量安装刀箱位置定位尺寸→割除原损坏刀箱→倒出损坏中心刀箱→测量安装刀箱位置尺寸→倒入中心刀箱→刀箱整体定位→焊接刀箱→刀箱限位板定位焊接→安装新刀具→恢复掘进。

2　实施

2.1　降水作业

本区间最低点在 445 环处，根据排水量在最低点处增加水泵及铺设排水管至洞口。盾构机出土螺旋高转速旋转排出土仓内的积水，同时将前盾的排水球阀打开辅助排水。水泵及排水管准备好后经过试降水，确定螺机转速和水泵开启时间的合理匹配，确保作业期间将土仓内的水位降至刀盘底部并能够维持。

2.2 人工破除刀箱前工作洞口

在破损刀箱正前方掌子面位置采用人工风镐破除方式，开出大约1m见方深1.2m的工作洞口，用于后面倒运刀箱和方便人员焊接作业。

2.3 搭建焊接工作平台、焊接吊环吊装点

需要更换的刀箱尺寸为910mm×580mm×249mm，重量：297kg。结合土仓内实际位置焊接临时工作平台和吊装点。

2.4 测量安装刀箱位置定位尺寸

旧刀箱割除前（1）测量刀箱底部至主梁边尺寸（即图4中"实测尺寸1"），每边测量2个数值并记录；（2）测量刀箱内部至主梁尺寸（即图4中"实测尺寸2"），每边测量2个数值，做好记录。

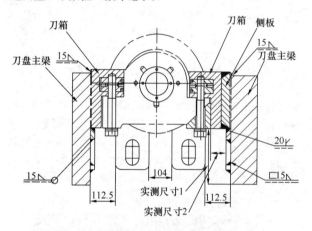

图4　测量刀箱定位尺寸及焊接示意图

2.5 割除损坏刀箱

使用碳弧气刨割除原损坏刀箱及刀箱底部焊接板，保留主梁侧板，露出坡口并用磨光机打磨平整、见金属光泽。

2.6 倒运损坏刀箱和新刀箱

利用吊带、起重葫芦、吊环将割除下来的刀箱运出。将准备好的新刀箱运进土仓。新旧刀箱需要利用人仓的物料口进行倒入和倒出，刀箱长度较长，狭小的人仓口不满足新刀箱搬运，可提前在不影响刀箱主要结构的前提下，割掉边角，在后面的焊接时再焊接恢复。

2.7 刀箱整体定位

安装定位前使用砂轮机打磨焊缝及周围30~50mm范围露出金属光泽，方便焊接。将刀箱推入刀盘主梁内，前

后定位尺寸和径向定位参考割除旧刀箱前的测量安装定位尺寸记录和图纸理论尺寸。将新刀箱箱体与刀盘主梁点焊接牢固，完成刀箱整体定位。

2.8 刀箱焊接

盾构机刀盘及刀箱材质为Q345B，焊接时采用二氧化碳保护焊，焊丝采用型号YJ507、直径1.2mm的药芯焊丝，焊缝位置及焊脚高度要满足原设计要求。

焊接时为减小焊接应力引起变形，采用对称、段焊的方式。焊接时随时检查定位点焊点有无开裂，如开裂重新检查新刀箱位置，加固定位焊点后再继续焊接。焊接完成后进一步检查焊缝有无缺陷，对缺陷进行补焊。

2.9 安装新刀具

安装新刀具，拆除临时作业平台，清理现场恢复掘进。

3 过程中的几点控制

（1）盾构机开仓换刀、换刀箱属于盾构施工中危险性较大的工作，需要按要求完善方案、进行方案论证，实施期间严格按照方案实施，严格执行开仓、动火审批程序。

（2）对进仓作业人员做好安全、技术交底，严格按照操作规程执行。

（3）每次进入土仓作业前做好气体检测工作，为提高工作效率，进仓作业人员分为两组，轮流进仓作业。

（4）仓内作业时，人仓门常开，仓门处安排专人盯控安全和负责仓内外信息传递。

（5）仓内作业时，保障好照明和排风换气设备正常工作。

（6）新刀箱为采购配件，有的厂家出厂时已经组焊成型，在新刀箱到场时一定要对尺寸进行复核，如有加工误差影响刀箱及刀具安装要提前整修。

（7）在现场存放备用排水泵，保证排水连续有效。

4 结束语

本次更换刀箱工期12d，在恢复掘进一环后开仓对刀具螺栓复紧，利用此机会对刀箱焊接质量进行检查。在后续掘进过程中注意及时对掘进参数进行调整，及时开仓检查、更换磨损刀具，整个区间共1100环，盾构机出洞后对更换刀箱进行了检查，状况良好。

参考文献：
[1] 万明. 昆明地铁盾构常压开仓换刀施工技术[J]. 中国高新技术企业，2011(2)：43-45.
[2] 中铁474中心滚刀装配图(0284-001-012-100)；中心滚刀箱1(0284-001-012-101).
[3] 陈健，闵凡路等. 盾构隧道刀具更换技术综述[J]. 中国公路学报，2018，31(10)：36-46.

高喷搅拌水泥土桩专用钻具现场试验研究

李建明[1,2]，　梁红军[1,2]，　米春荣[1,3]，　常国瑞[2,3]，　王淑文[2,4]

（1. 山东省建筑科学研究院有限公司，山东 济南 250031；2. 山东建科特种建筑工程技术中心有限公司，山东 济南 250031；3. 山东省组合桩基础工程技术研究中心，山东 济南 250031；4. 济南市组合桩技术工程研究中心，山东 济南 250031）

摘　要： 水泥土插芯组合桩成桩质量的优劣关键在于高喷搅拌水泥土桩（以下简称水泥土桩）的施工，而决定水泥土桩施工速度与质量的一个重要因素是钻具，钻具设计合理与否，直接决定水泥土桩成桩质量的好坏与施工效率的高低，因此钻具的发展日益引起了人们的重视。结合高喷搅拌水泥土桩的特点，设计了三种钻具形式，在聊城进行了高喷搅拌水泥土桩的足尺试验，较为系统地研究了设备钻具在不同地层条件下的钻进效率、成桩质量，并在试验中不断地进行了改进，取得了一系列的重要成果，得到以下结论：以粉质砂土为主的地层适合采用设置螺旋型或直板型搅拌翅的钻具；以黏性土为主的地层适合采用设置直板型搅拌翅的钻具，带直板型搅拌翅的钻具适用土层范围更广；可塑一硬塑状态的黏性土中施工高喷搅拌水泥土桩时宜适当增大喷浆压力；钻进下沉时增大水灰比，可起到对黏土颗粒的软化作用，提高钻进效率、减少土颗粒在钻具上的附着。

关键词： 水泥土插芯组合桩；钻具；现场试验；足尺试验

0　引言

水泥土插芯组合桩是一种芯桩与水泥土共同工作、承受荷载的复合材料新桩型，它既能够有效地提高地基土的承载力，减小沉降，又能够充分发挥材料本身的强度，是一种经济有效的地基处理方法[1,2]。水泥土插芯组合桩成桩质量的优劣关键在于高喷搅拌水泥土桩（以下简称水泥土桩）的施工，而决定水泥土桩施工速度与质量的一个重要因素是钻具，钻具设计合理与否，直接决定水泥土桩成桩质量的好坏与施工效率的高低，因此钻具的发展日益引起了人们的重视。目前，相关桩基础施工所用钻头的研究现状如下。

周伟程等[3]研制了一种用于双管高压旋喷工艺的钻具，它包括进浆总成、钻杆、钻头。王云辰等[4]研制了一种用于四重高压旋喷的钻头，包括钻头体、芯管。兰昌勇等[5]研制了一种高压旋喷桩钻头，包括钻身和钻头。吴忠诚等[6]研制了一种用于大直径组合截面水泥土桩的旋喷、搅拌复合施工钻头。李维平等[7]研制了一种高压旋喷桩钻头，包括钻头体、喷浆孔。卢信雅等[8]研制了一种能同时完成钻孔、喷射、搅拌功能的桩工设备。张振等[9]研制了一种具有喷射和搅拌功能的水泥土桩工法、专用钻头。王文臣[10]研制了一种喷搅注浆处理地基装置。周广泉等[11]研制了一种带有喷射搅拌管（外端设置喷嘴）、搅拌杆的钻具形式。

高喷搅拌水泥土桩技术适应的地层条件为软弱土层[12]，因此钻具的研发应选择素填土、粉土、粉质黏土、黏土、砂土或其他中高压缩性土等软弱土层。结合水泥土插芯组合桩的特点，在聊城进行了水泥土插芯组合桩的足尺试验，较为系统的研究了设备钻具在不同地层条件下的效率，并在试验中不断地进行了改进，取得了一系列的重要成果。

1　地层条件

试验场地位于山东省聊城市长江路以北、徒骇河以西。场地所处地貌类型为鲁西黄河冲积平原，勘探深度50.00m范围内为第四系冲积相堆积物和湖积相堆积物，地基土自上而下分为10个工程地质层，自上而下分别为杂填土、粉土、粉质黏土、粉土、粉质黏土、粉土、粉质黏土、粉细砂、粉质黏土、粉土。

2　钻具及施工设备

为了比较出各自的优缺点，试验中均采用同一种钻头，钻头总长约1.0m，侧面5个水平喷嘴，底面1个竖向喷嘴，最下层水平喷杆长度约80cm，上部两层长度约45cm。双头螺旋，两层螺旋，螺旋片切割成豁口状，螺旋片外径90cm，螺距20～30cm，螺旋片底缘镶嵌截齿，钻尖镶嵌斗齿，如图1所示。

图1　通用钻头

2.1　钻具形式

共设计了三种钻具形式，如图2～图4所示。

（1）钻具一

钻杆外管为φ245外径，壁厚为20mm的合金钢，单节钻杆的加工长度6m，个别钻杆长度为2m、4m。外管内腔安装一根外径为φ110的无缝钢管作为内浆管，内浆管与外管之间的空间作为气腔，钻杆如图2所示。

图 2　钻具一

图 3　钻具二

图 4　钻具三

（2）钻具二

钻具二在钻具一的基础上进行了改进，沿钻杆通长焊接螺旋片，螺距350mm，螺旋片厚度12mm，钻杆焊接螺旋片后外径为800mm，如图3所示。

（3）钻具三

钻头与钻具一相同；除最下端钻杆外，其他钻杆全部采用光圆钻杆。最下端一节钻杆长度为7m，其下部4m搅拌叶片外径80cm，切割成豁口状，上部3m更换为独立的搅拌叶片，独立叶片的倾角约45°，对称布置，叶片厚度20mm，如图4所示。

2.2　施工设备

采用全液压动力头，输出转速有较大的调速范围，同时在低速时有较大的扭矩输出。可实现钻杆最大扭矩输出即恒扭矩输出，可达到最大理论输出扭矩140kN·m，动力头的输出功率随着转速的增加而变大。动力头在0～22r/min转速范围内可实现74.3～140kN·m扭矩输出，较大的转速区间和扭矩输出区间可以满足搅拌钻具在不同地层内施工的需求。动力头在下两钢丝绳的牵引下可沿桅杆导轨全行程上下滑移，实现全程加压钻进。山东省地质探矿机械厂生产多功能桩机（LGZ40），钻杆转速22r/min；中探泥浆泵（BW-600/10）；矢量变频器（G系列）；开山空压机（LG-7.5/13Y）。选用动力头如图5所示。

图 5　钻具动力头

3　试验过程

水泥品种 P.O42.5级；6个喷嘴，口径1.9～3.0mm；水灰比0.8～1.0；喷浆压力4～10MPa；喷气压力0.75～1.08MPa；钻杆最大旋转速度22r/min，钻进与提升速度最大1.0m/min，详见表1。

共进行23根桩工艺性试验，其中5根喷水，18根喷浆。试验中考虑了钻具形式、水泥浆流量、喷浆压力等三种因素，具体试验过程数据详见表2。

水泥土桩施工参数表　　　　　　　　　　　　　　　　　　　　表1

桩号	钻具	桩长 (m)	进尺速度 (cm/min)	提升速度 (cm/min)	浆压 (MPa)	气压 (MPa)	流量 (L/min)	水灰比	水泥掺量 (kg/m³)
1	一	17	25	100	6.0	0.75	188	—	0
2	一	17	45	100	4.0	0.78	188	—	0
3	一	17	45	100	4.0	0.77	188	—	0
4	一	17	27	100	5.5	1.08	188	—	0

续表

桩号	钻具	桩长 (m)	进尺速度 (cm/min)	提升速度 (cm/min)	浆压 (MPa)	气压 (MPa)	流量 (L/min)	水灰比	水泥掺量 (kg/m³)
5	一	17	50	100	5.5	0.83	188	—	0
J1	二	23	88	200	3.4	0.78	182.3	1	387.7
J2	二	21	58	200	5	0.84	196	1	288.1
J3	二	30	57	78	5.2	0.84	193.3	1	500
J4	二	17	26	52	4.8	0.86	216.7	1	501.9
J5	二	17	89	89	7.8	0.8	197.3	1	501.9
J6	二	17	52	77	5.2	0.79	119.8	1	501.9
J7	二	17	53	32	5.7	0.8	136.4	1	501.9
J8	二	17	100	63	4.5	0.83	140.7	1	269.7
J9	二	17	89	74	10	0.89	143.4	1	270
J10	二	17	94	63	4.9	0.82	127.6	1	496.9
J11	三	17	100	55	6	0.82	205.8	1	733.9
J12	三	17	100	63	10	0.79	131.9	1	496.9

试验过程数据 表2

单因素		桩号	桩长 (m)	速度 (cm/min)		异常情况
				钻进	提升	
钻具	一	1	17	25	100	17m深度不返浆、气
		2	17	45	100	17m深度不返浆、气
		3	17	45	100	17m深度不返浆、气
		4	17	27	100	17m深度不返浆、气
		5	17	50	100	17m深度不返浆、气
	二	J1	23	88	200	正常返浆、气，钻进到23m电缆漏电，快速提出钻具
		J2	21	58	200	正常返浆、气，钻进到21m时钻具护筒变形，快速提出钻具
		J3	30	57	78	正常返浆、气，未发现异常
		J4	17	26	52	正常返浆、气，未发现异常
		J5	17	89	89	正常返浆、气，未发现异常
		J6	17	52	77	正常返浆、气，未发现异常
		J7	17	53	32	正常返浆、气，未发现异常
		J8	17	100	63	正常返浆、气，未发现异常
		J9	17	89	74	正常返浆、气，未发现异常
		J10	17	94	63	正常返浆、气，未发现异常
		J11	17	100	55	正常返浆、气，未发现异常
		J12	17	100	63	正常返浆、气，未发现异常
流量 (L/min)	99.6~ 118	J9	17	89	74	正常返浆、气，未发现异常
		J11	17	100	55	正常返浆、气，未发现异常
		J12	17	100	63	正常返浆、气，未发现异常
	130.4~ 159.8	J6	17	52	77	正常返浆、气，未发现异常
		J8	17	100	63	正常返浆、气，未发现异常
		J10	17	94	63	正常返浆、气，未发现异常
	187.2~ 226	J1	23	88	200	正常返浆、气，钻进到23m电缆漏电，快速提出钻具
		J2	21	58	200	正常返浆、气，钻进到21m时钻具护筒变形，快速提出钻具
		J3	30	57	78	正常返浆、气，未发现异常
		J4	17	26	52	正常返浆、气，未发现异常
		J5	17	89	89	正常返浆、气，未发现异常
		J7	17	53	32	正常返浆、气，未发现异常

单因素		桩号	桩长（m）	速度（cm/min）		异常情况
				钻进	提升	
压力（MPa）	4～5	J1	23	88	200	正常返浆、气，钻进到23m电缆漏电，快速提出钻具
		J2	21	58	200	正常返浆、气，钻进到21m时钻具护筒变形，快速提出
		J3	30	57	78	正常返浆、气，未发现异常
		J4	17	26	52	正常返浆、气，未发现异常
		J6	17	52	77	正常返浆、气，未发现异常
		J8	17	100	63	正常返浆、气，未发现异常
		J10	17	94	63	正常返浆、气，未发现异常
	8～10	J5	17	89	89	正常返浆、气，未发现异常
		J7	17	53	32	正常返浆、气，未发现异常
		J9	17	89	74	正常返浆、气，未发现异常
		J11	17	100	55	正常返浆、气，未发现异常
		J12	17	100	63	正常返浆、气，未发现异常

根据现场观测及试验过程数据可知：

（1）在高压浆、气与钻具的搅拌叶片对土体的共同作用下，实际有效成桩直径比钻头直径大20cm左右，在实际施工中选择使用的钻头直径可以比设计桩径小20cm。

水泥土外围有明显的盘齿状凸起在杂填土中较显著，在粉土中基本均匀分布，且层次分明，证明使用的浆、气压力在施工过程中能够有效地切割周围土体，通过高喷与搅拌相结合可以产生较大的侧摩阻力。搅拌桩侧面成桩情况与高喷搅拌桩侧面成桩情况对比见图6与图7。

图6 普通搅拌桩侧面

图7 高喷搅拌桩侧面

（2）设置螺旋型搅拌翅的钻杆具有排土、自钻式下沉等优点。对于黏性指数较小的粉土或砂土，钻杆旋转时螺旋型搅拌翅像传输带一样将搅拌松散的土颗粒输送至地表；对于黏性指数较大的黏土或粉质黏土，钻杆旋转时螺旋型搅拌翅无法将切削下来的土搅拌松散，土颗粒附着在搅拌翅上，随着堆积土颗粒的增多，搅拌翅之间的土颗粒逐渐被挤密实，形成一个与搅拌翅长度等直径的柱体，丧失了返土功能；当地下水位较浅或水灰比较大时，由于地下水或浆对土颗粒的软化作用，减少了搅拌翅上土颗粒附着，部分抑制了土颗粒附着搅拌翅的问题。

进入密实砂层后，光圆钻杆不利于返浆、气，需要对钻杆进行改进。在光圆钻杆上增加直板型搅拌翅，由于直板型搅拌翅宽度较小，上下相邻两层搅拌翅之间错开60°或90°，土颗粒不容易附着在搅拌翅上，设置直板型搅拌翅的钻杆具有搅拌效果好、抑制土颗粒附着等优点，适用土层范围更广。

（3）喷浆压力较低时，在可塑—硬塑状态的黏性土中水泥浆切割作用微弱，主要以搅拌翅切割搅拌土体，容易磨损钻头，切削搅拌不均匀，土颗粒容易附着；喷浆压力较高时，水力切削作用明显，水力切削直径大于搅拌翅外径，减少了钻头磨损，水力切削搅拌均匀，降低了土颗粒附着概率，因此在可塑—硬塑状态的黏性土中施工高喷搅拌水泥土桩时宜适当增大喷浆压力。钻进下沉时增大水灰比，可起到对黏土颗粒的软化作用，提高钻进效率、减少土颗粒附着钻头或钻杆。

4 结论

在综合分析三种钻具的施工效率、施工质量和适用地层的基础上，得到如下主要结论：

（1）以粉质砂土为主的地层适合采用设置螺旋型或直板型搅拌翅的钻具；以黏性土为主的地层适合采用设置直板型搅拌翅的钻具。

（2）设置直板型搅拌翅的钻头宽度较小，土颗粒不容易附着在搅拌翅上，具有搅拌效果好、抑制土颗粒附着等优点，适用土层范围更广。

（3）可塑—硬塑状态的黏性土中施工高喷搅拌水泥土桩时宜适当增大喷浆压力。钻进下沉时增大水灰比，可起到对黏土颗粒的软化作用，提高钻进效率、减少土颗粒在钻具上的附着。

参考文献：

[1] 叶观宝，蔡永生，张振 . 加芯水泥土桩复合地基桩土应力比计算方法研究[J]. 岩土力学，2016，37(3)：672-678.

[2] 宋义仲，程海涛，卜发东，等 . 管桩水泥土复合基桩工程应用研究[J]. 施工技术，2012，41(360)：89-99.

[3] 中铁科工集团轨道交通装备有限公司 . 一种用于双管高压旋喷工艺的钻具：中国，201520780742.0[P]. 2016-03-09.

[4] 无锡市安曼工程机械有限公司 . 一种用于四重高压旋喷的钻头：中国，201520195048.2[P]. 2015-09-09.

[5] 中国电建集团贵阳勘测设计研究院有限公司 . 一种高压旋喷桩钻头：中国，201520499770.5[P]. 2015-11-18.

[6] 深圳市鼎邦工程有限公司 . 用于大直径组合截面水泥土桩的旋喷、搅拌复合施工钻头：中国，201320862022.X[P]. 2014-05-28.

[7] 李维平 . 高压旋喷桩钻头：中国，200520032327.3[P]. 2006-09-20.

[8] 卢信雅，胡应杰，詹松 . 一种柱型桩的施工设备：中国，00260160.5[P]. 2001-10-24.

[9] 天津市水利科学研究所 . 劲芯深层喷射搅拌工法及其专用钻头：中国，03130665.9[P]. 2004-11-03.

[10] 王文臣 . 喷搅注浆处理地基装置：中国，95216200.8[P]. 1996-04-03.

[11] 山东省机械施工有限公司 . 高压喷射搅拌法水泥土桩成桩装置及其施工方法：中国，200710013698.0[P]. 2007-09-05.

[12] 水泥土复合管桩基础技术规程 JGJ/T 330—2014[S]. 北京：中国建筑工业出版社，2014.

高富水砂卵石地层盾构隧道下穿既有铁路施工参数技术研究

郝红伟，郭晓峰， 尚春阳， 张宏波

（中铁十局集团西北工程有限公司，陕西 西安 710065）

摘 要：针对盾构下穿既有铁路施工，为了保证平稳、匀速、安全地通过，结合实际施工工况，用理论计算、工程实践和监控量测的方法，确定合理的盾构施工参数范围，可以有效减小施工过程中既有铁路路基和轨道的竖向位移，满足规定的技术标准。

关键词：高富水砂卵石地层；盾构隧道；下穿既有铁路；加固既有结构；掘进参数

0 引言

呼和浩特市城市轨道交通1号线三间房车辆段出入线—西二环路站区间为盾构区间，下穿呼王联络线铁路路段主要为砂卵石地层，盾构机在掘进过程中刀盘磨损严重且很难保持盾构机开挖面的土压平衡。由于各个地区施工工况不同，没有可以借鉴的施工参数，为保证盾构隧道顺利穿越既有铁路，有必要进行下穿既有构筑物施工参数技术研究，用以指导现场施工。

1 工程概况

1.1 工程简介

三间房车辆段出入线—西二环路站区间为盾构区间，东接西二环路站，西接三间房车辆基地。出入段线线路最大坡度为34‰，总长1465.305。主要下穿热力管、废水管、乌素图沟、长—呼天然气管道、呼王联络线铁路，侧穿鄂尔多斯新立交桥，主要风险源为呼王联络线铁路。

1.2 工程地质

三—西区间呼王联络线铁路段主要处在细砂、圆砾和卵石层，水位埋深约12～13m具体地质情况见图1。

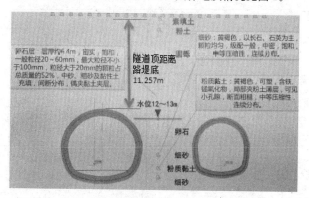

图1 盾构下穿铁路段地质及水位示意图

1.3 盾构区间与呼王铁路相互关系

呼王铁路相交里程为 K5＋188.685～K5＋215.685，出入段线区间右线相交里程 SJFCrK0＋935.860、左线相交里程 SJFCcK0＋947.278。

出入段线盾构区间穿越呼王铁路段盾构隧道最小埋深约为15.6m，盾构隧道左、右线与呼王铁路平面上呈斜交，夹角约为39°。盾构始发井距离呼王铁路路基坡脚最小距离85.6m，满足盾构穿越铁路路基前60m模拟试验段的距离要求。

2 呼王联络线铁路加固措施

2.1 铁路路基加固方案

在左右线路基中心两侧16.5m范围内，注浆孔采用梅花桩布设，间距1.5m，注浆初压在0.5～0.8MPa以下，稳压在1.5～1.8MPa，以及线路上方接触网杆注浆加固，1号接触网杆基础加固范围为基础及周边2m范围内。

2.2 轨道加固方案

在区间隧道施工至下穿段前，从43kg/m轨道与50kg/m轨道接口处（道口附近）往北采取换轨措施，43kg/m轨换50kg/m轨，换轨长度200m，43kg/m轨与50kg/m轨接口处用过渡轨；换轨后，在盾构下穿铁路前，对既有铁路盾构下穿影响范围用43kg/m的轨道采用3-7-3形式扣轨加固，扣轨加固长度50m。

3 基于理论计算的盾构掘进参数分析

3.1 土压力控制

（1）盾构正常掘进土压力计算

根据各施工参数计算得到盾构在正常掘进时土仓压力为71.26～138.02kPa。从控制盾构掘进对周围地层扰动程度、范围角度来看，采用静止土压力的效果最为明显。但是，在盾构掘进过程中只能将土压力控制在一个范围内。在考虑掘进时开挖面稳定和施工成本的前提下，可以适当设置较小的土压力，这样可以降低刀具磨损程度，减小刀盘扭矩、顶推力，加快掘进速度。

（2）盾构下穿既有线铁路段土压力计算

分别计算路基荷载在掌子面顶部和底部的附加应力，将其与正常掘进段土压力叠加可得：盾构在下穿段土仓压力可设定为83.56～153.09kPa。为了降低盾构掘进对既有铁路影响，在穿越段保持土压力恒定；在脱离既有铁路时，土仓压力由穿越段设定值逐渐过渡至正常掘进段设定值。

3.2 顶推力控制

盾构顶推力的影响因素主要有开挖土体的物理力学性质、开挖面积、土仓压力、刀盘开口率。当施工工况确定时，摩擦阻力是一个固定值，此时盾构掘进的顶推力主要取决于盾构隧道的开挖面积和土仓压力，并与开挖面积和土仓压力成正比。通过各参数可计算出盾构正常掘进时顶推力施工控制理论值为 9873～12540kN，在下穿既有铁路时顶推力控制值为 11605～14677kN。

3.3 刀盘扭矩控制

当土体性质和盾构参数确定时，刀盘扭矩与土仓压力呈线性关系。将实际工程中的各项参数代入，计算出盾构正常掘进时刀盘扭矩控制理论值为 2074～2614kN•m，在下穿既有铁路时刀盘扭矩控制值为 2432～3313kN•m。

3.4 掘进速度控制

掘进速度控制不合理，穿越段容易造成对既有线结构产生冲击。地质条件、掘进姿态、螺旋输送机等因素制约盾构掘进快慢。下穿铁路段掘进速度控制在 50～75mm/min 之间，刀盘转速控制在 1.2～1.5r/min 之间，才能保证土仓压力稳定，出渣量正常，地面沉降稳定。

3.5 出土量控制

土仓压力的大小主要由出土量的多少、快慢决定，当超挖较多时，出土量会增加。由于盾构下穿既有铁路段地层较密实，并对土体进行改良，实际出土量会大于理论出土量。

3.6 盾尾注浆控制

（1）注浆浆液材料配比

盾构施工过程中，壁后注浆按实施的时间与盾构掘进关系，从时效性上主要注浆方式有同步注浆、二次补浆甚至多次补浆。具体的材料配比如表 1 所示。

表 1

水泥 (kg)	粉煤灰 (kg)	膨润土 (kg)	砂 (kg)	水 (kg)
100	400	80	850	470

（2）注浆量

根据计算，在实际施工中同步注浆量控制在 4.1～6.8m³。

（3）注浆压力

计算得到理论注浆压力应控制在 0.18～0.24MPa 之间，可以有效降低地层损失和注浆对周围环境影响。在下穿既有铁路施工过程中，同步注浆采用注浆压力和注浆量控制，二次补浆以注浆压力为控制标准。综上所述，正常段和穿越段盾构掘进参数汇总如表 2 所示。

表 2

项目		正常掘进段	穿越施工段	备注
土仓压力		71.26～138.02kPa	83.56～153.09kPa	每环土仓压力调整值为 10～20kPa 之间
顶推力		9873～112540kN	11605～14677kN	
刀盘	刀盘扭矩	2074～2614kN•m	2432～3313kN•m	根据监测结果进行适当调整
	刀盘转速	1.2～1.5r/min		
	掘进速度	50～75mm/min		
出土量		50～55m³		当出土量超过控制值5%时，应及时判断分析原因
盾尾注浆	浆液配比	配比：水泥100kg、粉煤灰400kg、膨润土80kg、砂850kg、水470kg		
	注浆压力	0.18～0.24MPa		
	注浆量	4.1～6.8m³		
	二次注浆	水泥浆水灰比1:1.5，水玻璃与水按1:4比例稀释，水泥浆与稀释后的水玻璃体积比=1:1		以注浆压力为控制标准

4 现场实测数据对比分析

为了确保既有铁路的正常运行和掘进安全，对既有铁路的变形进行实时监测，实际土仓压力以 0.12MPa 为中间值，并围绕 0.12MPa 进行小幅度上下浮动，处于理论计算的范围内；实际注浆压力也是围绕数值计算 0.20MPa 进行上下浮动的，基本处于理论计算的范围内，盾构在实际掘进过程中，顶推力和刀盘扭矩基本控制在理论计算结果范围内；出土量围绕 53.58m³ 上下浮动，注浆量处于给定的理论控制范围内，验证了相关计算结果的合理性。

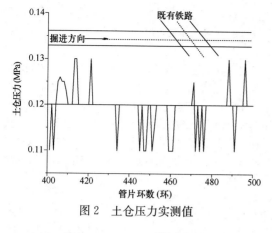

图 2　土仓压力实测值

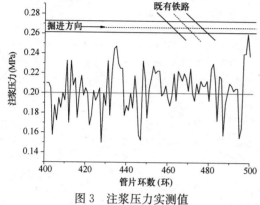

图 3　注浆压力实测值

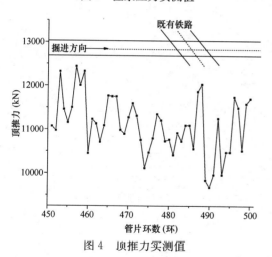

图 4　顶推力实测值

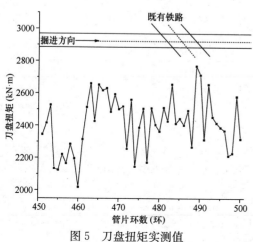

图 5　刀盘扭矩实测值

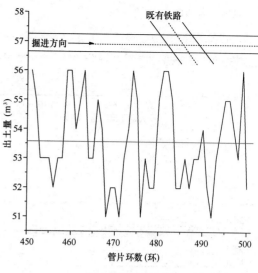

图 6　实际出土量

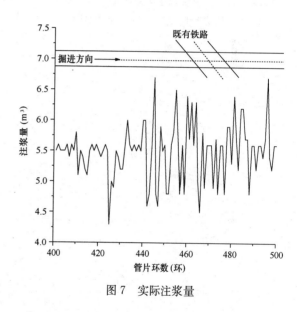

图 7　实际注浆量

5　监控量测

5.1　监测项目

盾构隧道下穿既有线铁路段轨道监测项目主要有：竖向位移、相邻两股钢轨水平高差、前后高低、轨距。

5.2　铁路轨面沉降监测点布设原则

为了监测股道的差异沉降，在盾构下穿铁路的两条轨顶侧面上用红油漆做标记，组成断面，共布设 4 条断面，用于轨道不均匀沉降。

5.3　监控量测成果

通过监测数据曲线图分析，累计沉降量均在技术标准可控范围之内。

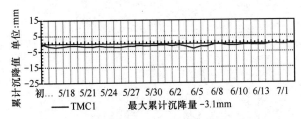

图 8 三间房车辆段出入线盾构区间铁路轨面
沉降数据统计 TMC1 曲线图

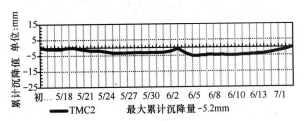

图 9 三间房车辆段出入线盾构区间铁路轨面
沉降数据统计 TMC2 曲线图

6 结语

针对三西区间富水砂卵石地层特性，合理选取配套的掘进参数是盾构下穿既有铁路施工控制的关键技术。在下穿铁路段，采用理论计算的方法确定盾构下穿既有铁路的土仓压力、顶推力、刀盘扭矩、掘进速度及刀盘转速等参数，能够有效地指导现场施工，加快掘进效率，顺利穿越既有线铁路，控制铁路变形在合理范围内，保障了既有线铁路的正常运营。

参考文献：

[1] 臧延伟，张栋樑，罗喆. 盾构下穿铁路地基加固施工参数优化[J]. 铁道建筑，2006(05)：70-73.

[2] 吕培林，周顺华. 软土地区盾构隧道下穿铁路干线引起的线路沉降规律分析[J]. 中国铁道科学，2007(02)：12-16.

[3] 徐干成，李成学，王后裕，等. 地铁盾构隧道下穿京津城际高速铁路影响分析[J]. 岩土力学，2009(S2)：269-272.

[4] 季大雪. 武汉长江隧道盾构下穿武九铁路沉降影响分析[J]. 铁道工程学报，2009(10)：59-63.

[5] 霍军帅，王炳龙，周顺华. 地铁盾构隧道下穿城际铁路地基加固方案安全性分析[J]. 中国铁道科学，2011(05)：71-77.

第五部分

工　程　教　育

再思考土木工程师工作方法及其对工程教育与执业培训的启示

孙宏伟

（北京市建筑设计研究院有限公司，北京 100045）

> 岩土工程师的终生是不断学习理论——科学实践——积累经验——提高工程判断能力——更深入的学习理论的循环过程。
>
> ——张在明

摘　要：工程建设成就举世瞩目，以建筑工程为例，结构成就建筑之美，岩土支承建筑之重，在这其中，土木工程师的作用非常重要且责任重大。然而因为种种原因，土木工程师却并未得到社会公众真正的理解，难以得到应有的信任和重视。针对这一现实问题，本文旨在结合多年来的工程实践与执业反思，对岩土工程的内在特征和工作方法进行了探究与分析，并对工程教育与执业培训给出了建议。强调理论导向的工程判断、强调实测验证的经验积累、强调基于实践的理论创新，是土木工程师的工作方法，在实际工作中，应当正确认识数值分析、经验法则、指标与参数。工程教育要致力于工科学生获得理论知识与专业技能两个方面并重的完整教育体系。执业培训要致力于工程师知其然并知其所以然，让经验之果生长在理论之树上。希冀本文对今后助力土木工程教育、提升岩土工程师的素质与能力、推进岩土工程专业体制发展有所帮助。

关键词：土木工程；岩土工程；工程判断；工程教育；执业培训

0　前言——探讨这一主题的原因

为何要探讨这样一个专题，而且为何是现在，请允许笔者以时间为序加以说明。

自 1980 年 7 月 11 日国家建工总局（建设部/住建部的前身）印发了总局设计局岩土工程研究班编写的《关于改革现行工程地质勘察体制为岩土工程体制的建议》，"标志着岩土工程专业体制改革的启动"[1]，时至今日刚好 40 年。自 2002 年正式启动注册土木工程师（岩土）考试也已近二十年。然而行业久盼的注册岩土工程师执业制度仍然尚未建立，而大势所趋要求工程师不仅要完成继续教育学时要求，更要注重终身教育，执业培训至关重要。所谓的培训，可以理解为"培养和训练"，需要涉及至少三个方面，即理论知识、工作方法和执业技能。

2000 年出版的《岩土工程教育与培训》（Geotechnical Engineering Education and Training）是一本非常重要的文献，可以看作是 20 世纪近 50 年（以 1948 年《Geotechnique》英国土工学创刊为起点）以来的教育与培训的总结，更是对土木与岩土工程（civil and geotechnical engineering）工作方法的分析和讨论，不乏可借鉴的观点和看法，值得借鉴以及深入探讨。

2000 年在墨尔本召开的 GeoEng 大会（被誉为"世纪岩土工程大会"[2]），对于学科与行业发展，具有里程碑意义，Morgenstern 教授所做的题为"Common Ground"特邀报告意义重大、影响深远。我们国家相关学会协会组织积极响应 GeoEng 2000 会议的倡议，于 2003 年在北京召开了首届全国岩土与工程学术大会，由中国建筑学会（工程勘察分会）、中国土木工程学会（土力学及岩土工程分会）、中国地质学会（工程地质分会）、中国岩石力学与工程学会共同主办。

2006 年，恰逢第二届全国岩土与工程学术大会召开之际，张在明院士专门撰文"岩土工程的工作方法"针对理论、经验和工程判断三者之间的关系加以讨论[3]，其对于我们分析和解决当今的问题仍具有重要的指导意义。

"我国现在的岩土工程，无论规模和难度，都是举世无双，有些工程做得也很出色，但总体上看，还相当粗糙，只能说是岩土工程大国，称不上岩土工程强国。"[1]因此，需要结合多年来的执业实践以及现实问题，进行土木工程师工作方法的再思考，并进一步探讨对工程教育与执业培训的启示，希冀对今后助力土木与岩土工程教育（Civil and Geotechnical Engineering Education）、提升岩土工程师的素质与能力、推进岩土工程专业体制发展有所帮助。

1　不为人知的工程师贡献

以建筑工程为例，结构成就建筑之美，岩土支承建筑之重，土木工程师的作用重要且责任重大。文献［4］中的 H. Brandl 所做的特邀报告中指出"土木工程和岩土工程曾经使整个工业化社会发生的革命性变化是显而易见的。而且，土木工程师和岩土工程师在抵御突发性自然灾害，如滑坡、洪水、崩塌、泥石流和抗震减灾中的作用更是不可替代的（civil and geotechnical engineers minimize natural hazards（eg. by landslide stabilization，flood protection，avalanche and mudflow protection，design of earthquake resistant structures，etc.）。"然而，在现实中，不无遗憾地体会到，如 Brandl（2000）所言"生活在现代工业社会中的很多人并不了解土木工程师和岩土工程师的贡献。"

不妨以汽车热（汽车崇拜）为例，加以讨论。"就像

第十届深基础工程发展论坛论文集

20 世纪美国人一样，汽车正让中国人释放自己（原文：Cars are liberating China in the same way that they did America in the last century – offering a kind of freedom）。中国正迅速形成美国式的汽车崇拜，这会给中国社会带来深远影响（原文：For China is rapidly developing a US-style cult of the automobile that could have some profound implications for Chinese society）。"[5]美国的汽车热主要出现在 20 世纪五六十年代州际高速公路迅速发展的时期，在中国，同样是高速公路网的建设助长了汽车崇拜、汽车热。而高速公路的建设成就、技术进步，以及所包含的工程师们的贡献及作用，很少有人真正了解。人们因为喜欢甚至是崇拜汽车，所以对交通事故及汽车对健康的危害不以为然，而"一旦道路和桥梁出现问题，便与犯罪行为联系起来"[4]，屡见不鲜的是，工程技术人员（工程师或设计师）成为众矢之的。公众的批评，媒体的指责，因互联网以及社交媒体的传播，影响效应被放大，有时不可避免地被夸大。

因而常常听闻业内人士感慨"不求有功，但求无过"，其中的苦楚、苦衷及苦涩，难以与外人言说，可见工作压力之大、责任之大。执业的作用是重要的，肩负的责任是重大的，作用与责任的交织，造就了工程师的行事风格——务实、谨慎、低调、不张扬，逐渐形成了默默无闻的状态。岩土工程的内在特征影响着工程风险，亦决定着土木工程师所肩负的社会责任，接下来对内在特征加以必要的讨论。

2 岩土工程的内在特征

需要正视的是，土木工程，特别是岩土工程包含着更大的职业风险，"这是由于岩土工程充满着条件的不确知性、参数的不确定性和信息的不完善性"[6]。

文献［7］对于岩土与结构工程存在着不确定性问题进行了分析，包括有：概念的不确定性、分类的不确定性、材料本构模型及其参数的不确定性、荷载与边界条件的不确定性、计算模型及计算方法的不确定性、变形及破坏规律的不确定性、量测误差引起的不确定性、设计和施工优化的不确定性、反分析中的不确定性。

地基基础工程基本上属于隐蔽工程，或可称为隐性工程，如隐于地下的桩。当前的香港第一高楼——环球贸易广场（ICC），共 118 层，高 484m，见图 1，支承建筑之重的壁桩基础（图 2）在基础底板施工完成后，几乎无法再为人所见。

图 1 环球贸易广场（ICC）

图 2 壁桩基础（Barrette Foundations）

隐于地面以下的地层分布、地下水赋存的复杂性，表征岩土性状的指标参数并不是一成不变的，因而，尽管工程师们谨慎处理，因桩基出现问题而导致建筑倾斜的事故，深基坑的桩锚支护体系失效、内支撑支护体系失稳而引发基坑侧壁垮塌，近年来，仍然时有发生。

常言道"小心驶得万年船"，管理者们和工程师们倾向更趋保守的处置措施，趋利避害是人类的本性。然而因为隐蔽性、复杂性、不确定性、不确知性等所描述的岩土工程的内在特征，一味地保守，未必一定能避免工程事故，这就需要进一步讨论工程师的工作方法。

3 工程师工作的方法

关于土木工程师的工作方法，最为著名的是"半经验方法"，如 Peck 所说，从土力学建立以来所创建并强调的半经验方法，经历了时间的考验，它甚至成了岩土工程实践的特点（It has become the hallmark of the practice of geotechnical engineering）；再者，刘建航院士提出"理论导向，实测定量，工程判断，检测验证"，是对工程师工作方法的高度凝练。

在此基础上，接下来所要讨论的是香港土木工程署曾于 1996 年颁布《Pile Design and Construction》[8]（Geo Publication No. 1/96，Hong Kong）所论及的 4 类工作方法：

（1）empirical 'rules-of-thumb'（经验法则）；

（2）semi-empirical correlation with in-situ test results（基于原位测试结果建立半经验关系）；

（3）rational methods based on simplified soil mechanics or rock mechanics theories（基于土力学和岩石力学基本原理的理性方法）；

（4）advanced analytical（or numerical）techniques（先进的分析/数值分析技术）。

"上述的分类对岩土工程的一般勘察与设计工作应当也是适用的。4 类方法，只要应用得当，并不是相互排斥的。相反，岩土工程师应该尽量同时使自己具有这几个方面的能力，并且能在工作中应用自如，相辅相成，最后形成自己的工程判断（engineering judgement）"[3]。

3.1 正确认识数值分析

对于数值分析技术的所谓先进"advanced"，怎么样才是正确的认识，是值得思考的问题。2002 年出版的《Guidelines for the use of advanced numerical analysis》共有 11 章：1 Introduction；2 Geotechnical analysis；3 Constitutive Models；4 Determination of material parameters；5 Non-linear analysis；6 Modelling structures and interfaces；7 Boundary and initial conditions；8 Guidelines for input and output；9 Modelling specific types of geotechnical problems；10 Limitations and pitfalls in full numerical analysis；11 Benchmarking。其中第 9 章所述的岩土工程问题包括有 Pile and piled raft（9.2）、Tunnelling（9.3），对于这样的复杂工况，"没有数值分析是不行的"[9]，即"好的分析/数值分析，可以描述真正的性状，帮助工程师们更好地理解问题的实质"[10]。

但是，必须注意到，"数值分析不是万能的"[9]。正如，顾宝和大师所主张的"不求计算精确，只求判断正确"[1]。龚晓南院士提出"建立考虑工程类别、土类和区域性特性影响的工程实用本构模型是岩土工程数值分析发展的方向。建立多个工程实用本构方程结合积累大量工程经验才能促使数值方法在岩土工程中由用于定性分析转变到定量分析。"[11]

模型参数确定是数值分析计算中的关键问题。"必须详细地了解实际的条件和过程，熟悉当地的情况，积累经验，对理论和参数进行合理修正；在工程中不断观测和积累数据，在其基础上合理选用参数，再计算和预测以后的变化，往往达到很高的精度。"[12]

3.2 正确认识经验法则

1987 年的 Nash 讲座，Burland 教授强调了 4 个方面：（1）场地地层分布；（2）岩土的性状；（3）应用力学；（4）经验；并建议必须学习研究工程实录、学习地区经验、亲手检验土性和进行现场踏勘。Brandl（2000）讲到的"工作越深入，经验越重要"，是他总结自己 35 年的专业经验所得出的结论。

怎么样才是正确理解"经验法则"。首先需要明确指出的是，不可将数值分析视为高级的而将经验法视为低级的。经验法则所强调的经验，包含显性经验和隐性经验。隐性经验在某些时候、在有的文献中或许被表述为"直觉"。因此必须明确的是，不能将经验法则与所谓的"拍脑袋"画等号，避免对经验法则的误读。

3.3 正确认识指标与参数

指标与参数对应一个英文单词 parameter，经常予以统称，但是指标与参数应当予以区分，而且应当有正确的认识。"从勘察得到的数据选择设计参数的方法不是一成不变的"[3]，以北京地区经常遇到的工程性能较差的地基土层——新近沉积土为例。

"起初，由于对这一类土缺乏认识，在工程中出现过这样那样的问题，一些房屋在使用后出现了不均匀的基础沉降，严重时造成了房屋不同程度的裂缝。在工程事故的调查和分析中，全国著名土力学与基础工程专家张国霞先生认识到这种土具有独特的工程特性，有别于一般

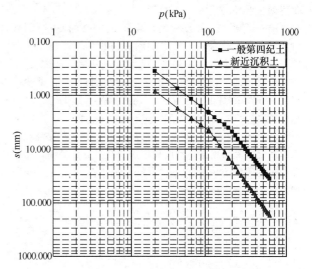

图 3 平板载荷试验数据对比

第四纪沉积的土，取名为新近代土或近代土，因其具有实际的工程意义，不仅写入了北京地区建筑地基基础勘察设计规范，而且纳入了国家标准《岩土工程勘察规范》GB 50021—2001 以及《建筑地基基础设计规范》GBJ 7—1989，并定名为新近沉积土"[13]。由图 3 可知，在相同压力条件下新近沉积土沉降量明显大于一般第四纪土，压缩模量指标相同时，给出不同的地基承载力值（图 4），遵循按照变形控制条件确定地基承载力的设计原则。

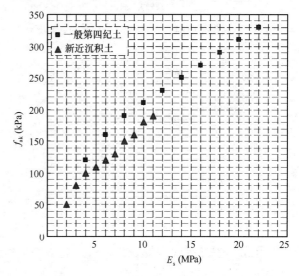

图 4 地基承载力值比较

在进行甄别界定时，不仅要注意与新近沉积土形成有关的地质年代、文化时代、地貌类型、沉积环境和地貌形态演变 5 个方面的问题，更为重要的是要在其物理、力学性质方面做详细的工作，同时还要注意积累综合运用目力鉴别、原位测试和室内土工试验等多种方法的工程经验。在部分地区新近沉积的粉土与一般第四纪沉积的粉土力学性质指标接近，应当重点加以区分。

"对于特定场地地层的钻探、土与岩石岩性的认定，以及由此选取设计参数，实际上并不是一种精确的科学，而是一种'艺术（Art）'。在很多情况下，在很大程度上需要由经验得到的工程判断来解释现场勘察的结果，并

获得用于设计的代表性数据。"[3]

结合天津 117 大厦和北京丽泽 SOHO 的测试资料，对侧摩阻力取值加以讨论。文献［14］对于天津 117 大厦，选择了代表性的土层进行对比分析（图 5），上部粉质黏土层，即⑦₄层的侧阻力表现为软化特征，在试验荷载为 31500kN 时出现了明显的拐点。而下部土层，粉质黏土⑩₄层表现为强化特征，即随试验压力的增大而始终增加，以 30000kN 为界大致可以分为两段，之前表现为平缓增强，其后增强速率明显增加。数据分析表明，超长灌注桩的侧阻力因地层土质及层位的不同而表现出非同步发挥的变化特征。

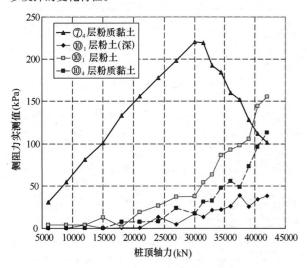

图 5 不同层位侧阻力变化对比（天津 117 大厦）

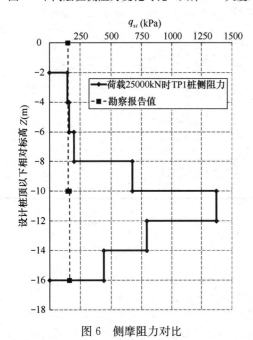

图 6 侧摩阻力对比

文献［15］给出了北京丽泽 SOHO 试验桩加载至 25000kN 最大加载值时的侧摩阻力实测值，与桩基规范给出的卵石层的侧摩阻力值以及后注浆增强系数相比较，实测值远高于经验值（图 6）。因此，仅凭土的物理性质指标，按照桩基规范的表格，查表得出侧阻力值作为设计参数，对于超长桩，显然是不合适的，应当加强承载性状

的现场试验研究，对于理论研究与工程应用都是非常重要的。

在结束本节的讨论时，针对土木工程师的工作方法，需要突出强调的是"两个注重"，即注重工程判断、注重概念设计，强调注重综合判断与努力提高计算精度并不矛盾，两者不可偏废，做到定量分析与定性分析相结合、理论与经验相结合，才是正确的工作方法。

4 对工程教育与执业培训的建议

4.1 对工程教育的建议

加强工程教育，应当并重"教"与"学"两个方面。"学校的教育应该对学生一生的工作态度施加重大的影响"[10]，特别是对于工科生而言，应试考试使得学生习惯于仅关注标准答案，习得标准答案之后，则反复强化以至熟能生巧，但是对于未来工程师的创新能力、创造力的培养，造成障碍。对于未来工程师的教育，面向新时代的需求，工程教育将会产生更加深刻的变革。

张在明院士指出"随着近数十年来建设规模不断扩大，对岩土材料工作性状研究的要求愈加苛刻"[10]。当前，青年教师越来越多地投身教学和科研的一线，成为主力军，压力大、责任重。高校教师理应积极进行科研工作，并积极思考探索工程教育的方式方法的转变，形成理论知识与专业技能两个方面并重的完整教育体系，因为"岩土工程的教学应该给同学们严格的工程师训练，培养他们工程师的品行、工程师的性格和工程师的思维。"[10] 这恰恰是工程教育的根本特征，需要教育界和工程界给予充分的重视。

4.2 对执业培训的建议

"工程师根本的品行是实事求是，扎实做人，扎实做事；工程师的性格是一丝不苟，兢兢业业，对人民负责；而工程师的思维则应该是温故而创新。"[10] 因此，工程师不仅要注意继续教育，更要注重终身学习。

正如老前辈张国霞先生倡导"除了要认真努力学习岩土工程的基本理论知识之外还要虚心向建筑队伍中的设计、施工与科研、教学人员学习，特别是向结构和施工工程师学习，并在全力协作和甘当配角的精神下投身到工程实践中去，不断完成从认识到实践与从实践到认识的循环过程，从实践中得到真知，尽快地完成向岩土工程体制的过渡，为我国岩土工程的发展作出更大的贡献。"

我们国家的技术规范，提供了岩土指标与工程参数的表格，可以理解为等同方法（2）"基于原位测试结果建立半经验关系"，可以值得注意的是，习惯并满足于查表法的工作方式会很容易使得工程师在不知不觉中成为"查表工程师"，不仅会阻碍创新性、创造性的发挥，更会妨碍工程处理能力的不断提高。执业培训要致力于工程师知其然并知其所以然，"让经验之果生长在理论之树上才会更有生命力"[3]。

4.3 重视工程实录的研习

研习工程实录，是在工程教育与执业培训的过程中，将理论与实际联系起来的一座桥梁。当然，这就需要必须是记录完整且完善的工程实录。文献［4］列出了一个有用的工程实录至少应包括的内容：geology of the site（场地的地质条件）、seismicity of the area（区域的地震条件）、purpose and scope of the geotechnical investigation（岩土工程勘察的目的与工作内容）、procedures for sampling（取样过程方法）、description of field equipment（所使用设备和机具的描述及说明）、data on variation of ground water table（地下水位变化数据）、results of field and laboratory tests（原位测试与室内试验结果）、design geotechnical parameters（岩土工程设计参数）、design methodology（岩土工程设计方法）、construction procedures（施工过程方法）、performance of the structure during and after the construction（结构在施工过程中及工后的性状）、description of the incidents or accidents（工程事件或事故的描述及说明）、investigation carried for a better understand of the problem（针对工程出现问题的补充勘察）、description of the ground improvement or reinforcement of the structure to solve of the problem（针对工程问题的地基处理与结构加固的描述及说明）。

工程教育与执业培训，可以看作是一枚硬币的两面，不可分割。如张建红教授所言"每一位工程师既是受教者也是施教者"[16]。Peck 教授曾经指出 Researchers（研究者）和 Practitioners（实践者）之间存在 the Gap（可以理解为两者之间有隔阂亦有误解）的忠告，对于当前我们国家，经历了、正经历着亦将继续经历不同历史发展阶段的工程的和科研的大发展，甚至是跨越式发展，存在着诸多的问题及矛盾，亟待解决，从工程大国向工程强国、从教育大国向教育强国的转变，有不少问题是中国国情所特有的，欧美发达国家的既有经验并不能完全借鉴、更不能照搬，对于工程师和工程教育工作者，给出中国答案、贡献中国智慧，责无旁贷。

5 结语与展望

结构成就建筑之美，岩土支承建筑之重，土木工程师的作用重要且责任重大。强调理论导向的工程判断、强调实测验证的经验积累、强调基于实践的理论创新，是土木工程师的工作方法。努力提高变形计算的精度，使其尽量接近于实际，是土木工程师的重要任务。结构工程师与岩土工程师应当密切合作、各出所长、协同设计，才能更好地实现变形控制设计。

工程教育与执业培训，可以看作是一枚硬币的两面。工程教育要致力于工科学生获得理论知识与专业技能两个方面并重的完整教育体系。执业培训要致力于工程师知其然并知其所以然，让经验之果生长在理论之树上。工程教育与执业培训既分工又协作，努力做到切实的兼顾、

综合的考虑、恰当的平衡，让工程师不会成为"规范的奴隶、软件的奴隶、仪器的奴隶"。

致力于推动工程教育与执业培训相结合，积极组织"工程师进课堂"系列交流活动，让工程师进入课堂做教员，结合工程实例讲解理论知识在实际工作中的应用，工程师做教员助力工程教育，今后还要让工程师进入课堂做学员，温故可知新进而才能更好地创新。

致谢：再次感念张在明院士对于岩土工程学科发展所作出的杰出贡献，他不仅积极为土力学及岩土工程教育献言献策，而且敏锐地指出工程伦理教育的必要性，同时对于岩土工程师继续教育与终身学习亦有颇多富有见地的建议。

参考文献：

[1] 顾宝和. 岩土工程体制的发展历程//岩土工程进展与实践案例选编[M]. 北京：中国建筑工业出版社，2006.
[2] 岳中琦. 全球岩土工程领域共同挑战性问题的土力学理论根源[J]. 岩土工程学报，2015，37(S2)：11-15.
[3] 张在明. 岩土工程的工作方法//第二届全国岩土与工程学术大会论文集(上册)[C]. 北京：科学出版社，2006.
[4] I. Manoliu, I. Antonescu, N. Radulescu. Geotechnical Engineering Education and Training, A. A. Balkema, Rotterdam, 2000.
[5] Patti Waldmeir. China embraces freedom of the road[N]. Financial Times, APRIL, 23, 2010.
[6] 顾宝和. 岩土工程典型案例选编[M]. 北京：中国建筑工业出版社，2015.
[7] 倪红梅，殷许鹏. 岩土与结构工程中不确定性问题及其分析方法研究[M]. 沈阳：东北大学出版社，2018.
[8] 香港土木工程署. Pile Design and Construction. Geo Publication No. 1/96, Hong Kong, 1996.
[9] 张在明. 从学生到优秀的岩土工程师[A]//第一届全国土力学教学研讨会论文集[C]. 北京：人民交通出版社，2006.
[10] 张在明. 岩土工程的理论与实践及相关的教学问题——学习论文集《岩土工程教育与培训》的体会[A]//2006土力学教育与教学——第一届全国土力学教学研讨会论文集[C]. 北京：人民交通出版社，2006.
[11] 龚晓南. 对岩土工程数值分析的几点思考[J]. 岩土力学，2001，32(02)：321-325.
[12] 李广信. 岩土工程50讲(第二版)[M]. 北京：人民交通出版社，2010.
[13] 孙宏伟. 北京新近沉积土基础工程特性研究[J]. 建筑结构，2009，39(12)：148-151.
[14] 孙宏伟. 京津沪超高层超长钻孔灌注桩试验数据对比分析[J]. 建筑结构，2011，41(09)：143-146.
[15] 方云飞，王媛，等. 丽泽SOHO地基基础设计与验证[J]. 建筑结构，2019，49(18)：87-91+114.
[16] 张建红. 年轻岩土工程师的成长//第三届全国岩土与工程学术大会论文集[C]. 成都：四川科学技术出版社，2009.